JN184314

THE WORLD ATLAS OF WHISKY

世界の
ウイスキー図鑑

著者：デイヴ・ブルーム
日本語版監修者：橋口 孝司
翻訳者：村松 静枝／鈴木 宏子

ICHIRO'S CHOICE
1976
Bottled CHICHIBU
Distillery KAWASAKI
SINGLE GRAIN WHISKY
KAWASAKI
Cask Strength
Non chill-filtered Non coloured
Bottling # 73 / 432
700 ml

ウイスキーの楽しみをさらに広げてくれる本

「ここ5年ほどでウイスキーをめぐる世界地図は激変し、改編を書かずにはいられなくなった」という著者デイヴ・ブルームの言葉どおり、ここ数年のウイスキーを取り巻く環境の変化はめまぐるしい。世界的にクラフトウイスキー蒸溜所が増え、日本においても新しいウイスキー蒸溜所が相次いで操業を開始している。私自身、日本でも2008年から始まったハイボールブームなど、久しぶりにウイスキーに注目が集まっていることをとても嬉しく思っている。その一方で、一部のウイスキーマニアのために商品の多様化が進むことで分かりにくくなり、特に初心者にとっては手を出しにくいお酒になってしまう危険性も感じている。

そんな状況の中で、本書はその不安を取り除いてくれる。ひとつの蒸溜所の複数の銘柄、特徴的なアイテムのテイスティングコメントがある点は、近年「この蒸溜所が造るこんなウイスキー」とひとことで言い表せないほど多種多様な商品が造られていることを表していて、今までのウイスキーブックにはない切り口となっている。多種多様なウイスキーを造りだす基本となる各国ごとの製造工程についても、とても細かく紹介されていて、これもまた大変有益な情報である。

そして私が一番注目した点は『各蒸溜所のニューメイクのテイスティング』である。これだけ多くのニューメイクのテイスティングコメントが書かれている本は、私の知る限り他にはない。なかなか手にすることができないものだけに、とても興味深い内容だった。
また「フレーバーキャンプ」と「次のお薦め」という著者ならではの切り口でのテイスティングコメントも、初心者にもわかりやすく、ウイスキーの楽しみ方を広げてくれる。

さらに筆者ならでは文章表現は、歴史的背景や土地の特性、受け継がれている伝統や技術、ウイスキーに関わった人々の思いなどを豊富なボキャブラリーで表現しており、時には叙情的な物語を読んでいるような気分になる。複雑で奥深い酒をこよなく愛する日本のウイスキーファンをきっと喜ばせることだろう。

日本語版監修　橋口 孝司

目次

貯蔵庫に眠るウイスキー　スコットランドのスターリングにあるディーンストン蒸溜所にて

An Hachette UK Company
www.hachette.co.uk

First published in Great Britain in 2010 by Mitchell Beazley,
an imprint of Octopus Publishing Group Limited
Carmelite House, 50 Victoria Embankment, London EC4Y 0DZ
www.octopusbooks.co.uk

This revised edition published in 2014.

ISBN: 978 1 84533 951 7

Cartography
Heritage Editorial, heritage2ed@aol.com
Digital mapping by Encompass Graphics Ltd, Hove, UK, www.encompass-graphics.co.uk

デイヴ・ブルームの最新版『世界のウイスキー図鑑』へようこそ！

2010年の初出版以来、この最新刊の登場を求める声は高まるばかりだった。
私たちはいまや、ウイスキーのルネッサンスともいえる大変革のさなかにいるのだ。
ここでも述べているように、前作で私が訴えたことにたいする信念は全て、いまも変わらない。
本書は、あなたのウイスキー体験をこのうえなく充実させてくれる案内役である。

ウイスキーの全てを網羅した参考書籍を出版すべきときがあるとしたら、いまこのときをおいては考えられないだろう。ウイスキーの世界は近年に類を見ないほど活性化している。理由のひとつは、いまがウイスキーブームの真っただ中であるということだ。ウイスキーの品質と個性、そして価値が、世界のあらゆるところでますます多くの人々に認められるようになってきた。最近、特にバーボンウイスキーを中心として価格が上昇傾向にあるが、それでもなお、ほかのどんな蒸溜酒にも負けない人気を保っている。ウイスキー業界では、生産能力を拡大、あるいは蒸溜所を新設してまで生産量を増やし、増加する需要に対応している。

もうひとつの理由は、小規模なクラフトウイスキーの蒸溜所が新たに急増したことだ。ウイスキーといえば、ほぼ、スコットランドとアイルランド、アメリカ（主にケンタッキー州とテネシー州）、あるいはカナダの蒸溜所製ときまっていたのは過去の話。いまや日本でもスコッチウイスキーに匹敵するほど良質なウイスキーが製造されるようになり、おなじみの生産国に負けず劣らず、注目と尊敬に値する産地となった。

これは実に多くを物語っている。スコッチウイスキーの選択の幅が、かつてないほど広がったのだ。蒸溜所を所有する企業の製品でも、数多くのボトラーズ［＊訳注：生産者からウイスキー原酒を樽で購入して瓶詰めし、オリジナル商品として販売する業者］の製品でも、数えきれないほどの選択肢がある。また、この10-20年間に進歩を見せた蒸溜技術と熟成技術のおかげで、ウイスキーの品質もこれまでになく優れたものになった。

しかも、ヨーロッパとアメリカ全土、さらにほかの地域にわたって新設されたクラフトウイスキーの小規模蒸溜所でウイスキーが製造されるようになった。アメリカだけでも、15年前には存在すらしなかったクラフトウイスキーの蒸溜所が400ヵ所以上あり、操業中だ。この数は、老舗のバーボンウイスキー蒸溜所の約4倍に当たる。おまけにこうした新たな蒸溜所は、事業としての成長率も上昇の一途をたどっている。

こうした事実が、みなさんのような熱心なウイスキー愛好家にとって意味するところは何だろうか。それは、老舗の蒸溜所も、世界各地に新設されたクラフトウイスキー蒸溜所も含めて、数多くの新しいウイスキーを楽しめるようになるという朗報である。しかも将来にわたってずっと、そのボトルの数は増えていくだろう。

こうした背景が私たちを本書へと導く。ウイスキーをめぐるすべてが網羅されている点が本書の持ち味だ。ウイスキーの定義と製造方法がくまなく説明されているほか、産地、および個々のウイスキーの味わいが異なる要因も知ることができる。ウイスキーの魅力を最大限に堪能する方法を教えてくれるほか、新登場したウイスキーの概要とテイスティングノートも記載され、読者の理解を助けてくれる。さらに、文章に添えられた写真の美しさは、ときに息を飲むほどだ。世界各国の蒸溜所まで出かけていくことのままならない読者にとっては、まさに目の保養になるだろう。

いっぽう、本書の最も便利かつ革新的な要素は、ウイスキーのフレーバーを表現するために「フレーバーキャンプ」を用いたことだろう。ウイスキー紹介の章に記された、妥協のないテイスティングノートも読みごたえがあるが、フレーバーキャンプの概念は、紹介されたウイスキーの風味をおおまかにとらえるうえで、大いに役に立つ。これは全ての愛好家にとって便利な指標であるが、とりわけ初心者にとっては、気が遠くなるほど膨大な数のウイスキーから選択するうえで、うってつけの道案内となるだろう。

しかし何よりも重要なのは、本書がウイスキーの世界でたったいま起こっている現象の核心をとらえている点である。デイヴ・ブルームのように総合的な視点からウイスキーについて執筆できるライターはごくまれだ。彼は世界でも屈指のウイスキー評論家として知られ、その評判に疑いの余地はない。なかでも彼の、魅力的な筆致と多彩なテイスティングノートは実に魅力的で、執筆の依頼が殺到するのもうなずける。

デイヴのおかげで、読者がウイスキーの旅路のどこにいようと、本書はウイスキーの知識を広げてくれると同時に、充実した読書の時間をも与えてくれる。彼が書くあらゆる文章には、深い造詣と情熱、そして誠実な姿勢がにじみでている。さあ、乾杯（Slainte）しよう！

ジョン・ハンセル
米ウイスキー専門誌『Whisky Advocate（ウイスキー・アドヴォケット）』編集・発行人

真実は穀物にある　全てのシングルモルトウイスキー造りの原点は大麦だ

全てのグラスに物語がある　複雑さにおいて、ウイスキーに並ぶ蒸溜酒はない

本書を手に取ってくださったあなたへ　著者デイヴ・ブルームより

信じがたいことだが、前作のための準備を始めてからわずか5年のうちに、ウイスキーをめぐる世界地図は激変し、
こうして改編を書かずにはいられなくなった。ウイスキーといえば、伝統を重んじ、変化を求めない蒸溜酒の典型ではなかっただろうか。
それがウイスキーだった。心躍らせるような飲み物ではなかった。
年甲斐もなく飾り立てて周囲の興味を引こうなどとせず、頑固（スコットランド方言で‘thrawn’という）なまでに変わることなく、
ただ、存在していた。飲む側は、飲みたいと思ったときにウイスキーに目を向けてきた。
ウイスキーの側から飲み手を求めてしゃしゃりでて、かえって品位を落とすような真似はしたことがない。
あるいは、私たちはそう教えられた。

実を言うと、ウイスキーはずっと流転をくり返していた。15世紀から16世紀にかけて錬金術師の蒸溜機からしたたり落ち出したころから、変化をつづけてきたのだ。風味を加える、ロングあるいはショートで〔訳注：氷を入れるか入れないかの違い〕飲む、熟成させない、あるいは樽で熟成させるなど、絶えず境界線を越えて形を変えてきた。背景には消費者の要求、天候、戦争、政治や経済という要因があった。今回の新刊を出版する必要を感じたのは、こうした変化が、これまでに類のないほどスピードアップしてきたためである。

いま私たちは、刺激に満ちたウイスキーの世界をリアルタイムに体験している。すでに定評のある五大産地、スコットランドとアイルランド、アメリカ、カナダ、そして日本では空前の繁栄を謳歌しており、計画中のものも含めて新たな蒸溜所が続々と誕生している。こうした蒸溜所には、急拡大中のクラフト蒸溜所ブームに乗って生まれた施設も多い。

加えて、ウイスキーづくりは世界のあらゆる地域に根を下ろすようになって

世界中のウイスキー造りにおいて、忘れてはならない古き良き手法。ここ、パキスタン、ラクルピンディのマリー蒸溜所

きた。ヨーロッパのドイツ語圏だけでも150ものウイスキー蒸溜会社があるといわれる。イングランドには5ヵ所、フランスと北欧にはそれぞれ20ヵ所以上の蒸溜所がある。オーストラリアはブームのさなかで、南米はウイスキーの世界への旅を始めようとしている。アジアも同様だ。しかも、拡大しているのは生産国だけでなく、製造技術も広がっている。ウイスキーとしてひとくくりにできないような、新しいスタイルが登場したのだ。こうなったら新たな地図を作らないわけにはいかない。

なぜいまこのような現象が起こっているのだろうか。新世代の飲み手たちがウイスキーに関心を寄せていることが原因のひとつだ。彼らはウイスキーの歴史や産地だけでなく、そのフレーバーと可能性に興味を抱いている。以前と違って、ウイスキーに対して偏りなくオープンに接する姿勢が飲む側に見られるようになり、新旧を問わず、作り手側にもこうした姿勢がある。

しかしここで少し慎重になる必要がある。以前より蒸溜所を設立しやすくなったいま、どうしても数的な広がりに熱狂しがちだ。だが世の全てがそうであるように、ウイスキーにもサイクルがあり、流行り廃りがある。生き残るだけでなくさらに発展するためには、ウイスキー作りに携わる全ての人が、これが長期的なビジネスであることを認識する必要がある(まず、あくまでビジネスであることを自覚するべき作り手が多い)。そして、自分たちが競い合っている世界には多くの選択肢があることを悟らないといけない。

現代のウイスキーの消費者はラムやジン、テキーラも飲むし、小規模醸造所で作られるクラフトビール、そしてワインも飲む——さすがにひと晩で全部飲んだりはしないだろうが。こうした消費者は男女を問わず舌が肥えており、確かな品質を見分ける力がある。選択の幅が広がったため、彼らはあらゆるブランドをためらいなく受け入れるし、拒絶もする。

こうした消費者を相手にして、新たなウイスキーはいったいどうしたら躍進できるだろうか。利口ぶっても彼らには見抜かれてしまう。それよりも誠実さが大切だ。

ウイスキーは'ゆっくりと'つきあう飲みものだ。ウイスキーは産地と作り手の技能を語る。そして原料のエッセンスを引き出すために、時代を超えて伝わってきた魔法のような手法も語る。ひと口すすると、一呼吸おいて自分の感覚に何が起こっているのかをじっくりと考えさせられる。しかし同時にその感覚は、めまぐるしく駆けめぐりもする。

本書を書いた理由のひとつは、混沌の度合いを増すウイスキーの世界に、一定の基準枠を提供するためだ。フレーバーとは何か。それは何を意味するのだろうか。それはどこから生まれ、誰が生み出したのだろうか。

この本が、ウイスキーを知る旅の途上での座標軸となることを願っている。この本はウイスキーを愛するあなたのための一冊だ。新たに生まれ、成功を納めた蒸溜所の物語も、新しいウイスキーの世界も全て、あなたが手に取った一冊のなかにある。

この本の使い方

本書は、いわば情報の宝庫であり、豊富な文章と図解や写真が登場し、
読者があらゆる生産国と地域、そして蒸溜所について最大限の知識を得られるようになっている。
産地の地図、フレーバー評価付きのテイスティングノート、さらに蒸溜所についても詳細に紹介している。
こうした情報の使い方をここで説明しよう。

産地の地図

蒸溜所・地名表記上のルール　個々の蒸溜所の位置表示のためにいくつかルールを設けた。付近の地名を冠した蒸溜所名の場合は蒸溜所名のみを記した（例：p.151 Lagavulin）。スペースと縮尺に余裕があれば付近の地名を白点で示し、逆に余裕がない場合は蒸溜所名の後にカンマを付けて表示した（例：p.231 Jim Beam, Clermont）。

標高と地形　全地図において、縮尺の関係で地形を明示できる場合は地形を示した。

生産地域について　各国の蒸溜所は地域ごとに区別して紹介している。ただしアメリカのケンタッキーウイスキーとテネシーウイスキーは、製造工程が同国の他の蒸溜所と大きく異なるため、各々サブカテゴリーを設けた。

蒸溜所　本文で紹介した蒸溜所は全て地図上にも示した。ただしヨーロッパの新設蒸溜所やアメリカのクラフト蒸溜所など注目すべき蒸溜所が多数ある場合は、本文で触れないものについても、地図には表記した。

グレーンウイスキー蒸溜所、製麦所その他の関連企業　適切かつ有効と判断した箇所については、蒸溜所の種類別に明記している。数社の製麦所についても同様とした。

蒸溜所紹介の章について

所在地・ウェブサイト　各蒸溜所の紹介の章では所在地の市町村名のほか、テイスティングノートの項で登場する蒸溜所に関するウェブサイトやサイト上のページを明示した。複数の蒸溜所が紹介されたページについては「／」で区別している。

見学について　見学が可能な蒸溜所については曜日や時間帯を明記した（本書執筆時点での情報に基づく）。ただし見学を希望する場合は事前に確認することをお勧めする。見学予約する際や団体客を案内する際などは、悪路による遅れや道すがら羊に遭遇する可能性もあるので時間に余裕をみておくとよいだろう。

希少なモルトウイスキーを探すには　一般公開されない蒸溜所が多いが、商品を入手することは可能だ。詳しく調べるには、ウイスキーに詳しい小売業者に問い合わせるか、専門家のウェブサイトを参照するのがよいだろう。

モスボール　一時的に休業しているが完全廃業したのではなく、将来再稼働する可能性のある蒸溜所を示す用語である。本書執筆中の状況に基づいてできるだけ正確な情報を記載した。

新設／計画中の蒸溜所について　世界中で多くの蒸溜所が新設され、建設計画も進行中だ。本書はできるだけ幅広い情報を網羅することを目的としているが、地図上に掲載しきれなかった新設蒸溜所がある可能性も否定できない。

テイスティングノートについて

選出の基準　ニューメイク、年数の浅いもの、10年以上熟成、場合によってはさらに古い年数まで、各蒸溜所の提供品の幅広さが最もよくわかるよう、製品を選んでテイスティングノートにまとめた。

掲載順序　生産国ごとに比較しやすいよう、同様な順序で掲載した。熟成年数順、あるいはもし単一の蒸溜所から複数ブランドが製造されている場合はアルファベット順で掲載している。

年数表記の定義　通常、熟成年数はウイスキーの名称の一部となっている。NAS（No Age Statementの略）はラベルに年数表記のないウイスキーを表す。

ボトラーズボトル　可能な場合は蒸溜所が直接提供するウイスキーを試飲したが、それが無理な場合はボトラー提供のサンプルを試飲した。

カスクサンプル　可能な限り瓶詰めされた製品を試飲したが、それが不可能な場合は蒸溜所の厚意でカスクサンプルを提供いただき、テイスティングノートにその旨記した。

アルコール度数（ABV）／プルーフ　アメリカ以外のウイスキーはアルコール分の量を全液体量に対する割合で示した（例：40%）。アメリカのみプルーフの数値も表記した（例：プルーフ値80°／アルコール度数40%）

日本　日本では特殊な瓶詰めが行なわれるため、ウイスキーを貯蔵した年とシリーズ名を明記、さらにカスク番号を明記したものも多い。

フレーバーキャンプ〔訳注：フレーバーごとにグループ分けした一覧表〕　ニューメイクとカスクサンプル以外はテイスティングノートにフレーバーキャンプを記載した。詳細な説明は26-27ページを参照されたい。また、324-326ページに、本書で紹介した全ウイスキーが該当するフレーバーキャンプのリストを掲載した。このリストは、お好みのウイスキースタイルと似た別の銘柄を探すうえで参考になるだろう。とはいえ、若いウイスキーの多くは進化の途上にあり、熟成とともに別のフレーバーキャンプに移っていく可能性もある。このリストはあくまで本書執筆時点の分析結果であることをご承知願う。

次のお薦め　次に試したくなるのではと思われるウイスキーをすばやく相互に参照できるよう設けた項目だが、ニューメイクとカスクサンプルはまだ進化の途中のため例外とし、また、参考用で小売りしないブレンデッドウイスキーやグレーンウイスキーも例外とした。

専門用語について

用語集　ウイスキーには風変わりな専門用語が多くあり、その多くは国によって多種多様だ。知らない用語に出合ったら327-328ページの用語集を参照してほしい。

ウイスキーの綴りについて　アイルランドとアメリカでは“whiskey”と綴られるが、アメリカの一部では両方が使われる。この2ヵ国以外では“whisky”が正式な綴りとして認められているため、本書もそれに従った。

1章　ウイスキーとは何か

本書は地図帳である。つまり地図が掲載され、目当ての蒸溜所の位置を教えてくれる、便利な一冊ということだ。とはいえ、ウイスキーをめぐる物語では地理上の位置は些末な要素でしかない。地図からわかるのは、蒸溜所への行き方と付近の様子だけだ。ウイスキーそのものについて知りたいことを全て教えてくれるわけではない。

この地図帳の真価を発揮させるためには、ウイスキーのフレーバーを地図化する必要があった。似たもの同士またはかけ離れたウイスキー同士のほか、生産地全体に根付いた独自スタイルが持つ既成概念に挑んだウイスキーはどれかをひとめで発見できる地図が欲しかった。そうした地図を作れば、蒸溜家と蒸溜所自体がフレーバーを生み出す立役者を演じている世界にたどり着ける。この'フレーバーマップ'を使えば、例えばスコットランド(ケンタッキーでもよい)にある異なる蒸溜所同士が、実質的に同じ手法に従いながらも、その蒸溜所独特のスピリッツを生み出せる原因を知ることができるのだ。

ウイスキーの真髄を見つける旅を始めるにあたって、まずはシングルモルト、グレーン、アイルランド伝統のポットスチルウイスキー、そしてバーボンという4つの主要なウイスキースタイルごとに、共通する製造工程と、その工程が各スタイルに与える影響をおおまかに紹介した。なかでも蒸溜所ごとの個性を生み出すポイントとなっている、工程の主な分岐点に注目した。

蒸溜所ごとの主張はフレーバーマップから読み取れるため、個々の蒸溜所の歴史を紹介する項は設けていない。フレーバーを見れば、ウイスキーが時間とともにどう進化してきたのか理解できる。一例を挙げよう。19世紀のスコットランドでは当初、ピートの使用などといった立地条件がウイスキーのスタイルを方向づけたが、時間の経過とともに市場の需要が移り変わったほか、ブレンデッドウイスキーの発展もフレーバーに影響を与えるようになった。こうした視点でシングルモルトのスコッチを考えると、ウイスキーの味は、地域に由来するスタイルに支配されたというよりも、一連の'フレーバーエイジ'を通じて進化してきたといえる。つまりヘビーな味からライトな味へと変化してきたのだ。

そのため、蒸溜所は1ブランドの作り手としてだけでなく、独自の物語を持つ生きものとしても評価され、そこには物語を伝える手助けをする人々の存在がある。本書が蒸溜所ごとの独自性に着目した本であるならば、まずは作りたてのスピリッツから飲んでみなければならない。そして本書が私たちをウイスキーの世界へと導く地図であるならば、スピリッツが生まれた時点から旅を始めなければならない。オーク樽との複雑な接触で生まれる特徴だけを成果として見ている限り、その蒸溜所の個性を語ることはできない。

最初にニューメイク、次に熟成を重ねたウイスキーを味わってこそ、その蒸溜所で生まれたフレーバーがどのように進化していくのかを探り出すことができる。青い果実が熟し、やがて乾いていき、青草が干し草に変わるのを感じ取ろう。硫黄分がいつしか消え、隠れていた純粋な香味が表れるのを見きわめ、オーク樽がどう影響したのかに着目しよう。

熟成したウイスキーをフレーバーキャンプ上のいずれかに分類することにより、類似する、あるいは異なるフレーバーを容易に見分けられる(単一の蒸溜所のウイスキーが熟成とともに複数のキャンプを占めることがよくある)。また、広大なウイスキーの迷路をたどって未知のルートを見つけることもできる。ウイスキー作りは、生きて成長を続ける、創造性に満ちた芸術であり、携わる人々は、ウイスキーの個性をさらに際立たせるべく奮闘している。こうした多様な個性の集まりが、私たちの地図上の座標となるのだ。

継続と一貫性は、良質なウイスキー作りの合い言葉である

ウイスキーという世界

ウイスキーとは何だろうか。答えは前作にも書いた通りだ。
穀物をすりつぶして発酵させてビールを作り、それを蒸溜した液体を熟成させたものである。
しかしこの単純な工程の変種がかつてないほど増えている。
世界中の蒸溜所が同じ疑問を問いかけ続けているのだ。
いつまでもおとなしく伝承を守ってウイスキーを作らなければならない理由などあるだろうか、と。

新たに蒸溜所を立ち上げた人々との会話にはいつも興味をそそられる。彼らの多くが、事業を始めた動機はシングルモルトのスコッチ（残念だがブレンドではない）やバーボンが好きだからだと言う。そして大半がこうつけ加える。「でも何かもっと自分らしいウイスキーを作りたかった」。既存のものを真似する意味があるだろうか。グレンフィディックやジャック・ダニエルと競い合って勝てるわけがない。だとしたら他の可能性は何だろうか。例えば穀物で変化をつけるのはどうか。ライウイスキーはもはやカナディアンやケンタッキーの専売特許ではない。デンマークやオーストリア、イングランド、オランダ、そしてオーストラリアでも作られている。ライ麦で立ち止まる必要はない。小麦はどうだろう。あるいはオーツ麦やスペルト小麦、キヌアを使ったらどうだろうか。大麦を使うのなら、ビール醸造のマニュアルを真似て一風変わったローストバーレイ〔訳注：麦芽化せずに焙煎した大麦。ビール作りに使う〕を試してみてもいいのではないだろうか。ピートの代わりに他の木々やイラクサ、いっそ羊の糞はどうだろう。

さまざまなグレーンウイスキーとスモークウイスキーを使うのなら、2つをブレンドしてみてはどうだろう。ビール用のエール酵母やワイン酵母を試してもいいだろうに、なぜありきたりなウイスキー酵母に執着するのだろう。酵母の発酵温度を制御してみてもいいだろう。スコティッシュ・ポットスチルやバーボ

ン用のコラムスチルやダブラーにこだわる必要があるだろうか。コニャック用のポットスチル、またはネック部に仕切り板のついたローモンドスチルはどうだろう、いや、いっそ自分でスチルを設計して造ってみてはどうだろう。

今日の新しいウイスキーの作り手が直面しているのは、1920年代から30年代にかけて日本の作り手がぶつかったのとまったく同じ問題だ。彼らはウイスキーの作り方だけでなく、日本独特のウイスキーをいかにして生み出すか、に苦労した。答えは販売マニュアルからは見つからず、心血を注いで知恵を絞ることによって生まれる。だからこそ「ウイスキーとは何だろうか」という問いに対して作り手たちが出してきた答えは非常に興味深く、往々にして感動的でさえある。慣習に挑んで乗りこえることによって、彼らはウイスキーの範囲を広げてきたのだ。

もちろんスコッチ・シングルモルトやバーボンだけの領域はあるし、シングルポットスチル・アイリッシュウイスキーとライ麦で作るカナディアンウイスキーの領域もある。しかしいまやスウェーデンや台湾、オーストラリア、オランダそしてアメリカのクラフト蒸溜所など様々なウイスキーの領域もできた。となると、歴史ある国々は危機感を持つべきだろうか。いや、まだ大丈夫だろうが、覚悟だけはしておいたほうがいい。ではははたしてそうした国々は新興勢力に気づいているのかというと、おそらくそうではない。

何も、蒸溜所の新設が容易だと言っているわけではないが、そう思っている読者もいるだろう。ここでスコットランドのファイフにあるダフトミル蒸溜所のフランシス・カスバートの話を紹介しよう。「始める前に資金をしっかり用意する必要がある。ウイスキーを貯蔵しておくのは設立の10倍ものコストがかかるからだ。喫茶店を開けばこうしたコストを埋め合わせできると思うのなら、喫茶店を開業してウイスキーのことは忘れたほうがいい」。

蒸溜所を立ち上げたら、次は何だろう。フランスのブルターニュ地方にあるグラン・ナ・モア蒸溜所のジャン・ドネイとアイラ島にあるガートブレイク蒸溜所の声を聞こう。「ウイスキーの蒸溜はとても複雑で侮れない。参考文献を読み、他の蒸溜所を訪問していろいろ尋ねてみると、自分なりのイメージをつかめたような気がする。だがやればやるほど、複雑でとらえがたくなってくる。うまく説明できないけれど、以前からウイスキー作りにはどこか錬金術めいた面があるとは思っていた。いまはもっとそう感じるんだ。蒸溜は思った以上に難しくて油断できない。一日として同じ日はなく、そのたびに新たに学ぶことになる。仮に200年間ウイスキーを作っていたとしても、それでも毎日何か新しいことを学んでいただろう」。

これは新旧を問わず、ウイスキー蒸溜家なら誰もが共感する感情だろう。ウイスキー作りにエキスパートはいない。疑問を問い続けながら自分の行いを謙虚に受けとめていく限り、新たな発見がある。

ウイスキーとは何だろうか。望めばどんなものにもなる、それがウイスキーだ。

可能性の眠る草原 スペイサイドはいまもスコットランドを代表する大麦麦芽の産地だ

モルトウイスキーの製造工程

シングルモルトの蒸溜所であれば、世界中どこでも同じ工程に従っているが、そのやり方については各蒸溜所が独自の見解を持っている。このような蒸溜所ごとに特有の手法が、シングルモルトに蒸溜所の個性、いわばDNAを与える。蒸溜家たちは工程全般にわたって判断をくだすのだが、主要な判断項目を以下の図で紹介した。

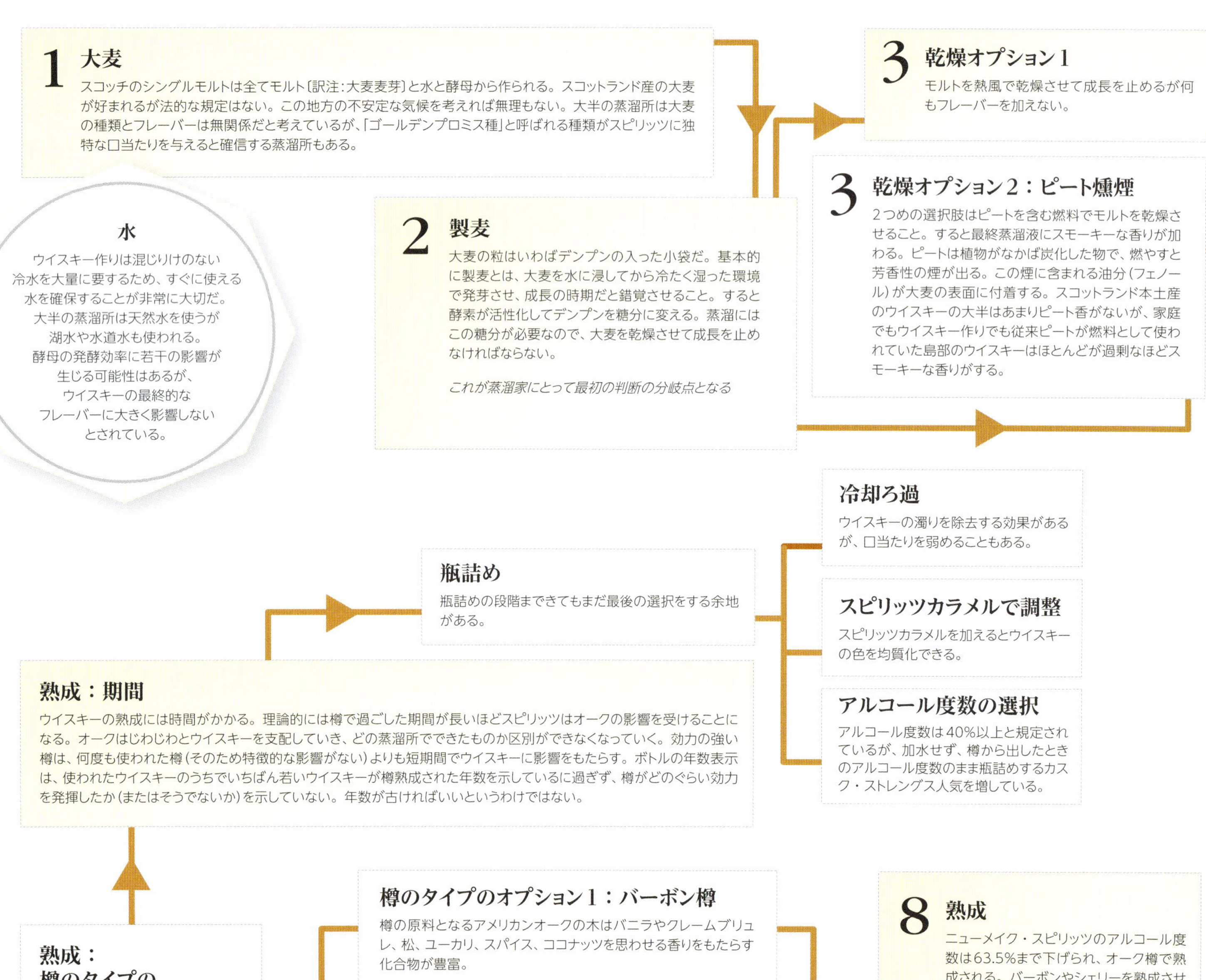

粉砕

蒸溜所に運ばれたモルトは粉砕され、グリストと呼ばれる粗い粉末になる。

5 マッシング（糖化）

グリストをマッシュタンと呼ばれる大きな容器で摂氏63.5度の熱湯と混合すると、グリスト中のデンプンがすぐに糖分に変わる。こうしてできた'麦汁（ウォート）'と呼ばれる甘い液体はマッシュタンの小穴が多数あいた底部から排出される。麦汁から最大限の糖分を抽出するためこの工程をさらに2回繰り返す。最終回の麦汁は次のマッシング用に保管される。

マッシングのオプション1：クリアウォート

麦汁をマッシュタンからゆっくり汲み出すとクリアウォートと呼ばれる澄んだ麦汁が得られる。これを使うと原料穀物の個性があまりないスピリッツができる傾向がある。

マッシングのオプション2：クラウディ・ウォート

ドライかつナッティで穀物の特徴が感じられるモルティなスピリッツを作りたい場合は麦汁をすばやく汲み出し、マッシュタンからモルト粕を除去する。

発酵

麦汁は冷やされて、木製あるいはステンレス製のウォッシュバックと呼ばれる発酵漕に投入される。酵母が加えられて発酵が始まる。

酵母

スコッチウイスキー業界では同種の酵母を使うため、酵母がフレーバーに影響を与えるとは考えられていない。いっぽう日本のモルトウイスキー作りでは、求めるフレーバーを実現するために異なる酵母種を使う。

発酵のオプション1：短時間の発酵

発酵とは、酵母が糖分を分解してアルコール（ウォッシュ）に変える働きであり、短時間の発酵は48時間で完了する。この場合の最終蒸溜液にはモルトの特徴がはっきりと表れる。

発酵のオプション2：長時間の発酵

発酵を長時間（55時間以上）行うとエステルが生成され、軽くて複雑かつフルーティなフレーバーが生まれる。

7 蒸溜A

ウォッシュのアルコール度数は8%となり、これを銅製のポットスチルで2回蒸溜する。ウォッシュスチルで初溜を行うと'ローワイン〔訳注：初溜で得られる液体〕'というアルコール度数23%の液体が生まれる。これを'スピリットスチル〔訳注：2回目の蒸溜に使うスチル〕'で再び蒸溜して生まれる液体は流れ出る順にフォアショッツ、ハート〔訳注：再溜中盤で出てくる最も上質な液〕、フェインツの3つに区別され、ハートだけが熟成に使われる。フォアショッツとフェインツは次の仕込みでローワインとともに再利用される。

銅について

ウイスキーのフレーバーを生み出すうえで銅は非常に重要だ。銅には重い物質と結合する性質があるため、アルコール蒸気と銅の対話時間つまり蒸溜時間を調節することによって、求めるフレーバーを生み出すことができる。

蒸溜のオプション1：長時間の蒸溜

アルコール蒸気と銅製のスチルが長く「対話」つまり蒸溜時間が長いほど最終蒸溜液は軽くなる。つまり背の高いスチルは低いスチルより軽やかなスピリッツを生み、スチルをゆっくり稼働させれば「対話」時間を延長できる。

蒸溜のオプション2：短時間の蒸溜

「対話」時間が短いほど重たいスピリッツができる。小型のスチルを使う、あるいは短時間の蒸溜だとこうした特徴になる傾向がある。

蒸溜B：冷却

冷水を使った冷却器にアルコール蒸気を通すと再び液化する。この液体を再溜することによりフレーバーに変化をもたらすことができる。

冷却のオプション1：シェル&チューブ方式冷却器

長いシェル（胴体）に冷水で満たされた細い銅管を多数収めた形状の熱交換器。冷たい銅管に触れたアルコール蒸気が液化する仕組みになっている。銅の面積が大きいため、スピリッツの酒質を軽くする。

冷却のオプション2：ワームタブ

伝統的な冷却方式であり、冷水の入った桶に長い銅管をらせん状にして沈めてある。蒸溜された蒸気と銅管の接触面積が小さいため、その分スピリッツの酒質が重厚になる。

蒸溜C：カットポイント〔訳注：再溜したスピリッツを3つに分離して取り出す分岐点〕

再溜されて冷却されたスピリッツがスピリットセーフ〔訳注：蒸溜担当者がハート部分を見極める装置〕に流入すると、フォアショッツとハート、フェインツを分離する必要がある。どの時点でこの3つに選別するかがフレーバーに影響を与える。

カットポイントのオプション1：早めのカット

蒸溜につれて香りも変化する。蒸溜の最初の部分は軽くてデリケートな香りがする。芳香の豊かなウイスキーを作る場合はスピリッツを早めにカットする。

カットポイントのオプション2：遅めのカット

蒸溜につれて香りが深まってオイリーでリッチになり、スモーキーな香りも増していく。そのためヘビーなスピリッツを作りたい場合はカットを遅くする。

グレーンウイスキーの製造工程

しばしば過小評価されるウイスキースタイルで、単独で瓶詰めされる場合は稀だが、グレーンウイスキーはスコットランドで作られるウイスキーの大半を占め、ブレンデッドウイスキーに不可欠な役割を果たす。下図に示すようにその製造工程は他のウイスキーと同様にあらゆる点で複雑だ。

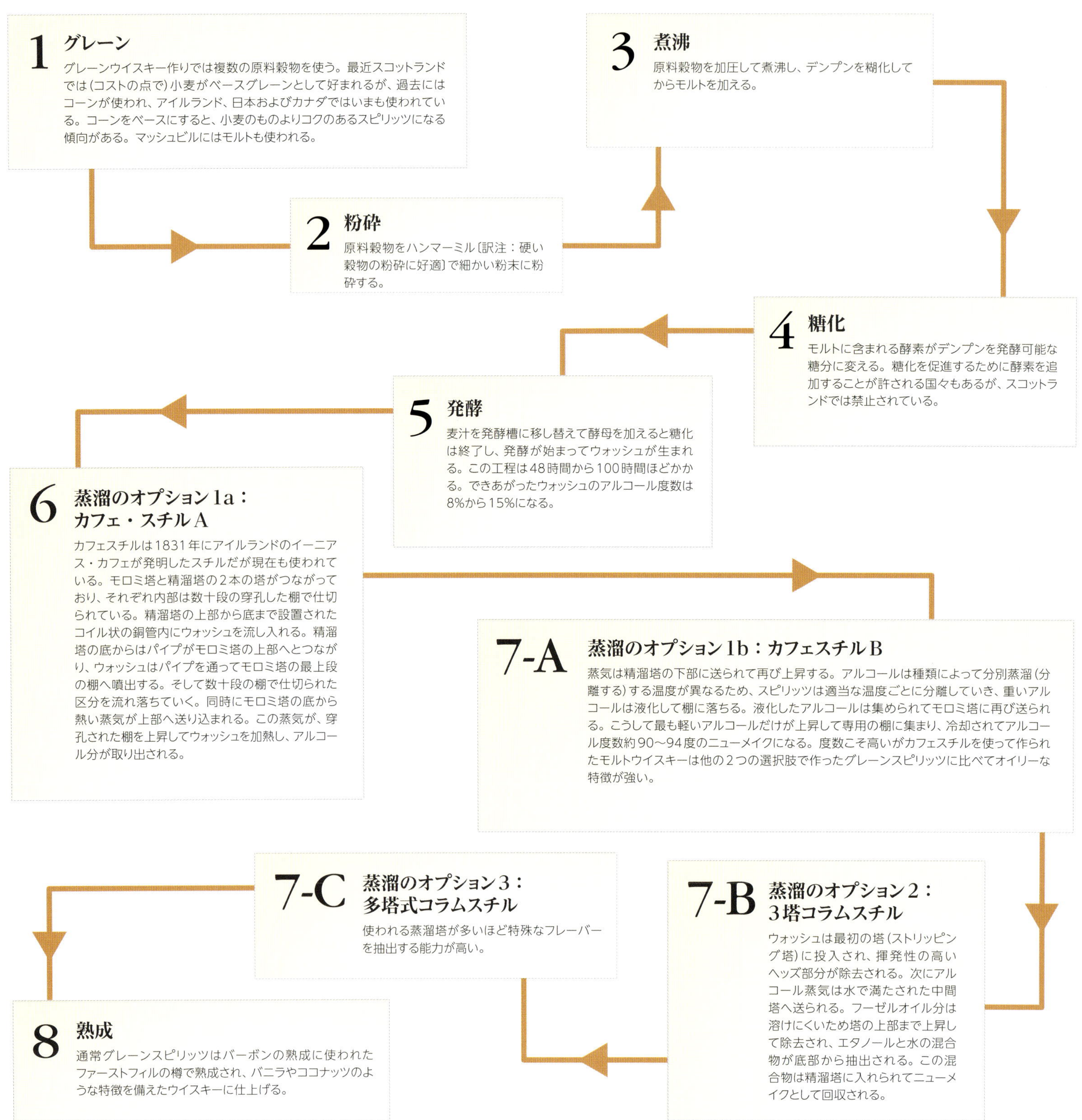

1 グレーン
グレーンウイスキー作りでは複数の原料穀物を使う。最近スコットランドでは(コストの点で)小麦がベースグレーンとして好まれるが、過去にはコーンが使われ、アイルランド、日本およびカナダではいまも使われている。コーンをベースにすると、小麦のものよりコクのあるスピリッツになる傾向がある。マッシュビルにはモルトも使われる。
2 粉砕
原料穀物をハンマーミル〔訳注：硬い穀物の粉砕に好適〕で細かい粉末に粉砕する。
3 煮沸
原料穀物を加圧して煮沸し、デンプンを糊化してからモルトを加える。
4 糖化
モルトに含まれる酵素がデンプンを発酵可能な糖分に変える。糖化を促進するために酵素を追加することが許される国々もあるが、スコットランドでは禁止されている。
5 発酵
麦汁を発酵槽に移し替えて酵母を加えると糖化は終了し、発酵が始まってウォッシュが生まれる。この工程は48時間から100時間ほどかかる。できあがったウォッシュのアルコール度数は8%から15%になる。
6 蒸溜のオプション1a：カフェ・スチルA
カフェスチルは1831年にアイルランドのイーニアス・カフェが発明したスチルだが現在も使われている。モロミ塔と精溜塔の2本の塔がつながっており、それぞれ内部は数十段の穿孔した棚で仕切られている。精溜塔の上部から底まで設置されたコイル状の銅管内にウォッシュを流し入れる。精溜塔の底からはパイプがモロミ塔の上部へとつながり、ウォッシュはパイプを通ってモロミ塔の最上段の棚へ噴出する。そして数十段の棚で仕切られた区分を流れ落ちていく。同時にモロミ塔の底から熱い蒸気が上部へ送り込まれる。この蒸気が、穿孔された棚を上昇してウォッシュを加熱し、アルコール分が取り出される。
7-A 蒸溜のオプション1b：カフェスチルB
蒸気は精溜塔の下部に送られて再び上昇する。アルコールは種類によって分別蒸溜(分離する)する温度が異なるため、スピリッツは適当な温度ごとに分離していき、重いアルコールは液化して棚に落ちる。液化したアルコールは集められてモロミ塔に再び送られる。こうして最も軽いアルコールだけが上昇して専用の棚に集まり、冷却されてアルコール度数約90〜94度のニューメイクになる。度数こそ高いがカフェスチルを使って作られたモルトウイスキーは他の2つの選択肢で作ったグレーンスピリッツに比べてオイリーな特徴が強い。
7-B 蒸溜のオプション2：3塔コラムスチル
ウォッシュは最初の塔(ストリッピング塔)に投入され、揮発性の高いヘッズ部分が除去される。次にアルコール蒸気は水で満たされた中間塔へ送られる。フーゼルオイル分は溶けにくいため塔の上部まで上昇して除去され、エタノールと水の混合物が底部から抽出される。この混合物は精溜塔に入れられてニューメイクとして回収される。
7-C 蒸溜のオプション3：多塔式コラムスチル
使われる蒸溜塔が多いほど特殊なフレーバーを抽出する能力が高い。
8 熟成
通常グレーンスピリッツはバーボンの熟成に使われたファーストフィルの樽で熟成され、バニラやココナッツのような特徴を備えたウイスキーに仕上げる。
※工程は3パターン
●1〜6→7-A→8／●1〜6→7-B→8／●1〜6→7-C→8

シングルポットスチル・アイリッシュウイスキーの製造工程

ここでは主にアイリッシュ・ディスティラーズ社（IDL社）のミドルトン蒸溜所で採用されている、シングルポットスチル・アイリッシュウイスキーの製造工程を説明する。この工程は「ジェイムソン」、「パワーズ」、「スポット」シリーズ、そして「レッドブレスト」などの銘柄に使われる。現在ブッシュミルズおよびクーリー蒸溜所でスコッチタイプのシングルモルトと同様な手法を使っているが、ブッシュミル蒸溜所では複雑な3回蒸溜を採用している（詳細はp.200-201を参照）。また、クーリー蒸溜所では2回蒸溜を施した「カネマラ」ブランドの製造にピート香たっぷりのモルトを使っている。IDL社とクーリー蒸溜所ではグレーンウイスキーも製造している。

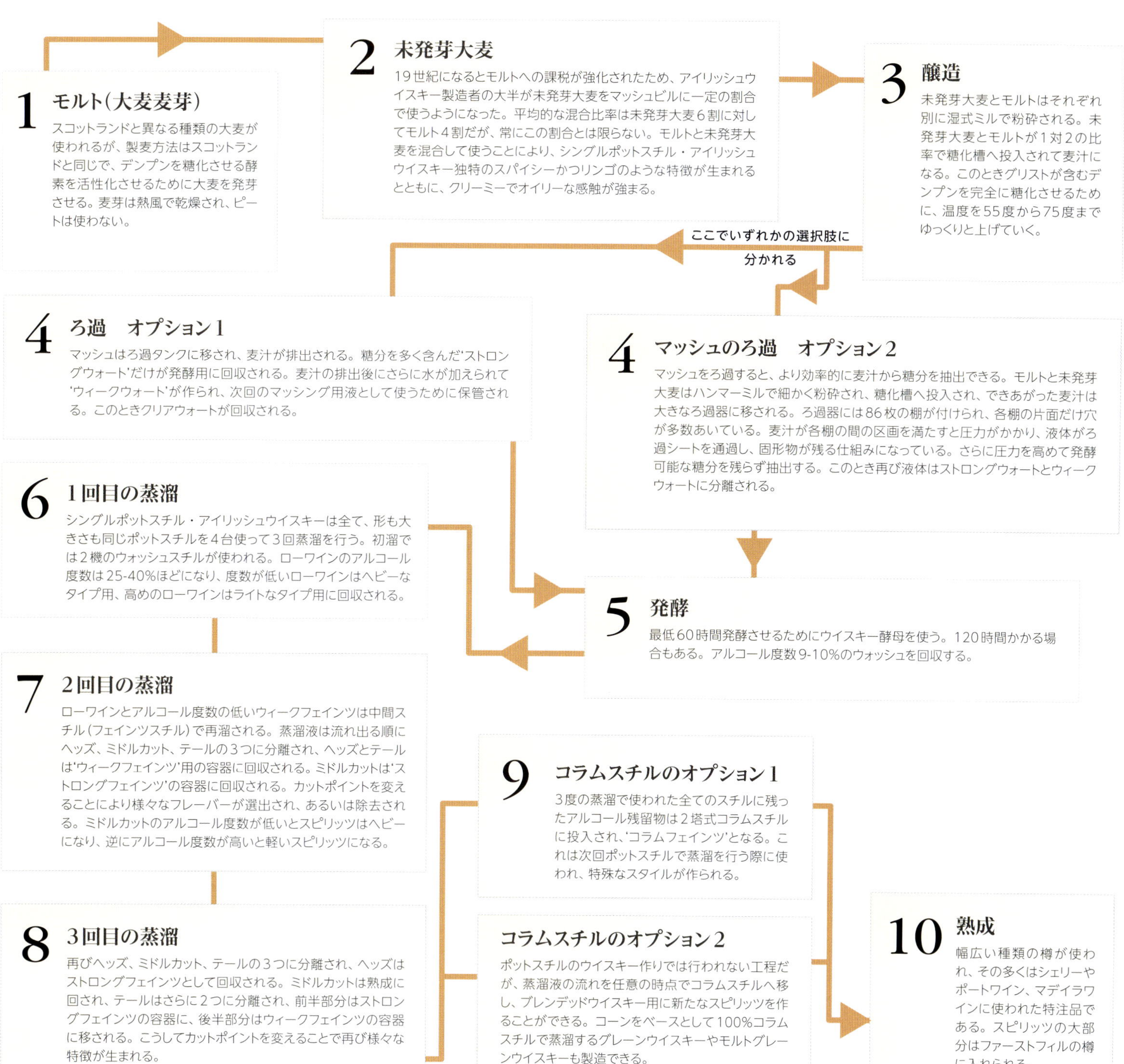

ケンタッキーおよびテネシーウイスキーの製造工程

独自のスタイルを生み出すためにはバーボンの蒸溜家たちも数多くの選択に直面する。他と比較すると、少数の蒸溜所が幅広いスタイルで多くのブランドを作っている。そうした多種多様なウイスキーを生み出すために、彼らは原料穀物の配合比率や酵母の種類、使用するサワーマッシュの量、さらに蒸溜時間の長さやバレルストレングス〔訳注：加水などの調整前〕の度数、そし貯蔵庫内の樽の位置にいたるまで注意を向けている。

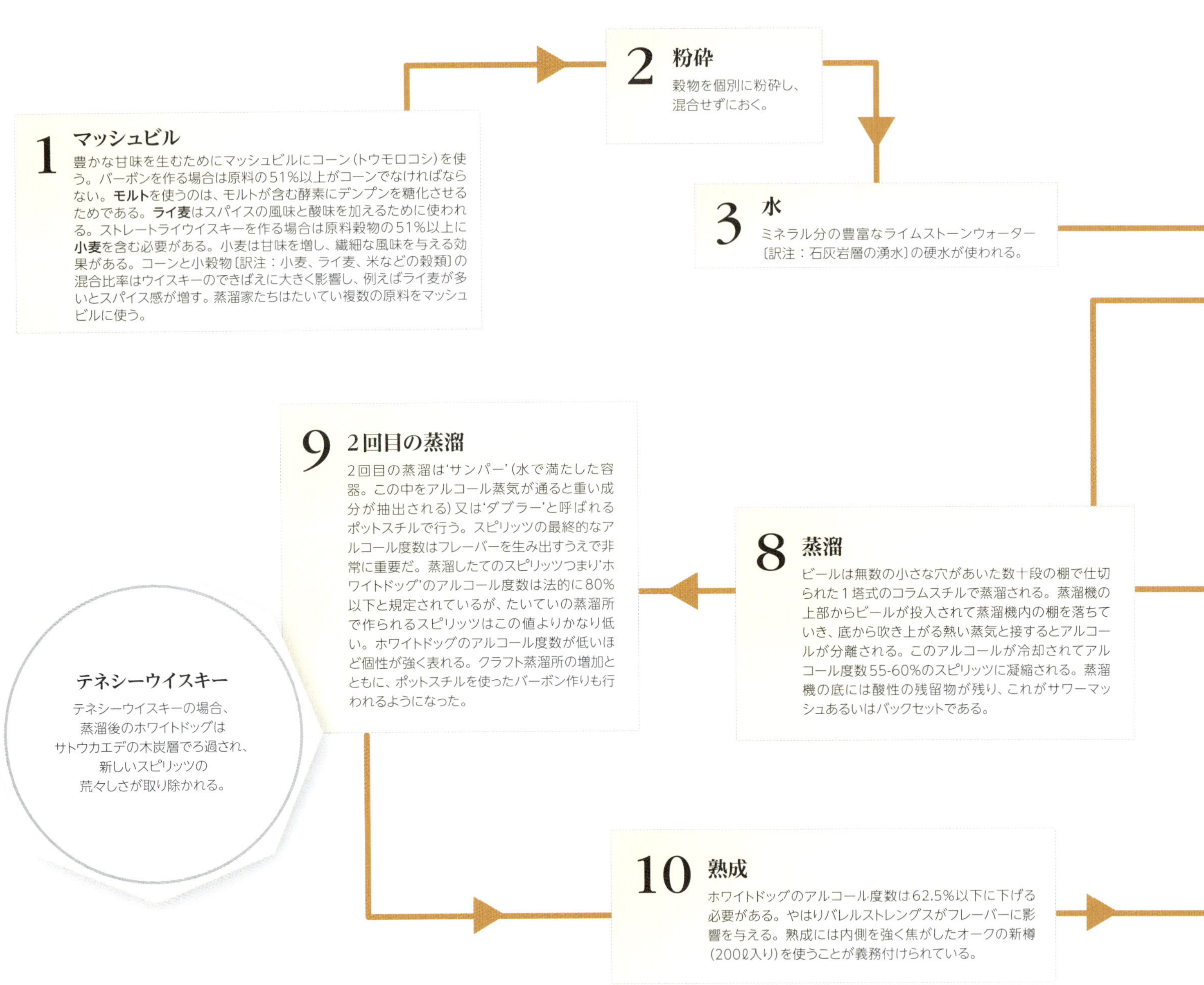

1 マッシュビル
豊かな甘味を生むためにマッシュビルにコーン（トウモロコシ）を使う。バーボンを作る場合は原料の51％以上がコーンでなければならない。**モルト**を使うのは、モルトが含む酵素にデンプンを糖化させるためである。**ライ麦**はスパイスの風味と酸味を加えるために使われる。ストレートライウイスキーを作る場合は原料穀物の51％以上に**小麦**を含む必要がある。小麦は甘味を増し、繊細な風味を与える効果がある。コーンと小穀物〔訳注：小麦、ライ麦、米などの穀類〕の混合比率はウイスキーのできばえに大きく影響し、例えばライ麦が多いとスパイス感が増す。蒸溜家たちはたいてい複数の原料をマッシュビルに使う。
2 粉砕
穀物を個別に粉砕し、混合せずにおく。
3 水
ミネラル分の豊富なライムストーンウォーター〔訳注：石灰岩層の湧水〕の硬水が使われる。
8 蒸溜
ビールは無数の小さな穴があいた数十段の棚で仕切られた1塔式のコラムスチルで蒸溜される。蒸溜機の上部からビールが投入されて蒸溜機内の棚を落ちていき、底から吹き上がる熱い蒸気と接するとアルコールが分離される。このアルコールが冷却されてアルコール度数55-60％のスピリッツに凝縮される。蒸溜機の底には酸性の残留物が残り、これがサワーマッシュあるいはバックセットである。
9 2回目の蒸溜
2回目の蒸溜は'サンパー'（水で満たした容器。この中をアルコール蒸気が通ると重い成分が抽出される）又は'ダブラー'と呼ばれるポットスチルで行う。スピリッツの最終的なアルコール度数はフレーバーを生み出すうえで非常に重要だ。蒸溜したてのスピリッツつまり'ホワイトドッグ'のアルコール度数は法的に80％以下と規定されているが、たいていの蒸溜所で作られるスピリッツはこの値よりかなり低い。ホワイトドッグのアルコール度数が低いほど個性が強く表れる。クラフト蒸溜所の増加とともに、ポットスチルを使ったバーボン作りも行われるようになった。
テネシーウイスキー
テネシーウイスキーの場合、蒸溜後のホワイトドッグはサトウカエデの木炭層でろ過され、新しいスピリッツの荒々しさが取り除かれる。
10 熟成
ホワイトドッグのアルコール度数は62.5％以下に下げる必要がある。やはりバレルストレングスがフレーバーに影響を与える。熟成には内側を強く焦がしたオークの新樽（200ℓ入り）を使うことが義務付けられている。

4 煮沸

A コーンと水を混合して沸騰寸前まで加熱し、加圧して、または開放型の容器で煮てデンプンをゼラチン化させる。

B ライ麦と小麦は高温で固まる恐れがあるため温度を77度まで下げてから投入する。煮たあとに63.5度まで冷やす。

C デンプンを発酵可能な糖分に変えるためにモルトを投入する。発酵の前にさらに2種類の原料を加える必要がある。

5 サワーマッシュ（別名バックセット又はセットバック）

蒸溜後に残る酸性の廃液のこと。発酵槽に加えることにより発酵中のペーハー値を調節することができ、細菌の感染も防ぐ効果がある。サワーマッシュの量はマッシュ中の糖分比率に影響するため、爽やかな風味のバーボンを作る場合はサワーマッシュの量を減らす。バーボンは全てサワーマッシュが使われている。

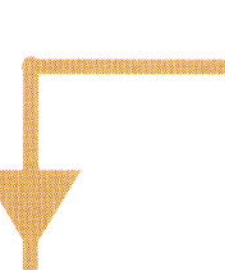

6 酵母

各蒸溜所は自家製酵母や特許酵母を所有している。酵母は特有のコンジナー（フレーバーを生む副産物で、発酵時に生じる）の生成を促すなど、最終蒸溜液に大きな影響を与えるため、用心深く守られている。

7 発酵

通常、発酵は最長で3日かかる。終了時にはアルコール度数5-6%のビールができる。

11 熟成庫での貯蔵

熟成庫での貯蔵はスピリッツの特徴にさらに影響を与える。貯蔵庫内の温度が高いほどスピリッツとオーク樽の相互作用が激しくなり、逆に温度が低ければこの工程はゆっくり進む。そのため熟成庫の建つ場所や樽を積む段数、熟成庫の建築材料（レンガ、金属、木材など）がフレーバーを生み出すうえで重要な要素となる。樽が熟成庫内に置かれる位置も同様にフレーバーに影響を与える。蒸溜所には、熟成具合を均質化するために樽の位置を入れ替えるところもある。樽を複数の熟成庫にふり分けて貯蔵したり、特定のブランド専用の熟成庫あるいは熟成庫内の一画を確保したりする蒸溜所もある。熟成期間は法的に最低2年間と規定されている。

リンカーン・カウンティ・プロセスは木炭作りから始まる。ジャック・ダニエル蒸溜所にて

テロワールということ

テロワールが地域性という概念に織り込まれるようになったのは、スコッチウイスキーの製造会社が、ウイスキーがスコットランドの随所で製造されている事実を説明する術を模索していたときだった。称賛に値する目的だったが、問題は周囲の厳しい目に対抗できなかったことだ。製造地域の境界線は地理的上のものでなく、行政区分に基づいていた。また、地域があまりにも広過ぎた。グラスゴー周辺からオークニー諸島までのハイランド全土で作られるウイスキーが全て同じ味わいだなどと、はたして信じていいのだろうか。ダフタウンの村で生まれるスピリッツはどれも同じ味がするのだろうか。答えはノーだ。ウィリアム・グラント社が所有する3つの蒸溜所のウイスキーがいずれも同じ風味だというのか。いや、そんなはずはない。

ウイスキーは個性が全て。独自性に尽きる(シングルモルトウイスキーにおいては忘れ去られた言葉だ)。となると、地域性というものが実は行政区分と経済を背景にして議論されるものだというのなら――スペイサイドの地域性を生んだのはブレンダーたちと地理的条件なのだが――、私たちはテロワールを否定しているのだろうか。そうではない。行政区分や経済という束縛からテロワールを解放し、より深く探っていこうとしているのだ。

テロワールには、土壌学(つまり土の科学だ)と地理学、農業土壌学、微生物学、そして太陽の放射と気象学、さらに多くの要素が含まれる。そこにしか生まれない。ブドウの木であろうと蒸溜所であろうと、何かを生み出す、地上の特定の土地だけが持つ意義がある。話をダフタウンに戻そう。グレンフィディックにもザ・バルヴェニーにもキニンヴィにも全て、テロワールがある。同じようにモートラックにもグレンダランにもテロワールがある。森にもテロワールがある。スイスオークとスパニッシュオークは同じオークの木だが、異なるフレーバーを持っている。日陰の傾斜地の木々と日当たりのいい斜面の木々とでは、フレーバーが同じはずがない。大麦も種類によって独自のテロワールを持っている。

こうした全てのものと人間との関わり合いにもテロワールがある。飲み手の視点で考えると、ウイスキーが生まれた環境をより深く敏感に理解することによって、そのウイスキーへの理解も一層深めることができる。アイラを例にとってみよう。その液体にはあの島のにおいが必ずしも溶けこんでいるわけではない。しかし心を開いてあの島を深く感じ取ろうとすれば、確かに島のにおいは存在する。メドウスイートの甘い花の香りはブルイックラディのものだ。海藻が散らばり、風の吹きすさぶマシャー湾の砂浜のにおいはカリラのもの。キルホーマンからは牡蠣の塩漬けの香りが、ブナハーブンからはハー

スコットランドの大地とウイスキーを何よりも確かにつなぐものはピートの使用にある。

アイラ島のラガブーリン蒸溜所のスピリッツは周囲の環境をそのまま蒸溜したかのようだ。

ブの生い茂る森の香りが感じられるだろう。アードベッグのミネラル感は潮に洗われて濡れた岩と土を思わせるし、ラフロイグからは松ヤニと乾いた海藻を思い起こす。ラガブーリンはヤチヤナギと潮だまり、ボウモアは花々と塩の混じった香りがある。そしてアイラのスモーク香は、あの島の気候と地質がもたらした独特のものだ。まさにテロワールだ。そこには人と土地とが調和して表現してきた文化的なテロワールが連綿とつながり、層をなして重なり合っている。

ジャパニーズウイスキーが"ジャパニーズ"であるのは、単に気候やオークの種類や酵母が理由ではない。この国の食物や芸術、華道あるいは詩歌に影響を与える文化的な美学が、同じようにウイスキーの土台にもなっているからだ。ここで紹介した探究心豊かな蒸溜所の作り手たちが異口同音に語るのは、「ウイスキーに、自分たちの生まれた土地の姿を反映させたい」という言葉だ。生まれた土地の草原、大地、大地が育んだ穀物、空気の影響、風と雨、そして彼らの人生が映し出されたウイスキーを作りたいと。

フランスのドメーヌ・ド・オートグレース蒸溜所のフレッド・レボルはこう語る。「テロワールというと、土壌が与えるものが全てで、人の手がおよばない自然の賜物だと解釈されがちだが、それは違う。土壌や土地の標高だけでなく、それらを活用するプロセスと手法も関わっている。ある場所に、同時に存在することによってこそ生まれるものだ」。デンマークのコペンハーゲンにあるレストラン「ノーマ」のオーナーシェフ、レネ・レゼピは、自身の手法を「時間と土地への基本的な理解、つまり食材が旬となる季節と産地を理解すること」に基づいていると言う。

この考え方はありとあらゆるウイスキーにも当てはまるはずだ。思いを込めて蒸溜に取り組む者だけが、より優れた製品を生み出せる。しかしウイスキーは単なる製品ではなく、作られた時間と場所と作り手、これらが蒸溜されて生まれた真髄だ。それがテロワールである。

JACK DANIEL DISTILLERY
LEM MOTLOW PROP. INC.
LYNCHBURG TENN.

ウイスキーのフレーバーとは

ではいったいどのようにして、それを認識するのだろうか。フレーバーを通して感じ取るのである。鼻をグラスにつっこんで息を吸いこんでみるといい。ウイスキーの香りをかぐたびに、ひとつのイメージが思い浮かぶはずだ。香りがもたらすこうしたイメージが、ウイスキーの個性を知る手がかりとなる。そのイメージはいわば、ウイスキーの蒸溜過程やオーク樽の使われ方と熟成年月を示す案内図の役割を果たしてくれる。香料の専門企業ジボダン社に務める、香りの専門家ローマン・カイザー博士が著書『*Meaningful Scents Around The World*(仮邦題：香りの意味を探る世界旅行)』で語っているように、「嗅覚によって、ほかの生命を感じ取ることができる」のだ。

生きている限りずっと、人はにおいをかぎ続ける。香りは世界を理解するうえで役に立つが、においをかぐという行為を、私たちは意識的に行ってはいない。カイザー博士によれば、18世紀から19世紀にかけて、嗅覚は故意に軽視されたという。当時の哲学者や科学者たちが、視覚こそが優れた感覚であると主張し、嗅覚は「残虐性や狂気にも通じる、原始的で野蛮な能力である」と切り捨てたのだ。年齢を重ねるにつれて、もののにおいを意識的にかぐことを忘れてしまうという実情もある。一般的に花がどんな香りがするのかは知っている、というのなら、なぜ水仙とフリージアの香りを区別するのだろうか。実は、ウイスキーの香りに集中しているときに思い浮かぶイメージの大半は、幼かった日々の暮らしのどこかで、わざわざにおいをかごうとして息を吸いこんだときの記憶が呼び覚まされたものだ。

香りと味わい、という意味でのフレーバーは、複数のウイスキーを識別するうえで、究極の判断材料である。パッケージに魅了される場合もあるだろうし、価格にそそられるかもしれない(あるいはその逆もありうる)。生産地によって判断を迷うこともあるだろう。しかし、グラス1杯のウイスキーあるいは1本のボトルを買う際に最も決め手となるのは、そのフレーバーを好きか否か、である。フレーバーこそが私たちを引きつけ、私たちに語りかけ、味わってみたいという気持ちを誘うのだ。

それでは、そのイメージからどんなことがわかるのだろうか。バニラやクレームブリュレ、ココナッツ(1970年代の日焼けオイルはこの香りだった)や松の香りは、そのウイスキーがアメリカンオークの樽で熟成されたことを教えてくれる。ドライフルーツとクローブのイメージはどうだろうか。きっとシェリーの入っていた樽が使われたのだろう。一面に緑の草があふれる春の牧草地のイメージが浮かべば、長時間ゆっくりと蒸溜されたウイスキーであることを示している。いわば、蒸気が銅製のポットスチルにじっくりと時間をかけて語りかけた結果だ。ではローストした肉を思わせる香りはどうだろう。対話の時間、つまり蒸溜時間は短く、ワームタブが使われたのかもしれない。では強烈でしかも端正な香りがしたらどうだろうか。それは日本生まれのウイスキーである可能性が高い。

グラスに注いだバーボンを味わってみよう。舌の奥のほうでふいにスパイス感と酸味がより強く感じられるのなら、それはライ麦の影響だ。スパイス感が強いほど、マッシュビルにライ麦が多く含まれている可能性がある。アイリッシュウイスキー独特のオイリー感は、未発芽麦芽が入っているからだ。テネシーウイスキーのすすのような風味は、チャコール・メロウイングのせいだろう。こうしたフレーバーはいずれも自然に生じる。どれも蒸溜所で生まれた、あるいは樽に由来するものだ。もし古いウイスキーから皮革やキノコのような'鼻につく'濃厚なにおいがしたら、それは両者の相互作用が長かったためである。

もし混乱したらどうすればいいだろう。そんなときは目を閉じて、そのウイスキーから思い浮かぶ季節を考えてみるといい。するとふいに香りが焦点に入ってくるばかりか、そのウイスキーを最高の状態で味わうヒントも浮かぶはずだ。春を感じさせるウイスキーだったら、氷を入れるなどして冷やして食前に飲むといい。では濃厚で秋を感じたら？　食後にじっくりと楽しもう。

ウイスキーほどに複雑なフレーバーの範囲を持つスピリッツはない。ささやき声のようなライトな香りからヘビーなピート香まで、そしてその中間にあるあらゆる香りまで、これほど幅広く香りが分布しているスピリッツは他にはない。ウイスキーを単なるブランドと見なしたりせず、フレーバーを詰め込んだ箱だと考えてみよう。フレーバーを理解すれば、ウイスキーを理解できる。さあ、探求の旅を始めよう。

嗅覚が見る幻覚：ウイスキーの特徴は香りをかぐ人の心象風景によって表現される。

左ページ：ウイスキーは、スパイスやフルーツからハチミツ、スモーク香、ナッツまで、さながら香りの万華鏡だ。香りはウイスキーと現実世界を結びつけるとともに、私たち自身の思い出を物語る。

テイスティングの方法

私たちの誰もが味わう方法を知っている。もし食べものを載せた皿を目の前に出されたら、あなたはきっとすぐに(確信を持って)食べた感想を口にするだろう。ではグラス1杯のウイスキーではどうだろう。どんなに必死にその香りと味を表す言葉を探しても、たいていの人はそうたやすく言葉を見つけられないはずだ。それはなぜだろうか。ウイスキーを味わうことができないからではない。ただ誰も、じっくり時間をかけてウイスキーを語る言葉を説明してこなかっただけだ。語る言葉さえあればウイスキーを理解するのは難しくない。

いまウイスキーは20年前のワインと同じような立場にある。試してみたいという願望は潜在的にあるものの、消費者はどんなタイプを飲みたいのか説明できる言葉を持っていないのだ。本来、伝達を助けるはずの言葉が障壁になってしまっている。モルトウイスキーを「理解」するためには、秘密結社の一員にでもなったかのごとく、暗号のような意味不明の言葉を知らないといけないかのような誤解がある。これでは新たな飲み手は増えない。では形容する言葉にもつれたり、慣れない固有名詞や複雑で細々とした専門用語の罠に陥らずに説明するにはどうすればいいだろうか。答えは、ものごとをシンプルにすることだ。シンプルな言葉でフレーバーについて語るためには、さほど新たな言語は必要ない。産地はどこで、それが何を意味するのかがわかればよい。

本書では紹介する蒸溜所ごとに、代表的なウイスキーを選んでテイスティングノートを掲載し、フレーバーキャンプでさらに細かく分類している。これにより、タイプの似たウイスキーを比較できるほか、同じ蒸溜所のウイスキーであっても、熟成や樽のタイプによってキャンプ上の別の領域に移る場合があるということがわかる。なじみのウイスキーをキャンプで見つけたら、同じ領域にある、未知のウイスキーを見つけて、両者を比べてみよう。類似点と相違点は何だろうか。凝った言葉でややこしく表現する必要はない。フルーティ、ライト、あるいはスモーキー、そんな言葉で充分だ。そうしたらさらに他のウイスキーを見つけていけばいい。これをひたすらくり返すのだ。

右：**蒸溜家たち**は自分たちの鼻でウイスキーが順調に熟成しているかどうかを見きわめる。

下：**ウイスキーを評価**するには適したグラスを使うことが必須条件だ。

2002
BLADNOCH
DISTILLERY
1 2 9

フレーバーキャンプ

テイスティングの手順はいたって単純だ。香りが立ちやすいノージンググラスにウイスキーを少量注ぎ、色を見るのも当然ながら大切だが、さらに重要なのは、鼻をグラスに入れてみることだ。どんな香りが感じられ、どんなイメージが頭に浮かぶだろうか。そのウイスキーは28ページで紹介するフレーバーキャンプのどの領域に当てはまるだろうか。次に味わってみよう。すでに感知した多くの香りの正体が見つかるだろう。しかし味わう際は、ウイスキーが口中でどんなふうにふるまうかに集中しよう。どんな感じがするだろうか。濃厚かつ舌を覆うような感じか、あるいは口の中に広がり、軽やかに感じられるだろうか。甘いのかドライなのか、あるいは爽やかな印象だろうか。きっと一曲の音楽か物語のように、始まりと中間、そして終わりがあるはずだ。ここでほんの数滴の水を加えて、再び味わってみよう。

香り高くフローラル

この領域のウイスキーの香りからは、切りたての花や果樹の花、刈りたての草、ライトグリーン色をしたフルーツ（リンゴ、梨、メロン）が思い浮かぶ。口当たりは軽く、かすかに甘くて爽やかな酸味がよく感じられる。食前酒に最適だろう。あるいは白ワインのように、冷蔵庫で冷やしてからワイングラスに注いでもよいだろう。

モルティでドライ

この領域のウイスキーはドライな香りがする。爽やかでビスケットのような風味があり、小麦粉やシリアル、ナッツ類を思わせる香りがして粉っぽさを感じる場合もある。味わいもドライだが、たいていはオーク樽由来の甘味でバランスが取れている。やはり食前酒向き、あるいは朝食時にも適している。

フルーティでスパイシー

この場合のフルーツとは、桃やアプリコットなどの熟した果樹のフルーツ、あるいはマンゴーのような南国のフルーツを指す。アメリカンオーク樽由来のバニラやココナッツ、カスタードのような香りがある。フィニッシュはスパイス感があり、シナモンやナツメグのような甘味も感じる。やや重みがあるタイプならどんなときでも楽しめる万能選手になる。

コクがありまろやか

ここで感じられるフルーツはレーズン、イチジク、デーツ、サルタナレーズンなどのドライフルーツだ。こうした風味はヨーロピアンオーク製のシェリー樽が使われたことを示す。ややドライに感じられれば樽から溶け出したタンニンのせいだろう。深みがあり、ときとして甘味やミーティさも感じられる。食後酒として最適だ。

スモーキーでピーティ

スモーク香はモルトの乾燥にピートを燃やすためだ。ピートは、すすの香りからラプサンスーチョン、タール、燻製ニシン、スモークベーコン、ヘザーの燃えるにおいや薪の燃えるにおいまで、あらゆる香りをもたらす。ややオイリーな口当たりもしばしば感じられるが、ピーティなウイスキーは全て、甘味でバランスを取るべきである。ピーティなウイスキーでも若いタイプは食前酒としてうってつけで、炭酸水で割って試してみるといい。熟成の進んだコクのあるタイプは夜遅くなってから飲むといいだろう。

ケンタッキー、テネシーおよびカナディアンウイスキーのフレーバーキャンプ

ソフトなコーン風味

これらのウイスキーに使われる主要穀物であるコーンは甘い香りをもたらし、コクがありバターのような、かつジューシーな味わいである。

甘い小麦風味

バーボンではライ麦の代わりに小麦が使われることがある。小麦は穏やか

日本の山崎蒸溜所では特徴ごとにウイスキーを分別してボトルに入れている。このようにフレーバーキャンプでグループ分けするとわかりやすい。

でなめらかな甘味をもたらす。

コクとオーク香

バーボンはオークの新樽で熟成させることが規定されているため、ウイスキーにはコクのあるバニラ香とココナッツや松、チェリー、甘いスパイスの香りが加わる。樽熟成の期間が長くなるほどこうした成分のコクが強まり、タバコや皮革のようなフレーバーが生まれる。

スパイシーなライ麦風味

ライ麦の特徴は強烈でやや香水のような香りとしてよく表れる。焼きたてのライ麦パンのような、かすかな粉っぽさが感じられる場合もある。この風味はコクのあるコーンが強く主張した後に表れ、酸味のあるスパイシーな強い風味が食欲を刺激する。

シングルモルトウイスキーのフレーバーマップ

フレーバーマップを作ったのは、市販されるシングルスコッチモルトの種類の多さに当惑している飲み手の手助けになればとの思いからだ。あらゆるウイスキーが独自性を持っているため、地域的な定義はフレーバーの保証にはならない。かといって、ウイスキーを単にアルファベット順や生産地別に並べておくような小売店やバーの店主に、フレーバーの区別を任せてはおけない。ではいったいどうすればウイスキーごとの独自性を表現する用語について意見をまとめることができるだろうか。

飲み手やバーテンダー、小売店主、こうした人々にウイスキーの味わい方を教えるのが私の仕事の一部だ。教えていると、いつのまにか複雑な言葉に頼ってしまいがちだった。わかりやすい言葉でフレーバーを説明しようとするほうがずっと難しいのだ。

ある日のこと、消費者がよく考えたうえでウイスキーを選べるように、説明する言葉を簡便化する方法について、ディアジオ社のマスターブレンダーであるジム・ビバレッジと話し合った。私の問いに、彼は十字型に交差する2本の線を紙切れに書いて答えた。「研究所ではこの図表を使っているんだ。これを使えば新しいブレンデッドウイスキーの構想を練る際に新たな構成要素を考えられるし、ジョニー・ウォーカー製品を他のブレンドと比較できる」。その後、この手法がウイスキーのブレンダーだけでなく、あらゆるスピリッツ、さらに香水業界でも使われていることがわかった。そこで私はジムと同僚のモリーン・ロビンソンとともに、消費者にわかりやすいようなブレンダーチャートの簡易版を作り始めた。

それが、このフレーバーマップだ。使い方はいたって簡単。縦軸の下端は、すっきりとしてピュアなウイスキーを表す「繊細」と書かれたスタート点となっている。ウイスキーの複雑味が増すほどに、この軸の上方に位置するようになる。スモーク香が感じられるようになると、ウイスキーは中央に引かれた横軸より上に移動する。スモーク香が強いほど、そのウイスキーは横軸から離れて上方に位置するようになる。

横軸は「ライト」から「コク」へと移動していく。左端の、もっとも軽くて香り高いフレーバーから中央に向かうと、青い草、モルト、ソフトフルーツ〔訳注：硬い皮のない果物〕、ハチミツというフレーバーの領域を通っていく。中央の線を超えて「コク」へ向かうと樽の影響が強くなり、まずアメリカンオーク由来のバニラとスパイス、そして右端に近づくほどシェリー樽由来のドライフルーツのフレーバーが主要な特徴となってくる。

覚えておいてほしいのだが、このマップは特定のウイスキーが他より優れているなどと主張するものではなく、主要なフレーバーの特徴とは何かを説明しているだけだ。特定の領域にあるウイスキーが他の領域より良質あるいは劣るとされているわけではない。これはあくまで、シングルモルトのスコッチを分類するための汎用的なツールである。また、スペースの関係で、市販されているウイスキー全てを網羅できなかったため、最も有名な銘柄を多く選出し、その大半は本書のどこかに掲載されている。

フレーバーマップは随時見直しを行い、新しい表現やスタイルの変化を考慮に入れている。様々なウイスキーの類似点や相違点を示すことができればと願っている。もしピート香がお好きでないのなら、「スモーキー」の線の上方にある銘柄を選ばないほうがいいだろう。ご存じのお気に入りブランドがマップ上にあれば、同じスタイルの異なるブランドのウイスキーも見つかるので試してみることができる。このように楽しく使っていただきたい。

(注)**フレーバーマップ**は著者デイヴ・ブルームとディアジオ社により共同制作された著作物である。マップにはディアジオ社および他社のシングルモルト・スコッチウイスキーが表示される。他社製品については第三者の登録商標である場合もある。©2010

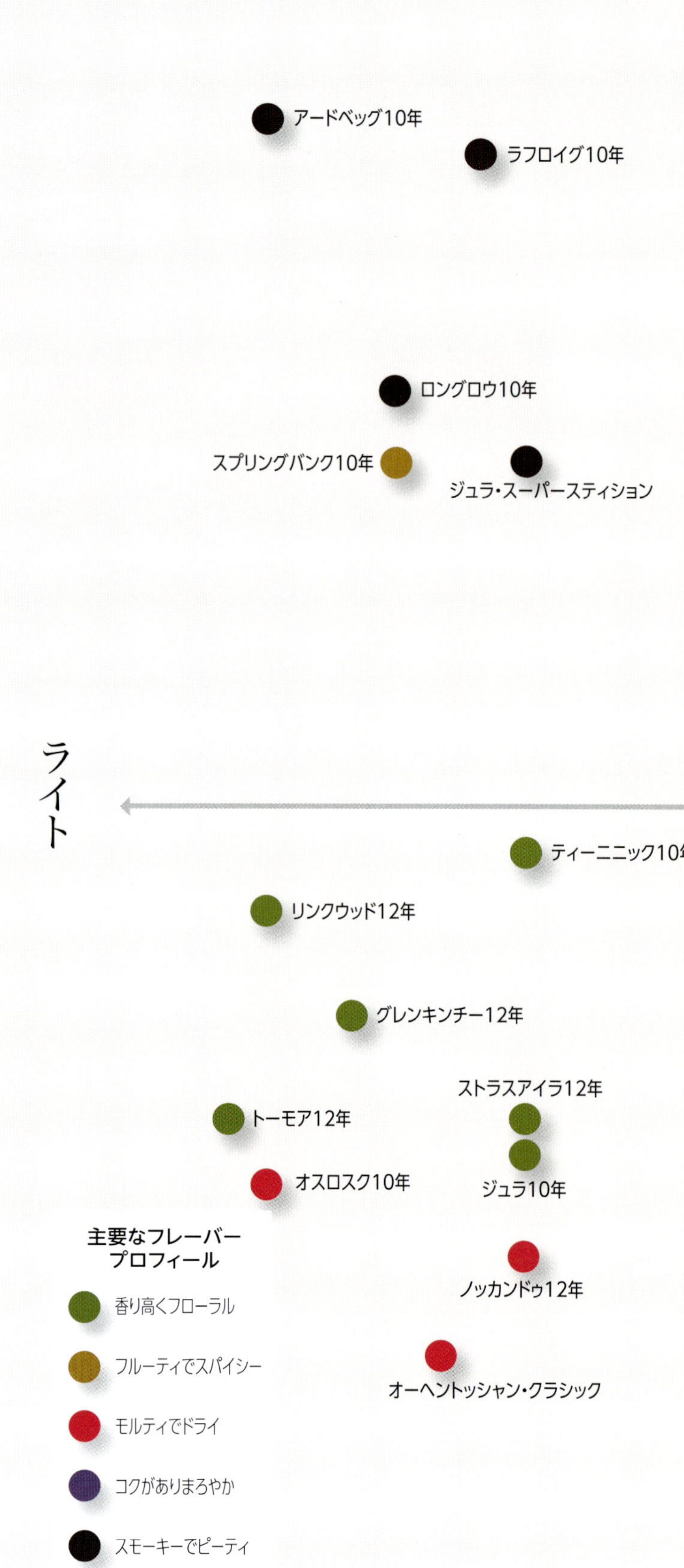

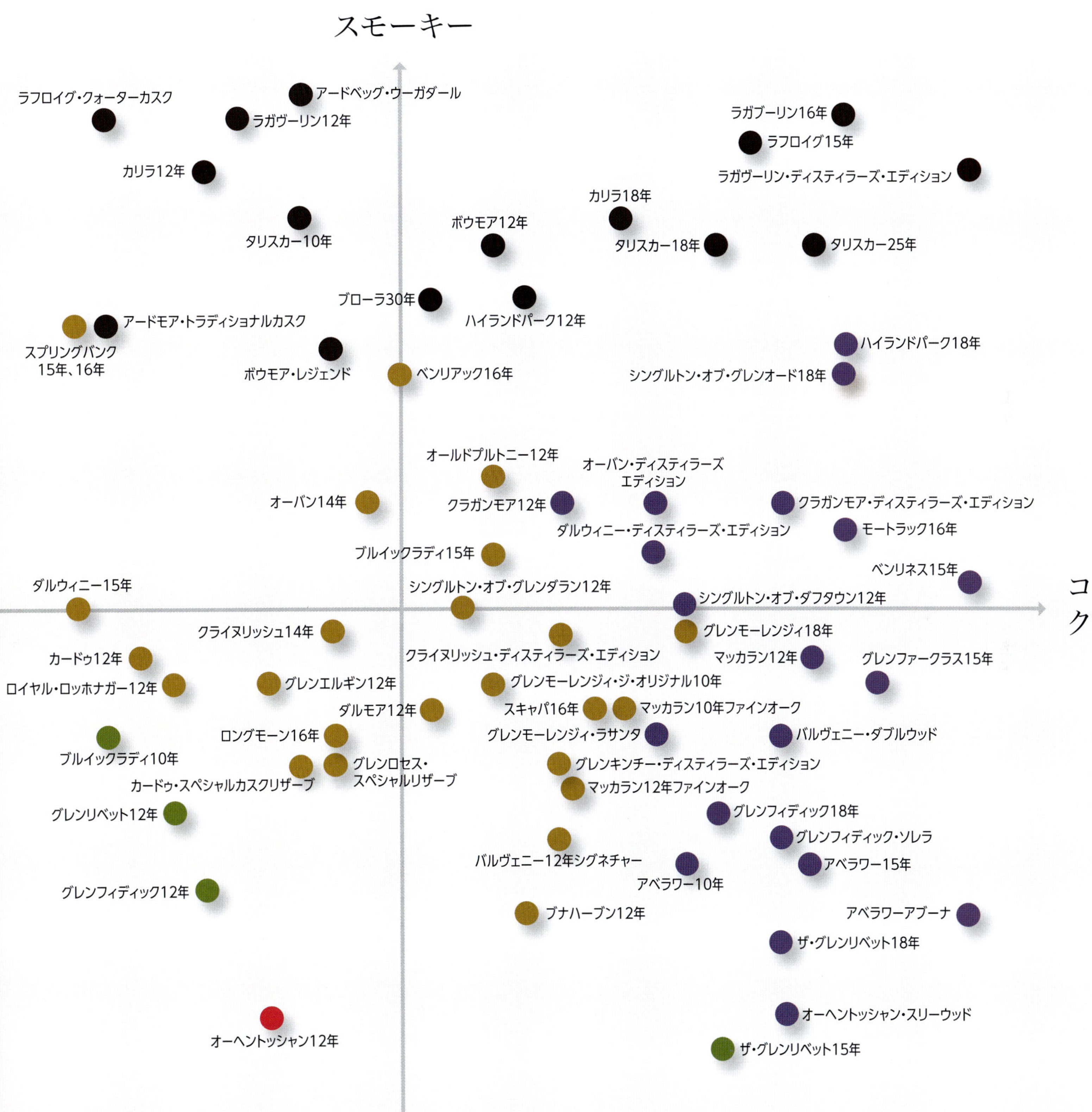
スモーキー
繊細
コク
ラフロイグ・クォーターカスク
アードベッグ・ウーガダール
ラガヴーリン12年
カリラ12年
タリスカー10年
ボウモア12年
ブローラ30年
ハイランドパーク12年
アードモア・トラディショナルカスク
スプリングバンク
15年、16年
ボウモア・レジェンド
ベンリアック16年
ラガブーリン16年
ラフロイグ15年
ラガヴーリン・ディスティラーズ・エディション
カリラ18年
タリスカー18年
タリスカー25年
ハイランドパーク18年
シングルトン・オブ・グレンオード18年
オールドプルトニー12年
オーバン・ディスティラーズ
エディション
オーバン14年
クラガンモア12年
クラガンモア・ディスティラーズ・エディション
ダルウィニー・ディスティラーズ・エディション
モートラック16年
ブルイックラディ15年
ベンリネス15年
ダルウィニー15年
シングルトン・オブ・グレンダラン12年
シングルトン・オブ・ダフタウン12年
クライヌリッシュ14年
グレンモーレンジィ18年
クライヌリッシュ・ディスティラーズ・エディション
カードゥ12年
マッカラン12年
グレンファークラス15年
ロイヤル・ロッホナガー12年
グレンエルギン12年
グレンモーレンジィ・ジ・オリジナル10年
ダルモア12年
スキャパ16年
マッカラン10年ファインオーク
ロングモーン16年
グレンモーレンジィ・ラサンタ
バルヴェニー・ダブルウッド
ブルイックラディ10年
グレンロセス・
スペシャルリザーブ
カードゥ・スペシャルカスクリザーブ
グレンキンチー・ディスティラーズ・エディション
マッカラン12年ファインオーク
グレンリベット12年
グレンフィディック18年
グレンフィディック・ソレラ
バルヴェニー12年シグネチャー
アベラワー15年
アベラワー10年
グレンフィディック12年
ブナハーブン12年
アベラワーアブーナ
ザ・グレンリベット18年
オーヘントッシャン・スリーウッド
オーヘントッシャン12年
ザ・グレンリベット15年

SCOTLAND
スコットランド

スコットランドはウイスキーの世界の支配者だ。なにしろウイスキーのスタイル名にまでなっている。以前チュニジアを訪れた際、フランス語でスコットランドを意味する'*Ecosse*'がどこかを説明するのにうんざりした私はつい、「ウイスキーだ!」と口走ってしまった。すると誰もがすぐに、この外国人は「スコッチの国」から来たのだとわかってくれた。「スコッチ」はウイスキーのスタイル名であると同時に、国名をも表す。確かに国ではあるが、やっかいな地形のためにやたらと遠回りを強いられる土地だ。いくつも湖があるのに橋がないため周囲を回らないといけないし、島々へ行くには飛行機でなく船を使う。道がないので辺ぴな丘を越えないと目的地に行けない。風景は散漫で、ウイスキーも同様にまとまりがない。スコットランドは矛盾に満ちた土地でもある。1919年、批評家のG・グレゴリー・スミスは、スコットランドの文学(拡大解釈するとスコットランドの精神)を、'ジグザグに矛盾している'と定義づけられると評し、これを「分裂的性格」と呼んだ。ウイスキーにもそんな面がある。

前ページ:謎めいたうら寂しい風景だがウイスキー作りに不可欠な2大要素がここにある。それはピートと水だ。

スコットランドのウイスキーは、土地の香りが蒸溜されている。生い茂ったハリエニシダからココナッツの香りが生まれ、エニシダの青いさやの香りや、熱い砂浜に横たわる濡れた海藻の香りが蒸溜されている。そしてワイルドチェリーの花の優美な香りも。さらに、ヘザーの強烈な香り、ヤチヤナギのオイリーさ、切りたての草、そしてピートが生み出す数々の香りがある。くん製所、海岸でのたき火、牡蠣の貝殻、そして塩水の香りだ。海のかなたから運ばれた香りもある。紅茶とコーヒー、シェリー、レーズン、クミン、シナモン、そしてナツメグといった具合だ。こうした香りには全て化学的な理由があるが、文化的な背景も数多くある。

モルトウイスキーの蒸溜所はどこも、やる作業は同じだ。大麦を製麦して粉砕し、マッシングして発酵させ、蒸溜を2度行い(3回の場合もある)、オーク樽で熟成させる。本書を執筆している時点で112カ所の蒸溜所がこの工程を行っている。そして115種類の異なる結果が生まれている。

'シングルモルトウイスキー'の定義で最も重要な言葉は'シングル'だ。近隣の蒸溜所と同じ作業をしている蒸溜所からどうして異なる結果が生まれるのだろうか。これからその手がかりを見つけていこうと思う。手始めはニューメイクだ。というのは、完成品だけに目を向けていては、ウイスキーを完全に理解できないからである。市販されるボトルを味わって知るのは、12年またはそれ以上の年月にわたってスピリッツと樽と空気が織りなしてきた物語だ。参考になるような要素はすでに失われている。個々のシングルモルトの独自性を見つけるには、その根源を知る必要がある。根源とは、スピリットセーフに流れ落ちる無色透明な知識の源泉であり、それは作り手の心の内から流れ出てくる。グレーンウイスキーについても同様だ。ウイスキーごとのDNAを理解しようとしない限り、フレーバーの旅を続けることはできない。

とはいえ完全な答えを期待するべきではないし、数字やチャートを頼ってもいけない。ウイスキーの特異性は貯蔵庫の微気候のせいかもしれない。貯蔵庫のタイプやマッシュタンクのある建物の気圧、あるいはスチルの形やサイズ、または発酵の質が原因ということもありうる。そう、この後に続くページではスピリッツの還流と精溜、麦汁の密度、さらに温度設定や酸化といった化学的な話が登場する。しかし結局のところ、全ての蒸溜家が同様に口にするのは、どんなに豊富な知識を積もうと、蒸溜所はやるべきことをやるだけだということである。蒸溜所が島にあろうと牧草地あるいは山の上にあろうと、彼らは肩をすくめてこう言う。「フレーバーだって? 正直言ってわからないよ。場所に関係があるっていうことだけなんじゃないかな」これがスコットランドである。

荒涼とした美しさを見せるスコットランドの風景にはウイスキーの秘密が数多く隠されている。

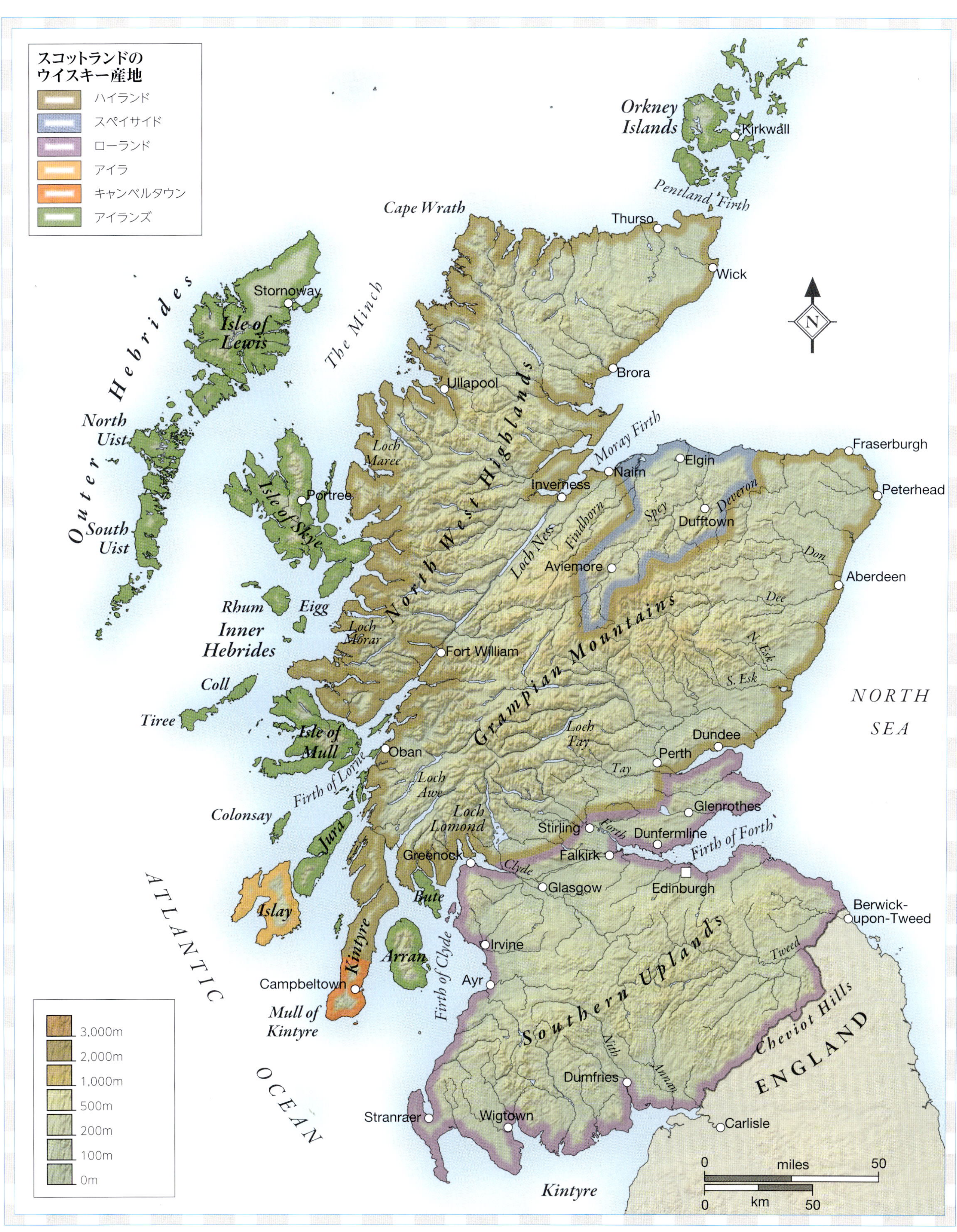
スコットランドの
ウイスキー産地
ハイランド
スペイサイド
ローランド
アイラ
キャンベルタウン
アイランズ
Orkney Islands
Kirkwall
Pentland Firth
Cape Wrath
Thurso
Wick
Stornoway
Isle of Lewis
The Minch
Outer Hebrides
North Uist
South Uist
Brora
Ullapool
North West Highlands
Loch Maree
Moray Firth
Fraserburgh
Elgin
Nairn
Inverness
Peterhead
Portree
Isle of Skye
Findhorn
Spey
Deveron
Dufftown
Loch Ness
Aviemore
Don
Aberdeen
Rhum
Eigg
Dee
Inner Hebrides
Loch Morar
Grampian Mountains
N. Esk
Fort William
S. Esk
Coll
NORTH SEA
Tiree
Isle of Mull
Loch Tay
Dundee
Oban
Perth
Tay
Firth of Lorne
Loch Awe
Colonsay
Loch Lomond
Glenrothes
Stirling
Forth
Dunfermline
Firth of Forth
Jura
Greenock
Falkirk
Clyde
ATLANTIC OCEAN
Glasgow
Edinburgh
Islay
Bute
Berwick-upon-Tweed
Kintyre
Irvine
Arran
Tweed
Southern Uplands
Campbeltown
Ayr
Firth of Clyde
Cheviot Hills
Mull of Kintyre
ENGLAND
3,000m
2,000m
1,000m
500m
200m
100m
0m
Nith
Annan
Dumfries
Stranraer
Wigtown
Carlisle
0 miles 50
0 km 50
Kintyre

スペイサイド

スペイサイドとは何かといえば、行政的に区分されたひとつの地域であるが、それではスペイサイドが何か(あるいはどこか)という問いへの答えにならない。長年モルトウイスキー作りの中心地だったために、この地で生まれるウイスキーは全て同じ部類にくくられがちだ。しかしそうではない。唯一無二のスペイサイドスタイルというものはないし、スペイサイドの風景も一様ではない。

いかにも踏破が難しそうな山々は密造酒の作り手に安全な隠れ場所を、そして密輸業者に秘密の輸送ルートを提供した。

どうしたらザ・ブレイズやグレンリベットの険しく荒れた土地とレアック・オ・マレイの肥沃な平地を比べられるのだろう。あるいはベンリネス周辺に群がる蒸溜所と、キースやダフタウンの蒸溜所をどうやって比べられるのだろう。例えばダフタウンのウイスキーを掘り下げて調べてみたとしよう。自称「ウイスキーの都」で生まれるウイスキーには共通点があるはずだなどと断定できるだろうか。

後続のページに掲載されている'生産地域'の項では、地理的に近接する蒸溜所の一群が紹介されている。しかしそうした蒸溜所の集合地帯こそ、探求のしがいがある。スペイサイドといえば、蒸溜家たちが伝統を守りつつも、絶えず独自のスタイルを発見し、新しいアイディアで試行錯誤を続けている土地だ。現代性と蒸溜所ごとの微気候に寄せる信頼が、一つひとつの蒸溜所の個性を際立たせている。

ストラススペイ(住人がそう呼んだことがあるとすればの話だが)は農業蒸溜家の土地だった。1781年に自家用蒸溜が禁止されたのに続いて1783年にハイランドの境界線外への輸出が禁止され、行政区ごとにスチルの数(サイズも)が規制されるにいたり、彼らは、もはや合法的な蒸溜がほぼ不可能になったと思い知る。ウイスキーの密造はあまり費用がかからず、しかもローランド地方では需要が増えつつあった。その結果、この地方で粗悪なウイスキーが作られるようになった。18世紀後半から19世紀初頭にかけて、密造は風土病のようにはびこったが、1816年に法が改正されると事態が変わった。さらに重要なのは1823年にさまざまな制限が撤廃され、商業用のウイスキー蒸溜が始まったことである。

こうした事情はスペイサイドのフレーバーにどんな影響をもたらしたのだろう。1823年以降の動きを見ると、古くからの手法と新たな手法の2方向に分かれていったことがわかる。つまり小型の蒸溜機によるヘビーな風味のウイスキー作りと大型蒸溜機によるライトな作りへと分かれていったのだ。やがて19世紀の終盤になると、ブレンダーたちは軽い風味を望むようになった。黎明期の蒸溜家たちの一部がこのようにライトなタイプを目指したのは、自由への憧れの表れでもあったのかもしれない。いっぽう、伝統にこだわる蒸溜家たちもいた。結果として、ライトなタイプとダークなタイプが生まれた。陽光を浴びたような香り高いモルトウイスキーに対して、暗い地下や土を思わせるタイプも生まれた。後者は湿っぽく薄暗い山小屋か洞くつのような個性をまとった。スペイサイドでは現在も両方のタイプに出会うことができる。

スペイサイドの蒸溜家がベンリネスの風景を遠くに眺めつつ、様々な選択肢に迷いながら同じ結論に戻るという堂々巡りにふけっている姿を想像してみるといい。その姿はさながらトマス・ハーディの『帰郷』の一節のようだ。「サンザシの切り株にもたれかかり……周囲のあらゆるもの、そしてその奥底にあるものが、頭上の星々と同じように先史時代から変わらずに存在していたのだと思うと、新しさという耐え難い概念がもたらす変化に迷い、悩んでいた心が落ちつくのだった」。

多様性がスペイサイドの全てであり、そこに共通性はない。スペイサイドの旅は、それゆえにスコッチモルトウイスキーを巡る旅でもある。これから私たちが赴く旅は、これまでもそうだったように、蒸溜所ごとの独自性の発展を知る旅である。スペイサイドは存在しない。あるのは数々の蒸溜所だ。

スペイサイドの大地を形成するのは山と草原と川だ。ここで生まれるウイスキーも、その風景と同じように多種多様である。

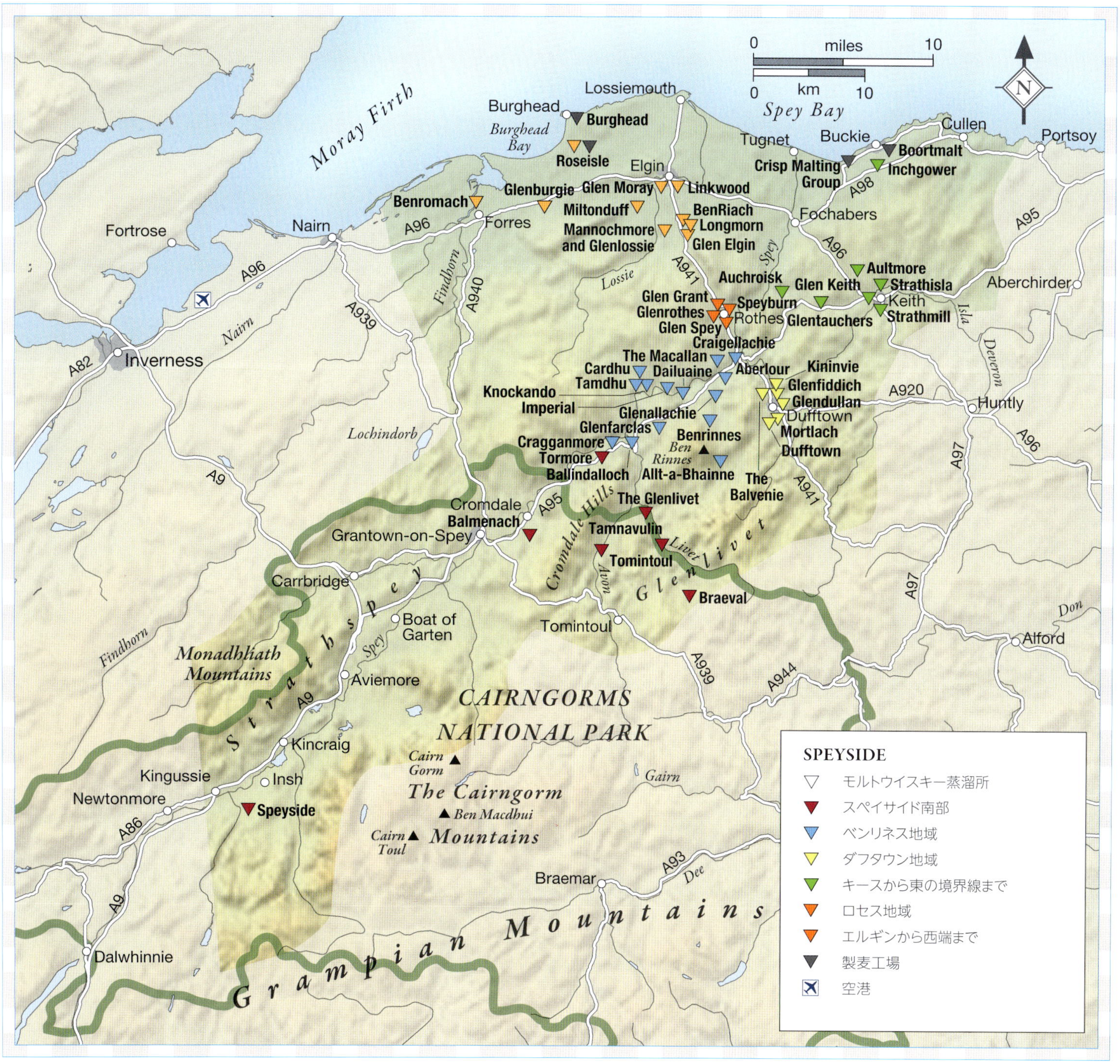

0 miles 10
0 km 10
N
Moray Firth
Spey Bay
Burghead Bay
Lossiemouth
Burghead
Roseisle
Elgin
Tugnet
Buckie
Cullen
Portsoy
Crisp Malting Group
Boortmalt
Inchgower
Benromach
Glenburgie
Glen Moray
Linkwood
Miltonduff
BenRiach
Longmorn
Mannochmore and Glenlossie
Glen Elgin
Fochabers
Fortrose
Nairn
Forres
A96
A98
A95
A941
A940
A939
Auchroisk
Glen Keith
Aultmore
Strathisla
Keith
Strathmill
Glentauchers
Aberchirder
Glen Grant
Glenrothes
Glen Spey
Speyburn
Rothes
Craigellachie
Inverness
A82
Nairn
Findhorn
Lossie
Spey
Isla
Deveron
The Macallan
Cardhu
Dailuaine
Tamdhu
Aberlour
Kininvie
Knockando
Imperial
Glenfiddich
Glendullan
Dufftown
A920
Huntly
Glenallachie
Glenfarclas
Benrinnes
Mortlach
Dufftown
Lochindorb
Cragganmore
Tormore
Ballindalloch
Ben Rinnes
Allt-a-Bhainne
The Balvenie
A9
A97
The Glenlivet
Cromdale
Balmenach
Tamnavulin
Cromdale Hills
Grantown-on-Spey
Tomintoul
Livet
Glenlivet
Avon
Braeval
Carrbridge
Boat of Garten
Tomintoul
Strathspey
Don
Alford
Monadhliath Mountains
Aviemore
A944
CAIRNGORMS NATIONAL PARK
Kincraig
Kingussie
Insh
Newtonmore
Speyside
Cairn Gorm
The Cairngorm
Ben Macdhui
Cairn Toul
Mountains
Gairn
A86
Braemar
A93
Dee
Dalwhinnie
Grampian Mountains

SPEYSIDE
- ▽ モルトウイスキー蒸溜所
- ▼ スペイサイド南部
- ▼ ベンリネス地域
- ▼ ダフタウン地域
- ▼ キースから東の境界線まで
- ▼ ロセス地域
- ▼ エルギンから西端まで
- ▼ 製麦工場
- ✈ 空港

スペイサイド南部

私たちの旅はここ、スペイサイドの南部から始まる。 かつては密造業者と密輸業者の巣くつであり、現代のスコッチウイスキー産業が生まれた地である。 ここではフレーバーマップのあらゆる地点のウイスキーが見つかるはずだ、ピートが効いたタイプだってもちろん見つかる。 スペイサイドは単一のスタイルというよりも、あらゆるシングルモルトスコッチの断面図だ。

スペイサイド南部のトモントゥールを蛇行して流れるエイボン川。

スペイサイド蒸溜所

関連情報：アビモア

スペイサイドの新参者の蒸溜所が地名を冠しているとは、何やら生意気そうな印象だが、所有者はきっと、19世紀の終わりごろ同じキンガスジーの町に、この地名を冠した蒸溜所があったのだと自信満々に正当性を訴えるだろう。もっともその蒸溜所は1911年には廃業してしまった。

現在スペイサイドの名を冠している蒸溜所は、1991年に操業を始めたばかりだが、ジョージ・クリスティが30年にわたり念入りに計画と設立に取り組んだ賜物だ。以前彼が所有し、グレーンウイスキーを製造していたクラックマナンシャーのストラスモア蒸溜所（別名ノース・オブ・スコットランド蒸溜所）は、コラムスチル（p.16を参照）を使って'パテントスチルモルトウイスキー'を作るという離れ技を行っていた蒸溜所だった。

これに比べると、スペイサイド蒸溜所ではより伝統的なウイスキー作りが行われている。廃業したロッホサイド蒸溜所から譲り受けた2機の小ぶりなスチルから、いかにも「ライトでハチミツのような」と形容したくなるモルトウイスキーが生まれる。「スチルが大きすぎたんだ」蒸溜所の元マネージャー、アンディ・シャンドはこう話す。「だから脚部の先端を切り取り、溶接し直さなければならなかったよ」。

小型スチルのスピリッツはヘビーな風味になりやすい。軽くする成分を持つ銅とアルコール蒸気との接触時間が短いためであり、ライトなニューメイクを作るにはちょっとした工夫が必要となる。「われわれは伝統に忠実だ。エステルを生成するため発酵に60時間かけ、蒸溜をゆっくり行っている。大手企業の多くは、設定を変えたり、スピリッツを増産するために装置の運転を早めすぎたりするなど罠に陥って、あげくに個性を台なしにしてしまう。われわれは手作業中心でもある。現代のウイスキー作りは衛生観念にこだわりすぎるし工業化も進みすぎていて、人の手がおよぶ余地がなくなってしまった」。

新設の蒸溜所ではあるが直観力を頼りにウイスキー作りに取り組むスペイサイド蒸溜所を、この地域のウイスキー作りにまつわる初期の物語とどうしても結びつけたくなる。手塩にかけて時間をかけて設立されたというだけでなく、その建物と装置も、土地の風景に根ざしているのだ。スペイサイド蒸溜所は何世紀も前から存続していたとしてもおかしくなかったし、ある意味でそうだと言える。なぜなら石垣の壁の中には古来の技術と考え方がいまも息づいており、それはまさに時を超えた存在だからだ。

蒸溜所は2013年、台湾資本の支援の元、エディンバラのハーベイ社に買収された。

未来の
スペイサイド
ウイスキーを
熟成させる
ときに備えて
修理を待つ樽。

スペイサイドのテイスティングノート

ニューメイク

香り： 香りが強く際立ち、シャーベットとサワープラム、青リンゴの香りがある。
味： 香りが示すように、ライトで甘い。発泡感があり、青いメロンの風味が口の奥に流れていく。
フィニッシュ： 軽やかで花のよう。

3年熟成 カスクサンプル

色・香り： 色は金色。豊かなナッティ感とかすかな土っぽさ。トーストのような焦がしたオーク樽の香り。ドライアップルやリンゴジュース、麻袋、甘い全粒粉ビスケットの香り。
味： 切りたての木とパンケーキのバターの風味が豊か。すっきりしたモルト感。かすかにフルーティな風味もある。
フィニッシュ： 柔らかな余韻
全体の印象： 熟成中で風味が加わっていく途上。風味を放つにはまだ早く、吸収中の段階。

12年熟成 40%

色・香り： 淡い麦わら色。際立つ土っぽさ。小麦のもみ殻やゼラニウムの葉を思わせる香りに続いてワイルドガーリックとスイバに似たハーブ系の香りが感じられる。
味： 香りの印象よりもスパイシーでドライ。粉っぽい土のような風味がずっと続く。
フィニッシュ： ライトで短い余韻。
全体の印象： リフィル樽の効果がまだ表れていない。

フレーバーキャンプ：モルティかつドライ
次のお薦め： オフロスク12年

15年熟成 43%

色・香り： 豊かな金色。やや甘さとココナッツを感じさせるとともにリンゴの皮と砂糖漬けの花、アンゼリカの香り。
味： オークによる甘味が豊富。ソフトフルーツとかすかに切りたての花のような風味も。オーク由来のすっきりした印象。
フィニッシュ： クリアで甘い。
全体の印象： ニューメイクに似た特徴がある。おおらかで懐の深いモルトウイスキー。

フレーバーキャンプ：香り高くフローラル
次のお薦め： ブラドノック8年

バルメナック蒸溜所

関連情報：クロムデール●WWW.INTERBEVGROUP.COM/GROUP-INVER-HOUSE-DISTILLERIES.PHP#BALMENACH

スペイサイド蒸溜所が古代遺跡の幻影だとすれば、次に訪れるのは現実に存在する場所だ。といっても、この蒸溜所がそれを声高に主張しているわけではない。クロムデール村から1.5キロほど離れた立地が、何よりもその素性を知る手がかりである。19世紀初頭の密造所に端を発した古い蒸溜所群は、農場や暗い山小屋跡など、人里離れた場所にあった。

荒涼としたクロムデールの丘に近く、バルメナックは典型的な昔ながらの蒸溜所だ。

18世紀後半から19世紀初頭にかけて小規模な蒸溜が実質的に禁じられ、ウイスキーを収入源にしていた田舎の人々は断罪された。当時、ウイスキー作りにはごまかしがつきものだった。クロムデールの丘というひっそりとした立地条件は、密造からバルメナック蒸溜所を立ち上げた創業者ジェームズ・マクレガーにとって非常に好都合だった。

スペイサイドは、行政区分的には確かに地域として存在するが、単一のものとしては到底とらえられない。そこには相対する古さと新しさ、あるいは暗闇と明るい光がある。小型スチルと木製のウォッシュバック、そしてワームタブを備えたバルメナック蒸溜所は古いスタイルに属している。こうした古くからの機器類があのヘビーで重々しく、かつ力強い風味を生み出すのだ。

簡単に言うと、'ライト'な特徴はスチル内で銅と豊富に接触することによって生まれる。アルコール蒸気と銅の対話する時間が長いほど、スピリッツは軽くなる。冷却時間も長いほど同じ効果があるし、高温で蒸溜する、あるいはカットポイントを早めにしても軽い特徴が生まれる。

反対に、水を満たした桶に銅管を沈めて冷却する古来の技術（ワームタブ）を用いると、蒸気と銅の対話時間が短くなるため、よりヘビーなスタイルになる。その場合、ニューメイクの段階では硫黄のにおいが生じることが多い。覚えておいてほしいのだが、硫黄臭は控えめな複雑さが生まれる指標であり、スピリッツが熟成されると、このにおいは消える。

「バルナメックとアンノック（ノックドゥ）、オールド・プルトニー、スペイバーンにはワームタブがある」バルナメック蒸溜所を所有するインバーハウス社でマスターブレンダーを務めるスチュアート・ハーベイはこう話す。「だから蒸溜中のスピリッツにはあまり銅の成分と反応させないが、発酵中に生まれる硫黄化合物は維持するようにしているんだ。その結果、茹でた野菜や肉のような風味、マッチをすったときのような特徴を持つニューメイクができる」。

彼はさらに続ける。「熟成中に硫黄化合物と樽の炭化槽が反応し合うことによって、熟成後のウイスキーにはトフィーとバタースコッチの風味が生まれる。熟成すると硫黄化合物の種類によって、異なるニューメイクの特徴が際立ってくる。硫黄化合物が重層的になればなるほど、熟成に時間がかかる」。

バルナメックが該当するのはチャートの最も端にあるキャンプだ。熟成前はコクがあり、熟成すると濃厚でヘビーな個性をまとうようになる。シェリー樽で長期熟成させるという手法は、酒質との相性も申し分ない。残念ながら、このウイスキーにはめったにお目にかかれない。インバーハウス社はシングルモルトのボトリングに関しては秘密主義を貫いているのだ。しかしボトラーズ製品を探せば、昔ながらの味を見つけられるかもしれない。

バルメナックのテイスティングノート

ニューメイク

香り： 肉や皮革のような力強さと深みのある香りや、羊のスープストックと熟したリンゴの香りが感じられる。伝統的なワームタブが力を発揮した証しが、骨太さと深みとなって表れている。熟成が進んでもこの力強さはけっして消えない。

味： 口に含むと重厚な風味とエキゾティックな甘味を感じる。この甘味がバルメナックのバランスを保っており、シェリー樽で熟成されてコクが強まり、リフィル樽やバーボン樽がもたらすアロマティックな面が前面に表れる。

フィニッシュ： 余韻が長く、かすかにスモーク感がある。

ベリーブラザーズ&ラッド・ボトリング1979

（瓶詰めは2010年）56.3%

色・香り： あふれるような金色。チョコレートとトフィー、カカオクリームのあふれるような、かつ強い甘さがたっぷり香ったあとに濃く煮出したアッサムティーが続く。どっしりとして、濡れた土の香り。加水するとミルクチョコレートとクレーミートフィー、湿った土と靴店の香り。

味： 心地よい強さのスパイス感。燃やした葉のよう（かすかなスモーク感のせいだろう）。果樹のフルーツコンポートのような重みのあるミッドパレット。ウォルナッツホイップの味も。加水するとコクが増す。

フィニッシュ： 力強く長い余韻。かすかにドライ。ドライアップルの皮を感じてしばらく経ったあとにドライハニーの風味がある。

全体の印象： バルメナック特有の熊のような力強さはアメリカンオーク樽由来の甘さをもってしても覆い隠せない。

フレーバーキャンプ： フルーティかつスパイシー
次のお薦め： ディーンストン28年、オールド・プルトニー30年

ゴードン&マクファイル・ボトラーズ1993

43%

色・香り： ライトな金色。乾燥した皮革あるいは新しい革ベルトの香りから、このウイスキーがオーク樽に詰められて間もない段階であることがわかる。ハードトフィーと全粒粉ビスケット、ニスを塗りたての木材の香り。加水すると土っぽさが感じられる。

味： 香りから想像するよりも濃厚。噛みごたえがある。かすかな穀物っぽさのあとに焦げたスモーク、ブナの葉やタバコの青葉のような味が続く。加水すると、隠れていた風味がうなるように表れてさらに深みが加わる。

フィニッシュ： 木の余韻。

全体の印象： まだ落ちついていないが蒸溜所の個性は感じられる。

フレーバーキャンプ： フルーティかつスパイシー
次のお薦め： ザ・グレンリベット1972

タムナヴーリン蒸溜所およびトーモア蒸溜所

関連情報：タムナヴーリン●バリンダロッホ／トーモア●クロムデール●WWW.TORMOREDISTILLERY.COM

バルメナック蒸溜所が古来の手法への信念を守り続けるいっぽう、この2つの蒸溜所は、1960年代にスコットランドに設立された蒸溜所群が生むフレーバーには共通点があるという主張にも無理はないと思わせてくれる。この時代はアメリカでスコッチの需要が増えたために蒸溜所があいついで新設された。こうした蒸溜所が全て、軽く、かつモルティ風味の強いウイスキーを製造しているのは偶然ではないだろう。

タムナヴーリン蒸溜所は1965年リベット河畔に設立された。驚いたことに、グレンリベット地域にあり、蒸溜免許を得て現在も稼働する蒸溜所としては、2番目の古さだ。6機あるスチルで作られる洗練されたシンプルなニューメイクは、樽熟成によって進化し、ブレンダーがその熟成を待ちこがれずにはいられないようなウイスキーへと変わる。つまり、ウイスキーというよりも、樽が主役となるウイスキーである。

ここに危険がある。オーク樽の森に入るとタムナヴーリンの個性が迷子になってしまいがちなのだ。「だからあまり着込みすぎないように気をつける必要があるんだ」と語るのは蒸溜所を運営するホワイト&マッカイ社でマスターブレンダーを務めるリチャード・パターソンだ。「アメリカンオーク樽や香味の軽いシェリー樽、中古の樽を使っても大変よい熟成をするが、あまり香味が加わりすぎると台なしになってしまう」。蒸溜所はいまフィリピン系のエンペラドール社の傘下にある。

シーバス・ブラザーズ社が所有するトーモア蒸溜所にも、やはり1960年代生まれの蒸溜所の定説が当てはまる。バルメナック蒸溜所から北西に13キロほどの距離にあるこの蒸溜所は、バルメナックとはまったく異なっている。クロムデールの荒れ地に身を隠しているバルナメックに対して、トーモアの巨大な建物は高速道路A96号線沿いに堂々と姿をさらしている。その外見はビクトリア朝時代の水治療施設のホテルを近代的に再現したようだ。設計したのはロイヤル・アカデミーの学長を務めた建築家のサー・アルバート・リチャードソン。建築家としていかに才能があったにしても、1959年にロングジョン蒸溜会社から依頼を受けるまで、蒸溜所を建てた経験などなかったに違いない。

その巨大な建物からは当時のブレンダーたちの自信のほどがうかがい知れる。8機あるスチルはつねに、60年代の北米市場が求めた軽くドライなスタイルを作ってきた。ピートを使わず、すばやくマッシングを行って短時間で発酵させることで穀物香を生む。さらに冷却装置がスピリッツを軽くするわけだが、シングルモルトにしては、やや融通性のない製法に思われる。

タムナヴーリンのテイスティングノート

ニューメイク

香り： クリーンでドライ。やや粉っぽい穀物香もある。グラッパを思わせる。
味： スミレやユリのような軽い味わい。すっきりとして非常にドライ。
フィニッシュ： ナッテイで短い。

12年熟成 40%

香り： 色は淡く、非常に軽い香り。焦げた米の香りに続いてほのかなバニラ香。
味： ライトでドライ。かすかにゴムのような、かつ大麦やモルト由来のはっきりした歯ごたえとレモンの風味。
フィニッシュ： 短い。
全体の印象： ニューメイクそのもの。ライトなウイスキーの典型。

フレーバーキャンプ：モルティかつドライ
次のお薦め： ノッカンドウ12年、オーヘントッシャン・クラシック

1973年 カスクサンプル

香り： かすかに青い草のよう。シェリーの香り、ローストしたナッツ、茶色くなったバナナの皮、ナッツオイル、ドライフラワーの軽い香り。
味： 甘いライトボディ。ミッドパレットはナッティでかすかに甘い。バランスがよい。
フィニッシュ： すっきりしてほどよい後味。
全体の印象： シェリー樽とモルトがあいまってナッティな味わいを生んだいっぽう、甘さも加わっている。

1966年 カスクサンプル

色・香り： マホガニー。コクと熟成感あり。ひび割れた古い皮革。重たい甘みのプラムとプルーンの香り。ブランデー・デ・ヘレスに似た香り。
味： 軽いざらつき感。ミッドパレットはブラジルナッツのようにやや濃厚。ドライハーブの風味。
フィニッシュ： ナッツ
全体の印象： やや着飾りすぎたようだが、モルティなウイスキーにとってオーク樽がいかに重要かを示す好例。

トーモアのテイスティングノート

ニューメイク

香り： スウィートコーンとやや農場の庭(牛の吐息やもみ殻)のような香りが豊富。
味： 非常に軽い味わいのフルーツのような澄んだ甘味。
フィニッシュ： 粉っぽさのあとにライトな柑橘系の余韻が続く。

12年 40%

香り： ややきつめの香りのあとに削りたてのオークのような香り。ドライでナッティ。
味： タバコの葉、コリアンダーパウダーのようなスパイス感とハーブや生い茂ったヘザーのような印象。加水すると徐々にバーボンに近い味になる。
フィニッシュ： すっきりとしてナッティな余韻。
全体の印象： オーク樽がかなり強く効いている。

フレーバーキャンプ：フルーティかつスパイシー
次のお薦め： グレンマレイ12年、グレンギリー12年

ゴードン&マクファイル・ボトラーズ1996 43%

色・香り： 淡い色。ライトなモルト香と野生のリンゴの奥に花の香り。非常に強い。
味： アップルタルト。ハリエニシダ。オレンジブラッサムウォーター。希釈しても爽やかさが残り、青い草のような風味とかすかなオイリー感がある。
フィニッシュ： 短くかすかな苦味。
全体の印象： 蒸溜所の狙いが鋭敏に表れている。

フレーバーキャンプ：香り高くフローラル
次のお薦め： ミルトンダフ18年、白州18年

トミントール蒸溜所およびブレイバル蒸溜所

関連情報：トミントール●バリンダロッホ●WWW.TOMINTOULDISTILLERY.CO.UK／ブレイバル●バリンダロッホ

1960年代に設立され、ライトなウイスキー作りの枠組みに含まれる蒸溜所をさらに2ヵ所紹介する。ひとつめのトミントール蒸溜所はエイボン川沿いにあり、1965年、ウイスキーのブローカー会社W．& S.ストロング社とヘイグ&マクロード社によって設立され、現在はアンガス・ダンディ社の傘下にある。なぜこの地に建てたのかといえば、おそらく水源のためだろう。工場では3つの湧水を使用している。あるいは創業者たちは、この地に宿るウイスキー作りの古い歴史を利用したのかもしれない。近くにある滝の奥の洞窟は、かつて密造の拠点だったのだ。

トミントールの売り文句は「優しい1杯」だ。確かにそのとおりだが、このフレーズはやや淡白な酒質をほのめかしているようにも思われ、このウイスキーにとってはむしろ不名誉だろう。モルティなウイスキーには違いないのだが、モルティな風味のカテゴリーには幅があり、やせぎすで極辛口なタイプから焦がしたような豊かなコクを感じるタイプまである。

トミントールはその中間に位置し、核となっている穀物風味は温かいマッシュタンと牛小屋の牛が発する甘い吐息を思わせる。ニューメイクの強烈な個性はソフトなフルーツへと進化する。これは穀物由来の爽やかさと対極の風味だ。効力の強い樽で長期間熟成させると効果がたっぷり表れる。熟成当初は眠っていた個性が、トロピカルフルーツのような豊潤な風味となって表れるのだ。これはじっくり時間をかけた熟成の典型例である。

地元産のピートに由来するスモーキーな風味も生まれる。これは、ピートを採掘する地域が、特定の風味を生むうえでいかに決め手となっているかを示してくれる好例だ。組成物の影響で、本土のピートは薪の煙のようなスモーク香がするいっぽう、島部で取れたピートはヘザーや海、タールのような香りが感じられる。

スコットランドで最も標高の高い蒸溜所の背景にも密造酒時代があった。ブレイバル蒸溜所は1973年、人里離れたブレイズオブグレンリベットに設立された。フラゴン〔訳注：取っ手付きのワイン瓶〕型をした、この山奥の谷はラダー丘陵で囲まれ、足を踏み入れようにもボッシェル山でさえぎられている。周囲には古びた避難小屋の跡が散在し、季節によって牛の移動放牧が行われていたことを示している。なにしろ、ブレイズ(braes)は高地の放牧地を意味する方言だ。この谷に人が定住するようになった18世紀以来、ここではウイスキーが作られてきたが、蒸溜所が合法化されたのは1972年のことだ。ブレイバルのウイスキーも「後期スペイサイド」スタイルの軽いタイプだ。銅製の装置がふんだんに使われて製造されるが、ポットエール〔訳注：初溜釜に残る廃液〕やゼラニウムの香りをまとって、思ったよりもヘビーな仕上がりになる。

トミントールのテイスティングノート

ニューメイク

香り： ライトな穀物香、オートミール、その奥に甘さが感じられる。ほのかにマッシュタンの香り。食欲をそそり、甘い。

味： 芯がしっかりして洗練されて甘く、青い草の特徴がはっきりと中心にある。非常に強烈。

フィニッシュ： モルティ。

フレーバーキャンプ： モルティかつドライ

次のお薦め： オーヘントッシャン・クラシック

10年 40%

香り： 銅。爽やかでややモルティ。ヘーゼルナッツ、ミックスピール。加水でオバルチン〔訳注：麦芽飲料〕の風味が生まれる。まだ若いようだ。

味： サルタナレーズンの豊かな甘味、リコリス。非常になめらか。

フィニッシュ： 熟して甘い。

全体の印象： シェリー樽由来の要素がドライフルーツのような柔らかさをもたらしている。

フレーバーキャンプ： 香り高くフローラル

次のお薦め： リンクウッド12年

14年 カラメル無添加、ノンチルフィルタード 46%

色・香り： 麦わら色。非常にライト、水仙やフリージアの花と白いフルーツ香。繊細なオーク樽、ほのかに小麦粉や焼きたてのパンの香り。

味： 口に含むとすぐに花の香りが立ち上がりやや桃の果汁の風味も。10年に比べ、溶けかけたバターが強く感じられ濃厚。口中で広がる。

フィニッシュ： 甘く長い余韻。

全体の印象： トミントールの隠された真価がいよいよ表れてきた感がある。

33年 43%

香り： 濃厚でシロップのよう、豊かなドライトロピカルフルーツとかすかにワクシーな香り。粘りのある華やかな香り、加水すると炭化したオーク樽がかすかに感じられる。

味： 噛みごたえがあり重層的。あらゆるフルーツがあふれ出て、アーモンドの風味とやや交わることによりドライでマジパンのような風味も少し感じられる。加水するとオーク樽の風味がクレームアングレーズやペストリーに変わる。

フィニッシュ： 熟した余韻が長く残る。

全体の印象： 長期熟成によってトロピカルフルーツの風味が加わったウイスキーの典型例。

フレーバーキャンプ： フルーティかつスパイシー

次のお薦め： ボウモア1965

ブレイバルのテイスティングノート

ニューメイク

香り： まずエステル香、その奥にヘビーなマーマイトのような特徴、かすかに硫黄香。

味： ほどよく重みのあるソフトな味が口の奥に立ちのぼる。

フィニッシュ： ダークグレーン。

80年 40%

香り： ナッティ。ピスタチオとややリンゴの木、ローストした穀物香が穏やかになり厚みが加わっている。ニューメイクから想像したよりも軽い。梨。

味： 香りの強い味。ジャスミンとラベンダー。繊細。

フィニッシュ： すっきりして非常にシンプル

全体の印象： 爽やかさが前面に押し出されている印象

フレーバーキャンプ： 香り高くフローラル

次のお薦め： トミントール14年、スペイバーン10年

ザ・グレンリベット蒸溜所

関連情報：バリンダロッホ●WWW.GLENLIVET.COM●開館時間：4月-10月、月曜-日曜

一般的な見解に反して、合法的なウイスキー蒸溜時代が到来したとされている日よりも早く、すでに多くの蒸溜所が合法的な操業を始めていた。それでもなお、1823年の酒税法改正は、私たちが現代、スコッチウイスキー産業として認識している業態が出現する合図であった。新たな法律の目的は密造を撲滅することにあり、そのためにハイランドにある小規模な工場に資本が投入されやすくなるよう諸条件が緩和された。

もうひとつ見落とされている点がある。この法律によって蒸溜家の選択の幅が広がり、ウイスキーのフレーバーも変化したのだ。マイケル・モスとジョン・ヒュームによる、スコッチウイスキーの歴史を厳密に調べた文献に、この点を如実に伝える文章がある。「新しい法規（1823年の法改正）によって、蒸溜家はウォッシュのアルコール度数、スチルのサイズやデザインを自ら選んで蒸溜に取り組めるようになり、その結果生まれるウイスキーの品質とフレーバーも選択できるようになった」。

ジョージ・スミスの心の奥にも同じことが浮かんだ。彼の地主が、蒸溜免許を取得するよう依頼してきたときのことだ。地主がゴードン公爵だったことを思えば驚くにあたらない。公爵は貴族院の議会で、地主がウイスキーの密造を黙認するのをやめるよう呼びかけることにより、酒税法改正のきっかけを生んだ人物だったのだ。

スミスは1817年から、グレンリベットの荒野にあるアッパー・ドラミン農場で密造を行っていた。警察の手がおよびにくかったこの地域では、同様な密造があちこちで行われていた。密造仲間はスミスが免許を取得したことに憤ったが——とはいえスミスには密造から足を洗う以外にほとんど選択肢がなかった——、非常に興味深いのは、続いて彼が選んだ道だ。

スミスは、そうしようと思えば、バルメナック蒸溜所のマクレガーと同じ道をたどり、ヘビーなウイスキー作りにとどまることもできた。しかしスミスと息子たちは、古くからの密造から抜け出すだけでなく、古いフレーバーとも離別したのだろう。スミスは新たなスタイルの可能性に着目し、ライトなウイスキー作りへと移行した。山小屋や煙だらけの洞窟での密造から、技術と資本を軸にしたウイスキー作りへと方向転換した結果、19世紀中盤にはブランドとして第一歩を歩み出していた。グレンリベットの合法的な蒸溜所はスミスの蒸溜所だけだったにもかかわらず、彼のウイスキースタイルは特定のフレーバーの代名詞になった。また、他の蒸溜家たちがこぞって、自分たちの蒸溜所名のあとに勝手に「グレンリベット」を付けるようになったため、スミスらは訴訟を起こし、スミスの蒸溜所だけが「ザ・グレンリベット」を名乗る権利を勝ちとった。

1858年、スミスは古いドラミン蒸溜所を閉め、近くのミンモアに大規模な工場を建設した。現在の蒸溜所が建っている場所だ。以来、工場はかなりの拡張を続けてきたが、2009年から2010年にかけて最も大規模な改修を行った。新たなマッシュタン、8機の新しい木製ウォッシュバック、さらに3対のスチル（これでスチルが合計7組となった）を増設した。スチルは全て1858年当時と同様に腰部分が細いデザインで、年間1千万リットルの蒸溜が可能だ。「ブリッグス社製の新しいマッシュタンには、ウォートの透明度をチェックできるようモニターとのぞき窓が付いているんだ。ヘビーな穀物風味になっては困るから、マッシュを濁らせないようにしないとね」ザ・グレンリベット蒸溜所のマスターディスティラーを務めるアラン・ウィンチェスターはこう語る。

樽の管理品質がザ・グレンリベットを世界屈指の売り上げを誇るシングルモルトの座へと押し上げた。

ミンモアの冷涼な高地に建つ貯蔵庫にはザ・グレンリベット独特の微気候がある。

「その次に48時間かけて発酵させてから、スチルで銅と接触させてフルーティで花のようなエステル香が生まれたら、樽でさらにエステル化を進めるんだ」。

19世紀の記録によると、スミスはウイスキーにパイナップルの特徴を加えようとしていたようだ。現在、まだ若いウイスキーからはリンゴの特徴がはっきりと感じられ、穏やかな花の香りもする。しかしどんなにザ・グレンリベットらしいフィネスが高まっても、熟成するにつれて、骨太な個性が生まれる。特にリフィル樽を使うとその傾向がある(p.14-15を参照)。

新しいスチルハウスのデザインも重要だ。グレンリベットの建物はそれまで長年、いかにも工場らしい灰色の味気ないものだった。現在は景色を見わたせる窓が付いたほか外壁には化粧石が使われ、昔のように風景に溶けこんだ姿となり、ブレイズを背景に、ベンリネス山を望んで建っている。

ザ・グレンリベットのテイスティングノート

ニューメイク

香り： ほどよい重さ。爽やかで花の香り、かすかにバナナ香、熟したリンゴとほのかなアイリス。
味： 柔らかく穏やかなフルーツ。ライト、リンゴのよう。新鮮なズッキーニ。
フィニッシュ： すっきりとして爽やか。

フレーバーキャンプ：フルーティかつスパイシー
次のお薦め： バルブレア1975、グレンモーレンジィ18年

12年 40%

色・香り： ライトな金色。香りがよく、リンゴの果実と花の香りが豊富、ジャスミンティ、かすかにトフィー。
味： 最初は繊細だが突然チョコレートの味が表れる。リンゴの味があふれ、ユキヤナギ、梨のコンポート。
フィニッシュ： すっきりしていてソフト。
全体の印象： ライトでアロマティック。

フレーバーキャンプ：薫り高くフローラル
次のお薦め： グレンキンチー12年、アンノック16年

15年 40%

色・香り： 銅のような金色。強いスパイス感、サンダルウッド、ローズウッド、ターメリック、カルダモン。バラの花びら。
味： まずリンゴの味。長く続くフローラルな味。優しくライト、オーク樽由来のざらつき感。
フィニッシュ： スパイスが再び感じられる。シナモンと生姜。
全体の印象： フレンチオーク樽がスパイス感を高めた。

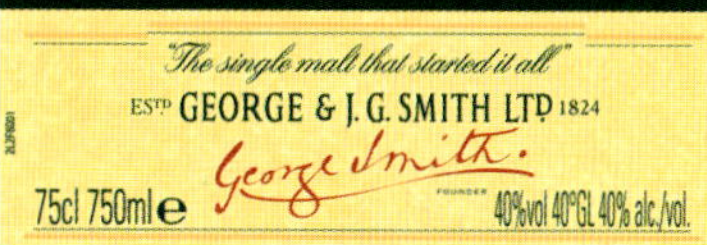

18年 40%

色・香り： 豊かな金色。焼きリンゴ、ブラウンシュガー、アンティークショップ、ライラック、軽いアニス。
味： 12年よりコクがありシェリー樽由来の味が豊か。ヒマラヤスギ、アーモンドの花、アモンティラード、乾いたオレンジの皮。
フィニッシュ： リンゴとオールスパイス。
全体の印象： コクがありさらによく開いており、ニューメイクの風味が再びほどよく感じられる。

フレーバーキャンプ：コクがありまろやか
次のお薦め： オーヘントッシャン21年

アーカイブ21年 43%

香り： このスピリッツから感じるリンゴは控えめなドアイアップル、桃やプラムのコンポートなど他のフルーツが中心、エキゾティックで松ヤニのようなオーク樽香もある。加水するとパネトーネと若干のアーモンド。
味： 甘みとザ・グレンリベットの典型的な風味。たっぷりのブラウンシュガーで煮たリンゴ。加水するとスパイスとリンゴに導かれた砂糖味が表れる。
フィニッシュ： 生姜の余韻が長く続く。
全体の印象： エレガントで熟成感があり、かつ蒸溜所独特の個性も持っている。

フレーバーキャンプ：フルーティかつスパイシー
次のお薦め： クライヌリッシュ14年、バルブレア1975

ベンリネス地域

ベンリネスはスコットランドのウイスキーの頂といえよう。山の頂上にはトポスコープまで設置され、そこから見わたせる全ての蒸溜所が記されている。そして、見えはしないものの、古来の伝統製法と現代的なライトな感性が競い合うようにして、その魅力を最大限に表現している。この地ではヘビーでコクのあるスタイルと、花のような個性を備えた現代風のスタイルとが共存している。

川沿いのノッカンドゥ蒸溜所を見下ろすように建つカードゥ蒸溜所(写真奥)。

クラガンモア蒸溜所とバリンダロッホ

関連情報：バリンダロッホ●WWW.DISCOVERING-DISTILLERIES.COM／クラガンモア●開館時間：4月-10月、曜日と詳細はサイトを参照

ベンリネスはスペイサイドの中核をなす土地だ。ケアンゴーム山地の北端にあり、この地域の中心部を占めている。山頂からは周辺一帯を見晴らすことができ、南にクロムデールとグレンリベット、北はロセスとエルギン、そして東にダフタウンとキースを視界に収められる。山影が落ちる一帯にある蒸溜所群は、スペイサイドのウイスキーが3つの側面を持って発展してきたことをさらに証拠づけている。

酒税法が改正された1823年以降に蒸溜家が直面した課題のひとつは、自分の商品を市場へ運ぶ方法だった。けわしい山道は、密造時代には利点だったに違いない。しかし新市場への商品輸送が不自由な状況は新たな蒸溜家たちの多くにとって障壁となり、彼らの苦労は1860年代まで続いた。

しかし1869年にストラススペイ鉄道が敷設されると、事態は好転に向かった。鉄道はダフタウンとボート・オブ・ガーテンをつなぎ、パースや人口の集中しているセントラルベルトまでつながった。ベンリネス地域で最初にこの恩恵を受けた蒸溜家はジョン・スミスだった。彼は1869年、バリンダロッホ駅のすぐ隣にクラガンモア蒸溜所を建てたのだ。

ジョン・スミスは非常に大柄な男だった。ある意味、その体格のせいで彼は過小評価されたといえよう。どうしても立派な腹回りのサイズばかりが注目され、革新的な蒸溜家としての天与の才にスポットが当たらないのだ。しかしジョンは、ザ・グレンリベット蒸溜所をつくったジョージ・スミスと血縁があり、同蒸溜所で責任ある役職に就いた。その後ダルユーイン、マッカラン、南下してウィショウにあるクライズデール蒸溜所でも働いた。スペイサイドに戻った彼は、グレンファークラス蒸溜所で短期間働いたのち、ついにスペイ川蒸溜所の近くに土地を借りることになる。

いまやクラガンモア蒸溜所の蒸溜室ではコンピュータが使われているが、スミスのウイスキー作りの手法は現在も健在だ。スミスがこの地に蒸溜所を建てたのは実用的な理由からだったが、中に入ると、彼の蒸溜家としての創造性に目を奪われる。すでに彼は他の蒸溜所で様々な仕様のスチルを見ていた。ライトなスタイルを目指していたザ・グレンリベット、ヘビー志向のマッカランとグレンファークラス、そして3回蒸溜を行っていたクライズデール。そしてとうとうスミス自身が求めるウイスキーを作るチャンスがやってきたのだ。

クラガンモア蒸溜所の工程はいたって普通で、軽くピートを効かせたモルトを木製のウォッシュバックでじっくり発酵させる。彼の才能が最もはっきりと表れているのは蒸溜室だ。

大きなウォッシュスチルには鋭角に曲がったラインアームが付けられ、ワームタブへとつながっている。スピリットスチルの頭部は平らになり、緩やかに傾斜した長いラインアームが取り付けられている。ここでは還流がキーワードだ(p14-15を参照)。

いったいスミスはどんなスタイルのスピリッツを作ろうとしていたのだろう。こうした設備を見れば見るほど混乱してくるし、矛盾しているように思われる。巨大なウォッシュスチルは、大量の蒸気が還流することを示し、つまりライトなスピリッツを意味する。しかし下に向かって急角度のついたラインアームは、還流による蒸気と銅の接触が長引くのを抑える役割を果たす。そのライン

人があまり足を踏み入れない場所にひっそりとたたずむクラガンモア蒸溜所だが、鉄道の利便性を真っ先に享受した蒸溜所だった。

樽による長期熟成は、複雑なシングルモルトをさらに重層的にするうえでひと役買っている。

バリンダロッホ：地主の飲む1杯

マクファーソン・グラント家は1546年以来、バリンダロッホ城を居城としてきた。 肉牛として評価の高いアバディーン・アンガス種が初めて飼育されたのは彼らの領地だったし、ジョン・スミスに蒸溜所用の土地を貸したのもこの地主だ。 2014年、同家が所有するゴルフコースに隣接する古い農場も蒸溜所に変わった。「何年もずっとこのアイディアを温めていたのです」現当主のガイ・マクファーソン・グラントは語る。「そうするのが賢い選択だということがしだいにはっきりしてきました。 それに旧態依然としたハイランド・エステートの土地を多様化できますしね」

こうして「シングルエステート・シングルモルト」が生まれる。 所有する農地で収穫された大麦を使い、蒸溜と熟成も自分たちの土地で行い、ドラフは家畜の飼料にしている。 最も興味深い決断は、あえて「力強い、食後向きのウイスキー」を生み出したことだ。 古きスペイサイドスタイルへの回帰は、ワームタブと小型のスチルを設置し、熟成用の樽にファーストフィル、ホッグスヘッド、リフィルそしてシェリー樽を使っている点に表れている。 こうした工程を全て、経験豊かなチャーリー・スミスが監督している。

アームが冷たいワームタブにつながっているということは、スピリッツはヘビーになるはずだ。 スピリットスチルはさらに混乱を招く。 アルコール蒸気は平らな頭部にぶつかって還流を起こし、撹拌されるローワインと再び混ざる。 ラインアームは頭部から分岐しているため、フレーバーと蒸気の反応も限られたものになるはずだ。 そのラインアームは長く緩やかに傾斜しており、蒸気と銅がじっくり交流するということを示している。 全ては銅との接触時間を長くするための仕組みだとしか考えられないのだが、小型のスチルとワームタブがあるのはいったいどういうことだろうか。 その答えはといえば、スミスが蒸溜の熟練工であり、自分が作るスピリッツにできるだけ複雑な特徴を加えたかったということだ。 クラガンモアはわかりにくいかもしれないが、想像をかきたてる蒸溜所でもある。 スミスのような人物はけして、漫然とビールを煮こむだけの無教養な人間ではない。 革新者であり、試行錯誤をいとわない開拓者だったのだ。

現在クラガンモア蒸溜所では硫黄の個性の強い、コクのあるスピリッツを年中作っている。

ニューメイクから感じられる硫黄の特徴の裏には、熟成によって生まれる複雑な個性が見え隠れしている。 それはさながら、秋に実る果実、あるいはバリンダロッホの暗い森の夕暮れどきにきらめく木漏れ日のようだ。

クラガンモアのテイスティングノート

ニューメイク

香り： 凝縮感。 羊のスープストックのようなミーティさ。 硫黄。 甘い柑橘類とフルーツ香がほのかにある。 かすかにナッツの香り。

味： 圧倒的な力強さといくぶんスモーキーな味のあとに肉っぽさと硫黄の味。 大胆で密度が高い。 濃厚でオイリーなオールドスタイル。 重みと柔らかさがある。

フィニッシュ： 黒い果実と硫黄。

8年 リフィルウッド カスクサンプル

香り： 凝結感ありフルーティ。 ほのかにローストした肉やスズを焼いた香り。 豊かなミント、秋の紅葉、苔、パイナップルとキイチゴもいくぶん感じる。 加水すると硫黄香。

味： 熟成してシルキー。 個性が開花。 複雑でヘビー。 フルーツの奥に木の風味。

フィニッシュ： 閉じていく感じ。 ほのかなピート。

全体の印象： 熟成感が早くも表れている。

12年 40%

香り： 熟した秋の果実の複雑な香り、ブラックカラント、やや皮革の香り、重いハチミツ香、チェスナッツ。 ライトなスモーク香。

味： フルボディでフルーティ。 ソフトフルーツのコンポート、ほのかなウォルナッツ味、深みがある。 シルキーな口当たり。 開いている。

フィニッシュ： ライトなスモーク感。

全体の印象： 硫黄っぽさは完全に消え、肉の風味と多様なフルーツの豊かな風味が一体化している。

フレーバーキャンプ：コクがありまろやか

次のお薦め： グレンドロナック12年、グレンゴイン17年

ザ・ディスティラーズエディション、ポートフィニッシュ 40%

香り： まろやか、甘い、コク、濃縮感のあるフルーツと秋のフルーツジャムの香り。 スモモ。 穏やかにエキゾティック。

味： コクがありかすかにこってり感、控えめな肉っぽさ。 ややドライ、味の濃いフルーツ。 加水すると複雑に。

フィニッシュ： 非常にライトなスモーク感。

全体の印象： クラガンモアの秋を思わせる特徴がポートの風味と自然な相性を見せている。

フレーバーキャンプ：コクがありまろやか

次のお薦め： ザ・バルヴェニー21年、タリバーディン・ポートカスク

ノッカンドゥ蒸溜所

関連情報：ノッカンドゥ●WWW.MALTS.COM/INDEX.PHP/EN_GB/OUR-WHISKIES/KNOCKANDO/INTRODUCTION

クラガンモアとノッカンドゥはまったく相反している。前者が緑濃い渓谷に隠れているのに対して、ノッカンドゥは旧ストラススペイ鉄道の線路、そして現在スペイサイド・ウェイというハイキングルートとなっている道沿いに、黄金色の石造りの建物が堂々と建っている。その姿に漂う軽快な雰囲気が、ここで生まれる、午後の陽光に照らされて舞うホコリのようなライトボディなモルトウイスキーにも、どことなく反映されているように思われる。

ノッカンドゥは紛れもなくライトなウイスキーだ。実は1960年代に登場した、新たな味を求める先駆者の基幹要員の一員である。この蒸溜所では濁ったウォートを短時間発酵させており、モルティな特徴の強さを持つニューメイクが生まれる（p14-15を参照）。その結果、オーク樽との接触をほんのささやき程度に抑える必要があり、ざらついた味わいにいくらか甘味を加える程度にしておく。

クラガンモアを創業したジョン・スミスと同様に、ノッカンドゥの創業者ジョン・トンプソンも鉄道をフルに活用するためにこの地に蒸溜所を建てた。しかしスミスの時代とは事情が変わっていた。ノッカンドゥが建てられた1890年にはブレンデッドウイスキーが優勢となり、ブレンダーたちの仕事は、どんなスタイルが好まれるかを探り当てることだった。初期の蒸溜家が、自分の個性と好みの延長線上にウイスキーをとらえ、かなりの程度まで自由に自分の作りたいものを作っていたとすれば、19世紀終盤には、より現実的なビジネス志向が台頭するようになったのだ。

蒸溜所はブレンダーが要求するものを作り、ブレンダーは一般消費者が何を飲みたがっているのかを認識する必要があった。19世紀に起こった蒸溜所設立ブーム最後の波に乗って生まれた蒸溜所が示しているのは、スコッチウイスキーの枠が広がるのと同時に拡大するいっぽうのフレーバーに対して、ブレンデッドウイスキーの味を適合させる必要性だ。

スペイ川沿いにたたずむノッカンドゥ蒸溜所の淡い色調の工場群。

1904年、ノッカンドゥ蒸溜所はギルビー社の傘下に入り、ロンドンに拠点を置くブレンダーに、デリケートなスタイルのスペイサイド産ウイスキーを供給する一員となった。やがて、市場で最も繊細な風味のJ&B（ジャステリーニ&ブルックス）のメインの原酒を作るようになり、禁酒法時代のアメリカのライト嗜好に合わせてブレンドされるようになっていった。

ノッカンドゥのテイスティングノート

ニューメイク

香り： マッシュの香りとヘーゼルナッツのはっきりした香り。加水するとざらつき感、ソファの詰め物のよう、フェルト。

味： ライトでややレモンのような引き締まった味。とてもざらついた味。シンプル。

フィニッシュ： 余韻が短くドライ。

8年 リフィルウッド カスクサンプル

香り： ニューメイクの特徴が残っており、ほこりっぽさとネズミ。古くなった小麦粉。極辛口。

味： パウダーがけのウイータビックス〔訳注：小麦シリアル〕。甘味があるようだが巧妙に隠れている。爽やかでドライ。

フィニッシュ： モルティ。

全体の印象： ドライでナッティな特徴をフルに生かすには樽由来の軽やかな甘味が必要。

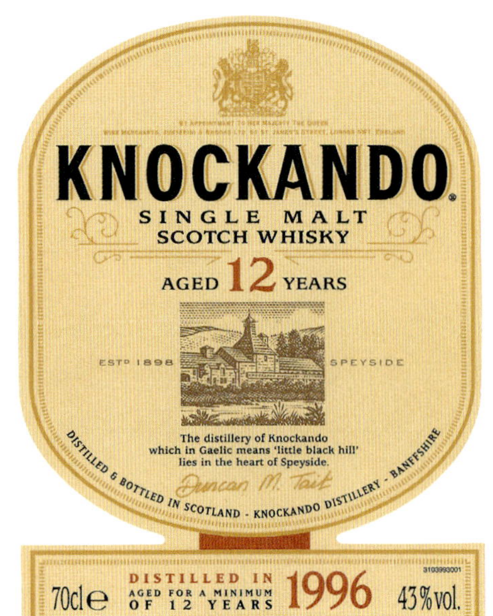

12年 43%

香り： ライト、ナッティな香りが強い。乾いた麦わら（ほこりっぽさは消えている）。ソフトで軽めなバニラの香りの奥にほのかなエステル香。

味： ややミルクチョコレートのような軽くふんわりした味。レモン。加水するとドライでもモルティな特徴。非常にライト。

フィニッシュ： 短くドライ。

全体の印象： 樽でやや長めに熟成したことで生まれた特徴がやや中心を占めている。

フレーバーキャンプ：モルティかつドライ
次のお薦め： タムナヴーリン12年

タムデュー蒸溜所

関連情報：ノッカンドゥ● WWW.TAMDHU.COM

古い線路から数キロのところに建つタムデュー蒸溜所は、近くのノッカンドゥと同様な由来を持つ。1896年にブレンダーらが共同で設立したが、1年後にハイランド・ディスティラーズ社（現エドリントン・グループ社）に売却された。同社の絶頂期はビクトリア朝時代の後半を象徴する存在だった。重厚な石と鉄、銅、ウイスキーの樽、さらには蒸溜所の機能の変化を、この会社は示していた。

蒸溜所経営はもはや農場には適合せず、事業として考えられるようになった。原料を自給し、大型の製麦設備を持ち、商品、廃棄物を問わず輸送できる鉄道に近い立地で、大勢の労働者を雇用して行う大事業だ。タムデュー蒸溜所は、ウイスキーが売れればという期待に基づいて生まれたわけではなく、所有者に、必ず売れるという確信があったからこそ設立されたのだ。

ウイスキーマニアたちにとって、つい最近までこの蒸溜所の自慢の種は、スコットランドで唯一、いまもサラディンボックスによる製麦を行っていることだった。ハイランドパーク蒸溜所で使われるピート不使用のモルトは、タムデュー蒸溜所で作られている。ではウイスキーはどうだろう。哲学的な面から見れば、1897年以来ほとんど不変だ。これまでずっとブレンド目的で作られてきた。フェイマスグラウス、カティ・サーク、そしてめったに見かけないが優れたウイスキーであるダンヒル、といった銘柄に使われる。しかしブレンド用を主目的とする蒸溜所の多くがそうであるように、タムデューの知名度も上がらなかった。どんなに堅固な建物でどれほど重要なスピリッツを作ろうと、シングルモルトの第一線にいない限りは、目に見えない幽霊工場だ。

エドリントン社は2010年にタムデュー蒸溜所の操業を休止したが、2年後にイアン・マクロード社によって再開された。ブレンダー兼ボトラーズである同社はグレンゴイン蒸溜所もエドリントン社から買収した。所有者の変化が全てを変えた。新たなウォッシュバックと新たな貯蔵庫、そして新しいスタッフがそろった。いまや蒸溜所にはエネルギーがある。生きた蒸溜所となったのだ。

木製のウォッシュバックがタムデューを特徴づけているといわれる。

とはいえ、目に見えないと規模もわからない。タムドゥ蒸溜所は大工場である。6機のスチルがあり、大規模だ。さらに意義深いのは、存在感があるということだ。以前は亡霊じみたイメージで、人の目にほとんど触れることもなく、やや迫力に欠け、樽熟成の恩恵を受けず生まれつきライトなスピリッツだった。しかしいまでは、エドリントン社時代の終盤に採り入れた、シェリー樽だけを使うという賢明な方針が奏功している。イアン・マクロード社から発売された10年熟成のボトルが、その表れだ。タムデューの香り高い蜜リンゴの個性に、オーク樽由来の松ヤニと皮革のような深みのある熟成感が加わっている。シェリー樽が使われたにもかかわらずアロマティックで、重みはあるが控えめなこの味わいを知れば、なぜブレンダーたちに愛されているのかわかるだろう。さらにいまでは、1897年当時のこの蒸溜所の様子もイメージできる。

タムデューのテイスティングノート

ニューメイク 69%

香り： たいへん甘く百合のよう、ストロベリーとラズベリーもほのかに香る。すっきり、しなやか、加水するとほのかに若いルバーブとエンドウ豆のさや

味： 再び甘味、軽くほのかな柑橘類と穀物の味。ほどよい重み。

フィニッシュ： 力強く、繊細な花の香りが立ちのぼる。

10年 40%

香り： 最初からシェリー樽の影響がはっきり感じられ、マルメロ、リンゴ、蜜ろう、チョコレート。加水するとダージリンティとレーズン。

味： 凝縮した甘いフルーツと豊かなチェリー。甘さとほどよいざらつき感。バナナや重層的なフルーツの味に、まだ比較的若い特徴が表れている。

フィニッシュ： 軽いスパイス。

全体の印象： フルーティとコクの境界上にあり、スペイサイドの昔のスタイルを示す好例。

フレーバーキャンプ：コクがありまろやか
次のお薦め： ベンロマック、グレンファークラス

18年 エドリントン・ボトリング 43%

香り： 迫力がありシェリー樽の香りが強い、ふっくらしたレーズン。大半のライトなウイスキーと同様、樽の影響を強く受けている。

味： シェリー樽の特徴が目立つ。迫力があり、レーズンの奥に乾いた穀物の味。バランスがよい。

フィニッシュ： 爽やかでドライ。ビスケットのような余韻。

全体の印象： 樽の強い特徴に対して蒸溜所の個性がかろうじて踏みとどまっている。

フレーバーキャンプ：コクがありまろやか
次のお薦め： アラン1996

32年 カスクサンプル

香り： 開いている。ナッティでかすかにスモーキー。これまで見られなかったハチミツ香がシナモンとともに表れた。

味： 非常にスパイシーで熟して凝縮感のあるソフトフルーツやドライフルーツ。

フィニッシュ： ライトで爽やか。

全体の印象： 甘口でバランスがよい。長期熟成がライトなスピリッツによい効果をもたらしている。

カードゥ蒸溜所

関連情報：ノッカンドゥ●WWW.DISCOVERING-DISTILLERIES.COM/CARDHU●開館時間：年中無休、曜日と詳細はサイトを参照

スコットランドにおけるウイスキー蒸溜の一般的な歴史からは重大な要素がひとつ抜け落ちている。 それは女性の果たした役割だ。 画家サー・エドウィン・ヘンリー・ランドシーアがロマンティックに描いた密造者——飲み屋に入り浸るハイランドの山賊、ヘザーで屋根を覆った山小屋でくつろぐ姿——に魅了されるあまり、傍らに面やつれした老婦人がいたことを忘れている。 きっとその女性は密造者の妻で、彼女こそがウイスキーを作っていたのだ。

夫たちが外で家畜の世話をしているあいだ（飲み屋をはしごしていたわけではない）、女性たちは家で、延々と終わらない数々の仕事に忙殺されていたことだろう。 ウイスキー蒸溜もそのひとつだ。 カードゥ蒸溜所でも事情は同じだった。 1811年当時、スペイ川上流のマノックヒルにあるカードゥ農場を切り盛りしていたのは、ジョン・カミングだっただろう。 しかし証拠がある。 そもそもウイスキーの密造を始めたのはその妻ヘレンだったという。

カードゥ農場はグレンリベットでさらに南方にいる密造者たちに早期警戒を促す役目を果たした。 ジョージ・スミスが最初にウイスキー作りをしていたミンモアの敷地に立つと、眼前に広大なくぼ地が横たわっている。 そしてカードゥ蒸溜所は小高い丘に建っている。 伝説によれば、収税官たちがカードゥ農場にやってくると、ヘレンは彼らをお茶に招いたという。 収税官たちがくつろいでいるあいだに外では赤い旗が旗竿に掲げられ、グレンリベットの密造者たちに、法の手が近づいていることを知らせたのだ。

しかし1824年、カミングは新たな蒸溜免許を取得した（おそらく最初の取得者だったろう）。 とはいえ合法的な蒸溜所になっても、蒸溜所の運営方法は変わらず、女性がかじを取り続けた。 ヘレンの死後は義理の娘エリザベスが工場を管理し、再建した。 やがて1893年になると、長年の顧客だったジョン・ウォーカー&サンズ社に蒸溜所を売却した（ただしカミング家がひき続き蒸溜所を運営するという合意に基づいていた）。 1897年、カードゥ蒸溜所は新たな所有者のもとで拡張された。 そして1960年には元々あった4機のスチルに加えて2機が増設された。

現在のカードゥはグラッシーできめ細やかな特徴がある。 念入りに作られたニューメイクが持つオレンジとチョコレートの風味は、もっとあとになって再び表れる。 つまり、ライトな特徴ゆえに、蒸溜所が古いほどウイスキースタイルがヘビーになるという、あいまいな理論とはなじまないのだ。 「知る限りでは、グラッシーな特徴は別に新しいものでもないんだ」と話すのはダグラス・マレー。 彼はディアジオ社でマスターディスティラーとブレンダーを務めている（つまりウイスキー作りの教祖だ）。 私たちにわかることといえば、この特徴は、特殊な発酵方法と、冷却装置でさらに銅と接触させて、フルーティというより（グレンエルギン蒸溜所方式だ）、グラッシーな味わいになるように蒸溜を管理する体制がもたらした結果だということだ。

エリザベス・カミングが導入したスチルがカードゥの爽やかな個性を生み出す。

広大な敷地を持つカードゥはジョン・ウォーカー&サンズ社との長年のつながりを築いてきた。ブレンデッドスコッチの隆盛を完璧に体現している蒸溜所だ。

いっぽう、ウイスキー史上初の偉大な年代史家アルフレッド・バーナードが1880年代後半にカードゥを訪れた際に発見したのは、まったく異なるものだった。「有名なカミング夫人のおもてなし」を堪能した彼は、「雑然として旧式な」建物のある古い農場然とした蒸溜所を見た。さらにヘレンが造ったばかりの新工場を見て、「整然とした建物だ」と評している。彼にしてはめずらしく、ウイスキー自体についても感想を述べ、「非常に濃厚でコクがあり、みごとなほどブレンド用に適している」と書いている。

バーナードの言葉を言い換えれば、それは古いスタイル、つまりスペイサイド流の力強いスタイルだったのだ。となると、ライトに変わったのはいつだろう。ジョン・ウォーカー&サンズ社の傘下にあり、世間全体がライト志向に移っていった20世紀初頭だったのではないだろうか。バーナードの訪問時期を考えると、そうだとしても不自然ではない。そのころヘレンは古いスチルや粉砕機や水車を、グレンフィディック蒸溜所を建設中だったウィリアム・グラントに売却している。グレンフィディックのスチルは小ぶりだ。そしてカードゥに現在あるスチルは大きい。ライトスタイルを作り始めたのはこのころかもしれない。あくまで推測にすぎないが、明らかなのは、ベンリネスに焦点を合わせると、カードゥは、この地域が進路を変えて、新しい流れを受け入れ始めるきっかけとなったということである。

カードゥのテイスティングノート

ニューメイク

香り： グリーンフルーツのドロップ、濡れた草(ほのかな牧草)、ターメリックパウダー、パルマ・バイオレット[訳注：イギリスのタブレット菓子]。
味： ライトで刺激的な新鮮味。白い花のような引き締まった味、ブルーベリー。
フィニッシュ： ライトな柑橘類。

8年 リフィルウッド カスクサンプル

香り： ニューメイクよりも柔らかな香り。刈りたての芝生、石鹸の香りとライトな穀物香(小麦粉)。スミレのあとにマンダリン。
味： 青い草が強く感じられ、その奥に軽いアロマの束。はっとするような重み。樽熟成でホワイトチョコレートのような風味が加わった。
フィニッシュ： まだ柑橘類の余韻。
全体の印象： 開き始めている。

12年 40%

香り： グラッシーさが乾燥気味に(樽の影響だろう)。干し草とウッドオイル。オレンジとミルクチョコレート、ストロベリーの混ざった香りが生まれてきた。加水すると軽いヒマラヤスギとミント。
味： ミディアムボディ。爽やかなグラッシーさで、樽熟成による甘味があり、オレンジの風味が生まれてきた。
フィニッシュ： 短い、スパイシー、チョコレート。
全体の印象： まだ進化の途上だが大半のライトスピリッツ同様、バランスのよい統一感が比較的早く生まれた。

フレーバーキャンプ：香り高くフローラル
次のお薦め： ストラスアイラ12年

アンバーロック 40%

香り： フレッシュ、鮮やか、この蒸溜所らしい柑橘系の香り(甘いオレンジ、マンダリン、レモンバーム)。大麦糖飴と軽いチョコレートの香りが混ざっている。加水するとやや酸化したような香り。
味： 最初ははっきりとした甘み、続いて新鮮なオーク、レモン、ワインのようなミッドパレットがフルーツシロップに変わる。口の奥に溶けたミルクチョコレートの味。
フィニッシュ： 非常にスパイシー、チェリーとヤシ糖の印象。マーマレードのようなほろ苦さ。
全体の印象： 蒸溜所の特徴がよく表れている。非常に濃厚でスパイス感が豊富。柑橘類とスパイスのバランスがよい。

フレーバーキャンプ：フルーティかつスパイシー
次のお薦め： オーバン14年

18年 40%

香り： フルーツとナッツのチョコレートバー(ヘーゼルナッツとレーズン)がほのかに香ばしくなっていく。オレンジチョコレートの香りもほのかにある。この蒸溜所らしい。
味： 非常に熟しているがまろやか、やがてカードゥらしい陽気さが突き抜ける。軽い酸味とレモンのような爽やかさ(加水すると強くなる)、柚子でアクセントを加えたよう。深みを増してカラメルトフィーが中心的になる。
フィニッシュ： 軽いざらつき感とかすかなオイリー感。
全体の印象： 蒸溜所の個性を保っているが、さらに重みと瑞々しさも加わっている。

フレーバーキャンプ：フルーティかつスパイシー
次のお薦め： 山崎12年

グレンファークラス蒸溜所

関連情報：バリンダロッホ ● WWW.GLENFARCLAS.CO.UK ● 開館時間：年中無休、月曜-金曜、詳細はサイトを参照

ヘビーとライト、古さと新しさという対立する概念はスペイサイド全土に浸透している。 この概念が最も顕著に見られるのがベンリネス山の麓だ。 カードゥ蒸溜所から南に数キロ、山の麓の斜面近くにあるのがグレンファークラス蒸溜所だ。 ここで生まれるヘビーで甘く、重々しいニューメイクは、すぐに前者の味わいのグループに区分できる。

グレンファークラスを味わうと、まるで口中で過去が凝結し、永久に消えないような感覚を覚える。 商業的な必要性から、ウイスキーは様々な方向転換を強いられてきたが、グレンファークラスは深く根を下ろしてずっと変わらない。 とはいえスペイサイド最大のサイズを誇るスチルは、一見するとライトなスタイルを作っているのだろうと思わせる。 この蒸溜所のニューメイクから感じる深みの秘密は、まさにそのスチルの下部で赤々と燃える炎にある。

「1981年に蒸気の加熱を試してみたんだ」とジョージ・グラントは語る。 彼の一族は6代にわたって蒸溜所を所有してきた。「だが3週間後には使うのをやめて直火に戻したよ。 蒸気のほうが安上がりかもしれないが、スピリッツの味が平板になってしまうんだ。 われわれが作りたいのは、50年間熟成させられるような重みのあるスピリッツだからね」。

さらに、熟成の場所も影響を与える。 グレンファークラスのウイスキーは全て「ダンネージ」（天井が低くスレート屋根、土の床）と呼ばれる貯蔵庫で熟成される。 最近ではスコットランドの他の場所にスピリッツを輸送して、パレットに載せて、あるいはラック式貯蔵庫で貯蔵する場合が多い。 もしもウイスキーの個性は細かい要素の積み重ねが全てだとすれば、わずかな温度の変化も影響をもたらすのだろうか。 グラントはそう信じている。

「パレット貯蔵庫の内部は温度差が激しいんだ。 実質的にはブリキの倉庫にすぎないから、どうしても熟成サイクルに影響してしまう。 ここでは年間のロスはわずか0.05%だが、どこかのパレット貯蔵庫では5%ものロスが生じた。 業界の平均は2%だ。 ここではウイスキーが蒸発せずにゆっくりと酸化していくので、熟成に違いが出るんだ」。 ベンリネス山の麓にある貯蔵庫に吹きつける*snell*（身を切るような）風は、この地の微気候と見なされている。 これはこの土地特有の効果であり、グレンファークラスではまるでフランスのブルゴーニュ地方のような手法でウイスキー作りが行われている。 自分の土地をよく知り、土地が与えるものを受け入れるのだ。

樽材のタイプはグレンファークラスのスタイルを生むうえで重要な役割を果たす。 主に使うのはファーストフィルのシェリー樽（ホセ・ミゲル・マルティン・ワイナリーの樽）で、ファーストフィルのバーボン樽は使わない。 グレンファークラスはシェリー樽と相性がいいというだけでなく、シェリー樽を必要とし、オークと結びついてその力を吸収するからだ。

スコッチウイスキーの蒸溜所で、これほど血統が続いている一族はほとんどない。 グラント家はさながら土地と精神的に結びついているかのようだ。「われわれは揺るぎなく続いてきた」グラントは言う。「誰の要求にも答える必要がないから、自分たちのやり方を通すことができるんだ。 何しろ6世代も続いてきたのだから、他のたいていの蒸溜所よりも有利な立場にいる。 他の人々は銀行にお金を預けるか手持ちのお金を持っているが、われわれには両

ベンリネス山麓にあるグレンファークラス蒸溜所では18世紀からウイスキーが作られてきた。

方がある。不況を経験するのはこれでなんと22回目だよ。でもわれわれは身の丈に合うだけのものを作るという教訓を学んできたし、そのためにお金を借りるなんてことは絶対にしないんだ」。

これが古きスペイサイドの数少ない遺産なのだろうか。グラントは笑い飛ばす。「自分たちをスペイサイドだなんて呼びもしないよ。われわれはハイランドモルトを作っていると言うんだ。この地域は最近まで『スペイサイド』でひとくくりにされてなんかいなかったから(以前この地域はストラススペイあるいはグレンリベットと呼ばれていた)、混乱を招くよ。スペイ川は長いんだ」。ここで彼は言葉を切った。「そうだとも。'ハイランド'を定義づけることなんてなおさら無理だ。われわれはただ、グレンファークラスだ。家には1791年に描かれた絵があり、蒸溜所がこの場所に建っている姿が描かれている。つまり法で認められた蒸溜所として175年間もここに存続しているわけだ……。だからこそみんなグレンファークラスがどんな存在かわかりきっている」。

シェリー樽はグレンファークラス独特のフレーバーを生み出すうえで大きな役割を果たす。

グランファークラスのテイスティングノート

ニューメイク

香り： 迫力がありヘビー、かつフルーティ。非常に土っぽく深みがある。力強くかすかにピートスモーク香。

味： 最初はドライで閉じており、土っぽい香りが消えず引き締まっている。熟して濃厚。古いスタイル。

フィニッシュ： かすかにフルーティ。重々しい。

10年 40%

香り： シェリーの香り(アモンティリャード・パサダ)、トーストしたアーモンド、チェスナッツ。熟したフルーツ、マルベリー、しかし少しスモーキーで、秋のたき火のよう。シェリートライフルの甘い香り、カラ松。

味： 爽やかですっきり、ミドルパレットはほどよく熱っぽい。熟してコクがある。ダムソン(スモモ)のジャム。ニューメイクの土っぽさと焦げたような魅力的な風味も残っている。加水でかなり甘くなる。

フィニッシュ： 濃厚で長い。余韻とざらつき感があり、力強い。

全体の印象： 樽の影響がすぐに感じられるが、さらに樽の特徴が出現しそう。

フレーバーキャンプ：コクがありまろやか
次のお薦め： エドラダワー1997

15年 46%

色・香り： 琥珀。深くコクがありデーツとドライフルーツ香。若さによるとげとげしさがあるが複雑さも加わりつつある。甘さが増すにつれて土っぽさが軽くなり、チェスナッツピューレ、ヒマラヤスギ、たき火で炒ったヘーゼルナッツ、フルーツケーキ。

味： 引き締まったざらつき感、開いていないが膨らみがある。グレンファークラスは熟成につれて重みが増す。森のよう。10年よりざらつき感があるがスピリッツのスケールの大きさに対して控えめ。

フィニッシュ： 力強く長い余韻。

全体の印象： さらに増大していく力強さを感じる。

フレーバーキャンプ：コクがありまろやか
次のお薦め： ベンリネス15年、モートラック16年

30年 43%

色・香り： マホガニー。豊かなダークチョコレートとエスプレッソ。まだとげとげしい。レーズン香と糖蜜とプルーン、古い皮革も感じる。しだいに葉のマルチング材(土っぽさの表れ)。ミーティな香りもほのかにある。

味： 木陰のよう、ミステリアス。濃厚で薄暗い。ボリバル葉巻と甘く黒いフルーツ。ややタンニンのざらつき感。

フィニッシュ： コーヒー。

全体の印象： 樽の影響が大きいようだが30年間樽熟成させたにしては蒸溜所の個性を持ちこたえている。

フレーバーキャンプ：コクがありまろやか
次のお薦め： ベンネビス25年

ダルユーイン蒸溜所およびインペリアル蒸溜所

関連情報：ダルユーイン●アベラワー〔訳注：旧インペリアル蒸溜所もアベラワー〕

スペイサイドで最も見つけやすい蒸溜所だが、目にしているにもかかわらず、そうと気づく人はほとんどいない。グレンファークラスからアベラワーに向かうと、道路から見て川側にあるひっそりとした谷から、雲のような蒸気が立ちのぼっているのがよく見られる。ダルユーイン蒸溜所のダークグレーン工場から上がる蒸気だ。ここではスペイサイドの中心部にあるディアジオ社の工場から出たポットエールとドラフが牛の飼料に加工される。

ダルユーインは古さと新しさの入り混じった、興味深い蒸溜所だ。1852年に創建され、1884年に改修されてからしばらくは、スペイサイド最大のモルトウイスキー蒸溜所だった。アルフレッド・バーナードはそのキルンの屋根をこう評している。「スコットランドで最も急勾配な屋根……（屋根のおかげで）フレーバーが強くなりすぎるのを防ぐためにコークスを使う必要がなく、モルトに繊細な香りが加わる」。その後キルンにはスコットランドで初めて、パゴダと呼ばれる塔が増設された。この事実は、ダルユーインが、世紀末の市場の需要に応じるためにスモークっぽさを取り除こうと努めていたことを雄弁に語っている。

にもかかわらず、現在のダルユーインは依然としてヘビーな古いタイプだ。とはいえ同類の他の蒸溜所に比べれば甘味が強く、ミーティな刺激はさほど感じられない。

クラガンモア、モートラック、ベンリネスなど、ディアジオ社の他の蒸溜所ではワームタブの効果で（p.14-15を参照）、比較的難なくこうした特徴のウイスキーを作っている。しかし、ダルユーインではこのタイプ本来の製法に逆らって、冷却器から硫黄っぽいニューメイクを冷却器から作らざるを得ない。これまで見てきたように、硫黄っぽさは銅との反応が少ないと生じるが、冷却器は全て銅製だ。ではどうすれば解決できるのか。答えはステンレス製の冷却器だ。古いながらも常に革新の最前線に立ってきた蒸溜所が、古いウイスキースタイルの薄暗い世界での立場を維持するために、創造的な解決法を見つけるとは、いかにもダルユーインらしい。

かつてスペイサイド最大の蒸溜所だったダルユーインでは濃厚なドラムをたっぷり生産し続けている。

1897年、ダルユーイン蒸溜所の隣にもうひとつ蒸溜所ができた。悲運のインペリアル蒸溜所である。たいへんソフトでクリームソーダのようなあるいはフローラルなモルトを作ることで高く評価されたが、操業は断続的で、ついに1983年には閉鎖されてしまった。最近では、蒸溜室が銅を狙った窃盗のターゲットになって奪いつくされ、シーバス・ブラザーズ社が操業再開を決めたときには、改修するよりも取り壊して再建するほうが簡単だったほどだ。再開とはいえ、まだ名称は決まっていない。はたしてインペリアルの逆襲はあるのだろうか。切にそう願う。〔訳注：2005年に閉鎖後2015年ダルメニャック蒸溜所として開業〕。

ダルユーインのテイスティングノート

ニューメイク

香り： 軽くミーティ、皮革。いくらか穀物香がありほのかな甘さも部分的に感じる。
味： 迫力あり。肉のようなコク。ブラウングレイビーソース。甘く濃厚でトフィーのよう。ヘビー。
フィニッシュ： ほのかな甘さのある余韻が長い。

8年 リフィルウッド カスクサンプル

香り： ミーティな香りが収まり甘さが支配的。軽く皮革の香り、黒いフルーツ、古くなったリンゴ。
味： スモモとマルベリーを思わせる迫力ある重さと皮革。コクがあり豊か。
フィニッシュ： ミーティな風味がわずかに感じられる。
全体の印象： ヘビーでコクがあり、甘いスピリッツ。発電所のように強力。

SPEYSIDE
SINGLE MALT *SCOTCH WHISKY*
DAILUAINE
is the GAELIC for "the green vale". The *distillery*, established in 1852, lies in a hollow by the *CARRON BURN* in *BANFFSHIRE*. This *single Malt Scotch Whisky* has a *full bodied fruity* nose and a *smoky* finish. For more than a *hundred years* all *distillery supplies* were despatched by *rail*. The *steam locomotive* "DAILUAINE NO.1" was in use from 1939~1967 and is *preserved* on the *STRATHSPEY RAILWAY*.

AGED 16 YEARS
43% vol 70 cl

16年 花と動物シリーズ 43%

色・香り： 赤い琥珀。深みがあり土っぽく、シェリー香。軽い硫黄香があり風変わり。高い凝縮感。オールドイングリッシュマーマレード。かすかにミーティ、かつ糖蜜、ラムとレーズン、クローブの香りが残っている。
味： 迫力があり非常に甘口。まるでペドロ・ヒメネスやブランデー・デ・ヘレスのようウォルナッツとチェスナッツ。攻撃的な舌ざわり。
フィニッシュ： ざらつき感の後にゆっくりと甘味。
全体の印象： この野獣を手なずけるにはシェリー樽熟成が不可欠だ。樽の効果にもかかわらず蒸溜所の特徴がまだ強い。

フレーバーキャンプ：コクがありまろやか
次のお薦め： グレンファークラス15年、モートラック16年

ベンリネス蒸溜所およびアルタベーン蒸溜所

関連情報：ベンリネス●アベラワー／アルタベーン●ダフタウン

ベンリネス山の裾からようやく山の斜面を登り始めた。花崗岩が露出した山は湧水が豊富で、ユキウサギとユキホオジロ、ライチョウ、そして鹿のすみかである。山の麓はピートの層が厚いが、頂上付近はピンク色の花崗岩が散らばっている。緑豊かなスペイ谷からほんの2キロ足らずで町からも近いというのに、そこは野生の真っただ中だ。この風景が年代史家のアルフレッド・バーナードを驚かせたのは無理もない。彼は明らかに山地の旅には向いていなかったらしい。この立地を「これほど風変わりで荒涼とした土地が選ばれることがあるだろうか」と記述している。

風変わりという形容はベンリネスのウイスキー作りの手法にも当てはまる。ひとたびニューメイクの香りをかぐと、ステュクス川〔訳注：神話に登場する地獄の川〕のような個性に直面する。スペイサイドにある蒸溜所の大半を定義づける特徴だ。ミーティで硫黄を思わせ、香ばしさとほのかな甘さが入り混じった不思議な香りである。このミーティさが決定的な特徴であり、なめし皮と煮えたぎる大釜の混じったような、野生的な香りだ。

この特徴は部分的に3回蒸溜を行うことで生じる。蒸溜所には3機がセットになったスチルが2セットあり、それぞれがトリオで運転するようになっている。ウォッシュスチルから得たスピリッツは流れ出る順に'ヘッズ'と'テール'に区分され、アルコール度数が高いヘッズは容器に入れられる。度数の弱いテールは前の蒸溜で生まれたフォアショッツやフェインツとともに中間スチルで再溜される。ミドルカットは回収され、ウォッシュスチルから出たヘッズおよび、スピリットスチルで行われた前の蒸溜で生まれたフォアショッツとフェインツと混合される。外では冷却されたワームタブが銅との接触を遮断する。硫黄分はワームタブに由来し、ミーティな特徴は中間のスチルによって生じる。

'ザ・ベン'の強い個性と、同じベンリネス山の東の裾にあるこの蒸溜所ほど対照的な違いは他にはほとんど思い浮かばない。シーグラム社が1975年に設立したアルタベーン蒸溜所である。この蒸溜所の上向きのラインアームを備えたスリムなスチルは、ウイスキーに繊細さを与える。この地域の典型的な特徴であり、所有する企業の独自スタイルでもある。

ベンリネスのテイスティングノート

ニューメイク

香り： 濃厚。蹄鉄の接着剤。グレービーソース。HPブランドやリー&ペリンブランドのブラウンソース。ミーティな香りが豊か。
味： 殴られたような迫力。ヘビーでフルボディ、ややスモーキー。ほどよい重み。ドライで力強い。
フィニッシュ： 硫黄の余韻。

8年 リフィルウッド カスクサンプル

香り： オクソキューブ〔訳注：固形スープ〕、ステーキパイのグレービーソース。非常に土っぽく根っこのよう。
味： 厚みと凝縮感があり、タマリンドのような甘味が強い。リコリスとチョコレート。
フィニッシュ： ミーティかつ硫黄の余韻。
全体の印象： 殴られたような衝撃があり、完全な熟成までにはまだ時間がかかる。

15年 花と動物シリーズ 43%

色・香り： 赤い琥珀。ミーティ。ハイランド・トフィー、オクソキューブのドライなミーティさが残っている。さらに熟成させるとポルチーニ・リキュール。加水するとスモーキーかつ皮革のような香り。
味： しっかりしている。ローストした肉とタンニンの強いざらつき感。熟成感が長く続くが加水によりタンニンが和らぐ……と同時にこのスピリッツ固有のコクも和らぐ。皮革のような味がかすかに表れてくる。
フィニッシュ： ビターチョコレートとコーヒー。
全体の印象： これから熟成の段階に入ったという印象。

フレーバーキャンプ：コクがありまろやか
次のお薦め： グレンファークラス21年、マッカラン18年シェリー

23年 58.8%

色・香り： 深いマホガニー。プルーン(アルマニャックのような)と軽く控えめなビーフステーキの香り。この強健さとさざ波のような甘さの交流がずっと続く。ベルガモット、トマトピューレ、クルーティ・ダンプリング〔訳注：スコットランドの伝統菓子〕、ほのかなオールスパイス、かすかに炭化した肉汁の香り、トフィーアップル、ローストチェスナッツ、コーヒー、土っぽさ。
味： 強烈で力強い、渋いというほどではないが凝縮した強い甘味が残る。レーズン(ペドロヒメネスのよう)と豊富なデーツ。充分に手なずけられていない野生動物。徐々にソフトな舌ざわりに変わる。加水するとざらつき感が軽くなりかすかにスモーキーに。あらゆる意味でがっしりしている。
フィニッシュ： 糖蜜。
全体の印象： ファーストフィルのシェリー樽で23年熟成してもまだベンリネスの個性がはっきりわかる。

フレーバーキャンプ：コクがありまろやか
次のお薦め： マッカラン25年、ベンネビス25年

アルタベーンのテイスティングノート

ニューメイク ピーテッドモルト

香り： 最初に非常に軽いスモーク香。はっきりとして非常に爽やか、草っぽいスモーク香をかすかに持つライトなベーススピリッツが見え隠れする。庭のたき火。
味： あふれるようなスモーク感。たき火の煙。ドライ。
フィニッシュ： ドライな余韻。

1991 62.3%

香り： グラッシーかつエステル香。樽製作所の香り。オーク樽。ライトで爽やか。非常にシンプル。
味： 香り高くフローラルな風味。あふれるような焦がしたてのオーク。ほのかに大麦糖。洗練されたエステル感。
フィニッシュ： 爽やかで短い余韻。
全体の印象： スペイサイドの中でも軽い風味のハウススタイルが強く感じられる。

フレーバーキャンプ：香り高くフローラル
次のお薦め： グレンバーギ12年、グレングラント10年

ベンリネス山の標高の高い斜面に建つ蒸溜所はバーナードを怖気づかせたことだろう。

アベラワー蒸溜所およびグレンアラヒー蒸溜所

関連情報：アベラワー●アベラワー●WWW.ABERLOUR.COM●開館時間：年中無休 4-10月は毎日開館、11-3月は月曜-金曜／グレンアラヒー●アベラワー

ベンリネス山に背を向けてスペイ川とアベラワーの町を目指して行くと、まずグレンアラヒー蒸溜所に出合う。あいにくその場所は道路からも線路からも見えず、いかにも密造所として操業を始めた蒸溜所であることを示しているが、ここもベンリネスの現代的なスタイルを生む蒸溜所である。チャールズ・マッキンレーにより1967年に建てられた、60年代の典型的な蒸溜所であり、北米市場の拡大に応じるためにライトなスピリッツだけを——この場合は穀物の個性が強いタイプ——供給していた。モルトの特徴はフレーバーキャンプ上で甘口に位置し、フルーティな印象も潜んでいる。

ベンリネス自体の影響はしかし、まだおよんでいないようだ。ベンリネス蒸溜所がミーティなスピリッツを作っている理由のひとつは、山からワームタブに注がれる水が非常に冷たいからだ。グレンアラヒーもやはり山から水を引いているが、こちらでは冷水が、求める特徴を生むうえで障害となりかねない。

「このジュラ蒸溜所みたいに大きなスチルはライト(なニューメイク)を作るためにある」(p.14-15を参照)と語るのは、蒸溜所を所有するシーバス・ブラザーズ社で蒸溜所マネージャーを務めるアラン・ウィンチェスターだ。「だけど工程で使う水が冷たすぎるとスピリッツが硫黄臭くなってしまう。そこで少しだけ温めることが、スタイルを守るポイントだよ」

アベラワーの小さく整然とした町に着くころには、山の勾配も緩やかになる。しかし蒸溜者たちが工場を裏路地に隠しておく傾向はいまだに変わらないと思われ、町の名を冠した工場がある所は中央通りからはやや離れている。ただしビクトリア調のしゃれた門番小屋が、隠された工場の存在を露呈している。

アベラワーには1820年代から合法的な蒸溜所が存在した。地元の農夫、ジョンとジョージ・グラハムが運試しに新たな蒸溜免許を取得したのだ。ただし現在ある工場は1879年、ジェームズ・フレミングが建てたものであり、彼が本来の創業者とされている。しかし工場は1970年代に再建されたため、仮に彼が見ても、それが自分の工場だとはわかるまい。グレンアラヒー同様、70年代に普及した、広場があり清潔で機能的なデザインの好例だ。

フレミングがいまのスピリッツスタイルを見て、自分の工場製だとわかるかどうか考えてみると、さらに興味は尽きない。彼が事業を始めたのはライトな傾向が流行りだした1880年代のことだから、その点は問題がないだろう。「自分にとってニューメイクの鍵はクロスグリと小さな青リンゴだ」以前この蒸溜所のマネージャーだったウィンチェスターは言う。「穀物香をさせないことも大切だ」。確かにアベラワーはシーバス・ブラザーズ社独特のフルーティなハウススタイルにしっくり合う。いっぽうウィンチェスターの言葉どおり、熟成するにつれて、スグリの葉がハーブのような魅力的な香りを生み出す。さらにこのフルーティさはソフトなミッドパレットを加える。そしてスピリッツには適度な重みもあり、シェリー樽と抜群の相性を見せる。

ニューメイクに見られるクリスタルモルト寄り(穀物というよりも)のフレー

アベラワーの労働者やマネージャー、そして観光客の誰もが'地元'の空気を味わえる「ザ・マッシュタン」はスペイサイド指折りのパブだ。

スコットランドの隠れた蒸溜所のひとつであるグレンアラヒーは1960年代の典型的な立地にある。

バーは、このウイスキーの特色である熟したトフィーの風味が生まれる予兆だろう。ベンリネス蒸溜所で作られる一部のドラムほどのたくましさはないが、といって他の蒸溜所ほどライトでもない。むしろこのしなやかな個性は、ヘビーなスタイルと繊細なスタイルのギャップを埋める存在のように思われる。ウィンチェスターはこうつけ加えた。「おもしろいのは、立地的にはグレンアラヒーのすぐ近くにあるにもかかわらず、スタイルがまったく異なっている点だ。全ての答えがわかる日は決して来ないだろうね」

アベラワーのテイスティングノート

ニューメイク

香り： 甘く黒スグリの葉、いくぶんヘビーなフローラル、モルト、加水するとややヘッシャンクロス。
味： すっきりして柑橘系の爽快感、その陰にリンゴの味。存在感がある。
フィニッシュ： ハーブの余韻。

10年 40%

香り： 銅。強いクリスタルモルトの印象。フルーティ、オーク香のまろやかさ。加水すると香りが満ちる。
味： 好ましいナッティに始まり、ピーカンパイ。リッチなトフィーに続いてニューメイクに見られた香る葉の印象。
フィニッシュ： アッサムティー、ミント。
全体の印象： オークが大きさと重量感をもたらした。

フレーバーキャンプ：コクがありまろやか
次のお薦め： アードモア1977、マクダフ1984

12年 ノンチルフィルタード 48%

香り： 迫力ありどっしり、豊富なマジパン、黒ずんだバナナ、トヘザーグリ、マラスキーノチェリー。加水すると香りが満ち、ローズウォーターとかすかな葉の香り。
味： 熟して柔らかい。高いアルコール度数が輝きと軽やかさを生み、軽いクミンの風味。口中に長くとどまり、加水すると熟したフルーツの味。
フィニッシュ： 爽やかでフルーティ。
全体の印象： ノンチルフィルタードのタイプに重量感と強烈さが加わった。

フレーバーキャンプ：フルーティかつスパイシー
次のお薦め： ザ・ベンリアック12年、グレンゴイン15年

16年ダブルカスク 43%

香り： アメリカンオークとリフィル樽の影響が強く、アベラワー独自の爽やかさと穀物香、モルト香、バルサ木材とリノリウムが通り抜ける。加水で少しシェリー香。
味： すぐにスパイシーなアタックとほどよい刺激。落ちつかせるには加水が必要。香りの印象よりずっと甘く、かすかにバター味。
フィニッシュ： ほどよく残る余韻。
全体の印象： ライトなアベラワーとオークのかすかな陰影の興味深い融合。

フレーバーキャンプ：フルーティかつスパイシー
次のお薦め： インチマリン、グレンマレイ16年

18年 43%

香り： 12年に近いがミントチョコレート、チェスナッツマッシュルーム、磨いたオーク。加水するとスモモジャムの香り。
味： 強いざらつき感、豊かなプラムの深みが続く。
フィニッシュ： 長くエレガントな余韻。
全体の印象： 豊かさと深みを増し、バランスのよいアベラワー。

フレーバーキャンプ：コクがありまろやか
次のお薦め： グレンドロナック12年、ディーンストン12年

アブーナ・バッチ45 60.2%

香り： 強烈なアルコール香に続き焦げた糖蜜のような雰囲気。香ばしく、ブラックチェリーとエンジンのかかったオートバイのような香り。
味： 迫力あり非常に引き締まった味。シェリー由来の重み、たっぷりの黒い果実、ややドライな穀物味が骨格を加えている。加水すると柔らかで豊かな側面が表れる。
フィニッシュ： 大きく力強く、頑強。
全体の印象： バッチごとシリーズ販売中の人気のフルストレングス。シェリー感は不変。

フレーバーキャンプ：コクがありまろやか
次のお薦め： グレンファークラス15年、グレンゴイン23年

グレンアラヒーのテイスティングノート

ニューメイク

香り： 軽やかで甘い。マッシュスィートコーン。香りが豊かでライト。
味： すっきりして精緻。柔らかく甘い。
フィニッシュ： ドライですっきり。

18年 57.1%

色・香り： 琥珀。すっきりしたシェリー香とともに花火、プラム、ジャム、レーズン、軽いチコリ、マーマレード。コクがあり主張の強いブラジルナッツ。
味： 熟してややドライ、皮革のような熟成感が豊か。ナッティ。加水すると軽いフローラルな特徴がほのかに感じられる。
フィニッシュ： 長く甘い余韻、バランスがよい。
全体の印象： 樽が効いているが、いくらか洗練されている。

フレーバーキャンプ：コクがありまろやか
次のお薦め： アラン1996、ザ・グレンロセス1991

ザ・マッカラン蒸溜所

関連情報：クライゲラキ●WWW.THEMACALLAN.COM●開館時間：年中無休 イースター-9月は月曜-土曜、10月-イースターは月曜-金曜

シングルモルトが商業化されてまもないころ、同じように樽熟成された高評価の他のスピリッツと比較するのが通例だった。「これはコニャックに負けないほど優れている」商人たちはこう言ったものだ。マッカランの場合、「プルミエクリュ」とも付け加えていた。ぴったりな表現だ。マッカランの本社であるイースターエルキーハウスは白い漆喰塗りの立派な建物で、まるで敷地全体に、フランスのワイン醸造所（シャトー）のような洗練された雰囲気が漂っている。

マッカランのウイスキー作りの手法は、地域にもっと古くからある蒸溜所群と直接結びついているし、設立の古い蒸溜所（蒸溜所の創立は1824年）では非常にヘビーなウイスキーを作る傾向があるという理論にも真実味を加える。しかしこの蒸溜所のウイスキーの売り方はつねに、業界の通例からやや外れている。とはいえさほど気に留めてはいないようだ。

古い方式とのつながりが最もはっきり表れているのはスチルハウス（2008年に2棟めが操業再開したため本書の執筆時点では2棟ある）だ。そこでは小さなスピリッツスチルがニーベルンゲンのこびとのように冷却装置の上にうずくまっている。

この蒸溜所では還流など論外であり、どっしりとしたスピリッツ作りを重視している。ここでは天才的発想にあふれた革新的な見学ツアーが行われ、ニューメイクを試飲できる。そのニューメイクはオイリーでモルティ、かつ深みがあり、何よりも、甘い。いわば頑固者で、生まれたその日から明白な特徴があり、あれこれと振り回されるようなスピリッツではない。

マッカランがつねにシェリー樽と強固な同盟を組んできたことを考えると、こうした明確な特徴を重視する姿勢は不可欠だ。それはシェリーとの共生関係であり、蒸溜所を所有するエドリントン社では、スペインのヘレスにあるテバサ樽製造所に厳しく注文をつけて、専用の樽を作らせている。

従来からタンニンが強くクローブとドライフルーツの香りのあるヨーロピアンオーク（学名クエルクス・ロブール）と、バニラとココナッツの香るアメリカンオーク（学名クエルクス・アルバ）が組み合わされて使われている。こうしてウイスキー製造責任者のボブ・ダルガーノの元に、まったく異なる風味を持つ2つのメインフレーバー、およびその2種から派生した様々なフレーバーが提供される。

シェリー樽内では、ニューメイクのオイリーな成分が、オークからフレーバーが浸みだすのを促すと同時に、荒々しいタンニンのバリヤーとなり、フェレットやウサギのような味がスピリッツに浸みこんでしまうのを防ぐ。そのためオールドマッカランはなめらかで、ざらつき感がない。いっぽうアメリカンオーク（バーボン樽にも若干見られる）は、穀物らしさとソフトフルーツの風味を出す。

前作を執筆するためにダルガーノを取材したとき、彼は色合いの異なる幅広いウイスキー群からシェリー樽の12年物をブレンドする計画を立てているところだった。色あいとフレーバー領域の相互関係に対する彼の深い理解は、マッカランの最新作、4種類の『1824シリーズ』となって結実した。

『1824シリーズ』は、在庫のひっ迫という、大半のウイスキー製造者が直面する課題に対する彼なりの答えだった。21世紀初頭に突然起こったスコッチブームは蒸溜所の不意を突くものだった。1980年代のウイスキーの余剰が原因で蒸溜所が閉鎖され、業界全体が数世代にわたって生産量を抑えていた。当然ながら、ブームが起こったときには熟成した在庫が不足した。その解決策は、年数表記のないウイスキー（NAS）だった。これにより、作り手は年数表記のしがらみから解放され、フレーバーと蒸溜所の個性を自由に探究できる。

ダルガーノの策は、色がどの程度、ウイスキーの特徴の指標として判断材料に使えるかに目を向けることだった。皮肉なのは（会社の会計士も皮肉に感じたことだろう）、新シリーズの製造が、それまでのウイスキーよりも高くつくことだ。

これからはもう在庫不足は起こらないだろう。飛行機の格納庫並の熟成庫がいくつも建てられたし、新たに広大な蒸溜所も建設中だからだ。

こうしている間にもマッカランの評判は世界に広がっていく。多くの人にとって高級なウイスキーの代表格であり、人によっては、伝統的なシングルモルトにモダンなひねりを効かせたスタイルの発露といえるウイスキーである。

マッカラン蒸溜所の熟成庫には選び抜かれたシェリー樽が並ぶ。中で眠るスピリッツはダルガーノによって、この象徴的な蒸溜所のウイスキーへと変わる。

マッカランのテイスティングノート

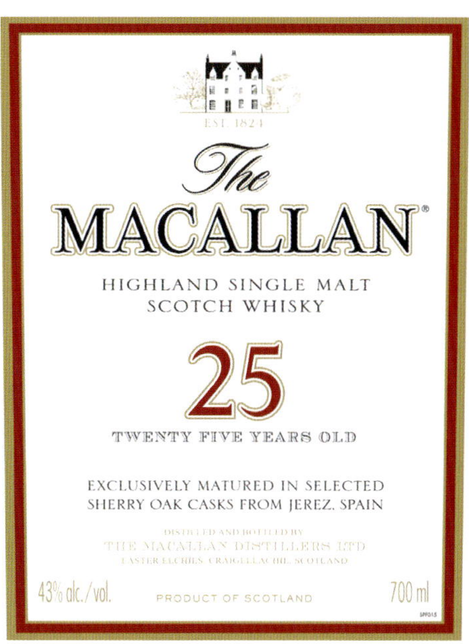

ニューメイク

香り： すっきり。ややグリーン系フルーツ。非常にコクがありオイリー。モルティ。軽い硫黄香。
味： コクがあり舌を覆うようにオイリー。ヘビー。グリーンオリーブ。頑強。
フィニッシュ： 豊かで長い余韻。

ゴールド 40%

香り： 温かく、新鮮な酵母と焼きたての白パンが混じった香り、アーモンドバター、干し草、バニラ。
味： ライトで'開いた'香りの奥に本質があり、濃厚で舌にからみつくオイル感、生きいきしたレモン、フルーツキャンディを茹でたよう。
フィニッシュ： ドライでモルティ。
全体の印象： マッカランの入門編的な軽さだが蒸溜所の個性はフルに発揮されている。

フレーバーキャンプ：フルーティかつスパイシー
次のお薦め： ベンロマック10年

アンバー 40%

香り： ソフトフルーツ、グリーンプラムのコンポート、フルーツシロップ。かすかにサルタナレーズン、続いてほのかに蜜ろう。
味： 土っぽい(湿った砂)が甘く、セミドライフルーツとほのかなバニラ。その奥に繊細なアーモンド。
フィニッシュ： 長く、軽いモルト感。
全体の印象： 重層的な香ばしさ。

フレーバーキャンプ：フルーティかつスパイシー
次のお薦め： グレンロセス1994

15年 ファインオーク 43%

色・香り： 金色。オレンジの川と熟したメロン、マンゴー、バニラのさや。削りたてのおがくず、ヘーゼルナッツ、ワックス。
味： ナッティなオーク、果樹のフルーツコンポート、黒ずんだバナナ。カラメルトフィー、ワラビ、モルト、ダークチョコレート。
フィニッシュ： 複雑でフルーティ。
全体の印象： 蒸溜所の特徴と'選び抜かれたオーク'の樽のバランスがよい。

フレーバーキャンプ：フルーティかつスパイシー
次のお薦め： グレンモーレンジィ18年、グレンカダム15年

18年 シェリーオーク 43%

色・香り： 濃い琥珀。フルーツケーキ、プラムプディング、リッチでしっとりしたケーキ、ウォルナッツ、ジンジャーブレッド、続いてかすかに廃糖蜜とドライベリー。
味： 豊かで豊潤。噛みごたえがある。レーズンとイチジク。非常に熟してオイリーでコクがある。
フィニッシュ： 焦がしたような香りが複雑さを加えている。
全体の印象： 蒸溜所独特の力強さとオークのコクのバランスがよい。

フレーバーキャンプ：コクがありまろやか
次のお薦め： ダルモア1981、グレンファークラス15年

シエナ 43%

香り： とろ火で煮たブラックチェリーとレッドプラム、ブルーベリーがあふれてくるが純粋で爽やか。
味： 土っぽく濃厚、ロウソク、松ヤニ、オールスパイス、クローブ、クローブの皮、香りの強いフルーツ、画家のパレットのような気配。しなやかなタンニン。
フィニッシュ： レーズンの余韻が長い。
全体の印象： 秋のカントリーハウス。

フレーバーキャンプ：コクがありまろやか
次のお薦め： 山崎18年

25年 シェリーオーク 43%

色・香り： 豊かな琥珀。ブランデー・デ・ヘレスのような甘いダークフルーツ、トーストアーモンド、ドライハーブの香りがあふれる。フルーツコンポートの甘さ、スピリッツ自体の甘さが樽由来の松ヤニとともに強く表れた。
味： 非常に甘い。赤ワインの風味。ほどよいざらつき感、マルベリー、カシス、スモーク、土っぽさ、続いてあふれるようなレーズン。
フィニッシュ： 長く豊かな余韻。
全体の印象： シェリー樽とオイル感が融合し、主題に沿って様々な変奏曲を奏でている。

フレーバーキャンプ：コクがありまろやか
次のお薦め： ザ・グレンドロナック1989、ベンロマック1981

ルビー 43%

香り： プルーンとドライチェリーが融合、バローロに似た甘さと香ばしさ。力強くかつ甘い。チョコレートがけのロクム。
味： かすめるようなオロロソとアッサムのようなタンニン。チェイサーとともに飲むタイプ。豊潤。
フィニッシュ： 長く深い余韻。
全体の印象： 正統派らしい骨格と香り、ワインのような甘さも加わっている。

フレーバーキャンプ：コクがありまろやか
次のお薦め： アベラワー・アブーナ

クライゲラキ蒸溜所

関連情報：クライゲラキ ●スペイサイド● WWW.SPEYSIDECOOPERAGE.CO.UK ●開館時間：年中通して月曜-金曜

古さと新しさ、そしてライトとヘビーのせめぎ合いを解決する要素が、スペイサイド最後の目的地にしてこの地域最大の蒸溜所にある。クライゲラキ蒸溜所には両方の側面があるのだ。ビクトリア朝時代の終盤に生まれ、鉄道の恩恵を受けた蒸溜所だが、古い伝統的なウイスキー製法をも維持している。1890年代にはブレンダーと仲買人が共同で設立した蒸溜所が多い。そのひとつであるクライゲラキがこの地に建てられたのは、純粋に便利な輸送手段のためだ。ウイスキー輸送に鉄道が使われた当時、クライゲラキには2本の線路をつなぐ大きな連絡駅があり、1863年にはダフタウン、キース、エルギンそしてロセスまで、ストラススペイ鉄道によってつながっていた。

この地からウイスキーを運び出した鉄道は、その原料と訪問者たちをこの地に運んできた。そして1893年、クライゲラキ・ホテルが鉄道ホテルとして偉容を現した。設立当初からクライゲラキに出資した1人であるピーター・マッキー卿は、ホワイトホース社の所有者だったばかりか、ラガヴーリンの主でもあった。そして1915年にクライゲラキの全てを手に入れた人物も、彼である。以来、蒸溜所は拡張を続けてきたが、クライゲラキの独自性の源は、古い時代の特色を保っている点にある。

ニューメイクの香りをかぐと、これまでのスペイサイドの旅でずっと一緒だった、あの硫黄のにおいがする。しかし、他で感じられたミーティなにおいはなく、代わりにあるのはワクシーな……ワックスを塗ったフルーツとでも言えるような香りが、まず鼻で感じられ、やがて口内を覆ってくる。あらゆる要素が、これが重みのあるウイスキーであることを示しているが、ひとつだけ別の側面が隠れている。内気というよりは、むしろ狡猾な印象だ。

現在の蒸溜所を所有するジョン・デュワー&サンズ社で副マスターブレンダーを務めるキース・ゲデスは「製麦の段階で硫黄成分を加えます」と説明してくれた。次にクライゲラキの大きなスチル（還流が盛んに起こる）でスピリッツを蒸溜させる。スチルには‘ほんのひとしずく’と呼ばれる長いパイプが付いており、蒸気をワームタブへと送る（p.14-15を参照）。「銅には硫黄分を除去する効果がありますが、クライゲラキのワームタブの銅はあまり効果がありません。そのためニューメイクはいつも硫黄分が多くなり、これがクライゲ

スペイサイドには線路沿いに多くの蒸溜所があるが、村の中心に建つクライゲラキ蒸溜所もそのひとつだ。

スペイサイド樽製造所

クライゲラキを見下ろす丘の上、ハイランドの牛の放牧場の隣は、ウイスキー樽の神殿で占められている。ここがスペイサイド樽製造所であり、1947年からずっとこの地で操業している。現在はフランスの樽製造会社フランソワ・フレール社が所有し、10万以上の樽が修理やリチャーリング〔訳注：再度の熱処理〕を施されているほか、新たに製造されている。見学センターもあり、めったに見られない、ウイスキー作りに不可欠な優れた職人芸の本質を知る貴重な機会を提供している。

ラキの特徴となります。他の蒸溜所では全てシェル&チューブ方式冷却器を使っているため、この特徴は再現できません」とゲデスは語る。

硫黄分の強いスピリッツを生む蒸溜所に関しては、つねづねその奥底に何があるのかという疑問が浮かぶ。「やろうと思えばもっと硫黄分を強めて、ミーティなスピリッツにすることも可能ですが、バランスを考慮しています」とゲデスは答えた。ダルユーインやベンリネスで作られる、ブラウングレイビーソースのような深みはここにはない。クライゲラキは熟成するにつれて、異国のフルーツを思わせるワクシーな舌触りの世界に入っていく。それまでになかった口当たりが加わって、古いボトルには非常に軽いスモーク感がもたらされる。

変わった表現だが、それは蒸溜工程を逆行して、ゆですぎたキャベツのような悪臭のするワームタブから甘いウォッシュバックに戻るようなものだ。こうした重さと果実味、そしてヘビーで香り高い特徴。このような多面的な複雑さは、ブレンダーに与えられた天の恵みだ。並みいる蒸溜所群の中でクライゲラキが生き残ってこられた理由の一端はここにある。この蒸溜所の複雑な個性は、(驚くにあたらないが)ホワイトホースにとって重要な要素だったし、いまも他のブレンダーたちに幅広く使われている。そして現在、この比類なき個性を持ち、ストラススペイのヤヌスともいうべき矛盾と特異性に満ちたモルトウイスキーが舞台の中央を占めようとしている。ジョン・デュワー&サンズ社が、満を持してシングルモルト市場に参入したためだ。

クライゲラキはベンリネスの蒸溜所群を離れる前に訪れる場所として申し分ない。この地の蒸溜所群を見れば、スコッチの歴史の全てを知ることができる。スピリッツというものは、大規模化と現代化、かつライトなスタイルへと容赦なく変遷の道をたどってきたものだと思われがちだ。しかしスコットランド全土にわたって過去がいまも息づき、古い手法が守られていること、そしてこの土地との物理的かつ精神的な結びつきが、数々のウイスキーたちに結実していることを、ベンリネスの蒸溜所群は示している。土地の個性こそが、ウイスキーの特徴を生むうえで何よりも重要な要素なのだ。

木製のウォッシュバックは、クライゲラキの独自性を保つのにひと役買っている数多くの伝統手法のひとつにすぎない。

クライゲラキのテイスティングノート

ニューメイク

香り： ワクシー。野菜香。ラディッシュ。ゆでたジャガイモやデンプン。軽いスモーク香。
味： ナッティで甘く、ヘビーな蜜ろう、いくらか硫黄分も。ヘビーで豊か。
フィニッシュ： 深みのある長い余韻。野菜の風味が復活。

14年 40%

色・香り： 金色。ワックスを塗ったフルーツ。マルメロ。豊かな果肉に続いてアプリコットと軽いスモーク香とシールワックス、赤フサスグリ。加水すると濡れた葦、スカッシュのボール、オリーブオイル。
味： 軽いココナッツのあとに実際に食べたような感触。油質感とグリセリン。新鮮なフルーツゼリー。甘いがしっかりした質感。
フィニッシュ： マルメロに続いて小麦粉。
全体の印象： ブレンダーの夢の結実といえよう。食感のあるシングルモルトだ。

フレーバーキャンプ：フルーティかつスパイシー
次のお薦め： クライヌリッシュ14年、スキャパ16年

ゴードン&マクファイル・ボトラーズ 1994 46%

色・香り： 金色。典型的なオイリーでワクシーな香り。古い保革油と柔らかいトロピカルフルーツに柑橘類の刺すような刺激。
味： ワックスを塗ったフルーツを食べているよう。まろやかで口内にまとわりつくよう。加水するとエステル感が強まり控えめなハチミツとシロップがフィニッシュまで続く。
フィニッシュ： 軽いスパイス感とほのかに甘い乾燥トロピカルフルーツ。
全体の印象： バランスがよく開いてきた。表情が豊か。

フレーバーキャンプ：フルーティかつスパイシー
次のお薦め： オールド・プルトニー17年

1998 カスクサンプル 49.9%

香り： ニューメイクの硫黄の殻を破りつつあり、ストレートだと非常に安定感。ライトで爽やかなプラム、加水すると水仙、紫系のフルーツが溶け出し少しハチミツも香る。
味： 繊細なスモークが通り抜けて厚いコクのあるミッドパレット、ミントと特徴的なパイナップル。噛みごたえがあり豊潤。
フィニッシュ： 厚みのある長い余韻。
全体の印象： 熟成による可能性が表れている。

ダフタウン地域

周辺に6ヵ所もの蒸溜所があるダフタウンは、スペイサイドのウイスキーの中心地を自任している。町の誕生は、この土地に初めて蒸溜所が設立されたときよりわずかにさかのぼり、1817年、ジェームズ・ダフによって築かれた。世界最高の売上高、そしておそらくは販売量も世界最高を誇るシングルモルトブランドの本拠地であるダフタウンは、テロワールの概念を知る試金石としてうってつけだ。

バルヴェニー蒸溜所のパゴダ屋根から冬の空へ向けて蒸気が立ちのぼる

グレンフィディック蒸溜所

関連情報：ダフタウン●WWW.GLENFIDDICH.COM●開館時間：年中無休　月曜-日曜

世界最高のシングルモルト売上高を誇り、見学者にもいち早く門戸を開いた(1969年)と知ると、初めての訪問客はグレンフィディックのことを、型にはまったウイスキーを遊び半分で作っている蒸溜所だろうと決めつけがちだが、実際はその正反対だ。14ヘクタールもの広大な敷地には自前の樽工場と銅器工場、瓶詰め設備(瓶詰めまで一貫生産している)、多くの熟成庫、そして3棟の蒸溜所がある。現代的なシングルモルトブランドであるグレンフィディックは、大規模な設備とはうらはらに、古くから自給自足の精神を保ってきた蒸溜所でもある。

グレンフィディックは、ウィリアム・グラントによる1886年の創建以来ずっと子孫の一族によって経営されている。この蒸溜所で、カードゥ蒸溜所から買った小さなスチルから最初のスピリッツが流れ出たのは、創建の翌年のクリスマスのことだった。設立まもない時期から、創立者はすでに優れた販売戦略センスを持っていたのだと思わずにいられない。

グレンフィディックというとライトな作りが特徴だが、スチルハウスに入ればきっと、マッカラン蒸溜所と同様なスタイルを作っていると思うことだろう。スチルが小さいのだ。そして科学的に考えると、小さなスチルからはヘビーでしばしば硫黄分の強いニューメイクが生まれるはずである(p.14-15を参照)。しかしグレンフィディックの香りをかぐと、青草と青リンゴ、梨の香りがあふれてくる。「アルコール度数の高い状態でカットするので、こうしたエステルっぽくてすっきりしたスピリッツが得られるんだ」とウィリアム・グラント社でマスターブレンダーを務めるブライアン・キンズマンは話す。「もっとミドルカットを長びかせてカットを遅らせると、ヘビーで硫黄分の強いスピリッツになる可能性がある」

ということは、ここは伝統のタイプに逆行した蒸溜所だろうか。「教えられる限り、そうではない」とキンズマン。「記録によるとグレンフィディックはずっとライトだった。スチルはずっとあの形で、需要に応じて増設していっただけだ」。わずか4機のスチルで売上げの増加への対応を強いられたとしたら、蒸溜液を増やすためにミドルカットの量を増やすしかなかったはず、そしてスタイルを変えざるを得なかったはずだ。スチルの増設は、スタイルを維持するための最後の手段だった。現在、2棟のスチルハウスにある28機ものスチルは、それだけ需要が大きいことを示している。

キンズマンは、硫黄分の欠如は利点でもあると言う。「付加的な熟成が始まる前に余計なものを取り除く必要がない」。熟成を始めてまだ3年の段階でも、グレンフィディックには早くも木の成分が加わってくる。リフィル樽からはオークの削りくずが、バーボンのファーストフィルからは熟したパイナップルとクリーミーなバニラ、そしてヨーロピアンオークのファーストフィルからはマーマレードとサルタナレーズンという具合に。全て、あの青草の爽やかさとは無縁の要素だ。

樽材の管理の大幅な改善と樽の組み合わせを再調整したことで、以前よりはるかに統一感のある商品構成となった。過去のグレンフィディックには、不揃いで失望させられる部分もあったが、いまはヨーロピアンオーク由来の一貫性があり、熟成年ごとに個性がゆっくりと加わっていく(21年ラムフィニッシュを除く)。年月とともに青リンゴの若々しさが熟し、刈りたての草は干し草に変わり、そしてチョコレートの風味が徐々に生まれる。ライトなウイスキーだが、40年から50年経ってもその個性は失われない。「ニューメイクの香りはライトだけど、信じられないほどすばらしい熟成を遂げるんだ」とキンズマンは言う。「あの爽やかで強烈な特徴がこんなにも複雑になるなんて、予想外だ」。私から見ると、グレンフィディックはオークの波に乗りオークに支えられながらも、ずっとその独自性を失わずにいるように思われる。

オーク樽とスピリッツの融合は、1998年、ソレラシステムを「15年」に導入するという革新的なアイディアによって最高の形で具現化した。シェリーの産地ヘレスで使われる手法を応用したこのブレンド技術は、瓶詰めの際に樽

大規模で複合的なグレンフィディック蒸溜所では蒸溜と熟成、瓶詰めまでが一貫して行われる。

自前の樽工場を備えた蒸溜所は残り少ない。グレンフィディックもそのひとつだ。

から抜き取る量を樽容量の半分以下にし、不足する分をバーボンのリフィル樽70%、ヨーロピアンオーク20%、そして初めて使われた樽から10%という割合で補充するというものだ。ソレラによるブレンディングは深みを与えるほか(樽内には1998年から貯蔵されているウイスキーもある)、独特で柔らかな口当たりももたらす。これと似た技術は「40年」にも採用され、一度も空になったことのない樽には1920年代のウイスキーまで含まれている。最近では新たな「カスク」シリーズ用に新しく3つのソレラ樽が導入された。

グレンフィディックが持つ長期的な熟成能力の鍵は、こうした多岐にわたる改善力にある。そしてお察しのように、これが商業的な成功の秘密でもある。

グレンフィディックのテイスティングノート

ニューメイク

香り： 歯切れがよくすっきり、草、青リンゴ、やがて熟したパイナップル。非常にピュアで爽やか。
味： 梨、草、エステル。その奥に軽い穀物香。
フィニッシュ： ライトで爽やか。

12年 40%

香り： バニラに続いて赤いリンゴ、その奥にほのかなサルタナレーズンが甘さを加える。加水により少しミルクチョコレートも。
味： 甘口でバニラがたっぷり、そこにクリスマスプディングが混ざり、ミックスナッツ。穏やかでなめらか。
フィニッシュ： バターのようだがグラッシーでもある。
全体の印象： ニューメイクの青い草の風味が深まり熟している。ヨーロピアンオークも深みを加えている。

フレーバーキャンプ：香り高くフローラル。
次のお薦め： ザ・グレンリベット12年、アンノック16年

15年 40%

香り： 熟して非常にソフト、プラムジャムと焼きリンゴに似た特徴もある。
味： ソフトでシルキー。12年より濃厚で黒いフルーツのコンポートやココナッツ、乾いた草の印象。
フィニッシュ： 熟して豊か。
全体の印象： ソレラが豊かな深みと感触を加えている。

フレーバーキャンプ：コクがありまろやか
次のお薦め： グレンカダム1978、ブレア・アソール12年

18年 40%

香り： シェリーの香りがさらにはっきり表れ、レーズンとシェリー漬けのドライフルーツ、マルベリー、ダークチョコレート、干し草。
味： 凝縮感のあるダークフルーツ、15年よりざらつき感がある。カカオ、ヒマラヤスギ。
フィニッシュ： なめらかで長く、まだ甘い。
全体の印象： シリーズの中間的な存在で、爽やかな若さから熟成による暗く謎めいたウイスキーに変わる途上にある。

フレーバーキャンプ：コクがありまろやか
次のお薦め： ジュラ16年、ロイヤルロッホナガー・セレクテッドリザーブ

21年 40%

色・香り： 深い琥珀。甘いオーク樽香、コーヒーとカカオ、ほのかにヒマラヤスギ。麦芽糖とカラメルトフィー。黒ずんだバナナも少し感じる。
味： コクのある甘さがほどよく続く。モカ、ビターチョコレートと森の花。軽いタンニン。
フィニッシュ： ドライなオーク。生い茂った葉。
全体の印象： 熟成感がある。ラムの樽で後熟させたためだろう。

フレーバーキャンプ：フルーティかつスパイシー
次のお薦め： バルブレア1990、ロングモーン16年

30年 40%

香り： 松ヤニのようで濃厚。熟してコクがあり、ランシオ香。葉巻の保湿箱、ナッティさが力強く立ちのぼる。
味： 非常になめらかでシルキー。口内に流れこみ、かすかに苔のような味。続いてチョコレートとコーヒーの粉の味が表れる。
フィニッシュ： 徐々に消えてゆくが甘味が残る。
全体の印象： フルーティな風味がすっかり凝縮しているが、乾いた草のような特徴が保たれ、爽やかさが残っている。

フレーバーキャンプ：コクがありまろやか
次のお薦め： マッカラン25年 シェリーカスク、グレングラント25年

40年 43.5%

香り： オイリーで松ヤニのよう。ハーブ、湿った苔。深みとコク。ランシオ香があるが、ここまで熟成した段階でも草の香りが復活している。蜜ろう。ほのかにハーブ香。
味： 大きくまろやか、エレガントなチョコレート、プラム、エスプレッソ、マルベリー。スピリッツにコクがあるためオークとバランスがとれている。ゆったりとしたなかにスパイス感が表れる。ライトなナッティ感、シェリー。
フィニッシュ： ハーブの余韻が長い。
全体の印象： ソレラシステムにより、1920年代から1940年代に生まれ貯蔵されたウイスキーも含め初期に仕込んだウイスキーが使われている。

フレーバーキャンプ：コクがありまろやか
次のお薦め： ダルモア、カンデラ50年

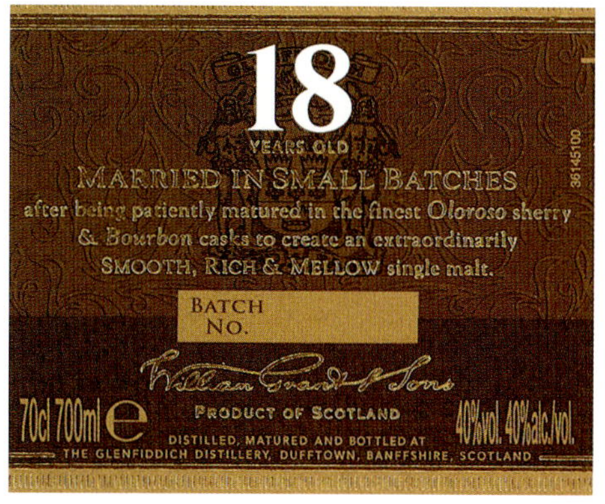

ザ・バルヴェニー蒸溜所／キニンヴィ蒸溜所

関連情報：ザ・バルヴェニー●ダフタウン●WWW.THEBALVENIE.COM●開館時間：月曜-金曜・見学は要予約／キニンヴィ●ダフタウン

ザ・バルヴェニー蒸溜所は、ウィリアム・グラント&サンズ社がダフタウンに所有する3つの姉妹蒸溜所のうちで、2番めに建造された蒸溜所である。とはいえ、もはや地味で見落とされがちな妹分でもなければ、一部の熱狂的な崇拝者たちに固く守られた蒸溜所でもなく、まさにシングルモルトの代表的ブランドとして君臨している。ダフタウンという土地のテロワールを知るのにうってつけの試金石でもある。3つの蒸溜所では同じ水とモルトが使われ、マッシングと発酵の手法もほぼ同じ、そして蒸溜の管理方法にも大差がない。それでもなお、蒸溜所ごとに特徴がはっきりと異なるモルトウイスキーを生み出している。「基本的な工程は同じだよ」ウィリアム・グラント&サンズ社でマスターブレンダーを務めるブライアン・キンズマンはこう語る。「違うのは蒸溜機だけだ」

では、フレーバーの一因としての立地の重要性はどうなるのだろうか。「ある程度は影響する」とブライアンは言う。「どういうわけか、蒸溜所内の環境条件がウイスキーの特徴に影響するんだ。そうわかるのは、たとえばアイルサ ベイ蒸溜所でそうしたように(p.148を参照)、以前と同じような蒸溜所を別の場所で再現したからといって、おのずと同じ結果にはならないからだ。これまでとできるだけ近い結果を出すには、いくつかの要素を変える必要がある」。すでに何度となく目にしてきたが、よく似た環境を再現できたとしても、けして同一のものにはなりえない。つまり、ここで話題にしているのは地域的なテロワールではなく、準地域的なテロワールですらなく、蒸溜所そのものに特有なテロワールということになる。ダフタウンという土地やダフタウンを含むスペイサイドの地域全体というより、ザ・バルヴェニー蒸溜所のテロワールである。

1892年に建造されたザ・バルヴェニー蒸溜所では、いまも建造当時のモルティングフロア〔訳注：発芽させる大麦を敷くための広い床のある空間〕が使われている。しかしモルトの製造量は蒸溜所で必要とされる全体量のわずか数パーセントで、少量のピートをたきこんで製造される。蒸溜所の誰もが、ここで生まれるウイスキーの個性の鍵は、ネック部分が太く短いスチルにあると言う。このスチルがナッツとモルトの風味を持つニューメイクを生み出す。いっぽう、ニューメイクからは濃厚なフルーツの特徴も奥底に感じられ、熟成によって開花する可能性を秘めている。

リフィル樽に貯蔵してわずか7年の段階でも、ナッツの殻のような風味がはじけ、フルーツのハチミツがけのような甘味が表れる。熟成につれて、この穀物らしさは収束してほのかにドライな骨組みが残る程度になり、果実味が広がっていく。

グレンフィディックが樽によって支えられているとすれば、ザ・バルヴェニーはオークの成分を取り込み、オーク由来のフレーバーを統合して、ハチミツ色をした味わいという名のタペストリーに加えたかのようだ。バルヴェニーはけっしてオークに圧倒されない。あまりにもスケールが大きく果実味が強いためである。

きっとこうした特徴が原因で、ウィリアム・グラント&サンズ社の元マスターブレンダー、デヴィッド・スチュアートはバルヴェニーを、初の'後熟'ウイスキーに選んだに違いない。以来、ザ・バルヴェニーは商品群を拡大し、マデイラやラム、そしてポートワインの樽で仕上げることで生まれる特徴を持つウイスキーを作るいっぽう、シングルバレルも発表している。じっくり時間をかけるグレンフィディックとは多くの点で異なっている。バルヴェニー蒸溜所のウイスキーは、様々なオーク樽に由来する新たなフレーバーを素直に取り込んで優れた個性へと変える。その結果が多種多様なフレーバーの商品群に表れているが、いずれの商品も同様に、強い独自性がある。

1990年、ウィリアム・グラント&サンズ社はグレンフィディックの需要の増大にともない、バルヴェニーの敷地にキニンヴィ蒸溜所を新設した。この蒸溜所の役目は、グラント社のブレンデッドウイスキー(やはり需要が増大していた)用のスピリッツ製造だった。だがこの蒸溜所は当初から誤解され、グレンフィディックやバルヴェニーのコピーだの裏小屋だのと非難された。全て偽りである。確かマッシングと発酵こそバルヴェニー蒸溜所で行うが、法規によってキニンヴィの製造設備は離れて設置されている。しかも発酵の手法も異なる。蒸溜棟には9機のスチルがあり、フローラルでライト、かつ甘くエステル香のあるニューメイクが作られ、姉たちとはまったく別物だ。あまり知られていないが、キニンヴィ蒸溜所は2013年にようやく、自らの名を冠したオフィシャルボトルを初めて発表した。何が起こるかわからない。さらに多くの製品が登場する可能性もある。

ザ・バルヴェニー蒸溜所では、いまも少量ながら自家栽培した大麦の製麦と乾燥を、自前の設備で行っている。

ザ・バルヴェニーのテイスティングノート

ニューメイク
香り： ヘビー。ナッティな穀物香の奥にぎっしりと凝縮したフルーツの香り。ひじょうにすっきりとして甘い香りもある。
味： 穀物の風味、力強く熟成感がある。ナッティでミューズリー・シリアルのよう。甘い。
フィニッシュ： ナッティですっきり。

12年 ダブルウッド 40%
香り： 様々な果実の皮が混ざった甘い香り。蜜ろうと花粉、さらにダンディーケーキ〔訳注：スコットランド地方のフルーツケーキ〕。ほのかに擦ったマッチの香り。
味： 同社の「シグネチャー」よりコクがあり、よりソフトな果実味。コシがあり瑞々しい。シェリー樽由来の風味にナッティな香味が加わったことで軽いざらつき感が生まれた。切りたての果実の皮とハチミツの風味。
フィニッシュ： ドライフルーツのようなほのかな余韻が長く残る。
全体の印象： 開きつつある個性とカスク由来の風味のバランスが取れている。

フレーバーキャンプ： フルーティかつスパイシー
次のお薦め： ザ・ベンリアック16年、ロングモーン16年

14年 カリビアンカスク（ラムフィニッシュ） 43%
香り： この蒸溜所らしい果実のハチミツ漬けのような強い香りとともにバナナとクレームブリュレ、濃厚なギリシャヨーグルト、桃のコンポート、ゴールデンシロップ、ミント。
味： 濃厚でクリーミー。口中全体に熟したトロピカルフルーツがあふれる。
フィニッシュ： 甘い余韻が長く、ほのかに穀物らしさも残る。
全体の印象： ひじょうにバルヴェニーらしいが、トロピカルな印象も合わせもっている。製品ラインナップ中で最も甘味が強い。

フレーバーキャンプ： フルーティかつスパイシー
次のお薦め： グレンモーレンジィ・ネクタードール

17年 ダブルウッド 43%
香り： 深く豊か、ウーロン茶、ほのかにモルトと焦がしたオーク香。この段階ではチェスナッツハニーの香り。
味： 繊細な口当たりと甘味、柔らかく熟したオーク風味へと変化。ほのかにカカオ。
フィニッシュ： 長く穏やか。
全体の印象： このシリーズで最もコクがある。

フレーバーキャンプ： コクがありまろやか
次のお薦め： カードゥ18年

21年 ポートウッド 40%
香り： 凝縮感がたっぷり。チェリー、ローズヒップシロップ、削ったオーク、その奥にほのかなたき火の煙。
味： オイリーだがハチミツ味。マデイラを感じる17年より新鮮な果実感で、赤と黒のフルーツが混ざった印象。力強いが甘い。
フィニッシュ： 長く甘い。
全体の印象： 重みを増しつつあるが12年とは明らかに異なる個性。

フレーバーキャンプ： フルーティかつスパイシー
次のお薦め： ストラスアイラ18年

30年 47.3%
香り： ココナッツとウォルナッツホイップ、煮たオレンジの皮。官能的でソフト。
味： 穏やか、あふれ出るよう、ゆったりとした熟成感、もちろんハチミツの味も。熟した甘い果樹のフルーツ、軽いオーク、ほのかに甘いスパイス。
フィニッシュ： 甘く豊かな余韻。
全体の印象： 時間をかけて熟成したウイスキーならではのゆったりとした余韻が長い。

フレーバーキャンプ： フルーティかつスパイシー
次のお薦め： タムデュー32年

キニンヴィのテイスティングノート

ニューメイク
香り： ライトで花の香りが強く染みこんでいる。エステル香がありすっきり。
味： 干し草。フローラル、生い茂った葉、すっきり。ダフタウンの3姉妹蒸溜所中で最もライトでドライ。
フィニッシュ： すっきりとして短い余韻。

6年 カスクサンプル
香り： 非常にフローラル。バニラのさやの香りをともなう新鮮な香り。
味： ライト、ヒヤシンスのような香りが強い、高揚感、甘口、あふれ出るよう。
フィニッシュ： 甘く短い余韻。
全体の印象： 早く熟成したスタイル。

バッチ・ナンバー1 23年 42.6%
香り： 新鮮なフルーツ、花咲く牧草地、シュガープラム、昔ながらのお菓子屋。加水すると草やパイナップル。
味： オークは非常に控えめで甘味が際立っている。スターフルーツと白桃の風味。
フィニッシュ： ライトな柑橘系の余韻。
全体の印象： 奥深さがあり、姉妹蒸溜所とは大きく異なる。

フレーバーキャンプ： フルーティかつスパイシー
次のお薦め： クライゲラキ

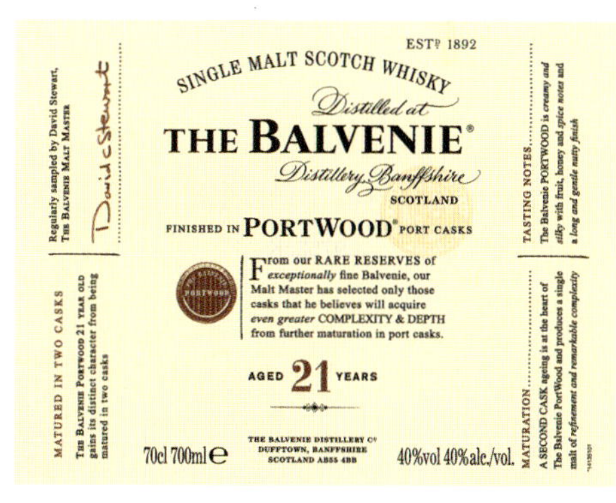

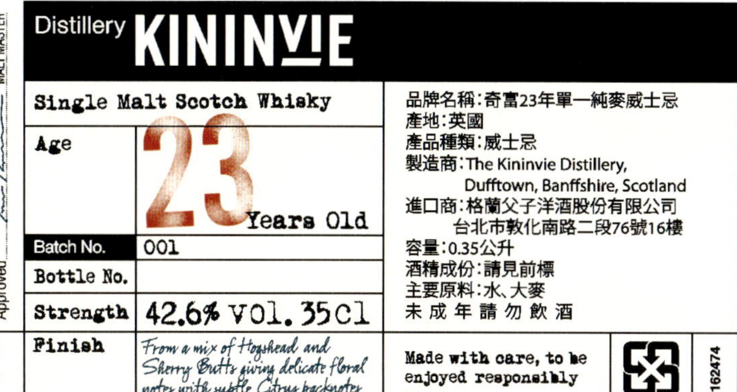

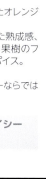

モートラック蒸溜所、グレンダラン蒸溜所およびダフタウン蒸溜所

関連情報：モートラック●ダフタウン
グレンダラン●ダフタウン●WWW.MALTS.COM/INDEX.PHP/OUR-WHISKIES/THE-SINGLETON-OF-GLENDULLAN
ダフタウン●ダフタウン●WWW.MALTS.COM/INDEX.PHP/OUR-WHISKIES/THE-SINGLETON-OF-DUFFTOWN

ダフタウンにある半ダースほどのモルトウイスキー蒸溜所には隠れた一面がある。古く謎めいたスペイサイドに入り込むような場所にある、モートラック蒸溜所だ。この地に初めて地域社会ができた当時の地名であり、かつダフタウン最古の蒸溜所名としていかにも似つかわしい。1823年、ジェームズ・フィンドレイター、ドナルド・マッキントッシュ、そしてアレックス・ゴードンの3人によって建設されたが、おそらくそこでも古くから密造が行われていたことだろう。

スペイサイドのウイスキーをモルティ、芳香、そしてヘビーという3つの特徴で区分するとすれば、ここで紹介する蒸溜所は3番めの最もヘビーなグループに入るだろう。モートラックの力強くミーティなウイスキーは、人々がうっそうと木が生い茂るうがった道を通っていた古い時代を物語る。腰を据えて飲むことができ、腹を満たしてくれる強い酒が必要だった時代だ。

それにしてもミーティなスタイルはどうやって生まれたのだろうか。「いつからそうなったかはわからない」ディアジオ社の蒸溜を管理するマスターブレンダーであるダグラス・マレーは言う。「このスタイルを受け継いできただけだ」。おそらく密造時代からのことだろう。ワームタブと複雑な蒸溜手法を使っている点から、間に合わせ気味に操業してきたことは一目瞭然だ。

モートラックではミーティな特徴を高めるために、ベンリネスに近い手法で部分的に3回蒸溜を行う。モートラックでは「2.7回だ」と、マレーが愉快そうに教えてくれた。全てが、いかにもでたらめにスチルをかき集めたかのように見える蒸溜棟で起こることを中心に展開する。そこには6機のスチルがあり、得体の知れない野獣のようだ。三角形のスチルやネックが細いスチル、そして隅には、ふと思いついたように据えられた小さなスチルがあり、'小さな魔女'と名づけられている。

蒸溜の手法を理解したいのなら、モートラックには2棟の蒸溜棟があると考えるのが最も簡単だ。2機のスチルは普通に運転し、次にウォッシュスチルのナンバー1と2が並行して働く。最初の8割が回収され、ナンバー2のスピリッツスチル用に回される。残りの（アルコール度数の弱い）2割が''魔女'に回され、ここで得た蒸溜液は全て回収される。この工程をさらに2回くり返し、3回目で初めてミドルカットを回収する。モートラックのミーティな特徴は'小さな魔女'の効果だが、ミーティさを生むには硫黄成分も必要、つまり銅が邪魔者になる。そのためモートラックではワームタブの水を冷やしてすばやく冷却を行う。

モートラックは、ヨーロピアンオーク樽熟成の製品が見つかれば幸運なほどで、めったにお目にかかれないカルト的なモルトウイスキーだった。ダフタウン誕生前にまでさかのぼる手法を守り続ける姿勢が、多くの有名なブレンデッドウイスキーの基盤になっている。そんなモートラックは、新たなスチルハウスが新設されて生産量が倍加し、ついにレギュラー製品のモルトとなった。暗い密造時代を思わせるウイスキーと洗練された新しいウイスキーがもたらす喜びが融合したのだ。

丘の急斜面に建つモートラックはダラン川とそこに隠れるように建つ2つの蒸溜所を見下ろしている。グレンダラン蒸溜所自体は1897年に創業したが、現在の箱型の工場は1962年に建設された。第二次世界大戦中に兵士たちの営舎となったのはここだ。蒸溜所から立ちのぼる蒸気（と欲望は）兵士らを圧倒した。そして砲架は貯蔵庫に押しこまれた。蒸溜所名に"dull"〔訳注：鈍い〕が含まれるが、これはウイスキーの特徴とかけ離れている。実際は、若いうちはブドウの香りが立ちのぼり、それが12年熟成や所有者であるディアジオ社の「シングルトン」シリーズになると、スピノサスモモのような甘味に変わる。ちなみにシングルトンシリーズにはダフタウン蒸溜所やグレンオード蒸溜所の原酒も使われている。

グレン川沿いにはダフタウン蒸溜所もある。製粉所の多くが蒸溜所に変わったが、ダフタウンもその一例だ。グレンダラン蒸溜所の前年に設立され、やはり常にブレンド用に使われる運命にあった。モートラックが過激な伝統主義の代表だとすれば、ダフタウンは変幻自在だ。ベル社の傘下にあった頃はナッティでモルティな特徴があったが、最近のニューメイクは青い草を思わせる。やはり「シングルトン」ブランドを出している。

1つの町に6つの蒸溜所があり、全てのフレーバーキャンプを網羅している（スモーキーを除く）。'ウイスキーの都'と呼ばれるのも最もなことだろう。

ダフタウン郊外の谷あいにある3つの蒸溜所ではそれぞれ個性の際立つウイスキーが作られている。

モートラックのテイスティングノート

ニューメイク

香り： ドライ、硫黄っぽいスモーク香。力強くミーティ、ヘビー。ボブリル［訳注：牛肉エキス］のように重厚。
味： 野性的。古い林。コンソメ、花火。筋骨たくましい。
フィニッシュ： 濃厚で辛い。

レアオールド 43.4%

香り： 熟成感、深いフルーツ香と山盛りのナッツ、シェリーとミートパイの混ざった香り。やがてマルメロ、ドライアップル、リコリス、ダークチョコレート。加水するとマーマレード、チェスナッツ、プラリネチョコレート。
味： 噛みごたえがあり甘口。すぐに酸化したような深い味になり、黒っぽいダンディーケーキ（アーモンドとドライフルーツ）。濃厚でコクがある。
フィニッシュ： ドライフルーツ。
全体の印象： オールド16年ほどにミーティさやシェリーの風味はないが、明らかにモートラックらしい個性。

フレーバーキャンプ：コクがありまろやか
次のお薦め： ダルモア15年

25年 43.4%

香り： 洗練され、ヴィンテージカーの皮張りシートに近い香り。予想外のミントの香りが爽やかさを添える。土っぽくかすかにミーティ。
味： ざらつき感があり濃厚、傷んだフルーツのエレガントな味、チェスナッツ、サンダルウッド、葉巻入れ。肉とクリームの融合が興味深い。
フィニッシュ： フルーティで豊かな余韻が長い。
全体の印象： エレガントでゆったりとしている。

フレーバーキャンプ：コクがありまろやか
次のお薦め： マッカラン シエナ

グレンダランのテイスティングノート

ニューメイク

香り： 香り高く、ライトでフローラル（フリージア）、グレープの香りが広がる。やがて青い草の香り。
味： 非常にドライ、やがて繊細なフルーツペストリー。たいへんソフトで穏やか。
フィニッシュ： ライトですっきりした短い余韻。

8年 リフィルウッド カスクサンプル

香り： かぐわしく立ちのぼる香り。リンゴのデザート。シャープでほのかに香る。ライトなレモン。フローラルかつアニスシード。ブーケのよう。
味： 非常に爽やかで繊細。フリージアがまだ感じられレモンと軽い酸味もある。
フィニッシュ： すっきりとしてシャープ。
全体の印象： 爽やか。効果の強い樽の影響を受けやすいためリフィル樽使用が最適ではないかと感じる。

12年 花と動物シリーズ 43%

香り： ライトで穏やか、樽効果あり少しおがくず香。まだリンゴ香あり、樽由来のカスタード香。
味： 繊細で最初は透明感、途中で鋭い酸味が爆発。香気がある。
フィニッシュ： レモン。
全体の印象： 8年がゆっくり進化し、やや樽成分を吸収している。

フレーバーキャンプ：香り高くフローラル
次のお薦め： リンクウッド

12年 シンゲルトン・オブ・グレンダラン 40%

色・香り： 豊かなゴールド。シェリーとモスカテルのような甘さ、柔らかなスモモ。まだかぐわしいがドライフルーツ香が現れつつある。固い木。
味： ライトなフルーツ。黒ブドウと果糖、やがてまろやかなヨーロピアンオークのコク。まだ香りの強さもあるが酸味は消えている。
フィニッシュ： 穏やか。まるでジャムのように甘い。
全体の印象： まだグレンダランの個性が勝っているが樽の効果が台頭してきた。

フレーバーキャンプ：フルーティかつスパイシー
次のお薦め： グレンフィディック15年、グレンモーレンジィ・ラサンタ、フェッターケアン16年

ダフタウンのテイスティングノート

ニューメイク

香り： ほのかにパンのよう、パイナップル、エステル、ほのかに小麦のもみ殻
味： すっきり、エステルっぽい果実味。上品でシャープ、その奥に穀物感。
フィニッシュ： ナッティですっきり。

8年 リフィルウッド カスクサンプル

香り： 非常にすっきり。モルティ、蜜ろう、かすかに農場や麦芽タンク。
味： ドライで非常にキレがいい。ナッティ、やがて甘味がかすかに口中にとどまる。
フィニッシュ： ゴマ。
全体の印象： すっきりしてナッティ。ダフタウンの古いスタイルの好例。

シングルトン・オブ・ダフタウン 12年 40%

香り： 甘いイチジク香、奥底にナッツの殻。削った樽香が広がりドラフとマシュマロ、リンゴ、イチジクの酢漬け香。
味： ナッツオイル。ビスケット風味が強くコクがある。葉っぱを思わせる。
フィニッシュ： 歯切れがよく短い余韻。
全体の印象： ヨーロピアンオークが（古く）ドライなダフタウンの特徴を甘口寄りに導いている。

フレーバーキャンプ：コクがありまろやか
次のお薦め： ジュラ16年

シングルトン・オブ・ダフタウン 15年 40%

香り： コクがあり、控えめな穀物香。ブランフレークとミューズリーの温かいミルクがけ、甘い、加水でより香り立つ。牛用飼料と湿った秋の林。
味： 甘く非常に穏やか。やや固さが中心にあるが非常に親しみやすく、飲み手を喜ばせてくれる。
フィニッシュ： 濃厚なフルーツが姿を現し、樽の風味は干上がっている。
全体の印象： 甘いシングルトンシリーズの特徴とダフタウンのナッティな装いと結びついている。

フレーバーキャンプ：コクがありまろやか
次のお薦め： シングルトン・オブ・グレンダラン

キースから東の境界線まで

小さな町キースの周辺にある蒸溜所ではブレンダーの重要性が手に取るように感じ取れる。ここにある蒸溜所群は、その年月を献身的にウイスキー作りに捧げてきた。

キースにある橋、オールド・ブリッグは何世紀もアイラ川のむこうへウイスキーを運んできた。

ストラスアイラ蒸溜所

関連情報：キース●WWW.MALTWHISKYDISTILLERIES.COM●開館時間：4-10月は毎日開館、11-3月は月曜-金曜

スコットランドで最も優美な蒸溜所として誰もが認めるにもかかわらず、ストラスアイラのウイスキーは意外なほど知られていない。実はキース地域には自社製品としてシングルモルトを販売している蒸溜所はひとつもない。スペイサイドのこの辺りのウイスキー製造者たちは控えめにブレンド専用のスピリッツを作っている。どんなにか魅力的な蒸溜所かもしれないというのに。

スコットランド屈指の美しい蒸溜所である
ストラスアイラ蒸溜所では1786年からウイスキーが作られてきた。

ストラスアイラではブレンド関連のしがらみが深く根を張っている。ここはれっきとしたモルトウイスキー蒸溜所でありながら観光スポットでもある。人々は当然のように石畳の中庭や手入れされた芝生、そして水車に魅了される。しかしこの蒸溜所には、ひとつのブレンド銘柄の精神的な主柱という、代えがたい独自性も備わっている。ストラスアイラの場合、それはシーバスリーガルである。よくあることだが、この蒸溜所が何よりも誇るべき特徴はかすんでしまっている。実はここは、蒸溜免許を得たモルトウイスキー蒸溜所としてスコットランド最古の存在なのだ。

ストラスアイラでは700年前から何らかのアルコール飲料が製造されていた。13世紀には修道院が運営する醸造所が建っていたし、ミルトン蒸溜所（1953年までのストラスアイラ蒸溜所の名称）は1786年に蒸溜免許を取得した。ちょうど密造時代が始まったころのことだ。

とはいえ、製造されるスピリッツは古いヘビーなスタイルには当てはまらない。しかしニューメイクにはほのかに硫黄を思わせる特徴があり、この蒸溜所のどこかに、伝統的手法に忠実であろうとする要素があることを示している。謎を解く鍵は蒸溜棟にあり、そこでは小ぶりなスチルがネックを垂木に向かって伸ばしている。「ストラスアイラの不思議な点は、ライトなスペイサイドスタイルを作ろうとしているのに、こうした小ぶりなスチルからはほのかな硫黄成分やポットエールのような香りが生まれがちだということだ」シーバス・ブラザーズ社の蒸溜所マネージャーを務めるアラン・ウィンチェスターはこう語る。「でもその奥には果実味が潜んでいる」。

だが、この果実味が前面に躍り出るまでには時間がかかる。ストラスアイラは3つの際立つ要素から成り立っているように思われる。苔むす林のような印象、ソフトフルーツ、そして花のようなトップノートだ。こうした要素が熟成とともに生まれては消えていく。苔のような特徴は若いとき、オレンジなどの果実味は熟成によって生まれる。ブレンド用の原酒としてすばらしい特性だ。

ストラスアイラのテイスティングノート

ニューメイク

香り： すっきりして甘いマッシュ、湿った干し草と苔。ライトなフローラル、やがて少し焦げたような硫黄のような香り。
味： 非常に純粋。甘口で繊細なボディ、穏やかなフルーツ風味のミドルパレット。
フィニッシュ： 穀物らしさが最後に感じられる。

12年 40%

香り： 銅、甘いオーク香、ライトなココナッツ香がたっぷり、緑の苔、柑橘類の果肉、マルメロ。背後に焦げた香り。
味： 甘いバニラ、ホワイトチョコレート、非常にすっきり、カシューナッツの風味、乾いた草、ライトな果実味。
フィニッシュ： 焼いたよう。軽く香り立つ。
全体の印象： ストラスアイラは壊れそうなほどライトな第一印象から始まるが、変化が楽しみだ。

フレーバーキャンプ：香り高くフローラル
次のお薦め： カードゥ12年

18年 40%

香り： 銅。木の香りとあぶったナッツ。苔がシダに変化。前よりもソフトな白いフルーツ香があり、ほのかなハチミツ、より深いフローラル感、ドライアップル。
味： 12年よりまろやかでより凝縮したミッドパレット。グリーンプラムに続いて歯切れのよい木の風味。
フィニッシュ： 非常に辛口でスパイシー。
全体の印象： 人間ならティーンエイジャー、フルーティな特徴が力強さを備えつつある。

フレーバーキャンプ：フルーティかつスパイシー
次のお薦め： グレンゴイン10年、ベンロマック25年

25年 53.3%

香り： 迫力ある（シェリー）樽の影響。若干のランシオ香、乾燥マッシュルーム、ベチベルソウ、深く甘く、フルーツケーキも混ざっている。
味： 豊かで柔らかい、オレンジの皮のようなライト風味。そのあと熟成感が再び口中にあふれ、オレンジハチミツのように深まる。ジュ シ 。
フィニッシュ： 長く柔らか、かつすっきりとしている。
全体の印象： ようやく森の中から個性が姿を現した。

フレーバーキャンプ：コクがありまろやか
次のお薦め： スプリングバンク18年

ストラスミル蒸溜所およびグレンキース蒸溜所

関連情報：ストラスミル、グレンキースともにキース

キースには製粉業の盛んな土地として長い歴史があり、町をうねるように流れるアイラ川が動力源だった。製粉工場の重要性が高まったのは18世紀、フィンドレイター伯爵が古くからあるキースの町を東へ拡大し、'ニュー・キース'を建設したときだった。川の水は毛織物工場の動力源にもなったが、地元産の穀物の粉砕にも使われた。1892年、コーンの製粉工場が蒸溜所に改造され、グレニスラ・グレンリベット蒸溜所が生まれた。こうしてパンよりもはるかに多くの利益をウイスキーが生むことになる。

しかしグレニスラ蒸溜所はほどなく、ジン製造会社W&Aギルビー社に買収され、同社は蒸溜所名をストラスミルと変更し、やがてここで生まれるスピリッツはJ&Bブランドに不可欠な存在となった。この狭い地域の蒸溜所は全て、ライトボディ寄りのブレンデッドウイスキー用のスピリッツを提供しているという点に注目してほしい。

ストラスミルにはうっとりするようなオリーブオイルの風味があり、この地域特有のライトな特徴になめらかな口当たりを加える。グレンロッシー蒸溜所のウイスキーにも見られるこのオイリー感は、スピリットスチルのラインアームに付いた精溜パイプの成果だ。1968年に導入されたこのパイプが還流を促進し、ライトなスピリッツを生む。

特殊な蒸溜技術を使って繊細なスピリッツを追求する姿勢は、1958年にストラスアイラ蒸溜所の背後に建てられたグレンキース蒸溜所にも見られる。元の所有者シーグラム社の試験的な蒸溜所だったグレンキースでは、'ブッシュミルズスタイル'の3回蒸溜、しかもピートを使ったモルトウイスキーが作られていた。象が鼻を伸ばして息をしているようなラインアームの付いた6基のスリムなスチルは、1999年に沈黙してしまう。しかしその後、新たに大きなマッシュタンとウォッシュバックを設置して、再び操業している。キースは3度めの復活を遂げたのである。

再開したグレンキース蒸溜所。

ストラスミルのテイスティングノート

ニューメイク

香り： オリーブオイル、タブレット、バターを塗ったスイートコーン。控えめな質感。新鮮な酵母とほのかに赤い果実。
味： 針のようにシャープ、非常に辛い。舌のうえで蒸発する。加水すると重みとラズベリーの葉のような味。
フィニッシュ： 刺激的で辛い。

8年 リフィルウッド カスクサンプル

香り： まろやかなバター香から、メドウスイート、ほのかに昔ながらのタルカムパウダーと繊細なバラ香へ移っていく。まだ固い。
味： グラッシー、非常にすっきり、ほのかにスミレ、ニューメイクに見られた赤い果実由来の酸味。
フィニッシュ： すっきりしていてまだ硬い。
全体の印象： ライトだが熟成につれてバターの風味が重みを増してきた。

12年 花と動物シリーズ 43%

香り： ドライでブラウンシュガー入りのオートミール。焼いたコーン、ほのかにハチミツ。
味： ハチミツの強い風味。赤い果実は消えてスパイシーなコリアンダーの強烈な味が表れた。
フィニッシュ： すっきりとして高揚感がある。
全体の印象： これもおもしろい進化を見せている。しかも比較的変化が早い。

フレーバーキャンプ：香り高くフローラル
次のお薦め： ザ・グレンタレット10年、山崎10年

SPEYSIDE
SINGLE MALT SCOTCH WHISKY
STRATHMILL
distillery was established in 1891 in a converted grain mill. The PIED WAGTAIL is a familiar sight in the distillery yard and on the banks of the nearby RIVER ISLA, which provides water for cooling. A spring on the site provides processing water. This deep amber, single MALT has a light, rounded body, a creamy sweet flavour, with a dry finish and chocolaty aftertaste.
AGED 12 YEARS
43% vol　Distilled & Bottled in SCOTLAND STRATHMILL DISTILLERY Keith, Banffshire, Scotland　70 cl

グレンキースのテイスティングノート

ニューメイク

香り： 非常にすっきりしてフルーティ、ほのかに軽いアプリコットと缶詰めのトマトスープ、トマトのつる。加水するとチョーク香。
味： すっきりして非常にピュア、ほどよい重みと若干の甘味。濃密なスミレ。
フィニッシュ： すっきりしてシャープ。

17年 54.9%

香り： 強いエステル香、酸味のある果汁（ベルジュース）、ほのかに藤、プルメリア、調理用リンゴ、新鮮なプラム。加水するとデンプンを含む穀物香とややビスケット香りが表れる。
味： 軽いタンジェリンとクールなメロンをともない穏やかに柔らかく広がる。レモンのはじけるような軽快なミッドパレット。
フィニッシュ： 歯ぎれがよくすっきり、かすかに小麦粉。
全体の印象： 繊細で爽やか。

フレーバーキャンプ：香り高くフローラル
次のお薦め： カバラン・クラシック

オルトモア蒸溜所およびグレントファース蒸溜所

関連情報：オルトモア、グレントファースともにキース

キースの蒸溜所群には脇役に徹する精神が脈打っており、それはオルトモアにも浸透している。1896年、ブレンデッドウイスキーのブームに乗って創建された蒸溜所は、1923年以来ジョン・デュワー&サンズ社の主柱的な役割を果たしてきた。にも関わらず、同社がユナイテッド・ディスティラーズ&ヴィントナーズ社（UDV社）からバカルディ社に売却された際、どちらがオルトモアを引き受けるかという点で交渉が難航した。ここも忘れられた宝石なのだ。キースを南に望む丘の上に、モダンな工場が不釣り合いなほどぽつんと建っており、背後には海風が吹きつけている。

スピリッツを注意深く見守り、求めるフレーバーのミドルカットを回収することは、スチルマンに課せられた仕事の最重要部分だ。

オルトモア蒸溜所の内部はやや平凡だが、下向きのラインアームを持つ小ぶりなスチルから生まれるニューメイクの個性は、工場の凡庸さを補って余りある。突き刺すようにグラッシーな風味の強さと微妙な深みは、ブレンド向きのウイスキーになるための活力源だ。しかし、いまようやくオルトモアは、シングルモルトウイスキーとしてジョン・デュワー&サンズ社の新製品に名を連ねるにふさわしく扱われるようになった。秘蔵の財産は、これからきっと理解されることだろう。

キースから西へロセスを目指すと、さらに別の、正体不明な蒸溜所を通り過ぎることだろう。有名なモルトウイスキーブランドと見なされてはいないが、グレントファース蒸溜所は1898年以来、6基のスチルでウイスキーを製造しており、当初はジェームズ・ブキャナン社のブラック&ホワイトブレンドに使われていた。また、20世紀初頭の短いあいだ、コラムスチルを使ってモルトウイスキーを蒸溜していた（最近スコッチウイスキー協会から「伝統から逸脱している」と見なされた）。

1985年に操業休止となったのち、1989年にアライド・ディスティラーズ社（現在のシーバス・ブラザーズ社）に所有されてからは、大麦からピート風味を取り除き、6基のスチルの蒸溜方法を調整した。「フルーティでフローラルな味わいのウイスキーに移行したかったんだ」と蒸溜マネージャーのアラン・ウィンチェスターは言う。彼がオルトモアのスピリッツに注ぐ熱意には、シーバス・ブラザーズ社でブレンダーを務めるサンディ・ヒスロップも賛同し、オルトモアのグラッシーで花のような個性を、バランタインなどのブレンデッドウイスキーに生かしている。

オルトモアのテイスティングノート

ニューメイク

香り： 甘い。春タマネギ。グラッシー。
味： 甘いがしっかりとしている。たいへん重みがある。かすかに焦がしたよう。まろやか。
フィニッシュ： イチゴとメロンの余韻が何かおもしろい方向へ進化しそうな予感。

16年　デュワー・ラトレー　57.9%

香り： コクがありシェリー香たっぷり。フィグロール、フルーツケーキ、苦いオレンジ、軽いタールのような香り。加水で甘くなり、甘いコーヒー、さらに若干香水のよう。
味： トマトの葉のような熟成感。ブラックチェリー、ウォルナッツ、どうもスモークっぽい。ほどよいざらつき感とシルキーな感触のバランスがよい。
フィニッシュ： 長く穏やかな余韻。
全体の印象： 樽の影響が強いがフローラルな香りもはっきりと表れている。

1998　カスクサンプル　50.9%

香り： 繊細なフルーツ香が軽く立ちのぼる。非常にきめ細やか。ライト、バターのようなオーク香がクリーミーさをもたらす。加水するとかすかに菜種油とゴマ、梨のコンポートとリンゴ。
味： すっきりして爽やかな酸味。甘味が中核にある。最初軽めに感じられた印象がほどよくとどまっている。やや重み。
フィニッシュ： 香り高く柔らかい。
全体の印象： オルトモアは風味の調整が全てであり、このサンプルは調整が優れている。

フレーバーキャンプ：コクがありまろやか
次のお薦め： ロイヤルロッホナガー・セレクテッドリザーブ、アベラワー16年

グレントファースのテイスティングノート

ニューメイク

香り： グラッシーでライト。めずらしくチョコレートビスケットが香ったあとに茶の葉と花。
味： ライトでピュア。かすかに発泡感、軽やかで空気のよう。
フィニッシュ： すっきりしている。

1991　ゴードン&マクファイル・ボトリング　43%

色・香り： 淡い金色。ライトでフローラル志向の蒸溜所の典型的な特徴。ヒヤシンスとツリガネズイセン、ほのかにバラのような洗練された香り。すっきりとした甘いオーク香。まだ繊細。
味： 爽やかでささやきのようにライト。ほのかに熟した赤いリンゴ、続いてレモンバーベナ。
フィニッシュ： 短く軽やかな余韻。
全体の印象： オークの影響よりやや密度があるが、このウイスキーのはかなさを圧倒しないよう慎重に調整されている。

フレーバーキャンプ：香り高くフローラル
次のお薦め： ブラドノック8年、アンノック16年

オスロスク蒸溜所およびインチガワー蒸溜所

関連情報：オスロスク●キース／インチガワー●バッキー

熟成したスピリッツのフレーバーホイールやマップと同様、ニューメイクにも特徴をまとめた業界共通のリストがある。例えば2人の蒸溜家が類似する特徴について話し合っていて、いっぽうが「穀物香」と表現するのを、他方が「ハムスターのケージのよう」などと言ったら混乱してしまう。両者がともに「ナッティでスパイシーな」という表現を使うほうが、はるかに会話がスムーズになるはずだ。

とはいえ、「ナッティでスパイシー」志向の蒸溜所が全て、同じウイスキーを作っているわけではない。ここに紹介するキース最後の2つの蒸溜所で作るニューメイクは、確かに「ナッティでスパイシー」だが、実際はこの領域の両端に位置している。

「ナッティでスパイシーな特徴とは、実は2つの領域にまたがっているんだ」ディアジオ社でマスターディスティラーおよびブレンダーを務め、ウイスキー作りの教祖と呼ばれるダグラス・マレーは説明する。「マッシングをすばやく行って固形分を除去すれば、ナッティで穀物感のあるニューメイクになる。高温の水で2回めのマッシングをすると、穀物感がなくなりスパイシーな特徴だけが残る。発酵槽内で濁った麦汁を45時間から50時間ほど発酵させると、ナッティでスパイシーな特徴になるんだ。さらに長く発酵させると特徴は変化する。危険なのは、製造スピードを上げるために発酵時間を短縮して濁った麦汁にすると、蒸溜所の特徴は消えてしまい、単にナッティでスパイシーになるんだ」(p.14-15を参照)

キースからロセスに通じる道路沿いにあるオスロスク蒸溜所は、壁が白く荒塗りされた(漆喰塗りの)モダンな三角屋根の建物だ。ここでは、ヘビーで、まるで焦がしたようなナッティなニューメイクが作られる。これはウォッシュスチルで過剰に加熱して、固形分がいくらか生じるようにした結果だ。しかし樽に入れると焦げた風味は消えて、代わりに甘味が生まれる。

いっぽうのインチガワー蒸溜所は強烈にスパイシーだ。どうやらバッキーの海岸沿いにあるために塩辛い特徴が加わったようで、ニューメイクはトマトソースの香りがする。「インチガワーにはタンクがたくさんある。あのスパイス感からワクシーな特徴を生むのはこのタンクなんだ。全ての蒸溜所で単一のフレーバー要素しか作らないというわけではない。それぞれが独自のやり方でフレーバーと強さを融合させているということを忘れないでほしい。わずかに変化を加えるだけで、個性のバリエーションは大きく広がるんだ」とマレーは言う。

オスロスクのテイスティングノート

ニューメイク
香り： 焦がしたよう。ヘビーな穀物香。ブランフレーク。ポットエール。
味： しっかりとして爽やか、小麦胚芽。非常に硬質。その奥に確固とした甘味。
フィニッシュ： ドライ。

8年 リフィルウッド カスクサンプル
香り： ビスケットのよう、軽快な柑橘類。ドラフ。焦げた草。カーペットのショールーム、ほのかにゴム臭。
味： ドライだがすっきりしている。アッサムティー。チョーク。
フィニッシュ： まだ固い。
全体の印象： 純化されているが甘味を充分に引き出すにはまだ時間が必要。

10年 花と動物シリーズ 43%
香り： ナッティさが強まり、かなり甘い。カシューナッツとマカダミアナッツの混じった砂糖、ほのかにハーブ香(レモンバーム)。焦げた香りは弱まり、深いロースト香に変化した。
味： ニューメイクと8年に見られたほのかな甘さが樽由来のココナッツの甘味となって表れ、その背後に小麦のもみ殻のようなモルティさがある。
フィニッシュ： まだドライ。
全体の印象： リフィル樽で10年間じっくり熟成され、ようやく豊かで甘美な特徴が表れてきた。

フレーバーキャンプ：モルティかつドライ
次のお薦め： スペイサイド12年

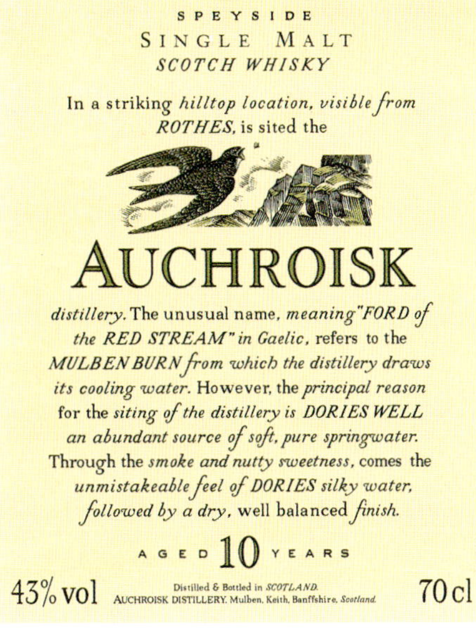

インチガワーのテイスティングノート

ニューメイク
香り： 洗練され非常に強烈。トマトソース、緑麦芽、キュウリ。ほのかに塩辛い。かすかなゼラニウム。
味： 酸味がありナッティ。波しぶきのような軽やかさ。ひりつくようにスパイシー。
フィニッシュ： 塩味のナッツ。

8年 リフィルウッド カスクサンプル
香り： まだ強烈で、レモンとライムが加わった(まだ若く、発酵中のセミヨンワインのよう)。果実香は抑えめで硬質かつ青い。緑色のゼリー。
味： 塩辛さが残っている。ライトですっきり、遅れてナッティさが表れる。
フィニッシュ： スパイシー。
全体の印象： 硬いナッツのよう。一体感が出るのはこれから。

14年 花と動物シリーズ 43%
香り： まだ強烈に感じられるスパイス感が塩辛さの原因かもしれない。レモンパフクッキー、バニラアイス、ウッドスモーク。
味： スパイス感を重視した蒸溜所らしい特徴が最初に強く表れて口の奥に向かい、あらゆる甘味が小さく凝縮されて口中に感じられる。
フィニッシュ： エネルギッシュで塩辛い。
全体の印象： 偶然にも蒸溜所の個性が非常に強烈に表れたが、このスタイルが主流になるかは疑問だ。

フレーバーキャンプ：フルーティかつスパイシー
次のお薦め： オールドプルトニー12年、グレンゴイン10年

ロセス地域

スペイサイドのウイスキーの首都の座をめぐって、ダフタウンと張り合うこともできるが、ロセスはウイスキー作りに絡むあらゆる活動をベールで覆い隠そうとしているかのようだ。しかしここには世界屈指のポットスチル製造会社、トップクラスの蒸溜所群、そしてウイスキー作りの残りかすを家畜飼料に加工するダークグレーン工場までそろっている。ここにはウイスキーの全てがあるのだ。

グレングラント蒸溜所の薄暗い熟成庫で眠るウイスキー。

グレングラント蒸溜所

関連情報：ロセス●WWW.GLENGRANT.COM●開館時間：年中無休、曜日と詳細はサイトを参照

ジョンとジェームズのグラント兄弟がロセス初となる蒸溜所を建てたのは1840年、アベラワー蒸溜所で蒸溜技術を学んでからのことだった。 ジョンはいわゆるジェントルマン蒸溜家、いっぽうジェームズは技術者であり政治家でもあった。 蒸溜所を建設した翌年、ジェームズはロシーマス港とエルギン、さらにロセスを経由してクライゲラキまで結ぶ鉄道を敷設するよう、エルギン&ロシーマス海運会社に働きかけた。 やがて鉄道は開通したが、これはひとえにグラント兄弟が、当時の金額で4500ポンドもの資金を投じて建設してくれた賜物である。

ジェームズが鉄道に関する策略をめぐらすあいだ、ジョンは蒸溜所の建設のみならず土地開発にも創造力を発揮していた。 当然ながら、蒸溜所は機能的なものだ。 その立地が壮観であろうと建物の外観が美しかろうと、本質的には工業用地である。 しかしグレングラントは例外であるため、この蒸溜所を語るとなると、1978年まで経営を続けた、並外れた一族の物語だけでなく、ジェントルマン蒸溜家時代の到来についても多くを語ることになる。 ジョン・グラントほどに放縦なふるまいをした蒸溜家はいないが、さらに輪をかけて放埒だったのは1872年に事業を受け継いだ甥のジェームズ(別名ザ・メジャー)だ。

派手な口ひげをたくわえ、常に鞭か銃を手に持っていたというザ・メジャーは、まさにビクトリア朝時代の空気の体現者で、大の狩り好きかつプレイボーイ、そして工学と革新的な考えに興味を示した。 彼はハイランドで初めて自家用車を所有し、電灯を使ったのも初めてだった(電源は蒸溜所の水力発電機から得た)。 ロセスはブドウも桃も育ちにくい土地(現在でも地元の商店ではレモンすらめったに見かけない)だが、スペイ川沿いにメジャーが建てた堂々たる大型娯楽施設では、そうした果物が全て栽培されていた。

グレングラントはいまも、行動力あふれるザ・メジャーの心意気がありありとうかがえる。 当初は2基だったスチルが4基に増え、そのうちの1組は大型のウォッシュスチルと小型のスピリットスチルから成る‘小さなジョージィ’と呼ばれるペアだ。 他の古いスチルハウスでまだ石炭が使われていたさなか、1960年代に新設されたスチルハウスは、ガスが熱源となっている。

現在はスチームで加熱する8基の大型スチルがあり、ウォッシュスチルは、太いネックの根元部分が旧ドイツ軍のヘルメットのように膨らんでいる。 ラインアームは全て下向きに伸び、精溜タンクへとつながっている。「精溜タンクはザ・メジャーの時代からある」グレングラント蒸溜所でマスターディスティラーを務めるデニス・マルコムはこう語る。「きっと彼はライトなスピリッツを作りたかったんだろうな」現在のニューメイクは非常にすっきりとして青い草やリンゴ、バブルガムのような特徴がある。 ザ・メジャーが始めた工程に絶えず

キャパドニックの悲話

1898年、ザ・メジャーによって、線路わきに第2蒸溜所としてキャパドニックが建設されたが、早くも1902年には閉鎖された。 1965年に再開されたものの、2003年に再び閉鎖されてしまった。「なぜ失敗したんだろうね」マルコムは言う。「グレングラントと同じ水と酵母を使い、管理する人間まで同じだった。 しかしスチルの形は異なっていた。 そこで旧ドイツ軍のヘルメット型のスチルを設置してみたけれど、それでもグレングラントらしくならなかったんだ」現在、キャパドニックの建物は銅器を製造するフォーサイス社の工房の一部となっている。 注文が殺到している同社のことだ。 きっと広いスペースが欠かせないのだろう。

「ザ・メジャー」ゆかりの有名なビクトリア朝庭園では、森の小道沿いに蒸溜所用の水の源である川が流れ、これ自体が観光スポットとなっている。

新設の超モダンな見学センターでは、見学客が自由に試飲できるようになっている。

微調整が加えられ、こうした特徴にたどりついたのだ。「ヘビーなスタイルを生んだ」という小さなジョージィのペアは1975年に運転を停止し、石炭を使うのをやめ、ガスも使われなくなった。ピートの名残は1972年に消え、シェリー樽は、主にバーボン樽にとって代わられた。

イタリアの市場でグレングラントが愛された要因は、そのライトな味わいだった。同国で大きなシェアを占めていたおかげで、長年シングルモルトとして最高の売り上げを誇っていたのである。その結果ついに2006年、イタリアのカンパリ・グループがグレングラントを1億7千万ポンドで買収するに至った。以来マルコムは多額を費やして、蒸溜所とザ・メジャーのつくった庭園を再生させようと尽力してきた。

落ちついた庭園には、小鳥の声があふれて生け垣の香りが漂い、岩の上からは茶色の泡立つ水が噴き上がる。崖の洞窟にあるザ・メジャーゆかりの貯蔵庫から生まれた酒をすすりつつ、ふり返って日の光に目をやれば、金色のもやが庭園をつつみ、ウイスキー作りに明け暮れたジェントルマンの幕間劇の世界に、つかのま引き戻される。そこには丘を上る小道があり、温室には桃の実が実り、車庫には愛車ロールスロイスが置かれている。

グレングラントのテイスティングノート

ニューメイク

香り： たいへんすっきりして甘い。青リンゴ、花、バブルガムの奥に酵母香。上品に香り立つ。
味： すぐにリンゴとパイナップルの果実味とエステルの風味。ピュアですっきり。
フィニッシュ： ほのかにフローラルな余韻。

10年 40%

色・香り： 淡い金色。軽やかでフローラル、その奥底にバニラ。エステル香。果実香は熟成し、パイナップルは缶詰めのような香り。加水するとカップケーキとヒヤシンス。
味： 軽やかで瑞々しい質感。豊かなクリーム風味とほのかに甘いスパイス感など、樽がよい効果を生んでいる。
フィニッシュ： 柔らかく、ほのかに青ブドウの余韻。
全体の印象： すっきりしてライト、かつ爽快感がある。

フレーバーキャンプ：香り高くフローラル
次のお薦め： マノックモア12年

メジャー・リザーブ 40%

香り： すっきりしてたいへん刺激的、新鮮なリンゴ、ほのかなミント、キュウリ、キウイ、繊細な乾燥大麦の香り。
味： 生きいきとして繊細。白ワインのよう、ややグリーンゲージのジャム、イチゴ、グースベリー。
フィニッシュ： 引き締まってすっきりしている。
全体の印象： グレングラントの入門編というべき軽やかで爽やかな印象。氷とソーダを加えて食前酒によいだろう。

フレーバーキャンプ：香り高くフローラル
次のお薦め： 白州12年

5ディケイズ 46%

香り： 正統派のグレングラントらしい香りが立ちのぼりエネルギッシュ、青リンゴ、果実の花、洋梨や黄色い果実、加水するとレモンバターのアイシングとイラクサ。
味： 生きいきとして力強く、口中で持続感があり、オークのやや甘美な風味が広がる。
フィニッシュ： 長くまろやか、かつ甘い。
全体の印象： 伝説のディスティラリーマネージャー、デニス・マルコムが自身のグレングラント勤務50年を記念して作ったウイスキーであり、各年代から厳選した5樽のスピリッツが使われている。

フレーバーキャンプ：香り高くフローラル
次のお薦め： ザ・グレンリベットXXV（25年）

ザ・グレンロセス蒸溜所

関連情報：ロセス

ロセスにある古い墓地には喪服で覆われたような墓石が林立し、墓守り人の家が建っている。18世紀には、悲しみに暮れる遺族らが埋葬のあとにそこにとどまった。そして愛する人の遺体が朽ちて、死体売買をたくらむ輩に荒らされる心配がなくなるまで、ここを離れなかった。想像するに、こんな気味の悪い寝ずの番をやり遂げるには、近隣の丘から持ってきた密造酒でひんぱんに気力をふりしぼらずにはいられなかったことだろう。

グレンロセス蒸溜所が創業した1878年よりはるか以前に、死体盗掘の時代は終わっていた。墓地は死者を冒とくする場から安らかな場所に戻り、蒸溜所から出る煙は、墓を飾るように生える黒いクレープのようなキノコの遅い成長を促していた。墓地はさておき蒸溜所の立地は、1823年の蒸溜自由化の法が、スペイサイドの蒸溜所群にどれほど現実的な変化をもたらしたかを、さらに如実に示している。もはや泥炭小屋や羊飼小屋、あるいは人里離れた農場に隠れる必要はなくなったのだ。月夜から日光のもとに出てきた蒸溜家たちは、地域の町へと移ってきたが、古い習慣はそう簡単に消えなかったようだ。ウイスキー産業の町ロセスの蒸溜所は全て、いまだに目ぬき通りから離れた目立たない場所にある。

しかしグレンロセス蒸溜所は危うく、ロセスに工場を建てる機会を失うところだった。蒸溜所の創設後まもなくグラスゴー銀行が倒産し、経済的な危機に陥ったのである。しかし1年後、ノッカンドゥ合同自由教会という予想外の支援者からの資金援助で救われた。教会は蒸溜所を健全な商機ととらえ、禁酒主義から目をそらすことにしたというわけである。

現在の蒸溜所を見たら、信徒たちは驚くだろう。グランロセスは当初の建物から劇的に拡張し、いまでは10基のスチル（ウォッシュ、スピリット5基ずつ）を備えている。

マッシング工程が短時間で行われ、できた麦汁はステンレス製か木製いずれかのウォッシュバックに投入される。どちらのほうが効果的かは議論の的だが、このように異なる素材を併用する蒸溜所はほとんどなく、ざっと見る限り、グレンロセスでは両者の効果に違いはないと思っているような印象を受ける。しかし実際は必ずしもそうではない。ウォッシュスチルに投入される麦汁量は木製2個分とステンレス製1個分である。もしこれを全てステンレスに変えたら、すっかり違った特徴になったのではないだろうか。

長時間（90時間）と短時間（55時間）を組み合わせて行う発酵も、特徴を維持するためのひとひねりが必要となる。発酵は異なる温度設定で行われ（木製、ステンレス製ともに）、発酵時間によって、フレーバーの違いを解決する方法が異なる。

グレンロセス本来の特徴は、聖堂のようなスチルハウスで生み出される。ここでスチルマンが10基のスチルのあいだに陣取る。スチルは全て大型で、煮沸調整用バルブが還流を促し、蒸溜が非常にゆっくりと進む。こうしてグランロセスの中核である、コクのあるソフトな果実味が引き出されていく。

19世紀後半に創業したグレンロセス蒸溜所は、ほどなく最高品質のウイスキーを南部のブレンダーの元に届けるようになった。

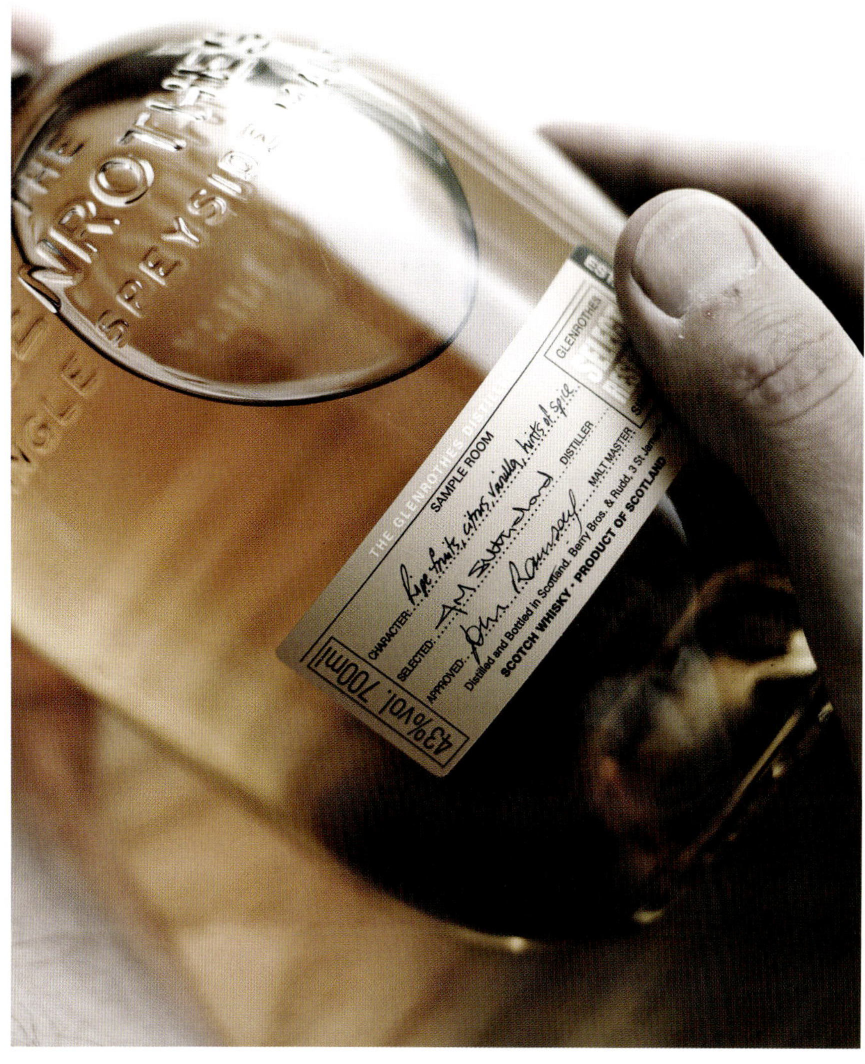

グレンロセスのボトルはサンプルルームで使われた古いボトルをモデルにして作られ、ラベルには製造者のサインが記されている。

ニューメイクの大半はシェリー樽に詰められる。なんといっても蒸溜所を所有するのは、シェリーをこよなく愛するあのエドリントングループである。つい最近までほとんどがブレンデッド用に使われており、同社のフェイマスグラウスだけでなくシーバスなどのトップブランドに投入されている。人目につかない立地は、物理的のみならず、蒸溜所の信条を反映しているように思われる。目立たずひっそりと、地道にその役目を果たしていたのだ。

しかし近年、ブランドの権利を所有するロンドンの老舗ワイン商ベリー・ブラザーズ&ラッド社のおかげで、グレンロセスは新たにシングルモルトの世界へとデビューした。ベリー社は300年におよぶ高級ワインでの経験をシングルモルトに応用した。グレンロセスを標準的な年数表記の手法に当てはめず、製造年別に販売することによって、このきわめてエレガントなモルトウイスキーの様々な面を披露している。

グレンロセスはじっくりと味わうためのウイスキーだ。その複雑さはグラスの中でゆっくりと時間をかけて表れ、香り立ち、そして何よりも口の中で花開く。コクがありながらヘビーではなく、シェリー風味があるがけっして過剰ではなく、樽、フルーツ、スパイスとハチミツという主題のあいだで様々な側面を演じる。熟成の古いものは、まばゆいほどのスパイス感が口の奥に感じられる。大胆というより慎ましく、派手というより端正なこのウイスキーは、控えめにたたずむ蒸溜所を象徴しているかのようだ。

ザ・グレンロセスのテイスティングノート

ニューメイク

香り： すっきりしている。バニラ、シャネルの5番、新鮮な白い果実、桃の缶詰め、ほのかな穀物香、バター。

味： バターのように濃厚だがマッカランのようなオイリー感はない、スパイシーさが立ちのぼり、シャーベットのよう。強烈。

フィニッシュ： クリーミィ。

セレクトリザーブ NAS 43%

香り： 雨で湿ったツィード。穀物香とビスケットの香り。モルティ、やや硬質な香りの奥に新鮮なブラックプラムがかすかに香る。バター香。

味： 最初はナッティ、続いてセイヨウスモモが口中に重みを加える(実にエドリントンらしい)、ニューメイクに感じたバニラが柔らかさをもたらしている。

フィニッシュ： 長くナッティな余韻。

全体の印象： まだ若い。

フレーバーキャンプ：フルーティかつスパイシー

次のお薦め： ザ・バルヴェニー12年ダブルウッド、グレンギリー12年

エクストラオーディナリーカスク 1969

42.9%

香り： 端正で非常に複雑、豊かなトロピカルフルーツ香。多面的できらびやか、マンゴー、蜜ろう、タバコ、チェスナッツハニー、やがてブラックベリーとヒマラヤスギ。

味： 最初はレースのようにはかないが、ロセス本来の重みがある。重層的でソフト。やや椎茸のよう、磨き上げた木、乾燥トロピカルフルーツ。

フィニッシュ： フルーティでコニャックのような余韻。

全体の印象： みごとなほど端正。正統派のロセス。

フレーバーキャンプ：フルーティかつスパイシー

次のお薦め： トミントール33年

エルダーズリザーブ 43%

香り： フルボディで独特の端正さがある。洗練されてほのかに大麦香、クリーミィなオーク香、酸化したような深み。プラムのコンポートや赤いフルーツのような甘さ。

味： なめらか、ほのかにゼラニウム、苦いオレンジ、蜂の巣。加水するといい意味で風変わりかつ熟成感が出る。

フィニッシュ： 長く穏やかな余韻。

全体の印象： 年数表記のないウイスキーだが使われている最も若い原酒は18年。

フレーバーキャンプ：フルーティかつスパイシー

次のお薦め： ザ・バルヴェニー17年

スペイバーン蒸溜所

関連情報：ロセス●WWW.SPEYBURN.COM

エルギンへ通じる道路を走っていて、唯一見えるスペイバーン蒸溜所の姿といえば、狭い谷から頭を突き出しているパゴダ屋根だ。いかにも古い密造所らしい雰囲気をまとっている。ロセスにある蒸溜所がみんなそうであるように、スペイバーンも創業は19世紀後半で、身を隠すどころか、ロセスとエルギンを結んだ鉄道の支線のすぐわきに建っている。グレングラント蒸溜所のジョン・グラントに勧められてのことらしい。こうして道路側から見ると、道路から走り去るように隠れてしまった蒸溜所が、わずかにそっと建物群を見せようとしているようにも見える。しかし線路側からは、パゴダ屋根を持つ蒸溜所と熟成庫、そして製麦工場まで見渡せるのだ。変わったのは見る側の視点であり、スペイバーンは何も変わっていない。

ロセスの魅力である強い革新的精神はここにも生きているようだ。スコットランド初となった、蒸溜の残りかすを家畜飼料に加工するダークグレーン専用工場が真向かいにあるという点もそうだ。さらに、スコットランドで初めて、空気圧による製麦装置（ドラム式モルティング）を導入した蒸溜所でもある。ドラム式モルティングは1968年に停止、その2年後には鉄道輸送が廃止された。こうした変化に比例するように、スペイバーンは無名の存在となっていった。

しかし、ここは発見の宝庫だ。インバーハウス社が所有する、ワームタブが使われる蒸溜所のひとつであり、擦ったマッチや都市ガスのようなにおいがたっぷり感じられるニューメイクを作っている。

しかし、同じ傘下のアンノック（ノックドゥ蒸溜所）と同じような挙動を見せ、早いうちに硫黄分が消えて、本来のフルーティでフローラルな香りの強い特徴が表れる。「飲みやすいウイスキーだよ」インバーハウス社のマスターブレンダーであるスチュアート・ハーベイは言う。「だけどフルボディ寄りという点がアンノックと異なっている」製法の違いはわずかかもしれないが、結果は明らかに異なる。「両方の特徴を生み出す要因は、はっきりとはわからない」ハーベイは加える。「まったく同様な蒸溜所で全て同じ工程で作ったとしても、違う特徴が生まれるんだ」さらに彼はこう言い加えた。「ウイスキーは土地に固有なものだ。自分たちの蒸溜所で生み出せるのは、ここ独自の特徴だけだよ」

ほとんど景色に埋もれてしまいそうな外観が、スペイバーンの不可思議なスタイルに似つかわしく思われる。

スペイバーンのテイスティングノート

ニューメイク

香り： 濡れた革。ライトなもみ殻やオーツ麦。ほのかにジャマイカン・ポットスチルラム。豊かな柑橘類の香り。擦ったマッチとガスのような硫黄香。

味： 迫力があり、かすかにパンの風味とミーティな風味があるが繊細さも隠れている。深みがある。

フィニッシュ： 爽快感。

10年 40%

色・香り： 淡い金色。軽やかでフローラル、かつ麦芽糖とライトなレモン。すっきりして爽やか、ソフト。ドリーミクスチャー、菓子、ルバーブのコンポート。桜の花。

味： クリーミィなバニラ、蒸したスポンジプディングに続いて花の風味。口中にほどよい重みとジューシー感。

フィニッシュ： ほのかに酸味が残る。

全体の印象： 硫黄分がエステル成分へと進化するとともに重みのある味わいをもたらす一例。

フレーバーキャンプ：香り高くフローラル

次のお薦め： グレンキンチー12年、グレンカダム10年

21年 58.5%

香り： 豊か、ケーキとナッツ、プルーンのようなシェリー香。ビターチョコレートと焦がしたようなミーティな香り。

味： ヨーロピアンオークの強烈な迫力がオレンジ、甘いスパイス、甘い酒を加えたトリクルスコーンの味をともなっている。焦げた風味が絶妙なバランスを添えている。

フィニッシュ： リコリス。

全体の印象： 樽の影響が強い。ミーティな特徴は過去にもっとへビーなスタイルを作っていた名残だろうか。

フレーバーキャンプ：コクがありまろやか

次のお薦め： タリバーディン1988、ダルユーイン16年

グレンスペイ蒸溜所

関連情報：ロセス

スペイバーン蒸溜所をあとに、ロセスの町を反対側の端まで行くとグレンスペイ蒸溜所の門にたどりつく。寡黙なウイスキーの中心地の最後を飾る蒸溜所だ。ロセスは静かな雰囲気を保ちたいと願っているかもしれないが、町の道路沿いではウイスキー作りの全てが行われている。初期の蒸溜家たちがロセスを選んだのは偶然ではない。複数の水源があり、鉄道が通り、大麦栽培の南限かつピート採掘の南限でもあった。ウイスキー作りが栄えたのは当然の結果だったのだ。

かつては各蒸溜所が個別に製麦設備を備え（グレングラントとスペイバーンでは1960年代に入ってもドラム式モルティング装置を使っていた）、地元の銅器工場フォーサイス社はいまもウイスキー業界全体にスチルを供給している。さらにスペイバーン蒸溜所にはダークグレーン工場があり、ロセスは自給自足の完璧なモデルだった。

近隣と同様、グレンスペイも19世紀後半に創業した。1878年、地元の穀物商だったジェームズ・スチュアートが、この時期を好機ととらえてロセスにある製粉工場を拡張して蒸溜所を新設したのだ。工場面積を拡大して名称をグレンスペイと改称したのち、スチュアートは1887年、事業をジン業者のW&Aギルビー社に売却した。これはギルビー社にとって、スペイサイドで初めて所有する事業となり、同社はやがてノッカンドゥ蒸溜所のほか、古い製粉工場も手に入れる。ストラスミルという新名称は製粉工場に歓迎された。

いまもビクトリア朝時代の清廉な雰囲気が漂うグレンスペイは、ギルビーやJ&Bスタイルのライトなスピリッツを作っている。ストラスミル蒸溜所と同様、ここにも精溜器があり、還流を促進させる背の高いウォッシュスチルの先に設置されている。定かではないが、近所のグレングラント蒸溜所を見学に行ったあとにでも設置されたのではないだろうか。精溜器にはオイリーな成分にナッティな特徴を加える効果があり、（少なくとも筆者にとっては）アーモンドの風味となってはっきりと表れている。

いかにもロセスの蒸溜所らしく、グレンスペイ蒸溜所は人目につかない静かな環境を好む。

一見しただけではそれらしく感じられないロセスだが、まさにウイスキーの町である。

グレンスペイのテイスティングノート

ニューメイク

香り： 濃厚。ポップコーンやバタースコッチのよう、その奥に甘い果実。わずかに塩辛さ、続いてグリーンアーモンドやアーモンドオイル。

味： すっきりして若々しい。軽やかなナッツと小麦粉。全体的にドライ。シンプル。

フィニッシュ： ドライで爽やか。

8年 リフィルウッド カスクサンプル

香り： やや未熟だが香りが立ちのぼる。焦がした樽やローストモルトがピーナツとアーモンドの香りに表れている。ホワイトラム。その奥に焼きリンゴ。

味： 非常に強烈、途中でヘーゼルナッツパウダー。軽やかですっきり。

フィニッシュ： ナッティ。

全体の印象： まだまとまりがなく、ややか弱い。

SPEYSIDE
SINGLE MALT
SCOTCH WHISKY

The Scots Pines beside *the ruins of ROTHES CASTLE*, provide an *ideal habitat* for the *GOLDCREST, Britain's smallest bird*, and overlook the

GLEN SPEY

distillery. Founded in 1885, *the distillery was originally* part of the *Mills of Rothes. Water from the DOONIE BURN* is used to produce this *smooth, warming single MALT SCOTCH WHISKY*. A slight sense of *wood smoke* on *the nose* is rewarded with a *spicy, dry* finish.

AGED 12 YEARS

43% vol Distilled & Bottled in *SCOTLAND*. GLEN SPEY DISTILLERY Rothes, Aberlour, Banffshire, *Scotland*. 70 cl

12年 花と動物シリーズ 43%

香り： モルティだがほのかにラベンダーと土っぽい香りもある。チョークのような粉っぽさ（学校の黒板）の香りに続いて特徴的なアーモンド香。

味： ピーナツとアーモンドフレーク。すっきりしているが口中で部分的に甘味を感じる。口の奥にライラックとアイリス。

フィニッシュ： 爽やかですっきり。

全体の印象： 完全に進化し、モルトと芳香がバランスよく混ざり合っている。

フレーバーキャンプ：モルティかつドライ

次のお薦め： インチマリン12年、オーヘントッシャン クラシック

エルギンから西端まで

スペイサイド最大の町を出てすぐの地に、ウイスキーのバミューダトライアングルがある。ここにはブレンダーや熱烈な愛好家たちの崇拝を集めているものの、一般の飲み手たちからは忘れ去られたカルト的な蒸溜所がある。果実味の極致、かぐわしい香りの典型例、そしてスペイサイドで最もピート香の強いウイスキーなど、なかなか驚かせてくれる個性派がそろっている。

遅い午後の陽光を浴びるバーグヘッドの砂岩の断崖。

グレンエルギン蒸溜所

関連情報：エルギン●WWW.MALTS.COM/INDEX.PHP/EN_GB/OUR-WHISKIES/GLEN-ELGIN/THE-DISTILLERY

スペイサイドらしく思われる点に、地域最大の大都市圏であるにもかかわらず、地元の蒸溜所がやや見つけにくいという特徴がある。グレンマレイとベンリアックという2大シングルモルトブランド以外の蒸溜所では、表舞台から見えないところでスチルから生まれるスピリッツが、多種多様なブレンデッドウイスキーに吸収されていく。そのため、間に合わせにかき集められた無価値なスピリッツとして見下されがちだが、実はそれは正反対だ。この地域の大半のスピリッツをほとんど見かけない理由は、その並外れた個性がブレンダーたちに高く評価されているためである。

グレンエルギンの熟成庫で長年使われていた銅製の器具。

グレンエルギンは典型的なケースだで、幹線道路A941号線から外れた細い道を上がったところにひっそりと建っている。まさにフルーティなタイプの代表例というべき特徴にはあきれてしまうほどだ。桃の果汁を思わせるような爽やかさと熟成感があり、思わずよだれがあふれそうになる。蒸溜所の様子をざっと見ただけでこれを味わったら驚くだろう。6基の小ぶりなスチルとワームタブといえば、まちがいなく硫黄分の強いニューメイクができるはずだが、そうではない。グレンエルギンはディアジオ社が所有する、ワームタブを備えた3つの蒸溜所のひとつだ。ここでは、設備が本来と正反対の働きをする。

「蒸溜中に硫黄分を確実に除去するようにスチルを稼働させれば、非常にライトなスピリッツができる」ディアジオ社でマスターディスティラーおよびブレンダーを務めるダグラス・マレーはこう説明する。ここではスチル内の蒸気と銅がのんびりとリラックスした関係を築くことによって、他の蒸溜所のニューメイクに見られるような硫黄分が除去される。発酵も同様に大切だ。「グレンエルギンの個性のほとんどは、蒸溜前に生まれるんだ」彼は続ける。官能的な果実感はくつろいだ状況で生み出される。つまり、やや低めの温度でゆっくりと発酵を行い、スチル内でもやはりじっくりと銅と触れ合うことで生まれるのだ。

そしてワームタブが登場する。「ワームタブを使う蒸溜所では複雑さが増して、より強烈な個性が生まれる」とマレーは言う。「実際のところ、カードゥとグレンエルギンの工程にさほど大きな違いはない」それでも両者は、ジューシー対グラッシー、かたや豊潤、かたや鋭利な個性といった具合に、大きく隔たっている。

グレンエルギンのテイスティングノート

ニューメイク

香り： 熟成香。ジューシーなフルーツ味のガム。赤いリンゴ、焼いたバナナ、青い桃。シルキー。
味： 軽いスモーク感。すっきりしているが熟成してコクがある。シルキーな口当たり。
フィニッシュ： 甘美で長い余韻。

8年 リフィルウッド カスクサンプル

香り： 果実香が和らいで熟成し、もぎたての果実から缶詰めまで幅広い香り。桃の缶詰めの香りが豊か、新鮮なメロン、クリーミィな印象。甘くふくよかでジューシー。軽いスモーク香。
味： 非常に甘く凝縮感あり。口中にとどまる感覚。アプリコット。非常にジューシーで甘い。ピーチネクター。
フィニッシュ： ソフト、そして当然ながらフルーティ。
全体の印象： 甘くコクがあり、樽で少し調整する必要があるのではないかと思われるほど。

12年 43%

色・香り： 豊かな金色。果実香と、甘くやや粉っぽいスパイス香がトップの座を分け合っている。ナツメグとクミン。樽効果にまとまりが生まれ、新鮮な果実にざらつき感が加わった。
味： 最初にソフトなトロピカルフルーツ、途中で急にスパイスに変わりゆっくりと香りの森が表れる。
フィニッシュ： フルーティだがドライ。
全体の印象： 樽により全体的に複雑さが加わったがなおも蒸溜所の個性がはっきりとわかる。

フレーバーキャンプ：フルーティかつスパイシー
次のお薦め： バルブレア1990、グレンモーレンジィ・オリジナル10年

ロングモーン蒸溜所

関連情報：エルギン●WWW.LONGMORNBROTHERS.COM/HTML/DISTILLERY.HTM

グレンエルギンの近くにあるロングモーン蒸溜所も、どちらかというと秘密主義で、アングラ・ミュージシャンのように一部の狂信的なファンの称賛を集めているモルトウイスキーの一例である。なぜか彼らは、自分たちの英雄が有名になるかもしれない事態に腹を立てているのだ。

ロングモーン蒸溜所は1893年、近くの町アバーチダー生まれのジョン・ダフによって創業された。かつてグレンロッシー蒸溜所の計画に携わったダフは、旧トランスヴァール共和国に飛んで南アフリカのウイスキー産業を興そうとしたが失敗に終わり、故郷のロッシーに戻ってロングモーン蒸溜所の事業計画に取り組んだ。ここはレアック・オ・マレイと呼ばれる肥沃な農地であり、近くのマノックヒルにはピートの原料となるミズゴケが豊富に生えていた。

ところがダフの事業は19世紀終盤に破たんし、ロングモーンはジェームズ・グラントの手に渡った。ほどなく蒸溜所はブレンダーらによってA1ランクに格上げされる。

「ロングモーンはまさに宝だ」現在蒸溜所を所有するシーバス・ブラザーズ社のマスターブレンダー、コリン・スコットは言う。「影響力が強くしかも端正で、いっしょにブレンドされた他のウイスキーと調和してくれる。ブレンダーにとっては親友といえるだろうね」冒頭で述べた嫉妬するファンとは、こうしたブレンダーたち自身だった。グレンリベット・ディスティラリーズ社の所有となったときも、同じ傘下のグレングラントやザ・グレンリベットと異なり、ロングモーンはシングルモルトブランドに格上げされなかったのだ。

ブレンダーたちが守っているのは、太めのストレートヘッド型スチルから生まれる、ソフトでコクがあり複雑なニューメイクである。甘くフルーティで深みがあり、寛容でもある。豊かな香りと力強さも合わせ持っている。アメリカンオーク樽に入れると穏やかなハチミツの風味が加わり、ホグズヘッド樽ではコクとスパイス感が広がり、シェリー樽内ではダークなコクと力強さをまとう。いわば万能選手である。

ロングモーンの複雑味を持つニューメイクは業界でも屈指の華美なスピリットセーフに注がれる。

多くのブレンデッドウイスキーの中核であるいっぽう、日本のシングルモルトの礎をなすウイスキーでもある。当初設置されていたスチルの形状は日本の余市蒸溜所のモデルとなった。というのは、日本ウイスキーの父祖に名を連ねる竹鶴政孝が初めて蒸溜を実地に学んだ蒸溜所が、ロングモーンだったからだ。評判は広がっているが、高価なボトルに詰められた16年のオフィシャルボトル以外は、いまも古くからのファンたちの手中にある。

ロングモーンのテイスティングノート

ニューメイク

香り： フルーツケーキのようにソフトでフルーティ。熟したバナナ、桃。コクとまるみがあり、その奥にソフトなミーティ香がある。
味： 果実の印象が続く。熟して長くとどまる風味。
フィニッシュ： ほのかにフローラルな余韻。

10年 カスクサンプル

色・香り： 淡い金色。フルーツが熟してきたがほのかに未熟な桃の特徴、続いてバニラとクリーム。
味： アプリコットやマンゴーなど、中核である果実味が強まってきた。加水すると溶けたミルクチョコレートとメース。
フィニッシュ： ほのかにスパイシー。
全体の印象： 柔らかな力強さがあるものの、まだやや眠っている印象。

16年 48%

色・香り： 古びた金色。フルーツケーキ。ソフトな果実香がまだあるがほのかに粉っぽいスパイス香、フライドバナナ、タブレット、柑橘類。希釈するとクリームトフィー、桃、プラム。
味： 厚みがある。再びチョコレート。熟したトロピカルフルーツ、果糖。
フィニッシュ： 弾けるようなショウガ。
全体の印象： 熟成して複雑。

フレーバーキャンプ：フルーティかつスパイシー
次のお薦め： グレンモーレンジィ18年、ザ・ベンリアック16年

1977 50.7%

香り： バナナチップ、ジャングルミックス菓子、穀物由来の深み。桃、香料。中国茶、果実のコンポート、柑橘類。

AN INITIAL BIG MALT FLAVOUR THAT COMMANDS A PAUSE, REVEALING A SILKY RICH NATURALLY SWEET AND QUIETLY COMPLEX CHARACTER.
LONGMORN. Aged in Oak for sixteen years
NON-CHILL FILTERED
ESTD 1894

AGED 16 YEARS
The Longmorn Distilleries Limited
48%vol PRODUCT OF SCOTLAND 70cl

味： 深みとコク。サンダルウッドとベチベルソウ、スモモ、甘味、果実のコンポートの味へと広がる。
フィニッシュ： 迫力があり長い余韻。バター風味のシナモン。
全体の印象： 甘美に変わりつつある。人を夢中にさせるウイスキーだ。

フレーバーキャンプ：フルーティかつスパイシー
次のお薦め： マッカラン25年 ファインオーク

33年 ダンカン・テイラー・ボトリング 49.4%

香り： 長期熟成後でもなお蒸溜所特有のフルーティな特徴を保っている。マルメロのコンポート、ほのかにグアバとクリスタルジンジャー。少しスモーキー。
味： 穏やかな甘さと果実味。口中に横たわる感じ。刺すような生姜味と朝鮮ニンジンが口の奥で立ちのぼる。
フィニッシュ： ふたたびフルーティになるがややドライフルーツ寄り。
全体の印象： 樽熟成のバランスがよく、蒸溜所の個性が最大限に発揮されている。

フレーバーキャンプ：フルーティかつスパイシー
次のお薦め： グレンモーレンジィ25年、ダルヴィニー1986

ザ・ベンリアック蒸溜所

関連情報：エルギン ● WWW.BENRIACHDISTILLERY.CO.UK ● 個別見学可能、詳細はサイトを参照

19世紀終盤のイギリス経済は好況を謳歌していた。工業生産の増大にともなって新たな蒸溜所への投資も増えた。しかし好況には不況がつきものだ。1898年、ブレンディングと取引を行っていたパティソン社の倒産がおそらくは引き金となり、ウイスキー産業は地滑り的に衰退し始めた。それでもブレンデッドウイスキーの輸出は伸びていたが、国内市場（スコッチはまだ国内販売に大きく依存していた）が落ち込んだために在庫が余ってしまった。しかも、この時期に新設された大規模な蒸溜所群が操業を開始したため、さらに事態の悪化が予想された。

こうした蒸溜所の中には、利益の増加を目指す（そして仕入れる量の支配権をも得ようともくろむ）ブレンディング会社によって救済されたところもあったが、生産過剰の不安から閉鎖された蒸溜所もあった。こうして、1899年にはグレーンウイスキーも含めて161ヵ所あった蒸溜所は、1908年には132にまで減少した。閉鎖した蒸溜所の多くは、根拠なき楽観主義に踊っていた時代の最後の日々に建てられた大規模なもので、操業しないうちに閉じられたのである。グレングラントの第2蒸溜所として1898年に建設されたキャパドニック蒸溜所は1902年に閉鎖され、ダルユーインの第2蒸溜所として1897年に建てられたインペリアル蒸溜所は1899年に閉じられた。最も短命だったのが、フォグワットの3大蒸溜所の最後のひとつ、ベンリアックだった。ロングモーンの姉妹蒸溜所として1898年に創業し、2年後の1900年に閉鎖されたのだ。その後操業を再開したのは65年後のことだった。

休止中、ベンリアックのモルティングフロアで作られたモルトだけはロングモーンで使われていたが、4基あるスチルから再びピリッツが流れ出たのは、新たなウイスキーブームのさなか、ブレンディング会社のあいだに楽天的なムードが生まれてからだった。

ベンリアックは再開後も脇役のままで、ブレンデッドウイスキーにいくらかスパイシーな果実味を加える程度の地味な存在だった。おそらくアイラ島産の在庫が不足したときに、ピート由来のヘビーな特徴を加える程度だっただろう。まれにシングルモルトのオフィシャルボトルが発売されたが、トリオ仲間のグレングラントやロングモーンに比べると驚嘆するような個性はなかった。

2003年に再び閉鎖されたときは、ベンリアックのジンクスをまだ引きずっているように思われた。しかし今度は、バーン・スチュアート社の元社長、ビリー・ウォーカーという救済者が登場した。ウォーカーによる買収のニュースは世間を驚かせ、やがてウイスキーが世の中に出回り始めた。複雑でスパイシーな個性があり、古い年代のものは口中で踊り出すような、みごとな特徴を見せる。こうした特性はリフィル樽で長期間じっくりと熟成されたウイスキーでなければ味わうことはできないものだ。ブレンダーたちは別としても、これは飲み手にとって予想外の驚きだった。

現在は生産が非常に忙しいうえに、シングルモルトの世界がおおいに注目されている。「全てをバランスよく調整するのに5年かかった」とマネージャーのスチュアート・ブキャナンは語る。「多くの装置を撤去したので、新しく入れ替えて再調整が必要だった。買収前のベンリアックのニューメイクに関する記録がなかったので、何度も試行錯誤しながらカットポイントを見きわめて、ほぼちょうどいい状態になったよ」

「目指すのは香り豊かでフルーティな甘さだ。こうした果実味は熟成庫にある段階でも、リンゴのような香りが強まってくる。どんなウイスキーを作るにしても、重要なのは大麦の管理に尽きると考えている。われわれはカットを広めに回収するので、最初の甘い風味から後半の穀物香豊かな風味まで、良質なフレーバーを幅広く得ることができるんだ」

新参者ではあるかもしれないが、ベンリアックは、スペイサイドのこの地域を支配するブレンド用ウイスキー志向を打破しようとしている。いやそれどころか、控えめでいてしばしば目を見張るような名演技を見せるスピリッツを新時代へと導いていこうとしている。

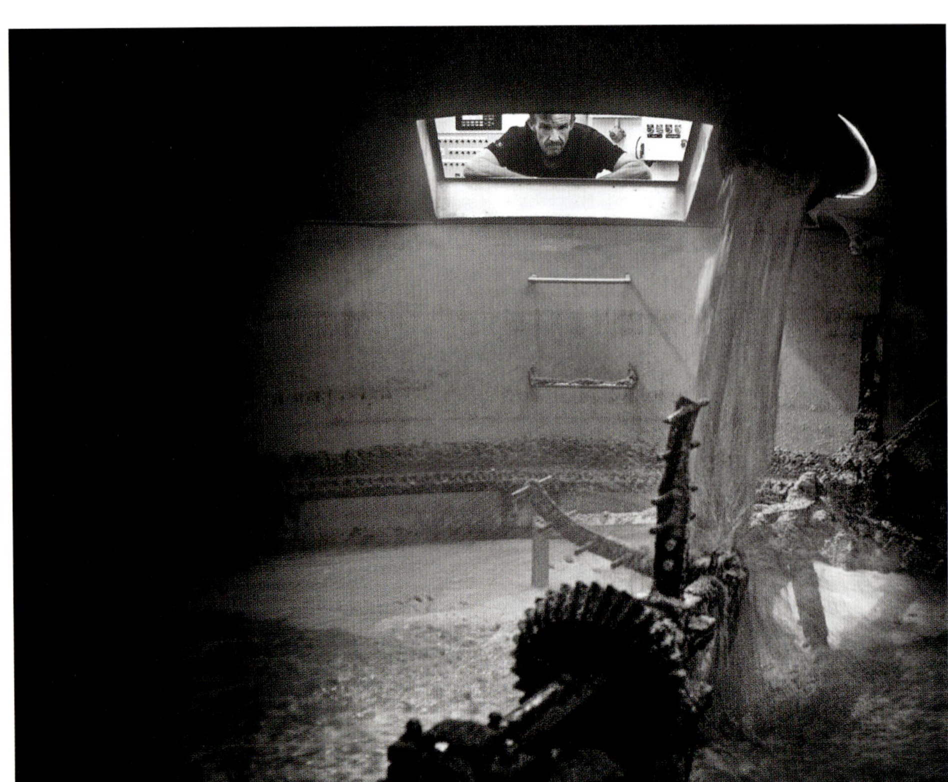

ベンリアック蒸溜所のマッシングの様子。大麦に含まれるデンプンを発酵可能な糖分に変える工程が行われる。

次ページ：
長年ブレンド用ウイスキーを提供する地味な存在だったベンリアックには、いまやシングルモルトのブランドとして重要な地位を占める可能性がある。

ザ・ベンリアックのテイスティングノート

ニューメイク

香り： 甘くケーキのよう、フルーティ、ズッキーニ、フェンネル。レモンに続いて甘いビスケットの香り、チョーク。

味： 非常に凝縮感があり、ほのかにワクシー、ソフトな果実味が先導役、続いてぼんやりと粉っぽい香りの印象。噛みごたえがある。

フィニッシュ： 爽やかですっきり。モルティ。やがて豊かなスパイス感。

キュリオシタス 10年 ピーテッド 40%

香り： 最初にラフィアヤシとウィータビックス、続いて乾いたウッドスモークと焦げた木の棒の香り、その奥に天然アスファルトと焼いたフルーツ。

味： 非常にスモーキー、やがて甘い樽風味と軽い果実味。心地よい。

フィニッシュ： 最後までスモーキーかつ軽い穀物の風味。

全体の印象： 非常に興味深い。元々はシーバス・ブラザーズ社のブレンドにピートの風味を加えるために作られていた。

フレーバーキャンプ： フルーティかつスパイシー

次のお薦め： アードモアトラディショナルカスク

12年 40%

色・香り： 豊かな金色。最初はスパイシー、芳しくワクシーでエキゾティックな花の香り（プルメリア）、アイシングシュガー、おがくず。加水すると新鮮なフルーツと、さらに新鮮なオーク香。

味： まだ少しワクシー、粘りのあるフルーツシロップのよう。アプリコット、バナナ、シナモン。

フィニッシュ： 爆発的なスパイス感がすぐに消える。

全体の印象： アメリカンオークでじっくり熟成させる方法は理想的だ。

フレーバーキャンプ： フルーティかつスパイシー

次のお薦め： ロングモーン10年、クライヌリッシュ14年

16年 40%

色・香り： 豊かな金色。全てが深みを増し、スパイス香は収まり果実香が支配的。ほのかなウッドスモーク。ドライバナナと熟したレモン。かすかにナッティ。まだエキゾティックな気配がある。

味： さらに濃厚になり、果実味は鮮度が抑制され、焼いたあるいは少し乾燥させた果実のよう。迫力と噛みごたえ、強烈さが増し、少しクミンのよう。加水するとほのかなシェリー風味が強まる。

フィニッシュ： ドライなオーク香とサルタナレーズン。

全体の印象： たくましさを誇示している。

フレーバーキャンプ： フルーティかつスパイシー

次のお薦め： ザ・バルヴェニー12年ダブルウッド

20年 43%

香り： ゆったりと熟成した印象、メースとほのかなクミンから始まるまばゆいほどのスパイス香。甘さと酸っぱさが交互に表れ、やがて乾いた果実の皮とアプリコットの香り。

味： 熟してソフト、新鮮な果樹のフルーツジュースが豊か、やがてネクタリン。

フィニッシュ： 甘いスパイス。長い余韻。

全体の印象： 端正で、抑制された樽香が蒸溜所の特徴に別の個性を添えている。

フレーバーキャンプ： フルーティかつスパイシー

次のお薦め： ポール・ジョン・セレクトカスク

21年 46%

色・香り： 金色。スモーキー、湿った干し草、ローリエの葉、落ち葉と梨。メロン香は残っているがスパイス香は軽い粉のようになり、控えめ。

味： スモーキーでナッティ。ウォルナッツの殻。噛みごたえの残るセージ。オーク香はサンダルウッドと樟脳へと変わった。抑制された樽感がうまく支えている。

フィニッシュ： ショウガと軽いピート香。

全体の印象： 進化の第3段階へと移行中である。

フレーバーキャンプ： フルーティかつスパイシー

次のお薦め： バルブレア1975、グレンモーレンジィ18年

セプテンデキム 17年 46%

香り： 庭のたき火の香りと、好対照でバランスのよい甘さがあり、シナモンをふりかけたリンゴを火で焼いたよう。

味： フルーツとグラッシーなスモークがまだ交互に感じられ、同時にトフィーとヌガー、ピーチシロップ、塩辛いリコリス。

フィニッシュ： スモーク香が戻ってきた。

全体の印象： バランスがよくスモーキー、しかも蒸溜所の特徴がはっきりと感じられる。

フレーバーキャンプ： スモーキーかつピーティ

次のお薦め： アードモアのインディペンデントボトル

オーセンティクス 25年 46%

香り： やはりスモーキー。ウッドスモーク、ハンノキと果樹の薪、スモークした肉のような軽いアロマも感じる。

味： 蒸溜所の特徴が、ふくよかで柔らかい果樹のフルーツの甘さをともなって表れた。熟成により蜜ろうの風味、その奥にスモーク感。

フィニッシュ： くすぶっている。

全体の印象： 熟成感があり完璧に調和しており、バランスがよい。

フレーバーキャンプ： スモーキーかつピーティ

次のお薦め： グレンギリーやアードモアのインディペンデントボトル

MATURED IN THE HEART OF SPEYSIDE
AGED 16 YEARS
CAREFULLY CONTROLLED MALTING, DISTILLING & MATURATION USING AGE OLD METHODS

ローズアイル蒸溜所

関連情報：バーグヘッド

ディアジオ社がローズアイルの製麦工場の横に新たな蒸溜所を建設する計画を発表したときの周囲の反応は、冷淡かつ悲観的なものだった。2010年に操業を始めたこの蒸溜所は年間生産量1千万リットルを誇る。懐疑派たちの声は、これによりディアジオ社の小規模蒸溜所が閉鎖され、伝統的な手作りの蒸溜の死につながり、きっとこれまでとは何もかも変わってしまうだろうという否定的なものだった。

しかし14基のスチルを備えた蒸溜所の新設は、スコットランド最大のウイスキー蒸溜会社の総額10億ポンドにのぼる投資の一部にすぎなかった。同社は所有する全蒸溜所の生産力の増強を目指していたため、蒸溜所は閉鎖どころか、増設されたのである。

同名の大きな製麦工場の横に建てられたローズアイル蒸溜所は、環境に最大限の配慮がほどこされた。バイオマス発電で必要な電力の大半がまかなわれるいっぽう、排熱は再循環され、ローズアイルとバーグヘッド両方の製麦工場の運転に使われている。

蒸溜所には、ブレンドの需要に応じて様々なタイプのウイスキーを生産できる設備が整っている。それ自体はめずらしくはないが、使われる技術は非常に斬新だ。7組あるスチルのうち6組それぞれに、2台のシェル&チューブ方式冷却器が備え付けられ、1台めはよくある銅管タイプだが、もう1台にはステンレス管が通っている。ヘビーなスピリッツが欲しい場合はアルコール蒸気をステンレス管の冷却器に送れば、銅との接触が少ないためにワームタブを通したような効果が生まれる。逆にライトなスピリッツが必要な場合は、標準的な銅管方式の冷却器を使う。

操業が始まり、ナッティでスパイシーなスピリッツを作ったかと思ったら短期間閉鎖され、その後再開されてからは、もっぱらライトでグラッシーな風味のスピリッツが作られている。きっとかなり細やかな調整がなされたに違いない。

発酵はたっぷりと90時間かけて行われ、蒸溜もゆっくり、そして蒸溜のたびごとに休止時間を設け、銅を冷やしている。さらに、週に一度はスチルを大掃除し、6-7時間休ませている。

こうした工程から、マッシングは週に22回までに限られることがわかる。「ライトに作るためには何ごともゆっくり行う必要がある」とマネージャーのゴードン・ウィントンは語る。「ここではあらゆるタイプを作っていて、ブレンダーたちからは、ローズアイルは同じようにグラッシーなスタイルを作る他の蒸溜所と違う、と言われるよ」

ヘビーなスタイルはどうだろうか。「必要があれば作るよ」というウィントンの答えに、その場合は一から微調整をやり直すのだろうかという疑問がわいた。すると彼は笑って答えた。「ああそうさ、でもそれは君たちが飲むウイスキーのためなんだよ！　ゆっくり休んでいるひまなんてないのさ」

ディアジオ社のローズアイル蒸溜所のスチルハウスには目を見張るばかりだ。

グレンロッシー蒸溜所およびマノックモア蒸溜所

関連情報：ともにエルギン

ベンリアック蒸溜所が隠遁生活からすっかり足を洗ったとすれば、ここで紹介する2つの蒸溜所はいまだに裏方に満足しているようだ（しかし新メンバーには難しいだろう）。グレンロッシーとマノックモアは同じ場所に建っている。というより、マノックモアがグレンロッシーの敷地内にあり、かなり年の離れた兄に守られているかのようだ。両方ともライトなフレーバー領域に属するが、重要なのは、同じテーマでも多様なバリエーションを作っている点だ。

19世紀後半に創業した蒸溜所群からライトなタイプを探すなら、グレンロッシーはその好例だ。グレンドロナック蒸溜所でマネージャーを務めていたジョン・ダフによって1876年に建てられ、スチルには精溜器が備え付けられている。繊細な特徴を高めるのに適した、賢い装置だ。

ここでは還流が要であり、敢えて長時間かけて再溜することによってスチル内の蒸気を濃縮させる（p.14-15を参照）。しかしグレンロッシーはただ軽いだけではない。ニューメイクから感じられるオイリーな香りは、素朴で繊細かつグラッシーな香りに強さを与え、なめらかな口当たりを加える。「グラッシーなスタイルになるよう発酵を行ってから還流を長くすると、あんなふうにオイル感が加わる」ディアジオ社でマスターディスティラーおよびブレンダーを務めるダグラス・マレーはこう説明する。「潜在的にグラッシーなスピリッツと銅が活発に反応すると、オイリーになるんだ」

グレンロッシーは精溜パイプに救われてきたのかもしれない。静かにたっぷりと愛情を注がれてきた蒸溜所は、1962年にスチルが4基から6基に増設された。同じ敷地に2つ蒸溜所があると、しばしばどちらかが閉鎖されることがある。例えばクライヌリッシュ蒸溜所では、併設されていたブローラ蒸溜所が閉鎖されたし、ティーニニック蒸溜所とリンクウッド蒸溜所にある古いスチルハウスはもはや稼働していない。しかしグレンロッシーはそうならなかった。

1971年、6基のスチルを備えたマノックモア蒸溜所（ダークグレーン工場も建設された）がグレンロッシーに建設され、ライトスタイルに沿って独自なバリエーションを作り始めた。ここにはオイリー感はない。ニューメイクの段階では甘くフローラルで新鮮、そして熟成すると肉厚な質感になる。このようなウイスキーを作るには慎重な扱いが求められる。ファーストフィルのシェリー樽の荒々しさが、その控えめな特徴を消し去ってしまうからだ。

この点を考えると、マノックモアがあの糖蜜のように漆黒の「ロッホ・デュー」に使われたことにはなおさら驚く。悪名高いブラックウイスキーは1990年代のわずかなあいだ登場した。発売後すぐに発売が中止されたため、いまではコレクターに人気のボトルとなっている。いっぽうマノックモア蒸溜所は、一度は閉鎖されたものの、再びカバーを外して稼働している。

マノックモアのテイスティングノート

ニューメイク

香り： 甘い、ニンジン、フェンネル、花の茎の香りが核果に迷い込んだよう。グラッパのよう。
味： 軽くてすっきり。花のように穏やかで新鮮。
フィニッシュ： 短く控えめな余韻。

8年 リフィルウッド カスクサンプル

香り： よい香りが深みを増し、ほのかに濡れた土とジャスミン。バニラ、まだ未成熟なグラッパのような雰囲気で少しチョーク香。
味： 濃厚で非常にゆったりしている。未成熟な桃に続いてバニラと花屋のような特徴。
フィニッシュ： まだ活発。
全体の印象： アロマは明らかにライトだが勢いが増してくるころ。ダークホース的。

12年 花と動物シリーズ 43%

香り： すっきりしている。ブドウの花と桃の果汁、デザートアップルの香りが立ちのぼる。
味： ほのかにオイリーで少しスパイシー。マンダリンのような爽やかさ。非常に繊細でまとまりがある。
フィニッシュ： 爽やかでほのかに柑橘類の余韻。
全体の印象： まだライトでよい香り。

フレーバーキャンプ： **香り高くフローラル**
次のお薦め： ブレイヴァル8年、スペイサイド15年

18年 スペシャルリリース 54.9%

香り： 蜜ろう、ナッツ、強いシナモン香が立ちのぼる。最初に削りたての樽感が強いが奥底にバナナやルバーブのコンポートのようなソフトな果実味、桃のような個性、少しココナッツ。
味： 香りの瑞々しさが味わいにも感じられ、アプリコットとオレンジの皮、バニラ。樽由来の軽いざらつき感もある。ほどよい酸味。口中で沈み込み、スパイス感のあとに再び果実味がマカロンの風味をともなって表れ、驚かされる。
フィニッシュ： 最初はソフト、続いてほのかな樽由来のざらつき感。すっきりしてきめ細やか。
全体の印象： ニューメイク段階ではライトだったウイスキーがアメリカンオーク樽の細やかな配慮の恩恵をおおいに受けている（その証拠にヨーロピアンオークは圧倒してしまう）。

フレーバーキャンプ： **フルーティかつスパイシー**
次のお薦め： クレイゲラキ14年、オールドプルトニー17年

グレンロッシーのテイスティングノート

ニューメイク

香り： 溶けるバター、非常にゆったり。白スグリ、濡れたセーム革。青くオイリー、菜種油。
味： オイリー感、未熟なフルーツ、甘い段ボール。
フィニッシュ： イチゴ（未熟）。

8年 リフィルウッド カスクサンプル

香り： 桃の香りをともなう花の香りが強まった。リンクウッドのエルダーフラワー・コーディアル香に似ている、軽いミント、ライム、ピンクグレープフルーツ。果実が熟しつつある感じ。
味： 強烈でアロマティック、かつねっとりした質感。
フィニッシュ： 爽やかで軽い。
全体の印象： 進化の真っ最中。熟成には時間が必要。やはり口当たりが決め手。

1999 マネージャーズチョイス・シングルカスク 59.1%

香り： 亜麻仁油でこすったような樽香、グレープ、ジャスミン、アマルフィレモン。強くまっすぐに香るが未熟ではない。加水すると消毒剤のような不思議な香りとトーストしたマシュマロ。
味： 胡椒、レモンのような刺激、グラッシー、オーク樽由来のメンソールやユーカリの印象。軽やかに香り立つ。
フィニッシュ： すっきりとした香りが立ちのぼる。
全体の印象： 抑えの効いた軽さがまばゆく輝くタイプの一例。

フレーバーキャンプ： **香り高くフローラル**
次のお薦め： グレントファース1991、アンノック16年

リンクウッド蒸溜所

関連情報：エルギン

スペイサイドの隠れた物語はライトなスタイルの追究である。このスタイルを追い求めた蒸溜家たちは、いつのまにか新たなフレーバーの世界の様々な場所にたどりついていた。たゆみなく熱心にライト志向の道を突き進んだあまり、特徴が抜けかかったウイスキーを作る者がいた。グラッシーな風味を目指した者もいたし、異様なほど精力的に取り組み、粉っぽい特徴を得た者もいる。フローラルな香りに屈服した者もあった。誰もがみな、ライトなウイスキーは慎重な管理が必要だという事実と直面した。丁寧に作られたウイスキーの精緻な特徴を保ちたいのであれば、リフィル樽を使おうとファーストフィルの効果を少し溶けこませようと、樽の影響が過剰になりすぎないよう注意しなければいけない。

彼らがぶつかるもうひとつの問題は、シングルモルトを飲むようになった新たな飲み手が、幅広いフレーバーを求めるようになったことだ。この点でシングルモルトウイスキーはワインと同様になった。新たなワインの飲み手は果実味のあふれるタイプで経験を積んでいる。このような新しい市場に、細やかで控えめなスタイルの入るすきがあるだろうか。

世界のどこかで、努力の末に繊細なアロマとコクのある味わいを兼ね備えたシングルモルトが生み出されたとしたらどうだろう。春の宵のように爽やかで、しかもシフォンドレスのように弱々しくないモルトがあったとしたらどうだろうか。このような難しいバランスを実現できるシングルモルトは多くないが、リンクウッドは成し遂げた。ディアジオ社の蒸溜とブレンディングの教祖であるダグラス・マレーによれば、このタイプは蒸溜所の腕が最も試されるという。フレーバーの抑制という、ウイスキー本来の特徴に反することをするように見えるからだ。「すっきりとした」ニューメイクが前提となるが、するとウォッカのようなあいまいなスピリッツになり、シングルモルトならではのエステル香豊か

エルギン郊外の農地に建つリンクウッド蒸溜所はスコッチでも屈指のアロマティックなウイスキーを生み出す。

ライトスタイルのようでありながら、リンクウッドは熟成とともに花開く。

な複雑さとかけ離れてしまう。しかし心配は無用。リンクウッドのニューメイクは桃の皮や果樹園に落ちているリンゴの花の香りがする。口に含むと粘り気があり、口中では舞踏会のようにくるくると回り出す。まるで魔法のように、工程の初期段階から次々に様々なことが起こる。まずモルトの製粉具合を変えることにより、マッシュタン内で麦芽が厚いろ過層を作る。3過層の固形分に穀粒がないほうが、麦汁の比重が低くなり、長時間の発酵が起こる。「特徴が生まれるのを阻止するのが全てだ」とマレーは言う。

スチルは丸く、ルーベンスの女性画のようにふくよかで、スピリットスチルがウォッシュスチルより大きいという点がめずらしい(この蒸溜所独特ではないが)。蒸溜量は少なめに抑え、蒸気が大きな銅の釜に戻る時間をできるだけ長く確保するために長時間蒸溜させる。こうして不要な特徴を全て取り除くのだ。

銅との接触を長引かせるために冷却器を使うが、敷地の反対側にある古いスチルハウスではワームタブが使われている。それでもなお、古いスチルハウスでは春のような特徴のスピリッツが生まれる。(ディアジオ社は銅とワームタブの研究の大半を古いスチルハウスで行った)。

このウイスキーが、ブレンデッドウイスキーにテクスチャーとトップノートを加えるとして、ブレンダーたちの人気を呼んでいるため、最近は生産量を倍増させたほどだ。シェリー樽に入れても持ちこたえるが(香りと質感は生き続ける)、リフィル樽で熟成させてこそ最高の状態になり、飲み手を異なる時代へと誘う。口にすれば、コマ撮り写真を見るかのように、若い果実が実り、木から落ちてドライフラワーのベッドに横たわるまでの時間の流れを液体で体験できる。

リンクウッドのテイスティングノート

ニューメイク

香り： よい香り。パイナップル、桃の花や桃の皮、マルメロ。やや重い。
味： 並外れた爽やかさ。ペストリー、リンゴ。少しオイリーで噛みごたえを感じる。
フィニッシュ： すっきりしていて驚くほど長い余韻。

8年 リフィルウッド カスクサンプル

香り： 麦わら。青リンゴ、エルダーフラワー、白い果実。驚くほど爽やか。加水すると梨。
味： ほどよい重み。リンゴと梨のコンポートに続いてエルダーフラワー・コーディアル。舌を覆うような感触。
フィニッシュ： 爽やかで軽やか、かつ刺激的。
全体の印象： よい香りとボディの組み合わせに魅了される。

12年 花と動物シリーズ 43%

香り： 迫力があり、豊かな香り。カモミールとジャスミンとリンゴの混ざった香り。非常に香りが強くヘビー。しだいに重みが増す。
味： まろやか。中核となるオイリー感が深みを増し、熟した果実とほのかなグラッシー感がその周りをめぐっている。
フィニッシュ： トロピカルフルーツと青い草。
全体の印象： 香り高くすっきりとしていて、熟成とともに深みを増すウイスキー。

フレーバーキャンプ：香り高くフローラル
次のお薦め： ミルトンダフ18年、トミントール14年

グレンマレイ蒸溜所

関連情報：エルギン●WWW.GLENMORAY.COM●開館時間：年中無休、10-4月は月曜-金曜、5-9月は月曜-土曜

ロッシー川沿いに隠れ、公営住宅に囲まれて建つグレンマレイ蒸溜所の知名度の低さは（二重の意味で）、工場の規模を考えると驚くべきことだ。元はビール工場だったというこの蒸溜所は、やはり19世紀後半のウイスキーブームの頃に創業したが、新世紀が明けてすぐに不況に見舞われ、1910年に閉鎖された。しかし同様にこのころ閉鎖されたベンリアック蒸溜所に比べて閉鎖期間は短く、1923年には操業が再開されている。スチルハウスは小規模で、他の建物群と不釣り合いに見えるが、かつてその内部には自前のサラディン式モルティングの設備があった。

エルギン地域の一貫した特徴である果実味が、ここではアメリカンオーク樽で追加熟成され、バターのような風味が加わって穏やかでソフトな特徴として表れる。フルーツサラダとアイスクリームがお好きならば、グレンマレイはお薦めのウイスキーだ。

マネージャーのグラハム・カウルは、この蒸溜所のDNAを説明するうえで、蒸溜所の微気候を挙げる。「マレイのやや温暖な気候と低地にあるという立地条件のおかげで、スピリッツが樽によく浸み込んで、オーク由来のフレーバーが強まる。それに、川の水位と同レベルにある低層のダンネージ式熟成庫（何度も洪水に見舞われてきた）が、スピリッツをさらになめらかにするんじゃないかと思う。おまけにファーストフィル樽の影響が強いので、甘味とスパイス感のバランスが優れた、みごとなウイスキーになるんだ」

ここでは新しい樽の試験も行われてきた。スコッチモルトウイスキー・ソサエティが瓶詰めした樽は豊かなフレーバーだったが、クレームブリュレやバタースコッチ、ヌガー菓子のマーズバーのような強い風味がするいっぽう、グレンマレイ独特の深い果実味も感じられた。目立たない特性はマーケティングにまでおよんだ。良質にもかかわらず、グレンマレイは以前の所有者グレンモーレンジィ社によって目玉商品として売られた。お買い得ではあったが商品イメージの向上にはほとんど役立たなかったし、安価なウイスキーのカテゴリーにとってもマイナスだった。その後ルイヴィトン・モエヘネシー社がグレンモーレンジィ社を買収し、まもなくグレンマレイはフランスの蒸溜会社ラ・マルティニクィーズ社の傘下となった。

巨大なウイスキー工場はロッシー川沿いの平地にある。

グレンマレイのテイスティングノート

ニューメイク

香り： 非常にすっきりして（新鮮な）果実香とバターの香り、ほのかにスパイシーな穀物香。
味： 少しワクシーな感触に続いて熟した果肉とデザートアップル。
フィニッシュ： すっきりしている。

クラシック　NAS　40%

色・香り： ライトな金色。たいていのNAS（年代表記なし）ブランド同様、樽効果が強い。爽やかでオーキー、かつバター香とほのかに青いフルーツ。リンゴ。
味： 穏やかでクリーミィ。ソフトな口当たり。
フィニッシュ： 穏やかでソフト、かつすっきりしている。
全体の印象： 全てがやや抑制されている。少しおとなしい感じ。

フレーバーキャンプ：フルーティかつスパイシー
次のお薦め： マッカラン10年ファインオーク、グレンカダム15年

12年　40%

香り： ソフトフルーツが復活した。果実を噛んだよう、続いて梨、ジタンブロンドタバコとバニラ。次にミント。
味： 非常にバーボンに近く、新樽と松の樹液。軽やかなリンゴ。
フィニッシュ： クリームトフィーの中にスパイスとナッツの余韻。
全体の印象： ファーストフィル樽がさらにソフトな風味を加えている。

フレーバーキャンプ：フルーティかつスパイシー
次のお薦め： ブルイックラディ2002、トーモア12年

16年　40%

色・香り： 金色。古いウイスキーによく感じられる松ヤニの香り。まだシロップのような甘さがある。クリームココナッツ、日焼けオイル。
味： 樽のざらつき感が強いが充分に蒸溜所の特徴もあり、フィニッシュに向かって浸み出し、バランスがよい。
フィニッシュ： すっきりしてシルキー。
全体の印象： 素直なウイスキー。

フレーバーキャンプ：フルーティかつスパイシー
次のお薦め： マッカラン18年ファインオーク、マノックモア18年

30年　40%

香り： 熟成し、秋を思わせる。スパイス香が香る。再びタバコ、今度はドミニカの葉巻、ほのかにニス。
味： スモーキーな樽。ヒッコリー。デッキオイル。
フィニッシュ： ソフト、ようやく果実感。
全体の印象： 迫力があり甘く、樽の影響が感じられる。

フレーバーキャンプ：フルーティかつスパイシー
次のお薦め： オールドプルトニー30年

ミルトンダフ蒸溜所

関連情報：エルギン

1930年代が始まるころには、世界で起きた一連の変動がスコッチ産業を衰退へと追いこもうとしていた。世界恐慌の経済的影響もあってイギリスでの需要が減少し、生産量が急落したのである。ひき続き堅調だったカナダへの輸出だけが唯一の光明だった。ブレンデッドウイスキーの多くが(ほとんどとは言わないが)、カナダの輸入業者の倉庫からすぐに密輸業者のトラックに積まれて、禁酒状態のアメリカ市場へと運ばれていくことなど、スコットランド人は意に介さなかった。なぜなら禁酒法の廃止が近いのは明らかだったのだ。アメリカでの販売増加が期待されるなか、舞台裏では市場での位置づけ合戦が盛んに行われていた。

しかし1933年に禁酒法が廃止されても、販売はすぐには復活しなかった。1ガロン当たり5ドルの輸入税がかかったためだ。1935年にこの税率が半減されると、その翌年カナダの蒸溜会社、ハイラム・ウォーカー・グッダラム&ウォーツ社は派手に資金を使い始め、同社にとってふたつめのスコッチ蒸溜所となるミルトンダフとブレンディング会社のジョージ・バランタイン社を買い取った。さらにグレーンウイスキーのダンバートン蒸溜所を操業し始めた。やがてここではスコットランドのグレーンを使って、最も"カナダらしい"ウイスキーを作るようになる。

ミルトンダフの買収によってハイラム・ウォーカー社が入手したのは、元々近くのプラスカーデン修道院の製粉所だった蒸溜所であり、1824年には蒸溜免許を取得していたという。

この蒸溜所は革新にも慣れていた。「ミルトンダフは19世紀後半に3回蒸溜を行っていたため、しばらくはハイランドパーク蒸溜所に似たウイスキーを目指していたのだろうと考えられていた」シーバス・ブラザーズ社の蒸溜マネージャー、アラン・ウィンチェスターは言う。「理由はどうであれ、ハイラム・ウォーカーはそのスタイルを現在の形に変えたんだ」ミルトンダフは1964年、2基のローモンドスチルを設置し、モストウィーと呼ばれるモルトウイスキーを作った。

ウィンチェスターが言う「理由」とは、バランタインの責務であり、禁酒法時代にライト志向に変わってしまった北米市場の味覚を変えることだった。カナダ人が持ち込んだのは資金だけでなく、ウイスキー作りに対する新たな感性だった。20世紀初頭から築いてきた繊細で穏やかなスタイルが、いまはここにある。それはニューメイクの香りに見つけられる。フローラルで新鮮、かつオイリーで複雑さが際立ち、樽熟成によって軽やかに花開くのだ。

ミルトンダフの敷地には昔、修道院が運営するビール工場があったといわれる。

ミルトンダフのテイスティングノート

ニューメイク

香り： 甘くキュウリの香り。ライムの花とブドウの花のように爽やかでオイリー。

味： 強烈だがバランスがよく、中核に軽いバターの風味。

フィニッシュ： 爽やか。ピーナッツ。

18年 51.3%

香り： まろやかだがまだピュアな特徴を保っている。カモミール、エルダーフラワー。非常に壊れやすく繊細。花のよう。

味： 樽も感じるがまだ甘く、ややヘビーなフローラル、ヒヤシンス、バラの花びら。きめ細やかで口中に長くとどまる。

フィニッシュ： すっきりして豊かな香り。

全体の印象： エディンバラロック〔訳注：スコットランドの砂糖菓子〕

フレーバーキャンプ：香り高くフローラル

次のお薦め： リンクウッド12年、スペイバーン10年、白州18年、トーモア1996

1976 57.3%

香り： 軽やかで、ヘザーとカンナビス、ポプリ、バニラ、ココナッツ、果樹園のような香り。

味： まろやかでオーキーだがニューメイクの強烈さも残っている。まるでフラワーゼリー。様々な要素が感じられる。

フィニッシュ： すっきりして軽やか。

全体の印象： 豊かなよい香りがずっと保たれている点が重要だ。

フレーバーキャンプ：香り高くフローラル

次のお薦め： トミントール14年

ベンロマック蒸溜所

関連情報：フォレス●WWW.BENROMACH.COM●開館時間：年中無休、曜日と詳細はサイトを参照

ベンロマックは謎に満ちた蒸溜所だ。1994年に瓶詰め業者のゴードン&マクファイル社（GM）が買取したとき、ここは真っ白なキャンバスだった。1980年代初頭のウイスキー不況の犠牲となって1983年に閉鎖され、抜け殻になった。現在蒸溜所内にあるマッシュタンも木製のウォッシュバックもスチルも、外にある冷却器も全て、新設されたものだ。GM社が直面した疑問は、ゼロから始めて新しいウイスキーを作るべきか、以前のスタイルの再現に務めるべきかということだった。そして興味深いことに、両方を成し遂げたのだ。

これまで見てきたように、1960年代から70年代にかけて新設された蒸溜所の大半は同様なフレーバーキャンプに区分できる。しかしベンロマックは違う。ニューメイクには古いスペイサイドの影響が見られる。当時のスペイサイドは、たとえライトなタイプでも深い味わいとスモーキーな風味があったものだ。おそらくモートラックやグレンファークラス、あるいはバルメナックほどヘビーではないが、スーパーライトな種類よりは明らかに濃厚だ。「過去40年間にスペイサイドはしだいにライト志向に変わってきて、原材料も製造工程も変化した」GM社でウイスキー供給マネージャーを務めるイーウェン・マッキントッシュはこう話す。「ベンロマックの再装備を始めたとき、われわれは1960年代以前のスペイサイドの典型タイプのシングルモルトを作ろうと決めたんだ」

その結果はしかし、さらに謎に満ちていた。例えばスチルの形状は以前と異なり、大きさも小さい。しかしマッキントッシュの説明によれば、以前のニューメイクと現在の体制で作ったニューメイクを比較したところ、共通要素があったという。「以前と変わらないのは仕込み水の水源とウォッシュバックに使われた木材の一部だけだ」彼は言う。「そもそもスコッチ自体にもちょっとした謎があって、シングルモルトの特徴がどこから生まれたのか、完全な説明はつかない」つまり、全ての設備を変えたとしても、ベンロマックに宿る何かが、常に‘ベンロマック’らしいウイスキーを生み出すということになる。

とはいえ、新たなベンロマックが単に昔の複製だと考えるのはまちがいだ。新しいベンロマックはワイン樽で後熟させているし、樽は新しく、無農薬製品もあれば、ウッドスモークが豊かで、ピート香が強いタイプもある。濃厚でクリーミィな「オリジンズ」シリーズは100%ゴールデンプロミス種の大麦が使われている。沈黙の時代を経て、いまやベンロマックはずいぶん雄弁になった。いやあるいは、紳士のはずのGM社は元々おしゃべり好きなのだろう。

ベンロマックのテイスティングノート

ニューメイク

香り： 非常に甘く、バナナとモルト香がある。ミディアムからフルボディ、ホワイトマッシュルーム、軽やかなスモーク香。
味： 噛みごたえがあり、ほのかにソフトフルーツを感じさせつつ非常に厚みがある。
フィニッシュ： すっきりしてかすかにピーティ。

2003 カスクサンプル 58.2%

香り： 果実香とほのかなオイリー香（菜種油）が混じった魅力的な香り。ごく軽いスモーク香が表れ、百合と切り花のヘビーな香り。
味： 最初はスモーキーだが、香りで見られたオイリーでフローラルな特徴がバランスを整えている。乾燥しかけたフルーツのほのかな味。
フィニッシュ： 長く穏やかな余韻。
全体の印象： ベンロマックがゆっくりと熟成するウイスキーであることを感じさせる。

10年 43%

色・香り： 軽い金色。ややヒマラヤスギと新鮮な樽香。やがてパイナップルとバター香のモルト、全粒パンとバナナの皮。
味： 軽いざらつき感、あふれる風味。ドライアプリコットの軽い風味の奥にモルティな中核。ゆったりと特徴が広がる。ニューメイクよりややオイリーのようだ。
フィニッシュ： ウッドスモーク。長い余韻。
全体の印象： 樽が新たな側面を加え、スピリッツに元々備わっていたコクを強めている。オールド・スペイサイドの生まれ変わり。

フレーバーキャンプ：フルーティかつスパイシー
次のお薦め： ロングモーン10年、山崎12年

25年 43%

香り： 10年に似たヒマラヤスギの香り、皮革のような熟成香に続いて柑橘類、カスタード、ナッツ。年数のわりにグラッシー。加水すると爽やかになる。軽いピート香。
味： 非常に甘く、10年の直系という印象だが熟成によるスパイス感がある。軽いジンジャーパウダーと果実のコンポートの風味。
フィニッシュ： グラッシーで非常にドライ。
全体の印象： このウイスキーの製造後にスチルを入れ替えたが、なぜか同じ風味が残っている。

フレーバーキャンプ：フルーティかつスパイシー
次のお薦め： オーヘントッシャン21年

30年 43%

香り： ゆったりとして軽いスモーク香、温かみのある流木の香り、柔らかな皮革、果実の砂糖漬け、スパイス。オイリーなコク。
味： あふれるほど強いワクシー感が舌にまとわりつく。アプリコットが目立ってくる。まだ新鮮さが残っている。
フィニッシュ： エネルギッシュで長い余韻。
全体の印象： 異なるスチルが使われたDCL社時代の製造だが、現代のベンロマックをじっくりと樽熟成するとどんな姿になるかを示してくれる。

フレーバーキャンプ：フルーティかつスパイシー
次のお薦め： トマーティン30年

1981 ビンテージ 43%

香り： マホガニー。迫力があり、松ヤニ。黒い果実、シェリー樽の影響が強い。甘くて香ばしい特徴と若干の樽香。しっかりした重みの底流に乾いた腐葉土。黒ずんだバナナ、橙、焼いたマシュマロ。
味： 強烈な迫力。ニスのような、ややオイリーな口当たり。ビスケットやナッツ。続いてオールスパイスの刺激。
フィニッシュ： スモーキーさと濃厚な果実感。
全体の印象： シェリー樽との濃密な触れ合いにより重みが生まれた。

フレーバーキャンプ：コクがありまろやか
次のお薦め： スプリングバンク15年

グレンバーギ蒸溜所

関連情報：フォレス

十数キロ離れたミルトンダフと同様にグランバーギにも、当時の所有者だったハイラム・ウォーカー社によってローモンドスチルが導入された。1955年、アラステア・カニンガムによって開発されたこのスチルは、太いネック部分に調整可能な仕切り板が付いている。ヘビーなウイスキーを作る効果がある、とずっと信じられていたが、それはあまりに短絡的だった。カニンガムの目的は、ひとつのスチルから多様なスピリッツを生み出すことだった。調節可能な仕切り板には、水で冷やしたり乾燥させたりできる機能があり、理論上は、蒸気の還流率を様々に変えて多種多様なフレーバーを生み出せるはずだった。

問題は、仕切り板がこれといって役に立たなかった点だ。ウォッシュスチルとして使うと、仕切り板が固形物で覆われ、銅の働きを弱めるだけでなく、焦げついたようなニューメイクができる恐れがあった。この結果、ローモンドスチルはひっそりと引退し、解体あるいは新たなスチルの材料にされた。現在残っているローモンドスチルはわずか2基で、スキャパ蒸溜所にあるものは仕切り板が外され、普通のウォッシュスチルとして使われている。いっぽうブルイックラディ蒸溜所では'アグリーベティ'（ローモンドスチルは優雅な白鳥どころか銅製のドラム缶のような形状で、到底美しいとはいえない）と呼ばれるローモンドスチルを導入したが、その後インヴァリーヴン蒸溜所で使われた〔訳注：インヴァリーヴン蒸溜所は2005年に取り壊された〕。

創業時から残る唯一の建物には貴重なウイスキーが貯蔵されている。

ミルトンダフとグレンバーギの関係はある意味、ディアジオ社のグレンロッシーとマノックモアの関係と似通っている。「われわれはいつも2つの蒸溜所間でいろいろと交替させていた」シーバス・ブラザーズ社の蒸溜マネージャー、アラン・ウィンチェスターはこう話す。シーバス社は、アライド・ディスティラーズ社を買収する際にミルトンダフとグレンバーギを獲得した。「でもグレンバーギのほうは甘くてグラッシー寄りのスタイルだと思うんだがね」

現在のグレンバーギには、'グレンクレイグ'ローモンドと呼ばれたころの面影はない。ややあけっぴろげすぎるほど広々とした工場のレイアウトを見ると、1823年の改革以来、ウイスキーがどれだけの変化を遂げてきたかを実感する。19世紀生まれの蒸溜所であることを示すのは、敷地内の往来の激しい道路に少し不釣り合いな雰囲気で建っている小さな倉庫だけだ。その姿は、なんとなくスペイサイドとの別れを象徴しているように感じられた。川と沼地、そして海沿いに平原が広がるモルトウイスキー作りのふるさと。大胆さと慎ましさ、伝統と革新を合わせ持ち、発祥の地であり未来の可能性を秘めた地でもある。ここにある幅広い香りと技術、ウイスキー作りへの哲学は、スコッチウイスキーの方向性に深遠な影響を与えてきたのである。

グレンバーギのテイスティングノート

ニューメイク

香り： 非常にすっきりとして軽やかでほのかにグラッシー、亜麻仁油、甘さ。
味： 繊細で爽やかな香りだが、口にするとオイリー感。
フィニッシュ： ナッティで強烈な余韻。

12年 59.8%

色・香り： 淡い金色。グラッシーだが、樽がかなり強く効いたためにココナッツの個性が強まった。
味： 希釈すると（ストレートでは辛く強烈すぎる）甘く穏やかになる。樽由来のバニラの皮。優しく舌にまとわりつく感触がおもしろい。
フィニッシュ： グラッシー。中国の白茶。
全体の印象： はっきりとした樽風味が、スピリッツ本来の甘さとよく調和している。

フレーバーキャンプ：香り高くフローラル
次のお薦め： アンノック12年、リンクウッド12年

15年 58.9%

色・香り： 金色。強いアセトン香、アーモンドミルク。軽やかで甘い。すっきりしている。
味： 草の風味が乾いてラフィアヤシとバイソングラスの香りに変わり、続いて牛糞のような心地よい農村の香り。
フィニッシュ： 軽やかなスパイス感。すっきりしている。
全体の印象： 穏やかで魅力的。

フレーバーキャンプ：香り高くフローラル
次のお薦め： ティーニニック10年

ハイランド地方

もしスペイサイドが、隣り合うふたつの蒸溜所では似通ったスタイルを作るべきだという ばかげた信条を示しているとすれば、グラスゴー北部の公営住宅の辺りから ペントランド海峡までのあいだにあるシングルモルト蒸溜所群をどうひとくくりにできるだろうか。 法的には、ハイランドはウイスキー用語ではスペイサイドを除くハイランドラインの北側全体を指す。 しかしこの境界線さえも政治的な区分にすぎず、1816年に廃止されているし、 地理的にローランドとハイランドを分ける境界線とはなっていない。

ハイランドはたいへん魅力的な土地だ。たいていの観光客が思い浮かべるスコットランドとは、ハイランド地方を指す。山と湿原、湖と古城、空を舞う鷲、そして海辺にたたずむ雄鹿。いわば定番のスコットランドのイメージだ。ハイランドの蒸溜所とウイスキーは、さらに豊かで生きいきとした風景を見せてくれる。ウイスキーがそこにあるのは、人と環境との闘いがあったからだ。そこには民族の知恵と技術の物語があり、ハイランド放逐〔訳注：18-19世紀、地主たちが牧羊のために住民を強制退去させた〕、その後の再定住の物語、そして妥協を知らない不屈の（スコットランド方言ではthrawnという）精神がある。ウイスキーがそこにあるのは、平凡な規範を超えた何か、スペイサイドの引力を超えた何かを生み出すからである。

ハイランドには型破りな個性を期待してもいい。ここには草の香りとスモーク、ワクシー感、トロピカルフルーツとスグリ、そして禁欲と官能がある。ここのウイスキーもひとくくりにはできないが、共通するフレーバーをたどることはできる。蜂蜜の風味はディーンストンからダルウィニーへとつながり、北東の海岸沿いは様々な果実味の道が続く。そしてグレンギリーでは思いがけず爆発的なピートスモークに出会う。

ときには、実体のないものに引きつけられることもある。パースシャーで生き残った蒸溜所はなぜ、あれほど肥沃な土地であんなふうに小さく寄り集まっているのか、それでいて、フレーバーがあんなにも異なっているのはなぜだろう。同じように耕作に適した東岸でウイスキーが作れなかった理由は何だろう。アバディーンとインヴァネスにはなぜ蒸溜所がひとつもないのだろうか。

北東の海岸部の、見るからに密集して狭い地域では全ての鉄道駅の隣に蒸溜所がある。そんな土地でも期待を裏切られる。マレー湾のすぐ北にあるブラック島は、大麦畑が広がり、スコットランド初のウイスキー'ブランド'が生まれて消えた土地だ。そして道の片側に雪の積もった丘のみごとな風景が見えると思えば、反対側では深い湾内に油井の掘削装置が係留されている。ここはピクト人の石碑と重工業地帯があり、天地創造の神話と地質学の誕生した地であり、石油とウイスキー、湿地とニシン漁の漁船団、そして奇妙な錬金術のごとく、たがいに出し抜こうと必死になっているかのような蒸溜所群が並んでいる。どれも、いかにもハイランドらしい矛盾したスタイルだ。陽光が絶えず変化していくさびれた海岸沿いをさらに北へ向かっていけば、スコットランド人特有の分裂的性格が生まれてくることだろう。

ハイランドはスコットランドのほとんどを占めている。丘と湿地帯からなる多様な風景を持つこの土地では、ウイスキーのスタイルもまったく異なっている。

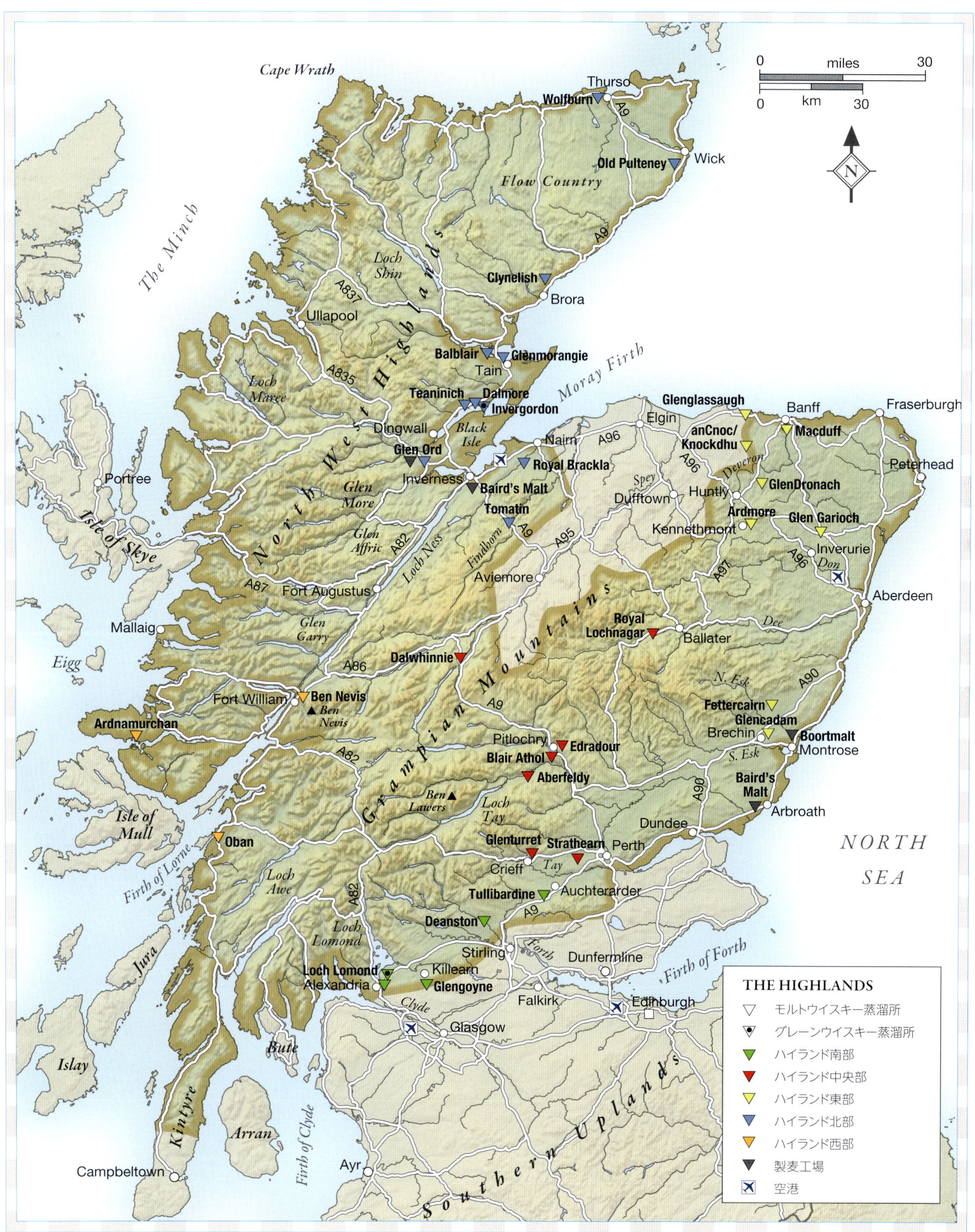
Cape Wrath
Thurso
Wolfburn
A9
Wick
Old Pulteney
Flow Country
The Minch
Loch Shin
Clynelish
Brora
A837
Ullapool
Balblair
Glenmorangie
Tain
Moray Firth
Loch Maree
A835
Teaninich
Dalmore
Invergordon
Dingwall
Black Isle
Glen Ord
Nairn
Royal Brackla
Inverness
Baird's Malt
Tomatin
Glen More
Glen Affric
A82
Loch Ness
Findhorn
North West Highlands
Portree
Isle of Skye
A87
Fort Augustus
Aviemore
A95
Glenglassaugh
Elgin
Banff
Macduff
Fraserburgh
anCnoc/ Knockdhu
A96
Deveron
Peterhead
Spey
Dufftown
Huntly
GlenDronach
Ardmore
Glen Garioch
Kennethmont
Inverurie
Don
A97
Aberdeen
Mallaig
Glen Garry
Eigg
A86
Dalwhinnie
Royal Lochnagar
Ballater
Dee
Grampian Mountains
Fort William
Ben Nevis
Ardnamurchan
A9
N. Esk
A90
Fettercairn
Glencadam
Brechin
Boortmalt
Montrose
S. Esk
Pitlochry
Edradour
Blair Athol
A82
Aberfeldy
Ben Lawers
Loch Tay
Baird's Malt
Arbroath
Isle of Mull
Oban
Dundee
Glenturret
Strathearn
Perth
Crieff
Tay
Firth of Lorne
Loch Awe
Tullibardine
Auchterarder
Deanston
Loch Lomond
Stirling
Forth
Dunfermline
Firth of Forth
Killearn
Alexandria
Glengoyne
Falkirk
Edinburgh
Clyde
Glasgow
Jura
Bute
Islay
Kintyre
Arran
Firth of Clyde
Campbeltown
Ayr
Southern Uplands
NORTH SEA
0 miles 30
0 km 30
N
THE HIGHLANDS
モルトウイスキー蒸溜所
グレーンウイスキー蒸溜所
ハイランド南部
ハイランド中央部
ハイランド東部
ハイランド北部
ハイランド西部
製麦工場
空港

ハイランド南部

グラスゴー北部の郊外に近いが、スコットランドのこの地域の蒸溜所には独自性がある。
統一感は乏しく、むしろ魅力的な個性派集団といったほうがいいだろう。 昔は農場だった蒸溜所、
無名だが革新性に満ちた蒸溜所、スコットランドで最も環境に配慮した蒸溜所、そして復活した蒸溜所もある。

ハイランド南部の風景の大部分を占めるベン・ローモンド山。

グレンゴイン蒸溜所

関連情報：グラスゴー郊外キラーン●WWW.GLENGOYNE.COM●開館時間：年中無休、月曜-日曜

スコットランドを対角線上に横切る断層の上に横たわる高地をハイランドとして定義づけようと、19世紀の政治家が徴税目的で定めた境界線（現在の行政区分はこれに準拠している）で区分しようと、グレンゴインはあくまでハイランドの蒸溜所である。

白く塗装され、こぢんまりとした農場を思わせるグレンゴイン蒸溜所は、キャンプジー丘陵の西端にあるダンゴインヒルの火山岩栓の下にある小さな谷に、押し込められるようにして建っている。 南に行くと緑の平原が広がり、その先はグラスゴーの郊外だ。

ここは魅力的な蒸溜所で、規模が小さい（ウイスキー初心者が蒸溜を学ぶのにうってつけだ）。 ニューメイクはライトで、グラッシーな特徴が強いが、熟成中になめらかでフルーティなミッドパレットがゆっくりと生まれていく。 マネージャーのロビー・ヒューズにとっての決め手は、発酵から始まる時間と銅の組み合わせだ。「56時間という最短の発酵時間によって、ウォッシュからほとんどのエネルギーが取り除かれ、ウォッシュスチルの残留物を減らせる。 こうしてナッティな特徴を高めることができるんだ」

同様に蒸溜を長引かせる。 やはり時間と銅が決め手だ。「銅との接触を最大限にしている」とヒューズ。「蒸溜をゆっくり行って、銅とたっぷり接触させることで、エステル香を強めるんだ。 じっくりと蒸溜させるから、スチルをオーバーヒートさせたりはしないよ。 蒸溜をゆっくりやると、還流が促進されて、重い化合物がスチルのネックまで届くエネルギーを失うから、ミドルカットに入り込むこともない。 スピリットセイフまでのパイプも銅管だよ」

グレンゴイン蒸溜所のマッシュタン。

こうして生まれた活力とフルーティな中核の結合によって、グレンゴインは長い熟成期間を心地よく過ごすことができ、充分に強い特徴も生まれるため、ファーストフィルのシェリー樽との相性もよくなる。 以前は見落とされがちだった蒸溜所が、いまでは将来的にトップランクに並ぶ可能性のある、非常に力強いウイスキーを作っている。

グレンゴインのテイスティングノート

ニューメイク

香り： 非常に強烈で香りが強い。 グラッシー（甘い干し草）と軽い果実香。
味： 甘く、しっかりとしたミッドパレット。 ほどよい噛みごたえ。
フィニッシュ： 引き締まって抑制が効いている。 インスタントコーヒーの粉。 スパイシー。

10年 40%

色・香り： 淡い金色。 すぐにシェリー香が感じられる。 ベルジュース。 スコーンとほのかなバターが混じり、続いてスコットランドのムーアランドとワラビの香り。
味： ライトですっきり、強いドライ風味のあとに中核となる甘味が表れる。 加水するとケーキのよう。
フィニッシュ： 引き締まってドライ、徐々にスパイシー。
全体の印象： ニューメイクから判断するとライトだが、活力ある特徴の中に深みがある。

フレーバーキャンプ：フルーティかつスパイシー
次のお薦め： ストラスアイラ18年、ロイヤルロッホナガー12年

15年 43%

香り： エレガントなシェリー香に、グレンゴインの個性であるスパイス香が新鮮さを加えている。 エステル香の奥にヘーゼルナッツ、サルタナレーズン、強いシェリー香というよりはかすかに酸化したような香り。
味： 熟成しており、穏やかで甘いスパイス。 重層的な味わいがピュアで甘い果実味をもたらす。 加水すると端正。
フィニッシュ： 複雑で長い余韻。
全体の印象： じっくりと熟成していくシングルモルト。 これから二次段階に入る状態だ。

フレーバーキャンプ：フルーティかつスパイシー
次のお薦め： クレイゲラキ、ザ・グレンロセス・クエルクス・ロブル

21年 43%

香り： さらに濃厚。 マッシュルームとほのかなサドルオイル、フルーツケーキ、かすかにオールスパイス。 ドライブラックチェリー。 ニューメイクに強く感じた硬さがまだ残っている。 フルーツケーキミックス。
味： アールグレイティーと乾いたバラの花びら。 エスプレッソ。 甘味はやや控えめ、モルティ感がモルトエキスに変わった。 加水すると乾燥ラズベリーが若干感じられる。
フィニッシュ： タンニンの渋み。
全体の印象： 樽感が強まってきたがその奥底で蒸溜所の特徴が進化を続けている。

フレーバーキャンプ：コクがありまろやか
次のお薦め： タムナヴーリン1963、ベンネヴィス25年

ロッホローモンド蒸溜所

関連情報：アレキサンドリア● WWW.LOCHLOMONDDISTILLERY.COM

ローモンド湖の南岸に近いアレキサンドリアには、スコットランドで最も注目に値する（そしておそらく最も無名の）蒸溜所がある。ここは工業地帯のローランドと幻想的なハイランドの中間に位置する風変わりなゾーンだ。公営住宅とゴルフクラブ、山々、そして大都市のスプロール地帯が混在し、境界がはっきりしない。蒸溜所にもこの多様な（かつやや混沌とした）環境が反映されている。ここはハイランドなのか、あるいはローランドか、それとも両方に属するのだろうか。ロッホローモンドはグレーン、モルトの両方を同じ建物で作っている。ここは自給自足の蒸溜所であり、ブレンデッドウイスキーとシングルモルト、そしてスコッチの推進団体を当惑させるウイスキーを作っている。

モルト蒸溜所には4基のスチルがあり、形状は3つに分かれている。1966年から使われている最初のスチル、1999年から使っている標準型のポットスチル、そして奇抜な形状の初代スチルを大型化して再現した新しいスチルのセットがある。よくローモンドスチルとまちがえられるが、これはあくまでポットスチルで、ネック部分に精溜装置が付いている。

精溜装置の各仕切り板からはスピリッツを個別に取り出せるため、ネックの長さを調節することによってスピリッツに直接的に特徴を加えることができる。ここでは8種類のモルトが作られ（ピートタイプも含まれる）、シングルモルトの個性を生むベースとなるほか、同蒸溜所内の他の工場で製造されたグレーンウイスキーとともに、ハイコミッショナーブランドのブレンデッドウイスキーに使われる。

ここでは革新が欠かせない要素だ。酵母にも新たなアイディアが見られる。スコッチは同一種の酵母にとりわけ強く依存しているが、ロッホローモンドはそうではない。約10年前からワイン酵母を使っている。価格がウイスキー酵母の2倍というのはやっかいだが、ウイスキーに何かを——、さらなる高揚感と香気をもたらすという確信に基づいて使っているのだ。

コラムスチル（p.16を参照）によるモルトスピリッツ製造は、議論の的だ。蒸溜所側は、これはモルトウイスキーだと主張しているが、スコッチウイスキー協会からは、伝統に反すると指摘されている。19世紀以来の伝統技術であるにもかかわらずだ。しかしロッホローモンドは意に介していないようである。この蒸溜所はこれまでもずっと独自路線を歩んできた。彼らのやり方が将来のモデルになる可能性だってある。

2014年、ロッホローモンド蒸溜所は未公開株投資会社に売却された。

ロッホローモンドのテイスティングノート

シングルモルト NAS 40%

色・香り： 金色。ベチベルソウ。麦芽タンク、ゼラニウム、レモン。加水すると野菜の香り、樽由来の甘いフェノール香も。
味： ハーブ感がありナッティ、ほのかにオーツ麦のようにクリスピー、続いてやや粘りのあるミッドパレット。真ちゅう。
フィニッシュ： オイリー。
全体の印象： ライトなスピリッツと新鮮な樽香の共同作業の成果。

フレーバーキャンプ：モルティかつドライ
次のお薦め： グレンスペイ12年、オーヘントッシャンクラシック。

29年 WMケイデンヘッドボトリング 54%

香り： ふんわりと軽い、マシュマロ、フラワリーバップ、アップルプディングのアイシングシュガー。続いてシダやキュウリ。
味： 最初はモルティで甘い。心地よい柔らかさ。
フィニッシュ： すっきりとした短い余韻。
全体の印象： 非常にゆっくりと熟成する。爽やかな夏を思わせる。

フレーバーキャンプ：香り高くフローラル
次のお薦め： グレンバーギ15年

シングルモルト 1966スチル 45%

色・香り： 濃い金色。オークのエキスが豊か。日焼けオイル、サウナ。非常に甘くバーボンのよう。加水するとワインガム、赤いプラム。
味： 強烈。ウッドオイルと松。ほのかに新鮮なオレガノ。レモンの皮。
フィニッシュ： ドライ。
全体の印象： すっきりしてライト、樽の効果が強い。

フレーバーキャンプ：フルーティかつスパイシー
次のお薦め： メイカーズマーク、バーンハイムオリジナルウィート、ゴレンマレイ16年

インチマリン 12年 46%

香り： ミーティで甘い、心地よい爽快感。背後に軽いレモン、バンレイシとホワイトチョコレート。
味： 新鮮でフルーティ、たいへん衝撃的で長く続く味、樽のバランスが優れている。加水するとほどけてレモングラスと梨のコンポートが表れる。
フィニッシュ： 穏やかですっきり、ほどほどに長い余韻。
全体の印象： バランスがよく穏やかで飲みやすい。

フレーバーキャンプ：フルーティかつスパイシー
次のお薦め： ブルイックラディ10年

ロスデュー（グレーンとモルトのハイブリッド） 48%

香り： 大麦の甘さ、干し草置場、爽やかな洋梨が香るがブランデーのように強烈。すっきりして軽い。
味： 非常に香りが強く、豊かな果実の花とシルキーでアロマティックな感触。アーモンドシロップと軽いナッツ風味。
フィニッシュ： 蒸溜所の真骨頂といえる余韻。
全体の印象： 大麦麦芽をコラムスチルで蒸溜して生まれたモルトウイスキー。

フレーバーキャンプ：香り高くフローラル
次のお薦め： ニッカ・カフェモルト

12年 オーガニックシングルブレンド 40%

香り： 大麦の甘さ、干し草置場、フレッシュな洋梨が香るがブランデーのように強烈。すっきりして軽い。
味： 非常に香りが強く、豊かな果実の花となめらかでアロマティックな感触。アーモンドシロップと軽いナッツ風味。
フィニッシュ： 蒸溜所の真骨頂といえる余韻。
全体の印象： 大麦麦芽をコラムスチルで蒸溜して生まれたモルトウイスキー。

フレーバーキャンプ：香り高くフローラル

ディーンストン蒸溜所

関連情報：スターリング●WWW.DEANSTONMALT.COM●開館時間：年中無休、月曜-日曜

ディーンストンはどうにも蒸溜所らしく見えない。実際のところそう見えるはずがない。なにしろ元は18世紀の紡績工場で、かつてはヨーロッパ最大の水車が自慢だった。あのジェニー紡績機が開発されたところでもある。紡績工場ができたのは豊かな水源があったためだ。ティス川が発電源として利用され、現在も蒸溜所のタービンを2千万リットルもの水が流れている。電力を自給するだけでなく、余剰電力を電力会社のナショナルグリッドに売っている。環境保護に徹しているのだ。

ディーンストンはどちらかというと新参の蒸溜所で、紡績工場が閉鎖された1964年に創業した。インバーゴードン社の傘下に入った時期もあるが、現在はバーン・スチュアート社が所有し、イアン・マクミランが同社の蒸溜所の統括マネージャーを務めている。

ここはスコットランドでも意外性のある蒸溜所で、タービンが新参者には不釣り合いなばかりか、11トン分ものサイズを誇る開放型マッシュタンや、4基の太いスチルのネック周りに取り付けられた銅製の輪などの細かい部分、そして上向きになったラインアームといったように、目を見張る点が多い。

近ごろディーンストンを飲んでいない人にとって最大の驚きは、ニューメイクだ。ロウソクを消したような香りと蜜ろうの香りがたっぷりと感じられる。蜜ろうは熟成するにつれてハチミツのようにゆったりとした風味になっていく。つい最近までの、シンプルでドライなスタイルとは大きくかけ離れているのだ。

「あのワクシー感が本来のスタイルだった」とマクミランは言う。「しかしインバーゴードン社が所有していたあいだに(1972-90)、その特徴が失われてしまったので、元のスタイルに戻すことを自分の目標にしたんだ」どのようにその目標を達成したのだろうか。「製法を少しずつ変えていったのだが、主な変更点は、麦汁の比重を軽くする(つまり糖分を減らす)ことにより、エステル香が生じやすくしたことだ。発酵時間を長くして、蒸溜をじっくり行い、スチルを休ませている。古い手法を信頼しているんだ」

こうしたワクシーなスタイルのウイスキーはいまや希少なため、ディーンストンの作りはブレンダーたちから高く評価されている。

めずらしいアーチ形天井の熟成庫にはオーガニック・ウイスキーが眠っており、シングルモルトは全てアルコール度数46パーセントで瓶詰めされ、しかも冷却ろ過されない。「冷却ろ過をすると香りもフレーバーも失われてしまうんだ」とマクミランは言う。「このようなフレーバーを生み出すのに12年かかったよ。ストレートで飲んでみてくれないか。みんなにぜひこの味を知ってほしいんだ」

ディーンストンは全ての点で驚かせてくれる。

ディーンストンのテイスティングノート

ニューメイク

香り： ヘビー。ロウソクを消したよう、かつ蜜ろうのよう、やがてラムソン。濡れた葦の奥にほのかな穀物香。
味： すっきりして非常に厚みがある。舌を覆うような感じ。加水すると少しぬかのようだが、ロウソクの特徴のほうが強い。
フィニッシュ： ややまとわりつくような余韻。

10年 カスクサンプル。

色・香り： 金色。アメリカンオークの影響が強く、豊かなココナッツ香。ワクシー感は消えたようだが新たにハチミツ香が表れた。日焼けローション。溶けたクランキーバーのような軽いチョコレート。
味： 樽の影響が強く豊かな甘味。ハチミツが強く、穏やか。口あたりはニューメイクと似ている。
フィニッシュ： ソフトな余韻で、軽いバタースコッチの風味もする。
全体の印象： 樽とワクシーな特徴が融合したフレーバーが表れ、ハチミツ風味が強まった。

12年 46.3%

色・香り： ライトな金色。すっきりして甘い。ゴールデンシロップ。ややトフィー、桃の缶詰めを開けた香りと溶けたミルクチョコレート。甘い穀物香とクレメンタインが背後にある。
味： 非常に甘く凝縮感。ハチミツのよう、ライスプディングの缶詰めとほのかなワクシー感。フィニッシュに向かって歯切れのよい樽感。
フィニッシュ： まとわりつくようで、軽いスパイス感がある。
全体の印象： 46.3%で冷却ろ過をしていない状態だが、古いものよりもソフトでジューシーな風味が中心。

フレーバーキャンプ：フルーティかつスパイシー
次のお薦め： アバフェルディ12年、ザ・ベンリアック16年

28年 カスクサンプル

色・香り： 金色がかった琥珀色。正統派の熟成した特徴。豊かなスパイス感とほのかな石鹸香、続いて磨いた家具のような軽い香り。ニューメイクの蜜ろう香が復活し、カラメルとピーカンナッツの香りもある。
味： ドライ。ややしおれているがイチゴのような風味(16年も同様)。ワクシー感が復活した。はかない。
フィニッシュ： ひりつく感じ、すっきり、シナモン。
全体の印象： ディーンストンの特徴がローラーコースターのように次々と表れた。

タリバーディン蒸溜所

関連情報：アウキテラーダー ● WWW.TULLIBARDINE.COM ● 開館時間：年中無休、月曜-日曜

タリバーディン蒸溜所がオーキルヒルの北端にあるブラックフォードに建設されたことに、ほとんど不思議はない。ここは豊富な水源があるのだ。ミネラルウォーター「ハイランドスプリング」はここで採水され瓶詰めされ、1488年以来、ビールも作られている。最初の蒸溜所は1798年に建てられたが、現在の工場は戦後の好況に沸く1949年、やはりビール工場跡に建設された。所有者ウィリアム・デルム・エヴァンスは蒸溜所の建築家としても知られ、タリバーディンの設計も行った。蒸溜所としては小規模で、1953年にブロディ・ヘプバーンに買収された際、改修され、元からあったマッシュタンとウォッシュバックは十数キロ北にあるグレンタレット蒸溜所に移設された。

その後ホワイト&マッカイ社に買収されたタリバーディンは1994年に操業が休止され、2003年になってようやく、実業家らの共同体が買い取った。彼らは費用を相殺するために、古い熟成庫群を商業施設として貸し出した。2011年、タリバーディンは再び売り出され、「ハイランドクィーン」や「ミュアヘッド」などのブランドを所有するフランスのワイン商ピカール社の傘下に入った。「買い取られたとき、ピカール社は、自分たちは所有者でなく擁護者だと考えている、と言ってくれたんだ」国際販売部門のマネージャーであるジェームズ・ロバートソンはふり返る。「ピカールは長期的な視点を持っている」商業施設は元の施設に戻すよう改修中で、蒸溜所はフル操業中、設備投資も行われている。飲み手にとってさらに重要なのは、製品群が合理化されてパッケージも一新され、再び発売されたことだ。

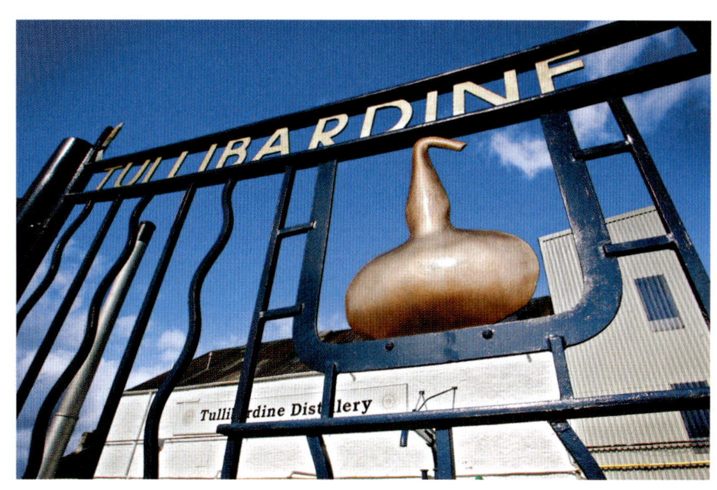

9年間閉じられていたタリバーディン蒸溜所の門は再び開き、操業が再開された。

休止中の蒸溜所を買い取る場合、在庫の欠点への対処法が問題となる。タリバーディンの場合、古い樽に入っていた在庫をブレンド用の新鮮な原酒としてよみがえらせる課題もあった。ブレンデッドウイスキーの需要はシングルモルトよりはるかに高いのだ。過剰な熟成済み在庫は、当初、古い樽在庫問題を解決する一案だったが、古い製品群は品ぞろえが多すぎ、一貫性と蒸溜所の特徴に欠けていた。

しかし、ありがたいことに全てが変わった。前の所有者の元で始めた賢明な樽管理の手法がとうとう実を結んだのだ。前の体制下、伝説的な蒸溜家ジョン・ブラックによって、作りにも工夫を加えられていた。ウイスキー業界で57年の経験を持っていたブラックはスコットランド最古の蒸溜家だった。残念なことに彼は2013年に他界したが、彼の遺産はいまも大切に守られている。

タリバーディンは、ウイスキーが一朝一夕にできる酒ではないということを如実に示す事例だ。そして蒸溜所の建て直しが、いかに時間がかかるかということも示している。この蒸溜所はしかし、確実に再建された。

タリバーディンのテイスティングノート

ソブリン 43%

香り： クリーミィで軽く甘いポリッジにブラウンシュガーをかけたよう、背後にソフトフルーツ香。以前より香りが豊かでモルティ感は弱い。繊細に香り立ち、加水すると新鮮な緑の葉。

味： ソフトで新鮮、レースのよう。加水すると甘くなり、シルキーさが少し増す。フローラルな香りが前面に出てくる。

フィニッシュ： ほのかにモルティ。

全体の印象： 昔のタリバーディンよりも花のような香りが強い。

フレーバーキャンプ：香り高くフローラル

次のお薦め： リンクウッド14年、グレンキース

バーガンディフィニッシュ 43%

香り： 引き締まっている、蒸溜所の軽い特徴にワイン樽由来の重みが加わり、ラズベリージャムのうわずみとキャンディの風味。

味： ねっとりした質感、軽く煮こんだフルーツのような味が強い。

フィニッシュ： テイベリーとブルーベリー。長い余韻。

全体の印象： 蒸溜所の特徴、リフィル樽およびワイン樽という異なる要素間でよいバランスが取れている。

フレーバーキャンプ：フルーティかつスパイシー

次のお薦め： グレンモーレンジィ・キンタルバン

20年 43%

香り： 樽香がありミーティ、ほのかに焼きたての全粒小麦粉パン。典型的な熟成香である軽いオイル香がある。

味： 樽由来のコクが加わったが豊かな穀物風味も残っている。ほのかに消したロウソク。

フィニッシュ： ナッティ。

全体の印象： 若いサンプルと比べると全く異なる特徴があり、穀物由来のアクセントが強い。

フレーバーキャンプ：モルティかつドライ

次のお薦め： グレンギリー

ハイランド中央部

パースシャー中心部の周りと、やや離れたところにある2つの蒸溜所には物語がある。 秘話と密造と製粉業者、農夫たちと忠誠心の物語、そしてブレンダーたちの家系をさかのぼる物語もある。 ここはかつてウイスキー蒸溜の中心地だったが、生き残ったのはわずか数ヵ所の蒸溜所だけだ。 その理由はといえば、優れた品質と個性に尽きる。

テイ川の流れる田園地帯は長年にわたってウイスキーの里だった。

ザ・グレンタレット蒸溜所とストラサーン蒸溜所

関連情報：ザ・グレンタレット●クリーフ●WWW.THEFAMOUSGROUSE.COM・フェイマスグラウス・エクスペリエンス(ビジターセンター)●開館時間：年中無休、月曜-日曜／ストラサーン●メスベン●WWW.FACEBOOK.COM/STRATHEARNDISTILLERY

飛び地にある2ヵ所は別として、ハイランド中央部の蒸溜所は、互いの助けを当てにしているかのように、パースシャーの中心部に集中して建っている。助け合ったとしても驚くことではない。現在ハイランド中央部には6つの蒸溜所が残るのみだが、かつてはパースシャーだけでも70を超える蒸溜所があった。その大半は1823年以降の成金ブームに乗って創業した。農家の密造者たちはイザヤ書2章4節の精神に従って違法行為から足を洗い、法に従う平和な生活を受け入れたのだ。

彼らの多くはすぐに、品質の一貫しないウイスキーを少量ずつ作って密売する行為と、安定した品質のウイスキーを大量に正規販売することの違いに気づいた。加えて1840年代の不況の影響で、19世紀なかばには大半が消滅した。

しかし、こうした古い農場蒸溜所の様子をイメージさせてくれる蒸溜所がこの地域に3つある。ひとつはクリーフ郊外にあるグレンタレット蒸溜所だ。マッシュはわずか1トン分で、スチルは標準型の角ばったタイプ。全体的に牛小屋のような印象で、離れの納屋を蒸溜用に再利用している。

実はグレンタレットは、実際は作り直された蒸溜所だ。1929年に取り壊され、3世代にわたって見捨てられていた。現在はエドリントングループの傘下にあり、ビジターセンター「フェイマスグラウス・エクスペリエンス」の本部となっている。ある意味で大企業が、グレンタレットの酒質が優れているという事実から世間の注意をそらしたのだ。とはいえグレンタレット自体、新たに再生されたのである。「ジョン・ラムゼイ(エドリントングループの元マスターブレンダー)は、われわれがこの蒸溜所を買った1990年に、設備を改良し、蒸溜率とカットポイントを調整して、より一貫した使い方をするように工夫した」こう語るのはラムゼイの後継者ゴードン・モーションだ。現在ここでは、ブラックグラウス用のピート香の強いスピリッツも作られている。

改良後も、グレンタレットだとわかるような特徴が残っているのだろうか。「スチルを変えられなかったので、作られるタイプは限定されている」とモーションは説明する。「どこの蒸溜所も、先達の遺産と、それがもたらすものとのバランスを取って操業しているんだ」

ストラサーン蒸溜所：ミニチュア蒸溜所

その住所が全てを語っている——バキルトンファーム小農場。スコットランド最少の蒸溜所は2013年、メスバン村の古びた農場の建物を使ってオープンした。ここでは全てがミニチュアサイズで行われている。ウォッシュスチルの容量は800リットル、スピリットスチルの蒸溜量はわずか450リットル、そしてできあがったスピリッツは50リットルサイズの樽に入れられる。しかしここには柔軟性がある。すでにジンが発売され、さらに多くのアイディアが生まれている。その一例がDIY蒸溜サービスだ。小規模ではあるが、ストラサーンは膨大なアイディアの宝庫だ。

小規模蒸溜所のグレンタレットはパースシャーに残る数少ない農場蒸溜所のひとつだ。

グレンタレットのテイスティングノート

ニューメイク

香り： 青く苦いオレンジ、キュラソー、やや硫黄香、スイートコーンの奥にほのかに油性ペンキの香り。
味： 非常にナッティでハラペーニョのように辛い。口当たりはクリーミィで口の奥にかすかに硫黄感。樽熟成によって奥にある軽さと爽やかさが生まれてくるだろう。
フィニッシュ： すっきりしている。

10年 40%

色・香り： 明るい金色。甘く、パンの香り、リノリウム、オレンジの花。
味： フローラルだが非常に濃厚でクリーミィな味わい。加水すると花粉とドライフラワー、麻ひもとピンクルバーブ。高揚感のある柑橘類。
フィニッシュ： 豊かな香りと爽快感。
全体の印象： ライトな香りだが長期熟成に耐えられるだけの充分な重みがある。

フレーバーキャンプ：香り高くフローラル
次のお薦め： ブラドノック8年、ストラスミル12年

アバフェルディ蒸溜所

関連情報：アバフェルディ・デュワーズ・ワールドオブ・ウイスキー(ビジターセンター)本部●WWW.DEWARS.COM
●開館時間：年中無休、4-10月は月-日曜、11-3月は月曜-土曜

パースシャーではスコットランドの2面性が見られる。主要道路を走っている限りは、ゆったりとして緑豊かな丘の続く土地という印象を受けるはずだ。しかし混雑した道路から外れると、ベンロワーズ、メオール・ガーブ、シェハリオンなど、900メートルを超える山々の並ぶハイランドの田園風景が顔を出す。シェハリオンは1774年に地球の平均密度が計測された地であり、計測の副次的な結果として、等高線と現代の地図測量技術が発明された。

ここはいわば中間地帯であり、荒野なのか手入れされた農地なのかはっきりしない。そして過去が顔をのぞかせる土地だ。アバフェルディからグレンライオン谷に沿って車を走らせてフオーキーンゴールを過ぎると、教会の庭に背中を丸めたように黒々と立っている木がある。樹齢5千年とされるイチイの木だ。さらに谷沿いに西へ向かうと、ピートの豊富なラノックムーアの沼地にたどりつく。

1805年、ジョン・デュワーはアバフェルディから3キロほどの辺境の地シェナベイルの農家に生まれた。大工の見習いだった23歳のころ、ジョンは遠縁のワイン商を手伝うためにパースに出向いた。1846年に自分で事業を興してウイスキー取引を始め、世紀が終わるころには、デュワーのブレンデッドウイスキーは世界中に50万ケース以上を売り上げるようになった。そこで蒸溜所が必要になり、1898年にアバフェルディで創業した。

アバフェルディ蒸溜所はジョン・デュワーの息子たちによって、父の生家から数キロの土地に建てられた。

なぜアバフェルディを選んだのだろうか。ジョンの息子ジョン・アレクサンダーとトミーは、その気になればどこにでも建てることができたことだろう。19世紀終盤には、論理的にはスペイサイドが最適な土地だったはずだ。しかし彼らは父親のひなびた生地から見える土地に蒸溜所を建てた。そこでは父のジョンが幼少時、裸足で燃料用のピートを運んで歩いて売っては学費に充てていた。アバフェルディを選んだのは、そこが息子たちにとって心の拠りどころだったからである。

長時間の発酵によって蜜ろうとハチミツの風味が生まれ、ネックの細い、タマネギ型のスチルでゆっくり蒸溜させることで凝縮される。カットポイントを早めに行うことで保たれた繊細な香りが、リフィル樽やファーストフィルのアメリカンオーク樽による熟成で、最高の状態になる。いっぽうワクシー感が重厚な口当たりを生み、長期熟成を可能にしている。

ブレンディング会社の要求に応じたスタイルを作るために建てられた蒸溜所ではあるが、アバフェルディという立地は、土地と人との精神的なきずなを物語っている。実用性と人の思いに基づく由来が融合しているのだ。

アバフェルディのテイスティングノート

ニューメイク

香り： 甘くほのかにワクシー、白い果実。
味： 凝縮した爽やかさ。非常に甘く、ワクシーな口当たり、すっきり。
フィニッシュ： 長い余韻、ゆっくりとドライになっていく。

8年 カスクサンプル

色・香り： 金色。甘い。クローバーハチミツ、モルティ、梨。
味： 甘くシルキー、かつたいへんスパイシー。攻撃的だが中核になっている厚みのある甘味が抑制している。
フィニッシュ： スリムな余韻。
全体の印象： まだ進化の途上。

12年 40%

色・香り： 琥珀色。8年のハチミツ香がぐっと深まり、香りも強まった。青い梨は消えて花の香りが表れ、ニューメイクのエステル香が熟したリンゴに変化した。新鮮な樽香とラズベリージャム。
味： 樽感が中心だが、甘味にバタースコッチのアクセントが加わりまとまった。まろやか。タブレットと桃の果汁。
フィニッシュ： 長く甘い余韻。
全体の印象： いよいよエンジン全開だ。

フレーバーキャンプ：フルーティかつスパイシー
次のお薦め： ブルイックラディ16年、ロングモーン10年、グレンエルギン12年

21年 40%

色・香り： 琥珀色。ミディアムからフルボディ、スモーク香が強まった。ゴールデンシロップ、マカダミアナッツ。しなやか。樽香は脇役に回った。ほのかに蜜ろうとココナッツクリーム。加水するとヘザーハニー、ピート香。
味： 甘いシルキーさとほのかなミント、ワクシー感の上に、芳しい(かつドライな)スモーク感が重なって驚かされる。
フィニッシュ： 長くソフトなスパイス感。樽感が通り抜けていく。
全体の印象： 興味をかき立てられる。

フレーバーキャンプ：フルーティかつスパイシー
次のお薦め： グレンモーレンジィ25年

エドラダワー蒸溜所およびブレアアソール蒸溜所

関連情報：エドラダワー●ピトロッホリー●WWW.EDRADOUR.COM●開館時間：4-10月 月曜-土曜
ブレアアソール●ピトロッホリー●WWW.DISCOVERING-DISTILLERIES.COM/BLAIRATHOL●開館時間：年中無休、曜日と詳細はサイトを参照

ビクトリア朝時代の名残のある町ピトロッホリーを歩くと、広々とした通りが繁栄を感じさせるが、18世紀から19世紀のころは5キロ北にあるムーラン村が商業の中心地だった。 村名の意味については様々な意見があるが、ゲール語で製粉所を意味する*muileann*に近い。 そして製粉所あるところ常に蒸溜所あり、である。 かつてムーラン村には4つの蒸溜所があったが現存するのは1ヵ所のみである。

エドラダワーがスコットランド最少の蒸溜所か否かは議論の余地がある。 ここよりも小規模な蒸溜所もあるが、みな近年創業された所ばかりだ。 この場合に重要なのは、ビクトリア朝時代を生き延び、しかも現在もウイスキーを作っているという点だ。 パースシャー地方の昔の蒸溜所について見識を深めたいのなら、あらゆるヒントがここにある。「基本的には以前から同じ道具を使っている」2002年にエドラダワーを買い取ったシグナトリービンテージ社のデス・マカファーティは言う。「開放式の撹拌装置付きマッシュタンにモートン式冷却装置、木製のウォッシュバック、そして小さなスチルとワームタブだ。 でも必要最低限の設備は取り替えざるを得なかった。 例えばワームタブを新しいステンレス製のモートン式冷却装置に変えたよ」伝統的な機器類からはオイリーで甘いニューメイクが生まれ、深いハチミツ風味とローストした穀物香、そして熟成した濃厚な口当たりとなる。 現在は、こうした力強いスピリッツの大半に、伝統的な樽熟成がほどこされている。「最後につけ加えると、いまのエドラダワーは全て（ブレンド用には使わず）シングルモルトとしてファーストフィルやセカンドフィルの樽に入れているんだ」とマカファーティは続ける。「エドラダワーの大半はシェリー樽で熟成させ、『バレッヒェン（ピート香の強い新製品）』は主にバーボンのファーストフィル樽に入れている。 エドラダワーとシェリー樽は相性がいいんだ」

エドラダワーは、小規模であるが成長中の独立系蒸溜所の一員だ。 マカファーティによれば、こうした独立系蒸溜所は、ともすれば滅びてしまう貴重な技術を守っているという。 そして「消滅しかねなかった蒸溜所を守っている」のだ。

ピトロッホリーにはディアジオ社が所有するブレアアソール蒸溜所もある。 1798年から蒸溜免許を得て操業しており、1933年にアーサー・ベル社の傘下に入った。 ベル社は、所有する蒸溜所の大半で、濁った麦汁を使って発酵時間を短くし、冷却器を使用するという手法を用いてきた。 その結果、ナッティでスパイシーなスタイルのスピリッツが生まれる。 ブレアアソールはこのスタイルでも極端にヘビーだ。 ウォッシュスチル内の残留物を制御することで農産物らしい刺激のあるニューメイクが生まれ、熟成によって果実味あふれるウイスキーになり、エドラダワーと同じようにシェリー樽熟成によって最高の状態になる。

ブレアアソールのテイスティングノート

ニューメイク

香り：ヘビーなモルトエキスの特徴。 ダークグレーンなど家畜飼料の香り。 種やナッツ、やがて石炭酸石けん。
味：焦がしたような味、モルティ。 ヘビーで力強い。
フィニッシュ：極辛口。

8年 リフィルウッド カスクサンプル

香り：ミューズリー、黒ブドウ、オーツ麦のシリアル、コクがありふくよか、果実香が生まれつつある。
味：辛くてフルボディ、ほのかに土っぽい。 重みがあり、焦がしたようなドライな味が残っている。 力強いポテンシャルがある。
フィニッシュ：ドライで長い余韻。
全体の印象：ヘビーなタイプで、隠れた個性を引き出すには効力の強い樽での長時間熟成が必要。

12年 花と動物シリーズ 43%

色・香り：濃い琥珀色。 ローストモルト、スミレ。 モルトローフ菓子、ややレーズン香。 少しワクシーで軽いプルーンの香り。 加水すると甘い香り。
味：ヘビーで甘い。 レーズンの下にドライでモルティかつナッティな深み。 焦がした風味がオーク樽に統合され、深みとコクを加えている。 加水すると麦芽入りミルク。
フィニッシュ：ビターチョコレート。
全体の印象：ヨーロピアンオーク樽がこの迫力あるモルティなスピリッツを重層的にし、バランスを向上させた。

フレーバーキャンプ：コクがありまろやか
次のお薦め：マッカラン15年シェリー、フェッターケアン33年、グレンフィディック15年、ダルユーイン16年

エドラダワーのテイスティングノート

ニューメイク

香り：ヘビー。 すっきりしている。 ハチミツと軽いオイリー香、黒い果実、バナナの皮、牧草地や干し草置場。 大麦。
味：最初は甘く、やがて亜麻仁油とスグリ類。 噛みごたえがありたくましい。 口中を覆うような風味を強い穀物感が支えている。
フィニッシュ：長く、ドライな余韻。

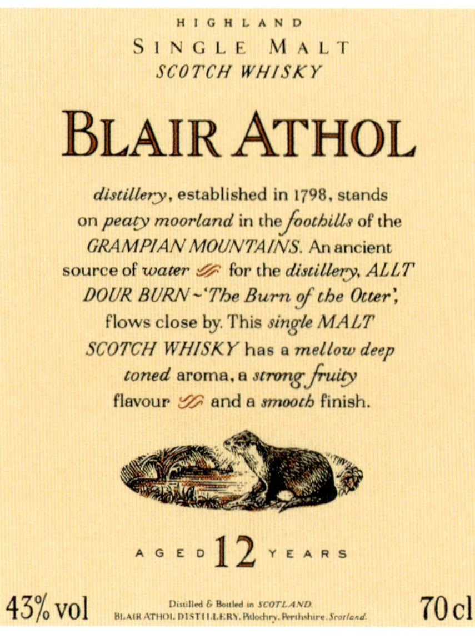

バレッヒェンのニューメイク

香り：エドラダワー同様にヘビー、やや穀物香が強め、ウッドスモーク（樺材）。
味：すぐにスモーク感が感じられるが深い果実味とオイル感のバランスが取れている。
フィニッシュ：オイリーかつフルーティ。 迫力があるがバランスがよい。

1996 オロロソフィニッシュ 57%

色・香り：豊かな金色。 ヘーゼルナッツオイル、乾いた草、ほのかなスパイス。 軽い土っぽさ。 ローストナッツ。 加水するとハーブとアーモンド。
味：最初はナッティ、やがてオイリー感がナッツを前面に押し出し、甘味が中心的に。 豊潤でふくよか。
フィニッシュ：軽いアニスの余韻。
全体の印象：おもしろいことに、少しレパントブランデーに似ている。

フレーバーキャンプ：フルーティかつスパイシー
次のお薦め：ダルモア12年

1997 57.2%

香り：銅の香り。 1996より抑制感がある。 軽い果実のコンポート。 プラムとフルーツケーキ。 加水すると赤ワインに見られるような黒鉛と梨のコンポート。
味：ハチミツの甘味が抑制されている。 新鮮な赤いフルーツ、ドライラズベリー、ほのかにチョコレート。
フィニッシュ：甘い余韻。
全体の印象：エドラダワーの大半と同様に、ワインのように魅惑的。

フレーバーキャンプ：コクがありまろやか
次のお薦め：ダルモア15年、ジュラ21年

ロイヤルロッホナガー蒸溜所

関連情報：バラスター●WWW.DISCOVERING-DISTILLERIES.COM/ROYALLOCHNAGAR●開館時間：年中無休、曜日と詳細はサイトを参照

次に紹介するハイランド中央部の蒸溜所は、ムーランからグレンシー峠を越えて北に1時間ほど行ったディー川沿いのディーサイドにある。緑濃く深い森と、王室ゆかりの整然とした町に来た訪問者は、中産階級の人々の町だと勘違いしがちだが、ここはずっと隠れ里だった。高山を通る道のおかげで、家畜商人は家畜を放牧させるときも市場に連れていくときも難なく移動ができた。そして密造者たちもスペイサイド以南やディーサイドの密造所への行き来にこの道を使った。ビクトリア女王とアルバート公は、この地域の隠れ家的な雰囲気を気に入ってバルモラル城を購入した。その後、愛する夫を失った女王が喪に服して引きこもったのも、この城だった。

周囲の田園には、しゃれた山荘、仮小屋と避難小屋そして古い蒸溜所が散在している。ひっそりとして外界から閉ざされた風景は、訪れる人をたちまち夢中にさせるだろう。しかし見た目と同じものは何ひとつない。ディーサイドの上流に建てられた最初の蒸溜所は、ジェームズ・ロバートソンが所有していたが、自身も密造者だった彼が蒸溜免許を得て、クラシーの川沿いに蒸溜所を建てたとき、他の密造者たちによって焼き払われたという。

ロイヤルロッホナガーは1845年には創建されていた。ロイヤルの称号を許されたのは、ビクトリア女王がここのウイスキーを気に入って、クラレットに数滴たらして飲むのを好んだためだ。この地域の自然を考えると、それも当然だろう。蒸溜所はディー川上流の小さな丘の上にぽつんと建ち、地元で採れた花崗岩の雲母の粒と長石からなる厚い壁が、雨上がりの陽光に輝いている

ロイヤルロッホナガーはディアジオ社が所有する蒸溜所でも最少規模の蒸溜所で、2基の小さなスチルとワームタブを見ると、きっとヘビースタイルの蒸溜所だと思うだろう。しかしここはグレンエルギンのように（p.86を参照）、設備が本来と逆の働きをする蒸溜所であり、銅とスピリッツを過剰に長い時間接触させる技術が使われている。

工程はゆっくりと行われる。スチルは週に2回運転するだけで、次の蒸溜をする前にスチルを休ませて若返らせる。ワームタブは、やはり銅の働きを高めるために保温される。硫黄分が強くなるはずのスピリッツはグラッシーになるが、ロッホナガー本来の特徴からいえば、このグラッシー感は草というよりドライで、蒸溜所の場所の雰囲気がひそかに表れている。そして（どうしても見落とされがちだが）しっかりとしたミッドパレットは、長期の熟成に適していることを示している。ディーサイドの上流には、見た目と同じものは何ひとつないのだ。

ロイヤルロッホナガーのテイスティングノート

ニューメイク

香り： ドライな干し草、軽い梨香、熟しすぎた果実とほのかなスモーク香。ヘビー、かつグラッシー。
味： 爽やかですっきり、際立つスモーキーさが確固とした核となっている。口中に沈み込む。
フィニッシュ： すっきりしている。

8年 リフィルウッド カスクサンプル

香り： 樽由来のほのかなバニラ香とホワイトチョコレート。まだ干し草と麦わらの特徴があるが果実香は柔らいでいる。軽いスモーク香。
味： 最初に予想外の柑橘っぽいリンゴ香、続いて甘い麦わら。コクのある味わいが保たれ、フレーバーを生みつつある。
フィニッシュ： 梨のよう。乾いた草が復活する。
全体の印象： ワームタブによってグラッシーなモルトに深みが加わった。

12年 40%

香り： すっきりしている。刈りたての草の背後にほのかな穀物香。非常に新鮮でキレがある。やがてドライな干し草とヘーゼルナッツ、軽いクミンシードとレモン。
味： 思ったより甘い。ライトからミディアムボディ、しかしドライ感（モルティ／干し草）と甘味（プラリネ／軽い果実）のバランスが絶妙。シナモン。
フィニッシュ： 穏やかですっきりした余韻。
全体の印象： 爽やかで魅力的。

フレーバーキャンプ：フルーティかつスパイシー
次のお薦め： グレンゴイン10年、山崎12年

セレクテッドリザーブ NAS 43%

香り： 迫力のあるシェリー香。甘いドライフルーツ（クリスマスプディング用）、ややラムとレーズン、ほのかな糖蜜香。
味： フルーツケーキにオールスパイスの刺激が加わった。グラッシー感は消えたがスピリッツの深みが樽と好相性。
フィニッシュ： 長く甘い余韻。
全体の印象： 大胆な特徴があり、蒸溜所の個性は脇役にまわっている。

フレーバーキャンプ：コクがありまろやか
次のお薦め： グレンフィディック18年、ダルユーイン16年

ダルウィニー蒸溜所

関連情報：ダルウィニー ● WWW.DISCOVERING-DISTILLERIES.COM/DALWHINNIE ● 開館時間：年中無休、曜日と詳細はサイトを参照

ディーサイドへの寄り道に続いてハイランド中央部で最後に訪れるのは、ケアンゴームズ山地とモナリア山脈のあいだの高地にひっそりとある蒸溜所だ。 立地環境は壮観だが、最初のうちは少しも驚くべきところはなく、堂々と姿を周囲にさらして建っている。 スコットランドで2番めに標高が高く(ブレイヴァル蒸溜所に次ぐ栄誉だ)、イギリスで最も厳寒な地に建つ蒸溜所である。 蒸溜所にはかつて宿泊所があり、帰宅できなくなった従業員(天候を考えると無理もない)や車でやってきて立ち往生した人々を泊めていた。

なぜここに蒸溜所を建てたのだろうか。 たいていのドライバーが思うはずの疑問への答えが、蒸溜所の裏手にある(実は表側なのだが)。 鉄道の線路だ。 この蒸溜所もまた、ビクトリア朝時代の後期、ブレンドブームに乗って1897年に創建された。 主要な鉄道路線へのアクセスのよさが立地の決め手だった。 ダルウィニー以前にここで蒸溜が行われていたかどうかは不明だが、家畜を市場へ連れていく際の集結場となっていたことを考えると、長年にわたって多くの密造者たちがこの地を通っていったに違いない。

ハイランド中央部にある蒸溜所の一部に共通する、あのハチミツのような特徴が、この蒸溜所では最も凝縮した形で表れる。 コクがあり濃厚で甘い口当たりは、ダルウィニーの立地を考えるといかにもふさわしい。 ここではニューメイクを凍らせることによって、新たな側面を持つシングルモルトが生まれるのだ。 しかしニューメイクの香りをかいでも、ハチミツ香はすぐには表れない。 ダルウィニーの秘密は道路沿いの入り口に置かれた大きな円形の木製タブにある。 そこには2基のスチルとつながったワームタブが納められている(p.113上段の写真を参照)。

銅とあまり接触しなかったニューメイクは、車の排気ガス並の硫黄分を保ったままワームタブから流れ出す。 ウイスキーの作り方としては奇妙な方法に思われる。 なぜ、ディアジオ社が持つあらゆる技術を駆使して硫黄分のないウイスキーを作ろうとしないのだろうか。「それが、この蒸溜所の真の特徴を生むための代償だ」同社の蒸溜およびブレンディングの教祖、ダグラス・マレーは言う。「ロイヤルロッホナガーと同じように硫黄分を取り除こうとすれば、ニューメイクはグラッシーにもフルーティにもなる。 逆に硫黄分の強いスピリッツになるように蒸溜すると、グラッシーでフルーティな特徴をもたらす成分が凝集せず、ライトで繊細な特徴になる。 硫黄分は、新しい状態では本来の特徴が潜んでいることを示す指標にすぎないんだ」

本来の特徴はかなり長期間、潜伏している。 硫黄分の毛布の下で何年も眠らせる熟成手法が、ダルウィニーの主要な製品が15年熟成で瓶詰めされる理由のひとつだ。 長期熟成のメリットはもうひとつあり、ニューメイクではほのかに感じられる、あのハチミツ風味が熟成によって凝縮してくれるのだ。 となると別の疑問が浮かぶ。 いったいそのハチミツ風味はどこから生まれるのだろう。

「ハチミツの特徴は折り返し点だと思う」とマレーは言う。「話を簡単にするためにニューメイクのワクシーさやグラッシーさ、あるいは果実感で説明しよう。 ワクシー感を出そうとして蒸溜する場合、ほどほどに抑えておけば(クライヌリッシュでの蒸溜のように)、心地よく甘いバター風味がうまれる」ワクシー感のある甘さは、若い段階だと蜜ろうのような特徴として認識され、熟成するとハチミツのように感じられる。 アバフェルディやディーンストンから感じるのと同じ特徴だ。

そして、湿地と山しかないこのツンドラ地帯では、時間もゆっくり流れるようだ。 訪れる人がは、深呼吸をすることで都市のリズムに慣らされた心を落ちつけられる。 そしてダルウィニーの持つ落ちつきとゆったりとした深みと年月を経た濃密さ、そしてこのウイスキーの真の個性を、自分の中に映しとることができるのだ。

ダルウィニーのニューメイクがワームタブからスピリットセイフに流れ込んでいく。

ワームタブか冷却器か

旧来の冷却装置であるワームタブは現在ではめったに見られない。'シェル&チューブ'式の冷却器が20世紀の産業化を通じて導入された。 後者は効率的ではあるが、スピリッツの特徴を根本的に変え、深みを消し去った。 それはダルウィニー蒸溜所から古いワームタブが撤去されたときに証明された。 タブと同時に'ダルウィニーらしさ'も消えたのだ。 しかしただちに新しいワームタブが設置され、'ダルウィニー'はよみがえった。

スコットランドで2番めに標高の高いダルウィニー蒸溜所はイギリスで最も寒い場所でもある。

ダルウィニーのテイスティングノート

ニューメイク

香り： エンドウ豆のスープ、ザワークラウト、硫黄分がたっぷり。ヘビーでややピートスモーク香。排気ガス。
味： ドライで深みがあり甘味が潜んでいる。ヘビー。
フィニッシュ： 硫黄の余韻。

8年 リフィルウッド カスクサンプル

香り： 葉っぱのような香り、やや樽香、まだ少し硫黄香（ブロッコリー様）がするが軽やかなハチミツ香と熱いバター香もする。
味： おぼろげに潜在的なフレーバーが感じられる。けだるげなヘビー感とかすかなハチミツ、ヘザー、ソフトフルーツ。
フィニッシュ： 鈍くスモーキーな余韻。
全体の印象： まだ眠っている。同じ年数のスペイバーンやアンノック、グレンキンチーなど、硫黄分の強いニューメイクと比較するとおもしろいだろう。特徴を充分に発揮するにはまだ熟成期間が必要。

15年 43%

香り： 豊かな甘さがありなめらか、アメリカンオーク樽由来のクレームブリュレの特徴が豊富。ほのかにスモーク香。ハチミツとレモンの皮。加水すると花粉のよう。ほどよい重み。
味： 口に含むとすぐに非常に厚みのある味が感じられる。スモーク感は軽いが際立っている。デザートのような甘味とギリシャヨーグルト、アカシアハチミツとキレのいい樽感がうまく融合している。
フィニッシュ： 長くソフトな余韻。
全体の印象： やっと完全に目覚め、硫黄のコートを脱いで本来のハチミツ風味を表した。

フレーバーキャンプ： フルーティかつスパイシー
次のお薦め： ザ・バルヴェニー12年シグナチャー

ディスティラーズエディション 43%

色・香り： 深い金色。濃厚でクリーミィ、できたてのタンジェリンマーマレードの風味。15年より香りが強くなめらかで、ナッティさが加わりスモーク香が消えた。デザートアップルと甘い梨が控えめなハチミツと溶けあっている。
味： まろやかで甘く、あぶったナッツがざらつき感とおもしろみのある味わいをもたらした。オレンジの花のハチミツとアーモンド。
フィニッシュ： 長くなり、やや濃厚さを増した余韻。
全体の印象： かすかに瑞々しさが増し、おもしろさも増した。バランスがよい。

フレーバーキャンプ： フルーティかつスパイシー
次のお薦め： グレンモーレンジィ・オリジナル10年、ザ・バルヴェニー12年シグナチャー

1992 マネージャーズチョイス シングルカスク 50%

色・香り： 明るい金色。やや固くなってねばつく革用石けん。背後にややヘビーなフローラル香（百合）、スグリの葉、ほのかな硫黄香。
味： 熟してフルーティ、スコットランドのB&Bの朝食に出るパン用スプレッドの小パック、かすかにアプリコット、ややタンジェリンマーマレード、かすかなハチミツ。ライト。
フィニッシュ： ホイップクリームの短い余韻。
全体の印象： あまり効力の強くない樽由来の風味と硫黄分がまだ残っている。

フレーバーキャンプ： フルーティかつスパイシー
次のお薦め： アバフェルディ12年

1986 20年スペシャルリリース 56.8%

色・香り： 輝くような琥珀色。豊かで熟している。湿地を焼いたにおいが一瞬軽く感じられ、乾燥したワラビも。やがて深みが増し、秋の果実のコンポート、乾燥した桃、熱いクランペットにかけたヘザーハニー、サルタナケーキ、桃のタルト、トフィープディング。加水するとカラメル化した果糖と湿ったブラウンシュガー、ミントキャンデー。
味： ソフト、軽いスモーク、隠れていたスパイス風味が表れた。時間の経過によってゆったりと深みが増し、フレーバーを甘くした。スパイス、苦いオレンジ。ケーキのようなコク、トフィー、熟成感。
フィニッシュ： 豊かで長い余韻。熟したフルーツ。
全体の印象： 深みのある特徴がようやく表れた。

フレーバーキャンプ： フルーティかつスパイシー
次のお薦め： バルブレア1979、アバフェルディ21年

ハイランド東部

肥沃ではあるが、ウイスキーの蒸溜所という点ではスコットランドの他の地域と比べて過疎地域だ。その理由は、そのウイスキーと同様に複雑で驚くべきものである。これまでもそうだったが、地域性というものは簡単に決めつけてはかかれないものだ。ハイランド東部でいちばんスモーキーなウイスキーが、最も香りが豊かであったりするのだから。

デブロン川はマクダフの地を蛇行しながらマレー湾へと注ぎ込む。

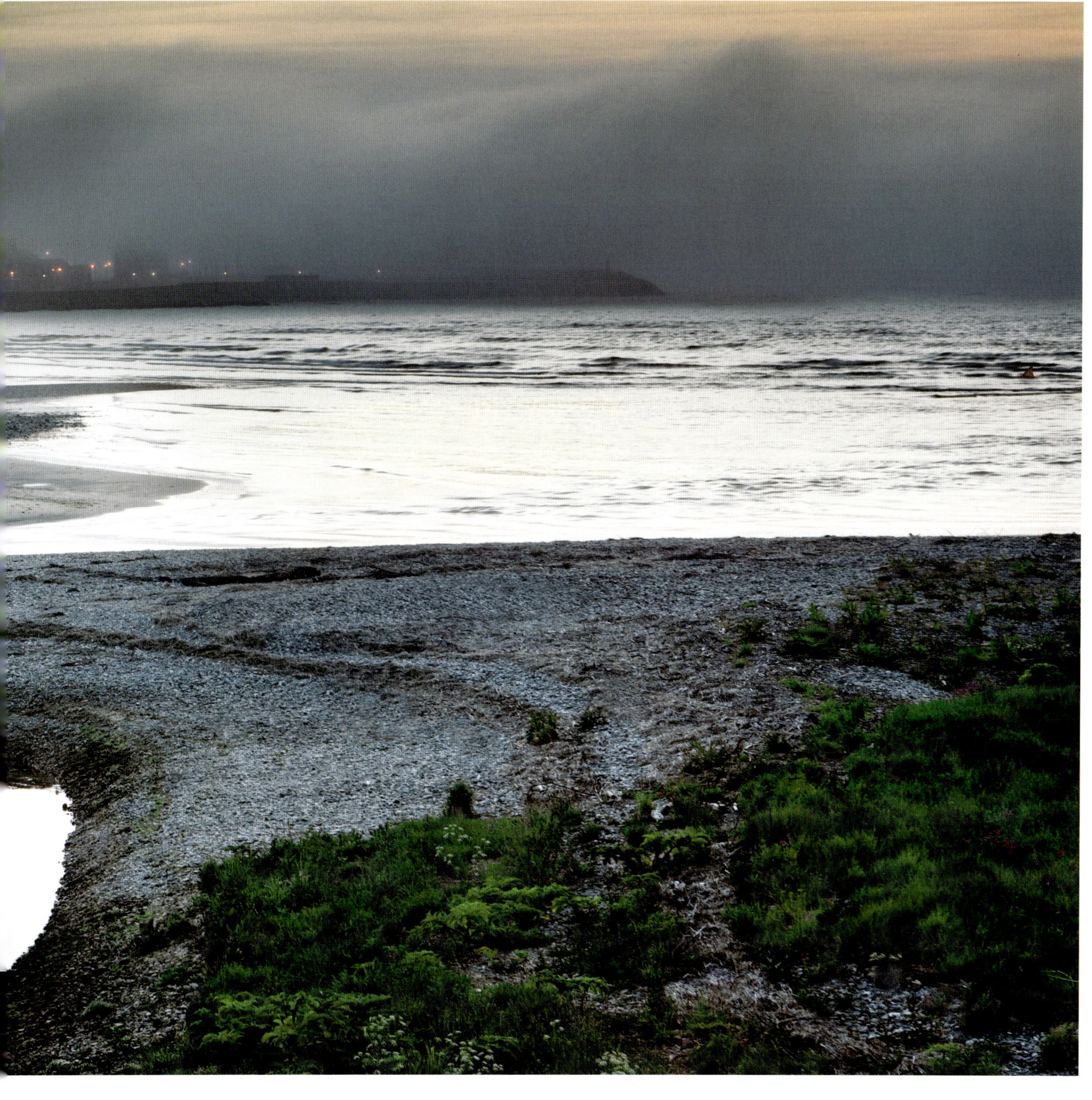

グレンカダム蒸溜所

関連情報：ブレヒン●WWW.GLENCADAMDISTILLERY.CO.UK

ハイランド東部には消えていった蒸溜所の記憶があちこちにある。ブレヒンにあったノースポート蒸溜所、ストーンヘブンのグレンユーリーロイヤル、いずれもアバディーンにあった蒸溜所だ。しかし物語はモントローズから始まる。ここにはかつて3つもの蒸溜所があったのだ。グレネスク蒸溜所（別名ヒルサイド）はグレーンウイスキーも作っており、ドラム式モルティングの設備も備えていた。ロッホサイドはやはりモルトとグレーンを作っていた蒸溜所だった。そしてグレンカダム蒸溜所がある。この3ヵ所が全て閉鎖されたとき、東岸部のウイスキー蒸溜の歴史は過去のものとなり忘れ去られてしまうように思われた。しかし2003年、アンガス・ダンディ社がグレンカダムを買い取った。「バランタイン」と「スチュアート・クリームオブ・バーレー」のブレンド用に使われていたころはほとんど無名だったグレンカダムのウイスキーの優れた品質は、驚くべき喜ばしい新事実だった。

グレネスクとロッホサイドでグレーンウイスキーを作っていたという事実、さらにグレネスクでは自前のモルティング設備まで備えていたという事実は、この地域がいかに原料に恵まれていたかを示している。ではなぜ蒸溜所は衰退したのだろう。水不足が原因だったという声もあるが、事実は、よりビジネス寄りの理由だったのではないだろうか。

モルトウイスキーは個性が全てだ。在庫が余ってくると、このウイスキーは充分に個性的だろうかという問題が起こる。東岸にある蒸溜所はいずれも、大きなブレンディング会社の傘下にある小規模な蒸溜所だった。そしてどれも、フレーバーの点で生産余剰になるという厳しい現実にさらされた。グレーンウイスキーはどこでも作ることができたし、モルトウイスキーはといえば、大規模な蒸溜所で製造されるものとあまりに似通っていた。1970年代後半のように、危機にあるときは余計な所有物を限界まで削るようになる。ウイスキーはロマンティックではない。感傷の入り込む余地などないのだ。

しかし、グレンカダムは生き延びた。豊かなフローラルの香りがするスタイルはリンクウッド（p.92-93を参照）に似ており、舌の上でまとわりつくような特徴も共通している。アンガス・ダンディ社のブレンダーであるローヌ・マキロップによると、こうしたライトな特徴は、スチルのラインアームが上方を向いて、還流を促進することが原因だという。「シングルモルトとしては無名だったよ」彼は言う。「だからこのフローラルなスタイルを強調したかった。そこで冷却ろ過をせずに瓶詰めして、カラメルは添加しなかったんだ」ハイランド東岸は発展途上にあるとは言いがたいが、少なくとも生きている。

グレンカダムのテイスティングノート

ニューメイク

香り： 花のような香りが強く、ややブランデー（ポワール・ウィリアム）のよう、青ブドウ、その奥にほのかなポップコーンの香り。
味： 非常に甘い。口中にとどまる草のような風味。フィニッシュに向かってフローラル感が強まる。
フィニッシュ： すっきりして軽い余韻。

10年 46%

色・香り： 軽い金色。繊細な花の香りに続いて新鮮なアプリコット、熟したての梨、レモン。
味： 穏やかでなめらか。バニラやナツメグ、やがてカプチーノの甘味。再び果実味が口中にとどまり、フローラルな風味が表れる。
フィニッシュ： リンゴの花。
全体の印象： 繊細かつしっかりとしている。

フレーバーキャンプ：香り高くフローラル
次のお薦め： グレンキンチー12年、スペイバーン10年、リンクウッド12年

15年 46%

色・香り： 金色。甘くかすかに抑制され、やや乾いた葉のようなほのかな特徴。花の香りがやや重く、樽がバランスのよいナッティ香をもたらした。
味： 10年より堅固だがまだ舌を覆うような感触。ナッツ、ほのかに軽いデーツ、熟した果実。
フィニッシュ： 果実味が自由にはばたいている。
全体の印象： さっぱりとして心地よい噛みごたえがあるが、樽の影響を受けない甘さが非常に凝縮している。

フレーバーキャンプ：フルーティかつスパイシー
次のお薦め： スキャパ16年、クライゲラキ14年

1978 46%

色・香り： 濃い琥珀色。あふれるようなシェリー香とややランシオ香。果実香は晩秋の熟成感を帯びている。青リンゴがトフィーアップルに変わった。豊富なチョコレート香。フライズ・チョコレートクリーム、続いてシガーボックスと葉巻の保湿箱。
味： しっかりしているがなめらか。再びコクのあるチェスナッツとチョコレート、しかしまだ固有の熟成感がある。ハイランドトフィー。
フィニッシュ： ソフトでナッティ。
全体の印象： いまだにライトなスピリッツらしい特徴をうまくとどめている。

フレーバーキャンプ：コクがありまろやか
次のお薦め： グレンゴイン17年、グレンフィディック15年、白州25年

フェッターケアン蒸溜所

関連情報：フェッターケアン●WWW.FETTERCAIRNDISTILLERY.CO.UK●開館時間：5-9月、月曜-土曜

ハウ・オブザ・マーンズは小説家ルイス・グラシック・ギボンの『スコットランド物語』の舞台となった土地だ。物語には農業の全盛期から20世紀の産業化の時代までのスコットランドの変遷が、年代を追って描かれている。20世紀の作品だが、ロマン主義時代の後期の特徴を持つ作品と見なされ、土地との神秘的なつながりを称賛し、自分たちのルーツと信仰、政治的な信条など、失われたものへの深い思いをつづっている。物語の顛末がちょうどウイスキーの興隆した時代と重なり、物語の中心舞台はフェッターケアンが建っている場所である。

蒸溜所があるのは海岸まで見渡せる平地で、ギボンの作品に登場する町セジーのモデルであってもおかしくないような美しい町の郊外だ。しかしその背後には山々がそびえている。ロイヤルロッホナガー蒸溜所は徒歩で行ける距離だ（ただし丘を越えなければならない）。

蒸溜所内の設備からは、伝統的なウイスキー作りをしていることがうかがえ、密造者たちが道具類とともにディーサイドから下りてきた時代の名残もあるかもしれない。なにしろ開放型のマッシュタンや石けん削り器が側面に付いたスチルがあるのだ（石けんはウォッシュスチル内の泡立ちを抑えるための界面活性剤として使われた）。とはいえダンネージ式の熟成庫には現代的な一面が見られる。

この蒸溜所はホワイト&マッカイ社にとって実験的な施設のひとつとなっており、同社のマスターブレンダー、リチャード・パターソンが樽を研究している。ここでは特に未使用のオーク樽を調べており、そこには、若いフェッターケアンに見られる、焦げたような、あるいは野菜のようなにおいを克服したいという特別な理由がある。「これは闘いだ」とパターソンは言う。「1995年から2009年までステンレス製の冷却器を使っていたが、そのせいで焦げたようなにおいが生まれて、やや固い印象のモルトになってしまったんだ。このウイスキーにはアメリカンオークで甘さを加える必要があり、そのためにまず未使用のオークを使って、甘い香りが最初に感じられるようにしたいんだ」

かつて農場蒸溜所だったフェッターケアンの周囲はマーンズの青々と草が生い茂った大地が広がっている。

私の印象では、フェッターケアンは不器用で怠惰なところがあり、若い時期は駄々っ子のようで、成長するまでに時間がかかるウイスキーだ。しかし最終的に熟成すると、少々反抗的だった過去からいくらか学んだとみえて、落ちついて飲めるウイスキーになる。だからどんなことがあっても、見捨てないでほしい。

フェッターケアンのテイスティングノート

ニューメイク

香り： 小麦粉のよう、野菜、軽い硫黄香、ほのかに甘い。
味： しっかりとしてほのかにフルーティ、かつ重みがある。まだ閉じているようだ。
フィニッシュ： キレがよく短い余韻。

9年 カスクサンプル

香り： レモンの砂糖漬けとカブ。かすかに焦げた香り。樽の影響が強い。バニラと削った樽香。
味： 甘い段ボールのような香りと比べると味はよい。やや赤いリンゴ。
フィニッシュ： ナッツの余韻。
全体の印象： まだ樽の成分を吸収中だが反抗的でもある。いまだ成長を拒んでいるようだ。

16年 40%

色・香り： 軽い琥珀色。迫力と甘さが増してココナッツとサルタナレーズンの混じった香りとほのかなスモーク香。バランスが向上した。
味： ウッドスモークがかすかによぎり、アッサムティー、ほのかにレーズン、ブラジルナッツ。
フィニッシュ： トフィー、非常にまろやかな余韻。
全体の印象： 甘さと方向性が必要。

フレーバーキャンプ：コクがありまろやか
次のお薦め： ダルモア15年、シングルトン・オブ・グレンダラン12年

21年 カスクサンプル

香り： ライトなバルサム香。少しジューシー。ほのかなポットエール。
味： 強いタンニン。マンザニーリャ・パサダのよう。アーモンドに続いて燃える草。加水すると少しスモーク。
フィニッシュ： しっかりして引き締まっている。
全体の印象： 強い樽効果が頑固な飲み手の心をもこじ開けようとしている。

30年 43.3%

色・香り： 琥珀色。最初は非常にソフト、ほのかなクリーム、しかし土っぽさと革の香りも広がってきた。果実香とスモーク香。
味： 黒い果実、フルーツケーキ、葉巻。非常に革らしい。
フィニッシュ： ややはかない印象だがバランスがよい。
全体の印象： 反抗的だったティーンエイジャーが大人になり、革のアームチェアのような優しさを見せるようになった。

フレーバーキャンプ：コクがありまろやか
次のお薦め： ベンリネス23年、タリバーディン1988

グレンギリー蒸溜所

関連情報：アバディーン近郊オールドメルドラム ● WWW.GLENGARIOCH.COM ● 開館時間：年中無休、10-6月は月曜-土曜、7-9月は月曜-日曜

‘リースホールのギリーの砦、アールズフィールドにゃけちで色黒な農場主が住んでいて……’農業革命が始まったころに初めて歌われたこの山小屋のバラードは、ギリーの季節労働者の厳しい生活を物語っている。ギリーとは、インバーウリーを中心として北西のストラスボギーまで広がる肥沃な土地で、18世紀後半から19世紀初頭にかけて‘土地改良’された。タップオーノスとミザータップの要塞跡がある丘を頂点とする、豊かな土地だ。やせて偏狭な（スコットランド方言：スクランキーという）主人にこき使われた一日の終わりに、歌い手はギリーにある3つの蒸溜所のウイスキーで憂さを晴らしたかもしれない。

だとしたら、そのウイスキーはきっと最古のグレンギリーだったろう。創業は1798年、20世紀になるころディアジオ社の前身DCL社に吸収されたこの蒸溜所は、近隣のアードモアとともに地元産のピートをたっぷり使い、あの独特なスモーキーウイスキー、「ハイランダー」を生んだ。1968年、DCL社はブレンド用のスモーキーなウイスキーの増産を強いられたが、水不足からグレンギリーの生産量を増やすことができないとして、この蒸溜所を閉鎖して他へ目を向けた。こうしてノーザン・ハイランドのブローラ蒸溜所が再開された。

この地域は湧き水が豊富だというのに水が足りなかったのだろうか。ボウモア蒸溜所を所有するスタンレー・P・モリソンは別の考えを抱き、グレンギリーを買い取った。そして地元の占い師（古来の知恵をルーツとしている）を雇い、新たに豊富な水源を見つけたのだ。

温室のようなスチルハウスに設置されたグレンギリーのスチルは、豊かで甘いウイスキーを生み出す。

現在、この小規模蒸溜所にある温室のようなスチルハウスでは、ピート香のないスピリッツが作られているが、コクのある特徴が保たれている。小ぶりなスチルは力強く迫力のあるウイスキーを生む。「ニューメイクに求めるのはミーティで牛脂のような特徴だ。『ファウンダーズリザーブ』に使われるころにはこの特徴が消えて、豊かな深みが残る」モリソン・ボウモア社のモルトマスター、イアン・マッカラムは言う。「私から見ると、グレンギリーは陽気でたくましい」少しもスクランキーなウイスキーではないのだ。

長いあいだ脇役としてみじめな日々を過ごしてきたグレンギリーは生まれ変わって新たな表情を持つようになり、さらに可能性がある。「寡黙にして秀逸といったところだね」とマッカラムは続ける。「いわゆる未知の宝石なんだ」その言葉はそのままこの地域全体にも当てはまる。

グレンギリーのテイスティングノート

ニューメイク

香り： キャベツや煮たイラクサのようなゆでた野菜香。グレービーソースに続いて全粒パンの生地。加水すると甘いドラフ、牛舎。

味： ミーティ、甘く、長くとどまる味わい。豊かな重みと硫黄分が感じられる。

フィニッシュ： ナッティな余韻。

ファウンダーズ・リザーブ NAS 48%

色・香り： ライトな金色。硫黄分は消え、サンダルウッド、根底に軽いハーブと革。ややハチミツ香が表れ、樽香とともにオレンジクレームブリュレと松の樹液がほのかに香る。

味： 最初はドライで歯ごたえがある。スピリッツの堅さがほどよい感触となったため、樽由来の柔らかさが生まれた。加水するとバタービスケット。

フィニッシュ： 長い余韻。砕けやすい。

全体の印象： がっしりしているが甘い。

フレーバーキャンプ： **モルティかつドライ**

次のお薦め： オスロスク10年

12年 43%

色・香り： 豊かな金色。トーストした穀物香。ドラフのような甘さがよぎる。新鮮でほのかにナツメグ、ヘザーの香り。

味： ブラジルナッツ、やや胡椒。厚みがありフルーティなコクのあるミッドパレット。加水するとライトな蜜ろう、やがてハーブが復活。

フィニッシュ： 長い余韻かつほのかにナッティ。

全体の印象： 力強く豊か。

フレーバーキャンプ： **フルーティかつスパイシー**

次のお薦め： ザ・グレンロセス・セレクトリザーブ、トーモア12年

アードモア蒸溜所

関連情報：ケネスモント ● WWW.ARDMOREWHISKY.COM

ギリーにある蒸溜所のふたつめは、やはり自社所有の生産拠点を探していた大手のブレンディング会社によって生まれた。デュワーズ社がアバフェルディ蒸溜所を、ジョニー・ウォーカー社がカードゥ蒸溜所を傘下に収めたのと同じだ。1898年、グラスゴーのティーチャーズ社がケネスモントの近郊にアードモア蒸溜所を建てた。その規模を見ると、同社が地主階級の要求にどのように応じたのかがわかる。アダム・ティーチャーがこの土地を見つけたのは、リースホールにリース・ヘイ大佐を訪れたときだ(前ページの'けちで色黒な農場主'の歌を思い出す)。蒸溜所の名称はティーチャーがクライド湾に所有していた邸宅にちなんで付けられた。

この地に建てられた理由は3つある。原料が手近にあること(地元産の大麦とピッツリーゴ産のピート)、豊富な水源、そしてケネスモントには、インヴァネスとアバディーンをつなぐグレート・ノースオブ・スコットランド鉄道が通っていた。蒸溜所は大規模で、かつてはサラディン式モルティングも行われていた。重厚感があり、工業地域然とした蒸溜所の姿は、のどかな田舎にはやや場違いにも見える。スチルの加熱用に石炭を残っていたが、2001年ついに使用をやめ、ビクトリア朝時代以来の伝統がついえた。

アードモアは矛盾のあるウイスキーで、なぜかヘビーなピートの印象と香り高い特徴を合わせ持っている。いわばリンゴの果樹園でたき火をしたかのような特徴がこのウイスキーを際立たせ、ブレンダーたちの称賛の的となっている。何か飛び抜けて個性的な要素がなければ、いまや人里離れた立地にあるこの蒸溜所がどうやって生き延びてきたのか、想像できない。

木製のウォッシュバックもなんらかの影響を与えるかもしれないが、アードモアの秘密はスチルハウスにこそある。「石炭を使う蒸溜が法で禁じられたので、やめなければならなかった」マネージャーのアリステア・ロングウェルは語る。「蒸気加熱に切り替えたときの問題は石炭加熱による特徴をどうやって維持するかということだった。従来のフレーバーをとり戻すまでに7ヵ月ほどかかったよ。カットポイントを調節したり、スチルの加熱を部分的に強めたりしたんだ」

最近はピートを効かせない製品(「アードレア」)も作られているが、アードモアの特色といえばなんといってもスモーク感だ。「業界はみな、変わっていったよ」とロングウェルは言う。「でもピート香あってこそのティーチャーズだったんだ」彼は言葉を切った。「それがティーチャーズの最後の名残だ。それが好きだからこそ働ける」この農地では、矛盾こそが失われた伝統を守り続けている。

アードモアのテイスティングノート

ニューメイク

香り： ウッドスモークと軽いオイリー香、その背後に軽いグラッシー感。やがてリンゴの皮、ライム、非常にほのかな穀物香。

味： 甘くスモーキー。心地よい重みとオイル感、ほのかな柑橘類とドライフラワーが高揚感をもたらす。様々な可能性へとつながりそうな、複雑なニューメイク。

フィニッシュ： ライトなスモーク。すっきりしている。

トラディショナルカスク NAS 46%

色・香り： 豊かな金色。甘い樽香、燃える葉、乾いた草、ほのかにエキゾティック。お香、リンゴのピューレ。刈り取った草の奥にたき火。新樽の香り。

味： ニューメイクより果実味が強い、スモークが抑制されているがかすかにスモークハムの味。胡椒。ニューメイク同様のオイル感がより甘くバニラ風味。

フィニッシュ： 胡椒とウッドスモーク。

全体の印象： クォーターカスクで後熟された若いウイスキーに軽い果実とスモークが融合されて、アードモアらしさを演出している。

フレーバーキャンプ：スモーキーかつピーティ
次のお薦め： 若いアードベッグ、スプリングバンク10年、カネマラ12年、ブルイックラディ・ポートシャーロットPC8

トリプルウッド(熟成中) 55.7%

香り： 迫力ある樽香、クリーミィなバニラ、ウッドスモークとフルーツケーキ。スモーク香が統合され、やがて炸裂するようなライムコーディアル。

味： オイリーな特徴が樽によって除かれ、ニューメイクに感じたほのかな柑橘風味が際立ってきた。

フィニッシュ： このときだけスモークが表れる。

全体の印象： バーボン樽で5年、クォーターカスク3年半、ヨーロピアンオーク3年というトリプルウッドの熟成に持ちこたえている。

25年 51.4%

色・香り： 淡い金色。ドライなスモーク、リンゴの木、やや土っぽい、ヒマラヤスギ、ボウルいっぱいのナッツ、ヘビーなピート、ガラムマサラ。香りが強く立ちのぼる。

味： 正統派のアードモア、トップノートが開き、青リンゴの皮が古い果実に変化。スモークが完全に統合された。繊細に見えるがヘビーな中核が複雑な要素をまとめあげている。

フィニッシュ： 長くスモーキーな余韻。

全体の印象： リフィル樽で熟成したために淡い印象。ニューメイクの直系。

フレーバーキャンプ：スモーキーかつピーティ
次のお薦め： ロングロウ14年

1977 30年 オールドモルト・カスクボトリング 50%

香り： 牛の吐息と甘い干し草とほのかに香ばしいスモーク香。レモン。熟成香。やがて新鮮で若々しくなる。イボタノキ。

味： すっきり、豊かな緑と力強い酸味。果樹園の果実、続いてヘーゼルナッツとライトなスモーク。バランスがよい。

フィニッシュ： 引き締まってスモーキー。

全体の印象： 熟成してバランスがよい。スモーキーだが芳しい香気があるため香り高いフレーバーキャンプに属する。

フレーバーキャンプ：香り高くフローラル
次のお薦め： 白州18年

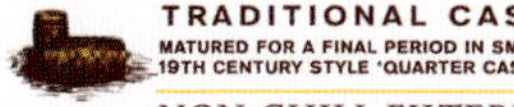

ザ・グレンドロナック蒸溜所

関連情報：ハントリー近郊のファーグ ● WWW.GLENDRONACHDISTILLERY.COM ● 開館時間：年中無休、10-4月は月曜-金曜、5-9月は月曜-日曜

ギリーの3大蒸溜所の最後を飾るのは、ファーグ村にあり1826年に地元農家の共同体によって創建されたザ・グレンドロナックだ。合併や統合が常識的となっている業界にしてはめずらしく、この蒸溜所は1960年にティーチャーズ社に買収されるまで、ずっと個人経営が続いていた。同社は近くにあるアードモア蒸溜所も所有している。

非常に力強いブレンデッドウイスキーを作るティーチャーズにとって、ザ・グレンドロナックは相性がよかった。この蒸溜所のニューメイクは迫力があり、バターのような重みが口中に広がる特徴があるのだ。長期の熟成にも耐えられるよう作られ、シェリー樽とも合う。かつてここを所有していたアライド社が、ギリーにあるご近所同様にシングルモルトブランドにしようと試みたが、ザ・グレンドロナックは、2006年にザ・ベンリアック蒸溜所を所有するビリー・ウォーカー(p.88を参照)に買い取られるまで、カルト的な存在となる運命だった。いまではシングルモルトがメインになっている。

マネージャーのアラン・マコノヒーが信じるところによれば、ザ・グレンドロナックのたくましさは、マッシュタンの撹拌機能など伝統製法を忠実に守っているためだという。「不思議なんだけれど、ここではザ・ベンリアックと同じモルトを使っているのに、マッシュタンに頭をつっこんでにおいをかぐと、まったく異なっているんだ。水は関係ないというけれど、どうだろうね」と彼は話す。

木製のウォッシュバックで時間をかけて発酵させ、蒸溜もゆっくり行う。「還流はほとんど起こらない」とマコノヒーは言う。「まったくストレスがかからないから、スチル内で蒸気の上昇と下降が起きないんだ」2005年に石炭加熱が廃止されたときも、気になるような変化はなかったと彼は語る。

ザ・グレンドロナックは私に、イギリスの元首相ゴードン・ブラウンを思い起こさせる。真面目そうな物腰のモルトウイスキーで、12年にはあふれるような若々しさがつかのま見られるが、すぐに深みが出て真面目さも増していき、生まれたときのヘビーな土っぽさに引き戻されるようだ。所有者が変わってからはバーボン樽で5年間熟成させてからオロロソシェリー樽に移し、さらにときおりペドロヒメネスのシェリー樽に移している。

深い色とコクのある香り、ザ・グレンドロナックの豊かなスタイルはシェリー樽から生まれる。

「人々はザ・グレンドロナックといえばシェリーを連想する」とマコノヒーは言う。「樽でそれを抑えつけようとするのはかなり難しい。いやはやうれしい悲鳴だね」農地伝来のたくましさがここで再び顔を出したようだ。

ザ・グレンドロナックのテイスティングノート

ニューメイク

香り： ヘビーだが甘くてコクがある。ほのかに土っぽい果実香。

味： 力強いが、同時にバターの口当たりが重みとしなやかさを加えている。

フィニッシュ： 非常に長くフルーティな余韻。プラム。

12年 43%

色・香り： 深い金色。甘いシェリー香。ツィード、ほのかにプラムの種、粉っぽい穀物香。

味： 迫力がありドライフルーツのようなコク、すでによく凝縮している。なめらかな感触、やがてセイヨウスモモ。加水すると突然グラッシーさが立ちのぼる。

フィニッシュ： 土っぽく、すすのようなスモーク感。

全体の印象： すでに濃厚で深みがあるが若者らしい生意気さもちらつく。

フレーバーキャンプ：コクがありまろやか

次のお薦め： グレンフィディック15年、クラガンモア12年、グレンファークラス12年

18年 アラダイス 46%

香り： 厳粛で正統派のシェリー香。重層的でベルベットのよう、乾燥した赤い果実とムスク、レーズンが豊富に香る。蒸溜による深み。糖蜜トフィー。加水すると野生的になる。

味： 糖蜜トフィー、リコリスの根のような甘味と深み。軽いざらつき感。

フィニッシュ： 凝縮した果実味をともなう、長く甘い余韻。

全体の印象： 昔ながらの古いスタイルのシングルモルト。

フレーバーキャンプ：コクがありまろやか

次のお薦め： 軽井沢(1980年代)、ザ・マッカラン18年

21年 パーラメント 48%

香り： ウッドオイル、イチイの木、やや粉っぽい。重層的なドライフルーツ、レーズン、イチジク、デーツ。ほのかに挽いたコーヒー、モカ、廃糖蜜。

味： 熟成して豊か、最初から非常にしっかりしている。深くほのかにスモーキーな甘味を引き出すには水が必要。加水するとかすかにジビエのよう。

フィニッシュ： 焼いたフルーツ、長く重い。

全体の印象： 力強く複雑

フレーバーキャンプ：コクがありまろやか

次のお薦め： 軽井沢(1970年代)、グレンファークラス30年

ノックドゥ蒸溜所およびグレングラッサ蒸溜所

関連情報：ノックドゥ●WWW.ANCNOC.COM
グレングラッサ●ポートソイ●WWW.GLENGLASSAUGH.COM●開館時間：5-9月は月曜-日曜、10-4月は月曜-金曜

ここに変わり者がいる。呼び名が決められず、どの地域に属するのかもはっきりしない蒸溜所だといったら混乱してしまうだろうか。ノック村にあるノックドゥ蒸溜所は1893年、そのころ大規模なブレンディング会社だったジョン・ヘイグ社によって創建された。その後、新たに所有者となったインバーハウス社がシングルモルトブランドを販売する際、スペイサイドにあるノッカンドウ蒸溜所と紛らわしいと判断し、アンノックというブランド名を使うようになった。

ノックドゥはスペイサイドとの境界近くにあるが、これまで見てきたように、この境界線は政治的判断で引かれたもので、地理的要素は何もないため、ノックドゥはハイランドに属する。しかしさらに混乱を招くのは、この蒸溜所で作られるスタイルだ。インバーハウスのマスターブレンダー、スチュアート・ハーベイは言う。「大多数の人がいかにもスペイサイドらしいと思うようなタイプだ。実際、たいていのスペイサイド産ウイスキーよりもスペイサイドっぽいかもしれないんだ!」リンゴのように香りがよくライトなウイスキーに慣れた飲み手が、硫黄分の強いニューメイクを飲んだら驚くのではないだろうか。その奥には強い柑橘系の要素が眠っていて、瓶詰めされたときに最高の表情を見せるのだ。

『オールドプルトニー』よりも少しヘビーだ」とハーベイは説明する。「スチル内であまり還流しないせいだが、ニューメイクに野菜っぽい香りが加わるのはワームタブの影響だ。スコッチウイスキーの一大変化が起こったのは、ワームタブをやめて冷却器を使い始めたときだ。確かに効率的かもしれないが、硫黄分を取り去ると同時に、裏に潜む重みと複雑さも奪ってしまうんだ」硫黄分はその奥底に眠る要素を示す指標である。ヘビーでピート香の強いタイプも製造されているが、現状はブレンド用にのみ使われている。かえってちょうどよかった。なにしろもうすっかり混乱してしまったところだ。

ポートソイの美しい村に近い岸壁に建つグレングラッサは、ひょっとするとスコットランドで最も幸運な蒸溜所かもしれない。19世紀のブレンドブームのさなか、1878年に創建されてまもなく、ハイランドディスティラーズ社に吸収された。

ブーム後半に生まれた蒸溜所の大半と同様に、この蒸溜所も最初の危機を乗りこえられなかった。在庫を調整する必要に迫られた蒸溜会社は、優劣がまだ不明で在庫の熟成期間が浅い新しい蒸溜所を閉鎖していった。

グレングラッサは1907年に閉められ、パン焼き工場になった時期もあった。1950年代にアメリカを中心として需要が増大すると、1960年にようやく再開された。

しかしその後も安泰とはいかず、グレングラッサは'扱いにくい'と見なされてしまう。不器用で孤立しがちで、ブレンド用に使われる他のウイスキー仲間と相性が悪かったのだ。この時期にシングルモルト市場があったならば、話はまったく変わっていたことだろう。しかし1980年代に再び蒸溜所狩りが起こり、もはや未来はないように思われた。

しかし2007年、蒸溜所は救われ、1年後に操業が再開された。在庫の大きな開きをどう乗り越えるは常に難問だが、商品展開のバランスを工夫して、熟成途中のウイスキーを販売(「リバイバル」、「エボリューション」など)するいっぽう、熟成の進んだ最高品質の樽を選び抜いて商品化した。2013年、ベンリアック社に買収されたグレングラッサは、同じ傘下のザ・ベンリアックおよびザ・グレンドロナックと並んで、一度は忘れられながらみごとに復活した蒸溜所として評判を築いたのだ。いかにもふさわしい地位に就いたものである。

アンノックのテイスティングノート

ニューメイク

香り： キャベツやブロッコリーのような硫黄香があるがグレープフルーツとライムの強い香りもある。
味： やはり硫黄分。ほどよい重み、柑橘類の皮が豊かに香る。
フィニッシュ： すっきりして長い余韻。意外にも重みがある。

16年 46%

香り： 樽香が強まったが同時にスピリッツ本来の香りも同じペースで進化中。リンゴの花、切り花、ライム、ほのかにミント。
味： 甘い、樽の影響でやや濃厚さが増している。青ブドウ、爽やか(アブサンというよりサンセールワイン)。
フィニッシュ： 粉っぽくチョークのよう、続いて12年に見られたグリーンハーブが復活。
全体の印象： 爽やかさが要だがしなやかさも同様に重要な要素となっている。

フレーバーキャンプ：香り高くフローラル
次のお薦め： ザ・グレンリベット12年、ティーニニック10年、白州12年

グレングラッサのテイスティングノート

ニューメイク 69%

香り： 非常にジューシーな果汁の香り、まるでワインガム。すっきりとして甘い香りの奥に力強さがある。ほのかに黒スグリの果汁と温室の香り。
味： ややドライ。引き締まって嚙みごたえがある。加水するとすっきり、かすかにグリーンゲージ。
フィニッシュ： クリーミィでややモルティ。硬質。

エボリューション 50%

香り： すっきりとした樽香が少しある。甘い、熱いおがくず。グリーンゲージが残っているが、バニラ香とバランスが取れている。加水するとスグリ香。
味： 樽主体、豊富なバニリン風味だがバナナの爽やかさも。熟した果実。
フィニッシュ： ジューシーで引き締まっている。
全体の印象： 名称にふさわしく、ニューメイクがそのまま進化した印象。

フレーバーキャンプ：香り高くフローラル
次のお薦め： アルトモア、バルブレア2000

リバイバル 46%

香り： オーキーな酸化臭。ニューメイクのモルト香が増大。ほのかにデーツ。加水すると爽やかになる。
味： 熟成感、ほのかにシェリー樽(後熟に使用)。乳酸やコンデンスミルクの風味。
フィニッシュ： やや鈍く、引き締まっている。
全体の印象： 心地よいミッドパレット。蒸溜所の個性が表れている。

フレーバーキャンプ：フルーティかつスパイシー
次のお薦め： グレンロセス・セレクトリザーブ

30年 44.8%

香り： しっかりとしている、アーモンドとドライフルーツの香り。熟成香、腐葉土の香り、深い凝縮感。
味： 非常に熟成し、果皮の砂糖漬けのようなコク。長くとどまる風味。
フィニッシュ： ほのかに熟成感が感じられる。
全体の印象： まだ残っている硬さと果実味の融合。

フレーバーキャンプ：コクがありまろやか
次のお薦め： カバランソリスト、グレンファークラス30年

マクダフ蒸溜所

関連情報：ポートソイ

ハイランド東部の旅は、とうとうマレー湾岸にあるもうひとつの海辺の蒸溜所で終わりを迎える。ここはノックドゥ同様、異なる名称で瓶詰めされており、個性の危機にやや苦しんでいるようだ。「グレンデブロン」および装いを新たにした「ザ・デブロン」という名称が使われているのだが、蒸溜所のある場所はちょうどデブロン川の河口だから、この名称はまさにうってつけだ。川の上流からはシャケとマスが下ってきて、ハイランド屈指の釣りの名所となっている。釣り場はヘザーの生い茂るカブラック山のすそ野の辺りまで広がっている。

河口には7つのアーチを持つ橋があり、マクダフと隣のバンフの町を分けている。バンフにもかつては蒸溜所があったが、1983年、蒸溜所に最もしつこくつきまとっているに違いないジンクスに倣うように閉鎖された。2度の火事に遭い、爆破され、さらに別の爆破事件に遭ったあげく、閉鎖後も熟成庫が火事に遭ったのだ。幸い疫病神はデブロン川を渡らなかったとみえ、マクダフは比較的恵まれていた。

言うまでもなく2つの町は互いをかなりライバル視しており、勅許自治都市であるバンフには、歴史の浅い隣町よりも洗練されているという自負がある。マクダフは1783年、ファイフ伯爵のジェームズ・ダフ(p.62を参照)によって創設されたモデル的な町だ。外海から守られた港湾のおかげで、マクダフはかなり大規模なニシン漁の漁港となった。

ダフハウスの元農園に建てられた蒸溜所は非常に広く、熟成庫は(残念ながらいまは空っぽだが)丘にまで伸びている。デュワーズ社のシンボルカラーであるクリーム色と赤に塗られ、モダンな雰囲気が漂う工場は、1962年から63年にかけて、グラスゴーのブロディ・ヘプバーン社によって建てられた。ウイスキー取引を行う同社は、ディーンストンとタリバーディンの利権も所有していた。目的はといえば、ブレンデッドウイスキーの新時代の恩恵を受けることだった。当時最も現代的な蒸溜所建築家、ウィリアム・デルム・エヴァンス(囲み参照)に、海沿いの新工場の設計を依頼したのもうなずける。

その後マクダフはブロック社、グレイ&ブロック社、スタンレー・P・モリソン社など様々な取引会社の手にわたり、1972年にウィリアム・ローソン社の傘下に入った。同社は社名を冠したブレンドの核となるモルト原酒を探していた。1980年に同社はマティーニ社に吸収され、マティーニ社はその12年後にバカルディ社と合併し、デュワーズ社の前身となった。ずいぶんと多くの所有者がいたものだが、肝心なのはバンフと違って、生き延びたという点だ。

驚異の建築家：ウィリアム・デルム・エヴァンス

ウィリアム・デルム・エヴァンス(1929-20030)は20世紀屈指の蒸溜所建築家として知られている。彼が手がけた蒸溜所は全て、建築的にも近代的設備を用いた点でも環境保護が念頭に置かれていた。彼のウイスキー人生は1949年、ブラックフォードにあったビール醸造所の廃墟を買ってタリバーディン蒸溜所を建てたときから始まる。タリバーディンをブロディ・ヘプバーン社に売却後、彼は1963年、ジュラ蒸溜所を設計するかたわら飛行機の操縦を習得し、その後マクダフを設計した。やがて1967年、彼が手がけたうちでも最もモダンなデザインだったグレンアラキ蒸溜所を設計して建築家人生を終えた。

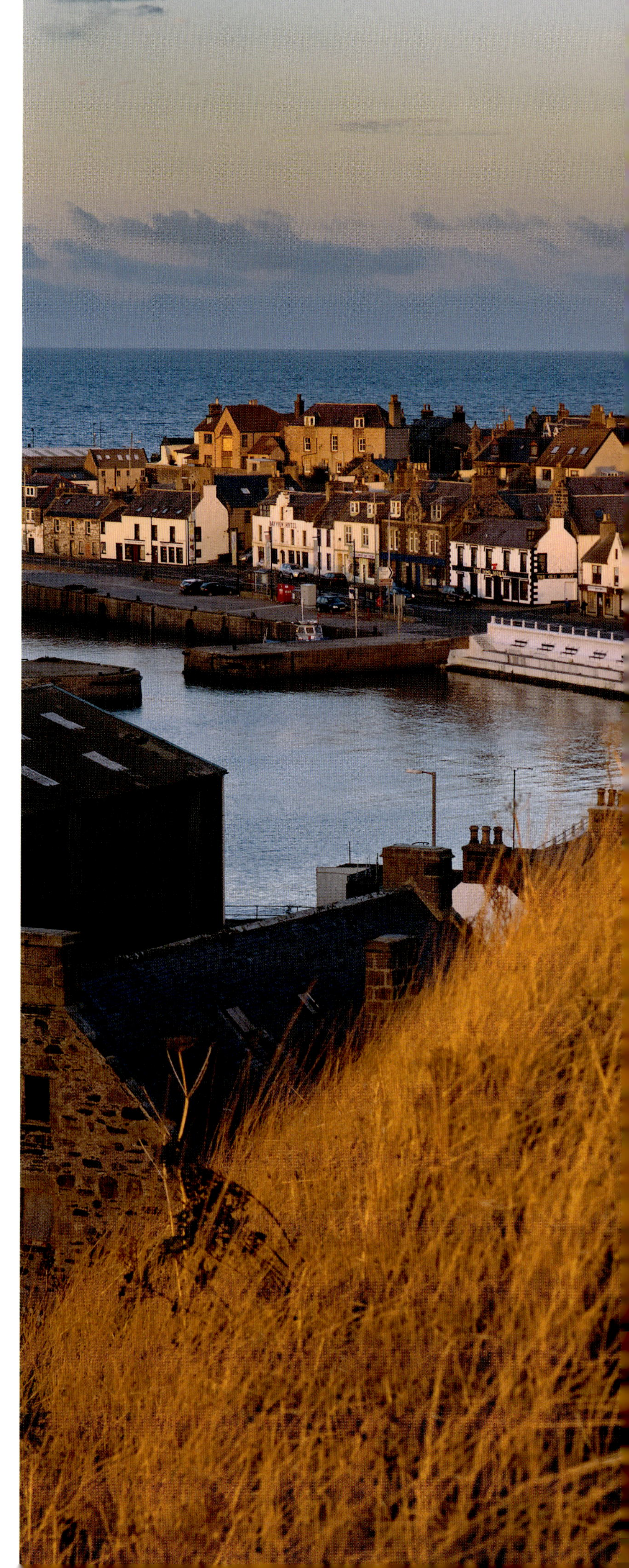

ローソン社が何百万ケースものブレンデッドウイスキー(現在同社の最大の市場はロシアである)を扱う会社として成長を続けていくいっぽう、グレンデブロンはフランスで手ごろなモルトウイスキーとして宣伝された。

マクダフは1960年代に創業した蒸溜所が持つべき要素を全て備えている。高い技術力、ロータータンとステンレス製のウォッシュバック、冷却器、スチーム加熱式のスチル。これらを見れば、きっとライトで害のないウイスキーになるだろうと思わずにはいられない。しかしマクダフには深みがある。そして不思議な点も。

マッシングは早く、発酵も短いが、理解に苦しむのはスチルだ。まず、ウォッシュが2基、そしてスピリッツが3基、合計5基という数字が不思議である。5基めが導入されたのは1990年、ウィリアム・ローソン社の傘下にあったときだ。6基めが計画されたかどうか、あるいは3回蒸溜が試されたかどうかも不明だが、この変則的なスチル数のために、マクダフはタリスカーと並んで、奇妙な設備を持つ蒸溜所と見なされている。

スチルは全てラインアームがやや上向きで、途中から急に直角に2回曲がり、Uターン状になっている。この奇妙な姿はデルム・エヴァンスのひじがそんなふうに曲がっていた結果ではなく、特定のフレーバーを生み出すためにあえてそう設計したのである。冷却器の角度もある効果を生む。スピリットスチルに取り付けられたシェル&チューブ式冷却器は横向きに設置され、後部冷却器が付いている。このため冷却器があまり冷えず、銅と蒸気の接触時間が長くなる。となると、モルティなスピリッツになるのはまちがいないが、ライトでビスケットのようなタイプにならず、重みがありながら果実味のあるスピリッツが生まれる。つまり、複雑になるのだ。

こうしたタイプのスピリッツを樽に入れると、元来の姿に戻っていくようで、まるでモルトの殻をもう一度破り、中に含まれる甘さと果実味を残さず発露させる必要があるかのようだ。これには時間がかかる。

ブレンダーの要求とシングルモルトのボトラーズの要求にも違いがある。若いウイスキーに見られるヘビーでナッティかつスパイシーな特徴は、ブレンデッドウイスキー用の需要が高いが、シングルモルトとしては露骨だ。

マクダフは熟成するにつれてなんとも不思議な香りも発するようになる。蒸溜後に残った硫黄分や豆、カンナビスのような香りだ。ここで効力の強い樽が必要になる。「ザ・デブロン」名の新しいボトルを飲むと、この教訓を学んだことがわかる。

マクダフの港湾は外海から守られているおかげでニシン漁の大きな港となった。

マクダフのテイスティングノート

ニューメイク

香り： 緑の草、モルティ。ピーナツオイルとソラマメ、背後にヘビーな穀物香。
味： ほのかに硫黄分があり濃厚で厚みがある。続いて強烈な黒スグリ。
フィニッシュ： 突然ドライになる。

1982 ザ・デブロン カスクサンプル 59.8%

香り： 噛みごたえがあり甘い、ドライフルーツとブラジルナッツの香りに続いて家畜飼料とヘビーなローストされたモルト感へと移る。加水すると乾燥ワラビ、ショウガとナツメグのようなスパイス香があふれる。
味： 厚みと噛みごたえがあり、甘いモルト感がパンに塗ったチョコレート・ヘーゼルナッツのスプレッドを思わせる。軽いタンニン。
フィニッシュ： 熟成感があり長い余韻。
全体の印象： がっしりとして、モルティな風味が口にあふれる。

1984 ベリー・ブラザーズ&ラッドボトリング 57.2%

色・香り： マホガニー。アニスシードとモルト。スグリの葉がスカンクやカンナビスの香りに変わった。
味： 最初は非常にドライだが濃厚な果実感が束になって強い存在感を示すようになり、やや矛盾している。
フィニッシュ： 非常にナッティで白胡椒のようにやや粉っぽい余韻。
全体の印象： 最後まで風変わりだった。

フレーバーキャンプ：モルティかつドライ
次のお薦め： ディーンストン12年

ハイランド北部

忘れられたスコッチウイスキー産地がインヴァネスの北からウィックにかけての海岸沿いにある。ここは最大規模のモルトウイスキーブランドの本拠地であるにもかかわらず、その大半はあまり知られていない。しかしここに来れば、スコットランドで最も型破りで個性的な蒸溜所にいくつか出会うことができる。ここでは香りもフレーバーも口当たりも、非常に過激だ。

忘れられたウイスキーの産地はこの北の大地の果て、サーソー湾の海岸で終わるが、旅は地平線のかなた、さらにオークニー諸島へと続く。

トマーティン蒸溜所

関連情報：インヴァネス●WWW.TOMATIN.COM●開館時間：年中無休、4月中旬-10月は月曜-日曜、11-3月は月曜-金曜

スコッチウイスキー業界の変遷を物理的な形で見たいのならば、トマーティンを訪れるといいだろう。1897年に2基で始めたスチルは、1956年に倍増、1958年に6基になり、1961年に10基、1974年には14基へと増えていった。さらに、1980年代初頭には業界全体で蒸溜所の閉鎖があいついだというのに、1986年には23基へと増やしたのだ。そのころトマーティンは日本の宝酒造の傘下となった。同社はブレンデッドウイスキー用のベースモルトを必要としていたのである。

現在トマーティンには6組のスチルがあり、最高で年12百万リットルに達した生産量は、2百万リットルに減った。といってもトマーティン側に文句はないようだ。「ここ何年かのあいだに、目に見えて向上したと言える」と話すのは、販売を担当するステファン・ブレムナーだ。「それは、ブレンディング用のモルトから良質のシングルモルトへと戦略を変えたからなんだ」考えてみると、これは市場の変化がそのまま反映した結果でもある。作られるスピリッツは香りが豊かで強烈、そしてエステル由来の果実感とほのかなスパイス感がある。これは長時間の発酵と小型だがネックの長いスチルによる蒸溜、そして冷気にさらされて設置された冷却器の成果である。主な改善点のひとつは、樽に関する方針を厳格化したことで（トマーティンは自前の樽工場を持つ希少な蒸溜所である）、ファーストフィルのバーボン樽とシェリー樽を多用するようになった。

こうして、何世代も世の中から失われていた、新たなタイプのシングルモルト製品が拡大した。指導力を発揮したのは1961年にトマーティンに入社したマスターディスティラー、ダグラス・キャンベルだ。フルーティな個性は、樽から絶え間なく多様な特色を与えられてきた結果であり、何世代もの時を経て申し分なく熟成し、瑞々しいトロピカルフルーツの風味が生まれた。このソフトな特徴は、ほのかにピートの効いた「ク・ボカン」にさえ見られる。この地方に語り継がれてきた伝説上の魔犬の名前を持つこのウイスキーは、最初こそうなり声で威嚇するが、すぐに人なつこく顔をなめてくる。

トマーティンのテイスティングノート

ニューメイク

香り： 強烈。ポワール・ウィリアムのようなフルーツブランデー、フローラル。
味： 重みが生まれることを示すほのかな野菜の印象があるが、全体的に上品で甘い。
フィニッシュ： 辛い。

12年 40%

香り： 蒸溜所特有の強烈な特徴と鮮やかなアタック。若くまだ少し硬い、黄色い果実と樽が浸み込んでいく途中。
味： 非常にライトですっきりしている、繊細でシルキーなミッドパレットがハチミツとカラメルシュガーへと変わっていく。
フィニッシュ： ナイフで削った小枝。
全体の印象： ライトですっきりとしており食前酒向き。

フレーバーキャンプ：香り高くフローラル
次のお薦め： ティーニニック12年

18年 46%

香り： いかにもトマーティンらしい、熟したリンゴとライトなハチミツ、黒ブドウ、チェスナッツハニ　。香りの強いウッドスモークも軽く漂う。
味： 熟して酸化した深み。ほのかに桃、ウーロン茶、ハチミツのようなコクに続いて少しコーヒー。
フィニッシュ： オレンジチョコレート。
全体の印象： リフィル樽熟成させた18年にシェリー樽がほのかな深みを加えた。

フレーバーキャンプ：フルーティかつスパイシー
次のお薦め： ザ・グレンロセス1993

30年 46%

香り： トロピカルフルーツ、パッションフルーツ、熟しすぎたマンゴー、グアバ、ほのかにクリームとゆったりした樽香。加水するとショウガ香、やや乾いた草の香りさえ感じる。
味： ずっとソフトフルーツの味が続き、刺すようなスパイス感をともなう。すっきりして長くとどまる味わい、ほどよく複雑。
フィニッシュ： 樽が引き締まって穏やかに乾いていく。
全体の印象： 穏やかで熟した古いウイスキーらしい正統派。

フレーバーキャンプ：フルーティかつスパイシー
次のお薦め： トミントール33年

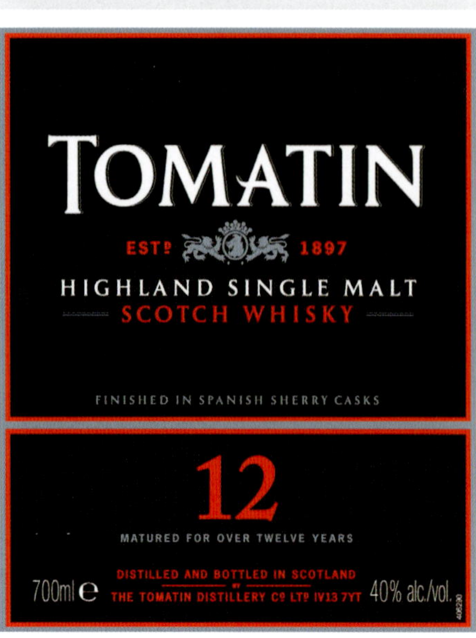

ク・ボカン 46%

香り： 穏やかなウッドスモーク。一般的なタイプよりドライで、胡椒のような、土っぽい特徴。加水すると軽いバルサム香。
味： 口に含むとすぐに熱い燃えさしと甘い樽感。
フィニッシュ： 繊細なスモーク。
全体の印象： バランスのよいピーテッドウイスキー、ライトだが蒸溜所の特徴を備えている。

フレーバーキャンプ：スモーキーかつピーティ
次のお薦め： ザ・ベンリアック・キュリオシタス

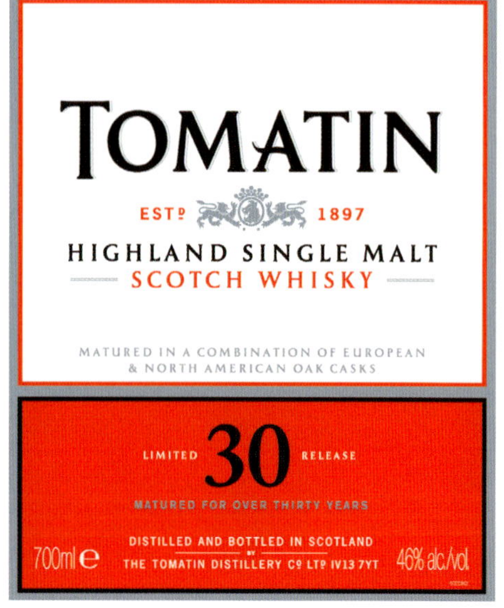

ロイヤルブラックラ蒸溜所

関連情報：ネアン

ロイヤルブラックラに着くころには、血塗られた歴史風景の奥深くに入り込んでいるはずだ。カロデンの古戦場が近くにあり、シェークスピアの『マクベス』でマクベスが王を暗殺したコーダー城も近い。物語に登場するあのヘザーの荒野も遠くはない。幸い、ロイヤルブラックラにずっと漂っているのは死や亡霊、殺人などの陰惨な雰囲気ではなく、安らかで平穏な空気だ。

スチルハウスから重い引き戸を開けてタンルーム［訳注：糖化と発酵を行う作業所］に入ると、白鳥がちらほらといる湖のような光景が、4組あるスチルのうちの2基に縁どられて目の前に広がっている。そこは、この年収穫された大麦の香りと、スピリットセイフから流れる、酔いを誘う香りが入り混じっている。

クレリックすなわちニューメイクのスピリッツがこののどかな地で流れ始めたのは1812年、キャプテン・ウィリアム・フレーザーが蒸溜所を創建したときだ。地元の人々にとっては残念なことではあるが、当時彼は密造によって贅沢な暮らしをしていた。しかしフレーザーのウイスキー自体は名声を築いていき、1835年に国王ウィリアム4世から王室御用達の勅許状を授かった。そのとき以来、蒸溜所の評判は盤石のものとなった。

1836年のロイヤルブラックラの広告には、「まさに王のウイスキー。国王陛下のために特別に作られたロイヤルブラックラのウイスキーは、あらゆる国の愛好家の味覚と体質に合うと認められた、おそらく唯一のモルトウイスキーである。ピートフレーバーが効いているが、けっして野卑ではなく、力強いが激しさはない。そしてパンチやトディの材料としてうってつけだ」とある。

悲しいことに、この良質なウイスキーはブレンダーの研究室に閉じ込められ続け、めったに外に知られることはない。これもまた、最高品質でありながら、ブレンデッドウイスキーに複雑さを加えるために献身的に役目を果たすシングルモルトの一例であり、蒸溜所を所有するデュワーズのブレンドに使われている。いっぽう、所有者の誰一人として、この蒸溜所の観光スポットとしての可能性に見向きもしなかったことが不思議でならない。

強烈でエステル香の豊かなニューメイクを作るには（最近はピートが使われない）、蒸溜所が建つこの土地と同じぐらい穏やかな手法が使われる。マッシングをゆっくり行って透明な麦汁を作り、発酵に長時間かけ、じっくりと蒸溜させて還流を起こし液体をしたたり落とす。こうした工程全てが一体となって、エステル香が立ちのぼる強烈なニューメイクを生み出す。しかも、もろくはなく存在感のあるスピリッツとなる。ロイヤルブラックラはヨーロピアンオーク樽との相性がよい。

喜ばしいニュースは、現在は観光客を受け入れるようになったこと、そして王のウイスキー（ほのかにシェリー香がある）が再びオフィシャルボトルとして製品化されるようになったことだ。

キャプテン・フレーザーと彼の擁護者がきけば、喜んで賛同することだろう。

ロイヤルブラックラはスコットランドでも最も密造が盛んだった土地にある。

ロイヤルブラックラのテイスティングノート

ニューメイク

香り： フルーティでオイリー、陶器のようなクールさ。キュウリ。

味： 針のようにシャープ。パイナップル、青リンゴ、未熟な果実類。非常にすっきりとしていてかすかにオイリー。

フィニッシュ： グラッシー。

15年 リフィルウッド カスクサンプル

香り： 樽由来の主張の強いスパイス香。熟したリンゴとシナモンやメース。キュウリの香りが残っている。

味： ピュアな風味が残っている。ライトで花のよう、ライラック。口中で凝縮感があり、同時にほのかなクレームブリュレ。やがてカルバドスと焦げた木糖。

フィニッシュ： クリームトフィーの熟成感、やがて新鮮な酸味のある後味。

全体の印象： 第2、第3の香りが広がる。丁寧な扱いが必要。

25年 43%

香り： サンダルウッド、甘いモルト、チェリー、スパイス、ピーナツの殻。クレームパティスリー。

味： メロンやアプリコットのような甘い果実。甘いバニラカスタードが支配的でその奥にナッティ感が潜んでいる。樽感がしっかりしている。

フィニッシュ： ドライでナッティ。

全体の印象： ニューメイクのスタイルよりモルティ感が強いが甘さが支配的。

フレーバーキャンプ：フルーティかつスパイシー
次のお薦め： マッカラン18年ファインオーク

1997 カスクサンプル 56.3%

香り： 軽い麦わら。強烈なエステル香。非常に引き締まっていて、ライムと松の葉やトウヒのつぼみが青リンゴと混ざった香り。新鮮で生きいきしている。

味： ピュア、ややキウイ、キュウリの味もほのかにある。非常に新鮮。加水するとややふくよかな風味が表れ、穏やかな流れが少し生まれる。

フィニッシュ： 引き締まってすっきりしている。酸味がある。

全体の印象： 非常にブラックラらしい強烈さがある。

グレンオード蒸溜所およびティーニニック蒸溜所

関連情報：グレンオード●インヴァネス近郊ミュアー・オブ・オード●WWW.DISCOVERING-DISTILLERIES.COM/GLENORD ●開館時間：年中無休、曜日と詳細はサイトを参照／ティーニニック●ロスシャー、アルネス

ブラックアイルは島ではない。考えてみれば黒くもない。マレー湾とクロマティ湾のあいだに突き出た岬は肥沃で大麦栽培に理想的だ。この立地条件のおかげで、この地は初期の最も卓越した蒸溜所が集まる土地となった。17世紀後半、領主ダンカン・フォーブスは、フェリントッシュ蒸溜所を創建した。名誉革命のとき、フォーブスはプロテスタント王のオレンジ公ウィリアムとカトリック王ジェームズ1世との戦いでオレンジ公を支援した見返りに、自分の領地で育てた穀物から、免税特権を得てウイスキーを蒸溜する免許を取得したのである。やがて彼は領地に4つの蒸溜所を建て、一族は年間18千ポンド（現在の2百万ポンド相当）の収入を得るようになった。18世紀終盤にはスコットランドで売られる全ウイスキーの3分の2をフェリントッシュが占めていたとされているが、1784年に免税特権が廃止された。

フェリントッシュ蒸溜所の工場はずいぶん昔に取り壊され、現在そこにはグレンオード蒸溜所がある。この地に蒸溜所があるのは、製麦の品質と深い関係がある。ここは自給自足の蒸溜所であり、必要なモルトを全て敷地内にあるドラム式モルティング施設でまかなっている。さらにタリスカーをはじめとしてディアジオ社が所有する6ヵ所の蒸溜所にもモルトを供給している。

周囲の青々とした草原を見ると、グレンオードが、ほのかにピート香がよぎるグラッシーなスピリッツを作っているのはいかにもふさわしい。このスピリッツをシングルモルトとして売り出すために様々な試みが行われ、最近ではディアジオ社の「シングルトンシリーズ」に名をつらね、シェリー樽の装いをまとって熟成されている。

グレンオードのグラッシーな個性は、さらに海岸の細長い土地に初めてできた蒸溜所へと私たちを導き、ウィックへと向かわせる。ティーニニックはグレンオードよりややオイル感が強い。これはマッシュフィルターが非常に透明な麦汁を生み、大きなスチルが銅との接触を極限まで増大するためである。奇抜でエキゾティックな特徴が香りに浸み込み、緑茶やレモングラス、そしてバイソングラスのような香りが感じられる。

ミディアムボディのグレンオードが素直に樽の影響を受け入れるのに対して、ティーニニックは距離を置いて打ち解けず、樽がどんなに手なずけようとしても、鋭い剣のようにその影響をはねのけようとする。所有するディアジオ社の生産拡大によって、いずれの蒸溜所も生産能力を倍増した。さらにティーニニックの隣には新たに'ローズアイルスタイル'の蒸溜所の建設が計画されている。

グレンオードのテイスティングノート

ニューメイク

香り： 刈りたての芝生と軽いスモーク。加水すると刈りたての生け垣。
味： 再びほどよい重みとグラッシーなイボタノキの風味。春の若葉を噛んでいるよう、グリーンピースの新芽。加水するとややスモーク感。
フィニッシュ： 発酵した白ワイン。

シングルトン・オブ・グレンオード 12年 40%

色・香り： 深い琥珀色。青イチジクのジャム、新鮮なデーツ、麻ひも、遠くのたき火。ブラジルナッツ。希釈すると甘いプラム、ジンジャーブレッド。
味： 果実のコンポート、最初はライトだが口中でスモークとカシューナッツ。サルタナケーキ。口の奥でバニラ。厚みがある。
フィニッシュ： ほのかにグラッシー。
全体の印象： 蒸溜所の特徴が（ほのかに）あるが、これは甘味の強いバリエーション。

フレーバーキャンプ：コクがありまろやか
次のお薦め： マッカラン10年、アベラワー12年、アベラワー16年、グレンファークラス10年

ティーニニックのテイスティングノート

ニューメイク

香り： 芳しい香り、生け垣、芝刈り機、日本の緑茶、青いパイナップル。
味： 強烈で非常に草っぽく酸味がある。加水するとややソフトになる。しっかりした質感がある。
フィニッシュ： イボタノキ。短くて辛い余韻。

8年 リフィルウッド カスクサンプル

香り： 強烈ですっきり、中国の白茶、バイソングラス、レモングラス。加水するとほのかにゴムの木
味： 針のようにシャープでやや酸っぱい。水仙と草。濡れた竹。加水すると口当たりが柔らかになる。
フィニッシュ： すっきりしてなめらかなミント。
全体の印象： たいへん個性的で'アジア'を感じさせる。

10年 花と動物シリーズ 43%

香り： まだエキゾティックなレモングラス香がするが、今度は中国の緑茶香。酸っぱさが8年よりもややクリーミィさをともなって残っている。加水するとグリーンアニス。
味： 最初はソフトなハーブとスパイス。中核にソフトさが隠れているが加水するとかなりなめらかになる。
フィニッシュ： ハーブ。
全体の印象： ライトだが複雑。

フレーバーキャンプ：香り高くフローラル
次のお薦め： グレンバーギ15年、アンノック16年、白州12年

ダルモア蒸溜所およびインバーゴードン蒸溜所

関連情報：ダルモア●アルネス●WWW.THEDALMORE.COM●開館時間：年中無休、4-10月は月曜-土曜、11-3月は月曜-金曜
インバーゴードン●ミルトン

ハイランド北東部の海岸地方では、孤高の個性を追究する強い意欲が全てのウイスキーにとって不可欠であり、ダルモア蒸溜所は反骨心あふれるティーニニックとはまるでかけ離れている。ダルモアはコクと深みを謳歌するウイスキーだ。ティーニニックは永遠に寒い春を表現しているかのようだが、クロマティ峡湾岸に近いダルモアでは、一年中ずっと秋のようだ。ここを去るときには口中にベリーのジュースの風味が広がっているだろう。

1839年に創建されたダルモアの蒸溜体制は、創業者にまつわるやや異常なエピソードから生まれたかのようだ。ウォッシュスチルは先端が平らでラインアームが側面から伸びており、スピリットスチルのネックには冷却用のウォータージャケットがマフラーのように取り付けられている。さらに複雑なのは、スチルのサイズがみな異なっている点だ。

ダルモアにはふたつのスチルハウスがある。古いスチルハウスにある2基のウォッシュスチルは互いに大きさが異なり、新しいハウスのウォッシュスチルは同じサイズだが、古いハウスの大きさとは違う。結果として、アルコール度数も特徴も異なるローワインが生まれる。スピリットスチルも形状は似ているが大きさが異なる。ダルモアではスチルの形状とサイズが全て異なるため、仕込まれたスピリッツのアルコール度数は様々だ。いつどんなポイントで、スピリットスチルからアルコール度数の高いフェインツが出てくるかわからないし、ウォッシュスチルから度数の高いローワインが出てくる場合もある。同様に、フェインツもローワインもアルコール度数が低くなる場合もありうるし、フェインツの度数が高く、ローワインの度数が低くなる可能性もある。つまり無数の異なるフレーバーのニューメイクが生まれることになる。

こうしたフレーバーの多様性は、ダルモアの樽管理の方向性を決めるうえでも役立っている。このスピリッツはシェリー樽との密接な交流が生きるタイプであり、骨格と甘さが加わり、ミステリアスな領域へと深まっていく。5年熟成では樽成分を吸収している段階と思われ、本性を隠しているようだ。12年でさえ樽の門の奥に闇の勢力が潜んでいる印象を受ける。15年熟成になるとようやく、ダルモアのしなやかな個性が出てくる。

最近、この忘れられた巨人が目を覚まして高級製品の領域へと飛躍し、数多くの超長期熟成かつ非常に高価な商品として登場した。「シリウス」「カンデラ」「セレネ」、いずれも50年の樽熟成を経て、エキゾティックで凝縮したランシオ香をまとっている。

海岸を数キロ進むと、別の香りが空気中に満ちている。穀物を煮る香りだ。ここはスコットランド最北端のグレーンウイスキー蒸溜所、インバーゴードンだ。こうした田園風景の中に、都会的と見なされているタイプのウイスキーがあるのはめずらしく思われるかもしれないが、インバーゴードンには長い産業の歴史がある。アルミニウムの溶鉱炉が1981年まで稼働していたし、水深の深い湾には造船所ができた。現在では風力発電所と石油掘削装置がここインバーゴードンと、同じクロマティ峡湾内のナイッグ湾岸で製造されている。

1950年代に造船所が閉鎖されると新たな雇用先が必要となったため、蒸溜所の建設は非常に理にかなったアイディアのように思われた。周囲の肥沃な農地からは農作物が収穫できたし、港があり、労働力も確保できた。蒸溜所は農業と産業遺産の完璧な融合だった。

インバーゴードン蒸溜所は1960年に、カフェ・スチル1基で生産をスタートし、まもなくその数は4基へと増えた。現在では小麦とコーンの使用を交互にくり返して年間36百万リットルを生産しており、スパイシーでややミルクっぽいスピリッツが生まれている。主に親会社のホワイト&マッカイ社のブレンデッドウイスキーに使われるが、他社のブレンド用にも使われている。1990年代初頭には、短期間ながら女性をターゲットにしてシングルグレーンウイスキーも作られていた。同じ敷地内にはモルトウイスキーを作るベンウィビス蒸溜所が建てられ、1965年から1977年まで12年間操業していた。そのスチルは現在グレンゴイン蒸溜所に移設されている(p.189を参照)。

ダルモアのテイスティングノート

ニューメイク

香り： 甘い黒い果実にオレンジとキンカンの果汁をひとしぼりしたよう。スグリ。
味： 熟成してヘビー、その奥底に穀物感。
フィニッシュ： 柑橘類の爽やかさ。

12年 40%

香り： 非常に抑制されてキレのいいスタート。よりモルト感が強い。ややドライフルーツ。
味： すっきりとして、クリスマスケーキやオレンジの皮の風味が豊か、スグリの葉。
フィニッシュ： 長くフルーティな余韻。
全体の印象： すでに甘くなってきたがまだ進路を模索中。

フレーバーキャンプ：フルーティかつスパイシー
次のお薦め： エルダワー1996オロロソフィニッシュ

15年 40%

香り： 甘くヘビーなシェリー樽香。ジャム、低木果実と葉。しっかりとしていて重みがある。
味： ソフトで穏やか。ドライフルーツ、オレンジペコ。
フィニッシュ： キンカン。
全体の印象： 力強いシェリー樽の融合、この段階で蒸溜所の個性と樽感が均衡を保っている。

フレーバーキャンプ：コクがありまろやか
次のお薦め： シングルトン・オブ・ダフタウン12年

1981 マチュザレム 44%

香り： まろやかでコクがありマルベリー、コーヒー、ほのかにチーズのようなランシオ香、ウォルナッツ。セビルオレンジ。
味： 長くとどまりソフトで力強い。ロブストシガー、腐葉土。
フィニッシュ： 軽いざらつき感のある長い余韻。
全体の印象： 甘いシェリー樽の効果で強烈かつ力強い。

フレーバーキャンプ：コクがありまろやか
次のお薦め： アベラワー25年、ザ・マッカラン18年シェリー

インバーゴードンのテイスティングノート

インバーゴードン 15年 カスクサンプル 62%

香り： 甘い、酸味、ほのかに野菜香。花屋の香り、軽いチーズの外皮、草刈り。
味： トリニダード・トバゴ産ラム酒のよう。甘いが少しフェノール感(スモーキーではない)。しっかりとした穀物の特徴とかすかに焦げたようなおもしろい風味。
フィニッシュ： ビターチョコレート。
全体の印象： 最も個性的なスコットランド産グレーン。

グレンモーレンジィ蒸溜所

関連情報：テイン● WWW.GLENMORANGIE.COM ●開館時間：年中無休、曜日と詳細はサイトを参照

ヒルトン・オブ・カドボール村の郊外にある草原には、彫刻家バリー・グローブが、これまでに見つかった最大のピクトストーン（カドボールストーン）を再現した作品が立っている。組みひも模様の動物や浮き出し飾り、編み込み細工の周りには、図案化された鳥の渦巻き装飾が彫られ、それぞれが反対側のペアと微妙にずれた位置にある。「ピクト人は非対称が好きだった」とグローブは語る。「彼らはこうした非対称からバランスを生み出したんだ」

ストーンの下のほうにある石版の模様は、グレンモーレンジィ蒸溜所のシンボルマークのモチーフになっている。迷路のような渦巻模様は、蒸溜所とこの土地を結びつけている印象を与えるとともに、ウイスキーを加水したときに生じる非対称の渦巻き（別名ヴィシメトリー）を再現しているようにも見える。さらにこの模様は、蒸溜所の仕込み水となるターロギーの泉の砂っぽい水底から湧き上がる泡をも表しているような気がする。

このマグネシウムとカルシウムが豊富な硬水が、グレンモーレンジィの個性に影響をもたらしてはいないのだろうか。「グレンモーレンジィのフレーバーを100パーセントとしたら、水の割合は最高でも5パーセントぐらいだよ」グレンモーレンジィで蒸溜と製造を統括するビル・ラムズデン博士はこう言う。

元々ビール工場だったグレンモーレンジィの旧赤色砂岩製の建物は、丘からドーノック湾に向かって下がっていく段階状に建っている。重力を生かして実用的に建てられた19世紀の設計であり、丘の上の建物で大麦を注入すると、いちばん下の建物では透明なスピリッツへと姿を変えて表れる。

グレンモーレンジィの工程は機能的なステンレス製のマッシュタンとウォッシュバックから始まるが、どんな蒸溜所でもそうであるように、フレーバーの糸口を見つけてそれを取り出す必要がある。ちょうどカドボールストーンに彫られたひも模様の1本をたどっていくように。

グレンモーレンジィのフレーバーの結び目をほどく最初の段階は、スチルハウスで始まる。そこには背が高くほっそりとしたスチルがスーパーモデルのように立っていて、ネックが見下ろすようなアーチを描いて冷却器へとつながっている。スチルの長さは業界で最長を誇り、銅が最大限の働きを発揮する。

スピリッツのカットは非常に純度の高い段階でスタートし、マニキュアやキュウリの香りがあふれ、柑橘類やバナナ、メロン、フェンネル、そしてソフトフルーツのように爽やかな特徴が出てくる。アロマティックに香り立ち、すっきりしているが、控えめな穀物香がキレのいい底流を生み、派手でフルーティになりすぎるのを防いでいる。これらはみな、ラムズデンがここでマネージャーを務めていたときに、カットポイントをせばめることによって生み出した賜物である。

地元産の旧赤色砂岩で作られたグレンモーレンジィ蒸溜所は元々テインのビール工場だった。

グレンモーレンジィに数多くある熟成庫に眠る特注の樽。
同社は木材の管理に関して先進的な研究を行っている蒸溜所のひとつである。

続いてフレーバーのラインは熟成庫へとつながる。最近の蒸溜家たちはみな、樽の重要性をよく理解しているが、ラムズデンの場合、それはもはや執着といえる。彼が樽を使うのは2回のみ、そして大半はアメリカンオーク樽だ。湿っぽく、床の土がむき出しになった熟成庫で、彼はなぜセカンドフィルの樽をこの環境で貯蔵するのかを説明してくれた。「セカンドフィルの樽では樽による酸化がより強く起こるので、さらに幅広い複雑さが生まれる。そしてこの環境は酸化に最適なんだ」

「オリジナル」(10年熟成の製品が改名された)は、アメリカンオーク樽で100パーセント熟成させた数種のウイスキーの合作だ。「ココナッツとバニラの風味を加えてくれる」とラムズデンが称えるファーストフィル。そしてダンネージ式熟成庫に置かれ、「ハチミツとミントのような特徴を与える」セカンドフィル樽。グレンモーレンジィは、ゆっくりと樽と触れ合うことにより甘い果実味が加わっていくのが特徴だが、さらに第3の要素が溶けこんでいる。成長が遅く、自然乾燥されたアメリカンオークで作られた特注の樽で熟成されたウイスキーだ。こうした値段の張る原酒は「オリジナルにステロイドを加えたような」とラムズデンが形容する「アスター」でフルに力を発揮し、ポップコーンとユーカリ、そしてクレームブリュレの味わいを持つ。

ラムズデンは後熟の先駆者だった。後熟とは、効力の強い樽で2段階めの熟成をさせることだ。うまくいくと、フレーバーのラインに新たなひとひねりを加えることができる。しかしやりすぎてしまいがちでもある。「樽はウイスキーを作るが、台なしにしてしまうのもまた、樽なんだ」とラムズデンは語る。やはり、バランスが肝心なのだ。多くの点で、グレンモーレンジィはあのピクトストーンの渦巻き模様のようなウイスキー作りをしている。蒸溜所の特徴と樽が、非対称的なバランスでそれぞれの役割を果たしている。樽が優しく果実をしぼり、果汁が流れ出し、オークは自己表現をする。しかしその底にはいつも、蒸溜所独自の個性が流れている。さながらピクトストーンの模様のように、原点へと導くのだ。

グレンモーレンジィのテイスティングノート

ニューメイク

香り： 強烈。フローラル。果実の砂糖漬け。オパールフルーツ。柑橘類とバナナ、フェンネルの香り。
味： 甘く純粋な果実の強烈な味。花の背後に軽いナッティな風味が潜む。チョークと綿菓子。
フィニッシュ： すっきりしている。

オリジナル 10年 40%

色・香り： 淡い金色。ソフトフルーツ、甘いおがくず、白桃、イラクサ、軽いミント、バニラ、バナナスプリット、ココナッツアイスクリーム、マンゴーのシャーベット、タンジェリン。
味： 軽い樽のタッチ。バニラとクリーム、続いてシナモン。ほのかにパッションフルーツ。
フィニッシュ： ミントのようでクール。
全体の印象： 樽が非常に繊細かつアロマティックな調和を支えている。

フレーバーキャンプ：フルーティかつスパイシー
次のお薦め： グレンエルギン12年、アバフェルディ12年

18年 43%

香り： クレームブリュレ、軽いチョコレート、ユーカリ、松ヤニ、ラズベリー、ハチミツ、カスタードプディング、ジャスミン。
味： ドライフルーツ、ミント。熟して厚みのある味わい、軽いプラムとハードトフィー。
フィニッシュ： オールスパイスと胡椒の長い余韻。ベチベルソウ。
全体の印象： 熟成によりフレーバーが深く重層的になり、樽の影響に統一感が生まれたが、まだ蒸溜所の特徴がきらきらと輝いている。

フレーバーキャンプ：フルーティかつスパイシー
次のお薦め： ロングモーン16年、グレンマレイ16年、山崎18年、マッカラン15年ファインオーク

25年 43%

香り： 深い熟成感と甘さ。蜂の巣、ワックス、柑橘類の皮と少しのマジパン、ナッツ、シガーラッパー。赤い果実のひときれ、ハーブと桃の種。ほのかなクローブ。前に感じたパッションフルーツ香が復活。甘美なトフィー。甘いオレンジの皮。
味： 口中を覆うような味。ハチミツ。ナツメグ、赤トウガラシのフレーク。甘味が表れて深みのある中核をなし、軽い樽由来の骨格が加わった。オレンジクレームブリュレ、イチゴ、オレンジブロッサムウォーター。複雑。
フィニッシュ： トフィー、ラズベリーの葉、果実のスパイスハニー漬け。熱いトディ。
全体の印象： 重層的。

フレーバーキャンプ：フルーティかつスパイシー
次のお薦め： ロングモーン1977、アバフェルディ21年、ザ・バルヴェニー30年

バルブレア蒸溜所

関連情報：テイン近郊エダートン●WWW.BALBLAIR.COM●開館時間：年中無休、4-9月は月曜-土曜、10-3月は月曜-金曜

テインから北を目指すと、ディングウォールからずっと続いていた黒い土の平原が、山と海岸の間に押し込まれるようになる。刻一刻と変わっていく陽光が海をかすめ、山肌のむき出しになった、あるいはヘザーで覆われた丘陵に影を投げかける。バルブレア蒸溜所があるのはこういう土地だ。'ピート教区'として知られ、ヘザーの繁茂する湿地がこの別名の裏付けとなっている。元々エダートン村の別の場所に1798年から蒸溜所があったが、生産拡大にともなって1872年に線路際のこの土地に移った。

バルブレア蒸溜所の小ぶりながら堅固な建物には、永久に変わらないような雰囲気が漂い、それはウイスキー作りの哲学にも表れている。グレンモーレンジィ蒸溜所（20人のスタッフを雇用している）と同じように、バルブレアも現在の標準で考えると多くの人材を雇用している。ときにはあちこち歩き回っても誰にも会わない蒸溜所もあるものだ。「ここでは9人を雇っています」副マネージャーを務めるグレアム・ボウイは言う。「手作業でウイスキーを作るほうが好きなのです。機械化に移行した理由は理解できますが、蒸溜所というのはコミュニティの中核ですよね。だから伝統的な方法が最良だと思うんです」

伝統という言葉はバルブレアにはふさわしい。ここは昔ながらの愛らしい蒸溜所で、出入口の低い部屋が寄せ集まり、エネルギーと熱が満ち、香りが詰まっている場所だ。「現代的なビール工場のような蒸溜所を運営しようと思えばできる」バルブレアの親会社であるインバーハウス社のマスターブレンダー、スチュアート・ハーベイは言う。「だけどそうするとあまりにも無味乾燥として、独自の特徴が失われてしまう。独自性こそが不可欠なのに」

木製のウォッシュバックもあるが、バルブレアのDNAが潜んでいるのはスチルだ。ボウイはこう説明する。「バルブレアでは、自然と独特のスパイス感が加わる。マッシュタンには深い穀物層のベッドと明るい色のウォッシュができるので、花や柑橘類のようなエステルが生まれるよう促すけれど、深みと果実感も欲しいんだ」ここでスチルの出番となる。スチルハウスには、マッシュルームをさかさまにしたように首が短くずんぐりとしたスチルが3基あるが、現在は2基のみが使われている。

「ここにあるスチルで冷却器が付いているのはこれだけだ」とハーベイは言う。「しかしこのスチルは複雑でフルボディのスピリッツを生んでくれる。蒸溜中に酵母細胞を爆発させることによって果実感が生まれる。これはブルゴーニュワインで行うバトナージュ〔訳注：熟成中のワインを棒でかき回す作業〕と同じだ。そしてこの短くて太いスチルが果実味をつかまえる。樽詰めしたときに樽に反応してバタースコッチやトフィーの風味が生まれるように、ミーティで硫黄分の強いスピリッツを作りたいんだ」

このようなヘビーなニューメイクが樽に反応するまでには時間がかかる。バルブレアもグレンモーレンジィも'フルーティ'と形容できるが、違うタイプのフルーツだ。グレンモーレンジィはライトで、樽成分の波に乗って熟成されるが、バルブレアはより濃厚でコクがあり、熟成に時間がかかる。

バルブレアは、モルトウイスキーとして第一線に立つまで辛抱強かった。これもブレンダーたちにフェンスで守られて、なかなか世に出られなかったスピリッツである。デザインを変更して（現在のボトルはピクトストーンの模様入りで、年数表記ではなく製造年表記）販売されたときは、モルトの飲み手にとってまさに天啓だった。果実味とトフィーの風味はずっと続くが、熟成するにつれてエキゾティックかつ、つんとくるようなスパイス感が躍り出てくるのだ。いかにも晩熟タイプらしく、口の中でもゆっくりとふるまい、実に異色のスタイルである。

「北部のモルトにはこのような独自性がある」とハーベイは語る。「スペイサイド産ウイスキーよりも、さらに個性がはっきりしていて、ちょっと複雑だ」地元で生まれ、ウイスキーを愛する著述家ニール・ガンも同様の意見を述べている。彼はオールドプルトニーを「北の気質に由来する強固な特徴が感じられる」と評価している。きっとこの北部沿岸のあらゆるウイスキーに当てはまる言葉だろう。

バルブレアのテイスティングノート

ニューメイク

香り： 野菜のような（キャベツ）硫黄香と果実香、辛い、重みのある香り、乾いた革。加水するとクリーミィ。
味： 少しナッツの味も感じるが、支配的なのはスパイスと果実味。
フィニッシュ： スパイシー。

2000 カスクサンプル

色・香り： 淡い金色。すっきりとして甘く、ピクルスとショウガ、メースのスパイス感とともに軽いココナッツとマシュマロ。非常に甘い。加水するとタルカムパウダー、レモン。
味： 最初は非常にスパイシーで北アフリカのラスエルハヌートのよう。ライトで舌の上で踊る。奥底に未熟な果実。甘く柔らかくなっていく。蒸溜所の特徴が豊富。
フィニッシュ： 活気がある。凝集したスパイス感。
全体の印象： 果実の柔らかさが表れるまでには少し時間が必要だが、バルブレアらしい豊かなスパイス感は発揮されている。

1990 43%

色・香り： 豊かな金色。トロピカルフルーツと軽い穀物香。熟したてのアプリコットやサンダルウッドのような甘美な香り。香り豊か。テリーズチョコレートオレンジと柑橘類の皮。
味： さらに樽と反応することで濃密な口当たりとざらつき感が増した。バニラのさやと凝集した甘いスパイス感。焼いた果実、柑橘類は控えめになった。加水するとクレームブリュレ、バラの花びら。
フィニッシュ： フェヌグリーク。ドライな樽感。
全体の印象： 樽成分が果実と融合し、柔らかくしている。軽い穀物感がざらつきを生み、背後にトーストの味が潜んでいる。

フレーバーキャンプ：フルーティかつスパイシー
次のお薦め： ロングモーン1977、グレンエルギン12年、宮城峡1990

1975 46%

色・香り： 豊かな琥珀色。深く、ほのかに松ヤニ香があり、複雑。スパイス香が効いている。カルダモン、コリアンダーの種、バター。熟成による革の香りとヘビーなジャスミン。ややスモーキー。加水するとニスの香り。
味： 迫力ありスモーキー。ロジン、糖蜜、カルダモン、ショウガ、ジャパニーズウイスキーのような強烈さ。すばらしく均整がとれている。ライトな葉巻、鉛筆の芯、アンティークショップのにおい。
フィニッシュ： まだスパイシー。ヒマラヤスギとローズパウダー
全体の印象： ここで重視したいのはスパイスの風味が果実味とどのように相互作用しているかという点である。

フレーバーキャンプ：フルーティかつスパイシー
次のお薦め： ザ・ベンリアック21年、グレンモーレンジィ18年、タムデュー32年

クライヌリッシュ蒸溜所

関連情報：ブローラ●WWW.DISCOVERING-DISTILLERIES.COM/CLYNELISH●開館時間：年中無休、曜日と詳細はサイトを参照

ケイスネスは、内部まで奥深く伸びる大渓谷（スコットランド方言で*straths*）によって切り刻まれたような地形である。そのため人が足を踏み入れた痕跡は見つけにくい。わずかに石の積み重なった遺跡と泥炭地に引かれた溝だけが、古代の野外遺跡の存在を示している。しかも1809年までこの地域は牧草地だった。ブローラへ向かう途中、サザーランド公爵と公爵夫人の居城であるダンロビン城を通り過ぎる。公爵夫妻と領地の管理人だったパトリック・セラーがこの土地の放逐を行い、羊などの家畜ともども小作の住民を無理やり海沿いの土地へと追いやった。そして彼ら自身を養う作物すら収穫できないような貧弱な耕作地に住まわせたのだ。彼らの中にはニシン漁に転身した者もあれば、公爵がクライン教区のブローラに所有する新しい鉱山で働かされた者もあった。

石炭はブローラの地を変えた。レンガ作りやタイル作りの仕事が生まれ、毛織物工場や製塩工場ができた。やがて1819年、小作人たちが育てた穀物と、彼らが採掘した石炭を活用でき、公爵に多大な利益をもたらすことになるウイスキー蒸溜所が創建された。19世紀の終盤には、クライヌリッシュは市場で最高値のウイスキーとなり、注文に応じきれなくなった。ジョニー・ウォーカーのブレンド用に使われるほどの人気を呼ぶようになり、1967年には新たに蒸溜所が建設された。しかし古い工場は刑の執行を猶予され、1969年に操業を再開する。当時クライヌリッシュを所有していたDCL社がピート香のヘビーなモルトを必要としていたが、アイラ産のウイスキーの製造が止まってしまったため旧クライヌリッシュ蒸溜所（ブローラと改名された）の2基のスチルに再び火が入ったのである。しかしピートの効いたスピリッツの製造は、1972年にアイラが再稼働すると生産量が減った。最後の復活を遂げたブローラ蒸溜所は浮き沈みをくり返しながら操業を続けたが、ついに1983年、閉鎖された。

ブローラは（通常は）スモーキーでオイリーかつ胡椒の風味があり、奥底にグラッシーな特徴が潜んでいる。いっぽう新しいクライヌリッシュは異なる方向へ向かった。ニューメイクは消したばかりのロウソクと濡れたオイルスキンの香りがする。ブローラが持っていたあふれるような大胆な香りは、クライヌリッシュの口当たりに組み込まれている。非常に落ちついたワクシー感がフェインツとフォアショッツのレシーバーで生まれる。というのも、レシーバーには1年にわたって、自然にオイル成分が沈殿し蓄積されるからである。たいていの蒸溜所では取り除かれるが、クライヌリッシュでは放置しているのだ。

スチルハウスの見晴らしのよい窓からは、苔で覆われ朽ちていく古いブローラ蒸溜所が見える。大渓谷には羊飼小屋の廃墟が残っているが、工業化の果ての廃墟もここにある。

クライヌリッシュのテイスティングノート

ニューメイク

香り： シーリングワックス、ナーティ（酸っぱいオレンジ）。非常にすっきりとしている。消したロウソクと濡れたオイルスキン。

味： まとわりつくようなワクシー感が際立っている。口中にあふれるよう。広がり深まっていく。この段階ではフレーバーというより口当たりが感じられる。

フィニッシュ： 長い余韻。

8年　リフィルウッド　カスクサンプル

香り： ヘビーなワックス香は消えたようで、アプリコットジャム、松、甘い柑橘類の皮。加水するとアロマキャンドルがよみがえる。

味： すっきりとしてソフト。あの口当たりが甘い果実とココア、豊かなオレンジをともなっている。やや樽感。

フィニッシュ： ワクシー感が復活した。

全体の印象： すでに開いているがさらに進化していくだろう。

14年　46%

香り： 消したロウソク（オレンジ香）の香りが残る。オイリーですっきり、香りの強い草とシーリングワックス。あけっぴろげで新鮮。ショウガ。加水すると海辺の爽快感。

味： 心地よい感触。特定の特徴というより感覚的。やがてワクシー感がほのかなフローラルと柑橘類の風味を高揚させる。かすかに塩辛い。

フィニッシュ： 長く穏やかな余韻。

全体の印象： 8年と比べると香りが少し変化し、よりじっくり樽と一体化しフレーバーが深まっている。

フレーバーキャンプ： フルーティかつスパイシー
次のお薦め： クライゲラキ14年、オールドプルトニー

1997　マネージャーズチョイス　シングルカスク　58.8%

色・香り： 明るい金色。セージ、マジョラムと立ちのぼる柑橘類など、香りが豊かでほのかにハーブ香。キンカンとレモンに続いて熟した夏の果実（リンゴ、マルメロ）。

味： 最初は非常にスパイシー、同時にソフトで穏やかな果実味とほのかに海らしい特徴。加水するとバターのようなオークがクレームブリュレをともなって表れる。

フィニッシュ： 柑橘類を思わせる長くなめらかな余韻。

全体の印象： たいへんワクシーなサンプルでマルメロ香がある。これも蒸溜所のスタイルの一部のようだ。

フレーバーキャンプ： フルーティかつスパイシー
次のお薦め： オールドプルトニー12年

ウルフバーン蒸溜所

関連情報：サーソー ● WWW.WOLFBURN.COM

道の終わりにたどりつくのはなんともいえない満足感がある。空は広く見え、地平線が広がっている。そこは可能性の宿る場所の象徴であり、ふり返らずに先を見わたす場所だ。イギリス本土の最北端にある町、サーソーはそんな場所である。崖の上に立ちペントランド湾の荒れた潮の流れのかなたに目をやると、ホイ島の夕陽に赤く染まった崖が見える。ここは密造者と海難救助船、漁師とサーファーの土地、そして蒸溜家の土地だ。

北の果てにまでやってくると、かすかな変化も起こった。私たちはピクト人の軌跡を離れて、バイキングの土地へと足を踏み入れたのだ。水深の深いサーソー湾の港には彼らの大きな船が避難してきたことだろう。町の名前は「牛の川」を意味する古代スカンジナビア人の言葉、'Thjórsá'に由来する。

バイキングは、動物の後に水を続ける名前の付け方に何かしらこだわりがあったに違いない。というのも、サーソーにはスコットランドで最新の蒸溜所、ウルフバーンがあるのだ［訳注：バーン（burn）は中小河川］。いかにも想像力を刺激する名称だが、マーケティング会議でやや盛り上がりすぎて名づけた名前ではなく、蒸溜所の水源であるウルフバーン川に由来している。

ウルフバーンの名を持つ蒸溜所は1821年から1860年代までこの地で操業しており、短期間ではあるがケイスネス最大の蒸溜所だった。2013年1月25日、その後継者が生産を再開した。信じがたいことだが、建設が始まってわずか5カ月後のことだった。

蒸溜所の舵取りをするのはシェーン・フレーザー。彼はロイヤルロッホラガー蒸溜所のマイク・ニコルソンの元でウイスキー人生をスタートし、有力蒸溜所グレンファークラスでマネージャーを務めたのち、ここへやってきた。「シェーンはスピリッツの目指す特徴について非常に明解なアイディアを持っていた」事業開発マネージャーのダニエル・スミスはこう語る。「澄んだ麦汁を長時間発酵させて複雑さを生み、豊かな果実香の背後にモルティ感がそれとなく感じられるような蒸溜手法で取り組んでいる。いちばん最初に流れ出たスピリッツをカットしたときのフレーザーといったら、あんなに幸せそうな人間を見たことがないよ」

ニューメイクの85パーセントはバーボン樽に、残りがシェリー樽に詰められる。2016年以降、少しずつ販売されるようになったが、生産量の80パーセントは長期熟成の眠りについている。初回販売品への熱烈な反応から判断すると、そのほとんどは地元のサーソーで消費されるのではないだろうか。

ここは道の終わりなどではない。ここから旅が始まるのだ。

シェーン・フレーザー（右）と**イアン・カー**（左）は、北国のウイスキー遺産で新しい章を編み出している。

ウルフバーンのテイスティングノート

ウルフバーン カスクサンプル 60%

香り： すっきりしていて甘く、ほのかに果実のコンポート。赤いリンゴとコミス梨。かすかにハーブ香、その背後にほのかなバラの香り。

味： 豊かで甘美、積極性に欠ける。メロン、梨、加水するとシルキーになる。

フィニッシュ： 麦芽糖の甘さ。

全体の印象： バーボン樽熟成90パーセントとシェリー樽10パーセントの混合したもの。まだ明らかに若いがすでに優れたバランスを見せている。

オールドプルトニー蒸溜所

関連情報：ウィック ● WWW.OLDPULTENEY.COM ● 開館時間：年中無休、10-4月は月曜-金曜、5-9月は月曜-土曜

ウルフバーン蒸溜所ができるまで本土最北端の蒸溜所があったウィックは、広大なフローカントリーによってスコットランドから切り離されているという点で、実質的には島に相当する。フローカントリーは、黒い水だまりと泥炭の切り出し跡と葦の広がる、こげ茶色と黄褐色の広大な湿地帯だ。この場所は単に地図上の土地にとどまらず、心理的にはひとつの国も同然だ。驚いたことに、ウイスキーとウィックは独特のつながりを持っている。ウイスキーがここにあるのはウィックがあるからこそ、そしてウィックがここにあるのはニシンがいるからなのだ。

魚がいてこそ人間がいる。同じように蒸溜所はその名前をトーマス・テルフォードが建設した町、プルトニータウンから授かった。町の中心に建つ都会的な蒸溜所では、乾ききった町のためのウイスキーが作られている。プルトニータウンは下院議員ウィリアム・プルトニー卿に敬意を表して名づけられた。彼は18世紀の終盤、辺ぴな北の地に漁港を築くよう議会に働きかけた。彼が夢に描いた港は、大型船が停泊でき、大量の魚の水揚げが可能となった。19世紀のウィックはカナダの金鉱の町クロンダイクのように繁栄した。ただし人々が追い求めたのは金ではなくシルバーダーリング［訳注：ニシンの別名］だ。

漁師たちにはウイスキーが必要だった。ジェントルマン蒸溜家のジェームズ・ヘンダーソンはステムスターにある邸宅でウイスキーを作っていたが、活況に沸く町へと生産拠点を移した。

この地域の他の蒸溜家たちは、この機に乗じて蒸溜設備を入れ替えたが、ヘンダーソンは替えなかった。ウイスキー歴史家のアルフレッド・バーナードの1886年の記録によれば、ヘンダーソンのスチルは「知られているうちでも最古の形で、昔の密造者が使ったケトルのようだ」という。ウォッシュスチルは球体状でネックの上部は平らになっている。精留器が付いたスピリットスチルのラインアームは奇妙に湾曲し、ピクトストーンに刻まれた動物を図案化したかのようだ。そして両方のスチルともワームタブにつながっている。間に合わせの無駄な設備のように見えるが、効果を上げている。「ウォッシュスチルがプルトニーの特徴を生む鍵だ」蒸溜所を所有するインバーハウス社のマスターブレンダー、スチュアート・ハーベイは語る。「最大限の還流が起きて、最高限度のエステル成分ができる。だが革のような特徴も生まれる。プルトニーはバルブレアと比べるとスパイシーというより香りが豊かだけれど、オイル感は強い」なんとも風変わりだ。こんな立地に建っているだけのことはある。

ウィックの港とオールドプルトニー蒸溜所。どちらも町のニシン漁船の要求に答えるために生まれた。

オールドプルトニーのテイスティングノート

ニューメイク

香り： ヘビー。すったマッチとほとんどクリーミィなオイル感。亜麻仁油。ほのかに塩分とスパイス。柑橘類の皮と木箱に詰めたオレンジ。
味： 厚みがありオイリー、瑞々しいソフトフルーツ。かすかにバニラ。
フィニッシュ： フルーティ。

12年 44%

香り： 柿と桃などの果実香が膨れ出ている。ほのかに塩辛くオイリー。セイヨウカリンのゼリー。メロン。
味： なめらかな感触。オイルの濃厚な泡。ジューシーだがかすかに未熟な果実。
フィニッシュ： 豊かな香り。
全体の印象： 濃厚で口中を覆うよう。

フレーバーキャンプ：フルーティかつスパイシー
次のお薦め： スキャパ16年

17年 46%

香り： 軽くパンの香り（バタートースト）、マルメロと焦がした樽。樽香が強い。
味： 12年よりも広がりがある質感。よりクリーミィ。
フィニッシュ： ジューシーで長い余韻。
全体の印象： 樽がより力強くなりオイル感が軽減された。

フレーバーキャンプ：フルーティかつスパイシー
次のお薦め： グレンロッシー18年、クライゲラキ14年

30年 44%

色・香り： 琥珀色。迫力がある、松ヤニ。厩舎、サドルソープ、蹄油、甘いナッツ。ヒマラヤスギ。ほのかに酵母香。すっきりとしている。
味： マジパン。柑橘類の香りが復活したがオイル感が強まって戻ってきた。
フィニッシュ： 濃厚。
全体の印象： いかにもプルトニーらしい、不思議な複雑さ。

フレーバーキャンプ：フルーティかつスパイシー
次のお薦め： バルメナック1993、グレンマレイ30年

40年 44%

色・香り： 琥珀。非常に香りが強い。レモンの砂糖漬け、シナモン、サドルソープが復活。軽いスモーク香とドライフラワー。ようやく花開いた印象。変わり種。
味： ローズマリー。強い味、やがてプルトニーらしいオイル感があふれてくる。スモークが新たな側面を加えた。
フィニッシュ： 香り豊かで長い余韻。
全体の印象： 凝縮して縮まった。

フレーバーキャンプ：フルーティかつスパイシー
次のお薦め： ロングモーン1977

ハイランド西部

スコットランド最少のウイスキー'産地'へようこそ。 ここはリアス式の西海岸一帯に長く広がる産地だが、現在あるのは2ヵ所の蒸溜所のみである。 このふたつが生き延びてきた理由は、輸送経路に恵まれたためだけでなく、際立った個性のためでもある。 さらには、いずれの蒸溜所も古来のウイスキー製法への信念を持っているからではないだろうか。

オーバンに近いセイル島は、ウエスタンアイルズへの玄関口だ。

オーバン蒸溜所

関連情報：オーバン●WWW.DISCOVERING-DISTILLERIES.COM/OBAN●開館時間：年中無休、曜日と詳細はサイトを参照

オーバン蒸溜所は崖と港近くの建物群の間に押し込まれるように建っている。そのため、少しばかりこそこそと操業している雰囲気があり、まるで町が世界に対して別の顔を見せようとしているかのようだ。スコットランドのカルヴァン派にとっては清貧の思想が何よりも大切な要素であり、一部の人々にとって、酒類は明らかに品行のよいものではなかった。とはいえこの風潮は、ジョンとヒューのスティーブンソン兄弟にとって障害とはならなかったようだ。18世紀の後半、アーガイル公爵から、家を建てた者にわずかな賃貸料で99年間土地を貸すという提案が出されると、兄弟はこの機に乗じて、実質的にひとつの町を建設してビール工場を建てた。工場は1794年には蒸溜免許を取得している。スティーブンソン一族に関する限り、ウイスキーはけっして恥ずべきものではなかった。彼らに続いてその息子、そして孫たちは1869年まで蒸溜所を経営し続けたのだから。

他の投機家たちもこの海岸地帯でウイスキー事業に挑戦したが、輸送問題を克服できず、失敗に終わった。しかしオーバンは蒸溜所の立地として申し分なかった。鉄道が通り、連絡船の停泊する港があるなど、いまも交通の中枢であり、グラスゴーとウエスタンアイルズ〔訳注：スコットランド北西部の単一自治体〕をつなぐ道路の起点である。

オーバン蒸溜所も現在、常識に反する作りを行っている蒸溜所である。タマネギ型をした2基の小ぶりなスチルはワームタブにつながっており、論理的には、ヘビーでおそらくは硫黄分の強いニューメイクができると結論づけたくなるだろう。ところが全くかけ離れている。

オーバンには強烈な果実味と刺すような柑橘類の特徴がある。これは蒸溜のあいまにスチルを休ませることにより、銅が息を吹き返し、ラインアームをすり抜けようとする硫黄化合物をとらえる力を取り戻せるからである。冷却しないワームタブも蒸気と銅との対話時間を長引かせる効果がある。こうして隠れていた果実味が前面に出て、塩辛いともいえる、ひりつくようなスパイス感の加わったニューメイクを生み出す。

オーバン蒸溜所のウォッシュバックで発酵が始まった。

オーバンのテイスティングノート

ニューメイク

香り： フルーティ。最初は根っこのようなスモーク香が感じられる。焼いた桃と柑橘類の木箱の強い香り。芳香が強く複雑。深みがある。
味： クリーミィで穏やか。やがてオレンジの皮の風味が表れて口中に広がる。
フィニッシュ： スモーキーな余韻。

8年 リフィルウッド カスクサンプル

香り： 土っぽく、強い芳香、青いバナナと青いオレンジ、モクセイ。重みがありほのかに塩辛い。
味： 甘く濃密。豊かな柑橘類。凝縮感がある。鈍い。
フィニッシュ： くすぐるようなスモーク感。
全体の印象： 爽快感と重みのある印象。熟成が必要かと思われるが効力の強い樽と相性がよいだろう。

14年 43%

香り： すっきりとしていてキレがよい。軽やかなバニラ、ややミルクチョコレート、豊かな甘いスパイス香。ほのかにスモーク香があり、豊かな香り。乾いた果実の皮。しっかりとしたオーク香
味： 最初はソフトな甘味があり、ぴりっとした風味が終始駆けめぐる。オレンジ、ミント、シロップの風味があり非常にすっきりとしている。
フィニッシュ： 非常にスパイシーでぴりっとする。
全体の印象： すっきりとしてバランスがよく、開いてきた。

フレーバーキャンプ：フルーティかつスパイシー
次のお薦め： アラン10年、ザ・ベンリアック12年

ベンネヴィス蒸溜所およびアードナムルッカン蒸溜所

関連情報：ベンネヴィス●フォートウィリアム●WWW.BENNEVISDISTILLERY.COM●開館時間：年中無休、曜日と詳細はサイトを参照
アードナムルッカン●グレンベッグ

私たちは漠然と、'古い'スチルはヘビーなスタイルのスピリッツを生むという理論を信じている。この理論に立ち返るのならば、ベンネヴィスは操業中の蒸溜所として申し分のない実例といえるだろう。イギリス最高峰の突端近くにある蒸溜所は力強い酒を生むという通説があったとしても、最もなようにきこえる。こんな環境でライトで優美なスピリッツができたりしたら、どうにも不釣り合いに感じられるだろう。

1825年に（蒸溜免許を得て）創建されたベンネヴィス（もちろん蒸溜所だ）には、実に好奇心をそそられる経歴がある。ここでは一時カフェスチルを設置していた。そしてスコットランドで唯一、グレーンとモルトのブレンド用スピリッツを混合して、熟成前に樽詰めするという特殊な手法を行っていたのだ。

1989年にニッカウヰスキーに買収された当時は、多くの人が、現代的な新しいスタイルのウイスキー作りが導入されるだろうと予想したが、実際は正反対の製法が行われてきた。古い伝統を従順に守ることによって、コクと噛みごたえがありフルーティな'オールドスタイル'のウイスキーが生まれ、しかも魅力的な革の風味が年月とともに深まっていくのだ。

長年働いているマネージャーのコリン・ロスが誇り高き伝統派である点も、このウイスキーにとって理想的だ。「伝統的な蒸溜習慣を学んで育ったので、自分たちの蒸溜所では伝統手法を徹底させようと心がけてきた。ベンネヴィスでは、木製ウォッシュバックを再び使うことと、とりわけフレーバーを生み出すために醸造用酵母に回帰したという点で、昔ながらの価値観を順守しているんだ」とロスは語る。

「この2点がスピリッツの特徴を生む一因かもしれない。私に仕事を教えてくれた最初のマネージャーは口ぐせのように、発酵こそが最も重要だと言っていたよ。でも他にも多くの要因がある」

立地的には辺境の地にあるとはいえ、ウイスキーのスタイルという点ではこの蒸溜所は伝統製法のまさに中心に立っている。

この狭い区域に2014年、3つめの仲間が加わった。アードナムルッカン半島の辺ぴな地に、アデルフィ社が半島名をそのまま名称に冠した蒸溜所を創建したのだ。アードナムルッカンには旧アデルフィ蒸溜所の蒸溜方法への回帰が見られる。アデルフィ社は19世紀にイングランドとアイルランド、そしてスコットランドで大規模に蒸溜所を展開していたが、近年はインディペンデントボトリングに特化した経営をしていた。

この地が選ばれたのは、所有者のうち2人が、マクリーン・ノーズと呼ばれる'こぶ状の岩'の近くに土地を持っていたからだ。ちなみに同社のコンサルタントであるチャールズもマクリーンという名前である。交通の便は悪いが（船で行ったほうが便利かもしれない）、ピート使用および不使用のスピリッツを年間50万リットル製造する計画が立てられ（販売とマーケティングを統括するアレックス・ブルースがファイフに所有する農地で育った大麦が使われる）、長期的な可能性が充分に期待できる蒸溜所である。

ベンネヴィスのテイスティングノート

ニューメイク

香り： コクがありオイリー、ほのかにミーティな硫黄香。その奥に果実香。
味： 濃厚で甘い。ヘビーなミッドパレット。非常に噛みごたえがありすっきりとしている。コクがある。口中ではさほどミーティではなく赤いリコリスと赤い果実の味が強い。
フィニッシュ： 厚みがある。

10年 46%

色・香り： 豊かな金色。ココナッツとかすかなソフトスウェード香が混ざった香り。ニューメイクに感じた脂っぽさがある。シロップ入りフルーツペーストのように濃厚。樽由来のナッティ香が奥に感じられる。
味： ココナッツがクリーミィな味となって復活。まだ濃厚な感触が残り、トフィーの甘味。
フィニッシュ： 長く、ほのかにナッティな余韻。
全体の印象： 豪放なウイスキー、非常に効力の強い樽と相性がよい。

フレーバーキャンプ： フルーティかつスパイシー
次のお薦め： ザ・バルヴェニー12年シグナチャー

15年 カスクサンプル

色・香り： 淡い金色。すっきりとした軽い香りが立ちのぼり、新たに優美になった。まだ革が支配的な特徴。ヘビーで甘い。軽いピート香。
味： 厚みと噛みごたえがあるが、チェスナッツハニーが加わった。加水すると非常にクリーミィでプラリネの風味が加わる。
フィニッシュ： しなやかで長い余韻。
全体の印象： かなりモルティで、樽から溶け出すあらゆる成分をひたすら吸収し続けている。

25年 56%

色・香り： 濃い琥珀色。液状のトフィーのようなコク、軽いドライフルーツ。皮革様の一貫した特徴があり、ソフトスウェードから古いアームチェアまで香る。
味： 非常に凝縮している。ビタートフィー、ダークチョコレート、ブラックチェリー。古いバーボンに近い。
フィニッシュ： ドライココナッツ。甘く長い余韻。
全体の印象： 厚みのある甘さが力を発揮し、良質な熟成を促している。

フレーバーキャンプ： コクがありまろやか
次のお薦め： ザ・グレンドロナック1989、グレンファークラス30年

ローランド地方

ドラムチャペル、ベルズヒル、ブロックスバーン、エイドリー、メンストリー、そしてアロア。スコティッシュ・フットボールリーグのサードディビジョンのチーム名ではなく、スコッチウイスキーの密かな勢力基盤のリストである。 これらはみなローランドにある。 そこではスコットランドウイスキーのほとんどが生産され、熟成され、ブレンドされている。

ローランドの蒸溜家はつねにハイランドの同業者とは異なる考え方をしてきた。 多くの消費者を満足させる必要性があったと同時に、商業的な理由から広い視野でものごとを考えてきたのである。 北部と西部の同業者たちが地元社会の飲み手を満足させるためのウイスキーを作っていた18世紀のころ、ヘイグ社やスタインズ社などのローランドの蒸溜家たちはイングランドへ輸出をしていた。 彼らのスピリッツは南へ運ばれ精溜されてジンとなり、スピタルフィールズやサウスウォークの常連たちののどを通っていった。

イングランドへの輸出は利潤を生む手段だったが、輸出許可の取得は難しく、スチルには容量に応じて高い税金が課された(最高で3.8リットル当たり54ポンドも課税された)。 事業を続ける唯一の方法は、蒸溜スピードを上げることだった。 1797年のスコットランド税務局の報告によると、キャノンミルズ蒸溜所にある958リットル容量のスチルが「12時間で47回の原料投入と排出を行い……」とある。 これでは銅と蒸気の貴重な対話時間がほとんど確保できないではないか。

できあがったスピリッツは焦げたような味で、あふれるほどのフーゼル油が生成された。 精溜されてジンになった状態ならば我慢できたかもしれないが、地元ローランドの飲み手が何も混ぜずに飲んだらどうだっただろうか。 ハイランドの密造ウイスキーが現在の基準以下だったとしても、これよりはずっとましだったはずだ。

1823年以降、新しく商業化されたシングルモルトウイスキーの時代が始まると、ローランドの蒸溜家たちは再び生産量を増やし始めたが、今度は新たに設計されたスチルを使い、生産量、品質ともに向上させた。 1827年、キルバジー蒸溜所のロバート・スタインが'連続式'のスチルを考案し、1834年には、イーニアス・カフェがスタインのスチルを改良して作ったパテントスチルが、アロアのグランジ蒸溜所に設置された。 こうしてローランドはグレーンウイスキー作りの中心地として確固とした地位を築いた。

しかしローランドのウイスキーの歴史がグレーンのみだと考えるのはまちがいで、19世紀以来、実に多くのモルト蒸溜所が創業したのだ(ただし大半は閉鎖された)。 にもかかわらずローランドは、無名ではないにしても、明らかに過小評価されている。 ローランドのモルトは山々やヘザー、荒野のイメージには当てはまらないのだ。

ローランドはあまりにも簡単に、「味気なさ」の短縮表現である'ライト'なスタイルとして片づけられてしまう。しかしよく注意して見れば、ここにはあらゆるフレーバーキャンプに相当するウイスキーがある。 3回蒸溜が行われるし、ピートスモークを帯びたものもある。

実のところ、ローランドはモルトウイスキー産地としてスコットランドで最も成長著しい地域だ。 アイルサベイ、ダフトミル、アナンデール、そしてキングスバーンズといった蒸溜所が新たにオープンし、インチダーニー蒸溜所が続いた。 さらにボーダーズ、グラスゴー、ポータバディーそしてリンドレスにグレーンとモルトの蒸溜所の建設計画がある。

こうした蒸溜所はいずれも、独自の方法でウイスキー作りに取り組み、蒸溜所が生み出すものから学びとっていくだろう。 この蒸溜所群の登場はローランドに再びバランスをもたらしてくれる。 ローランドは大規模な産地だ。 ローランドはスコッチの真髄、つまりブレンデッドウイスキーのふるさとだ。 そしてグラスゴーはダフタウンに匹敵するウイスキーの中核都市なのだ。 そして、ローランドのウイスキーは都会的だが、いまや田園生まれのルーツをも取り戻しつつある。

どうか北にばかり向かわずに、南にとどまって探求してみてほしい。

ここは境界の地だ。 キャリック岬からウィグタウン湾とベン・ジョン、ケイルンハロウを望む。

0 miles 50
0 km 50
N
NORTH SEA
ENGLAND
Loch Tay
Tay
Loch Awe
Loch Lomond
Firth of Forth
Forth
Firth of Clyde
Solway Firth
Kintyre
Arran
Bute
Mull of Galloway
FIFE
AYRSHIRE
DUMFRIES AND GALLOWAY
THE BORDERS
Southern Uplands
Pentland Hills
Moorfoot Hills
Lammermuir Hills
Cheviot Hills
Clyde
Doon
Nith
Annan
Tweed
Dundee
Perth
St.Andrews
Cupar
Glenrothes
Stirling
Alloa
Dunfermline
Falkirk
Edinburgh
Greenock
Clydebank
Glasgow
Paisley
Motherwell
Hamilton
Pencaitland
Duns
Berwick-upon-Tweed
Coldstream
Kilmarnock
Peebles
Galashiels
Melrose
Selkirk
Ayr
Campbeltown
Hawick
Moffat
Girvan
Lockerbie
Dumfries
Gretna
Carlisle
Stranraer
Wigtown
Kirkcudbright
Daftmill
Kingsbarns
Cameronbridge
Crisp Malting Group
Auchentoshan
Starlaw
North British
Strathclyde
Baird's Malt
Glenkinchie
Simpson's
Girvan
Ailsa Bay
Annandale
Bladnoch
A92
M90
A80
M9
M8
M77
M74
A1
A68
A7
A78
A70
A76
A77
A74(M)
A75
ローランド
モルトウイスキー蒸溜所
グレーンウイスキー蒸溜所
製麦工場

静かで穏やかな水面はウィグタウン唯一のシングルモルトを連想させる。

ローランドのグレーン蒸溜所

関連情報：ストラスクライド●グラスゴー
キャメロンブリッジ●リーブン
ノースブリティッシュ●エディンバラ●WWW.NORTHBRITISH.CO.UK
ガーヴァン●WWW.WILLIAMGRANT.COM/EN-GB/LOCATIONS-DISTILLERIES-GIRVAN/DEFAULT.HTML

スコットランド最大の生産量を誇るウイスキースタイルが最も知名度が低いとは、深刻な皮肉だ。グレーンウイスキーが生まれたのは19世紀のことで、ローランドの大手蒸溜所は、ウイスキーの生産量をより効果的に増強させる必要に迫られた。当初はジンのベーススピリッツとしてイングランドへ輸出するため、そして19世紀なかばにはブレンデッドスコッチウイスキーの主要なベースウイスキーとしての需要があったのだ。

現在、スコットランドの7つのグレーン蒸溜所のうち6つがローランドにある。ガーヴァン、ロッホローモンド、ストラスクライド、スターロウ、ザ・ノースブリティッシュ、そしてキャメロンブリッジ蒸溜所だ。この6ヵ所で年間3億リットルを生産している。

グレーンはアルコール度数の高いスピリッツだが(p.16を参照)、淡白ではない。また、使う穀物のタイプによって蒸溜所ごとに独自の特徴がある。小麦を使うのはガーヴァンとストラスクライドおよびキャメロンブリッジ、小麦とコーンを使うのはスターロウとロッホローモンド、ノースブリティッシュはコーンだけを使っている。さらにロッホローモンドは大麦のマッシュをコラムスチルに投入している。蒸溜方法もさまざまで、2棟式のカフェスチルを使うところもあれば、ガーヴァンとスターロウのように真空蒸溜システムを採用しているところもある。

熟成方法も多種多様だ。ディアジオ社が所有するキャメロンブリッジ蒸溜所は、ファーストフィル樽をよく使い、エドリントン社はノースブリティッシュでリフィル樽を主に使っている。グラント社も同様にガーヴァンでリフィル樽を使う。このような様々な手法によって、幅広い種類のニューメイクと熟成の特徴が生まれる(下部のテイスティングノートをご覧いただきたい)。

このようにグレーンはブレンデッドウイスキーに、活力と豊かな風味を提供するウイスキーであり、けっして特徴を薄めたりしない。「グレーンはわれわれのブレンデッドウイスキーを特徴づけるベース・フレーバーだ」ウィリアム・グラント&サンズ社でマスターブレンダーを務めるブライアン・キンズマンは言う。「ガーヴァンのグレーン抜きでグラントのブレンドを作るのは不可能とまで言わないけれど、かなり難しいだろうね。グレーンは多くの点でブレンデッドウイスキーの方向性を決定づける。そしてモルトはスタイルを生み出すんだ」

エドリントン社のマスターブレンダーであるカースティーン・キャンベルも同じ信念を持っている。「誰もがモルトにばかり目を向けたがるけれど、良質なグレーンを使っていなければブレンド全体がうまくいかない」これらのグレーンは徐々にオフィシャルボトルとして発売されるようになってきた。キャメロンブリッジはすでにずいぶん前から瓶詰めされて売られている。ガーヴァンの「ブラックバレル」は販売終了したが、2013年に新製品が発売された。エドリントン社からは「スノーグラウス」が発売され、ディアジオ社は2014年にデヴィッド・ベッカムと提携して「ヘイグクラブ」を発表した。グレーンが突然、流行の先端に躍り出たのである。クラン・デニー社のようなインディペンデントボトラーを探してもいいし、コンパスボックス社のようなブレンディング会社の製品を試すのもいいだろう。同社のグレーンウイスキー「ヘドニズム」は誰もが強い興味を示した逸品だ。

ローランドのグレーン蒸溜所のテイスティングノート

ストラスクライド 12年 62.1%

香り： 柑橘類らしい強烈な香り、その奥に軽いフローラル香が潜む。しっかりしていて草のよう、ほのかにマシュマロ香。

味： 香り同様に引き締まっていてほのかに凝縮感、レモンとマンダリン。甘くしなやかな味わい。

フィニッシュ： 引き締まっていてしっかりとしている。

全体の印象： まだ大いに進化していく途中である。

フレーバーキャンプ：香り高くフローラル

キャメロンブリッジ 40%

香り： 若く、甘さと酸っぱさが相互に作用している。杏仁、やがてクリーミィなバタースコッチ香。加水すると軽い土っぽさが表れる。

味： かすかなチョコレートと甘いココナッツ。やや肉厚なスピリッツのオイリーな重みは新鮮なアメリカンオークに由来する。厚みのある感触。

フィニッシュ： 酸っぱく草のよう。

全体の印象： 過小評価されたブランドとスタイルである。

フレーバーキャンプ：フルーティかつスパイシー

ノースブリティッシュ 12年 カスクサンプル 60%

香り： 穏やかだがグレーンウイスキーのうちで最も重みがある。バター香がありクリーミィ、残留硫黄分由来のほのかな香り。

味： 豪放で濃厚、厚みと噛みごたえがある。加水するとバニラが強まり、熟したソフトフルーツ、ほのかなアーティチョークの味。

フィニッシュ： ミディアムドライ。

全体の印象： 最も力強く複雑なグレーンウイスキー。

ガーヴァン 25年超 42%

香り： 新鮮で繊細。クールできめ細やか、軽い花やハーブ香と軽いチョコレート。抑制された樽香とほのかな柑橘類。

味： ホワイトチョコレートのようにソフト、バニラ、レモンバターのアイシング。やや酸味が感じられる。

フィニッシュ： スパイシー。

全体の印象： 力強く非常にすっきりとしている。

フレーバーキャンプ：香り高くフローラル

ヘイグクラブ 40%

香り： すぐに甘さが感じられる。レモンの皮、焼いたバターとメース。そのあとに青リンゴとキャンディ、野生の花、焦げたオーク樽と綿菓子。加水するとゼラニウムの葉と軽いメイプルシロップ。

味： ラムのよう、柑橘類、中核にあるソフトな甘さに揚げたバナナがまとわりつくよう。柑橘類と爽やかな酸味。

フィニッシュ： 低脂肪クリームとレモン。

全体の印象： 非常に多様な個性があり、典型的な新しい作りのグレーンウイスキー。

フレーバーキャンプ：フルーティかつスパイシー

ダフトミルおよびファイフの蒸溜所

関連情報：ダフトミル●クーパー●WWW.DAFTMILL.COM
キングスバーンズ●セントアンドリュース●WWW.KINGSBARNSDISTILLERY.COM
インチダーニー●グレンロセス／リンドレスアベイ●ニューバーグ●WWW.THELINDORESDISTILLERY.COM

私の世代がこどものころは、ファイフの産物に大いにやっかいになっていた。ここでは燃料用の石炭とお茶の時間のための魚が採れ、キッチンの床に貼るリノリウム、そして学校で罰を受けるときのための革ベルトが作られていた。現在ではこれらの大半はなくなった。炭鉱はずいぶん昔に閉鎖され、ベルトによる鞭打ちは禁じられた。ファイフに残ったものといえば、先細りの水産資源、農業、急成長の音楽コミュニティ……、そしてウイスキーだ。近年、ウイスキーはキャメロンブリッジ蒸溜所（左ページを参照）で作られるのみだが、この地域がウイスキー王国だった19世紀には14のモルトウイスキー蒸溜所があった。密造が始まった当時の1782年には1940基ものスチルがあったことがわかっている。

こうした蒸溜所の大半は、違法であれ合法であれ農場から始まった。そう考えると、2003年、農業家だったフランシスとイアンのカスバート兄弟が、彼らの運営するダフトミル農場にある3棟の建物のうち2棟を蒸溜所に変える申請をしたのもうなずける。（ところでこの名称は農場の敷地に流れる小川が上り坂を上がっていくように見えるからである。素面の状態でもそう見えるのだ）。

当時、新たにウイスキー作りに参入するのは大胆どころか愚行だとされていた。しかし現在、カスバート兄弟は、ウイスキー作りに革新を起こす先駆者と見なされている。その手法は原点回帰だ。彼ら自身が育てた大麦を使い、ドラフは家畜の飼料になっている。そして毎年、約2万リットルという無理のない量のウイスキーを作っている。ウイスキーとは元々こういうものだった。

本書を書いている時点ではまだ何も発売されていない。「2014年に瓶詰めしてみようかとも考えた」とフランシスは言う。「だけどこれだけたくさんの新しい蒸溜所が生まれてきた状況では、あらためてしっかり取り組んだほうがいいはずだ」彼には完璧主義者らしい一面がある。「初めてスチルからスピリッツが流れ出てきたときは、気が狂ったかと思ったよ。だけどあれから8年経って、もっとよいウイスキーにするためにまだ工夫できることがあると思うんだ」しかし時間の経過によって、蒸溜所独自の特徴が表れてきた。「いつ飲んでも、熟成によってしか生まれないようなハーブの特徴が奥底に感じられ、クリーミィでバターのような口当たりがする」とフランシスは語る。「どんなことも、進化するには時間がかかるものだね」

生産量がやや少なめなのは、彼らが本腰を入れていないせいなどではない。話をしてみれば、フランシスが全身全霊でウイスキー作りに打ちこんでいるのがはっきりわかる。少量生産は、むしろ、ウイスキーの特徴を理解するにはじっくり待つ必要があることを知っているからだ。これは農家の話ではなく、真のウイスキーの作り手の話である。

2014年、カスバート兄弟に続いて、ファイフにキングスバーンズ蒸溜所が創業した。所有者はインディペンデントボトラーのウィームス社で、ここでも農場を蒸溜所に転用し、地元産の大麦を使っている。この蒸溜所は、ライトなシングルモルトを目指している。ちなみにキングスバーンズは14世紀のスコットランド王デヴィッド1世が穀物を貯蔵した土地だ。

ファイフにある3つめのモルト蒸溜所、インチダーニーはインドの蒸溜会社キンダル社がグレンロセスに建築中で、インドとアジア向けのスピリッツを生産する予定だ。最後に紹介するリンドレスも2016年までに蒸溜所を操業する予定である。石炭とリノリウム、そして革のベルトは消えたが、ゴルフとビーチ、音楽、そしてウイスキーはこれからも絶えることなく続いていく。

小規模な蒸溜所の手本であるダフトミル蒸溜所は、時間の大切さを知っている。

ダフトミルのテイスティングノート

2006 ファーストフィル
バーボン樽 カスクサンプル 58.1%

香り： すっきりとして甘い、ビクトリアスポンジケーキのよう。イチゴのようなライトな果実香、草地の花、甘いデザートアップル。加水すると豊かな梨の香り、クリーム、エルダーフラワー。
味： ライトで繊細、未熟さのない甘味。穏やかでソフトなミッドパレット。
フィニッシュ： 甘く長い余韻。
全体の印象： すでにバランスがよく、特徴が強く表れている。

2009 ファーストフィル
シェリー樽 カスクサンプル 59%

香り： 甘い熟成香（もう熟成しているとは驚きだ）と豊かなレーズン香、トフィー、バニラ、カスタードプディング。加水すると香りの強いスミレなど花の香り。
味： 濃密。赤い果実が奥に潜み、ほのかにシナモン。軽いざらつき感と非常にフルーティな風味が奥底にある。
フィニッシュ： 甘くエレガント。
全体の印象： すでに熟成している早熟なウイスキー。

グレンキンチー蒸溜所

関連情報：ペンケイトランド●WWW.DISCOVERING-DISTILLERIES.COM/GLENKINCHIE●開館時間：年中無休、曜日と詳細はサイトを参照

ウイスキーの視点で考えると、もしも蒸溜所が散在していなかったらローランドには何もない。次の蒸溜所を見つけるには東へ向かって境界線のすぐ付近の、やはり田園風景が広がる辺りにまで行かねばならない。グレンキンチーは耕作に適した農業地帯にあるため、1825年の創建当時も原材料にはほとんどこと欠かなかったであろう。土地の所有者はデキンチー一族だった（'キンチー'の由来となった名前）。

蒸溜所は1890年代に建て直され、現在では堅実なブルジョワらしい高潔な雰囲気が漂っている。背の高い建物はがっしりとしたレンガ造りで、蒸溜所の繁栄と作り手の確かな意志が伝わってくる。ここはまさにウイスキーを、大量のウイスキーを作るために建てられた場所だ。所有者は多くの利益を得る意欲に満ちていたことだろう。

となれば、スチルハウスに入って巨大なひと組のポットスチルを目にしてもほとんど驚かないはずだ。ウォッシュスチルはスコッチウイスキーでは最大の、3万2千リットルもの容量を誇る。ここはなぜか、グレンキンチーが再建されたのとほぼ同時期にアイルランドに建てられた蒸溜所のスタイルと規模を思い出させる。需要が増えるにつれて、スチルが大型化し、スチルの大型化にともなってウイスキーのスタイルもヘビーからライトへと変わった。ローランドで穏やかなウイスキーが作られる理由は環境とは無関係で、結局は市場原理によるのだ。

しかし、もしニューメイクの香りをかいだら、穏やかという表現は浮かばないはずだ。キャベツスープのような、と言えばほぼ正確だろう。こうした香りの原因はやはりスチルハウスにある。あの太った郷士然としたスチルから伸びるラインアームは壁を突き抜けてワームタブへとつながっている。ダルウィニーやスペイバーン、アンノックと同じように、グレンキンチーはライトな熟成を見せるスピリッツだ。最初は硫黄分が強く感じられるが、他の蒸溜所のように、肝心なのはその奥底に横たわる要素である。

残念ながらローランドのウイスキーは多くの人から見過ごされており、地位向上を目指して奮闘している。

キャベツのような香りはダルウィニーよりも早く吹き飛び、すっきりとして繊細、かつ背後にグラッシーな特徴のあるウイスキーとなるが、ワームタブ由来の重い口当たりも際立っている。最近は標準的なボトルの特徴が変わってきており、10年ボトルにはときおり野菜っぽい硫黄分が感じられたが、12年ボトルは順調に進化したと見え、2年のうちに重みが加わって完全に熟成した特徴が生まれている。

グレンキンチーのテイスティングノート

ニューメイク

香り： 擦ったマッチとキャベツウォーター。その奥に強い香り。いかにも農産物らしい香り。

味： 強い硫黄分に続いて乾いた草、ゆでた野菜。その奥には何が潜んでいるのだろう。

フィニッシュ： 硫黄分。

8年 リフィルウッド カスクサンプル

香り： 湿った干し草に続いてクローバー、洗ったリネン。硫黄分はほぼ消えた。加水するとフルーツサリー、グアバ。

味： 強烈な甘味。ピュアですっきりとして、ほのかに軽いドライフラワーに続いて残留硫黄分。

フィニッシュ： 穏やかで、擦ったマッチの風味がかすかに感じられる。

全体の印象： 蝶が羽化したかのようだ。

12年 43%

香り： すっきりとして、牧草地のよう。軽いフローラル、リンゴ、オレンジ。

味： 甘くてほのかにナッティだが全体としては心地よいシルキーな感触。ややバニラ風味があり、まっすぐですっきりしている。

フィニッシュ： 香りが立ちのぼる。レモンケーキと数輪の花。

全体の印象： 魅力的で密度が濃い。飛び立とうとしている蝶を思わせる。

フレーバーキャンプ：香り高くフローラル
次のお薦め： ザ・グレンリベット12年、スペイバーン10年

1992 マネージャーズチョイス シングルカスク 58.2%

香り： タイム、レモンバーム、グリーンメロン、マスカット、ヨルザキアラセイトウなど、初夏を思わせる香り。

味： 穏やか、花の風味がクリーム感と新鮮なイチジクをともなって復活した。

フィニッシュ： やや苦く、レモンの余韻。

全体の印象： ライトで豊かな香りのタイプの一例。

フレーバーキャンプ：香り高くフローラル
次のお薦め： ブランドノック 8年

ディスティラーズエディション 43%

色・香り： 金色。12年より濃厚、熟してややドライなフルーツ。焼きリンゴ。ややドライなオーク香。密度がさらに濃くなった。かすかに食欲をそそる香りが強まった。ビクトリアスポンジケーキの奥にサルタナレーズン。硫黄香はない。

味： 最初はさほど甘くないが口中で広がる。やや麦芽糖、ドライアプリコット、よりヘビーな花の風味。肉厚で、よりトロピカルな特徴がかすかにある。

フィニッシュ： 軽やか、甘いスパイスとシトラスオイル。

全体の印象： フィニッシュに新たな要素が加わったが蒸溜所独自の特徴を消してはいない。

フレーバーキャンプ：フルーティかつスパイシー
次のお薦め： バルブレア1990

オーヘントッシャン蒸溜所

関連情報：クライドバンク●WWW.AUCHENTOSHAN.COM●開館時間：年中無休、月曜-日曜

ローランドにある数少ない蒸溜所の4ヵ所めは、ロマンティックとはいいがたい場所にある。クライド川と、グラスゴーとロッホローモンドをつなぐ幹線道路の間に建っているのだ。しかしここはライトなウイスキーを生むもうひとつの手法を提示している。3回蒸溜である。19世紀にはかなりよく使われた製法であり、とりわけローランドのベルト地帯でよく見られたのは、おそらくアイルランドからの移民の影響だろう。あるいは当時人気を呼んでいたウイスキースタイルを真似てみようとでも思ったのかもしれない。やはり経済的事情がからんでいたわけだ。しかし現在も3回蒸溜を行っているスコットランドの蒸溜所はオーヘントッシャン（別名オーキー）のみだ。

3回蒸溜を行うのはアルコール度数を上げてライトな特徴を生むためであり、爽やかで非常に凝縮感のあるニューメイクができあがる。3基めのスチル（スピリットスチル）に入る液体は2基めのスチルから出たアルコール度数の高い'ヘッズ'部分だ。これを蒸溜し、スピリッツのアルコール度数82から80パーセントでカットする（p.14-15を参照）。「スピリットスチルでだいたい15分ほど蒸溜する」親会社のモリソン・ボウモア・ディスティラーズ社でブレンダーを務めるイアン・マッカラムは言う。「確かにこれでライトな特徴が生まれるけれど、あいまいなスピリッツになってほしくはない。オーヘントッシャンは甘く、モルティで柑橘類の風味がなくてはならない。そして熟成するにつれてヘーゼルナッツの特徴が生まれるんだ」オーキー特有の繊細な特徴を考えると、マッカラムはオーク樽の成分をたっぷりと溶けこませているのだろう。

「たいへんライトなスピリッツなので、樽の影響にすんなりと染まりやすいんだ。ブランドの中核にはスピリッツの特徴がしっかりと表れるべきだと強く信じている。オーキーの場合は樽と気楽につき合わせないといけない」。

そのためには、若いスピリッツに樽の成分を充分に吸収させてやり、スピリッツの繊細さをフレーバーが重層的に支えるようにする必要がある。同様に、熟成の進んだウイスキーの場合は穏やかな樽成分をまとっていることが肝心である。

野獣のように豪放で力強いスピリッツに比べてオーキーのスピリッツは軽やかで、はるかに柔軟性に優れている。その特性を生かすために、同社はバーテンダーたちとも幅広く協同し、オーキーをロングドリンクなどカクテルのベースとして育てようと尽力している。

オーヘントッシャンはクライド河畔で独自路線を歩んでいるが、けっしてむやみに意地を張っているのではなく、確固たる理由に基づいている。つまり、確実に効果のある手法を選んでいるのだ。

オーヘントッシャンのテイスティングノート

ニューメイク

香り： 非常にライトで強烈。ピンクルバーブ、甘い段ボール、バナナの皮、葉っぱのよう。
味： 引き締まっていて辛い。ほのかにビスケット、レモンが強烈に立ちのぼる。
フィニッシュ： リンゴを思わせる短い余韻。

クラシック NAS 40%

色・香り： ライトな金色。甘いオーク香。軽いフローラル香をともない、やや粉っぽい。樽由来のほのかなヤシのマットの香り。
味： 甘くナッティ、豊かなバニラがあふれるほどのチョコレート味をもたらしている。ニューメイクの研ぎ澄まされた個性がまだはっきりと残っている。
フィニッシュ： 爽やかな余韻。
全体の印象： 巧みな樽使いによってスピリッツの特徴が表れている。

フレーバーキャンプ：モルティかつドライ
次のお薦め： タムナブーリン12年、グレンスペイ12年

12年 40%

香り： 再び樽が先導している。ほのかにホットクロスバンの香り、パプリカをまぶしたローストアーモンド。柑橘香が立ちのぼる。
味： ソフトですっきり、穀物の風味がスパイシーに変化。葉っぱの風味がまだ残る。
フィニッシュ： キレがよくすっきりとした余韻。
全体の印象： いかにもオーキーらしい。

フレーバーキャンプ：モルティかつドライ
次のお薦め： マクダフ1984

21年 43%

香り： かすかに風変わりな熟成香。凝縮したダークフルーツに続いてドライスパイス香（コリアンダー）、ローストチェスナッツ、強烈な粉っぽさと爽やかさがまだ残っている。
味： コクがあり食欲をそそる、口に含むとラベンダーのようなフレーバー。
フィニッシュ： 豊かな香り。
全体の印象： 21年経っても軽やかなスピリッツの個性が生きている。

フレーバーキャンプ：フルーティかつスパイシー
次のお薦め： ザ・グレンリベット18年、ベンロマック25年

ブラドノック蒸溜所、アナンデール蒸溜所およびアイルサベイ蒸溜所

関連情報：ブラドノック●ウィグタウン●WWW.BLADNOCH.CO.UK●開館時間：年中無休、曜日と詳細はサイトを参照
アナンデール●アナン●WWW.ANNANDALEDISTILLERY.CO.UK／アイルサベイ●ガーヴァン

ウィグタウンから1.5キロほど行った先にあるブラドノック蒸溜所は、名称の由来であるブラドノック川の曲がりくねった流れ沿いの土手に建っている。ここはとりとめなく広がった大きな蒸溜所で、蒸溜所の背後には大きな熟成庫群が頭を野原に突き出している。敷地内を歩いてみると、どの建物に入っても裏口から入ってしまったような気分になる。いや、そもそも正面玄関などないのかもしれない。

ブラドノックは、計画的に建てられた蒸溜所ではなく、黒い石とスレート屋根の建物をでたらめに寄せ集めて、たまたまそのひとつにウイスキー作りの設備を設置したような雰囲気だ。他の建物には売店やカフェ、事務所、村の集会所となっているバーがある。また、古いキルンはイベント会場、さらにはキャンプ場にもなっている。蒸溜所というよりはひとつの地域社会をなしており、1817年以来、村の中心的な場所となっている。

この蒸溜所ではどの部屋にも驚きがあると感じられたが、最初に入ったマッシュハウス（横の入り口から入った）からして驚かされた。ここではやや濁った麦汁が、6基のオレゴン松製のウォッシュバックに投入され、ゆっくりと発酵される。所有者のレーモンド・アームストロングが言うには、発酵時間は「3日間には4時間足りない」そうだ。スチルハウスは「ハウス」というより小部屋のようだ。そこには工場によくある横桟もはしごもなく、床から突き出してスチル周りを囲む格子もない。スチルマンのジョン・ヘリーズが、がたつくテーブル際で全てを管理しており、テーブルの横にはスイッチやバルブの付いた木製の箱が置かれている。

この状態でうまく操業しているという事実には驚かされる。蒸溜所は1938年から1956年まで閉鎖され、1992年まで再び操業し（後半はベル社の傘下だった）、1993年にまた閉鎖された。翌年、ベルファースト出身の測量士だったアームストロングが、別荘群に改修するつもりで蒸溜所を買い取ったが、彼はこの場所がすっかり気に入ってしまった。おしゃべり好きなアルスター人は、前の所有者だったディアジオ社に、生産を再開できないかと交渉を試みた。

ディアジオ社はしだいに態度を和らげ、年間10万リットルのウイスキー生産をアームストロングに許した。しばらくの間、法的な手続きや工場の再設計に時間がかかったが、2000年、スピリッツが再びスチルから流れ出た。

アイルサベイ蒸溜所：使命を担う新参者

ブラドノックからクライド湾に沿って北へ向かうとウィリアム・グラント&サンズ社のグレーン蒸溜所であるガーヴァンがある。ここにスコットランドで最も新しいモルト蒸溜所、アイルサベイがある。しかしここはいわゆる'ローランドスタイル'の蒸溜所として建てられたわけではなかった。ウィリアム・グラント&サンズ社のマスターブレンダーであるブライアン・キンズマンはこう説明する。「ダフタウンで気に入った要素を全て取り入れて、再現する場としたんだ」ザ・バルヴェニー蒸溜所を見本にして創建されたアイルサベイは、モルトブランドの発展を目指すための存在だ。「スチルがバルヴェニーと同じ形状になっているのは、シングルモルトとして育てるのと同時に、ブレンデッドウイスキー用の主要な原酒にする目的もあるからだ。だから供給側としてはプレッシャーがあるよ」と語るキンズマンは、さらに上の段階を目指している。ここではエステル香、モルティ、ライト、そしてピートの効いたヘビーなタイプという4つのスタイル全てが作られている。

「ディアジオ社は閉鎖前に大量生産したんだ」ヘリーズはふり返る。「何もかも強行的にやったものだよ。でもいまはまた、のんびりとやっているよ」ヘリーズの言葉は、古い製品にナッティな特徴が感じられ、アームストロングの買収以降のウイスキーがネクターのようにヘビーで花のような特徴がある原因を説明している。

「ウイスキービジネスのやっかいな点は、愛好家の多くがローモンドモルトの繊細さとエレガントな特徴をわかってくれないことだ」とヘリーズは語る。彼はさながらウイスキー伝道者の生まれ変わりだ。「だからとにかくみんなを説得するしかない」本書を書いている時点ではブラドノックは破産申請をしているが、すでに何人かの買い手が興味を示している。

スコットランド最南部の蒸溜所にはカフェと村の集会所、そしてキャンプ場まで完備している。

蒸溜のあいまにスチルを休ませることは、
ブラドノックの特徴である豊かな香りを保つうえで効果的だ。

以前は穀物化学者だったデヴィッド・トンプソンは、風味知覚の研究者に転身、そして市場研究者へと転身し、とうとう2014年に蒸溜家となり、休眠していたアナンデールの農場蒸溜所を生き返らせた。93年ぶりのことだった。この蒸溜所の再生によって、ウイスキー愛好家たちはローランドへ入る境界線を超えるときに左折するようになった。多様な経験を積んできたトンプソンは、新たな事業に対して明白で長期的なビジョンを持っている。「スコットランドには他に100ヵ所の蒸溜所がある」と彼は語る。「その中でわれわれは、その他大勢ではなく、注目される存在にならないといけないんだ。つまり、他より際立っている点を見せる必要がある」

本書の執筆時点でわかっているのは、ウイスキーにはスモーキーな個性が加わるらしいということだ。「われわれは泥炭の産地にいる。だからスモーキーなウイスキーができたんだ」とトンプソンは言う。ローランドモルトといえばこうだろうという人々の予想を裏切るいっぽう、ここが他のどんな地域よりも多彩な土地であることを強調している。

蒸溜所は独自の言葉を語るのである。

ブラドノックのテイスティングノート

ニューメイク

香り： すっきりとしたフローラルな香りとライトな柑橘香をまとい、爽やかで穏やか。
味： ほどよい酸味があり、すっきりとして爽快、開花した印象、ほのかにハチミツ。
フィニッシュ： すっきりとして短い余韻。

8年 46%

色・香り： ライトな金色。マシュマロ、切り花、甘いリンゴとほのかな蜜ろう香。レモンパフ。加水するとクローバーハニカム。
味： すっきりとしてほのかにバター。香り立つ花とハチミツ風味が中核にある。フィニッシュは軽くスパイス感を帯びる。
フィニッシュ： ライトですっきりとした余韻。
全体の印象： 春の日のように爽やか。

フレーバーキャンプ：香り高くフローラル
次のお薦め： リンクウッド12年、グレンカダム10年、スペイサイド15年

17年 55%

色・香り： ライトな金色。ゆったりとしてナッティさが強まり、奥底にまだ甘さが存在するが、ハチミツ香というよりはマッシュの香りが強い。焼きたてのパンとアプリコットジャム。熱いバタートースト。
味： やや香りが強い。やがてハニーナッツ・コーンフレークの味に落ちつく。
フィニッシュ： スパイシーで少し石けんのよう。
全体の印象： 旧体制最後の日々を代表するタイプ。

フレーバーキャンプ：香り高くフローラル
次のお薦め： ザ・グレンタレット10年、ストラスミル12年

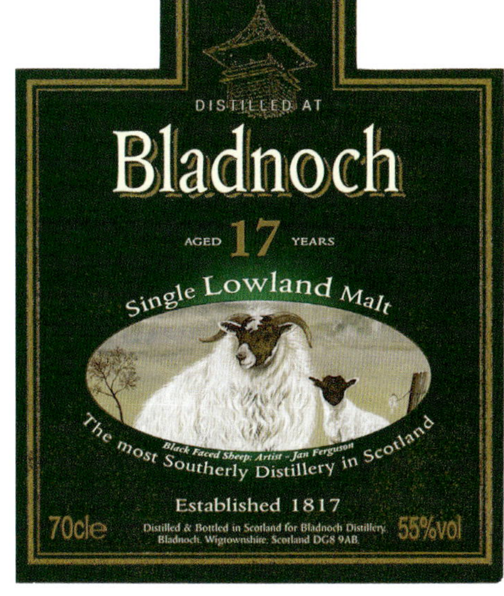

アイルサベイのテイスティングノート

熟成済みのスピリッツは未発表で、ニューメイクにも名称が付いていないため、ここでは6種の異なるスピリッツを紹介する。

1.

香り： 軽めのエステル香。ゴマ。パイナップルとかすかな真ちゅう香。ドライ。
味： 非常にピュア、エステルっぽいパイナップル、梨、メロン味のバブルガム。
フィニッシュ： ソフトで穏やかな余韻。

2.

香り： すっきりとして軽く、軽い穀物香が潜んだ爽やかさ。
味： 非常にすっきりとしている。青い草のようで非常にピュア。濃厚なミッドパレット。
フィニッシュ： キレがよい。

3.

香り： ナッティでほのかにゆでた野菜のような硫黄香。ポットエール。よりヘビー。
味： 濃厚な味わい。熟成してヘビー。レンズ豆。
フィニッシュ： ゆったりとして熟成している。

4.

香り： 穀物香とアセトン。グリーンアーモンド。先のスピリッツよりロースト香が弱い。
味： ピュア。豊かなナッツの背後にフルーツ。軽いナッティ感とナッツの殻。ドライですっきりとしている。
フィニッシュ： 突然甘さが表れる。おもしろい方向に進化しそうだ。

5.

香り： 強いピートスモーク香。根や葉巻のよう、軽いハム香。燃える木、梨、新品のスニーカー。
味： すぐに衝撃的なドライスモーク。しっかりしているが中核は甘い。強烈な風味。
フィニッシュ： 立ちのぼるスモーク感が穏やかに流れていく。

6.

香り： 庭のたき火、ほのかにオイル香。ヘビーでドライ。
味： パワフルでやや土っぽい。すっきりとしているがかすんだ感じが強い。
フィニッシュ： 長い余韻。

アイラ島

アイラ島の南の海辺には干潟が穏やかに広がっている。船の航跡だけがかろうじて水面を揺らし、ブロンズ色の海藻が、この海峡を外海から守るように連なる小さな島々に打ちつけている。アシカたちが大きな瞳で私たちを見つめている。白い砂が船の竜骨の下を流れていく。浜の反対側にある白い壁には黒い文字がゆっくりと現れてきた。旅の終わりだ。アイラ島へは飛行機でも行けるが、この島をあますところなく体験するのなら、ぜひとも船で訪れてほしい。なぜならアイラの幅広いテロワールを決定づけるうえで、海は大地にも負けない役割を果たしているからだ。島は、本土にはない際立った特性を備えているのだ。

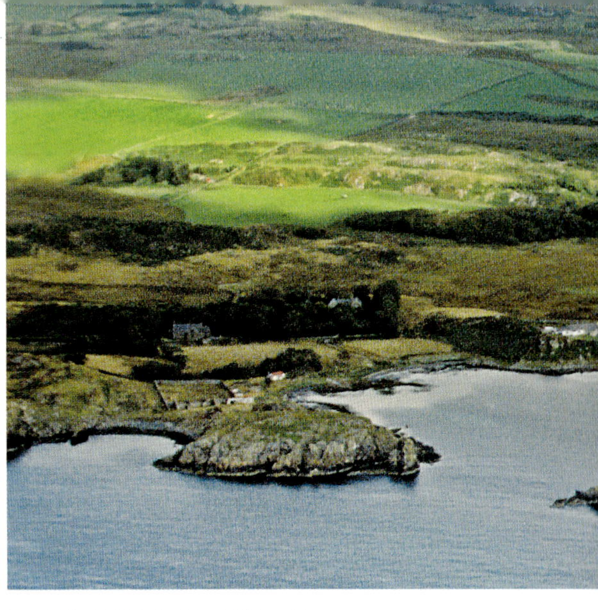

アイラ島の蒸溜所は全て海岸にある。
おかげで原材料とウイスキーの輸送に便利だ。

夕暮れどき、島の西岸にあるオペラハウスロック岩の頂上にすわって辺りを見わたしてみるといい。ターコイズブルーの空の下で海がうねり、風が海辺の草原(*machair*)をわたっていき、世界は柔らかな光で満ちている。あらゆるものが内側から光を放っているかのようだ。この先はカナダまで陸地はない。まさに世界の片すみにいるのだ。

アイラ島に人が住み始めたのは1万年前だが、この島の'近代'は、聖キーランの小さな教会に見られるように、海岸から始まった(キルチアラン湾)。アイルランドから逃れてきた修道僧たちがこの北西部の荒野に隠れ家を求めたのだ。

聖キーランのような人物がアイルランドから蒸溜技術を持ちこんだとしたら、理想的なエピソードだろう。しかしどうもそうではないらしい。蒸溜技術が西洋世界に伝わったのはやっと11世紀になってからだ。しかし蒸溜の秘密を知っていたマクビーサ一族(別名ビートン)がやってきたおかげで、アイラ島がスコットランドにおける蒸溜文化の心の故郷であると主張しても異論はないだろう。マクビーサは、1300年、北アイルランドの良家の娘アイネ・オカハンが島々の領主アンガス・マクドナルドに嫁いだ際、アイネにつき従って島に来て以来、マクドナルド一族に代々仕える医者となった。そのためアイラ島は蒸溜技術の中心地となり、やがてウイスキー作りが発展した。アイラは孤立した島どころか、広々とした世界の一部なのだ。

15世紀にはウイスキーが作られるようになっていたが、現在のものとはほど遠かった。様々な穀物が使われ、ハチミツで甘味が加えられ、ハーブで風味が付けられた。それでもスモーキーだったのはまちがいないだろう。アイラ島でピートから逃れるすべはない。ピートはこの島のモルトのDNAである。この島の地理的なテロワールは話すどころか吠えるのだ。

アイラモルトは泥炭層から生まれる。その香りは何千年にわたって浸漬され圧縮されて、朽ちて形を変えた蓄積物の産物だ。アイラピートは本土のピートとは異なる。海藻や薬草、さらにニシンのような香りのウイスキーが生まれる根源はおそらくこれだろう。

私はラガブーリン蒸溜所の元マネージャー、マイク・ニコルソンに、島へ移り住むのはどんな感じかたずねてみた。「この島ではマネージャーと地域の関係がより密接で、何かを決めるときはもっとよく考えるようになる。自分が、長い間脈々と続いてきたコミュニティの一員だと思うと、その連綿とした伝統を重く受け止めるようになる。人生は短いと思い知らされるし、この地で何世代にもわたって類まれなスピリッツを作ってきた先達たちの後を自分も追い続けているのだと気づかされるよ」

インダール入江の浅い岸辺は、
夕暮れどきに腰を下ろしてウイスキーを1,2杯すすりながら、
アイラという地が生み出す魔法に思いをめぐらすのにうってつけだ。

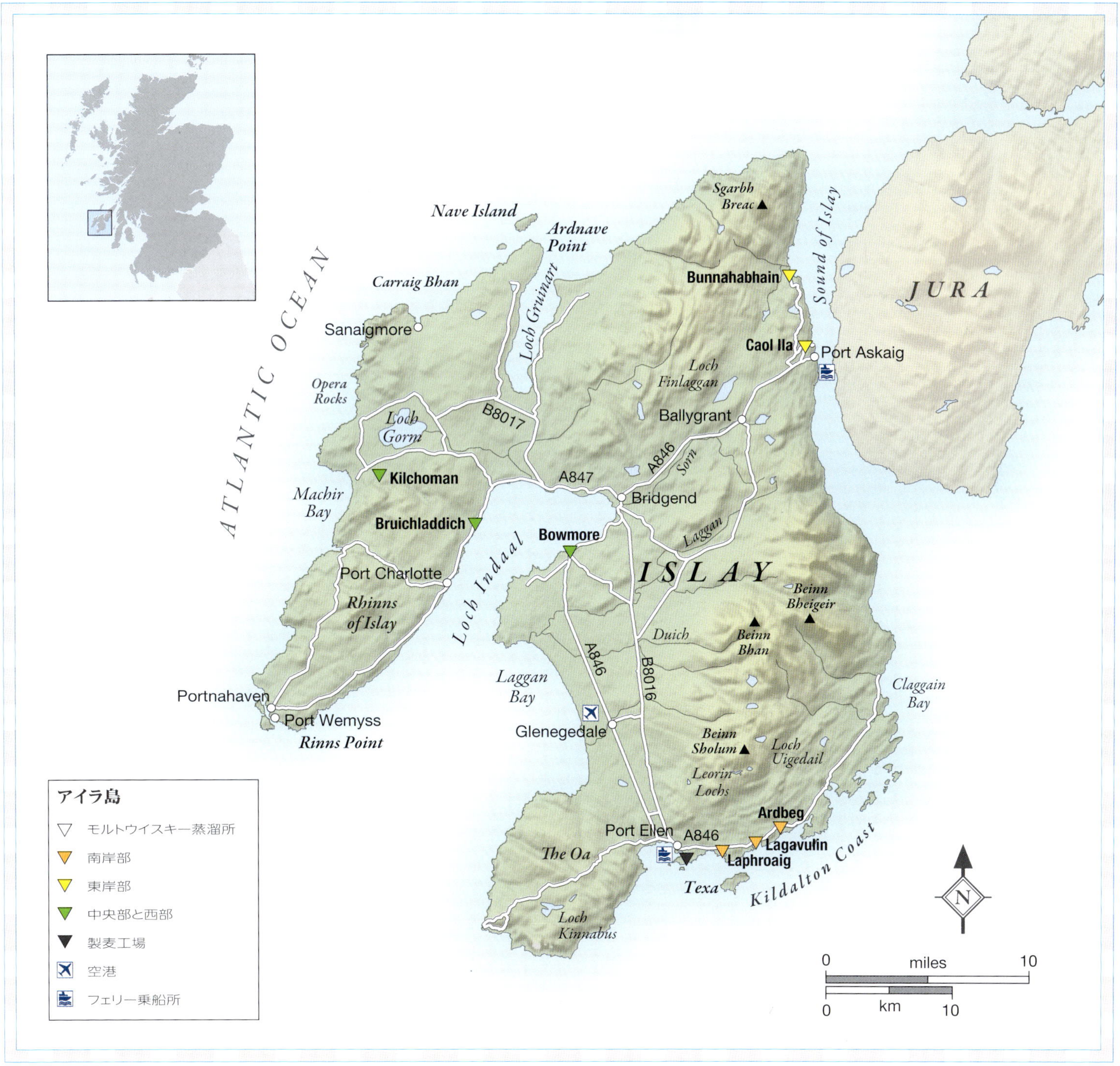

JURA

ATLANTIC OCEAN

ISLAY

Nave Island
Ardnave Point
Carraig Bhan
Sanaigmore
Loch Gruinart
Sgarbh Breac
Sound of Islay
Bunnahabhain
Caol Ila
Port Askaig
Loch Finlaggan
Opera Rocks
Loch Gorm
B8017
Ballygrant
A846
Sorn
Kilchoman
A847
Bridgend
Machir Bay
Bruichladdich
Bowmore
Laggan
Port Charlotte
Loch Indaal
Rhinns of Islay
Beinn Bheigeir
Duich
Beinn Bhan
A846
B8016
Laggan Bay
Claggain Bay
Portnahaven
Port Wemyss
Rinns Point
Glenegedale
Beinn Sholum
Loch Uigedail
Leorin Lochs
Ardbeg
Port Ellen
A846
Lagavulin
The Oa
Laphroaig
Texa
Kildalton Coast
Loch Kinnabus

N

0 miles 10
0 km 10

アイラ島

- ▽ モルトウイスキー蒸溜所
- ▽ 南岸部
- ▽ 東岸部
- ▽ 中央部と西部
- ▼ 製麦工場
- 空港
- フェリー乗船所

南岸部

アイラ島の南岸は、沖合に岩礁があり、湾部には小さなアシカたちが生息し、古代ケルトのキリスト教が息づく土地である。キルダルトン・トリオ、つまり最もピートの効いたウイスキーを大量に作っている伝説的な3つの蒸溜所もここにある。とはいえ第一印象でだまされてはいけない。 スモーキーな外観の下にはあふれるような甘さが脈打っている。

アイラに引き寄せられるのはウイスキー愛好家だけではない。 バードウォッチングの名所としても有名だ。

アードベッグ蒸溜所

関連情報：ポートエレン●WWW.ARDBEG.COM●開館時間：年中無休、曜日と詳細はサイトを参照

口に含むと煤煙につつまれる。煙突掃除が終わると、今度はほのかに柑橘類が感じられる。これはグレープフルーツだろうか。続いてこの辺りの岩場でよく見られるダルス（海藻）、スミレの爆発的な風味、バナナ、そして春の森に生えるラムソンの花。アードベッグのニューメイクはスモークと甘さ、煤煙と果実がみごとなバランスで綱渡りを演じている。蒸溜所を歩いていると、その香りはずっとついてまわる。すでにレンガに浸み込んでいるのだ。ではあの甘さはいったい何だろうか。スチルハウスへ行ってみよう。

スピリットスチルのラインアームの真ん中辺りに1本のパイプがつながっていて、凝縮した液体を全てスチルに戻すようなしくみになっている。この還流は複雑さを生むだけでなく、蒸気と銅との接触を促すことによって、スピリッツを軽くする。その結果はどうなるかというと、あの甘さが生まれるのだ。

近年のアードベッグの歴史は、そのままウイスキー産業の浮き沈みを反映している。これは長期的な事業であり、ウイスキーは、経験および楽観的な市場予測に基づいて貯蔵される。1970年代後半はやみくもな楽観主義が支配していた。売り上げが落ち込んでも在庫はあいかわらず貯蔵され続けた。やがて1982年には、余剰ウイスキーが多くの工場を閉鎖に追い込んだ。アードベッグもそのひとつだ。

1990年代には、ここは亡霊のように忘れ去られていた。蒸溜所の火が消えると、冷気の中に取り残され、その冷たさは魂にまで入り込んでくる。冷えきった金属が反射する光が、蒸溜所には魂が宿っていることを思い知らせる。

しかし1990年代後半になるとモルトウイスキーが人気を呼び、1997年、グレンモーレンジィ社がアードベッグ蒸溜所と在庫のウイスキーを71百万ポンドで買い取った。さらに数百万ポンドが工場の立ち上げと操業再開につぎ込まれた。

いくつか変化した点もある。「発酵時間を長くしました」グレンモーレンジィ社の蒸溜・製造を統括するビル・ラムズデン博士は言う。「発酵が短いとスモーク由来の刺激が生まれるが、長くするとクリーミィさが生まれ、酸味もやや強まります。スチルは以前と変わらないしピートの効かせ具合も不変ですが、スピリットスチルの運転を少しだけ変えました」

樽の使い方も改善され、ファーストフィルのアメリカンオーク樽が多く導入

ピートとスモーキーさ

確かにアードベッグは非常にピートが効いてヘビーだが、それは短絡的な判断だ。アードベッグとラガブーリン、ラフロイグ、そしてカリラは全て、たまたまピートのレベルがほぼ同程度だが、それでもスモーク感の質はそれぞれかなり異なる。なぜだろう。蒸溜がほぼ全てを左右する。スチルの形状と大きさ、運転スピード、そして何より重要なのはカットポイント（p.14-15を参照）だ。フェノールはスピリッツの最後にだけ生じるのでなく、蒸溜中ずっと漂っている。その凝縮度と構成は変化していくため、最初のほうで得られたスピリッツと終盤とではかなり異なってくるのだ。カットポイントが設定されるのは特定のフェノールを得るため、あるいは取り除くためである。

アードベッグの樽型屋根をした熟成庫は海に面している。
この立地がウイスキーにどんな効果をもたらしているのかを考えてみるとおもしろい。

大量のアイラピート、
それがアードベッグの
際立つ個性を生み出す重要な原材料だ。

された。「主な変化は、樽の品質が向上したことです」とラムズデンは語る。「いまは荒削りなスピリッツに肉付けをすることができます」

蒸溜所の買収からグレンモーレンジィ社初のアードベッグの発売までに長い時間がかかった。その過程は、スピリッツの進化具合が斬進的に表示された製品名に表れている。'とても若い(Very Young)'、'まだ若い(Still Young)'、'もうひといき(Almost There)'といった具合だ。

「私の目的は蒸溜所の元々のスタイルを再生することでした」とラムズデンは言う。「'ヤング'の製品は皮肉をこめたのですが、われわれがどんなことを行っているのかを示しました。『オールドアードベッグ』は、すすやタールの特徴がありましたが、品質が不安定で毎年異なっていました。一貫性が必要だったのです」問題は、この一貫性の欠如ゆえにアードベッグがカルト的な人気を集めていたことだ。ウイスキーメーカーは年ごとに振れ幅があるのを嫌うようだが、熱烈なマニアはこうしたバラつきが大好きなのだ。両者を納得させるために、さながら綱渡りのような工夫がなされてきた。中核となる製品は、ラムズデンが'すばらしき変わり者'と呼ぶ、選び抜かれたスピリッツで補っている。2014年に発売されたピート香のヘビーな「スーパーノヴァ」がその一例だ。

貯蔵ウイスキーの特徴に不足がある場合も創造的なブレンディングが必要となり、その結果、アードベッグは年数表記から解放された。「『ウーガダール』は古いスタイルを伝え、『コリーブレッカン』」はフレンチオーク樽で熟成されたアードベッグの姿を見せ、『アリーナムビースト』は、古い17年ボトルへの私なりのオマージュです」とラムズデンは語る。

ちかごろのアードベッグは、蒸溜所自身がその宿命を取り戻そうとしているかのようだ。「蒸溜所が作ろうとしているものをどれだけ決定づけられるかを、経験に基づいて話すのは難しいのです」とラムズデンは言う。「強いて言えば、われわれの決定権は3割ほどで、残りは土地の特徴と歴史によって決まると思っています。周囲にあるものに寄り添ってウイスキー作りをしていくしかないのです。どういうわけか蒸溜所は生きていますからね」

アードベッグのテイスティングノート

ニューメイク

香り： 甘くてすすのよう、ほのかに海苔やダルス、潮だまりの香り。ほのかなオイリー香に続いてピートスモーク、未熟なバナナ、ニンニク、スミレの根、トマトの葉。加水するとクレオソート、漢方の咳止め薬、溶剤。
味： 迫力があり、すすのようで強烈、ほのかに胡椒。中核に甘味。苔むしたピート、グレープフルーツ。
フィニッシュ： オーツ麦のビスケット。

10年 46%

香り： スモーキーだが甘さと柑橘香もあり、エステル香が潜んでいる。海藻と新鮮な空気が濡れた苔と混ざった香り、山椒、シナモン。
味： 最初は非常に甘い。ライムチョコレート、メンソールとトウリョクジュとユーカリがコクのある強いスモーク感と混ざっている。
フィニッシュ： 長くピーティな余韻。
全体の印象： ドライなスモーク感と甘い蒸溜液が期待通りのバランスを保っている。

フレーバーキャンプ：スモーキーかつピーティ
次のお薦め： スタウニング・ピーテッド

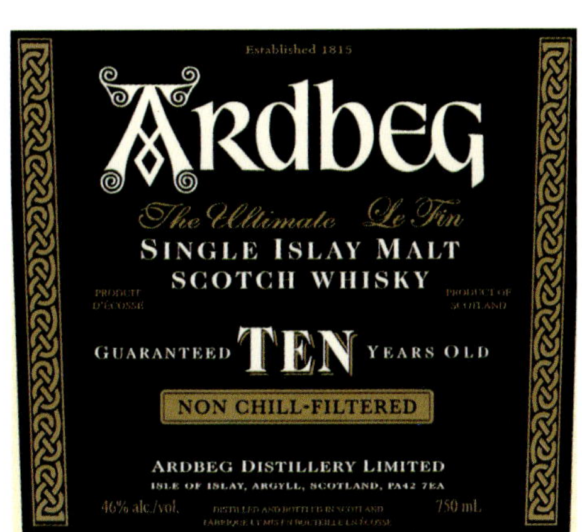

ウーガダール 54.2%

香り： 熟成してコクがある、凝縮した黒い果実の甘さと土っぽい印象。ラノリンとインクがやや香り、かすかにミーティ。加水すると緑茶、ウォーターミント、糖蜜。
味： 強くて原始的。再び甘味、アルコールが濃厚なスモークを切り裂き、荒ぶるピートとペドロヒメネスのシェリー、海岸、クレオソート、ドライフルーツが複雑に入り混じった味をすっきりさせる。
フィニッシュ： 長くレーズンのような余韻。
全体の印象： 最もどっしりとしたアードベッグ。

フレーバーキャンプ：スモーキーかつピーティ
次のお薦め： ポール・ジョン・ピーテッドカスク

コリーブレッカン 57.1%

香り： 重々しく力強さがある。焦がした樽、赤い果実、おき火。新鮮な空気感は収まり、ミーティさが優勢。
味： タールのよう、ラタキアタバコとパイプの煙、オイル。深みのあるタール感。非常に濃厚だが中核に果実味豊かなトローチの甘さ。加水するとスモーク感が際立ち、軽い酸味が感じられる。
フィニッシュ： 爽快な酸味とスモーキーな余韻。
全体の印象： がっしりとしてスモーキーだがバランスが取れている。

フレーバーキャンプ：スモーキーかつピーティ
次のお薦め： バルコネズ・ブリムストーン

ラガブーリン蒸溜所

関連情報：ポートエレン ● WWW.DISCOVERING-DISTILLERIES.COM/LAGAVULIN ● 開館時間：年中無休、曜日と詳細はサイトを参照

キルダルトンの海岸は岩だらけの小さな湾がいくつも入りくんでおり、岩が層の薄い大地に割り込んでいる。いかにも隠れ場所らしく長年閉ざされてきた土地だ。ここからはウイスキー作りの揺籃の地を見わたせる。向かい側にはキンタイア半島が横たわり、水平線上にはアントリムの青い丘陵が見える。ラガブーリン湾を守るようにたたずむダニーヴァイグ城の廃墟は、1300年、この地に嫁いだアイネ・オカハンの船団がたどりついた場所だ(p.150を参照)。

アードベッグ蒸溜所が湾沿いに寝そべっているとすれば、ラガブーリン蒸溜所はさながらその場に押し込められているかのようだ。建物群はやむを得ず上方へと伸び、現在が過去を圧倒し、真っ白に塗られた壁が、廃城の黒々とした土台と丘の上の沈黙の鐘を見下ろしている。その姿は、領主の時代は去ったとでも言っているようだ。いまはウイスキーの時代なのだと。

この地ではかつて、ラガブーリン農場に1816年から翌年にかけて、ふたつの合法的な蒸溜所が建てられたが、当時の風景は壮観とは言いがたいものだっただろう。ラガブーリン湾はこの島のウイスキー作りの中心地とされ、10ヵ所の小規模な(違法の)蒸溜所が操業していた。アイラ島の収税官と地主による取り締まりが始まる前のことだ。1835年にはひとつの蒸溜所だけが残り、19世紀の終盤にはアイラ島最大の蒸溜所へと成長した。

社屋に入ると、丘の湖から引いた水が水路(スコットランド方言で*lade*)を流れ、マッシュハウスへと流れ込んでいく。ビクトリア朝後期に建てられたかのような社屋は、実はモルトの倉庫をビクトリア様式に改修したものだ。深呼吸をしてみよう。再びスモークの香りがするはずだ。以前、本土から初めて来たマネージャーが、火事とまちがえて火災警報を鳴らしたという。しかしその香りはアードベッグとは異なるようだ。とはいえ、ラガブーリン湾沿いの蒸溜所のモルトは全て、ポートエレン製麦工場でピート燻煙を焚きしめられ、‘スモーク香の強い’ランクに区分される。

スモーク香を追っていくと、不快な二酸化炭素にあふれたタンルームにたどりつく。マッシュタンから出る、熱いウィータビックスのような香りをやり過ごすと、屋根のついた短い通路が続く。スモークが激しく吹き出しているよ

ポートエレンのモルトウイスキー：失われても記憶に残るウイスキー

ラガブーリンを所有するディアジオ社はカリラ蒸溜所とポートエレン製麦工場も所有する。製麦工場は島にある数ヵ所の蒸溜所にピートモルトを供給している。ここは1983年までディアジオ社の3つめの蒸溜所だった。その建物の骨組みは現在、製麦工場の裏に残っている。1830年に創建されたポートエレン蒸溜所は、19世紀にはシングルモルトを出荷していたが、1970年代初期のカリラ蒸溜所の拡張と70年代終盤の需要の下落の影響で、閉鎖された。現在ポートエレンはカルト的な存在となり、素朴で、桟橋の突端に立ったかのような香りが称賛の的となっている。

元々ラガブーリンは島の領主が支配する城がある場所だった。

非常にゆっくりと行われる再溜は
ラガブーリンの持つ複雑さの秘密のひとつだ。

うだが、途中で香りが変わる。スモーキーではあるが、あふれるような甘さが感じられ、不思議でエキゾティックな刺激をともなっている。ニューメイクを手にすくって飲んでみるといい。アードベッグがすすのようなら、ラガブーリンは海辺でのたき火を思わせるが、強烈な甘さが中核にある。となると、違いを生むのは明らかにスチルということだ。ウォッシュスチルは巨大だが、鋭く曲がったラインアームが、襲いかかるように冷却器へとつながっている(このスチルはディアジオ社の由緒ある'クラシックシックス'の蒸溜所中で唯一、ワームタブがない)。ヘビーな特徴が生まれるのだろうか。スピリットスチルは非常に小さく、ベース部分は太くて普通のスチル形状をしており、象の足を様式化したかのようだ。こうしたスチルで、火力を弱めにして還流を最大限に起こし、風味を磨きあげて余分なものを取り除き、スモーク感を保ちつつも硫黄分を除去するのである。

これはさながら外科手術のようで、ヘビーさが解剖されると、核となる甘さがゆっくりと表れる。バランスよく熟成したスモーキーなウイスキーであれば、どんなものでもこうした甘さが中核にあるはずだ。

シングルモルトになるべく、リフィル樽で熟成される工程を監督するのはイアン・マッカーサー。小規模農家かつ熟成庫係を務め、機知に富んだ人物である。彼は選び抜いたいくつかの樽からサンプルを抜き取りながら、威勢のいい若さが樽によってゆっくりとなだめられ、新たな複雑さを帯びていく様を見せてくれた。飲むと、ラガブーリンを覆っていたいくつもの層がはがれ、見晴らしのいい桟橋へと誘われる。廃城を通りすぎると、アイネと船の一団が思い起こされ、ウイスキーの揺籃の時代へと導かれていく。

ラガブーリンのテイスティングノート

ニューメイク

香り： すすのようなスモーク。たき火のよう。濃厚でかすんだよう。キルンの香り。リンドウ、魚の入った箱、海藻。ほのかな硫黄香。

味： 迫力があり、香りが強く複雑、強いフローラル感を土っぽさと海辺を思わせるスモークが抑制している。

フィニッシュ： 長くピーティな余韻。

8年 リフィルウッド カスクサンプル

香り： 複雑。乾燥中のカニ漁の籠、海藻。濡れたピート層、ほのかにゴムのような未熟香、パイプの煙。キルン。甘くスモーキー。ヘビーな香りが立ちのぼる。

味： すすのよう。火を消したときのよう。熟した果実。ヘザーとブルーベリー、海藻。瑞々しい、深みがある。

フィニッシュ： 爆発的。ピーティ。スパイスとオーツケーキ、貝殻。

全体の印象： はつらつとしていつでも準備OKという感じ。

12年 57.9%

香り： 麦わら。強烈なスモーク。石炭酸石けん、軽くいぶしたタラ、しかし甘くもある。ヤチヤナギ。新鮮なニシンに付けたわさび、新鮮な空気。軽いすす。

味： 最初はドライで強烈なスモーク感、スモークチーズ、押しオーツ麦のオートミール。引き締まっているが活発。非常に豊かな香り。頑固だが気さく。加水すると中核の甘味と若々しさも表れる。

フィニッシュ： しっかりとしたスモーク感のあるドライな余韻。

全体の印象： 強烈、複雑なスモーキーさと甘さ。

フレーバーキャンプ：スモーキーかつピーティ
次のお薦め： アードベッグ10年

16年 43%

香り： 迫力があり力強く複雑。かなりスモーキー、パイプタバコ、キルン、砂浜でのたき火、くん製場の香りと熟した果実香が完全に結びついた。ほのかなクレオソートとラプサンスーチョン。

味： かすかにオイリーで大胆なほどスモーキー。最初にうっすらと薬っぽい果実味が表れ、ヤチヤナギの風味をともなう。フィニッシュに向かってスモーク感が徐々に表れる。エレガント。

フィニッシュ： 長く複雑に混じり合った余韻。海藻とスモーク。

全体の印象： 早く開く。あふれるような特徴が、海辺らしいピーティなエッセンスへと凝縮し始めている。

フレーバーキャンプ：コクがありまろやか
次のお薦め： ロングモーン14年、アードベッグ・アリーナムビースト1990

21年 52%

香り： 迫力があり複雑、馬の鞍とダークチョコレート、プーアル茶、くすぶったキルン、ゼラニウムそしてベルベットが混ざった香り。

味： 獣肉と糖蜜。スモーク感が完全にまとまり、おき火のよう。樽が骨格をもたらしているが圧倒してはいない。どっしりとして濃密厚で重層的、かつ複雑。

フィニッシュ： 長くフルーティ、かつスモーキーな余韻。

全体の印象： ファーストフィル樽で熟成されたウイスキーらしい印象。

フレーバーキャンプ：コクがありまろやか
次のお薦め： 余市18年

ディスティラーズエディション 43%

香り： マホガニー。16年より樽香が強くかすかにワイン香。黒い果実が乾燥し、香りがはっきりとしない。あの矛盾に満ちた複雑さが全て片づけられてしまったよう。かなり控えめだが、熟成と加水によってこそ開く。

味： スモークが脇へよけてしまったようだ(フィニッシュがもっと甘ければよかったのだが)。コクのあるスピリッツとドライフルーツ、ほのかなシナモントーストがほどよく混ざっている。

フィニッシュ： 濃厚でごくわずかにスモーク感。おおらかで甘い。

全体の印象： 甘さの加わったラガブーリン。

フレーバーキャンプ：コクがありまろやか
次のお薦め： タリスカー10年

ラフロイグ蒸溜所

関連情報：ポートエレン●WWW.LAPHROAIG.COM●開館時間：年中無休、3-12月は月曜-日曜、1-2月は月曜-金曜

キルダルトン・トリオの最後を飾る蒸溜所はラガブーリン蒸溜所から数キロのところにある。ここでもスモーキーなウイスキーを作っているが、そのスモーク感はやはり、近隣の蒸溜所とは特徴が異なる。ラフロイグはヘビーで根っこのような特徴があり、暑い日に舗装したての海辺の道を歩いているかのようだ。かつてこの特徴が、近くにある蒸溜所の羨望の的となったことがある。ラガブーリン蒸溜所を所有していたピーター・マッキー卿は1907年、ラフロイグの仲介業の権利を失った〔訳注：ラガブーリン蒸溜所はキルダルトン地域の蒸溜所産のウイスキーの販売代理店業務を請け負っていた〕。そこで彼はラガブーリンに、ラフロイグの複製ともいうべきモルトミル蒸溜所を建設し、ラフロイグと同じ仕込み水と同型のスチルを使い、しかも（賄賂を使って）蒸溜担当者まで引き抜いた。しかしできたウイスキーは異なっていた。「科学的に説明しようとしても、説明がつかない」とラフロイグのマネージャー、ジョン・キャンベルは語る。「個性は立地に由来するものだ。だからこそ単独の蒸溜所が抜きんでることなく、スコットランド全土に蒸溜所が散らばっているんじゃないだろうか。個性を生む要因は標高あるいは海に近接する立地条件かもしれないし、湿度の関係かもしれない……。断言はできないが、何か原因があるはずだ」

工程の独創性も、蒸溜所の個性を生む要因だ。ラフロイグではいまも自前のフロアモルティング設備を使っており、自社で必要とする量の20パーセントをまかなっている。キャンベルにとって製麦工場は観光客向けではない。コスト削減などけっしてせず、格別に際立った特徴のモルトを提供する。「ここではポートエレン製麦工場とは異なるスモーク感のモルトができる。ピートを焚き、低温で乾燥させるという、独自の手法を採用しているんだ。こうすることで、より高レベルのクレゾール（主要なフェノール）を得ることができるし、スピリッツに独特なタール感をもたらすのは、このクレゾールだ。フロアモルティングがなかったらこの特徴は生まれなかっただろう」

当然ながら、スチルハウスも風変わりだ。第一に、スチルが7基ある。そのうちのスピリットスチルには大きさが2通りあり、1基が他の3基の倍もの大きさがあるのだ。「われわれは実質的に2種類のスピリッツを作っていて、樽詰めする前に混ぜている」とキャンベルは説明する。

アードベッグとラガブーリンはいずれも、甘くエステル感のある還流要素を生もうと努力している。いっぽうラフロイグは別の方向に進んでいる。キャンベルはヘビーなタールっぽい重みにこだわっているため、業界で最もフォアショッツを長く採る（45分間）。こうして、最初に流れ出る甘いエステル成分は回収されず、次の蒸溜に回される（p.14-15を参照）。「アルコール度数60パーセントでカットしている。これは他と比べて低いわけではないけれど、エステルがあまり生成されないのでスモーク感の割合が強まり、スピリッツがヘビーに感じられるようになるんだ」

ラフロイグに必ず見られる甘さは、実質的に独占使用しているアメリカンオーク樽に由来する。樽は全てメーカーズマーク社から送られてくる。「品質の一貫性を保つためだ」とキャンベルは言う。ニューメイクの粗野な部分を和らげ、熟成したスピリッツに微妙な甘味を加えるのは、樽の持つバニラの特徴である。この工程の好例が「クォーターカスク」で、若いラフロイグを、アメリカンオーク製の'クォーター'サイズの小さな新樽で短期間後熟させている。バニラとスモークの風味が最高潮に達しているボトルだ。

とはいえ、キャンベルにとってラフロイグは単に技術で固めた蒸溜所ではなく、そこで働く人々こそが重要である。「ラフロイグが現在こうして存在する

潮が引いて海藻が打ち上げられた浜辺にキルダルトンで3ヵ所めの屈強なモルトウイスキー蒸溜所、ラフロイグは建っている。

ラフロイグには、自前のフロアモルティングが際立ったフレーバーを生む一因であるという信念がある。

のは、これまでここで働いてきた人々のおかげだ。先達がスタイルとウイスキー作りに臨む姿勢を方向づけてきた。なかでもイアン・ハンターほど影響を与えた人物はいない(1924-1954年までの所有者)。現在の手法を生み出したのは彼だ。1920年代のラフロイグのやり方はめちゃくちゃで、禁酒法が廃止された1940年になって初めて、ハンターがバーボン樽を仕入れて、この蒸溜所内で熟成させるようにしたんだ」

再び立地の話になった。「昔ながらの熟成庫で貯蔵すると、ウイスキーにさらにボディが加わる。湿り気の多いダンネージ式は、上へ積み重ねるラック式よりも酸化が進みやすいからかもしれない。ここには両方の熟成庫があって、やはり熟成具合が異なっている」このことをピーター・マッキーに伝えてやることができたなら、と悔やまれる。

ラフロイグのテイスティングノート

ニューメイク

香り： ヘビー、タールのようなスモーク香。近隣の蒸溜所よりオイリー。軽く薬のような香り(ヨウ素、病院)とキレのいいモルティ感、竜胆。複雑さがある。
味： 熱いおき火に続いてコクのあるスモークが広がる。どちらも濃くすっきりしている。夏の海辺の暑い道路。
フィニッシュ： ドライですっきりしており、スモーキー。キレがいい。

10年 40%

色・香り： 豊かな金色。甘い樽香がスモーク香を巧みに抑制している。ウッドオイル、松林。海辺、トウリョクジュ。ナッティな香りが潜み、加水するとヨウ素香。
味： 最初はバニラがあふれてなめらかでソフト、続いてゆっくりとスモーク感を取り込むがバランスが取れている。フィニッシュに向かってタール感が表れる。
フィニッシュ： 長く、軽やかな胡椒のようなスモーク。
全体の印象： スモーク由来のドライさと樽由来の甘さのバランスが鍵をにぎっている。

フレーバーキャンプ：スモーキーかつピーティ
次のお薦め： アードベッグ10年

18年 48%

色・香り： 豊かな金色。抑えが効いて穏やか。樽でさらに熟成されたスモーク香が苔のよう、かつスパイス香が強まり、クリーミィな樽香もある。軽いヨウ素香とニューメイクに感じた根のような香り。
味： 最初はナッティ。ウォルナッツ、やがてウイスキーに浸したレーズン。かすかで控えめなスモークの上にほのかな柑橘類が立ちのぼる。
フィニッシュ： 塩味のスモークカシューナッツ。
全体の印象： 風味が和らいだ一例。

フレーバーキャンプ：スモーキーかつピーティ
次のお薦め： カリラ18年

25年 51%

香り： スモーク香が復活。しょうゆ、魚の入った箱、乾いたタール、ヘビーなタバコ、ロブスター漁の籠を燃やした香り。
味： 迫力ある香りのわりにほとんど落ちついてしまったよう。熟成により濃厚になった。蒸溜所の特徴と樽、さらに新しいエキゾティックな風味が統合された(そのため複雑になった)。
フィニッシュ： まだタール感が残っている。
全体の印象： スモークは消えたわけでなく、さらに凝縮し、全てのフレーバーに吸収されたにすぎない。

フレーバーキャンプ：スモーキーかつピーティ
次のお薦め： アードベッグ・ロードオブ・ジ・アイルズ25年

東岸部

アイラ島の東岸からは、アイラ海峡の速い潮流からジュラ島の起伏に富んだ海岸まで、北に目をやればコロンゼー島とマル島の海岸まで、さまざまな景色を味わうことができる。ここで紹介する2つの蒸溜所がアイラ島で最大の生産量を誇ることを考えると、この辺ぴな環境にはある意味で驚かされる。おそらくアイラ島でも最も知られていない蒸溜所だろう。

アイラ島の東岸の蒸溜所からの眺めは実に壮観で、ジュラ島の起伏に富んだ海岸を望むことができる。

ブナハーブン蒸溜所

関連情報：ポートアスケイグ●WWW.BUNNAHABHAIN.COM●開館時間：年中無休、見学は4-10月のみ可能・要予約

アイラ・ディスティラリー・カンパニー（IDC社）が蒸溜所を創業した19世紀後半、アイラ島北東部の沿岸地域はさびれた土地だった。同社は蒸溜所だけでなく、現在ブナハーブンとして知られる村全体を建設した。道路と桟橋、家々と村の集会所、そして大規模な蒸溜所。ブナハーブンは1880年代のスコッチウイスキーを取り巻く状況がいかに楽観的だったかを示す好例だ。新たな蒸溜会社の温情的な姿勢もかいま見ることができる。

IDC社の熱心な試みには、1886年にこの地を訪れたアルフレッド・バーナードも大いに称賛を贈った。「島のこの地域は人けもなくがらんとしていた」とウイスキー史上初の年代史家は記している。「しかしウイスキー産業の営みが、この地をさながら文明化された植民地へと変えた」現在私たちがこのくだりを読むと、やや見下した印象を受けるが、おそらく本人はそんなつもりで書いたわけではなかったのだろう。

ブナハーブン蒸溜所はブレンデッドウイスキー用のスピリッツを供給するために建てられた。創建して6年後にグレンロセス社と合併し、ハイランド・ディスティラリーズ社となった。1900年代初期と1930年代の不況に見舞われたとき、この合併が、辺ぴな地にある高い可能性を秘めた蒸溜所を救ったであろうことはまちがいない。

1980年代後半にシングルモルトが発売されたが、ブナハーブンは望んでいた（しかもその価値はあるのに）支持を得られなかった。大きなスチルからはすっきりとしてほのかにショウガのアクセントの感じられるニューメイクが生まれたが、1990年代からアイラに殺到するようになったピートの熱狂的なファンたちからは無視されてしまったのだ。

こうした苦境からの脱出に取り組んでいるのが、新たに2003年からブナハーブンを所有するバーン・スチュアート社だ。いまではピートの効いたヘビーなモルトが毎年使われるようになった。以前の所有者は、こうしたスタイルをここでは一度も作ったことがないと否定していた。「まったくばかげている」バーン社のマスターブレンダー、イアン・マクミランはこう切り捨てる。「ブナハーブンでは1960年代の初めごろまでピーティなスピリッツを作っていたが、ブレンド用にはスモーキーなウイスキーが不要だったのでスタイルを変えてしまったんだ。だから1880年代に作られていたであろうスタイルを再現し、人々が考える'アイラ'のウイスキーとは、こういうタイプだったかもしれないということを示したい」アイラは、ピート香のない穏やかなスタイルも広めている。

「島では、熟成サイクルが異なっている」とマクミランは語る。「海辺という環境が影響するんだろう。同じウイスキーでも、グラスゴーに近いビショップブリッグスで熟成させた場合と島で熟成させた場合とでは、異なるものができる」

対岸にあるジュラ島の雲で覆われたパプス山を見わたすと、ブナハーブンがアイラ島最果ての蒸溜所であることが実感できる。

ブナハーブンのテイスティングノート

ニューメイク

香り： 甘く豊か、かすかなオイル香と酵母香、ほのかな硫黄香。しだいにトマトソース様の香りが表れる。希釈すると豊かなモルト香。

味： スミレの根のよう、甘く重みのあるミッドパレットがかなりドライになっていく。

フィニッシュ： ショウガのようなスパイス感。

12年 46.3%

香り： 豊かなシェリー香、ブランデー・デ・ヘレスを思わせる。黒い果実、ひと塗りしたニス、かすかなスモーク香。フルーツケーキミックスとナッツ。

味： コクがあり甘い、ショウガの砂糖漬けのチョコレートとコーヒー。チョコレートリキュールのようなアロマ。

フィニッシュ： 非常にスパイシー。

全体の印象： 年数にそぐわない濃厚さがある。

フレーバーキャンプ：コクがありまろやか

次のお薦め： マッカラン・アンバー

18年 46.3%

香り： 抑制されたシェリーの深み。マジパン、アイシング、ショウガ、乾燥スグリ。かすかに土っぽい。

味： 糖蜜トフィー、苔のよう、磨き上げた木と冷たいアッサムティー。酸化した風味が目立つ。軽いざらつき感。

フィニッシュ： 長く、かすかにビスケットのような余韻。

全体の印象： 12年より迫力があり甘い。

フレーバーキャンプ：コクがありまろやか

次のお薦め： 山崎18年

25年 46.3%

香り： 非常に甘く、トフィーとシェリー香。スグリとダークフルーツ。複雑で官能的、かつ非常に深みがある。

味： 重層的な甘味、レーズンのようなコク。長く続く味わい。

フィニッシュ： バランスがよく長い余韻。

全体の印象： 以前よりも重みとボディがある。

フレーバーキャンプ：コクがありまろやか

次のお薦め： モートラック25年

トチェック 46%

香り： スモークがすっかり抑制されてややドライ。若いセミヨンのようにしっかりとして、トーストのようなバニラの香り。その奥にヘザーのようなスモークが潜んでいる。

味： バランスがよく、中核の甘味が充分に表れ、続いてスモークがよぎる。ソフトフルーツ、軽い穀物風味。

フィニッシュ： オーツケーキのよう。

全体の印象： ピーティなブナハーブンへの探求途上にある。熟成中の在庫にはバランスのよい甘さが加わりつつある。

フレーバーキャンプ：スモーキーかつピーティ

次のお薦め： カリラ12年

カリラ蒸溜所

関連情報：ポートアスケイグ●WWW.DISCOVERING-DISTILLERIES.COM/CAOLILA●開館時間：年中無休、曜日と詳細はサイトを参照

アイラ島に2ヵ所あるフェリー発着所のひとつ、ポートアスケイグ港からさほど離れてはいないが、港から出航するまではカリラ蒸溜所の存在に気づかないだろう。1846年、ヘクター・ヘンダーソンによって創建された。それ以前に2つの蒸溜所計画を失敗させたヘンダーソンは賢明にも、崖が迫り、スコットランドで最も速い潮波の起こる海峡を目の前にした湾岸に、ウイスキー作りの可能性を見出したのだ。

いまでもそうだが、当時からアイラのシングルモルトは人気が高く、世紀が進むとともに重要性が高まっていった。そしてブレンダーたちは、ブレンデッドウイスキーにわずかなスモーク感を加えるだけで、複雑さと、かすかにミステリアスな風味を生み出せることを知った。ブレンデッドウイスキーはカリラの活力源だ。ここは生産能力でいえばアイラ島最大の蒸溜所であるにもかかわらず、多くの点で最も無名な存在だ。屈強な個性への注目を絶えず競い合いつつも静かなる島の男といったところだ。マネージャーのビリー・スティッチェルは、この冷静沈着な個性の化身である。

ブレンディング用ウイスキーとしての役割が重視された結果、カリラの古い蒸溜所は1974年に取り壊され、現在の大きな工場が新設された。スコティッシュモルトディスティラーズ社(SMD)独自の、車のショールームのようなウィンドウが施されたスチルハウスのデザインが非常に効果的だ。スコットランド中のスチルハウスでも屈指の美しい眺望を誇り、アイラ海峡からパプス山まで見わたせる景色を縁取るように、大きなスチルが並んでいるのだ。

カリラのモルトは飲み手にこっそり忍び寄ってくるウイスキーで、スモーキーだが控えめだ。クレオソートとキルダルトン海岸の海藻が、スモーキーなベーコンと貝殻、そしてグラッシーな香りへと姿を変えた。ラガブーリン蒸溜所と同じモルトが使われているにもかかわらず、'ピーティ'感はさほど強くない。マッシングの手法から発酵、そして何より重要なスチルのサイズとカットポイントまで、カリラではあらゆる工程が他と異なっている。

モルトに含まれるフェノール成分の体積分率(つまりピーティさの度合い)を知っていると、雑学クイズ番組では優勝できるかもしれないが、カリラに関しては何の意味もない。というのも製造過程でピーティさは消えてしまうからである。

カリラ蒸溜所は、その巨体を狭い峡谷に押し込まれるようにして、かろうじて建っている。

あるいは、フェノールがゼロということもありうる。なぜなら1980年代以来、年間の一時期、ピートの効いていないモルトを使うことがあり、蒸溜の手法も変えているのだ。また、ときおり新鮮な青いメロンの特徴を持つ製品が発売される。静かなる男は常に驚かせてくれる。

カリラのテイスティングノート

ニューメイク

香り： 香りが豊かでスモーキー。セイヨウネズと濡れた草。タラの肝油と濡れたキルト。海辺の爽やかさをともなう軽いモルト香。

味： ドライなスモークに続いてオイル感と松の風味が爆発する。辛い。

フィニッシュ： グラッシーでスモーキー。

8年 リフィルウッド カスクサンプル

香り： グラッシーさが残っている。オイリー感はベーコンの脂に変わり、セイヨウネズ香は残っている。濃厚でスモーキー、そして甘くオイリーでドライな香りの融合。

味： オイリーで噛みごたえがある。ニューメイクより塩辛い。梨と新鮮な空気。塩辛い肌と新鮮な果実。

フィニッシュ： 強烈なスモーク。

全体の印象： 全ての要素がそろい、スモーク感が際立っている。

12年 43%

香り： 新鮮な空気とスモークハム、かすかな海藻の香りがバランスよく融合している。非常にすっきりとしてほのかにスモーキー、その奥に甘さが潜んでいる。アンゼリカと海辺の爽快感。

味： オイリーで口中を覆うよう。梨とセイヨウネズ。フィニッシュに向かってドライになるが、常にスモーク感が豊かに香り、ドライさとバランスのよい要素を加えている。

フィニッシュ： 穏やかなスモーク。

全体の印象： やはりバランスが全てである。

フレーバーキャンプ：スモーキーかつピーティ
次のお薦め： グランナモア、コルノグ(フランス)、ハイランドパーク12年、スプリングバンク10年

18年 43%

香り： 強烈。塩辛く、海辺のよう、スモークフィッシュ、ツリガネズイセン、スモークハム。甘い樽香。

味： ソフトで非常にコクがあり、オイリー感は弱い。スモーク感がやや弱まり、樽感とフルーツが結合している。

フィニッシュ： ほのかにスモーキーでハーブのよう。

全体の印象： さらに効力の強い樽によってピーティさが抑制されている。

フレーバーキャンプ：スモーキーかつピーティ
次のお薦め： ラフロイグ18年

中央部と西部

アイラ島最後の地域には3つの蒸溜所がある。そのうちの2つはインダール湖畔にある。
3つめはスコットランド最西端にあり、しかもごく最近新設された蒸溜所だ。リンスへようこそ。ここはラウンドチャーチ、
スコットランド最古の岩石遺跡、たゆみない革新、そしてスコットランド初の蒸溜家たちが定住したともいわれる土地である。

絵に描いたような静寂のときを迎えたインダール入江の夕暮れ。さあページをめくってみよう。

ボウモア蒸溜所

関連情報：ボウモア●WWW.BOWMORE.COM●開館時間：年中無休、曜日と詳細はサイトを参照

ボウモア蒸溜所の壁は、インダール入江沿いにある白い壁の小さな村を守る防波堤の一部となっている。村自体の創建が1768年と新しい。当時はスコットランドの風景を根本から変えることになる農業改革に弾みがついていた時期だ。1726年、ショウフィールドの‘偉大なる’ダニエル・キャンベルは9千ポンドを投じてアイラ島を購入した。この資金はグラスゴーで起こった反モルト税暴動の際に放火されて焼け落ちた彼の家の補償金として受け取ったものだった。キャンベルによる島の開発は孫の代まで受け継がれ、ダニエル・ザ・ヤンガーがボウモアの村を建設した。島の運営はさながら一大事業のように進んでいった。島に自生する亜麻は麻布へと織り上げられ、漁船団が組まれ、二条大麦を栽培するための広大な農場が新たにできた。収穫率がよく、簡単に製麦できる大麦は、規模の大きい商業ウイスキー作りのきっかけとなった。

蒸溜所は、海沿いの立地を生かして海岸にぽつんと建てられたのでもなければ、密造に最適な僻地でもなく、この小さなコミュニティの中心に建っている。蒸溜で生じた廃熱が温水プール（以前は熟成庫だった）に使われ、キルンから出る煙は辺りの空気に香りを添えている。土地にしっかりと根を下ろした蒸溜所なのだ。

パゴダ屋根から流れ出る煙は、ラフロイグと同じように、ボウモアが自前のモルティングフロアを維持している証しだ。「必要な量の4割を自給している」蒸溜所を所有するモリソン・ボウモア・ディスティラーズ社（MBD）でモルトマスターを務めるイアン・マッカラムは言う。「業界全体がいつも伝統の継承を宣伝しているが、実際にわれわれは伝統を順守してウイスキー作りに取り組んでいる。だから人々はわれわれに会いに来てくれるんだ」実用的な理由もある。天候不順で本土からの大麦の供給が止まった場合でも、フロアモルティングのおかげで蒸溜所の操業を止めずにすむのだ。

ボウモアのピーティ感はやはり異色だ。きわめてピート感の重いアイラモルトというわけではないが、明らかにスモーキーで、はっきりとしたピートの煙が感じられる。本土産の硫黄分の強いニューメイクにも何かが潜んでいるが、ボウモアのピーティなニューメイクも奥底に特徴が潜み、熟成によって表れる。

ボウモアに潜むのはトロピカルフルーツで、ニューメイクにも備わっているが、ファーストフィルのシェリー樽で熟成させた若い状態ではピートの陰で目立たない。しかしリフィル樽で熟成させるとふいに驚くべき進歩を見せ、ヘブリディーズ諸島のちっぽけな寒い島のウイスキーに、カリブ海を思わせるエキゾティックな風味が加わる。ボウモア愛好家が常に称賛してやまないのはこの特徴である。

「現在市販されている1970年代の製品の一部には、伝説的な1960年代に並ぶほど良質なものがある」とマッカラムは言う。「われわれにはすばらしいウイスキーがある。ただ、何が得意なのかを人々に伝えるのが苦手なんだ。以前はブレンデッド用ウイスキーを大量生産していたけれど、いまやわれわれはシングルモルトを作っている。だから品ぞろえに着目して商品をスリム

インダール入江の嵐がしばしば吹きつけるボウモアの熟成庫は町の防潮堤の役目を果たしている。

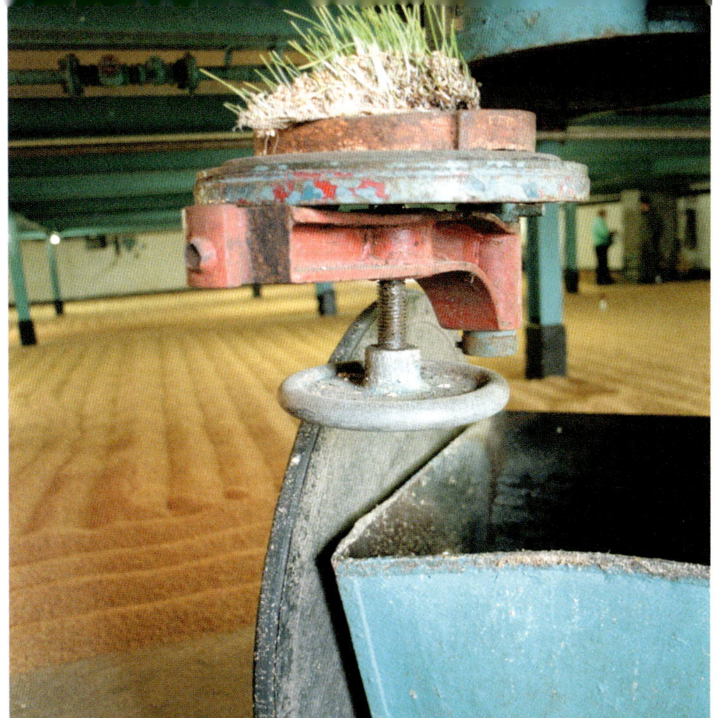

ボウモアではいまもかなりの量の製麦を自社工場で行っている。ピートで乾燥され損なった麦芽が成長し始めた!

化し、優れたものに絞って発売できるようになった」ウイスキー会社の軌道を変えるには時間がかかるが、MBD社の樽管理の改良がいまや実を結ぼうとしていることを、インダール入江沿いの熟成庫に眠る樽が示している。

「実質的に、シングルモルトは全てボウモアで熟成させている」とマッカラムは語る。「海のすぐ近くという独特の微気候の影響で、ボウモアにはいつも塩辛い特徴がある。私は化学者なので、実際には塩が含まれていないことは承知済みだが、それでもウイスキーにその特徴が感じられるんだ。あの湿った、屋根の低い貯蔵庫の魔法かもしれないね」

ボウモアのテイスティングノート

ニューメイク

香り： 非常に甘く、豊かなピートスモーク香、エニシダとエンドウ豆のさや、ほのかな濡れた草、大麦、バニラ。加水すると保革油と濃縮したゼリーのフルーツ。

味： 濃蜜な湿ったピートスモークが舌を覆う。ナッティな底流。加水すると甘くなる。ヘーゼルナッツ。

フィニッシュ： 豊かなスモーク香。

デビルズカスク 10年

香り： 力強い。プルーン、乾燥イチジク、塩トフィー、靴の革、バラの花びら、芳しい海辺の香り。マーマイトとスモーク。

味： 甘さが維持されており、ブラックチェリーとパイプタバコとクローブが混ざっている。

フィニッシュ： スモーキーで深みがある。

全体の印象： ファーストフィルのシェリー樽で熟成され、ボウモアで最も迫力がある。

フレーバーキャンプ： スモーキーかつピーティ

次のお薦め： ポール・ジョン・ピーテッドカスク

12年 40%

色・香り： 豊かな金色。トーストのような樽香、ややデーツ香。濃厚になり、焦げた樽とピートの煙が混ざっている。ほのかにマンゴーを噛んだ香り。熟して肉厚。オレンジの皮。

味： 深みが増して果実味が強まった。甘いハーブ、トフィー、やや塩辛い。スモークが口の奥へ移動した。

フィニッシュ： スモークが強まり、軽いチョコレートモルトの余韻。

全体の印象： バランスがよく、しっかりまとまっている。

フレーバーキャンプ： スモーキーかつピーティ

次のお薦め： カリラ12年

15年 ダーケスト 43%

色・香り： 琥珀色。シェリー香が強く深みがある。チョコレートがけのチェリー、糖蜜、オレンジの皮、海辺のたき火

味： 凝縮しており、ほのかにラベンダー。ペドロヒメネスのようなシェリー、ビターチョコと塩チョコレートとコーヒー。シェリー樽効果でニューメイクのオイル感が復活した。

フィニッシュ： 濃厚で長い余韻。スモークが広がり、トロピカルフルーツが消えた。

全体の印象： コクがあり力強く、バランスのよいスモーク。

フレーバーキャンプ： スモーキーかつピーティ

次のお薦め： ラフロイグ18年

46年 ディスティルド1964 42.9%

香り： 幻覚のように強烈なトロピカルフルーツ香、グアバ、マンゴー、パイナップル、グレープフルーツ。軽いピートスモーク。

味： アルコール度数が低いのに凝縮している。シルキーで陶酔感があり、忘れられない。こうした風味がグラスが乾いてもずっと消えない。

フィニッシュ： エレガントにドライになっていく。

全体の印象： 正統派の古いボウモア。

フレーバーキャンプ： フルーティかつスパイシー

次のお薦め： トミントール33年

ブルイックラディ蒸溜所およびキルホーマン蒸溜所

関連情報：ブルイックラディ●ブルイックラディ●WWW. BRUICHLADDICH.COM●開館時間：年中無休、曜日と詳細はサイトを参照
キルホーマン●ブルイックラディ●WWW.KILCHOMANDISTILLERY.COM●開館時間：年中無休、11-3月は月曜-金曜、4-10月は月曜-土曜

2001年5月29日、ブルイックラディ蒸溜所の鋳鉄製の門が7年の沈黙を破って再び開かれた。あれから13年という長い年月が過ぎ、久しぶりに蒸溜所の周辺を歩いてみると、ほとんど何も変わっていないということにまず気づくだろう。ミルは1881年に設置されたヒース・ロビンソニアンモデルのまま、いまだ開放型のマッシュタン、米松製のウォッシュバック、そしてスチルハウスの床は木製だ。しかし細かい点にも気づくはずだ。例えばスチルハウスの片すみには大きく膨らんだローモンドスチルが置かれている。このスチルから「ボタニスト・ジン」が作られるのだ。

フランス語のアクセントにも気づくかもしれない。というのも2012年、フランスのレミー・コアントロー・グループが58百万ポンドを気前よく投じてこの蒸溜所を買収したのだ。もしわずか10年でウイスキーの評価がどれほど上がったかを示す指標があるとすれば、それはこの金額だろう。何しろブルイックラディ蒸溜所はわずか11年前に6百万ポンドで買収されたのだ。

ブルイックラディへのレミー社の信任ぶりは有利な販売契約だけにとどまらず、新たな着目点にも見られた。ブルイックラディは経済的に安定し、投資に資金を使えるようになった。長年にわたり、スタッフたち、とりわけ奇跡の技術者ダンカン・マクギリブレーはどうにか蒸溜所を維持してきたが、いまや、ブルイックラディのビジョンを実現する力を備えているのだ。

ここは、それまで途方もないと思われていた夢の上に成り立った場所だ。蒸溜所内で瓶詰めまで行うのはコストがかかるが、雇用も創出した。地元の9軒の農家ではウイスキー用の大麦を栽培している(蒸溜所の需要の25パーセントに当たる)。これは蒸溜所が創業された19世紀の終わり以来、初めての試みだ。費用は高くつくが、全てはアイラ島に眠る未知のテロワールを発見するための長期的で深遠な探求の一部である。

ベースになるウイスキーはハチミツのように甘く、レモン味の大麦糖のような風味がある。いっぽうピートの効いた「ポートシャーロット」と「オクトモア」は、若さゆえの威勢のよさをふり払い、やや騒がしいところはあるにしても、思慮深いティーンエイジャーへと熟成している。

製品の品ぞろえは縮小された。樽の品質が向上したいま(おかげで移し替えの手間が減った)、明確な特徴のあるブランドを大量に作る必要性が生まれた。だからといって探究心あふれるジム・マキューアンが胸躍るアイディアを生み出していないというわけではない。定年間近だったマキューアンは新たなオーナーに誘われ、蒸溜所の舵取りを任されている。

多くの「新生」蒸溜所と同じように、ブルイックラディも「自分はいったい何だろう、そして何ができるのだろう」という大きな疑問にぶつかってきた。その答えは「自分には多くのものがある。何でもできるし、その全てがアイラを体現する」である。

2013年の秋のことだ。奇妙なことが私の身に起こった。手元には2007年製のキルホーマンの新しいサンプルボトルがあった。口にしたあと私は直感的に、「正統派のキルホーマンらしい特徴」と書きとめた。年数と熟成度によって差異があるにしても、蒸溜所がきちんとした樽熟成を行って充分な熟成感を生み出すには、少なくとも10年かそれ以上かかると言っても過言ではなかろう。しかしキルホーマンは、たいていの人が思うよりも早く、熟成の域に達したのだ。

現在アイラ島で最も新しく、かつ小さな蒸溜所でありながら(インダール入江沿いのガートブレックに新設計画があるが)、キルホーマンはいつもやることが早熟だ。この蒸溜所の目的は、ウイスキーを農場のルーツへと引き戻すことだった。

キルホーマンは、海岸から離れて、キルホーマン教区の豊かな農業地帯にある。そこは14世紀にビートン一族が定住した地であり、ゴーム湖の青い湖水を見下ろしている。晩夏を迎えるころ、湖に沿った長い道の両側の畑では、大麦がさらさらと音を立てるようになる。やがて大麦は収穫され、製麦され、蒸溜されて、蒸溜所で熟成される。これが現代行われている、昔の農場スタイルの蒸溜だ。この手法には、自分たちの土地が与えてくれるものだけを作っていたアイラ島民の姿が反映されている。

蒸溜所を運営するのは、以前ブナハーブンに勤めていたジョン・マクレラン。彼もヴァリンチ〔訳注：樽からウイスキーをサンプリングする際に使う器具〕を手に持って生まれてきたと思われる地元民の一人だ。彼が作りを監督しているニューメイクは、スモーキーで海辺を思わせる特徴があり、ほのかにクローブとソフトフルーツを思わせる。生まれながらに一流のスピリッツとはいえ、やはり樽熟成によってバランスを整え、進化させる必要がある。

ブルイックラディにある開放型のマッシュタンは業界でも数少ない稼働中のマッシュタンである。

砂浜に隣接して海沿いに帯状に並ぶブルイックラディの建物群は、いまやウイスキー作りに関するあらゆる実験の拠点だ。

スピリッツを熟成させてきたのは樽の優れた品質であり、単にスピリッツに樽の成分が加わったのではなく、全てが統合するのだ。海辺を感じさせた特徴は塩水とアッケシソウに変わり、果実は柔らかく熟し、ハーブ香が生まれる。そして背後に感じる引き締まった風味は、さらに多くの特徴が生まれることを示している。

主要製品には「マキャベイ」があり、バーボン樽で熟成させたウイスキーの一部を短期間オロロソの樽で後熟し、両者をヴァッティングさせている。これらは年数表記されて年に1度、全てアイラ島で発売される。発売される本数が限られているのは、この蒸溜所では大半が貯蔵に回されるからだ。その証拠に、コニングスビーに新たな熟成庫が建設されている。そうはいっても、実地に即した農場らしい考え方がまだ完全に消えてはいないことを示してくれる奇抜な面も、多少は見られる。例えば蒸溜所を訪れたあるとき、シングルカスクを古ぼけたティーポットで瓶詰めしているのを見た。どうやらこうした点も、いかにもアイラ島らしいやり方なのである。

ブルイックラディのテイスティングノート

アイラバーレイ 5年 50%

香り： 爽快。アガベシロップ、ほのかなバター香、かすかなスズランとレモンスポンジケーキの香り。
味： 穀物感が抑制され、焦げたような味わいとバナナ、マンダリン、桂皮、ピンクマシュマロ。
フィニッシュ： フローラル感が遅れて表れ、やや白胡椒の風味もある。
全体の印象： ロックサイド農場産の大麦が使われている。

フレーバーキャンプ：香り高くフローラル
次のお薦め： タリバーディンソブリン

ザ・ラディ 10年 46%

香り： 非常に穏やかで甘く、蒸溜所の特徴的な新鮮味。フローラル、軽いバニラ香、レモンの皮、メロンとハチミツ。
味： クリーミィ、大麦感が濃い、新鮮さは不変だが舌にまとわりつくよう。ソフトフルーツ。
フィニッシュ： 甘く穏やかな余韻。
全体の印象： 新たなチームにとって画期的なボトル。

フレーバーキャンプ：香り高くフローラル
次のお薦め： バルブレア2000

ブラックアート4 23年 49.2%

香り： 蜜ろうで磨いた教会のベンチ席のような熟成香。ほとばしるローズウォーター、ドライマンゴー、ローズヒップシロップ、ポプリ。
味： 軽いラベンダーに支えられたパルマバイオレット、肉厚感とマヌカハニー、乾燥レモン、ザクロのエキゾティックな風味が混ざっている。
フィニッシュ： アプリコットの種、乾燥レモン。
全体の印象： 樽熟成と後熟のミックス、さらに得体の知れない物が入り混じっている。

フレーバーキャンプ：コクがありまろやか
次のお薦め： 響30年、マックミラ・ミッドヴィンター

ポートシャーロット スコティッシュバーレイ 50%

香り： 海辺のたき火、熱い砂、ほのかに風船の香り、オリーブオイル、レモンの砂糖漬け、ユーカリ。
味： 濃厚、ピート感に対抗するイチゴの甘味。
フィニッシュ： キャンプファイヤーの煙。
全体の印象： 若いが存在感がある。

フレーバーキャンプ：スモーキーかつピーティ
次のお薦め： カリラ12年、マックミラ・スヴェンスクロック

ポートシャーロット PC8 60.5%

色・香り： 金色。ローストしたピート香。ウッドスモーク、燃える葉と乾いた草。香りが強い。若い。
味： 強烈で、ヘザーの特徴がある。たなびく煙のような味わいが広がる。
フィニッシュ： 熱い燃えさし。
全体の印象： すっきりとしていておもしろい進化をしている。

フレーバーキャンプ：スモーキーかつピーティ
次のお薦め： ロングロウCV、カネマラ12年

オクトモア・コーマス4.2 2007 5年 61%

香り： キルンの横に立っているような燻し香。蒸溜所独特の甘さが、パイナップルとバナナの香りをまとって残っている。
味： ユーカリのど飴、軽いモルト感のあとにブルイックラディらしい濃厚さが表れ、さらに甘味が増す。
フィニッシュ： 長くスモーキーな余韻。
全体の印象： 力強く、かつバランスが取れている。

フレーバーキャンプ：スモーキーかつピーティ
次のお薦め： アードベッグ・コリーブレッカン

キルホーマンのテイスティングノート

マキャベイ 46%

香り： スモーク、アッケシソウ、肉厚な果実、ホタテ貝と白桃。加水すると波に洗われた岩の香り、軽い花、熱い砂。
味： 甘く、酸味がある。チョークと胡椒のような風味をともなうスモーキーさ。加水すると風味が開き、ほのかに硝煙。
フィニッシュ： 軽いスモーク感。甘い。
全体の印象： 新鮮でスモーキー。

フレーバーキャンプ：スモーキーかつピーティ
次のお薦め： 秩父ピーテッド

キルホーマン2007 46%

香り： 貝殻と新鮮な海藻が混ざった生きいきとした香りに攪拌したバター香が混ざっている。流木、乾燥したてのピート香。
味： アッケシソウ、ピート、甘い大麦、ハーブのアクセント。
フィニッシュ： 軽やかなスモーキーさ。軽いクローブ。
全体の印象： 樽と蒸溜所独特の特徴が完全に統合した。

フレーバーキャンプ：スモーキーかつピーティ
次のお薦め： タリスカー10年

アイランズ

私たちは島の入り口にやってきた。どことなく切り離されたような感覚があり、胸さわぎを覚えるいっぽう、島に来ることは物理的な移動だけでなく、心理的な変化も感じる。慣れ親しんだ場所を後にして、'かなたの土地'を目指したのだ。スコットランド沖への旅は、世界でも屈指の、セーリングにうってつけの地をめぐる旅でもある。翡翠色に輝く海とピンク花崗岩、古代の砂の混じった縞模様の片麻岩、そして流れる溶岩が待っている。隆起海岸と風、波静かな湾、そしてシャチやミンククジラ、イルカにカツオドリ、ウミワシなど、生きものが織りなすわくわくするような風景も展開する。

その香りは濡れたロープや吹き付ける海水、ヘザーとヤチヤナギ、海鳥の糞、海藻、油溜めのオイル、乾いた蟹の殻、ワラビ、そして魚の入った箱を思わせる。その秘密は、地面の下や岩の中、岩の表面にも横たわっている。つまりヘザー、あるいは肥沃な海辺の草原（スコットランド方言で*machair*）を根付かせ風に飛ばされていく砂に潜んでいる。そしてこのふたつの要素が芳ばしいピートにどれほど凝縮されているか、その濃度に香りの秘密がある。オークニー諸島のピートはアイラ島のそれとは明らかに異なっている。

農家が地域のために細々と作っていたにせよ、商業規模であったにせよ、きっとウイスキーは、ある時期にこの諸島の全ての島で作られていたことだろう。本土に近いインナー・ヘブリディーズ列島の最西端にあるタイリー島には合法的な蒸溜所が2ヵ所あり、18世紀にはウイスキーを輸出していた。マル島とアラン島もウイスキーで知られていたし、ミンチ海峡で隔てられたアウター・ヘブリディーズもやはりウイスキーの産地だった。

いまはどうだろうか。蒸溜所はヘブリディーズ諸島全体に散在してはいるが、むしろめずらしい存在だ。しかも土地には、生き残った蒸溜酒に負けないほど興味をそそられる歴史がある。ハイランド放逐によって大半の農場蒸溜所がつぶされ、タイリー島だけでも157人の密造者が逮捕され、多くが強制退去させられたのだ。同時にタリスカーやトバモリーなど大規模な蒸溜所も生まれた。蒸溜所経営に挑戦したものの失敗した者もいたし、単に経営をやめた蒸溜所はかなり多かった。19世紀は市場の需要が変化し、この土地は商業規模で蒸溜所を運営するには、費用がかかりすぎた。それはいまでも変わらない。

島を訪れる人間は、島の生活の現実を見落としがちだ。通信手段、原材料、高額な固定費、物不足など、本土では問題にならない要素がここでは足かせとなる。「新しいズボンが欲しければ、インヴァネスまで車を飛ばさないといけないんだ」タリスカー蒸溜所の元マネージャーから以前きいた話だ。手っ取り早く稼ぐつもりで島にやってきた新参者はすぐに、金持ちにはなれそうもないこと、手っ取り早く稼ぐのも無理そうであることに気づく。島の生活は長い時間枠の中で営まれていくのだ。こうした時間の流れはウイスキーには適している。島の暮らしは確かにすばらしいかもしれないが厳しくもある。

この西の外れの海辺で作られたウイスキーから、この島の――本来はおおらかな土地なのだが――厳しい風景が感じられたとしても驚くにあたらないだろう。ここでは島が突きつける条件に合わせるしかない。だからこそ島のウイスキーがこれまで成功を収めてきたのだ。島のウイスキーには、島の風景が流れ込んでいるかのような香りが感じられる。それは総じて、市場の要求に左右されずにありのままの姿を見せているからである。飲むのがいやなら、やめておくだけだ。

起伏が多く、独特の雰囲気漂うスコットランドの島々の風景は、妥協のないウイスキーの風味に投影されている。

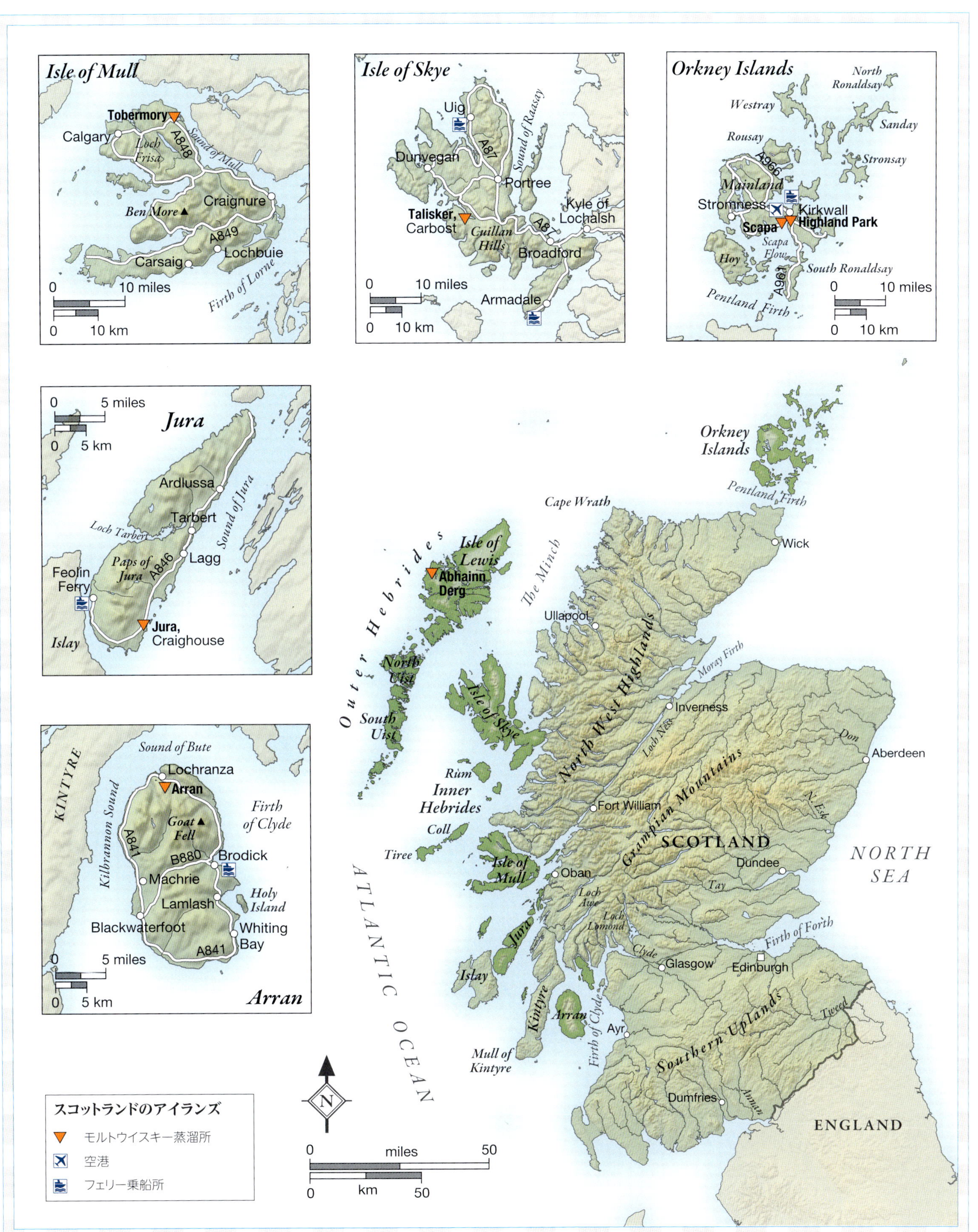

Isle of Mull
Tobermory
Calgary
Loch Frisa
A848
Sound of Mull
Ben More
Craignure
A849
Carsaig
Lochbuie
Firth of Lorne
0 10 miles
0 10 km
Isle of Skye
Uig
A87
Sound of Raasay
Dunvegan
Portree
Talisker, Carbost
Cuillin Hills
Kyle of Lochalsh
Broadford
Armadale
0 10 miles
0 10 km
Orkney Islands
North Ronaldsay
Westray
Sanday
Rousay
Stronsay
A966
Mainland
Stromness
Kirkwall
Scapa
Highland Park
Scapa Flow
Hoy
South Ronaldsay
A961
Pentland Firth
0 10 miles
0 10 km
Jura
0 5 miles
0 5 km
Ardlussa
Tarbert
Loch Tarbert
Sound of Jura
Paps of Jura
A846
Lagg
Feolin Ferry
Jura, Craighouse
Islay
Arran
Sound of Bute
KINTYRE
Kilbrannon Sound
Lochranza
Firth of Clyde
Goat Fell
A841
B880
Brodick
Machrie
Holy Island
Lamlash
Blackwaterfoot
Whiting Bay
0 5 miles
0 5 km
Orkney Islands
Pentland Firth
Cape Wrath
Wick
Outer Hebrides
Isle of Lewis
Abhainn Derg
The Minch
Ullapool
North Uist
South Uist
Isle of Skye
Moray Firth
Inverness
North West Highlands
Loch Ness
Don
Aberdeen
Rum
Inner Hebrides
Fort William
Grampian Mountains
N. Esk
Coll
Tiree
SCOTLAND
NORTH SEA
Isle of Mull
Oban
Dundee
Tay
Loch Awe
Loch Lomond
Jura
Firth of Forth
Clyde
Islay
Glasgow
Edinburgh
ATLANTIC OCEAN
Kintyre
Arran
Firth of Clyde
Ayr
Tweed
Southern Uplands
Mull of Kintyre
Dumfries
Annan
ENGLAND
N
0 miles 50
0 km 50
スコットランドのアイランズ
モルトウイスキー蒸溜所
空港
フェリー乗船所

スカバイグ川とクーリンズ山脈を背後から見た風景。この巨大な峰々の向こう側にタリスカーがある。

アラン蒸溜所

関連情報：ロックランザ●WWW.ARRANWHISKY.COM●開館時間：年中無休、ただし冬季の開館日は不定期、3月中旬-10月は月曜-日曜

アラン島は、ウイスキーどころか島としても定義するのが難しい。ハイランド境界断層で分断され、花崗貫入岩とダルラディアン変成岩、堆積岩層、氷食谷、そして隆起海岸などが見られ、地質学者にとってはまさに研究天国だ。島の北半分は岩だらけで山がちだが、南側は一面、起伏のなだらかな牧草地が広がる。いったいここはハイランドとローランドのどちらに属するのだろうか。単純にスコットランドから蒸溜されて生まれたのかもしれない。いっぽうウイスキーに関しては、話はもっと複雑だ。アラン蒸溜所は北部のロックランザにあるため、法的にはハイランドに位置する。しかしここは島だから、となると……、まさかアイランド・ウイスキーということになるのだろうか。いや、きっと定義付けなど無意味なのだろう。肝心なのは、小規模蒸溜所という特質と、その個性を生み出すために働く蒸溜所のスタッフたちの姿勢なのだ。

アラン島は常に混乱とひらめきがつきものだった。地質学の父、ジェームズ・ハットンが発見した地質現象、'不整合'のひとつがロックランザにある。ここは、非常に長い時間をかけて起こった地殻変動によって垂直方向に隆起した岩石が深く浸食され、その上に新しい岩石が水平に重なった地層が見られるところだ。

アラン蒸溜所は1995年に創建された。かつて密造で知られた島にしてはずいぶんと遅れて参入したものである。これが新たな疑問へとつながる。なぜ酒税法改正から160年も経ってから創建されたのか、しかも歴史的には島の南方のほうで盛んに蒸溜が行われていたというのに、なぜ北に建てられたのだろう。

「いくつかの土地を見てまわったようだ」初代マネージャー（かつ伝説的な蒸溜家）のゴードン・ミッチェルは言う。ロックランザに落ちついたのは水源のためだった。「デイビー湖は水を豊富に与えてくれるし、pH値が発酵にちょうど適している。それに死んだ羊もいないしね!」

最近新設された蒸溜所のほとんどがそうであるように、ここもワンルームのレイアウトである。大きな観葉植物が置かれ、印象的ではあるがやや不釣り合いでもある。当初はグリスト［訳注：マッシングのために粉砕された麦芽］を購入していたが、いまは粉砕器が設置されている。「全工程を管理したいんだ」現在マネージャーを務めるジェームズ・マックタガートは言う。アイラ島生まれの彼は、ボウモア蒸溜所で30年にわたってウイスキー作りの経験を積んできた。毎年、ややピーティなスピリッツが作られるのも驚くに当たらない。

アラン蒸溜所では最初からスピリッツに強烈な柑橘香がある。この立ちのぼるような香りが、キレがよい穀物風味を生む基盤になる。「この香りがどこから生まれるのかはっきりとした説明がつかない」とマックタガートは語る。「でも小さなスチルを非常にゆっくりと稼働して、還流時間をたっぷり確保しているんだ。柑橘香がするのはそのせいだと思うよ」

ライトな特徴にしたのは商業的な選択だった。アラン蒸溜所が建てられたのは若くピーティなウイスキーのブームが起こる直前で、商売上、比較的早く熟成するスピリッツを作る必要があったのだ。こうした姿勢はしばしば'軽率'などと非難されるが、それはアランを見くびっているというものだ。創業19年めを迎えたアランはいまも成長中である。近年、樽の組み合わせの点では、シェリー樽と優れた相性を見せるようになった。それに少なくとも筆者から見ると、製品数量を縮小させるのは歓迎すべき動きである。これにより本来のアランらしい特徴が自然と表れてくるのだ。何よりもアランは極めて困難なことをやり遂げてきた。生き残ったのだ。

妥協しない、この言葉がアラン蒸溜所にふさわしいかもしれない。正統派のハイランドでもローランドでもなく、ましてや典型的なアイランドタイプとして期待されるスタイルでもない。しかしこれこそが最適な選択だ。なぜなら、これまで見てきたように、アラン自体、何らかの定義にきっちりと当てはまらないのだから。アランは（島もウイスキーも）アランなのだ。

アランのテイスティングノート

ニューメイク

香り： 非常に柑橘香が強く立ちのぼる。しぼりたてのオレンジジュース、未熟なパイナップルの下部を切り取ったような香り、もみ殻とオーツ麦の香り。青い。

味： ひりつくような効果。すっきりしていて豊かな柑橘類。非常に凝縮して甘い。穀物感。

フィニッシュ： すっきりしていて強烈。

ロバート・バーンズ 43%

香り： 香りが強く立ちのぼる。非常にエステル香が強く、セイヨウスモモとミラベルの香り。アラン独特の柑橘らしい特徴が夏みかんのような香りとなって表れた。加水すると香り立つ。

味： 香りと同様な味。果実の花と切り花の風味が立ちのぼる。生きいきとして、軽いチョーク様の風味がある。

フィニッシュ： 軽快な柑橘類。

全体の印象： まだ若いがすでによくバランスが取れている。

フレーバーキャンプ：香り高くフローラル
次のお薦め： ザ・グレンリベット12年

10年 40%

香り： 穀物香がやや強まり、タンジェリンとかすかなバナナ香。加水するとクリーミィになりなめらかさが加わる。

味： 抑制されており、穀物と果実味が混合された正統派のアラン。加水すると和らぐ。

フィニッシュ： ショウガとコウリョウキョウを思わせるスパイシーな余韻。

全体の印象： 若いがすでに自信を持っている。

フレーバーキャンプ：フルーティかつスパイシー
次のお薦め： クライヌリッシュ14年

12年 カスクストレングス 52.8%

香り： バランスがよく、甘い。ロバート・バーンズのチョーク様の風味がここではレモンの内皮と削りたての樽由来の軽さをまとっている。

味： 甘く凝縮されている。フローラルさと柑橘類と熟成したヘーゼルナッツのバランスがよく、ゆったりとしている。

フィニッシュ： レモン味の麦芽糖

全体の印象： アルコール分を覆うのに充分な深みのある特徴。

フレーバーキャンプ：フルーティかつスパイシー
次のお薦め： ストラスアイラ12年

14年 46%

香り： 穏やかで温かくトーストのような樽香。ほのかなフェンネルとレモングラス、甘さをともなうライトな青さ。

味： ほのかに甘く、バランスの取れた樽感が強まってよく熟成している。カスタードクリームと柚子。

フィニッシュ： まだかすかに硬質。

全体の印象： フィニッシュの引き締まった感じは、まだ蒸溜物の多くがこれから表れることを示している。

フレーバーキャンプ：香り高くフローラル
次のお薦め： 山崎12年

ジュラ蒸溜所

関連情報：クレイグハウス●WWW.ISLEOFJURA.COM●開館時間：5-9月の月曜-土曜、訪問前に電話問い合わせ必須

ジュラ島に蒸溜所があるのはなかなかの偉業である。何しろこの島はヘブリディーズ諸島内でも人口が多いほうでもなく、物資の輸送は全てアイラ島を経由しなければならず、固定費の抑制につながらない。クレイグハウス（名称はカオルナンアイリーン、クレイグハウス、スモールアイルズ、ラッグ、ジュラなど度々変わった）の蒸溜所が1910年に閉鎖された当時、ウイスキーが欲しければ近くのアイラ島から運ぶしかないのではと思われた。

しかし1962年、2人の地主、ロビン・フレッチャー（ジョージ・オーウェルがジュラ島で暮らした当時の家主）とトニー・ライリー＝スミス（『ウイスキーマガジン』誌編集長のおじ）は人口減少を憂い、ウィリアム・デルム・エヴァンスを雇って、新しい蒸溜所を建てさせた。

ジュラに豊富にある物がひとつある。それはピートだが、つい最近までウイスキー作りにはまったく使われていなかった。いっぽう、記録によればスモールアイルズ蒸溜所ではピート香のヘビーなウイスキーが作られていたという。フレッチャーとライリー＝スミスの主な顧客だったスコティッシュ&ニューカッスル社から、ブレンデッドウイスキー用にピート感のないライトなタイプを求められた。そのため1960年代の大半の蒸溜所と同様に、ジュラでもこのタイプが作られ、ライトなスピリッツ作りの工程を促すために大型のスチルが設置された。

アイランドピート香以上にジュラらしさを示す特徴的な香り、それは湿気の多い夏の森に生えるシダ類であり、徐々に乾いてワラビのようになる。こうした香りを硬質な穀物感が支えている。ジュラは頑固なウイスキーだ。「シェリー樽に入れる前に落ちつかせる必要がある」蒸溜所を所有するホワイト&マッカイ社のマスターブレンダー、リチャード・パターソンはこう語る。「まるで、『ミンクのコートでなくてスーツで充分。シェリー樽に入れるタイミングが早すぎると変な方向へ行ってしまうよ』とでも言っているようなウイスキーなんだ」

ウイスキーをゆっくりとなだめすかすようなこうしたプロセスは、熟成を始めて最初の16年間の大部分を占め、21年（あるいはそれ以上）でピークを迎える。昔の'ピートを加えない'ルールが過去のものとなり、シングルカスクのピートの効いたヘビーなボトルは松のような風味をまとい、ワラビの風味も感じられる。いっぽう、泥炭の特徴を持つ「スーパースティション」はひと味違い、ある意味でより複雑な特徴がある。長い目で見れば、環境に逆らうよりは環境を受け入れるほうが、ジュラにとっては最適なのかもしれない。

ジュラはあらゆるものがひとつしかない。一本の道、唯一の村、そして蒸溜所もひとつだけ。

ジュラのテイスティングノート

ニューメイク

香り： 粉っぽくドライ、緑のワラビ。軽いグラッシー香。
味： 強烈でライト、ミッドパレットは豊かな香りが漂い、やがて小麦粉。非常に引き締まっている。
フィニッシュ： 甘いが、手におえない難物だ。

9年 カスクサンプル

色・香り： 金色。小麦粉とほこりのような香りが緑麦芽の形をなし、背後にヘーゼルナッツ香がある。柑橘類（レモン）が通り抜け、あの緑のシダの特徴がほのかなヌガー香とともに残っている。まだ新鮮。
味： 非常にドライでしっかりしている。砕いたアーモンド、未熟な果実、モルト。
フィニッシュ： 最後の段階で開き始め、ひとにぎりの甘味が表れた。
全体の印象： ニューメイクの素朴ですっきりとした印象が残り、堅固な底流がまだ感じられる。

16年 40%

色・香り： 琥珀色。バニラ、甘いドライフルーツ、プルーン、チェスナッツ、ブランブルジェリーなど、樽から抽出されたコクのある香り。ほのかな乳香。奥底にドライな特徴。
味： 9年よりまろやかさが増し、ソフトになった。シルキーな感触で穏やか。熟した果実と乾いた草（シダの風味が進化した）。
フィニッシュ： 甘いシェリーとしっかりとしたスピリッツが混ざっている。
全体の印象： 効力の強い樽との融合が奥底に潜む甘さを引き出した。

フレーバーキャンプ：コクがありまろやか
次のお薦め： ザ・バルヴェニー17年マデイラカスク、シングルトン・オブ・ダフタウン12年

21年 カスクサンプル

色・香り： マホガニー。オールスパイス、ショウガ、レーズン、乾燥した柑橘類の皮などのクルーティダンプリンの味がたっぷり感じられる熟成香。続いて糖蜜、ツィードの香り（ドライ感がついに消えたようだ）。凝縮し始めた。
味： パロ・コルタードを思わせるシェリー樽の影響が大きい。甘く香ばしい特徴。フルーツケーキとウォルナッツ。なめらかで長い余韻。
フィニッシュ： 熟した甘い果実。
全体の印象： ジュラの進化途上では魅力的なスパイス感が遅く表れる。

トバモリー蒸溜所

関連情報：トバモリー●WWW.TOBERMORYMALT.COM●開館時間：年中無休、月曜-金曜

スコットランド西岸を航海した経験がある人なら誰もが、世界屈指の壮大なクルージングスポットを体験する喜びと、厳しい天候にたっぷりとさらされる恐怖とのバランスを保たなければいけないことをわかっていることだろう。マル島の中心地トバモリーは、荒波を打ちつけてくる自然との闘いで疲れきったヨットが身を寄せる港だ。ヨットを係留してよろめきながら陸地に上がり、ミッシュニッシュホテルを目指して行くと最初に出合う建物は、きっとあなた自身と同じように、波に打たれて憔悴しきっているように見えるだろう。トバモリー蒸溜所は、スコットランドでも指折りの美しい建物とは言いがたい。

この蒸溜所の物語はある意味、島々自体と似ている。18世紀後半にビール工場としてスタートし、所有者が何度も変わってきた。彼らは蒸溜所を、不在地主の多くがヘブリディーズ諸島の借家人を扱ったのと同じように扱った。いっぽう、1993年以前は、樽がもたらす要素をそのまま受け入れていた時代と同じ樽管理が行われていた。現在はバーン・スチュアート社の傘下にあり、総合蒸溜マネージャーのイアン・マクミラン(p.104のディーンストン蒸溜所を参照)によって、まったく別の蒸溜所がよみがえった。

マクミランは蒸溜所の運営に成功し、オイリーで野菜の特徴を持つニューメイクはやや異色ではあるが、苔のようなおもしろい特徴があり、徐々に赤い果実のような風味が生まれる。ラインアームの先端がS字型に曲がったスチルは、確かになんとも奇妙だ。「ここでは風変わりさが鍵だ」と彼は言う。「還流が盛んに起こることによって、奥底にある軽さが表れる」

この軽さはヘビーでピーティな製品にも潜んでいる。また、「レチック」のニューメイクはマスタードとカサガイ、煙突のようなスモーク感がある。いっぽう両製品の30年以上熟成したボトルは、両者がどれほど洗練されるかを示している。

言い換えれば、いずれのボトルもきわめて個性的で、ジュラ同様、熟成に時間を要する。「優れた特性が出るまでにはしばらくかかるけれど、そういうスタイルなんだ」とマクミランは続ける。「ウイスキーは5分でできあがるなんて誰が言ったんだい?」

トバモリー蒸溜所の切妻壁は、疲れきった船乗りを温かく迎える景色だ。

トバモリーのテイスティングノート

ニューメイク

香り： オイリー、野菜、奇妙なことにリコリスオールソーツ菓子の香りがする。この香りが消えると苔と真ちゅうの香り。
味： オイリー、最初は濃厚でしっかりとしているがフィニッシュは極辛口。
フィニッシュ： ハードで短い余韻。

9年 カスクサンプル

香り： 非常にフルーティ(オパールフルーツ菓子とライムコーディアル)、イチゴの噛みごたえ。続いて濡れたビスケット、フェヌグリーク、オイリーに続いてシェリー香。
味： 亜麻仁油。果実というより全粒粉の特徴が表れ、徐々に甘くなる。加水するとややバルサ材。
フィニッシュ： キレがいい。
全体の印象： ニューメイクに見られた甘くドライな特徴がまだ奮闘中。

15年 46.3%

色・香り： 深い琥珀色。シェリー樽の影響が強く、サルタナレーズンの奥に、ニューメイクに見られた青い香り。ミントチョコレートとジャムのような熟成香が少し生まれてきた。
味： スパイシーでややチェリーの風味(シェリー感も)。赤い果実味がおもしろい形で生まれてきた。ヘーゼルナッツ。
フィニッシュ： ドライで糖蜜をひとなめしたような余韻。
全体の印象： 樽熟成によってまろやかになったが、さらに進化しそうにも感じる。

フレーバーキャンプ：コクがありまろやか
次のお薦め： ジュラ16年

32年 49.5%

色・香り： 深い琥珀色。熟成し、エルダーベリー、レーズン、ほのかにスモーキー、秋の森、朽ちた葉、苔の香りが復活。
味： 強いざらつき感と主張の強いヘビーなシェリー感。ヒマラヤスギと穏やかでソフトなクリーム感。
フィニッシュ： なかなか消えない余韻。
全体の印象： とうとう個性が開花した。

フレーバーキャンプ：コクがありまろやか
次のお薦め： タムデュー18年、スプリングバンク18年

アビンジャラク蒸溜所

関連情報：ルイス島カーニッシュ ● WWW.ABHAINNDEARG.CO.UK ● 年中無休、月曜-金曜

ウエスタンアイルズを訪れた人は誰でも、何世紀も前からのスコットランド産スピリッツの熱心な消費文化が健在であることに気づくはずだ。そう思うと、この長い離島群では1840年から2008年の間、違法にせよ合法にせよ、スピリッツが作られてこなかったことには驚いてしまう。最後に残った蒸溜所には「シューバーン（靴を燃やす）」という現実離れした名称が付いていた。記録によればこの蒸溜所は、ルイス島の中心地ストーノウェイにかなりのウイスキーを供給していたという。しかし、前に述べたように、島外にはほとんど出荷されなかった。

2008年、マルコ・テイバーンはこの状況を打破しようと決心した。蒸溜所の建設は辛抱と明確な未来像、豊富な資金を要する厳しい事業だ。さらにはテイバーンがぼやくように、「だらだらと何時間もすわって何枚もの書類に書き入れなきゃならない」仕事でもある。

本土に蒸溜所を建設するのは困難だ。いっぽう、イギリス最西端の諸島（ただしセントキルダ島を除く）の北西部の海岸に建てるとなると、見込みはまったく異なる。そして彼はやってのけた。レッドリバー（アビンジャラク：［訳注：*Abhainn Dearg*はゲール語で「赤い川」の意味］）沿いに古い養魚場を見つけ、工事に着手した。蒸溜に関わる材料は全て自給自足することを目指した。やはりそれこそが、島の暮らしの真実なのだ。もし何か行う必要があることを見つけたら、実行に移すしかない。

「何が欲しいのかはいつもわかっていた」マルコは彼の作るピーティで力強いスピリッツのことを語った。「他とは異なる際立った個性、それこそが欲しいんだ。われわれは、自分たちが知っているやり方でしかウイスキーを作れない。ひとつひとつの断片の寄せ集めだ。だけど……」彼はここで言葉を切った。「その断片はアウター・ヘブリディーズの断片でもあるんだ。海辺の草原とピート、砂、水、それから山々だ」

「大きな工場もけっこうだがね」再び彼は言葉を切った。「だけど私は、その土地と人々を反映する小さな蒸溜所が好きだ」マルコと話していると、いつも島の景色とここに暮らす人々、そして彼のヘブリディーズ人としての強烈なプライドの話になる。すなわち、アビンジャラクは単なる製品にとどまらず、独特の理念の表れだ。

離れ小島のはずなのに、多くの人々がわざわざ蒸溜所を見学するためにルイス島にやってくることに、マルコは驚いている。イギリスで最も辺ぴな蒸溜所は、誠実であるだけでなく、ウイスキーの広大な世界とつながっているのだ。

いまや蒸溜所は、さながらバスのような存在になってきたようだ。本書を書いている時点で、ハリス島とバラ島には長期的な展望に基づいた蒸溜所の建設計画が進展中である。ヘブリディーズ諸島に新たなウイスキー文化が生まれようとしているのだろうか。

アビンジャラクのテイスティングノート

シングルモルト 46%

色・香り： 深い琥珀色。熟成しておりエルダーベリーとレーズンの香り。ほのかにスモーキー、やや秋の森の香り。朽ちた葉。苔の香り。
味： 繊細なスモーク感が終始感じられる。重みのある蒸溜物が口中にとどまる。熱いマスタードオイル、ダビン油。
フィニッシュ： 穀物感。
全体の印象： まだ若く、重みと軽やかさが入り混じって魅力的だ。効力の強い樽での熟成が必要だろう。

フレーバーキャンプ： フルーティかつスパイシー
次のお薦め： コルノグ

アビンジャラク蒸溜所はアウター・ヘブリディーズの蒸溜文化を復興させようとしている。

タリスカー蒸溜所

関連情報：カーボスト●WWW.DISCOVERING-DISTILLERIES.COM/TALISKER●開館時間：年中無休、曜日と詳細はサイトを参照

カーボスト村のハーポート湖を見わたすように建つタリスカー蒸溜所は、スコットランドでも指折りの壮観な景色を誇る立地にあり、ここからは山も海も望むことができる。蒸溜所の背後にはクイリン丘陵がそびえ、粉々に砕けた岩だらけの峰は、南方との行き来を遮断する障壁となっている。海辺に立って深呼吸をしてみるといい。海藻と海水が香ることだろう。そうしたらニューメイクの香りも深く吸いこんでみよう。スモークと牡蠣、ロブスターの殻の香りが感じられるはずだ。タリスカーには、土地そのものが蒸溜されている。もちろんこれは並外れた絶景から生まれたロマンティックな妄想にすぎない。この景色を目の前にしたら、死すら無意味なものに思えてくる。

'ビッグ・ヒュー'の異名を持つヒュー・マカスキルがこの地に蒸溜所を建てたのは、何も非現実的な理由からではない。マル島の地主の甥（彼はモーニッシュの土地を相続した）であったヒューは1825年、タリスカーの'賃借権'を手に入れ、'土地の活用'という名の冷酷な経済方針に基づいて借地人たちを立ち退かせた。あるいは以前の地主だったロークラン・マクリーンによる放逐のあとに残った人々を追い出した。

クライヌリッシュ（p.133を参照）同様、タリスカーはハイランド放逐によって生まれた蒸溜所だ。そこに暮らしていた人々は、カーボストにとどまり蒸溜所で働くか、あるいは植民地へと立ち去るかの選択を迫られた。スカイ島の寂寥感漂う美しさは、地理的な要因だけではなく、19世紀の資本主義経済によってもたらされたのだ。「スカイ島は空っぽではない」とイギリス人作家ロバート・マクファーレンは書いている。「空っぽにされたのだ」

ウイスキーも最初は抽象的なつながりがあるようには見えない。タリスカーは還流と精溜器、そしてピートが全てである。プロセスが全てである。しかも舌の上でフレーバーが列をなし、なおも飲む人を再び海辺へと導く。スカイ島の薄い土壌のおかげで、21もの湧き水が蒸溜所の仕込み水に使われている。大麦はピートが効いており（最近はグレンオード蒸溜所から仕入れている）、発酵は木製の発酵槽で長時間かけて行われる。こうして麦汁ができあがり、業界でもかなり個性的な形状をした2基のスチルに投入される。

タリスカーの秘密は、印象的なU型のラインアームを備えた、この背の高いポットスチルから始まる。アルコール蒸気はこの中で還流を起こし、精溜器のパイプを通ってスチル内に戻る。上向きに立ち上がったラインアームは曲がって元の高さに戻って壁を貫通し、冷却用ワームタブ内でコイル状になる。これらが、フレーバーを生み出す驚異的な機器類だ。ローワインは3基あるうちの2基の普通型のスピリットスチルに投入され（タリスカーが3回蒸溜を行っていたころの名残だろうか）、あの複雑な風味のニューメイクが生まれる。

ニューメイクははっきりとしたスモーク感をまとっているが、硫黄分もある。これはワームタブと、疲れきるまで蒸気と会話を続けた銅の働きの成果だ。さらに大型スチルと精溜器で起こった還流によって、オイリーな甘味も生まれる。硫黄分はしだいに味覚の奥に消えていき、タリスカー独特の胡椒の風味をもたらす。

海岸とクイリン丘陵にはさまれて建つタリスカー蒸溜所はスコットランド随一の壮観を誇る地にある。

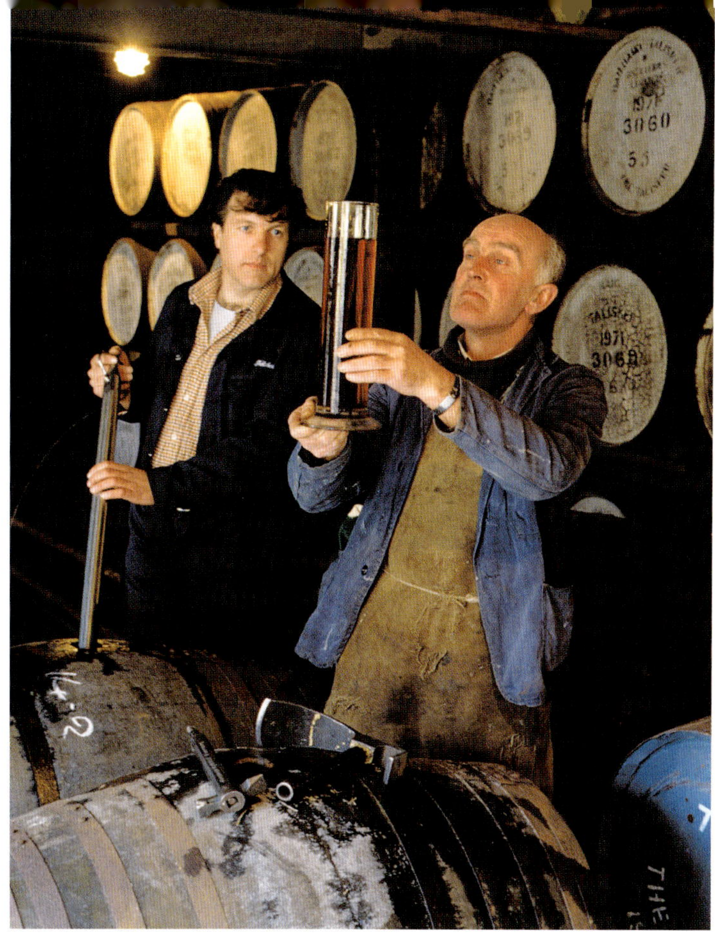

　それでは、タリスカーは工場が生んだウイスキーなのか、それともあの白壁の建物群が土地そのものを体現しているのだろうか。「ウイスキーからはもちろん土地の気配をとらえることができる」ディアジオ社のマスターディスティラーであり、ブレンディングを統括するダグラス・マレーは語る。「土地の真髄をとらえずしてスピリッツを凝縮することなんてできない。タリスカーをタリスカーたらしめる何かが、この土地にはあるんだ。それがどうやって生まれるのかはけっしてわからないし……、知りたいとも思わないがね」まさに、その土地にしかないテロワールである。

　近年、タリスカーの製品群は大きく拡大してきた。ピーティで力強い「タリスカー57°ノース」、「ストーム」、「ダークストーム」、そして定番商品の25年熟成と30年熟成がある。いずれのボトルにも、大地と海と海辺の真髄が溶け合っている。スカイ島が蒸溜されているのだ。

　このような島のウイスキーが生き延びてきたのは、現実的な事情による。ウイスキー作りは島でも成り立つ数少ない事業のひとつなのだ。さらには、その風景と同様に、妥協のないフレーバー（ピート主体寄り）もウイスキー産業が栄えてきた要因だ。こうして、ウイスキーには産地と作り手の人々の姿が投影される。これは文化的なテロワールでもあるのだ。

生まれたウイスキーをチェックするスタッフたち。タリスカーの胡椒を思わせるスタイルは、樽内で過ごす間、終始、樽に優しく抱擁されて生まれる。

タリスカーのテイスティングノート

ニューメイク

香り： 最初は軽いスモーク香。非常に甘く、背後に硫黄香。牡蠣のような塩辛さ、ロブスターの殻。最後に強いスモーク香。

味： ドライなスモーキーさと硫黄。軽やかなタール感。新しい革。ソフトフルーツ。塩辛い。

フィニッシュ： スモーキーで長い余韻、奥底に胡椒と硫黄分が感じられる。

8年 リフィルウッド カスクサンプル

香り： 強い香り。ヘザーと土っぽいピート香。白胡椒の実、薬っぽい香りが生まれつつある。ニューメイクに感じられた塩水や牡蠣のような香りがまだ残っている。薬剤のエトドラクとドライミント。加水するとヤチヤナギとカラ松。

味： 白胡椒の実の風味が強い。海を思わせる。濃厚でしっかりとした口当たりと若干のオイル感。複雑。

フィニッシュ： ドライさに続いて甘味、やがて再びドライな胡椒風味。

全体の印象： すでに熟成した特徴が表れている。

10年 45.8%

色・香り： 金色。スモーキーな炎。ヘザー、リコリスの根、ビルベリー。土っぽいスモーク（たき火）とポーク・クラックリングが混ざった香り、ほのかな海藻香。甘さが潜む。バランスがよい。軽やかな複雑さがある。

味： 口に含むとすぐに強い風味。砕いた胡椒に続き非常に甘いソフトフルーツがもたらす濃厚な複雑味があり、全てがすすや苔のようなスモーク感によって結合している。ほのかな硫黄。海と海岸の混ざった風味、甘く、激しく、スモーキー。

フィニッシュ： 胡椒のようでスモーキー。

全体の印象： 一見矛盾しそうな要素が均衡を保っている。

フレーバーキャンプ：スモーキーかつピーティ
次のお薦め： カリラ12年、スプリングバンク10年

ストーム 45.8%

香り： スモーキーで塩辛い。ニューメイク由来の砕ける波のように立ちのぼる硫黄香。加水すると激しさがやや収まり、シロップ様のフルーティな甘さが生まれ、塩辛いスモークがよみがえる。

味： いかにもタリスカーらしく、落ちつきのある甘さの後に爆発的な存在感のあるスモーク。

フィニッシュ： 塩辛く、胡椒を思わせる余韻。

全体の印象： 年数表記のないタリスカーであり、ピート感が最大限に発揮されている。

フレーバーキャンプ：スモーキーかつピーティ
次のお薦め： スプリングバンク12年

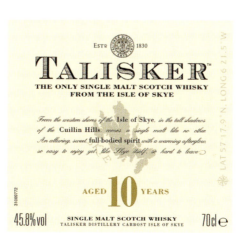

ESTD 1830
TALISKER
THE ONLY SINGLE MALT SCOTCH WHISKY FROM THE ISLE OF SKYE
From the western shores of the Isle of Skye, in the tall shadows of the Cuillin Hills, comes a single malt like no other. An alluring, sweet, full-bodied spirit with a warming afterglow, so easy to enjoy yet, like Skye itself, so hard to leave.
AGED 10 YEARS
SINGLE MALT SCOTCH WHISKY
TALISKER DISTILLERY CARBOST ISLE OF SKYE
45.8%vol 70cl e

18年 45.8%

色・香り： 金色。複雑、燃えるヘザー、甘いタバコ、古い熟成庫、おき火。奥底にアーモンドペーストとヌガーバタービスケットとほのかなハーブ香。豊かなスモーク。コクがあり複雑。

味： ゆっくりとしたスタート、やがて胡椒と軽くいぶした魚、甘いフルーツシロップがバランスを保ち、風味の鍵となっている。爆発的なフィニッシュに向かって勢いが増す。

フィニッシュ： ピンクペッパーの実。

全体の印象： タリスカー独特の強さを保っているが中核の甘さも育っている。

フレーバーキャンプ：スモーキーかつピーティ
次のお薦め： ボウモア15年、ハイランドパーク18年

25年 45.8%

香り： 豊かな香り。スミレのよう、濡れたロープ、塩気のあるカンバス地、シダと軽やかな皮革香。海辺のよう、たき火のおき火。

味： きわめて複雑。イチゴと砕いた黒胡椒、ローリエ、海藻とスモーク。

フィニッシュ： 塩チョコレート。

全体の印象： バランスよく熟成し、かつミステリアスなウイスキー。正統派のタリスカー。

フレーバーキャンプ：スモーキーかつピーティ
次のお薦め： ラガブーリン21年

オークニー諸島

オークニー諸島はスコットランドの他の地域から孤立した存在だ。ここには立石群があり、新石器時代の埋葬室があり、古代の円形要塞がある。その岸壁には海から容赦なく波が打ち寄せ、バイキング伝説がいまだに生きている。この神秘的な島々にはあらゆるものが共存しているようだ。そしてここにあるふたつの蒸溜所は、土地の個性をウイスキーに表現するために、それぞれ独自の手法で取り組んでいる。

オークニー諸島の過去はいまもなお息づいており、手に触れることもできる。

ハイランドパーク蒸溜所およびスキャパ蒸溜所

関連情報：ハイランドパーク●カークウォール●WWW.HIGHLANDPARK.CO.UK●開館時間：年中無休、曜日と詳細はサイトを参照
スキャパ●カークウォール・KIRKWALL●WWW.SCAPAMALT.COM

プロペラが雲を切り開くと、起伏に富んだ海岸線が現れる。空から見るとその有り様は、陸地と海が上品にワルツを踊っているかのように見え、スコットランドの西岸を酔って千鳥足で歩いている酔いどれには見えない。風景も文化も人々も、オークニー諸島はあらゆる面でスコットランドの他の地域とは一線を画している。緑濃い低地の群島はノルウェー文化のおよんだ辺境の地でありながら、スカンジナビアには含まれず、スコットランドにありながら、暮らす人々はスコットランド人ではない。ここはやはり、生まれついての島国気質と自給自足の精神によって独自にものごとを解決してきた土地である。そして島にあるふたつの蒸溜所、ハイランドパークとスキャパは、それぞれ独創的な手法でウイスキーを作っている。いっぽうは自然志向、もういっぽうは技術志向である。

ハイランドパーク蒸溜所は、その名が示すようにカークウォールを見下ろす丘の頂上に建っている。何層もの黒々とした石造りの建物は、さながら岩からそのまま湧き出たかのようだ。「1798年創業」と書かれて華美に装飾された門をくぐると、石畳の曲がりくねった小道が続き、奇妙な別世界に入り込んだような気分になる。道の両側には、蒸溜所の必要に応じて自然に生まれ出たかのような建物が建っている。

ここでは必要量の20パーセントの麦芽を自前のフロアモルティング設備で製麦しており、ピートとコークを交互に使い、ミディアムからヘビー気味のモルトを作っている。このモルトを本土産のピートの効いていないモルトと混ぜて使っている。ドライイーストを長時間かけて発酵させ、蒸溜もじっくり行われる。その結果、豊かなスモーク香と柑橘香が立ちのぼるニューメイクが生まれる。ハイランドパークは最初から甘く、スモークと甘さ、オレンジの風味が踊り、豊かな果実味が全ての製品に感じられる。ピート感が優勢なものもあれば、甘さがゆるやかに前面に表れるものもある。熟成によってふたつの要素が濃厚かつハチミツ香をまとって凝縮するタイプである。いずれにしても、バランスが鍵である。

ハイランドパークのDNAは、生まれたウイスキーの前面と裏側に潜んでいる。エドリントングループの傘下にあり、樽マスターのジョージ・エスピエが樽を監督している。2004年以来バーボン樽は使われなくなった（同時にカラメルによる着色も加えられなくなった）。熟成には4年間使われたのちに空気乾燥され寝かされたヨーロピアンオークとアメリカンオークの樽が使われる。「こうした樽の使い方によって一貫した特徴が生まれる」とブランド・アンバサダーのゲリー・トッシュは語る。「12年から50年物にまでおよんで7つもの製品があると、一貫性を保つことが最も難しい課題になるんだ。ちなみに後熟

スキャパ蒸溜所：多様性のあるスタイル

ハイランドパーク蒸溜所から直線距離で約1.6キロ、スキャパ湾を見下ろす高台に建つスキャパ蒸溜所のウイスキーはきわめて個性的だ。ピートを効かせず、瑞々しい果実感にあふれた特徴を生み出す鍵は、ローモンドスチルの置かれたスチルハウスにある。調整板は外されたが、太いネックと精溜器は、銅との会話時間をたっぷりと与えてくれる。新たな所有者シーバス・ブラザーズ社のもとで改修が行われ、この小さな蒸溜所と抜群の飲みやすさを誇るウイスキーは、ようやく人々に知られるようになってきた。

ハイランドパーク蒸溜所の傾斜の急な小道は、自給自足コミュニティだった中世の町のような雰囲気が漂う。

はしないよ」エスピエとブレンダーのマックス・マクファーレンが最終段階で予想外の仕上がりにならないよう管理をしているとすれば、始まりはオークニー諸島そのものにある。

ハイランドパーク蒸溜所が年間350トンのピートを採掘しているホビスター・ムーアに足を踏み入れると、土地のにおいが変わっていることに気づくだろう。ウイスキーにも感じられる、松やハーブのような香りがするのだ。ハイランドパークの独自性を真に理解するには、この湿原からイエスナビーの崖まで足を運んでみることだ。そこに行けば、空から見たときの、海と陸地の優雅なダンスのイメージなど吹き飛んでしまう。波に打ちつけられた様々な色の地層の頂上は、1年のうち80日間は、時速160キロの風にさらされる。「ハイランドパークを際立たせるのはオークニー諸島ならではのピートなんだ」トッシュは言う。「そしてここがそのスタート地点だ。潮風が吹きつけるので、オークニー諸島には木が1本もなく、生えるものといったらヘザーだけ。そのせいでピートも他とは異なり、そのために焼いたときの香りも異なってくる……。それこそがハイランドパークを作るんだ」

蒸溜所の個性は、その誕生の地に深く根ざしているのだ。

ハイランドパークのテイスティングノート

ニューメイク

香り： スモークと柑橘香。非常に香りが豊かで甘い。爽やか、キンカンの皮、軽やかで瑞々しい果実。

味： 軽やかなナッツ。甘い柑橘類が大きく広がり豊かなスモーク香が表れる。

フィニッシュ： 甘味が続き、最後にほのかな梨の風味が感じられる。

12年 40%

色・香り： 軽い金色。果実が通り抜け、ピート香を和らげている。まだ強い柑橘香がある（ウンシュウミカン）、湿ったフルーツケーキ、ベリー類、オリーブオイル香。加水すると焼いた果実と穏やかなスモーク香。

味： ソフトで穏やか、かつほのかにサルタナレーズンを思わせる。ミッドパレットからピートがゆっくりと忍び寄る。すべてが口中で凝縮する。

フィニッシュ： 甘いスモーク。

全体の印象： すでに開いており、複雑さが加わっている。

フレーバーキャンプ：スモーキーかつピーティ

次のお薦め： スプリングバンク10年

18年 43%

色・香り： 豊かな金色。12年より熟して濃厚。12年の果実の皮の香りより肉厚な果実香。マデイラケーキ、甘いチェリー、スパイス香が強まった。ファッジと軽やかなハチミツ。スモーク香は暖炉に消えたようだ。

味： より濃密な進化が続いている。ドライピーチ、ハチミツ、磨いたオーク、ウォルナッツ。瑞々しく、ほのかなマーマレード風味。

フィニッシュ： 凝縮したスモーク感。

全体の印象： 他の製品と類似した特徴がはっきりとわかる。樽由来の重みがある。

フレーバーキャンプ：コクがありまろやか

次のお薦め： ザ・バルヴェニー17年マデイラカスク、スプリングバンク15年、山崎18年

25年 48.1%

色・香り： 琥珀色。甘いドライフルーツ香が豊かで甘美。18年よりヘザー香の強いスモーク香とヘザーハチミツ。ウイスキー特有の磨いた家具や湿った土のようなランシオ香も香り始めた。

味： 糖蜜と凝縮感のある果糖。オールスパイス、ナツメグ、まだ甘味が続いている。

フィニッシュ： 乾いたオレンジの皮と香り豊かなスモーク。ダージリンティ。

全体の印象： 熟成の第3段階に入りつつあるが、蒸溜所の特徴も感じられる。

フレーバーキャンプ：コクがありまろやか

次のお薦め： スプリングバンク18年、ジュラ21年、ベンネヴィス25年、白州25年

40年 43%

香り： 熟成香。軽いランシオ香。きわめてエキゾティック。スウェード、セクシーで汗混じりのムスク香。背後にスモーク香、ファッジとタブレットのような甘さが復活。加水すると風味が増し、何時間も豊かなスモーク香が続き（燃えた湿地のよう）、ニオイアヤメの根のほのかな香り。

味： 最初はドライ、やがてオイリー感が口中を覆う。革の風味が復活し、ビターアーモンドとレーズン、乾燥した果実の皮をともなう。徐々にスモーク感が表れ、やがて優勢になる。

フィニッシュ： 爽やか、やがて甘くなる。

全体の印象： 熟成して進化したが、いかにもハイランドパークらしい特徴を保っている。

フレーバーキャンプ：コクがありまろやか

次のお薦め： ラフロイグ25年、タリスカー25年

スキャパのテイスティングノート

ニューメイク

香り： バナナ、緑茶、マルメロ、セイヨウスモモを思わせるエステル香。背後にやや湿った土とほのかなワックス香。

味： 甘く軽やかなオイリー感。フルーツガム。

フィニッシュ： すっきりとして短い余韻。

16年 40%

色・香り： 金色。豊かなアメリカンオーク香が圧倒的。バナナと果実の噛みごたえ。新鮮なタイムを思わせる軽やかな香り。

味： 軽やかなオイリー感がまだある。非常にコクがあるがなぜか軽やかでもある。樽由来の軽いトースト風味を、果実味が口中にとどまらせている。

フィニッシュ： なめらかで熟成している。

全体の印象： 快活で飲み手を喜ばせたがっている感じ。

フレーバーキャンプ：フルーティかつスパイシー

次のお薦め： オールドプルトニー12年、クライヌリッシュ14年

1979 47.9%

色・香り： 金色。軽いカカオ香、つぶしたバナナや黒ずんだバナナのような凝縮感の強まった香り。マルメロが復活。豊かで活発。

味： 複雑でコクがある。バーボンビスケット、グアバ。焦がしたオーク樽。甘い。

フィニッシュ： 穏やかなスパイス感。フルーティ。

全体の印象： まだ蒸溜所の特徴をたっぷり保っているが、子犬のようだった16年より落ちついている。深みが生まれるには時間が必要。

フレーバーキャンプ：フルーティかつスパイシー

次のお薦め： クライゲラキ14年

キャンベルタウン

「キャンベルタウンの入江よ　おまえが全てウイスキーだったなら」古きよきスコットランドの音楽ホールで歌われた歌だ。確かにひところ、この歌い手の夢が現実となったことがある。キンタイア半島の足元に当たる位置にあるこの小さな町には、一時期34もの蒸溜所があったのだ。そのうち15ヵ所が1850年代の恐慌で姿を消したが、19世紀の終わりごろには、キャンベルタウンのモルトウイスキーは人気商品となっており、スモーキーでオイリーな特徴が、ブレンデッドウイスキーに不可欠だった。こうしてキャンベルタウンの町は、活況に沸いた。

キャンベルタウン入江の東側にある別荘地は、この地が繁栄した証しだ。ここはウイスキー作りの楽園だった。なぜなら水深の深い天然の良港があり、地元に豊富な石炭層があり、郊外に20ヵ所もの製麦工場があったのだ。こうした製麦工場では地元産の大麦と近くのアイルランド、そしてスコットランド南西部からの穀物が使われた。このような環境下で、蒸溜所は通りから狭い路地まで、ぎっしりとひしめくように建っていた。しかし1920年代の終盤に操業していたのはリーチラッシャン蒸溜所のみ、それすらも1934年に閉鎖された。いっぽう、この年には現在も操業中のスプリングバンク蒸溜所とグレンスコシア蒸溜所が再開している。

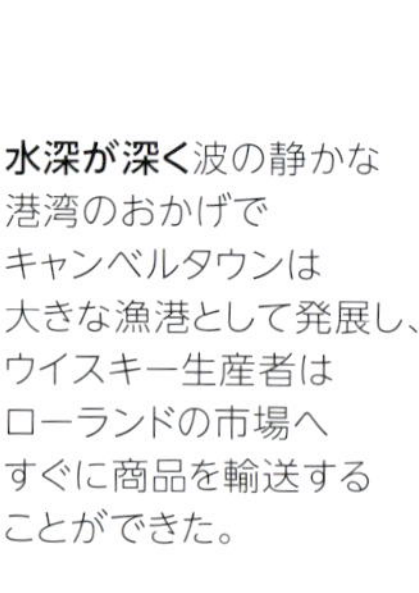

水深が深く波の静かな港湾のおかげでキャンベルタウンは大きな漁港として発展し、ウイスキー生産者はローランドの市場へすぐに商品を輸送することができた。

残る17の蒸溜所が閉鎖に追い込まれた理由については、これまでしっかりとした答えがなかった。生産過剰となり品質が悪化した(ただしウイスキーをニシン用の樽に詰めたという通説は抜きにしておこう)、廃液処理能力の欠如(19世紀にはダリントバー蒸溜所で放牧されていた豚がポットエールを好み、ポトルホール付近でおいしそうに食べている姿がしばしば見られたという)、あるいはマクリハニッシュにある石炭層の枯渇など、様々に推論されてきた。いずれも原因の一端だが、衰退した原因はひとつではない。巨大な嵐に対して最も無防備な地域であったのは確かだ。

1920年代のころには、ブレンディング会社ではいちばん人気のあるスタイルが固まっていた。そのためキャンベルタウンの主要製品だったスモーキーでオイリーなスピリッツの注文を制限するようになったのだ。ブレンディング会社は第一次世界大戦中の消費の落ち込み問題の対処にも追われていた。また、当時は生産量も減少したため、在庫量が、下落した需要量すらも下回った。さらに、1918年と1920年にイギリスの関税が著しく上がったが、蒸溜所は税金分を価格に上乗せすることが許されなかったため、在庫の補充にいっそう費用が掛かった。

アメリカの禁酒法と大恐慌の影響で、輸出も同様に振るわなかった。コストの上昇と販売落ち込みの板挟みになり、ウイスキー作りは採算がとれなくなった。小規模の独立蒸溜所はとりわけ厳しい立場に立たされた。

業界全体が影響を受けたことも忘れてはいけない。1920年代にはスコットランド全土で50もの蒸溜所が閉鎖され、1933年になると、操業していたのはポットスチルのある2ヵ所の蒸溜所だけだった。やがて危機が去ると、業界はディスティラーズ・カンパニー社によって合理化された(1850年代の再来であり、1980年代の蒸溜所狩りの前触れだ)。合理化により業界は'スリム化'され、より実情に'適した'ものになった。明らかなのは(元来)キャンベルタウンの小規模蒸溜所は、単にウイスキーの新時代に適合しなかったということである。スコッチウイスキーがずっと不死身だったなどという見方は偽りだ。

だが、結末は幸せなものとなった。現在キャンベルタウンはウイスキー産地として自力で復活し、3ヵ所の蒸溜所が操業して5種類のウイスキーを製造している。3つの蒸溜所のひとつは、小規模独立蒸溜所という新機軸のひな型の役割を果たしている。墓場からよみがえった蒸溜所もある。入江がウイスキーで満たされたわけではないが、キャンベルタウンは復活したのだ。

ひところは34もの蒸溜所の製品がこの入江から出荷されていったが、現在残るのは3ヵ所のみだ。

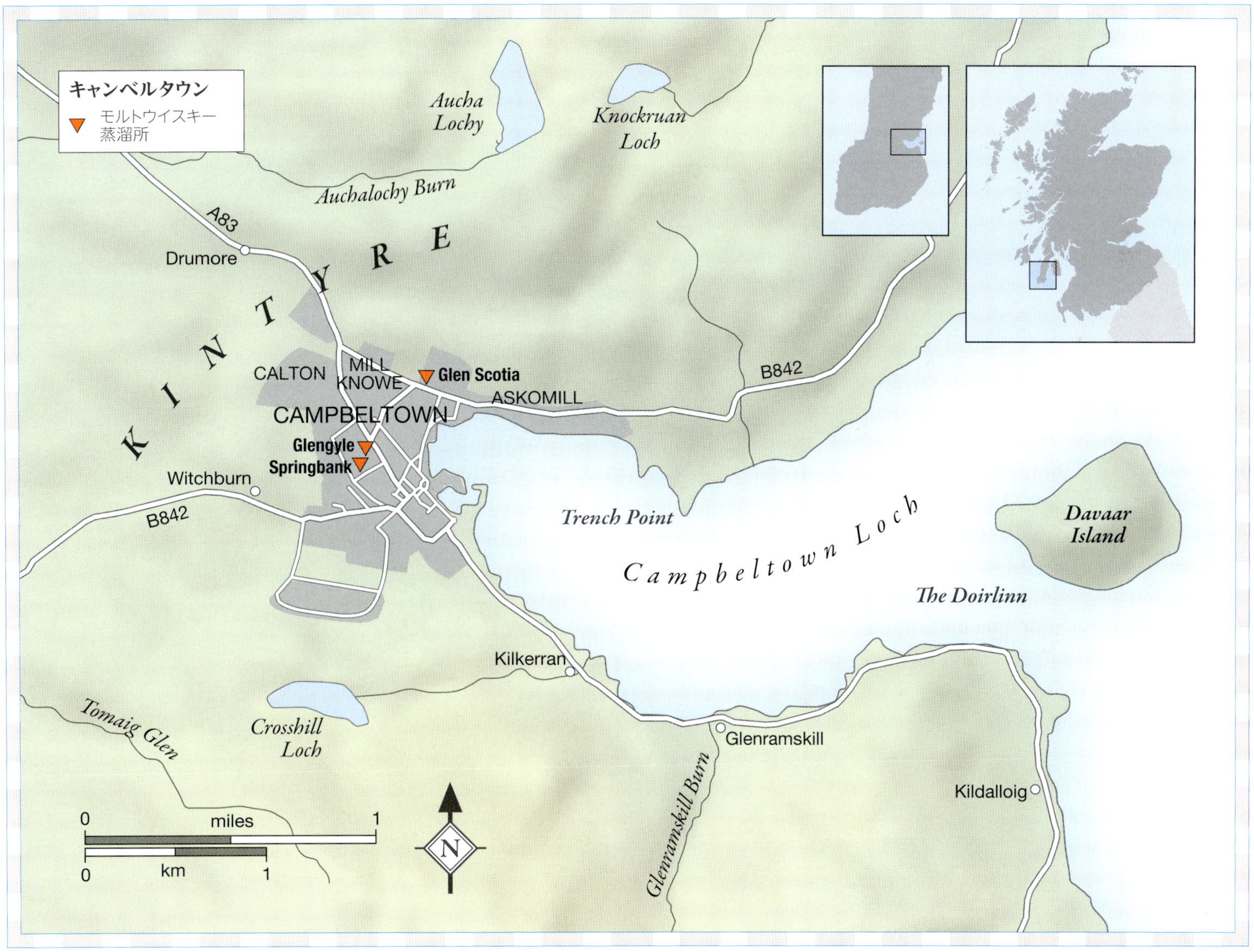

キャンベルタウン
▼ モルトウイスキー蒸溜所

Aucha Lochy
Knockruan Loch
Auchalochy Burn
A83
Drumore
KINTYRE
CALTON
MILL KNOWE
Glen Scotia
ASKOMILL
B842
CAMPBELTOWN
Glengyle
Springbank
Witchburn
B842
Trench Point
Campbeltown Loch
Davaar Island
The Doirlinn
Kilkerran
Tomaig Glen
Crosshill Loch
Glenramskill
Glenramskill Burn
Kildalloig
0 miles 1
0 km 1
N

スプリングバンク蒸溜所

関連情報：キャンベルタウン●WWW.SPRINGBANKWHISKY.COM●年中無休、見学は要予約

狭い登り坂を上がった先の教会の裏手に隠れているスプリングバンク蒸溜所の建物群は、1828年以来、同じ一族が所有してきた。こうした例はスコッチウイスキー業界ではここだけで、自給自足が合い言葉となっている。製麦から始まり、蒸溜、熟成、そして瓶詰めまでを自分たちの工場で行うことは、全ての蒸溜所の希望だ。そしてここはひとつの屋根の下でこれらの工程全てを行う、スコットランドで唯一の蒸溜所である。このように全てを自力でこなす蒸溜所の登場は、比較的最近の傾向だ。瓶詰めを契約企業に頼っている他の蒸溜所と同様、この蒸溜所も1980年代の危機に直面し、原点回帰することで乗りきった。その主張は明白だった。スプリングバンク蒸溜所の運命は蒸溜所自身の手中にあり、けっして大企業に左右させたりしないのである。

この蒸溜所のいちばんの魅力は、昔ながらの手法を守りつつ、未来を見据えている点だ。例えばカラ松材で造られた発酵槽で起こることに着目してみよう。「われわれは常に、記録に残っている限り昔にさかのぼって、当時のやり方を再現しようとしている」製造を管理するフランク・マクハーディはこう話す。それは約1.046という比重の低い麦汁を、100時間もの長時間をかけて発酵させ、4.5-5パーセントというアルコール度数の低いウォッシュを得る（業界の平均は8-9パーセント）というものだ。「カラ松槽で長時間発酵させると、果実感が豊富に生まれ、低い比重はエステルの生成を促すんだ」

3基あるスチルのうち1基は、直火で加熱するウォッシュスチル、残りの2基はローワインスチルであり、うち1基がワームタブにつながっており、3種の個性的なニューメイクを作っている。スプリングバンク蒸溜所は2.5回蒸溜を行っており、ウォッシュスチルからローワインが生まれ、ローワインスチルから‘フェインツ’が生まれる。そしてふたつめのローワインスチルで最終的にローワイン2対フェインツ8（p.14-15を参照）の割合で混合される。こうして生まれるニューメイクは、迫力と、スコッチでも屈指の複雑さがあり、長期の熟成にも耐える特性を備えている。まるでスコットランドで作られるあらゆるスタイルがひとつに圧縮されたのではないかと思えるほどだ。

「これは、記録にある限りずっと行われてきた手法だ」とマクハーディは言う。「ひとつ確信を持って言えるのは、キャンベルタウンでこの手法を用いていた蒸溜所はスプリングバンクだけだということだよ」これこそが、スプリングバンクが復活した理由ではなかろうか。

3種のニューメイクのふたつめは、リンゴを思わせるような香りが豊かで、

スプリングバンク蒸溜所は伝統的な習慣を信奉しつつも、多くの新設蒸溜所のひな型でもある。

大麦から瓶詰めまで。
スプリングバンク
蒸溜所は製麦から蒸溜、
熟成そして瓶詰めまでを
自社の工場内で行う、
唯一の蒸溜所である。

ピートは効かせず、3回蒸溜によって「ヘーゼルバーン」となる。これはローランドらしいウイスキー、いやあるいは、北アイルランド志向のウイスキーかもしれない。なぜならマクハーディはブッシュミルズ蒸溜所でマネージャーとして13年間勤務していたのだ。いっぽう、ピート香のヘビーな「ロングロウ」は'ふつうの'つまり2回蒸溜で作られるが、本来の'キャンベルタウン'タイプにより近いのはこれかもしれない。若いうちは豪放で、ピーティな若いウイスキーを台なしにしかねないゴムのような未熟感は全く感じられず、複雑に進化していく可能性を秘めている(p.188を参照)。

3種のスピリッツはいずれもけっして直線的ではない。この蒸溜所のフレーバーは、様々な試練をくぐり抜け、常識に逆らい、小突かれ煽られて、洗練されていく。だからといってスプリングバンクを、さもウイスキー作りの博物館のように見下してはいけない。古い手法だけでなく、様々な新しい傾向に対しても、緻密な計算に基づいて信念を持ち、厳しい樽管理を行い、自給自足を貫いている。こうした姿勢があるからこそ、他の新設蒸溜所(しばしばうるさい)にとってのひな型たりえるのだ。単に過去を重視するのでなく、まさに未来を生きる蒸溜所なのだ。

つまるところ、スプリングバンク蒸溜所が長年生き延びてきた理由は、時代の先を行く能力を備えていたからに他ならない。

スプリングバンクのテイスティングノート

ニューメイク

香り： 迫力があり、甘美で複雑。焼いたソフトフルーツ、ややバニラ香、ほのかなブリルクリーム(ヘアクリーム)、非常に軽やかな穀物香。甘くコクがあり、ヘビー。加水するとスモークとほのかな酵母香。

味： ヘビーでオイリー。豊かなスモーク感とかすかに塩辛い刺激があり、きわめてフルボディ。ヘビーで土っぽく、熟成感がある。

フィニッシュ： 土っぽくてふくよか。

10年　46%

色・香り： 軽やかな金色。樽を削ったようなほのかな香りが加わった。スモーク香、熟した果実、エクストラバージンオリーブオイル、香りの強い樽。コクがあり焦がした香り。かすかに柑橘らしいトースト香。

味： 最初は甘く、黒オリーブの風味が通り抜けたあとに塩辛いスモーク感が形づくられる。まだ硬い。

フィニッシュ： スモーキーな長い余韻。

全体の印象： ニューメイクからゆっくりと穏やかに進化をしている。若いブルゴーニュの白ワインやリースリングのようで非常に飲みやすいが、これからまだ大いに成長するだろう。

フレーバーキャンプ：スモーキーかつピーティ

次のお薦め： アードモア・トラディショナルカスク、カリラ12年、タリスカー10年

15年　46%

香り： スモーキーで塩辛い、嵐の後の海辺の香り。黒オリーブ、軽いグラッシー香に続いてローストアーモンド、メロン、梅干し、オイリーでしっかりとした深みが築かれる。

味： バランスがよくコクがある。より高いアルコール度数がスモーク感にインパクトを与えている。豊かな果実味、オイリーで深みがあり、ほのかに柑橘感。

フィニッシュ： 長く穏やかでスモーキーな余韻。

全体の印象： バランスがよく、複雑で重層的。

フレーバーキャンプ：スモーキーかつピーティ

次のお薦め： タリスカー18年

ヘーゼルバーンのテイスティングノート

ニューメイク

香り： すっきりとしてスパイシー。洗練されたライム香の背後にほのかなデンプン香。強烈でピュア。青リンゴ。
味： 軽やかで鋭い強烈さがあるが、ほどよくソフトな感触。
フィニッシュ： 青いプラム。

ヘーゼルバーン 12年 46%

色・香り： 豊かな金色。アモンティリャードのようなナッティ香と廃糖蜜、プルーン、サルタナレーズンが混ざったシェリー樽香。その背後に香り高い甘さがある。
味： ソフト。樽由来の厚みのある感触だが、貫くような激しさが樽感を切り裂き、爽快な強烈さを表面に押し出す。オレンジと甘いドライフルーツ様の柑橘感がしだいに強まる。
フィニッシュ： すっきりとしている。
全体の印象： 豊かで、蒸溜所の特徴と樽効果がバランスよくまとまっている。

フレーバーキャンプ：フルーティかつスパイシー
次のお薦め： アラン12年

ロングロウのテイスティングノート

ニューメイク

香り： 非常に甘い。カシス香。土っぽいスモーク香。濡れたスレート。
味： 最初は強烈で甘く、迫力ある紫色の雲のようなスモーク感が表れる。ほのかなトマトソース様のスパイス感。
フィニッシュ： 極辛口、スモーク、かすかにひりつくような塩辛さ。

14年 46%

香り： まろやか。明らかにスモーキーだが樽香が強まったので圧倒的ではなく、湿原と煙突のよう。ライラックとワラビ。たき火と濡れたスレートの特徴が、さらなる進化を示している。
味： 迫力があり軽やかなモルト感。乾いたウッドスモーク、やがてニューメイクの熟した黒い果実味が動き出し、甘いデーツと混ざる。
フィニッシュ： スモークが沸き上がり、とどまる。
全体の印象： いまや調子が乗ってきた雰囲気。

フレーバーキャンプ：スモーキーかつピーティ
次のお薦め： 余市15年、アードベッグ・アリーナムビースト1990

18年 46%

香り： ローストした大麦、カラメル化した香り、続いてスモーキーでヘビーな甘さ。加水するとクレオソート、熱い流木、リコリス、ゴマ。
味： 爆発的なスモーク。豪放で土っぽく、重みのある豊かな果実味がある。
フィニッシュ： 長く続き、オイリーでコクがある。
全体の印象： 直火式のワームタブとピートが混ざり合い、コクのある力強いモルトを生んだ。

フレーバーキャンプ：スモーキーかつピーティ
次のお薦め： 余市 15年

キルケランのテイスティングノート

ニューメイク

香り： すっきりとしている。濡れた干し草。パン屋の香りと軽い硫黄香。酵母香とつかみどころのない重み。
味： 近隣の蒸溜所と似た重みがあるが、より濃密でマシュマロ味。果実味から始まり、ドライなモルティ感が出てくる。
フィニッシュ： 豊かな香り。

3年 カスクサンプル

色・香り： 豊かな金色。早熟。ココナッツ香が豊富に加わった。甘く湿った干し草とラフィアヤシ、パティスリーの香り。
味： マンゴーのような熟成した甘味と樽のバランスがよく、穀物っぽいざらつき感。豊潤。
フィニッシュ： 甘い余韻が長く続く。
全体の印象： 効力の強い樽に大いに助けられてきたが、変化が早い。

ワーク・イン・プログレスNo.4 46%

香り： すっきりして甘い。ほどよい主張があり、甘い柑橘類、ゆでたルバーブ、桃の缶詰。
味： 非常に軽やかなもみ殻の風味。濃厚で噛みごたえあり。オレンジの皮とバニラ。スコティッシュタブレット菓子。ひそかに刺すような酸味。
フィニッシュ： 軽いタラゴン。甘味が長く残る。
全体の印象： 甘くフルーティな蒸溜所の特徴が完全に確立した。

フレーバーキャンプ：フルーティかつスパイシー
次のお薦め： オーバン14年、クライヌリッシュ14年

グレンガイル蒸溜所およびグレンスコシア蒸溜所

関連情報：ともにキャンベルタウン●WWW.KILKERRAN.COM●訪問時は蒸溜所に要連絡

キャンベルタウンのウイスキー産業の衰退ぶりは、建築物にも書き表されている。見る人を苛立たせるような痕跡があちこちに残っているのだ。ひび割れて色あせたサインや、いかにも元蒸溜所らしいアパート群の窓の形、そしてパゴダ屋根のあるスーパーマーケットのちぐはぐな姿などに古い蒸溜所の名残がある。こうしたものは興味をかきたてられるものの、ウイスキー産業の不安定さを露呈した姿として、深く考えさせられる。しかしそのような過去にこだわるのは、この町の蒸溜家にとってはひどい仕打ちだ。キャンベルタウンはウイスキー考古学者の町ではない。ウイスキーを愛する者たちの町なのだ。

ヘドラー・ライトの一族は1828年の創業以来、スプリングバンク蒸溜所を所有してきた。ライトは2000年、隣の蒸溜所を購入した。それは80年間も閉鎖されていたグレンガイル蒸溜所だった。骨組みだけとなった建物は整然とした平屋建てに改修され、フランク・マクハーディが初めて手に入れたベンウィビス蒸溜所にあった2基のスチルが再利用されている。ベンウィビスはインバーゴードン社のグレーン蒸溜所で、操業期間はごく短かった。「ここに設置されたときに、いくぶん修理されたよ」マクハーディは説明する。「銅職人に依頼して、反S字曲線になった部分の形を作り直してもらって、スチルの肩部分の角度をゆるくしたんだ。ラインアームも角度を上向きにして、ある程度還流が起こるようなスチルにした」初期のスピリッツには軽くピートが効いており、ミディアムボディの特徴を備えている。

グレンガイル蒸溜所で作られるウイスキーのブランドは「キルケラン」と呼ばれ、蒸溜所はキャンベルタウンの3つめの蒸溜所、グレンスコシア蒸溜所に所有されている。ウイスキー歴史家のアルフレッド・バーナードがキャンベルタウンを訪れたおり、当時は単に「スコシア」と呼ばれていたこの蒸溜所について、「人目を避けて隠れているように見える。まるで、ウイスキー作りとは秘密にしておくべき技術であるかのようだ」と記している。

以来、蒸溜所にさほど変化はない。グレンスコシアは、スコットランドでも定義しづらい蒸溜所に名をつらねる。元の所有者で借金苦から海に身を投げたダンカン・マッカラムの幽霊が出るということで有名だ。現在はロッホローモンド・ディスティラーズ社の傘下にあり、1999年からフル操業しているが、スプリングバンク蒸溜所の支援はいっさい受けていない。本書の執筆時点で、製品に修正と改良が加えられてブランドの再構築が行われ、10年と12年の製品が発売されている。

グレンガイル蒸溜所は80年間におよぶ死の眠りからよみがえり、1999年に再開された。

グレンスコシアのテイスティングノート

10年 46%

香り： 軽やかなミント香の背後に穏やかで新鮮な洋梨。やがて水仙の香り。加水するとミネラル感が表れる。
味： ソフトで軽やかなオイリー感、中核に甘味がいくらかある。しなやか。フローラルな風味が復活し、百合のよう。
フィニッシュ： 短いが、ソフトな余韻。
全体の印象： 抑制が効いてバランスがよくなり始めている。

フレーバーキャンプ：香り高くフローラル
次のお薦め： 秩父オールモストゼア

12年 46%

香り： 豪放で土っぽく、ナッツと穀物香（ドラフ）、古いコインの香り。加水するとやや濡れた石、カブなどの野菜香。
味： ふくよかで穀物風味が強く、オイリー。和らいでナッティ感が前面に出てくるには加水が必要。
フィニッシュ： チョークのような余韻。
全体の印象： 昔ながらのグレンスコシアらしいスタイル。

フレーバーキャンプ：モルティかつドライ
次のお薦め： トバモリー10年

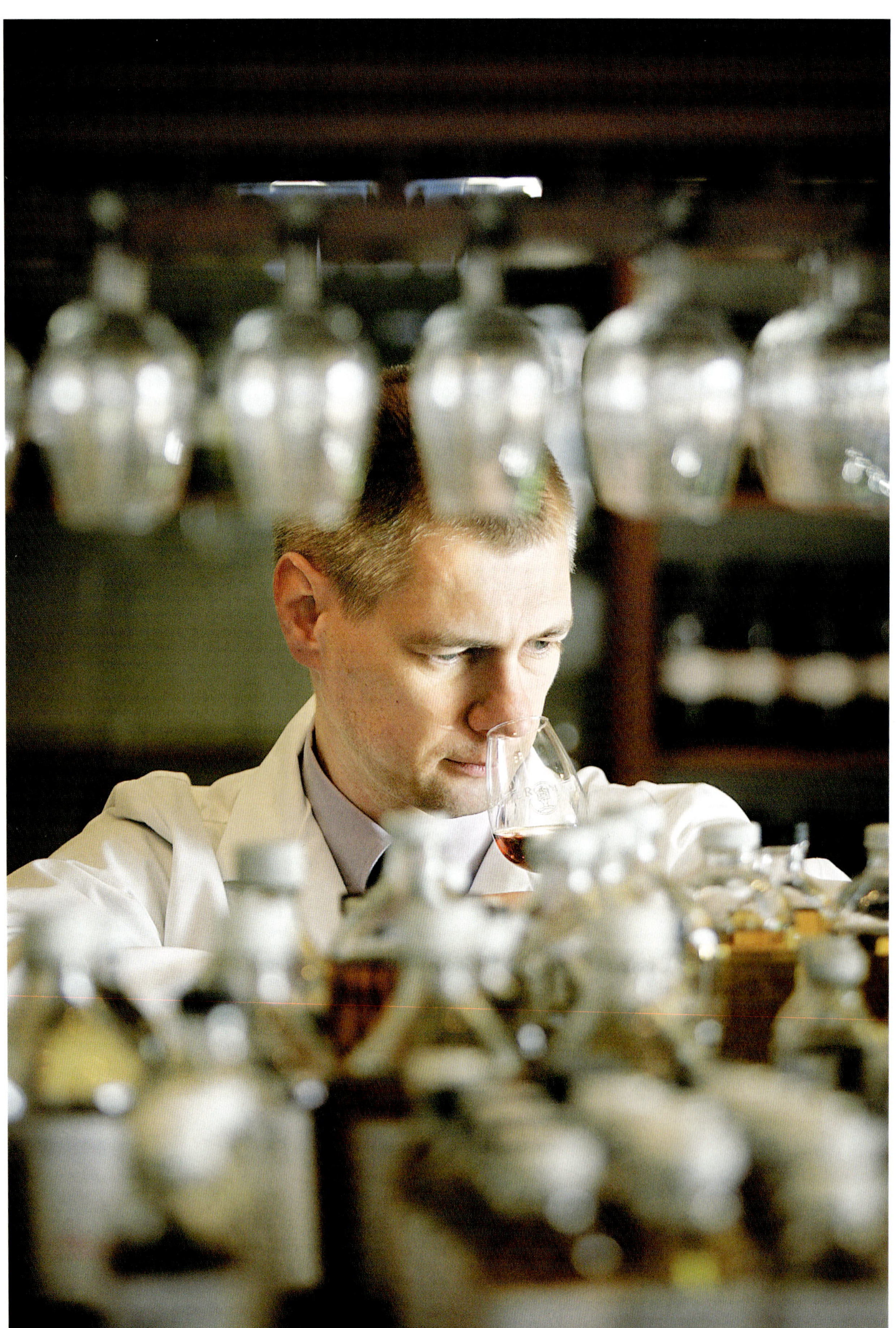

左：
エドリントン社の
マスターブレンダー、
ゴードン・モーション。
彼はその嗅覚で
ウイスキーを知る。

右ページ：
そこにいる人が
変わっても、
ブレンディングの
手法は
いまも変わらない。

スコッチのブレンデッドウイスキー

スコッチのシングルモルトには、スピリッツとその産地とのつながりが感じられるが、もしブレンド用に使われなかったらば、蒸溜所の大半は存在しなかったことだろう。なんといっても世界で販売されるスコッチウイスキーの90パーセント以上を占めるのは、ブレンデッドウイスキーなのだ。世界の市場では'スコッチ'といえばブレンドを指す。そしてブレンデッドウイスキーには独自の物語がある。

ブレンドは、土地よりも、飲むタイミングと密接に関わり合っており、フレーバーはその中核を成している。スコッチウイスキーは、その歴史を通して数々の苦難と直面してきた。そしてそのたびごとにフレーバーを見直して、自らを再構築してきたのだ。

1830年代のウイスキー蒸溜は、'一攫千金'の手段とされていたが、その後20年足らずで、業界は生産過剰に陥った。スコットランドではラムのほうが好まれ、ウイスキーに関しては、アイリッシュウイスキーの売れ行きがスコッチを上回ったのだ。それもスコットランドでの話である。「売れなかった主な原因は、スタイルに一貫性がなかったことだ」業界の中心的存在であるディスティラーズ・カンパニー社（DCL）のマネージング・ディレクターを務めたウィリアム・ロスは、王立ウイスキー・飲料スピリッツ委員会でこう訴えた。1908年に設立されたこの組織によって、スコッチウイスキーは法的に定義づけられた。

1853年の法改正によって、同一蒸溜所内であれば、保税貯蔵庫内（課税される前）で熟成年数の異なるウイスキーを混ぜ合わせることが許可された。これにより、フレーバーの一貫性を目指して、様々な試行錯誤を行えるようになった。同年、ウイスキー商のアンドリュー・アッシャーが「オールド・ヴァッテッド・グレンリベット」を発売した。こんにち私たちにおなじみのブレンディングハウスは1860年に生まれ、同時に、'食料雑貨店の免許'も初めて発行された。これにより、広範囲の小売店（特に食料雑貨店）が顧客にじかに販売できるようになった。

この機会をうまく利用したのは、ジョン・ウォーカーと息子のアレクサンダー、シーバス兄弟のような食料雑貨店（別名「イタリア輸入品販売店」）、そしてジョン・デュワー、マシュー・グローグ、チャールズ・マッキンレー、ジョージ・バランタイン、そしてウィリアム・ティーチャーのようなワイン商たちだった。

彼らにとって、異なる風味と口当たりのウイスキーを混ぜて、均一で安定した味のウイスキーを作るという原理を理解するのは簡単なことだった。パテントスチルから生まれた軽い風味のグレーンウイスキーには、暴れん坊のシングルモルトを落ちつかせる効果があったが、重要な変化は液体だけではなかった。商人たちは品質を保証する印として、ブレンドしたボトルに、自分の名前を記した。このときから、ブレンデッドウイスキーがスコッチの未来をにぎる存在となり、ブレンダーはスタイルを決める権威となったのだ。

19世紀の終盤には、ブレンデッドウイスキー市場への参入を目指して、あるいはブレンダーたち自身の要請によって、新たなモルト蒸溜所が生まれていった。この傾向は特にスペイサイドに多く見られ、この地方のブレンダーたちは穏やかな特徴を持つブレンドを作ろうとしていた。なぜかといえば、市場がそれを求めたからだ。

ウォーカーやデュワー一族、ジェームズ・ブキャナンのようなブレンディング業者が賢明だった点は、イングランドの市場に目を向けて、中産階級が何を飲みたがっているのかを観察し、彼らの要求に適合するブレンドを作ったことだ。同じことが世界規模で起こった。ブレンデッドウイスキーは、ウイスキーのソーダ割りに見られるような提供のしかたや、食事前や劇場へ行く前など、飲むタイミングに適応するように作られた。こうしてスコッチは成功を示す存在となった。

この状況は禁酒法と第二次世界大戦後の衰退期から現在の市場まで続いており、消費の場は、優美なカットグラスがきらめくロンドンのクラブからブラジルの海辺のバー、上海のナイトクラブ、そしてソウェトのもぐり酒場へと移ってきた。ブレンデッドウイスキーは本質的に柔軟で、嗜好の移り変わりに応じていかようにも変化する。いわば現実世界を生きているのだ。

ブレンディングという芸術

関連情報：シーバス・ブラザーズ社●WWW.CHIVAS.COM／WWW.MALTWHISKYDISTILLERIES.COM
デュワーズ社●アバフェルディ●WWW.DEWARSWOW.COM●開館時間：年中無休、月曜-土曜
ジョニー・ウォーカー社●カードゥ●WWW.JOHNNIEWALKER.COM／
WWW.DISCOVERING-DISTILLERIES.COM/CARDHU●開館時間：年中無休、曜日と詳細はサイトを参照
ウィリアム・グラント&サンズ社●ダフタウン●WWW.GRANTSWHISKY.COM●WWW.WILLIAMGRANT.COM

歴史は勝者によって書かれるという論理はスコッチウイスキーには当てはまらない。英語圏の飲み手に関する限り、ウイスキーの歴史とは、一時的にせよシングルモルトが、ブレンデッドウイスキーという劣ったいきものにいかに強奪されたか、そして自然の法則によって生き返ったかが語られた記録である。とはいえ世界で発売されるスコッチの9割はブレンデッドウイスキーであり、その売上高は伸び続けている。いまなおブレンデッドウイスキーは勝者なのだ。

しかしその見解は誤っている。ブレンドとシングルモルトはうまく共存している。互いを必要とし、ウイスキーの世界でそれぞれが別の領域を占めている。優劣の差もない。ふたつは根本的に異なっているのだ。

モルトウイスキーといえば強烈な特徴に尽きる。シングルモルトのボトラーズの真髄はこの独自性を最大限に発揮すること。そしてブレンデッドウイスキーの役割は全体像を生み出すことだ。

基本的には、ブレンデッドウイスキーを作るのは単純な作業だ。グレーンウイスキーとモルトウイスキーを選んで混ぜ、最終的に適切なフレーバーにすればいいのだ。誰でも一本だけならば、偶然に満足のいくようなボトルを作れるだろう。だが毎年何百万本ものボトルを作るとなったらどうだろう。いかなる場合でも全く同じブレンドを作らなければならない。しかし樽の特徴は各々異なっているため、混ぜるウイスキーの質は一定ではない。ブレンダーは自分の味覚に精通していなければならない。Aというウイスキーの風味を知っているだけでなく、それをB、C、あるいはDのウイスキーと混ぜたらどんな味わいになるのかを把握する必要がある。味の一貫性を保つために、可能な限りの選択パターンを構築しなければいけない。しかも彼らは常に、自社のスタイルに忠実に従わなければならないのだ。

飲み手には、シングルモルトのほうが優れているという先入観があるため、ブレンドと対峙すると、どんなモルトが、何種類使われているのか、何年熟成なのかといったことを知りたがる。これに簡単に答えようとすれば、適切な熟成度の適切なモルトを、適切な種類だけ選び出して混ぜたのだ、と言うしかない。ブレンドの本質はフレーバーと一貫性だ。いかにしてそこに至ったかは重要ではない。

使うモルトは、他のウイスキーとの相性を念頭に置いて選ばれる。トップノートを加えるために使うものもあれば、ざらつき感を、あるいはなめらかさを加えるために使うウイスキーもあるし、コクやスモーク感を与えるために使うモルトもある。樽でゆったりと熟成する間に活力を高めてくれるモルトもあれば、ざらつき感を与えるためにオーバーウッデッド（モルト用語）を施されたモルトが使われる場合もある。

ブレンドするウイスキー数は、求めるフレーバープロフィールを実現するうえで大切な要素だ。熟成レベルも同様で、年数によって異なる。年数が熟成年月を示すのに対して、熟成度は、樽とスピリッツと空気がどのように相互作用したのかが関わっている。熟成度が異なれば、当然フレーバーも異なってくる。ブレンディングは数当てゲームなどではなくフレーバーを追究するゲームであり、蒸溜所の特徴と樽、熟成の側面が多様にそろっていてこそ、複雑なフレーバーを生み出すことができる。

次にグレーンウイスキーだ。ジョニー・ウォーカー社のマスターブレンダーを務めるジム・ビバレッジが絶えず強調するのは、グレーンウイスキーの持つ、変化させる力である。そのグレーン自身のフレーバーをブレンドに加えるだけでなく、他のモルトから新たなフレーバーを引き出してくれるのだ。すきまを埋めるのでもなく薄めるのでもなく、心地よい口当たりを生む一助となり、優れた統一感と一貫性をブレンドにもたらす。ブレンデッドウイスキーを口に含んだときに感じる、フレーバーを引き出しつつ、ソフトで舌にまとわりつくような感触を生むのがグレーンの役目であり、フレーバーと口当たりを加えてくれる。モルトに潜む複雑さ、さらにはブレンデッドウイスキーに隠れている複雑さを前面に引き出す方法のひとつが、グレーンである。

「1種類のモルトの特徴だけが目立ってしまう場合もある。例えばスモーク感のようにね」ウィリアム・グラント&サンズ社でマスターブレンダーを務めるブライアン・キンズマンは語る。「そんなときにグレーンは目立ちすぎる特徴を抑えて、第2、第3のフレーバーを掘り起こしてくれるんだ。中核となる蒸溜所の特徴はもちろんしっかりと保たれているが、まだ課題はあるよ」

「鍵はモルトとグレーンのバランスだ。といっても割合の問題ではない。グレーンが多いからといってブレンドはやせ細った味にはならない。バランスが悪いと貧相になるんだ。モルトが多く入ったブレンドにも同じことが言える」。

グレーン蒸溜所にはそれぞれの個性がある。ブレンダーたちは1種類のグレーンウイスキーをベースにしてブレンディングをする場合が多いが（自社蒸溜所があれば自社のグレーンを使う）、他にも際立った持ち味のグレーンを補助的に使う。

「コーンが使われているので、イギリス北部のニューメイクにはよくオイリーでバターのような特徴が見られる」カティ・サーク社のマスターブレンダー、カースティーン・キャンベルはこう語る。「こうした特徴は熟成によって甘味が増してバニラのような風味になる。この風味とオイリー感が、魅力的でなめらかな口当たりを生む。それがエドリントン社のブレンドの中核にある甘さなんだ。良質なグレーンを使わないのは、安っぽい小麦粉を使ってケーキを焼くようなものだよ。何よりも重要なのは、グレーンがもたらすなめらかさが、モルトの強いフレーバーを補ってくれることだ。長く熟成させるほど、グレーンはより複雑になり、樽由来のコクのあるフレーバーとほのかなスパイス感を帯びていくんだ」

重要なのは、異なるフレーバーや口当たりのウイスキーをやみくもに混ぜればいいということではなく、明らかに異質な要素同士がどのように協調するのかを理解することだ。さらには、提供のしかたや飲むタイミングに、いかに適合させられるかを考える必要がある。作家のイーニアス・マクドナルドは、ウイスキーについて記した1930年の文献でこう主張している。「ブレンディングは、気候の違いや飲み手の属する階層の違いに応じたウイスキー作りを可能にした。ウイスキーの輸出貿易の繁栄は、ほぼ、ブレンデッドウイスキーが業界にもたらした柔軟性の成果である」

この柔軟性はいまもなお変わらない。ブレンダーは何をブレンドさせるかだけでなく、どのように消費されるのかということにまで踏み込んで考えている。概して、ブレンデッドウイスキーはそれだけで飲むように作られてはいない。その大半は長時間かけて飲む、あるいはカクテルに混ぜて飲んだときに最高の味わいを発揮するように作り出されている。

ブレンデッドウイスキーには多様性がある。人を引きつけずにはおかない魅力がある。そしてブレンデッドウイスキーあってこそウイスキーが世界中で飲まれているのである。

ブレンデッドスコッチウイスキーのテイスティングノート

アンティクァリー 12年 40%

香り： 甘い、蒸したシロッププディング、ソフト、桃、軽やかなバニラ香、ポップコーンのような穀粒香。
味： 穏やかだが深みがある。グレーン由来の軽いミルクチョコレート。甘いスパイス。
フィニッシュ： 長く甘い余韻。
全体の印象： バランスがよく、洗練されている。

フレーバーキャンプ：フルーティかつスパイシー

バランタイン・ファイネスト 40%

香り： 生きいきとした香りが立ちのぼる。パティスリーの香り、グラッシーかつエステル香。ほのかな甘さ、かすかに青い香り。
味： 新鮮で豊かな香り。軽やかな花々、未熟な果実、中核はジューシー。
フィニッシュ： キレがよく爽やかな余韻。
全体の印象： 繊細で、ジンジャーエールで割ると本領を発揮する。

フレーバーキャンプ：香り高くフローラル

ブキャナン 12年 40%

香り： マンゴーとパパイヤ、従順なグレーン、クリーミィな樽香の瑞々しさ。
味： すっきりとした樽感が骨格をもたらし、かすかにトーストのような味。軽やかなココナッツ。果実味が保たれている。
フィニッシュ： ややドライ気味でスパイシー。
全体の印象： ソフトでおおらか。

フレーバーキャンプ：フルーティかつスパイシー

シーバスリーガル 12年 40%

香り： 軽やかな穀物香。乾いた干し草、メイプルシロップの甘さ、かすかなバニラ香。
味： 爽やか。パイナップルと赤い果実、いっぽう軽やかなサルタナレーズンが乾いた草の風味に深みを加えている。
フィニッシュ： 爽やかでドライな余韻。
全体の印象： 繊細に見えてしっかりとした実体がある。

フレーバーキャンプ：香り高くフローラル

カティ・サーク 40%

香り： 明るく快活。湯むきしたアーモンドとレモンチーズケーキ、バニラ、若干の青い梨とリンゴ香のバランスがよい。
味： とにかく快活、深みにシルキーなグレーン風味が少し加わった。
フィニッシュ： 爽快。
全体の印象： 非常に活気があり、ソーダやジンジャーエールで割ると最高の味わい。

フレーバーキャンプ：香り高くフローラル

デュワーズ・ホワイトラベル 40%

香り： つぶしたバナナと溶けたホワイトチョコレートアイスクリームのような甘さが強く香る。穏やかなグレーン、若干のハチミツ香。クローブとメースによって、フィニッシュに適度にスパイシーなエネルギーが加わった。
味： 穏やかでクリーミィ。ギリシャヨーグルト、柑橘類、デザートアップル。
フィニッシュ： クローブとメース。
全体の印象： 主要ブレンド中で最も甘口。

フレーバーキャンプ：フルーティかつスパイシー

ザ・フェイマスグラウス 40%

香り： 爽やかなオレンジの皮と熟したバナナ、ほのかなグリーンオリーブとトフィーのバランスがよい。
味： なめらかで軽やかなナッティ感、熟した果実、トフィー、やがてレーズン風味の深みが感じられる。
フィニッシュ： 甘いショウガをともなう、ほのかにスパイシーな余韻。
全体の印象： ミディアムボディでエレガント。

フレーバーキャンプ：フルーティかつスパイシー

グランツ・ファミリーリザーブ 40%

香り： 爽やかさの背後にシルキーなグレーン、トーストしたマシュマロとアーモンドフレーク、軽やかな花の香り。
味： ワクシー感がありしっかりとした質感、ダークチョコレート、赤い果実とカラメル。
フィニッシュ： ほのかにドライフルーツのような長い余韻。
全体の印象： ほどよい重みがあり、バランスがよい。

フレーバーキャンプ：フルーティかつスパイシー

グレート・キングストリート 46%

香り： アメリカンクリームソーダ、梨、スズラン、穏やかなグレーン香。非常にフローラルな香りが豊かに立ちのぼる。
味： 官能的でソフト、ほのかにグリーンカルダモン、アニス、レモン、ネクタリン。
フィニッシュ： 穏やかで非常に長い余韻。
全体の印象： グレーンに対してモルトの混合割合が高く、ファーストフィル樽が多く使われている。ハイボールで試すといいだろう。

フレーバーキャンプ：フルーティかつスパイシー

オールドパー 12年 40%

香り： 皮革香、レーズンとデーツ、ウォルナッツを思わせるコクに、ライラックとスミレ、軽やかで強い柑橘香が切りこんでくる。ここでは輝くようなオレンジの皮とキャラウェイ、コリアンダーを装っている。
味： 濃厚でフルーティな黒スグリのような噛みごたえに、キャラウェイとコリアンダーシードの風味が加わった。皮革の印象が復活した。
フィニッシュ： シェリー樽由来の深い余韻。
全体の印象： 昔ながらのスタイルで、コクのあるブレンド。

フレーバーキャンプ：コクがありまろやか

ジョニーウォーカー・ブラックラベル 40%

香り： ブラックベリーとプラムのコンポート、レーズンのようなダークフルーツ香とフルーツケーキ。加水すると海辺を思わせるような軽いスモーク香。
味： ソフトでコクがあり、シェリー樽由来の深み、マーマレードの風味がドライフルーツに瑞々しさを加えている。
フィニッシュ： ほのかにスモーキー。
全体の印象： 複雑でコクがある。

フレーバーキャンプ：コクがありまろやか

IRELAND
アイルランド

かつて隆盛を極めたアイリッシュ・ウイスキーだが、一昔前までほぼ忘れられていた。しかしスコットランドに先駆けて大麦蒸溜酒を造ったとも思われ、16世紀にはそのウイスキーへ注ぐ情熱をシェイクスピアが「女房から目を離す位なら、アイルランド人に俺のアクア・ヴィーテをあずけておくさ」と表現した国、それがアイルランドである。

前ページ：19世紀まで、アイルランドでは大半のウイスキーが小農によって造られていた。

下：何世紀もの間、ウイスキー造りはアイルランドの田園風景の一部だった。

だが、まずアイルランドの名を知らしめたのはアクア・ヴィーテではなくウスケボーだ。「レーズンやフェンネルシードなどの風味が入り交ざり、我ら（英国）のアクア・ヴィーテよりも好まれている」と、シェイクスピアと同時代に生きた上流階級出身の旅行家ファインズ・モリソンは記している。19世紀まで、このウイスキーをベースにした風味付き蒸溜酒こそがアイルランドの特産品だった。

当時、アイルランドのウイスキーはスコットランドと同様の過程をたどっていた。主に農村部で造られた密造酒ポチーンと、コーク、ゴールウェイ、バンドン、タラモア、そして一番の生産地ダブリンで造られる合法の「国会ウイスキー」が敵対していたのである。

この頃ダブリンは重要な貿易港になりつつあり、勤勉に働けば財を成すことができた。ウイスキーはそんな時代の新しい事業の一つだったのである。1823年に法律が制定され、蒸溜業への投資が促されてダブリンは世界に冠たるウイスキー産地となった。その恩恵を受けた者たちにジョン・ジェムソンと息子達などもいる。

彼らはスコットランドの同業者（と関係者）とは違う道を歩んだ。イーニアス・コフィーが発明したパテントスチルのライトな味を拒否、モルトと大麦、ライ麦、オート麦を材料にポットスチルで蒸溜するウイスキーを造り続けた。一貫したフレーバーと量産が可能なスタイルを守ったのだった。19世紀半ばにウイスキーを飲むことがあれば、それはおそらくアイルランドのシングルポットスチルだっただろう。

だが、隆盛は続かなかった。20世紀、アイルランドは主なウイスキー生産国で一番苦労することとなる。世界を襲った経済危機はもちろん、大英帝国からの独立によって貿易が途絶え、密造酒業者と手を結ぶのを拒んだせいで米国市場を失い、国内では孤立主義に加えてウイスキーに高い税がかけられ、あげく輸出が禁止されるという3方向からの痛手を被った。お陰で蒸溜業は衰退、1930年代に操業していた蒸溜所は僅か6ヵ所だった。1960年代、残っていた3蒸溜所が合併して立ち上げたのがアイリッシュ・ディスティラーズ社（IDL）である。

振り返ってみると、新たなジェムソンブレンドが造られたこと、1970年代にコーク州ミドルトンに集中制御型蒸溜所が開設されたことが変化のきっかけだったようだ。

執筆中の現在、19件の蒸溜所開設計画申請が審査中だ。「新アイリッシュ・ウイスキー・アソシエーションの会合を持ったばかりなんだ」とキルベガン（旧クーリー）蒸溜所のマスターディスティラー、ノエル・スウィーニーは語る。「これほど多くのウイスキー蒸溜者が一堂に会するのは1800年代以来だ、と言い合ったよ」

アイルランドは受け継がれた財産を改めて掌握しつつある。「醸造所が3つしかない上にウイスキーという財産を軽んじるなんて、恥ずかしいことだ」と創設間もないディングル蒸溜所のオーナー、オリヴァー・ヒューズは言う。「アイルランドといえば飲酒文化で世界一有名な国なのに！」

さて、21世紀のアイリッシュ・ウイスキーとは何だろう？　答えはシンプル、アイルランド産のウイスキーだ。そしてその故国と同様に多面的だ。グレーン、モルト、ブレンド、シングルポットスチル、アンスモーク、スモーク。大小の蒸溜所で、国内各地で造られている。飲み方はストレート、ホット、ロング、カクテル。

では椅子を引いてウイスキーをグラスに注ぎ、アイルランドを味わってみよう。肩の力を抜いて――時間はある。アイルランドの時間はゆっくり流れる。

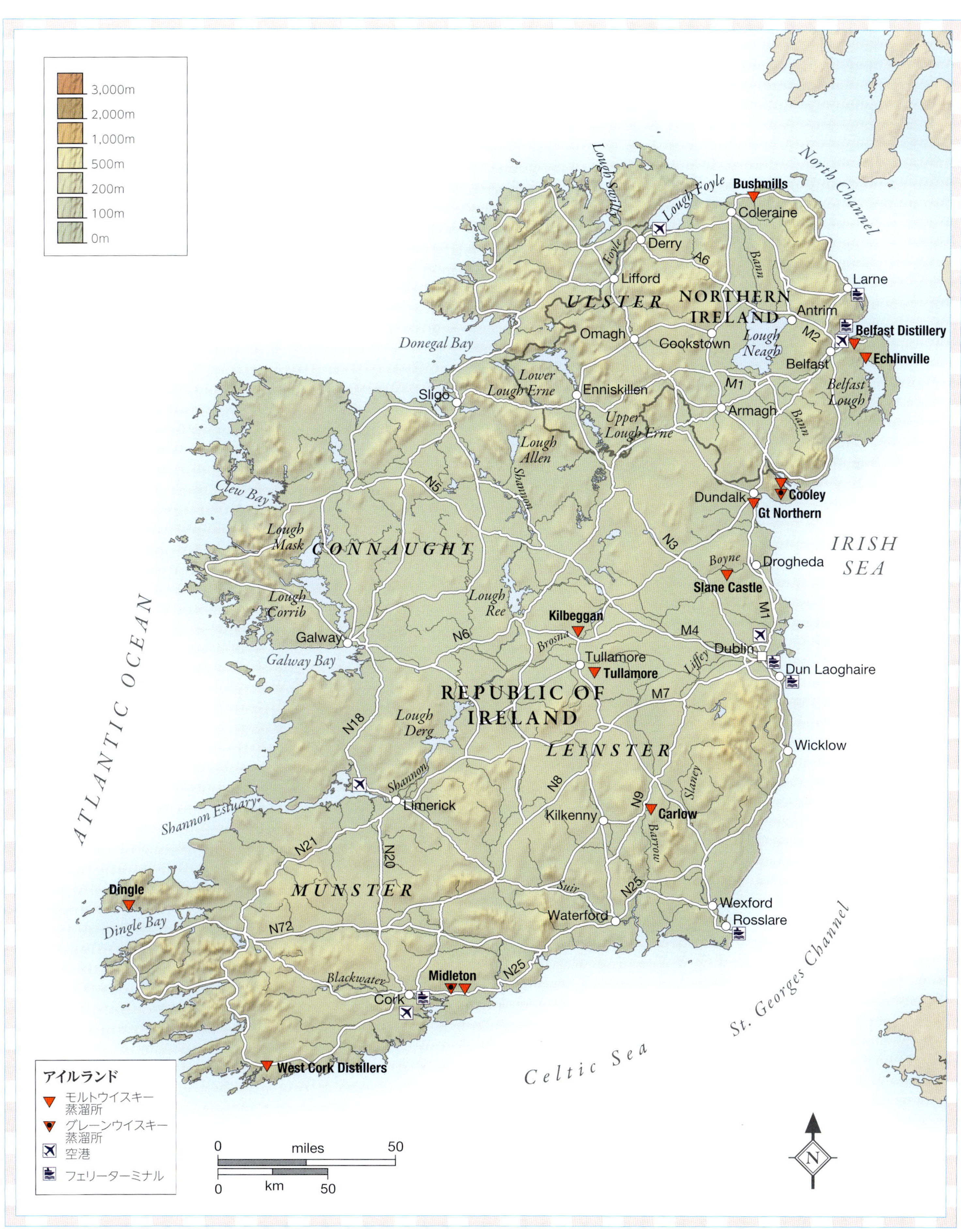
3,000m
2,000m
1,000m
500m
200m
100m
0m
NORTHERN IRELAND
ULSTER
CONNAUGHT
REPUBLIC OF IRELAND
LEINSTER
MUNSTER
ATLANTIC OCEAN
IRISH SEA
Celtic Sea
St. Georges Channel
North Channel
Lough Swilly
Lough Foyle
Foyle
Bann
Donegal Bay
Lower Lough Erne
Upper Lough Erne
Lough Neagh
Belfast Lough
Lough Allen
Shannon
Clew Bay
Lough Mask
Lough Corrib
Lough Ree
Boyne
Brosna
Liffey
Galway Bay
Lough Derg
Shannon Estuary
Slaney
Barrow
Suir
Blackwater
Dingle Bay
Bushmills
Coleraine
Derry
A6
Lifford
Larne
Antrim
M2
Belfast Distillery
Echlinville
Omagh
Cookstown
Belfast
Sligo
Enniskillen
M1
Armagh
Cooley
Dundalk
Gt Northern
N5
N3
Drogheda
Slane Castle
M1
Kilbeggan
M4
Galway
N6
Dublin
Tullamore
Tullamore
Dun Laoghaire
M7
Wicklow
N18
N8
N9
Carlow
Limerick
Kilkenny
N21
N20
Dingle
N25
Wexford
Rosslare
Waterford
N72
Midleton
N25
Cork
West Cork Distillers
アイルランド
モルトウイスキー蒸溜所
グレーンウイスキー蒸溜所
空港
フェリーターミナル
0 miles 50
0 km 50
N

蒸溜技術は、アイルランド特有の岩場が続く沿岸部からスコットランドに伝わったとも言われる。

ブッシュミルズ蒸溜所

関連情報：ブッシュミルズ●WWW.BUSHMILLS.COM●通年オープン、オープン日と詳細はサイトを参照

アイルランドとスコットランドの間、ノース海峡は昔から行き来が盛んだった。物語や詩歌、そして政治と科学の共有、人と思想の盛んな交流が続いている。ウイスキーもその一つとして欠かせない。ウイスキー造りの知識も1300年にビートン一家が海峡を超えてアイラ島へ移住した際に伝わったのだろうか？ ブッシュミルズはそんなストーリーの一部だが、アイルランドに関する事実にたどり着くには、まず不確かな部分をクリアにする必要がある。

例えばこの周辺で蒸溜が許可されたのは1608年だが、小さなポットスチル2基を備えた最初の蒸溜所が町にできたのは1784年である。1853年には施設の「改良」が済んで電燈が設置されたが、電源が入れられた2週間後に火事で醸造所が焼失している。電燈が原因かどうかは不明だ。

1880年代にはウイスキーの蒸溜史家アルフレッド・バーナーが訪れ「あらゆる近代的発明に敏感だ」と褒めそやした。しかし3回蒸溜ウイスキーはまだ造られていない。3回蒸溜が始まったのはスコットランド人のジミー・モリソンがマネージャーとして雇われ、工程を改良してからだ。彼の結論は「他に類を見ないトリプル型のポットスチル（蒸溜）(p.17を参照)」を採用することだった。それに1970年代まではピーテッドだった。

現在のラインナップはライトで草の香を持つ3回蒸溜のモルトとオリジナルブレンド。芳醇でフルーティな「ブラックブッシュ」とフレッシュでジンジャー風味の「オリジナル」が製造されている。どちらも率直な風味で飲みやすいが、同時に複雑でもある──変化を続ける蒸溜所らしい風味と言える。

ブッシュミルズの要は、蒸溜所内に一見ランダムに配置された9基のスチルから流れ出るスピリッツだ。スチルの細首は蒸気を溜めて銅材との接触を増やし、還流を増やす。

ライトな風味を出すため、中溜釜からスピリッツを3回カットする。ヘッドは初溜受けに流し、中溜を取り出しストロングフェインツ受けに入れる。残りのウイークフェインツは初溜受けに溜める(p.17を参照)。

そしてスピリッツ蒸溜に用いられた2つのスチルにはそれぞれ7000リットルのストロングフェインツが満たされる。ここでスピリッツとして集められるカットは僅か(86~83%)だ。ただし残りの蒸溜液はストロングフェインツとして回収されて蒸溜が続けられる。むろんウイークフェインツと余分なスピリッツも繰り返し再溜・カットされ継ぎ足される。

複雑な工程を理解すべく奮闘するより、蒸溜所の中で目を凝らし、香りをかぎ、耳を澄ますほうが遥かに楽しい。蒸溜作業者はスピリットセイフに囲まれた中央部に立ち、コンサートホールの指揮者さながらにフレーバーをコントロールしている。音は蒸気の噴出音とバルブの響き、旋律は層をなして入り交ざる濃淡の芳香。ブッシュミルズは直線的で整然とした所ではない。流れ出すフレーバーは絶えず変化し、重なり合い、脇にそれては収束する。

現在、ニューメイクの熟成はファーストフィルの樽で行うことが多い。「このウイスキーはライトで複雑、フーゼル油が少ないんだ」とイーガンは語る。「繊細なスピリッツを粗末な樽に入れるなんてできない」

ブッシュミルズの全てと進化するそのウイスキーは、ブッシュミルズがいつも自社の行く先を見定めていることを物語る。これまでブッシュミルズは冒険的な路線、困難な道を選んできた。考慮の上か、直感的だったか、いずれにしてもブッシュミルズが生き残ったのはその選択のお陰である。製造しているのは単なる「アイリッシュ・ウイスキー」ではない。「ブッシュミルズ」なのだ。「ブッシュミルズ」はフレーバーとその製造方法、受け継いできた言葉、文化的テロワールの点で一味違う。ここは先祖代々ウイスキーを造ってきた地だ。アントリムの静かな小道と鋸刃のような海岸線は、探究精神と型破りな個性にこだわることを楽しむ、生まれついての蒸溜技術者を送り出してきたのである。

ウイスキー・オンザロック。 ブッシュミルズ蒸溜所近く、ジャイアンツ・コーズウェーの玄武岩石柱群。

不規則に広がる敷地。 ブッシュミルズはその長く多様な歴史の中でさまざまな変革を経験してきた。

ブッシュミルズのテイスティングノート

オリジナル ブレンド 40%

色・香り： ライトな金色。繊細なハーブの刺激を持ち、極めてフレッシュ。ホットクレイと香草。
味： 甘く、僅かに埃っぽい。甘みを中心に微かなオレンジ花とハチミツの味、喉でグラッシーに変わる。
フィニッシュ： クリスプで生姜風味。
全体の印象： ミックス用。これは褒め言葉。

フレーバーキャンプ：香り高くフローラル

ブラック・ブッシュ ブレンド 40%

色・香り： 豊かな金色。クリーンなオーク。スパイスとガリアメロンに僅かなデーツ、黒ブドウジュースの風味、その後ココナッツとシーダー。加水するとプラムクラフティと煮たルバーブ。
味： ジューシー、フルーティ、完熟。フルーツケーキ、大麦糖。深みがある。舌中央に溜まる感じ。
フィニッシュ： クリーミィで余韻が残る。
全体の印象： 氷をひとかけら入れて。

フレーバーキャンプ：コクがありまろやか

ブッシュミルズ・モルト10年 40%

色・香り： 金色。グリーンなグラッシー香がライトな干草と麦芽タンクの香りに、そして塗りたての漆喰、バルサ材へ。クローバー。
味： クリスプだがバーボン樽に由来するバニラの甘み。ライトな香気。
フィニッシュ： 枯れ草と埃っぽいスパイス。
全体の印象： 昔よりも僅かにこくがある。

フレーバーキャンプ：香り高くフローラル
次のお薦め： カードゥ12年、ストラスアイラ12年。

ブッシュミルズ・モルト16年 40%

色・香り： 濃い琥珀色。ビッグな甘口のシェリー風味。黒い果実が濃縮された香りやプルーンにスイートオークの香も。本来のジューシーさを保っている。レーズンとティーブレッド。
味： まろやかでワイン風。マルベリージャム、カラント。微かなタンニン味からブラックチェリー、コーヒーへ。
フィニッシュ： 再度グレープの風味。
全体の印象： 3種のオーク樽で熟成されているが、グリップ感はない。

フレーバーキャンプ：コクがありまろやか
次のお薦め： ザ・バルヴェニー17年マデイラカスク

ブッシュミルズ・モルト21年 マディラフィニッシュ 40%

香り： ビッグで濃い。バターアイシングのコーヒーケーキへと変化する。加水するとシェリー酒のボデガのような香り。次にミント、柑橘果皮、新しいなめし革、グリストに似た甘み。
味： 甘くグリップを持つ。黒いドライフルーツ、モラセス、赤いリコリス。
フィニッシュ： しっかりしていてナッツ風味、クリーン。
全体の印象： 2種類の樽を使うことでウエイトが増している。

フレーバーキャンプ：コクがありまろやか
次のお薦め： ダルモア15年

エクリンヴィル&ベルファスト蒸溜所

関連情報：カークビン●ダウン州

1978年にコールレーン蒸溜所が閉鎖されてから、北アイルランドに残った蒸溜所は1つだけだった。それがブッシュミルズだ。アイルランド全体でもウイスキー製造の伝統は途絶えかけていた。スチルが冷えるとともに、グラスから立ち昇る芳香のように記憶も立ち消えていく。かつては誰もが知っていたベルファストのダンヴィル蒸溜所の銘も、今は褪せたラベルとパブの錆かけた看板として残るのみだ。

昔は違った。19世紀初頭、北アイルランドでは大量のポットスチルウイスキーが製造されており、19世紀末には穀物の一大産地になっていた。しかしそれが後に低迷の原因となる。北アイルランドの穀物がスコットランドより安かったせいで、スコットランドの穀物生産を事実上支配していたディスティラーズ・カンパニー・リミテッド(DLC)は大きな苛立ちを抱えていた。

1920年代、生産過剰で更に価格が下がった際にDLCは北アイルランドの醸造所を買い取り始めた。1922年~1929年の間にベルファストのエイボンヴィルとコンズウォーター、そしてデリーのアビーを買収、全てを閉鎖した。1930年代半ば、大手で残っていたのは収益を上げていたベルファスト(ダンヴィルの拠点)のロイヤルアイリッシュのみ。なぜかそこも1936年に閉鎖された。

現在、アーズ半島はエクリンヴィル内の大邸宅の旧厩舎で復活劇が始まっている。2013年、北アイルランドで2番めの認可蒸溜所が操業を開始した。これは地元に住むシェーン・ブラニフの発案だった。彼は既にクーリーのストックを利用して、2005年にフェッキンアイリッシュ・ウイスキーとストラングフォードゴールドという自分のブランドを作っていた。クーリーがビームズに売却されて供給が絶たれた時、ブラニフが出した結論はシンプルだった。自分でウイスキーを造ることにしたのだ。

「元々そのつもりだったんだ」とブラニフは言う。「1年にこの銘柄を7箱売ったら蒸溜所を建てるってね」40.5ヘクタールの畑に大麦を植えてフロアモルティングも始めた。「ラベルに書いてある『畑からグラスへ』は本当だよ」アーズ半島の微気候が大麦栽培と熟成に向き、ウイスキー造りに最適の場所だという彼の信念の表れなのだ。

「自分は骨の髄まで品質を重視するタイプなんだ」彼は言う。「最近のビジネスではなにが何でも価格が重視される。でも世界でトップクラスのウイスキーを作ればしかるべき利益が得られるはずさ」

彼だけではない。執筆時点で大胆な蒸溜所計画が進行中だ。ピーター・レイヴァリは2001年にクジの当選金を投資し、ベルファストの元クラムリン・ロード刑務所にモルト蒸溜所を建てた。3回蒸溜のシングルモルトを1年に30万リットル製造するのが目標だ。

彼は新しい銘柄「タイタニック」を造るつもりだが、伝統も意識して、ベルファストの現存しないウイスキーブランドの1つ「マッコーネル」銘を買い取った。「ダンヴィル」銘を買い取ったシェーン・ブラニフの件も合わせると、北アイルランドのウイスキーは台頭中という言葉では明らかに足りない。改めてウイスキー造りの伝統を掌握したと言うべきだろう。

エクリンヴィル蒸溜所がある屋敷。

クーリー蒸溜所

関連情報：クーリー●ダンドーク●WWW.KILBEGGANDISTILLINGCOMPANY.COM

ラウス州クーリー半島は蒸溜所の所在地だが、それだけではない。魔法の牛をめぐって王と女王が戦う中世アイルランドの神話「クーリーの牛争い」の舞台でもある——1988年に幕を開けたアイリッシュ・ウイスキー魂をめぐる争いは、まるで神話をなぞっているようだ。

クーリーは色々なアイリッシュ・ウイスキーを飲んでほしいいと願うジョン・ティーリングによって設立された。1966年以降はIDL社がアイルランド唯一の蒸溜所で、勢いその「3回蒸溜でアンピーテッド」というスタイルが「アイリッシュ・ウイスキー」のスタンダードだった。しかしクーリーは1990年までに2回蒸溜のモルト、ピーテッドモルト、シングルグレーン、ブレンドのブランドを送り出した。アイリッシュ・ウイスキーは本来の多様性を取り戻したのだった。

景観が美しいからそこに工場の用地を求めたわけではない。飾り気のないコンクリート造りの建物は政府が所有する5つの工場の1つとして建てられ、元々はジャガイモから燃料を製造していた。見た目にすごく魅力的という訳ではないが、漂う香りは素晴らしい。製造エリアに足を踏み入れるとコーンブレッドとポップコーンの甘い香りに圧倒される。「グリーノア・シングル・グレーン」にはその香りが閉じ込められている。これは28段の棚板を備えたバーベットカラムで作られるトウモロコシベースの美味なスピリッツだ。

1対のポットもある。ポットから上向きに伸びるラインアームの中には冷却管が入っていて還流を促す。そのお陰でピーテッドの「カネマラ」ですら芯には繊細さが加わり、泥炭のような重いフェノールと併行する旋律を奏でている。

クーリーは最初からブレンドを採用した。2回蒸溜を採用した理由の1つは、大麦麦芽由来のウエイトが必要だったことだ。2011年にジムビームに買収されて（その時にキルベガン・ディスティリング・カンパニーと改名した）からはキルベガンの銘柄に重心が移った。「オリジナルの銘柄は廃止、契約していない所への供給は中止した」とマスターディスティラーのノエル・スウィーニーは語る。「今はキルベガンに全力を注いでいる」新規取引先も多くが元クーリーの顧客である。

現在は樽材が不足しているため、新しいバーボン樽を入手しやすいキルベガンは他よりも恵まれた境遇にある。それでもやはり十分ではない。

「だからね」スウィーニーは言う。「最近林野庁に訴えたんだよ。『トウヒを植えるのを止めて、オークの森を作ってくれ』って。自給自足できるように！」

昔ながらのクーリー魂は今も生きている。

樽材への少なくない投資がクーリーの強みとなっている。

クーリーのテイスティングノート

カネマラ12年 40%

香り： 刈った草、竹葉、乾燥リンゴ、ピート少々のよい香り。ニューメイクのようでピートが慎ましやか…

味： …だが舌に乗せると変わり、アーモンド、フェンネルシード、バナナが入り交ざる。

フィニッシュ： スモークしたパプリカ。泥炭の煙。

全体の印象： バランスが取れている。

フレーバーキャンプ：スモーキーかつピーティ

次のお薦め： アードモア・トラディショナル・カスク、ブルックラディ ポートシャーロット PC8

キルベガン 40%

香り： 極めてオイリー、フレッシュなオーク香の塊、箱を開けたばかりの運動靴に似たアロマ、強烈でスモーキーなヒッコリー香。

味： 濃密、新鮮で圧倒的なオーク。心地よい活力。

フィニッシュ： ライトでソフトなフルーツ。オークのグリップ。オイリー。

全体の印象： ビッグで大胆。

フレーバーキャンプ：フルーティかつスパイシー

次のお薦め： 秩父ちび樽

キルベガン蒸溜所

関連情報：キルベガン ● WWW.KILBEGGANWHISKEY.COM ● 通年オープン、オープン日と詳細はサイトを参照

アイルランドの蒸溜所を巡る旅は霊廟見学ツアーとさほど変わらない。 最後に一杯やって死せる者に敬意を払うのだ。 アイルランドによる史跡の扱いは巧みだが、どれほど楽しいツアーでも寂寥感が残る。 キルベガンがその例だ。

マシュー・マクマナスは商業蒸溜が利益を生むと真っ先に気づいた1人だった。 1757年、彼はアイルランド中部の小さな町に蒸溜所を建てた。 ジョン・ロックがこれを1843年に買い取り、1940年代までロック家が所有していた。 アイルランドの大半の蒸溜所と同じく、ここも20世紀のウイスキー危機の荒波をかぶり1953年に閉鎖された。 そのまま放棄されていたが1982年に蒸溜所博物館として再オープンした。

訪うととても魅力的な、しかも寂しい場所だ。 だが18世紀の蒸溜所がそのまま完璧に保存された場所でもある。 2つの巨大な石臼を回す水車、大きくて蓋のない糖化槽、熱を伝える蒸気機関、そして外側には緑青の縞が付いた太鼓腹のスチル3基。「昔はこうだったんだ」と、蒸溜所の声が聞こえてくるようだ。

クーリーは1988年にここを買い取った。 元々は貯蔵所としての用途とそのブランド名が目当てだったが、2007年にボール型の古くて小さいポットスチルが発見され、主要プラントから初溜を運び込んでの蒸溜が始まった。 2010年には製造区画がすっかり改修されて2基目のスチルが導入された。 キルベガンは再び蒸溜を始めたのである。

しばらくはシングルポットスチルとライ麦を使っての試験プラントとして使われていたが、現在はクーリーが本工場としてキルベガンにスピリッツを供給している。

ジムビームがキルベガンを買収した目的は明白だ。 大手と肩を並べるために十分な生産量を手に入れたいのだ。 少しだけ手を加えられたウイスキーは再パッケージされ、米国市場を的にしての販売が進行中だ。

クーリー——控え選手、一匹狼、意固地に我が道を行く——からイメージを一新し、ブランドに重点を置いたキルベガン・ディスティリング・カンパニーへシフトした結果は目覚ましかった。 かつてのやんちゃ坊主は今やエスタブリッシュメントの一員となったのだ。

さて、どんな変化があったのだろう?「ティーリング博士が答えてくれるさ!」とマスターディスティラーのノエル・スウィーニーが冗談を言う。「アイルランド中の姿勢が変わった。 他所と違うことするのが自分達だったが、今は会社として先手を打つ。 新製品、刷新、多様化を打ち出すんだ」

新たに蒸溜に携わり始めた多くの人が1980年代のジョン・ティーリング達のように問いかけている——「アイリッシュ・ウイスキーとは何だろう?　これからの道は?」

古き良き時代。 20世紀のウイスキー受難時代以前、キルベガンは有名なブランドだった。

タラモア・デュー蒸溜所

関連情報：タラモア・デュー●WWW.TULLAMOREDEW.COM●月～日曜日まで通年オープン、オープン日と詳細はサイトを参照

「全ての男にデューを」――名言をもじった、この業界ではなかなかよくできたキャッチコピーだ。 そしてタラモアのデイリー蒸溜所の所長（後にオーナーとなる）ダニエル・エドモンド・ウィリアムズが抱いたビジョンがこの中に凝縮されている。 彼は1887年に施設を改善し、自らのイニシャルを付けた新しい銘柄「タラモアD.E.W.」を造った――かのスローガンを添えて。

1925年から1937年にかけて閉鎖期間があるが、20世紀の受難時代もウィリアムズ家はタラモアを手放さなかった。 ウィリアムズ家は1947年にパテントスチルを設置し、変化する米国の好みにアピールすべくよりライトなブレンドを造り始めた。 シングルポットスチル、モルト、グレーンの組み合わせは当時にしては画期的だったが、それでも機を逸していた。 蒸溜所は1954年に閉鎖、パワーズ（1994年にキャントレル&コクランに売却された）が銘柄を買い取り、IDL（p.207を参照）がオリジナルレシピで製造を続けた。

ここまではよくある話だ。しかし2010年にウィリアム・グラント&サンズ社がタラモア・デューを買い取り、即座に蒸溜所を建てることを発表した。 そう、タラモアの中に。 タラモア・デューのブランドアンバサダーを長年務めているのはジョン・クィンだ。 彼は1974年から活動している。

「C&Cが銘柄を買ってから蒸溜所の話は出ていた。 でも、グラントが実際の計画を発表した時にはゾッとした。 自分にとって大変なことだったし、町にとっても大事件だった。 こんなにプライドを持っていたんだと驚いたよ」ウイスキーはアイデンティティと目的を与えてくれる。 ただの飲み物ではないのだ。

ポットスチル蒸溜所（モルトウイスキーとシングルポットスチル・ウイスキーを造る）は、第2段階でグレーン用設備が設置された時、すなわちブレンドに必要な材料がそろった時に操業可能になる。「ミドルトンと同じ味を造るのが課題だ。 小さいスチルだが、消費者は一貫性を求めるからね」クィンは語る。「前進して全く新しい事を手がけるのは胸が躍るけれど、風味は変えられない」

シングルポットスチル・ウイスキー製造についての問題も残っている。 長年、IDLの独壇場だったからだ。「ウィリアム・グラント社が製造法を知ってるだろう。 蒸溜所の持ち主なんだから」クィンならこう言いそうだ。 ところが今やスコットランドでも、将来を見越して大麦とモルトのシングルポットスチル・タイプがたくさん造られている。

3つのスタイルがあることでラインナップにも広がりが出た。「確かに昔は無理だったことだね」彼は笑う。「今はできる。 これを見てくれ」

タラモアD.E.W.のテイスティングノート

タラモアD.E.W.　40%

香り： フレッシュでグラッシー、弾けるレモンとしっかりした穀物の風味もある。 加水するとグリーンオリーブ、ブドウ、焦がしたオーク。
味： クリーン。 ライト～ミディアムボディ。 非常にしっかりしていて赤リンゴとミルクチョコレート風味。
フィニッシュ： ライトな酸味。
全体の印象： フレッシュでグッと飲むのに向く。

フレーバーキャンプ：香り高くフローラル
次のお薦め： ロット No.40

スペシャル・リザーブ・ブレンド12年　40%

香り： 風味豊かで濃い。 フルーティでクリーミー：マンゴー、モモ、バニラ。 アメリカンオーク、トフィー、ライトな生姜、バタースコーン。
味： ライトなオークの枠の中に熟したフルーツ、煮たルバーブ。 加水するとブラックカラントと熟して柔らかくなったフルーツ。
フィニッシュ： スパイシーでタイト。
全体の印象： フルーツ、クリスプ感、オークの要素が複雑に絡み合う。

フレーバーキャンプ：フルーティかつスパイシー

フェニックス・シェリー・フィニッシュ ブレンド　55%

香り： 苔っぽい。 青イチジクのジャム、煮梨。 率直でふくよか、そこにシェリー、リキュール入りチョコレート、ブラックベリーが加わって複雑な風味。
味： ソフトに傾き過ぎそうな所を、高いアルコール度数のお陰でぴりっとした風味が加わっている。 シェリー香がいくらかのストラクチャーと酸化したナッツ風味を添える。 軽めのセビリアオレンジ。 カラントっぽい。
フィニッシュ： 生姜、スパイス
コメント： ウエイト、重厚感、品がある。

フレーバーキャンプ：コクがありまろやか

シングル・モルト 10年　40%

香り： フレッシュで若々しい香り。 ソーヴィニョン・ブラン・スタイルのグースベリー（フール）、軽めの砂糖、控えめなオーク。 加水するとトロピカルフルーツ少々、黒鉛、ウエイトのある熟したフルーティ感少々。
味： たっぷりしたフルーツ風味：生け垣、カラント、ブルーベリー。 ソフトなモモ風味とサルタナレーズン。 木香はフルーツ風味の支配下に。
フィニッシュ： まろやか、長くて穏やか。
コメント： 美しく盛り合わせたたくさんのフルーツ。

フレーバーキャンプ：フルーティかつスパイシー
次のお薦め： ランガタン・オールド・ディア

ディングル蒸溜所

関連情報：ディングル ● WWW.DINGLEDISTILLERY.IE ● 予約して訪問、連絡先はサイトを参照

アイルランド南西の端にあるディングル蒸溜所のオーナー、オリバー・ヒューズは生まれついての開拓者だ。アイルランドでクラフトビールが軌道に乗ったのはごく最近のことだが、彼は1996年にダブリンのテンプル・バーにアイルランドで最初のブルーパブを開いている。「多分人一倍先取りするタイプなんだ」彼はおどけた。「開拓者気分になることもあるけれど、注意も必要だ。往々にして開拓者は伐たれ、次に来る者がそこに住むんだよ!」

今またヒューズは先駆者の名乗りを上げた。アイルランド各地で数多くの蒸溜所が新たに設立されているが、先陣を切ったのがディングルなのだ。「ビール造りの延長としてウイスキー蒸溜は当然の選択だったんだ」彼は言う。「アイリッシュ・ウイスキーの需要は確実にあったし、ディングルに通って30年、素晴らしい場所で、アイルランドならではのアイデンティティを備えた土地なのは分かっていたからね。蒸溜所を建てるのに相応しい所だった」

蒸溜所を開く夢を抱くことと、商業的に成り立つ企業にするのは別の話だ。アイリッシュ・ウイスキーはスコッチ・ウイスキーに比べて規模が小さいが、一際情熱を傾ける蒸溜所もある。「多角化の必要があるのは事実だ」ヒューズは言う。「製品の種類の問題じゃない。ここではジンとウォッカも製造しているから。つまり造るウイスキーのスタイルを増やすということだ」

「当初、ディングル半島の様々なパブでコンサルタントのジョン・マクドゥーガルと長時間話し合った。彼がアイリッシュ・ウイスキーはスコッチよりも甘めだからスチルにボイリングバブルが要るといったんだ。で、全てを特別の風味を出すための設計にした」

ヒューズにとって特別の風味とは「贅沢な感じ」を意味する。そのため2012年12月に初めて樽詰めした際にはシェリーやポートワインの樽が多く使われた。

ここアイルランドの西端では新たな試みも始まっている。「半島のあちこちや辺鄙な島でも熟成させてみたいんだ」とヒューズは語る。「他にも特別なリリースを計画中なんだよ」

クラフトビール造りの精神は役立っているだろうか？「イエスだ。どちらも先駆ける態度が必要だから。11%のスタウトをウイスキーバレルで熟成させたことがある。次はそのバレルでもう一度ウイスキーを熟成させてみるつもりだ。スタウトにはダークモルトを使っているんだが、それでウイスキーを醸造したらどうなるだろう？ 面白いウイスキーができそうじゃないか」

ディングルに続く新しいプラントも立ち上がりつつある。ケンタッキーを本拠地にするオルテックはカーローの醸造所をダブリンに移す予定だ。ティーリング家はダンドークの元ハイネケンブルワリーを買収、グレーンとモルトウイスキーを造る蒸溜所にする予定だし、他にもダブリンにマイクロサイトを確保する計画がある。スレーンキャッスルにも蒸溜所が建築中だ。

アイルランド共和国のクラフト蒸溜所はここ、ディングルから始まったのだ。

アイルランド共和国のクラフト蒸溜所はディングルから始まった。

ディングルのテイスティングノート

ニュー・メイク

香り： 極めて甘く、カスタードっぽい。アップルクランブルとラズベリー葉。加水した穀物が少々。
味： とてもフルーティで、次にローストした穀物。主張する感じでガッツがある。バターっぽさが残る。
フィニッシュ： 熟したフルーツ。

バーボンカスク サンプル 62.1%

香り： まずはバニラが際立つ。カラメルプディング。やはりラズベリー果実の甘さがあり、バナナの感じも。
味： 樽のライトな影響が柑橘系のトップノートを活かしている。軽くてクリーン。甘い。
フィニッシュ： タイトで若い。
全体の印象： クリーンでできが良く、極めて早熟。

ポートワイン サンプル 61.5%

香り： レッドカラントの茂みと葉。しなやか。しばらくしてふんだんなクランベリーとラズベリー果汁。加水すると芳香が立つ。
味： ベリーフルーツにクランベリーの歯ごたえ。僅かな土っぽさ(おそらくオーク)。織細。
フィニッシュ： 若々しくフレッシュで酸味がある。
全体の印象： 樽がスピリッツに大きく影響しているが、それを受け入れるガッツがある。注目の蒸溜所。

IDL&ウエスト・コーク蒸溜所

関連情報：ミドルトン ● WWW.JAMESONWHISKEY.COM/UK/TOURS/JAMESONEXPERIENCE ● 月〜日曜日まで通年オープン、オープン日と詳細はサイトを参照

ウイスキーとコーク州は相性が良い。 相変わらず最高の酒場があり、腰を落ち着けて愉快な会話を交わしながら長い夜を過ごす。 ウイスキーのグラスを重ね、クラフトビールのスタウトを喉に流し込む。 ここはウイスキー造りの素晴らしい伝統を持つ都市でもある。 1867年、ノース・モール、ウォーターコース、ジョン・ストリート、ザ・グリーンの4プラントが近隣のミドルトンと合併してコーク蒸溜所（CDC）が設立された。 そしてこの蒸溜所が後にウイスキー造りでアイルランドの中心的存在となる。

旧ミドルトン蒸溜所はとにかく広い。 元々は毛織工場だったのを、1825年に野心的なマーフィ兄弟が買い取って大規模な投資を行い、すぐにCDCの他会社を圧倒してしまった。 理由は質と量の差である。 1887年までにミドルトンは年間100万ガロンの生産高を誇り、そのポットスチルは世界最大だった。

1970年代にIDL（アイリッシュ・ディスティラリー社）がダブリンにある最後の自社工場（ジョンズ・レーンとボウ・ストリート）を閉鎖してから、生産はミドルトンに移った。 ここでアイリッシュウイスキー界を救うためのウイスキーが造られることになる。 1975年、旧蒸溜所の裏手にIDLの新たなハイテク蒸溜所がオープンした。

その後ミドルトンでは、IDLの各ウイスキーがどのようなもので、どう再現すべきかが科学的に精査された。 無論IDLブランドを構成するそれぞれのレシピとウイスキーは維持せねばならない。 しかし今や新しいウイスキーを造れる無限の可能性を持った蒸溜所が手に入ったのである。

過去はシングルポットスチルのウイスキーという形で残さねばならなかったが、新機軸を打ち出す時でもあった。 同時に樽材についても賢明な方針が採用された。 まだスコッチ業界が「木材なら何でも良い」という姿勢だった時、IDLは樽を特注する計画に着手していたのだった。

アイルランドの革新：ウエスト・コーク蒸溜所

2013年、コーク州で2番めの蒸溜所が操業を開始した。 それがアイルランド南端の町スキバリーンにあるウエスト・コーク蒸溜所で、様々な種類のスピリッツ蒸溜を行っている。 その多くがボトラーズとの契約で、キャッシュフローを助けるためのものだ。 ホルスタインスチルで2回蒸溜を行ったシングルモルトも貯蔵されている。 また元IDLのマスターブレンダー、バリー・ウォルシュ博士の熟練の指揮下、熟成済みの製品を買い入れてブレンドとボトリングも行う。 共同経営者であるジョン・オコンネルはケリー・アンド・ユニリーバに勤務した経験を持つ。 彼は様々な酵母と技術を用いれば差別化を図れるのではないかと考えている。「新しい技術を取り入れる必要がある」彼は言う。 20世紀にアイリッシュ・ウイスキーが衰退した理由の1つはそうしなかったことだ。 同じ失敗を繰り返すわけにはいかない」

ウイスキーは時間がかかる。 それに辛抱強く扱わねばならない。 バリー・クロケット、バリー・ウォルシュ、ブレンダン・モンクス、デイブ・クイン、ビリー・レイトンをはじめ多くの人々がひっそりと、しかしたゆまず立ち働いてきたのだ。 雰囲気たっぷりの旧ミドルトンの建物の裏、施錠された門の向こうに新しい蒸溜所が見えた。 かつての黄金時代の話を聞き静かな工場を巡る最中にも、隣の敷地ではアイリッシュ・ウイスキーの未来が造られていた。

「新」ミドルトンはウイスキー業界で有数の蒸溜所。 苦境の申し子でもあるミドルトン蒸溜所はアイリッシュ・ウイスキーの旗を掲げ続けている。

木樽のプロフェッショナル。現在ウイスキー業界ではスタンダードになっている樽管理だが、多くのアプローチを創案したのがIDLだ。

そして今、長い歴史を刻んだ蒸溜所を見学することが可能だ。またオーナーのペルノ・リカールが1億ユーロをつぎ込み、閉じた門も開かれた。現在、新しいブリューハウスや、ミドルトンの生産量を何と年間6千万リットルに押し上げたポットスチル・ハウスとグレーンウイスキー蒸溜所を目にすることができる。

ポット・スチルは巨大なパノラマ窓の向こう側に鎮座し、そこから旧館に向けて通路が伸びて繋がっている。過去と現在がリンクしたのである。そう、未来に向けて。

世界の愛飲家にとってアイリッシュ・ウイスキーといえば「ジェムソン」だろう。「ジェムソン」は1972年、ライトな味わいの新たなブレンドウイスキーに路線変更したが、これはジェムソン流を守るための長いプロセスの始まりだった。無論風味を変える必要があった。しかしウイスキー造りの本質を捨てた訳ではない。重厚な風味を好まなくなったグローバルマーケットの中で、改めてアイリッシュウイスキーが位置を確保するための賢明な策だった。世界中の好みが変化したのなら、シングルポットスチルを押し付けようとしても詮無いことだ。「パワーズ」「グリーン・スポット」「クレステッド・テン」「レッドブレスト」を愛する我々には歯がゆいが、シングルブランド戦略は功を奏した。長期間着実に広告を打ちバックアップを続けることで「ジェムソン」は特産品から世界的ブランドになった。

新たなウイスキーを造る鍵は、ミドルトン蒸溜所が開いた可能性をどう活かすかだった。ロイター糖化槽からはよりクリアな麦汁が得られ、エステル香が際立つことが分かった。また様々な「ウエイト」のシングルポットスチル・ウイスキーが生産可能になったが、新たなブレンドにはライトでクリーン、香り豊かなグレーンウイスキーも必要だった。これは3塔の蒸溜器によって造ることができた。やはりここでもグレーンウイスキーが秘密武器となったのである。

その後「ジェムソン」ブランドは成長し始め、ラインナップが増える度に味のコクも増した。かつてのウイスキーに近い製品にはシングルポットのウイスキーが多く配合されている。樽材も様々だ。「ゴールド」には新しいオーク樽、「ヴィンテージ」にはポートパイプ樽、「セレクト」には米国で誂えた樽が使われている。つまりジェムソンはシングルポットスチルへの架け橋でもある。

世界的な好みに合わせたのが「ジェムソン」ならばアイリッシュ派の贔屓は「パワーズ」だろう。こちらはダブリンの古いブランドで、「ジェムソン・スタンダード」よりもシングルポットスチルが多く配合されている(オークのファーストフィル樽は少ない)。その結果、よりファットでジューシーな、享楽的なまでの飲み口を味わえる。コーク州の人々は地元のブレンド「パディ」がご贔屓だ。これはCDCのトップセールスマン、パディ・フラハティの名を取ったウイスキーで、彼はパブに立ち寄っては店内の全員に「彼の」ウイスキーを1杯奢ったという。すぐに誰もが「パディの1杯」を求めて大騒ぎするようになった。ところが皮肉にもウイスキー代がかかり過ぎて、パディがボーナスをもらうことはなかったそうだ。

「実験するしかなかった」と、ミドルトンの初期についてバリー・クロケットは語った。だがそれは違うと筆者は思う。必要に迫られたのではなく、自ら望んだのだ。彼らはそうやって新たなアイリッシュ・ウイスキー市場の基礎を固めたのだった。

シングルポットスチル

IDLからリリースされる新しいブレンドウイスキーの核は今なお全てシングルポットスチルである。どんなウイスキーに仕上がるか、その「雲行き」を示す晴雨計がブレンドスタイルだ(製造の詳細はp.17を参照)。アイルランドとスコットランドの蒸溜所は昔から大麦麦芽と大麦、ライ麦とオート麦を混合してきたが、アイルランド大都市部の蒸溜所が大麦麦芽にかけられる高い税金を逃れようとあれこれ画策した結果、1852年にウイスキーのスタイルが正式に定義された。

マッシュビルを変えると味のプロファイルも大きく変化する。未発芽の大麦を使うとテクスチャーにオイリー感が増し、ジューシーで濃密な口当たりが得られてスパイシーかつクリスプなフィニッシュになる。むしろ1950年代まではこれがアイリッシュ・ウイスキーだった。

新しい「ジェムソン」と先立つ「タラモアD.E.W.」は、どちらも現代の味覚では「重すぎる」とされたウイスキーから脱却しようとする試みだった。

ウイスキー愛好家は異を唱えたものの、なかなか古いタイプのアイリッシュ・ウイスキーは出てこない。「レッドブレスト(元々ギルビー社のためにジェムソンが製造したもの)」や「グリーン・スポット(ダブリンのミッチェルズ向けにジェムソンが製造)」をようやく手に入れたり、「クレステッド・テン」や「パワーズ」などのポットスチルブレンドに慰めを求めるのが精一杯だった。

しかし実は古いタイプも造られていた。ミドルトンはシングルポットスチルのウイスキーを複数生産しているのだ。口内をコーティングするようなテクスチャー、そしてリンゴとスパイス、ブラックカラントの風味を共通項に持つ、少しずつ異なるラインナップだ。マッシュビルと蒸溜レジメ――スチルに入れる量、蒸溜時のアルコール度数、カットポイント――を変え、ライト、ミディアム(「モッドポット」)2種、ヘビーの4タイプを造り分けるのである。さらに樽材のレジメに従ってウイスキーを詰める樽の種類も変える。特注の樽を使うのも世界初だ。こうしてそれまでにないテクスチャーや風味、色合いが生まれ、可能性は広がっていく。これらは全て増えていくIDLのブレンドウイスキー・ファミリーに配合されていた。

だが2011年、一大変化が起きた。「レッドブレスト」と再パッケージされた「グリーン・スポット」に、「パワーズ・ジョン・レーン」と「バリー・クロケット・レガシー」が加わったのだ。以来、「レッドブレスト」の新バリエーションが2種と「イエロースポット」もデビュー、10年間は年に少なくとも1回の新たなリリースが約束された。これにてアイルランドのルネサンスの礎は完成、である。

これは病みつきになりそうなスタイルだ。魅惑的で、もう少し居てくれとねだり、「もう1杯だけ」と耳元で囁く。つい降参してしまう。誰が抵抗できるだろうか?

IDL&ウエスト・コーク蒸溜所のテイスティングノート

ジェムソン・オリジナル ブレンド 40%

色・香り：豊かな金色。非常によい香り。ハーブ、熱い土、琥珀、香木、焦がしたアップルシュガー。蜂蜜酒っぽい。フレッシュで快い刺激。
味：たっぷりのバニラでソフト。ほどけていくとジューシーな旨味が感じられた後にドライ感が増し、やや繊細な感じへ。そっとスパイスが忍び込んでくる。
フィニッシュ：クミン。バルサ材。クリーン。
全体の印象：バランスが取れていてアロマティック。

フレーバーキャンプ：香り高くフローラル

ジェムソン12年 ブレンド 40%

香り：「スタンダード」よりも香りが少ないが、蜂蜜、サルタナレーズン少々、トフィー、バタースコッチが増している。加熱したリンゴ。ドライハーブと熱いおが屑。
味：「スタンダード」よりもジューシーでコクがあり、ココナッツ、バニラが増している。濃縮したドライフルーツがほんの少し。ジューシーな旨味。僅かにカンファー。
フィニッシュ：オールスパイス。
全体の印象：ポットスチルウイスキーを増やすことでウエイトと感触が増している。

フレーバーキャンプ：フルーティかつスパイシー

ジェムソン18年 ブレンド 40%

色・香り：豊かな金色。最初は少し閉じているが、ポットスチルの重い香りが現れる。3つの中で一番磨かれ、オイリー(亜麻仁油)。樹脂が少々、しかし香りが立ち昇った後に消えてドライハーブに。
味：チュウィーでコクを持ち、よりシェリー香がある。
フィニッシュ：やはりスパイシーだが、メースと栗蜂蜜の風味。
全体の印象：シリーズ同士で似ているが、よりウエイトがある。

フレーバーキャンプ：コクがありまろやか

パワーズ12年 ブレンド 46%

香り：ビッグ、ジューシーな旨味、花のよう。より桃っぽい。ジェムソンよりもよりフレッシュなフルーツ香で全体的にファット。
味：ピーチネクターとハチミツで甘くしたバナナミルクシェイクがガツンと一撃。濃いテクスチャーの後にカシュー／ピスタチオの風味。口の中で広がる。
フィニッシュ：完熟、次にコリアンダーとターメリック。
全体の印象：こってり。

フレーバーキャンプ：フルーティかつスパイシー

レッドブレスト12年 40%

香り：芳醇、ソフトなフルーツ。セーム革、ケーキミックス、生姜、煙草。背後にナッツ風味、ほんの少しのカスタードパウダー、そしてカラント葉に変わる。
味：クリーン。葉巻と黒い果実、しかしフレッシュでライトなポットウイスキーが活力をもたらす。大きな存在感で舌をコーティングする。
フィニッシュ：乾燥スパイス。
全体の印象：シングルポットスチル・ウイスキーの指標。

フレーバーキャンプ：コクがありまろやか
次のお薦め：バルコネズ・ストレート・モルト

レッドブレスト15年 100%ポット・スチル 46%

香り：ヒュージ。秋の果実(赤&黒)。トフィーとライトレザー、サンダルウッド、花粉、磨いたオーク。芳醇。
味：ファットでまろやか。セーム革からたっぷりのスパイスに変化。クミン、生姜の多層効果に、新しい革、ドライフルーツ、焼きリンゴが混ざっている。複雑。
フィニッシュ：完熟感が続き、喉にまとわり付く。
全体の印象：「ジェムソン」を極端にした感じ。クラシックなポットスチル。

フレーバーキャンプ：コクがありまろやか
次のお薦め：オールド・プルトニー17年

パワーズ・ジョン・レーン 46%

香り：「レッドブレスト」よりもまろやかで明確にオイリー、並行して胡椒、革、オールドローズ花弁。チョコーティングしたモレロチェリーに並行してなめし皮、それにサンダルウッド、ヒュミドール、ブラックカラントのミックス。
味：完熟、ファット、オイリーでクラシックな「パワーズ」の桃風味(さらにマンゴーとパッションフルーツ少々)。芳醇、こってり、深みがあって本質的に大胆。
フィニッシュ：コリアンダーシード。土っぽいドライ感。
全体の印象：口内をコーティングし、濃密。

フレーバーキャンプ：フルーティかつスパイシー
次のお薦め：コリングウッド21年

グリーン・スポット 40%

香り：溌剌として甘い。直ぐに僅かなオイル味があり、リンゴ皮、梨、ドライアプリコット、バナナチップを伴う。そこはかとないスイートオーク。
味：フレッシュなスタート。そこからやわらいでカラント、クローブ、フェンネルに。加水するとよりスパイシーに。ゴマ油と菜種油、次にホワイトカラント。
フィニッシュ：カレーリーフとスターアニス。
全体の印象：ライトなウイスキーの典型。

フレーバーキャンプ：フルーティかつスパイシー
次のお薦め：ワイザーズ・レガシー

ミドルトン・バリー・クロケット・レガシー 46%

香り：蜂蜜、甘いヘーゼルナッツ、生の大麦。ライム、草、カラント葉、グリーンマンゴー、コンファレンス梨、バニラ、オーク。
味：シルキー、リラックス、ハチミツ味。はじめはベルガモットとフレッシュな柑橘風味。メロウなミッドパレット、次にビッグなカルダモンとナツメグ。
フィニッシュ：余韻が長く、ココナッツ、オーク、黒い果実少々が伴う。
全体の印象：控えめでエレガント。

フレーバーキャンプ：フルーティかつスパイシー
次のお薦め：宮城峡15年

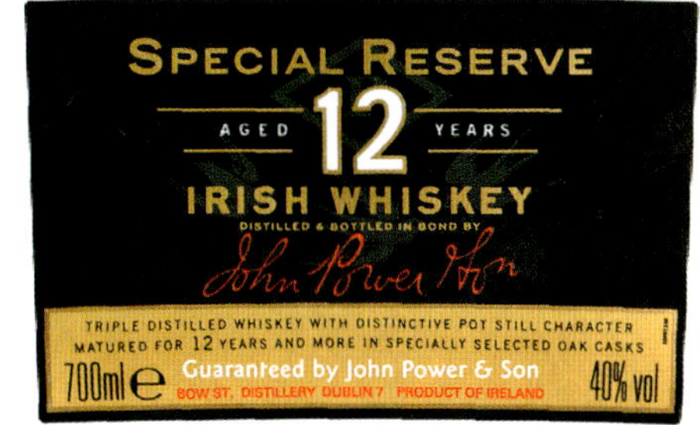

JAPAN
日本

軽井沢ウイスキー蒸溜所を訪れた時、分厚い眼鏡にヤギ髭をたくわえ、いかめしい顔つきをした男性のポスターを見た。後にそれは山頭火という俳人だと知った。まさにパーフェクトなシンクロニシティだった。山頭火は酒好きで有名、それに俳句は言葉を「蒸溜」して体験のエッセンスにすることに他ならない。山頭火は「俳句は…深呼吸である」とも書き残している。ウイスキーは俳句だ。製造時には風味の濃縮が重要視されるが、これは技術的な要因というよりも文化的な背景によるものだ。

前ページ：見覚えがありそうなのに西欧とは全く違う日本の風景。この地勢がウイスキーに反映されている。

「ガイジン」が日本文化を全て理解するのは不可能だが、日本人が持つ感受性の一端を知ればそのウイスキーの背後にあるクリエイティブなプロセスが見えてくる。日本のウイスキーの歴史は何やら民話のようだ。1872年に岩倉使節団が一箱の「オールド・パー」を持ち帰った際に西欧のスピリッツが伝わり、その後日本の薬種問屋で模造ウイスキーが造られ、1899年に若き鳥井信治郎が寿屋を設立、工業学校の生徒だった竹鶴政孝がウイスキー造りを学ぶべく1918年にグラスゴーに派遣される。スコットランドにすっかり魅了された竹鶴はリタ・カウンと結婚、ヘーゼルバーンとロングモーンで実習を行う。鳥井は1923年に日本初のウイスキー専用蒸溜所の建設を企画、蒸溜技術者を探していた際に竹鶴を雇い入れた。山崎に建設された蒸溜所で2人はウイスキーを造るが、後に袂を分かった。鳥井はサントリーを、竹鶴はニッカを設立、両社は今なお日本におけるウイスキー製造の両雄である。

スコットランドのウイスキー製造法に固執し過ぎるため、ジャパニーズ・ウイスキーは模倣に過ぎないと見る向きもある。これは全くもって事実無根だ。当初からその目的は日本流のウイスキーを造ることだった。また土から隔絶しテクノロジーに頼ったウイスキーなのではと広く思われているが、こちらも根本的に間違っている。

確かに日本のウイスキーメーカーはまず科学に目を向けた。それが一番の得策だったためだ。人々の経験則が積み上がるまで200年待つ訳にはいかない。1923年に鳥井信治郎が国内初のウイスキー専用蒸溜所を建てた時、鳥井と蒸溜技術者の竹鶴はゼロから始めた。サントリーもニッカも日本の蒸溜業界を牽引し続けており、2人とも先見の明があったことは言うまでもない。しかし夢が科学に根ざしていたからこその業績なのだ。

ジャパニーズウイスキーは調査から生まれたが、独自の進化を遂げた。気候、経済、食事、文化、心理――1日の仕事を終えた後に寛ぎたい――等、日本という国柄故の影響が大きかったためだ。つまり日本人の感受性に合わせて造られ、そのまま道を歩んだウイスキーなのである。

ジャパニーズ・ウイスキーは必ずしも軽くないが、アロマが明確に際立つ。穀物に関する背景的な取り決めもなく、スコッチとの違いが生まれた。香り高いミズナラを用いたのも寄与した。あらゆる風味が我こそはとひしめくスコットランドのシングルモルトが迫る山火事の炎ならば、日本のモルトは全てが見通せる澄んだ湖だ。

日本では風味の濃縮に重きを置くが、これは技術の側面から理解するよりも文化的背景の現れと捉えるほうがいい。「ガイジン」が日本文化を隅々まで理解するのは無理だが、ジャパニーズ・ウイスキーを見れば見るほど日本人の美意識との深い結び付きを感じる。

日本の芸術、詩、陶磁器、デザイン、料理、どれも共通して清白で一見簡素だ。この奥底に流れる原則は「渋さ」と呼ばれる。シンプルで控えめなのに深くて自然な事を指す。日本のウイスキーが持つ「透明感」は「渋さ」を備えている。筆者はこれがただの偶然だとは思わない。

「渋さ」は「侘び寂び」という更に深い概念と密接に結びついている。「侘び寂び」も簡素さと自然さを良しとするが、不完全であることが却って美しいと賞賛する美意識だ。レナード・コーエンが「あらゆる物には割れ目があって、そこから光が差し込んで来る」と歌ったごとしである。

ウイスキーと「侘び寂び」の関係は？　蒸溜はエッセンス（スピリット）を捉える技術だが、完全に「静」の状態にする訳ではない。ウイスキーには不純物が残って、それが風味となる。この「不純物という不備」こそウイスキーが人を惹き付けて止まない理由だ。まさに「侘び寂び」ではないだろうか。

この概念は日本の美意識に深く染み込んで潜在意識と化している。筆者は日本ならではの技巧の裏に「侘び寂び」があると考える。かくのごとく深い意識で日本はウイスキーを造っている。新たな蒸溜所全ての手本と言えよう。

事程左様に西欧の市場に登場した日本のウイスキーが、スタイル、製造方法、風味において敬意を集めたのも不思議はない。また本書で取り上げた中で日本は唯一蒸溜所の数が増えていない国である。

サントリー、ニッカ、小規模の秩父蒸溜所はいずれもウイスキーを輸出しているが、軽井沢蒸溜所と羽生蒸溜所のストックは間もなく底をつく。江井ヶ島酒造は年に2ヶ月しかウイスキーを製造しない。富士御殿場ウイスキーは日本でもほとんど見かけない。マルス信州は近年再稼働したばかりだ。どう考えても日本には新しい蒸溜所が必要だが、ここしばらくでは岡山県で一か所開業しただけだ。

世界の動きは早い。日本の勢いはいつ衰えてもおかしくないのだ。

涼しく穏やかで森閑とした、しかしどこか謎めいた風景。今、世界がジャパニーズ・ウイスキーの秘密を突き止めようとしている。

日本
モルト蒸溜所
グレーン蒸溜所
3,000m
2,000m
1,000m
500m
200m
100m
0m
CHINA
RUSSIAN FEDERATION
Vladivostock
NORTH KOREA
SOUTH KOREA
SEA OF JAPAN
La Perouse Strait
Sea of Okhotsk
Ishikari
HOKKAIDO
Otaru
Yoichi
Sapporo
Hakodate
Aomori
Akita
Ou Mountains
Miyagikyo, Sendai
Sado
Niigata
Fukushima
Shinano
HONSHU
Iwaki
Nagano
Tone
Mars, Myata
Hakushu, Hokuto
Chichibu
Tokyo
Fuji-Gotemba
Mount Fuji
Yokohama
Oki Islands
Biwa Lake
Kyoto
Nagoya
White Oak
Kobe
Yamazaki
Osaka
Chita
Shizuoka
Nampo Shoto
PACIFIC OCEAN
Korea Strait
Tsushima
Hiroshima
Miyashita, Okayama
Kii Mountains
Fukuoka
Kitakyushu
SHIKOKU
KYUSHU
Kumamoto
Nagasaki
Kyushu Highlands
Kagoshima
East China Sea
N
0
miles
200
0
km
200

山崎蒸溜所

関連情報：大阪 ● WWW.THEYAMAZAKI.JP/EN/DISTILLERY/MUSEUM.HTML ● 通年オープン、オープン日と詳細はサイトを参照

京都と大阪港を結ぶ古い道路の近く、猛スピードで新幹線が行き来する道路の向こうでそれは始まった。夏は息苦しい程蒸し暑く、冬は冷え込む場所。ここは山崎だ。1923年、鳥井はいくつもの理由からここを選んだ。2つの重要な市場の間にあって輸送に便利な立地は経営上うってつけで、さらに3つの川が合流する地勢であることから水も大量に確保できたためだ。しかしもっと意味深い「共鳴」もあった。ここは16世紀にわび茶を完成させた千利休が、良質な水を求めて最初の茶室を建てたと言われる場所なのだ。単なる線路脇の便利な平地ではなかった。

歴史に根ざしているといっても過去に縛られる訳ではない。日本の蒸溜技術者が古い物を壊して新たに始めようとする姿勢は驚く程だ。山崎蒸溜所は3回建て替えられており、一番最近では2005年に改築が行われた。最後の工事ではすっかり蒸溜施設が様変わりした。スチルは小型モデルに入れ替え、一部直火蒸溜（底に裸火を当てる）に戻した。スタイルも変わった。実は変わったスタイルは1つだけではない。日本のウイスキーを理解しようとするなら、心のどこかにスコットランドを置くとよい。スタイルの創造もまた、実用性と創造性を融合させる日本の技の一例だ。

スコットランドには118のモルト蒸溜所があり、互いにウイスキーを融通し合っていて、ブレンダーは多種多様なスタイルから必要な物を選び出せる。日本では二強（サントリーとニッカ）が4つのモルトプラントを所有するが、交換はしない。ブレンドするために様々なウイスキーが必要ならば自社内で造るしかないのだ。

山崎蒸溜所は2つの糖化槽を備え、ピート香が濃厚な大麦と淡い大麦を糖化することで驚く程クリアな麦汁ができる。これに2種類の酵母を加え、木製（風味が出る長めの乳酸発酵によいとされる）とスチールの発酵槽で発酵させる。初めて訪れた見学者が驚くのは蒸溜装置だ。8対のスチルが鎮座し、どれも形と大きさが違うのだ。ウォッシュスチルは全て直火式で、1つはワームタブを備えている。熟成にはシェリー樽（アメリカンオークとヨーロピアンオーク）、バーボン樽、新樽、ミズナラ樽の5種類の樽を用いる。

このような環境下ではシングルモルトへのアプローチ方法も様々に変えることができる。スコットランドだと各蒸溜所につき1つのスタイルで製造するケースが多いので、簡単に言えば18年物と15年物の違いは3年の年月と樽材の木香だけだ。山崎では各年のエクスプレッションで構成要素が異なっている。山崎18年は山崎12年より単に熟成期間が6年長いのではない。そ

京都と大阪を結ぶ
古い道から線路を渡った位置にある山崎蒸溜所。日本初のウイスキー専用蒸溜所だ。

疾走する車に載せられて。
もしや新しい熟成技術——それとも蒸溜所が広大なためだろうか？

山崎蒸溜所では様々なスタイルのウイスキーが製造されている。

れぞれで違うレシピで様々な原酒を合わせ、6ヵ月間マリッジさせた上でボトリングしているのだ。

ただ面白いことに、これ程バリエーションが豊かなのにも関わらず山崎のウイスキーには共通する特徴があるのだ。舌の中央にウイスキーを少量溜めた時、決まってフルーツ香が現れる。その香りは大胆なシェリー香やミズナラのインセンスに似た香とも合い、際立つ酸味がスピリッツの芳醇さの対旋律を演じている。鳥井信治郎と継承者が日本の消費者のニーズに合うライトな風味を工夫した初期から、より強い個性を求めるモルト好みの消費者が増えた今に至るまで、まさに日本のウイスキーの変遷を体現したウイスキーだ。

最先端の装置が居並んでも（見えない所にはもっとあるはずだ）、やはり山崎蒸溜所は静寂の地だ。ここでは西欧だと対立しそうな要素（近代と古代、直感と科学など）がいかにも日本らしく融合し、それがとても自然に思えた。

山崎のテイスティングノート

ミディアム原酒

香り： 穏やかで甘い、ヘビーなフローラル香（ユリ）を伴うフルーティな香り、リンゴ、イチゴ。
味： まろやかで「山崎に共通する」ミッドパレット（本文参照）を伴う。フルーティながらスパイシーなエッジ。活気がある。
フィニッシュ： スムーズで余韻が長い。

ヘビー原酒

香り： 深みがあって芳醇、非常にライトな野菜っぽさを伴う。芳醇なフルーツ。
味： 噛みごたえとコクがあり、ドンとバニラの直撃。口内にまとわり付いて完熟。僅かにスモーク味があって濃密。
フィニッシュ： やや閉じている。

ヘビリー・ピーテッド原酒

香り： クリーン。アイリスとアーティチョーク。スモーク風味が堅固で香り高い。
味： 甘くて濃密（最も際立つ特徴）。スモーク風味はほとんどバックパレットに限って感じる。浜辺の焚き火。
フィニッシュ： スパイスが効いている。

10年 40%

色・香り： ライトな銀。フレッシュでよりスパイシーな側面が現れている。焦げたオーク。エステルっぽい。
味： クリーンで心地よい刺激。軽めの柑橘、僅かに畳香。熟していないフルーツ。
フィニッシュ： ソフトからクリスプに。
全体の印象： 繊細でクリーン。ソーダ割り（ロックでソーダを加える）に向く。春のよう。

フレーバーキャンプ：香り高くフローラル
次のお薦め： リンクウッド12年、ストラスミル12年

12年 43%

色・香り： 金色。フルーツが次第に現れる。完熟メロン。パイナップル、グレープフルーツ、そしてフローラルノートが少々。微かな畳とドライフルーツ少し。
味： 甘いフルーツ。ジューシーな旨味があり、シロップっぽい、途中でアプリコット、そして僅かにバニラ。
フィニッシュ： ライトなスモーク風味にドライフルーツが続く。
全体の印象： ミディアムボディだが特色が満載だ。夏っぽい。

フレーバーキャンプ：フルーティかつスパイシー
次のお薦め： ロングモーン16年、ロイヤル・ロッホナガー12年

18年 43%

色・香り： ライトな琥珀色。秋のフルーツ。完熟リンゴ、セミドライの桃、レーズン。ライトな、葉から作ったマルチ香。やや目立つスモーク香。そしてフローラル香が深まる。より芳しい。
味： 木香。たっぷりのシェリーノート、栗、インシチチアスモモ。軽く苔っぽい。舌の中央にまとわり付き続ける。複雑。
フィニッシュ： スイートオーク。芳醇。
全体の印象： 森のなかに深く分け入る旅。

フレーバーキャンプ：コクがありまろやか
次のお薦め： ハイランド・パーク18年、グレンゴイン17年

白州蒸溜所

関連情報：白州●山梨●WWW.SUNTORY.CO.JP/FACTORY/HAKUSHU/GUIDE●通年オープン、見学日と詳細はサイトを参照

日本の南アルプス、甲斐駒ケ岳。その花崗岩質の山肌を遥かに見上げる辺りに生い茂る松林から、涼やかな風が吹いてくる。木立の間に倉庫と蒸溜所の建物が点在するが、ウイスキー博物館の展望台まで上り、2つの塔を空中で結ぶガラスの連絡路から眺めないとサントリー白州蒸溜所の広さは分からない。国立公園もある広大な敷地の一画が蒸溜所と関連施設だ。ここには今も45万個を超える樽が貯蔵されている。1970年代の高度成長期、(ブレンド)ウイスキーが求められて止まない時代に日本の蒸溜所がどれ程大きな野望を抱いていたかがうかがえる。事実、ここは一時世界で一番大きいモルト蒸溜所だった。

サントリーがここを選んだ決め手は水だった。山からの湧水は軟水で(現在ボトリングも行われている)量も豊富、サントリーの意気込みにぴったりだった。しかし残念ながら事はうまく運ばなかった。日本のウイスキーブームは1990年代のアジア通貨危機によるデフレとともに終焉を迎え、以後日本経済は生ける屍のように覚束ない足取りのままだ。この経済危機がウイスキー業界にどんな影響をもたらしたか、西蒸溜所の巨大な鉄扉の向こうに明確な答えがある。福與伸二チーフブレンダーが押し開けた扉をくぐり、私たちは薄暗く肌寒い大きな建物に足を踏み入れた。人が小さく見えるほど巨大な銅製ポットの脇で、彼は2つの蒸溜所──東と西──が年に3千万リットルのスピリッツを生産していたことを語ってくれた。

現在、生産は東蒸溜所のみで行われており、生産量は3分の2になった。山崎同様に消費者の心変わりのせいで白州蒸溜所も変化を迫られた。大規模な設備変更が行われたのは1983年のことである。西蒸溜所が閉鎖される前に福與は西で実験を試みた。フラップトップのスチルが1基あるが──「そう、私が手掛けたんです」と彼は嬉しげに言った。「違うスタイルを造りたかった。どうなるか、まずはやってみようと思いました」日本の蒸溜技術者は後先考えずに大改革を行うように思えるが、これもいい例だ。

むしろ白州蒸溜所は山崎に増してラジカルだ。ここでは4種類の大麦──アンピーテッドからヘビリーピーテッドまで──が使われている。麦汁はクリアで、ウイスキー酵母やビール酵母を加え、木桶発酵槽で長時間かけて発酵させる。「木桶とビール酵母が乳酸菌の働きを助けるんです」と福與は語った。「乳酸菌がエステルの産生を促し、スピリットにクリーミィな風味を添えます」正確には「スピリッツ」だ。鎮座するのは金色に輝く直火式のスチルが6対、仰天するほど形もサイズも様々だ。背が高いもの、ぽってりしたもの、細いもの、とても小さいもの、そしてラインアームは上に伸び、下向きになり、場合によっては連結を外して方向を変え、ワームタブ(冷却槽)へとつなげる。スピリッツの組み合わせは複雑で難解だが、やはり山崎と同じくスタイルのバリエーションには共通点がある。

ただならぬ拘りを持って行う樽材の管理が、日本の高品質なウイスキーの鍵。
左：樽が再チャーされている……**右：**サンプルを抜き出す所。

緑美しいロケーション。 白州蒸溜所は日本アルプスの自然保護区にある。

「白州」は一番ヘビーでピート香の強いエクスプレッションでも、フォーカスが定まっていて率直さを備える。そこが「山崎」の持つ深みとは異なる点だ。若い「白州」はロケーションの要素をストレートに包含している。青々とリーフィなシングルモルトには、濡れた竹、雨上がりの生き生きした苔、そしてクリーミィな風味が溢れている。クリーミィなのは白州でアメリカンオークの樽が好んで使われていることもあるが、おそらくは発酵時間を長く取るレジメのお陰だろう。ピート香も感じられはするが、後からの付け足し程度だ。

「白州」のスタイルは周辺の気温の影響も受けていると思われる。「ここの気温は4℃から22℃位ですね」福與は言う。「山崎は10℃から27℃位でしょう。夏の湿度も高いですね」清々しい松の香がする「10年」からは、長期の熟成に応える力量はうかがえない。「25年」はよりヘビーでピート香が立つが、小石を直接感じるような率直さと、松林を通り抜けてくる風のような、涼しげなミント香がほのかにさざめいている。

2010年には差し当たり実験的な目的で蒸溜所にカラムスチルが設置された。主に使われるのはトウモロコシだが、小麦や大麦など他の穀物もテスト的に採用されている。

白州テイスティングノート

原酒　ライトリーピーテッド

香り： 非常にクリーン。キュウリ、フルーツのソフトキャンディ。僅かな草っぽさ、白梨、プランタン。極めて微かにスモーク。

味： 甘くて凝縮感。グリーンメロン。強い酸味。フレッシュ。背後でスモークが漂い…

フィニッシュ： …そしてフィニッシュまでたなびく。

原酒　ヘビリーピーテッド

香り： たくましくてしっかり、ほのかなナッツ香。スコッチのピート香よりも「フォギー」感が少ない。より明瞭で香りもライト。濡れた草とレモン。

味： 快い刺激と柑橘系にスモークが立ち上がってくる。

フィニッシュ： 穏やかに引いていく。

12年　43.5%

香り： 麦わら。涼しげで若々しく軽く芳しい。シプレー。草っぽくて軽めのフローラル、ほのかな松とセージ。若いバナナ。

味： スムーズでシルキー、ミント風味と青リンゴが少々。竹と濡れた苔。ライムとカモミール。

フィニッシュ： ほのかなスモークそのもの。

全体の印象： フレッシュで一見繊細だが飲みごたえがあり焦点が定まっている。

フレーバーキャンプ：香り高くフローラル
次のお薦め： ティーニニック10年、アンノック16年

18年　43.5%

色・香り： 金色。ビスケットっぽくて、生姜、アーモンド／マジパンを伴う。軽くワクシー、プラム、良い香りの干し草。マジパン、青草、青リンゴ。カラント葉。

味： ミディアムボディでクリーン（やはり快い酸味）。マンゴ、ハニーデューメロン。それでも草っぽい。繊細な木煙と焦げたオーク。

フィニッシュ： クリーンで軽くスモーキー。

全体の印象： バランスが取れている。しかし各要素が独立しよりスモーク香が感じられる。

フレーバーキャンプ：香り高くフローラル
次のお薦め： ミルトンダフ18年

25年　43%

色・香り： 琥珀色。凝縮していて、たっぷりのドライフルーツとワックスをかけた家具の香りを伴う。フルーツのキャラメリゼ。焼きリンゴ、サルタナレーズン、羊歯／苔、マッシュルーム。ドライミントとスモーク。

味： ビッグで完熟、濃くてライン中一番よく広がる。ワインぽくてシルキー、軽めのタンニンを伴う。プラリーヌ。

フィニッシュ： スモークが森の中を漂っていく。

全体の印象： 大胆だが、それでも白州蒸溜所らしいフレッシュな酸味がある。

フレーバーキャンプ：コクがありまろやか
次のお薦め： ハイランド・パーク25年、グレンカダム1979

カスク・オブ白州　ヘビーピート　61%

色・香り： 黄金色。凝縮していて食欲をそそり、オゾンのようなフレッシュさを伴う。カーネーション、スプリングオニオン、背後でスモークが立ち上がる。加水することですっかり開く。芳香成分が維持されている。多汁質のフルーツ、湿ったピート。

味： アルコールと白州蒸溜所らしさが等しく凝縮。舌全体に広がる。メロンとスモーク。

フィニッシュ： 若々しく長い。

全体の印象： バランスが取れていて個性が一番出ている。

フレーバーキャンプ：スモーキーかつピーティ
次のお薦め： アードモア25年

宮城峡蒸溜所

関連情報：宮城峡●仙台●WWW.NIKKA.COM/ENG/DISTILLERIES/MIYAGIKYO/INDEX.HTML●通年オープン

ニッカが建設した2つ目のモルト蒸溜所は本州北東部、仙台市から西に45分程の所にある。節くれ立った楓が生い茂る山あいを曲がりくねった道路が走る。外部の人間は滅多に訪れない、日本の秘境の1つだ。大地から熱水が湧き出し、峡谷には古い温泉が慎ましやかに点在している。報道とは異なり、宮城峡蒸溜所は東日本大震災や、続いて起きた福島原子力発電所からのフォールアウトによる影響は受けなかった。

やはりここでも蒸溜所建設のストーリーには水が大きく関わっている。鳥井と共にジャパニーズ・ウイスキーを創り上げた伝説的人物、竹鶴政孝は1930年代にニッカを立ち上げた。彼はその後1960年代後半になってもう1つ蒸溜所を作ろうと考える。最初は脇目も振らず北方の冷涼地（p.224「余市」を参照）を求めた竹鶴だったが、今度は日本全体が候補地となった。ニッカが伝える逸話によれば、彼は適所を求めて3年をかけてあちこちを回り、ついに新川と広瀬川が合流する宮城峡のこの地を見つけたという。彼は灰色の丸い石が転がる川原に下りて水を飲み、実に素晴らしい水だと言った。こうして1969年、仙台の蒸溜所が竣工した。

竹鶴のように水質にこだわる蒸溜技術者は珍しくない。仕込み水が風味に直接影響することは余りないが、蒸溜所には適切な温度（冷温）の大量の水が必要で、含まれるミネラルは発酵を左右する。竹鶴は1919年にロングモーン蒸溜所での実習を始めたが、最初に管理者に向けた13の質問の内2つが水に関するものだったという。まずロングモーン蒸溜所の水源を見て、彼は「水を分析したことはありますか?」とたずねた。答えはノーだった。次にスコットランドで顕微鏡を使っている蒸溜所はあるかと問いかけた。と、「無いだろうね」という答えが返ってきた。きっと彼は宮城峡の水を味わった後に分析したことだろう。最近ではこういう運だのみの幸運は望むべくもないが。

その後宮城峡蒸溜所は2回拡張工事を行い、モルトとグレーンのプラントでスピリッツを製造している。モルトプラントは様々なスタイルのウイスキーを造る日本のアプローチに倣っているが、ニッカの技術はサントリーとは異なる。

主に用いられるのはピートを焚かない大麦だが、ミディアム、場合によってはヘビーピートの大麦も使われる。大半はクリアな麦汁に仕込むが、濁ったものも造られる。発酵は様々な種類の酵母を組み合わせて行う。スチルはどれも同じ形だ。大容量で下部が膨らみ、ボイルバルブと太い首を備えている――そういえばロングモーン蒸溜所とそっくりのスチルである。

「宮城峡」を味わうと竹鶴の意図がよく分かる。余市ではヘビーでスモーキー、濃厚なテクスチャーのシングルモルトを造った。ここではライトなタッチが鍵だ。「余市」がスモーキーで革張りのアームチェアが似合う冬のウイス

侵食が進んだ丘陵、森、温泉が並ぶ風景の中に立つ宮城峡蒸溜所。優れた水質から宮城峡が選ばれた。

キーなら、「宮城峡」は晩夏のフルーツで満ちている。ブレンドのための新しい素材となり、この2つで製品ラインのバランスが取れる訳だ。これにグレーンプラントからのグレーンウイスキーが加わって素材が揃うこととなる。日本の蒸溜所は絶えず新技術を模索しているが、過去に有効だった技法を今なお守り続けている証しでもある。

近代的なカラムスチルの他にグラスゴーで製造されたカフェスチルも1対あり、トウモロコシのみ、トウモロコシと大麦麦芽のミックス、大麦麦芽のみを材料とした3種類の異なるグレーンスピリッツを生み出す。大麦麦芽のみのスピリッツはカフェモルトの形で少量ずつボトリングされ、その品質が——そして日本の新機軸の典型例として高く評価(当然だが)されている。実はカフェモルトは竹鶴の留学時代にスコットランド中で生産されていた。もしかすると、彼はしかるべき時、そしてしかるべきロケーションを得るのを待ってこの手法を温めていただけなのかもしれない。秋を迎え真紅に染まった葉が川の渦で踊り、澄んだ空気の中で子どもたちのはしゃぐ声が響く、この場所で。

「宮城峡」が樽の中で熟成する過程に四季それぞれが影響を与える。

宮城峡のテイスティングノート

15年 45%

色・香り：豊かな金色。ソフトで甘い。たっぷりのゆるいトフィー、ミルクチョコレート、完熟した柿。
味：「10年」の穏やかで香りが立ち昇る特徴に、より甘美な深みが加わり、シェリーの要素少々とともに旋回する。軽めのレーズン、再びほのかな松。
フィニッシュ：長くてフルーティ。
全体の印象：甘くて飲みやすい。

フレーバーキャンプ：フルーティかつスパイシー
次のお薦め：ロングモーン10年

1990 18年

香り：ウーロン茶、塩漬けレモン、軽くてクリーン。ハードキャラメル、次にイチゴ、オークラクトン、少々のオイリー感。加水するとチョコレートビスケット、香り高いオーク。
味：瞬時かつ直接的。極めてファットでジャムのよう、舌がコーティングされる。バックパレットでしっかりと立ち上がる。煮込んだリンゴとホワイトカラント。開くとタイムと柑橘。僅かな酸味。
フィニッシュ：軽めのオーク系。
全体の印象：心地よく舌の上に溜まる特徴がある。

フレーバーキャンプ：フルーティかつスパイシー
次のお薦め：バルブレア1990、マノックモア18年

ニッカ・シングルカスク・カフェモルト

香り：サンタンローション、カフェラテ。マカダミア。甘くて完熟したトロピカルフルーツを伴う。やがて香木と靴革。加水するとライトなフローラルっぽさとカラメル化した果糖。複雑でバランスが取れている。
味：最初はほぼクリーミー、次にフランベしたバナナ、そしてホワイトチョコレート。
フィニッシュ：長くてこってり。
全体の印象：極めて個性的。

フレーバーキャンプ：フルーティかつスパイシー
次のお薦め：クラウンロイヤル

軽井沢&富士御殿場蒸溜所

関連情報：軽井沢 ●長野●WWW.ONE-DRINKS.COM
富士御殿場 ●富士山●WWW.KIRIN.CO.JP/BRANDS/SW/GOTEMBA/INDEX.HTML
●通年オープン、リクエストにより英語による見学あり

軽井沢は長野県の山地、標高800mに位置するシックで小さな街だ。 軽井沢は幸運な歴史を歩んできた。 17～19世紀は京都と江戸を結ぶ中山道の宿場町、次はキリスト教宣教師の避暑地、そして日本の上流階級の温泉地として賑わった。 現在はスキーリゾートと高級温泉地として人気である。 見上げると日本一の活火山、浅間山が微かな噴煙を上げている。

軽井沢蒸溜所はワイナリーとして産声を上げ、日本で始まったウイスキーブームに乗じる形で1955年にウイスキー生産を開始した。 メーカーはシングルモルトのみを造る予定ではなかった。 オーシャンブレンドのベースラインを供給する施設になるはずだったのである。

作られたスタイルは1つ。 ゴールデンプロミス大麦、たっぷりのピート、クリアな麦汁、長時間の発酵、小さいスチルでの蒸溜、そして主にシェリー樽での熟成。 全てがヘビーな風味のためだったが、それでも味わいにおいては「ジャパニーズ」以外の何物でもなかった。 スモークは煤っぽく、古いエクスプレッションは樹脂風味の深みを持ち、野生の気配がする。 スパイスもエキゾチックだ——カルダモンとオールスパイス——僅かに大豆の風味も持つ。 しかし一切が非常にフォーカスされ凝縮されたジャパニーズスタイルの枠におさまっているのだ。

後に「軽井沢」（長期保存されていた）には熱烈なファンがついて噂になり、オーナーのキリンが再オープンに踏み切るのではと期待された。しかし蒸溜所は不動産開発会社に売却されてしまう。 唯一の朗報はナンバーワン・ドリンクス・カンパニーがストックを確保し、残りをシングルカスクと「浅間魂」というヴァッティングウイスキーとして少しずつリリースしていることだ。

惜しまれつつ軽井沢蒸溜所が無くなり、世界でも指折りのウイスキーが1つ姿を消した。

富士御殿場蒸溜所

軽井沢蒸溜所は活火山の麓にあったが、富士御殿場蒸溜所の場所には更に驚かされる。 富士山（噴火が近いと言われる）と自衛隊演習場の間にあるのだ。 スタイルは「軽井沢」と全く違う。 1973年にキリンとシーグラムの合弁によって作られ、ギムリ蒸溜所（p.275を参照）と似た方式でモルトとグレーン（グレーンの方がメイン）を製造している。 しかも蒸溜所でケトルとカラムが併用されているのだ。 熟成にはアメリカンオーク樽のみを用い、日本食に合うよう調整されている。 そのためシングルモルトが売れ筋でもおかしくないのだが、残念なことにあまり宣伝されておらず、正当な評価を受けていない。

富士御殿場のテイスティングノート

富士山麓18年 40%

香り： 上品でエステル系。 極めて控えめ。 磨かれた木材、桃の種、スミレ。 加水すると白い花、グレープフルーツ。
味： 甘くて香り高く、ハチミツ風味。 非常にライトなグリップでレモン少々と熱いおが屑を伴う。
フィニッシュ： 穏やか。 ライチ。
全体の印象： 極めてクリーンで端正。

フレーバーキャンプ：香り高くフローラル
次のお薦め： ロイヤル・ブラックラ15年、グレン・グラント1992 セラー・リザーブ

18年 シングルグレーン 40%

色・香り： 金色。 非常に甘く凝縮されていてバターのような脂の風味を伴う。 たっぷりの蜂蜜とゴマ、ココナッツクリーム。
味： 濃密、ソフト、甘い。 ファットなコーンの性質が焼きバナナとともに浮かび上がる。
フィニッシュ： 長くてシロップのよう。
全体の印象： 穏やかでメロウ、甘い。 非常に素直。

フレーバーキャンプ：香り高くフローラル
次のお薦め： グレントハース1991、グレンタレット10年

軽井沢のテイスティングノート

1985 樽番7017 60.8%

色・香り： ピジョンブラッド。 深みがあって僅かに野性的、モラセス、ゼラニウム、カシス、シーダーとともに土っぽくなり、その後プルーンが出過ぎたアッサムティーとともに浮び上がる。 加水すると湿った石炭庫、ニス、レーズン、硫黄。
味： ビッグ、極めてタールっぽく、かすかなゴムっぽい風味とともにスモーキーさを感じる。 グリップと、古い去痰薬を思わせるユーカリの塊。 加水するとやはり硫黄が少々出しゃばる。
フィニッシュ： 煤っぽくて長い。
全体の印象： クラシックな軽井沢。 妥協がない。

フレーバーキャンプ：コクがありまろやか
次のお薦め： グレンファークラス40年、ベンリネス23年

1995 能シリーズ 樽番5004 63%

香り： 樹脂っぽい。 ニス、バルサム／タイガーバーム、ゼラニウム、靴墨、プルーン、たっぷりオイルを塗った木。 バーベリーとローズウッドの小箱。 加水すると常緑樹で、革と石炭の煙を伴う。
味： ストレートでは軽い渋み、ウッドオイルが揺れながら苦味に変わる。 加水するとユーカリが現れる。 奇妙な事が起こる、まるでスモーキーなアルマニャックだ。 グリップ感が強くなり過ぎるのを芳香が抑えている。
フィニッシュ： タイトでエキゾチック。
全体の印象： 飲むか、それとも胸にすり込むべきか？

フレーバーキャンプ：コクがありまろやか
次のお薦め： ベンリネス23年、マッカラン25年、ベン・ネヴィス25年

秩父蒸溜所

関連情報：秩父●埼玉●見学は予約のみ

蒸溜所を訪問して、LOHASムーブメントの種となった持続可能性倫理について論じたりするものだろうか。秩父蒸溜所は普通ではないのかもしれない。そしてオーナーの肥土伊知郎も平凡な蒸溜技術者ではない。彼の一族は静かな秩父の地で1625年から酒（焼酎）を製造している。肥土家が秩父から糖化用の仕込み水を運び、工業都市の羽生でウイスキーの蒸溜を始めたのは1980年代のことだ。しかしタイミングが最悪だった。ウイスキー市場が一気に冷え込み、2000年に蒸溜所は操業を停止した。後に肥土伊知郎は残された古い400樽のストックを「カードシリーズ」として2014年にリリースする。2007年、彼は秩父に戻って市街地から山を2つ超えた郊外に土地を購入、1年程で小さな蒸溜所を立ち上げた。

若く熱心なスタッフらが立ち働き、軽井沢蒸溜所の元技術者が指導を行う秩父蒸溜所はこじんまりした作りだ。だが大きな部屋程度しかないそのスペースはワイナリーのように清潔だ。筆者は多くの蒸溜所を訪れたが、入室前にラバースリッパに履き替える必要があったのはここだけである。肥土の抱く、地元の農家と結びついた蒸溜所というビジョンは実りつつある。現在、秩父蒸溜所で用いる大麦麦芽の10%が地元産だ。少ないように思えるが、長いあいだ輸入に頼り切っていた日本の蒸溜業界にとっては大きな一歩なのだ。地元のピートも使われ始めている。ここはアイラ島のキルホーマン蒸溜所ととてもよく似ている（スリッパの件は例外だが）。

秩父蒸溜所のコンセプトが形を取り始める一方で、肥土は様々なスタイルと熟成レジメに挑戦し続けている。ノーフォークで彼とチームがフロアモルティングした大麦（自分達でフロアモルティングをするための練習だった）を用いてボトリングしたこともある。これは意図的に伝統的な日本式とは全く異なる、穀物の風味が際立つウイスキーに仕上げたという。彼は低温でヘビーに、高温でライトな風味にと、冷却器の温度を調節することで3種類（ヘビーピートも含む）の蒸留液を造る。秩父は規模が小さいため、肥土自らが製造の各工程にきっちり関わることが可能になるのだ。

メイクはレッドオーク製から通常のウイスキー材もしくは地元産のミズナラ製、それに500リットルのアメリカンオーク樽、ワイン樽、可愛らしいチビダル（クォーター樽）に至るまで、実に様々な樽を組み合わせて熟成させる。倉庫に保管された軽井沢蒸溜所の樽もリフィル用として面白い風味をもたらすが、在庫が残り少なくなっている。現在は樽工場まで建築中だ。

ここにあるのはホリスティックなビジョンだ。それは385年に渡る酒造の観点がもたらした物に他ならない。彼が一番驚いた事とは何かたずねてみた。「相関サイクルですね。山林の管理、農業、蒸溜、どれも優れたウイスキー造りには欠かせない。以前は樽が全てだと思っていましたが、今は蒸溜の重要性を身にしみて分かっています。でも、やはり全体ですね、大切なのは」

秩父のテイスティングノート

イチローズ・モルト 秩父オン・ザ・ウェイ 2010 58.5%

香り： 筍からピンクのルバーブに、その後フローラルノートになってイチゴジャムとクリームを伴う。加水するとパイナップルとメロンが少々。
味： 典型的なチビダルの感触：舌の上で素早く、しかし穏やかに密度を増す。再びイチゴとバニラが現れ溌剌としたチョーク感が浮かび上がる。
フィニッシュ： 花のようだ。
全体の印象： 甘く複雑さを増していく。

フレーバーキャンプ：香り高くフローラル
次のお薦め： マックミラ

フロア・モルテッド3年 50.5%

香り： モルティ、しかしナッツっぽいというよりも籾殻に似ている。秩父らしいフローラルさがあり、同時にブドウマスト、ヴェルジュ、ハーブを感じる。
味： 甘みの強いフルーツのミックスに、珍しいが穀物のドライな感じ少々が伴う。ライト、酸っぱいプラム。
フィニッシュ： フレッシュでタイト。
全体の印象： ノーフォークで精麦された大麦が原料。

フレーバーキャンプ：モルティかつドライ
次のお薦め： セント・ジョージEWC

イチローズ・モルト 秩父ポート・パイプ 2009 54.5%

香り： 若いがオークが明確。フルーツ感。ストレートだと僅かにホットで、特徴的なラズベリーとクランベリーのフルーツ感、ネトル、草を伴う。加水するとチョーク香。
味： 舌先で甘みを感じる。僅かなラズベリーフールがちらりと顔を出す、樽に由来するカラメルノート。
フィニッシュ： タイト。かすかに青臭い。
全体の印象： 500リットルのポートワイン樽で熟成。一気に来る。

フレーバーキャンプ：フルーティかつスパイシー
次のお薦め： フィンチ・ディンケル

秩父チビダル 2009 54.5%

香り： 若々しさと、いく分かのレモンメレンゲパイ、ポメロ、そして僅かにナイトセンティッドストックの花香。
味： 唾液が出るような柑橘系の特徴、中心がソフトな甘みがメースとイチゴ風味に変わっていく。
フィニッシュ： ポッピングキャンデー。
全体の印象：「チビダル」は「小さな樽」の意。クォーターサイズには相応しい名だ。

フレーバーキャンプ：フルーティかつスパイシー
次のお薦め： 宮城峡15年

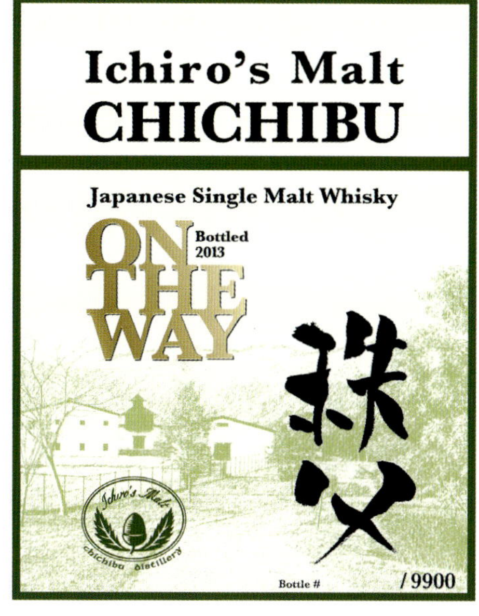

マルス信州蒸溜所

関連情報：信州 ● 長野 ● WWW.WHISKYMAG.JP/HOMBO-MARS-DISTILLERY

マルス信州蒸溜所は、クシャクシャにした緑のベルベットのように見える日本アルプスの高地にある。 名前も異色だが、蒸溜所の来歴はジャパニーズウイスキーの黎明期にリンクする。 それを知ると「もし…だったら?」と思いを巡らせずにはいられない。 1つの蒸溜所だけではなく、3つの蒸溜所に関わる話なのである。

オーナーの本坊酒造がウイスキー醸造の免許を取得したのは1949年のことだ。しかし実際にウイスキー製造を開始したのは1960年で、場所も宮田村ではなかった。 元々は山梨に専用施設を持っていたのだ。 経営者は岩井喜一郎、20世紀初めに竹鶴政孝の直属の上司だった人物だ。 両人とも、日本初のウイスキー蒸溜所建設を計画中の摂津酒造の社員だった。 残念ながら竹鶴が帰国した時、摂津酒造は資金難に陥っていた。 そして竹鶴は山崎蒸溜所に入社、ニッカを設立、その後は御存知の通りだ。 だが、もし摂津酒造が当時蒸溜所を造っていたらどうなっただろうか。

岩井もまたウイスキーに懸けた男だったようだ。 山梨蒸溜所の操業開始時に彼がウイスキー造りの参考にしたのは竹鶴のオリジナルレポートであった。 そのウイスキーがヘビーでスモーキーだったのも不思議はない。 山梨蒸溜所は9年間操業したがワインがメインとなり、ウイスキー造りは九州南部、鹿児島へと移った。 鹿児島には小さいポットスチルが2基あり、やはりヘビーでスモーキーなウイスキーが作られた。

1984年、再び拠点が現在の地に移された。 宮田村が選ばれたのはその標高と(ゆっくりと熟成させるため)、花崗岩に磨かれた軟水ゆえである。 スタイルも変え次のウイスキーはライトな風味を持たせることになった。

僅かに残っているこの時代の樽からは、ソフトな蜂蜜漬けフルーツの風味を持つ日本で一番甘いウイスキーであったことが分かる。 今度こそうまくいくかと思われたが、またしてもタイミングが悪かった。 日本のウイスキー市場の一大停滞期の始まりと重なってしまったのだ。 輸出は選択肢として考慮されなかったためマルスは1995年に閉鎖された。

だがありがたいことに本坊酒造は前出の軽井沢蒸溜所のオーナーよりも明確なビジョンを備えていた。 ウイスキーの売れ行きが国内外で回復し始めたのを機に2012年に再オープンさせたのだ。 現在は2つのスタイル――アンピーテッドと(岩井への賛意もこめて)ピーテッド――が製造されている。 新たなスピリッツの中には古いストックとヴァッティングされるものもあるし、古いストックも時々ボトリングされる。 マルス(火星)には生命があった!

マルスのテイスティングノート

ニューメイク　ライトリーピーテッド 60%

香り： 青梨でライトなスモーク。 背景にほんの少し硫黄がある。

味： 甘い、煙の残り香。 ミッドパレットにほのかな硫黄を感じ、それがうまく円熟していく。

フィニッシュ： 甘ったるい。

シングルモルト駒ケ岳　2.5年 58%

香り： 奇妙な程フルーティ。 氷で冷やした白桃、メロン皮、フルーツシロップ、極めて繊細なオーク。

味： とても甘い。 若くスパイシー、しかしバランスが整いつつあるのが分かる。

フィニッシュ： 時間が必要な未熟なフルーツ。

全体の印象： 一時生産が途切れたことなどないようだ。 すぐにマルスらしい特徴が復活した。

フレーバーキャンプ：フルーティかつスパイシー

次のお薦め： アラン14年

日本アルプスの高地に位置するマルス信州は17年の閉鎖期間の後に再オープンした。

ホワイトオーク蒸留所

関連情報：神戸●WWW.EI-SAKE.JP

ホワイトオークは謎だ。神戸近く、明石海峡海沿いに位置するこの蒸溜所は日本初のウイスキーが作られた所かもしれないのだ。1919年にウイスキー製造免許を取得したが、スピリッツを造り始めたのは1960年代——それも当時は断続的だった——で、全てブレンド用だった。規模が同程度の羽生やマルスと同じく、ウイスキー市場が縮小した際には打撃を受けた。生産は再開されているものの限定的だ。

オーナーの江井ヶ嶋酒造は本来焼酎、梅酒、ワイン、ブランデーの製造が専門だ。つまりウイスキーは既に定まったパイの中で居場所を獲得しなければいけない訳で、当然蒸溜スケジュールもきつい。他の酒類が多数ある中、ウイスキーの製造期間は年に2ヵ月に限られる（それでも1ヵ月から伸びた）。スピリッツはアンピーテッドで主にワイルドターキーバレルとシェリー樽に詰められる。

しかしNonjattaブログの筆者ステファン・ヴァン・エイケンが最近蒸溜所を訪問し、知られているよりも複雑なレジメで樽材を扱っていることが分かった。同社の山梨ワイナリーで使った白ワイン樽や、非常に興味深いことにコナラ（*Quercus serrata*）材の焼酎樽でもウイスキーを熟成させているのだ。コナラフィニッシュの限定生産が2013年にリリースされている。それに独立ボトラーのダンカンテイラーがスコットランドで「ホワイトオーク」を熟成中だ。

最近のリリースはほとんど若いウイスキーだが、ジャパニーズウイスキー愛好家によれば、十分に「開く」には樽の中で優しくじっくりと寝かせる必要があるメイクだという。筆者はこの意見に賛成だ。ウイスキーには時間がかかるものなのだ。しかしウイスキーマニアの声は商業的理由にかき消されることもある。そして若いウイスキーをリリースする方針は変更しないようだ。残念ながら生産も増やさないらしい。企業にとっての稼ぎ頭は焼酎と酒で、やはり大事なのは収益ということだろう。

岡山では宮下酒造という焼酎（と地ビール）メーカーが2012年にウイスキー蒸溜を始めた。現在は数種類の樽で熟成中で、2015年にファーストリリースが予定されている。

ホワイトオークのテイスティングノート

5年・ブレンド（ナンバーワン・ドリンクス・カンパニー向けにボトリング） 45%

香り： 淡い、ライトかつクリーンで少々の蝋感がある。よい香りのアンジェリカに似た爽快感、次にグースベリージャム、そして焙じた茶へと深まる。加水すると酵母風味、キュウリ、ボラージ、ライム。

味： 甘い、バニラカスタードと甘い生姜がアクセントになったノートが熟した梨へとつながっていく。

フィニッシュ： 穏やかでライト。

全体の印象： 繊細だがよくバランスが取れている。

フレーバーキャンプ：香り高くフローラル

神戸近くに位置するホワイトオークを造る蒸溜所。日本で初めてウイスキー製造免許を取得した。

羽生蒸溜所

肥土伊知郎（p.221の「秩父」を参照）の一族は1625年創業の酒造を主とした蔵元だった。1940年代に利根川沿いに位置する羽生市で新たに蒸溜業を始める免許を取得したが、実際にウイスキー製造を開始したのは1980年代である。当時の市場はライト指向で、その大胆なスタイルは受け入れられなかった。そこに1990年代の日本のウイスキー市場崩壊が重なって羽生蒸溜所は閉鎖を余儀なくされ、2000年には撤去された。しかしその前に肥土は万策を講じて残りの400樽を買い取ったのである。最も傑出したラインはシングルカスクの「カードシリーズ」で、各シリーズごとにトランプの絵が貼られている。スタイルと割り当てたカードに特に意味はないと肥土は言うが、疑り深いモルト愛好家は今なおパターンを見極めようとしている。このシリーズは2014年「ジョーカー」の2リリースを最後に終了した。

余市蒸溜所

関連情報：余市●北海道●WWW.NIKKA.COM/ENG/DISTILLERIES/YOICHI.HTML●通年オープン、オープン日と詳細はサイトを参照。見学は日本語

本州の中央から北方にかけて散ってはいるが、日本のモルト蒸溜所はどれも東京から容易に行ける場所にある。もちろん理由がある。輸送に便利で主な市場にアクセスしやすいからだ。どれも――だが1つだけ例外がある。余市はどこだろう？　北の北海道に目を向け、線路を辿り、フェリーで青森から函館に渡り、札幌を過ぎて海岸の方へ西に50km進む。まさに北の地、海の向こうはウラジオストックだ。ほとんどの蒸溜所が本州に集中しているというのにジャパニーズウイスキーの立役者の1人、竹鶴はなぜここに来たのだろうか？

竹鶴政孝は以前から北海道でウイスキーを造るビジョンを描いていた。そこは彼にとって完璧なロケーションだったのだ。ヘーゼルバーンにいる時、彼は日本の水質について（またもや）懸念し、手紙を書いている。「スコットランでさえ良い水が不足することがあります。したがってポットスチル工場を、井戸を掘らねば水が出ない住吉（大阪）に建てるのは非合理的です。」

「日本の地理を考慮するならば、優れた水質の水が常に大量に確保でき、大麦が取れる所が必要です。ガソリン、石炭、樽材も手に入り、列車とのつなぎもよく、運河のある場所です」

竹鶴にとってはあらゆる点から北海道が適所だった。しかし上司であり現実主義者の鳥井信治郎は近くに消費地がないことを懸念し、山崎を選んだ。この2人の折り合いが悪くなった本当のいきさつは誰にも分からない。竹鶴が手がけたウイスキー「白札」が発売されて失敗に終わった年、横浜のビール工場の工場長として移動させられたのも単なる偶然だったのかもしれない。「白札」はあまりにもヘビーでスモーキー過ぎて「日本人好み」ではなかったのである。

契約が終了した1934年、竹鶴は大阪の後援者から出資を受け、スコットランド人の妻リタを伴って北へ、とうとう北海道へと向かった。リンゴジュース製造が名目であったが、本当はかねてよりの計画を実行するためだった。彼は凍てつく灰色の日本海が目の前に広がる、山に囲まれた小さな余市漁

ここはスコットランド、それとも日本だろうか？　余市は竹鶴政孝が心の故郷に捧げるオマージュだ。しかしいかにも日本らしいウイスキーが生み出される所でもある。

「余市」のヘビーでオイリーな特徴を出すのに欠かせないのが石炭直火のスチル。

港の側で夢を実現させた。

そして1940年に登場したウイスキーは？　ビッグでスモーキー、鳥井の言葉を借りれば「日本らしく」なかった。現在、余市の背の高い赤屋根のキルンはもう、石狩平野から切り出したピートを炊く煙を吐き出すことはない。日本の蒸溜所が押しなべてそうであるように、大麦麦芽はスコットランドから取り寄せる。ここでもたくさんのスタイル（ニッカは正確な数の公表をやんわりと拒んだ）のスピリッツが作られる。アンピーテッドからヘビーまで燻煙の程度を変え、様々な酵母株を使い、発酵時間やカットポイントを工夫しているのだ。

ひと目で分かる他との違いはぽってりしたウォッシュスチル4基が石炭直火蒸溜であることだ。これには石炭をうまく燃やす技が必要で、蒸溜作業者は常に状況を見極め、必要に応じて火を弱めたり火力を上げたりして燃え盛る炎をコントロールし続ける。そうして最終的にできるのは濃密なスピリッツだ。ワームタブも大きな役割を果たす。熟成温度は冬で−4℃、夏で22℃と開きがあるためだ。

「余市」はビッグだ。オイリーかつスモーキー、なのに香り高い。深みを持つのに特徴が明確で、複雑な味わいがクリアに見通せる。ウエイトは「軽井沢」の四角張った堅固さとは少し違い、ほのかに塩味を感じる。「アードベッグ」がきらめいたかと思うと、次に…ブラックオリーブの気配がする。そしてスモークが…「アイラ」ではなく「キンタイア」を思わせる。頭を巡らせれば中心街から遠く離れた小さな漁港と、頑固に独自のウイスキー造りのスタイルを守る姿が見える。竹鶴が留学し、もしかしたらそのまま滞在することになったかもしれないキャンベルタウンによく似た風景だ。「余市」はコピーなどではなく、ジャパニーズウイスキーでしかあり得ないが、精神的な繋がりがあるのだ。

やはり竹鶴は謎の人物だ。実用主義なのか、それともロマンティストなのだろうか？　もしかすると両方？

北海道へ渡ったのは現実的な条件だけが理由だったのか、それとも過去から物理的な距離を起き、海の空気と心の余裕が欲しかったからだろうか？

余市のテイスティングノート

10年 45%

色・香り： ライトな金色。クリーンでフレッシュ。鮮やかなスモーク。煤っぽくて微かに塩味。本当の深みとオイリーなベースを引き出すには加水が必要。

味： オイリーさによって風味が舌にまとわりつく。ライトなオーク、たっぷりのスモークの裏にシャキシャキしたリンゴの気配がある。

フィニッシュ： やはり酸味の効いたエッジ。

全体の印象： バランスが取れていて若い…ソーダ割で。

フレーバーキャンプ：スモーキーかつピーティ
次のお薦め： アードベッグ・ルネッサンス

12年 45%

色・香り： 豊かな金色。塩気の効いたスモークに続いてマジパンのかすかな風味。「10年」よりもウエイトがあり、ヘビーなフローラルノート、いく分かの焼いた桃とリンゴを伴い、カカオのノートが始まる。

味： オイリーさと共に焼きリンゴっぽさが現れる。甘くてケーキのよう、バター少々の次にカシューナッツとスモーク。

フィニッシュ： スモーキーさが立ち上がる。

全体の印象： 海岸と果樹園が引っ張り合ってバランスを取る。

フレーバーキャンプ：スモーキーかつピーティ
次のお薦め： スプリングバンク10年

15年 45%

色・香り： 濃い金色。明確だったスモーキーさはやや薄れるが、余市蒸溜所のメイクらしい深くて芳醇なオイリー感は増す。葉巻、シーダー、栗ケーキ。ブラックオリーブが僅かに背後に感じられる。

味： 余市蒸溜所特有の濃密さを十二分に持っている。やはり舌をコーティングするオイリー感が風味を舌に留める。シェリーノート、オイゲノール（クローブ様）、「12年」に感じられるカカオノートがコクのあるビターチョコレートになっている。

フィニッシュ： 僅かに塩味。

全体の印象： 重厚だがエレガント。

フレーバーキャンプ：スモーキーかつピーティ
次のお薦め： ロングロウ14年、ケイル・イーラ18年

20年 45%

色・香り： 琥珀色。凝縮されていて潮の香。乾きつつある漁網、濡れた海藻、ボートオイル、ロブスター殻。サンダルウッドと凝縮されたフルーティな風味。タプナードと醤油。加水するとよりスパイシーに。フェヌグリーク、カレーリーフ。

味： 深みがあって樹脂様。濃いブラックなオイリー感を通してスモークが立ち上がる。ライトレザーに驚く程フレッシュなトップノートが割って入る。

フィニッシュ： 亜麻仁油とほのかなスパイス、そしてスモークが戻ってくる。

全体の印象： パワフルで対照的。

フレーバーキャンプ：スモーキーかつピーティ
次のお薦め： アードベッグ・ロード・オブ・ジ・アイルズ25年

1986 22年 ヘビーピーテッド 59%

色・香り： 金色。オレンジ果皮、インセンス、ピートスモーク。多肉果、主張的なスモークを伴うブラックオリーブ、ブッドレア、ハードトフィー、スイートスパイス。バルサミコノートが年月を感じさせる。

味： たっぷりのスモークと、フルーツケーキとタールを塗った麻ひもの密なミックス。実があって複雑、ただし穏やかでフルーティな側面を引き出すには水少々が必要。

フィニッシュ： 複雑な全ての風味がスムーズに積み上がる。

全体の印象： 大胆さがなおも生きている。

フレーバーキャンプ：スモーキーかつピーティ
次のお薦め： タリスカー25年

余市では実に様々なスタイルが造り出される。これはほんの1例。

ジャパニーズブレンド

関連情報：ニッカ●WWW.NIKKA.COM/ENG/PRODUCTS/WHISKY_BRANDY/NIKKABLENDED/INDEX.HTML
サントリー、響●WWW.SUNTORY.COM/BUSINESS/LIQUOR/WHISKY.HTML

ジャパニーズ・ウイスキーはスコッチと同じくブレンドによって発展した。ジャパニーズ・ウイスキーの基盤であるシングルモルト蒸溜所が新機軸を導入する切っ掛けとなったのは、ブレンド市場の複雑なニーズであった。新世代にモルトウイスキーブームが広がった今も、売上の大半を占めるのはブレンドだ。各蒸溜所からは数多くのエクスプレッションが送り出されるが、そのニーズの背後にあるのもブレンドである。ブレンドの手順はスコットランドと変わらないが、日本そのもの、その気候と文化がブレンドのスタイルがどうあるべきかを決めたのだ。ブレンドは社会を反映しているのである。

1929年にリリースされた日本初のブレンド「白札」はヘビーでスモーキーだった。売れ行きは良くなかった。鳥井信治郎は最初から計画を練り直してライトな風味に方向転換した。彼が次にリリースした「角瓶」は今なお日本でトップセラーのウイスキーだ。ここで得られた教訓は、日本が高度成長期に足を踏み入れた戦後期にこれ以上無いほど活かされることになる。

ある時期不意に、バーは息抜きしてストレスを発散したい猛烈社員達がひしめくようになった。彼らは何を飲みたがるだろうか？　日本のビールはドイツと同じような位置づけをされている。食事の一部なのだ。ビジネスホテルでも「朝食用ビール」が出され、特に不謹慎とは見なされない。ではウイスキーは？　無論ストレートでは供されない。湿度の高い日本ではライトでさわやかな飲み物が求められる。答えは――水割りウイスキーだ。ブレンデッド・ウイスキーに氷を入れ、多めの水で薄める。今こんな風に書くのは不適切かもしれないが、水割りなら「たっぷり」飲めるから、だった。

ブレンデッド・ジャパニーズウイスキーの躍進は目覚ましかった。1980年代、「サントリーオールド」は国内で1億2400万ケース売れていた。これは「ジョニー・ウォーカー」シリーズが世界で売れている量に匹敵する。「現在と比べることはできません」とサントリーのチーフブレンダー、輿水精一は言う。「当時の人気商品は（サントリー）レッド、ホワイト、オールド、角瓶、ゴールド、リザーブ、ローヤルでした。これらは全体で『サントリー』スタイルのピラミッドを構成していたんです。社会でもピラミッド構造がありますよね。昔は昇進したら上のレベルのウイスキーに挑戦するのが習いでした。つまり階段を登る度にウイスキーを変えていたんですよ」

ブレンドが簡単だなんて誰が言った？　日本のブレンダーが戯れる、居並ぶボトルとフレーバーの可能性。

この慣習は変わっただろうか？　昇進したから、という考え方は無くなった。今は試したいから「格上の」ウイスキーを手に取る時代だ。ビギナーで若くても、プレミアムウイスキーやモルトを飲むようになった。時代と社会の変化がウイスキーにも反映されている。

面白いことに流れは2つの方向に向かっている。父親世代の飲み物に背を向けて焼酎を好んでいた若い世代(しかも女性が多めだ)がウイスキーに戻りつつある。彼らが好むのはシングルモルトスタイルと、もう1つは…何と…やたらに薄めたウイスキーハイボールだ。

最高級ラインのブレンドも準備中だ。サントリーのプレミアムシリーズ(1989年発売開始)「響」に最近加わった「響12年」は、竹炭で濾過したウイスキーで、梅酒樽で熟成させたモルトがブレンドされている。ニッカの「フロム・ザ・バレル」は、ブレンドを拒んできたモルト派が初めて手にする1本としても最適だ。ニッカ本社にあるブレンダーズ・バーでは、ブレンディングがどのような可能性を持っているかを手軽に味わえる。同じ素材を使いつつレシピを変え、全く異なる味わいに仕上げたウイスキーが目玉だ。

ブレンディングは冷静な分析の産物に思えるかもしれないが、実は創作である。「私たちは職人なんです」サントリーのシニア・ブレンディグチームの1人である福與伸二は言う。「皆が職人であろうと研鑽を積んでいます。しかし軽々しく自分を職人と呼ぶ訳にはいきません。新たに創作するアーティストはクリエーターです。私たちも創作はしますが、同時に製品の品質を維持しなければいけません。守るべき約束があるのです」

ウイスキーは全てテイスティングされ、評価され、記録される。

ジャパニーズブレンドのテイスティングノート

ニッカ　フロム・ザ・バレル　51.4%

香り： 春の木――樹皮、苔、緑の葉、ローズマリーオイルとともにライトなフローラルが下支えしている。新車。加水するとさらに濃厚に。コーヒーケーキ。

味： 控えめでソフト、メロン、桃、甘い柿。バックパレットに向けてドライ感が増し、そこで苔っぽいノートが再度現れる。

フィニッシュ： タイトなオーク。

全体の印象： 凝縮されていてバランスが取れている。モルト愛好家のためのブレンド。

フレーバーキャンプ：フルーティかつスパイシー

スーパーニッカ　43%

香り： 銅。肉厚でクリスプ、ライトなドライフルーツ、カラメル、僅かなスモーク。根のようなライトなフローラルノートを伴うラズベリー。

味： クリーンでスリム。滑らかなグレーンが流れを助けている。ライトなシトラス。香りよりも甘い。

フィニッシュ： 中くらいの長さ。クリーン。

全体の印象： 堅実でミックスに向いたブレンド。

フレーバーキャンプ：香り高くフローラル

響　12年　43%

香り： スパイス(埃っぽい、ナツメグ)。強いグリーンマンゴー／ビクトリアプラムのノート。パイナップルとレモン。

味： 穏やかで甘い。バニラアイスクリーム、桃。スパイシー。

フィニッシュ： ヒハツ、メントール、次にコリアンダーシード。

全体の印象： 非常に革新的なブレンディング。

フレーバーキャンプ：フルーティかつスパイシー

響　17年　43%

香り： ソフトで穏やかなフルーツにレモンバームとオレンジ葉の気配を伴う、次にカカオ、アプリコットジャム、バナナ、ヘーゼルナッツが来る。

味： 穏やかなグレーンが魅力的なトフィー様の特徴をもたらしている。ドライフルーツのノートが基調にある。ブラックチェリーとサルタナケーキ。長くて完熟。

フィニッシュ： スムーズでハチミツのように快い。

全体の印象： 多層的な効果が日本のウイスキー造りの正しさを証明している。

フレーバーキャンプ：フルーティかつスパイシー

知多シングル・グレーン　48%

香り： バターっぽい。ファッジ、オレンジ皮、クリームブリュレ、若いバナナのノートがうまく流れるには加水が必要。

味： チュウィーなトフィークリームの甘さが、酸っぱい赤いフルーツによってうまく緩和されている。

フィニッシュ： リラックスして甘い。

全体の印象： アルコールが入ったデニッシュ。

フレーバーキャンプ：ソフトなコーン風味

THE USA
アメリカ

蒸溜所では地元の産物が使われる。新しい国は恐れというものがない。状況の変化に直ぐ対応し、主要な原料を新しい物に変え、更にその場で工夫を凝らしていく。メキシコの移民はアガベからテキーラを造り、同様にカリブ諸島ではサトウキビからラム酒を造り出した。米国への入植時代初期、ブランデーの材料となったのはリンゴなどの果物であった。まとまった量のウイスキーが造られ始めたのは18世紀半ば頃で、ドイツ、オランダ、アイルランド、スコットランドから移住してきた農民が主な造り手だった。彼らはメリーランド、ペンシルベニア、ウエストバージニア、カロライナ州に定住してライ麦を植えた。そのライ麦が米国で生まれた初のウイスキースタイルのベースとなったのである。

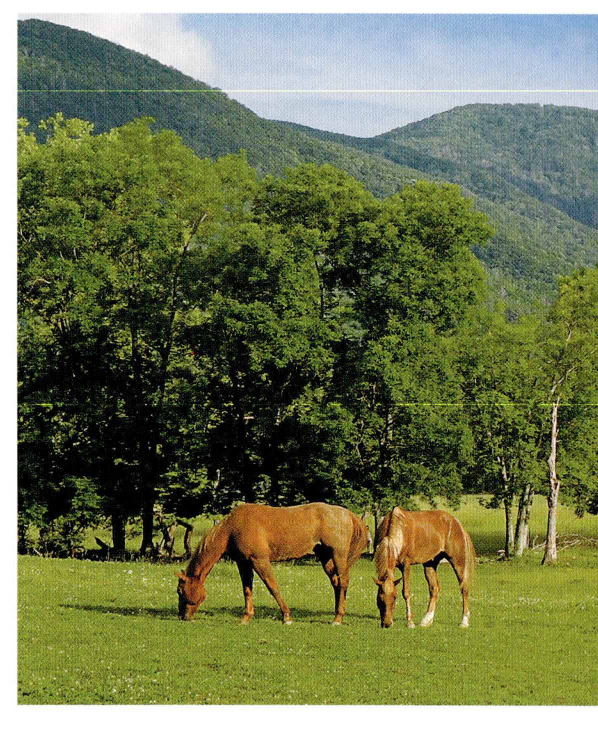

ケンタッキーの石灰岩層はバーボン造りのみならず馬の飼育にもメリットだ。

コーンベースの蒸溜酒の登場は、ケンタッキー州の処女地に移住した入植者に「トウモロコシ畑と小屋の権利」が認められた1776年まで待たねばならない。彼らは「インディアンコーン」を材料に蒸留を行った。これは金銭収入の点からしても当然の結果だった。コーン1ブッシェルは50セントで売れたが、同量のコーンからできる23リットルのウイスキーは正味2ドルになったためである。やはり素材となったのは身近に生えていた植物だった。

1860年代になると産業革命によってウイスキー造りも商業化する。蒸溜所は大規模になり、鉄道のお陰で国中に製品を届けることが可能になった。更に肝心な事がある。ケンタッキーのオールド・オスカー・ペッパー蒸溜所(p.232、p.236-7を参照)に所属していたジェームズ・クロウが舵取りをして科学技術が進み、品質も向上したのだ。

米国が禁酒節制の風潮の影響を受けなかったら、現在のウイスキー業界はどうなっていたか想像してみるのも一興である。もしかしたらスコッチではなく米国が主役だったかもしれない。今となっては知る由もないが。

知らぬ人もないだろうが、1915年にはケンタッキーを含め20州で禁酒令が敷かれた。戦争に使う産業用アルコールを造るため、ウイスキー製造は1917年にストップした。その3年後の1920年1月17日、禁酒法が施行される。1929年の米国におけるアルコール消費量は禁酒が始まった1915年よりも少なかった。しかし実際はビールからアルコールの強い蒸溜酒に好みが移りつつあり、ウイスキー消費については75年ぶりに消費が上向いた。

社会史の研究家は、13年に渡る禁酒時代にそれまでよりも多くの蒸溜酒が消費された事実を指摘している。しかし米国のウイスキーメーカーにとっては何の慰めにもならない。新世代がスコッチやカナディアン・ウイスキーを飲むのを横目で眺めていなければならなかったからだ。1933年に禁酒法が廃止された際にはストックもほとんど無いばかりか米国人の好みも変わってしまっていた。せめて世界第二次大戦がなければ、何とかライウイスキーやバーボンに戻ってきてもらえたかもしれない。しかし戦争で再びウイスキー業界は休止状態になり、戦後に操業を再開した時には事実上ほぼ30年が経っていた。米国のウイスキーは自分の国なのによそ者となってしまったのだった。

その再生の道のりは長く、根気が求められるものだった。どうあがいても、蒸溜業者は人々の好みが変わるのを待つ他なかった——ライトな味わいを作ろうとしても、結局アメリカン・ウイスキーというスタイルのエッセンスを薄めることにしかならなかったのだ。カリフォルニアワインとシングルモルトを切っ掛けにビッグな風味へと流行が振り戻してきた時、初めて米国の新世代は改めて自分の国の蒸溜酒に目を向けたのである。

現在、ライウイスキーは復活し、バーボン業界では次々と新しい試みがなされている。バーボンの心の故郷ケンタッキーでもクラフト蒸溜ムーブメントが根付いた。全米でバーボン、コーンウイスキー、ライ、小麦ウイスキーが造られている。またフレーバーウイスキー——蜂蜜、チェリー、ジンジャーブレッド、スパイス——が新たな市場を生み出しつつある一方で、古き良きものへのノスタルジックな回帰も見られる。ここでも「ウイスキーとは何だろう?」という質問が繰り返されているのだ。

前ページ：モンタナ州スウィートグラス群から眺めたロッキー山脈。

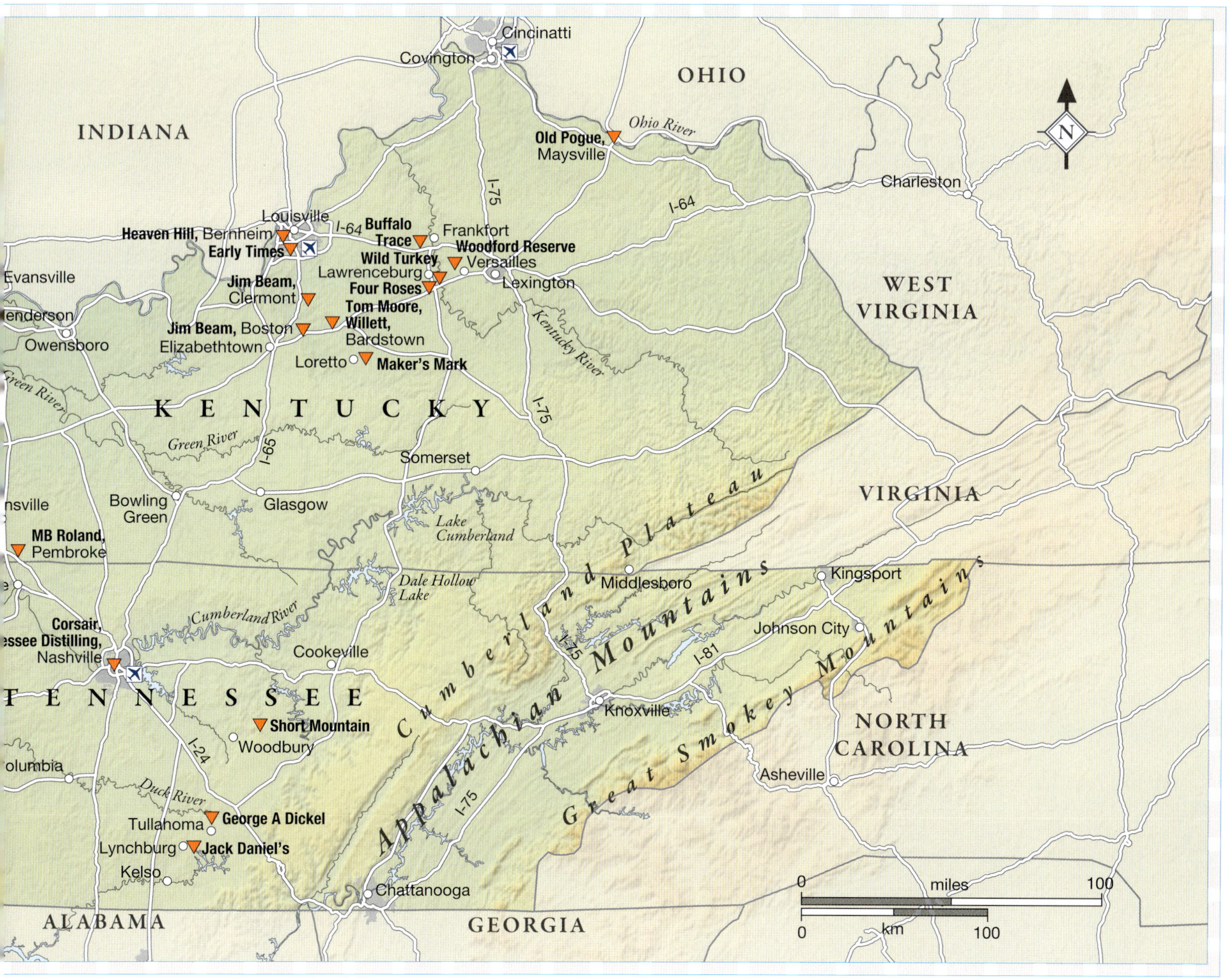

Cincinnati
Covington
OHIO
INDIANA
Ohio River
Old Pogue, Maysville
I-75
Charleston
I-64
Louisville
I-64
Buffalo Trace
Frankfort
Heaven Hill, Bernheim
Early Times
Woodford Reserve
Wild Turkey
Versailles
Lawrenceburg
Evansville
Jim Beam, Clermont
Four Roses
Lexington
WEST VIRGINIA
Tom Moore, Willett, Bardstown
Henderson
Jim Beam, Boston
Owensboro
Elizabethtown
Kentucky River
Loretto
Maker's Mark
Green River
KENTUCKY
I-75
Green River
I-65
Somerset
Cumberland Plateau
VIRGINIA
Bowling Green
Glasgow
Lake Cumberland
MB Roland, Pembroke
Dale Hollow Lake
Middlesboro
Kingsport
Cumberland River
Appalachian Mountains
Johnson City
Corsair, Tennessee Distilling, Nashville
Cookeville
I-75
I-81
Great Smokey Mountains
TENNESSEE
Knoxville
Short Mountain
Woodbury
NORTH CAROLINA
I-24
Columbia
Asheville
Duck River
Tullahoma
George A Dickel
I-75
Lynchburg
Jack Daniel's
Kelso
0 miles 100
Chattanooga
0 km 100
ALABAMA
GEORGIA
N

ケンタッキー

バーボンはアメリカ合衆国のどこでも製造できるし、実際に造られているのだが、その故郷はケンタッキーだ。バーボンを手がけようとする蒸溜業者はまずケンタッキーに目を向け、米国を代表するスタイルを創り上げたパイオニアにオマージュを捧げる。だが、なぜケンタッキーなのだろう?

18世紀、コーンを植えるという前提で入植者に無料で土地が与えられ、ケンタッキー州はウイスキー製造に有利なスタートを切った。農園のスチルはそのまま小さな蒸溜所となる。19世紀初頭、ウイスキーバレルはオハイオ経由でミシシッピに出荷され、そこからニューオーリンズへと運ばれていった。

当時のウイスキーは売りに出せる程度に最小限寝かせた荒削りな物だったが、意図的に木樽で熟成させた最初のスタイルだったとも言える。状況を変えたのがスコットランド人のジェームズ・クロウだった。1825年から31年後の彼の死まで、クロウはウイスキー造りに厳密な科学的手法を取り入れるべく尽力した――サワーマッシング、糖分計、pH試験等である。このお陰で品質のブレを抑えられるようになった。

スピリッツの質が向上し、市場も変化し、熟成と焦がした新バレルの使用も当然のことになった。誰がこの方式を始めたのかは全く知られていないが、米国初の蒸溜酒、ラム酒に由来すると思われる。ラム蒸溜業者は木材が出来たてのスピリッツを変容させる効果を知っていたし、17世紀から焦がしたバレルを利用していた。おそらくはサワーマッシングもラム酒造りの技術だったようだ。

技術や素材の発達に伴い、バーボンの風味も定まり始める――法律でもバーボンが定義された。現在「ストレートバーボン」は51%以上のコーンを含む穀物のマッシュを発酵させ、160プルーフ(アルコール度数80%)以下に蒸留し、バレル詰は125プルーフ(アルコール度数62.5%)以下で行い、最低でも2年以上内側を焦がしたオークの新しい容器で熟成させたウイスキー、と決められている。

とはいえ多少の自由はある。樽のサイズに制約はないし、アメリカンオークの使用を義務付けられてもいない。コーンと他の穀物の比率もきっちり51%がコーンでさえあればマッシュビルのバリエーションもたくさん考えられる。コーンとライ麦の比率を変えてスパイス感もしくはコーンのファット感を引き出す、ライ麦を小麦にしてスムースな口当たりに仕上げる、様々な種類の酵母を使って独特のアロマを持たせるなど、現場で工夫を重ねていくのがバーボンだ。そしてケンタッキーならではの味に仕上がっていくのである。

バーボンはケンタッキーで生まれ、ケンタッキー故にケンタッキーで生き残った。石灰岩層を透過した硬度の高い水で仕込むためサワーマッシングが必要だが、この過程によって風味も増す。空中に漂う野生酵母も各蒸溜所独自の酵母群形成に役立った。コーンとライ麦はケンタッキーの大地から取れ、ケンタッキーの気候がバーボンの最終的な風味に大きな影響を与えた。そして文化的テロワールが生まれた――ビームズ、サミュエルズ、ラッセルズ、シャピーラ兄弟というウイスキー王朝の形で。

膨らむ需要にペースを合わせるべく蒸溜所はケンタッキー各地に増え続けている。蒸溜技術者はバーボンの可能性、風味が何に由来するか、熟成サイクルがどう貢献するかをいつも探っている。今大きくフォーカスされているのは樽材についてだ。一つには仕事上の好奇心からだが、新バレルを作り続けるための木があるかどうかを懸念しているからでもある。こんな風に真っ向から製品開発に取り組む流れと並行して、フレーバーウイスキーも毎週のように新登場している。ケンタッキー産のウイスキーがこれほどバラエティ豊かになったのは初めてである。

ニューオーリンズのバーボン・ストリート。
ケンタッキーからミシシッピ川を船で下ってウイスキーの到着する所。

メーカーズマーク蒸溜所

関連情報：ロレット●WWW.MAKERSMARK.COM●月～土曜日まで通年オープン、3月～12月は月～日曜日オープン

1844年、「ネルソンレコード」はレコード（記録）の名称に相応しく、ケンタッキーのディーツビルにあるテイラー・ウィリアム・サミュエルズ所有の蒸溜所について「巧みに建築され、蒸溜事業で知られている新たな改良が全て施されている」と記録している。テイラー・ウィリアムは家族の習わしを受け継いで蒸溜所を解説した。スコッチ・アイリッシュ系のルーツを持つサミュエルズ家は1780年からコーンを材料にウイスキーを造ってきた。何も変わっていない。今もウイスキーを造り続けている。

メイカーズマーク蒸溜所の物語は「代々の家業と苦労」を主軸に、ここ米国の蒸溜業者がそろって備える天邪鬼さがからむストーリーだ。しかしよそとは一味違う点がある。バーボンを巡る逸話はそれぞれが辿ってきた過去から生まれ、半分は真実だが、単なる推測も古いパッチワークキルトのように縫い込まれている。歴史家にとっては悩みの種だが買い手の気を惹くには好都合ではある。さて、ありがちなモチーフといえば「禁酒法撤廃後、蒸溜業者は立ち上がって古いレシピの埃を払い、再びビジネスを始めた」と、いかにも米国らしく殊勝なもので、もちろんこの手の話は往々にして真実だ。

ところが1953年、家業を復活させようと決心したビル・サミュエルズ・シニアはこの筋書きからそれた。彼は立ち上がってあたりを見回し、こう言った――「今度は違うやり方で始めよう」つまりゼロから蒸溜所を始めるだけではなく基本に帰ろうとしたのである。ビル・シニアには、市場に出回っていたバーボンは味が尖っていて飲みにくい上に安っぽく感じられた。それに何よりも売上でスコッチに負けていた。バーボンに未来があるなら、品質を向上させて風味を変えねばと彼は思いを巡らせたのだった。

ビル・シニアはハーディン・クリークの隣、樹木が生い茂る窪地に、1805年に創業した蒸溜所を見つけ、シングルスタイルのウイスキー（彼はスコッチのwhiskeyというスペリングにこだわった）を製造しようと考えた。この時にマッシュビルのライ麦の代わりに小麦を採用したが、一般的なイメージとは違い、メーカーズマークはウィーテッド（小麦）バーボンのみを販売しているわけではない。ビル・シニアはウィーテッドスタイルの偉大な提唱者パピー・ヴァン・ウィンクルに相談し、コーン70%、小麦16%、大麦麦芽14%というマッシュビルを編み出した。

「彼は本当に色々な事をやったんですよ」とメーカーズマークのブランドアンバサダー、ジェーン・コナーは語る。「うまくいかなかったら反対を試したんです」この「色々な事」は今も蒸溜所で見ることができる。穀物が焦げないよう

「メーカーズマーク」らしさを出すにはチャーしたバレルが欠かせない。

にするローラーミル、蓋を閉めない釜でゆっくりと加熱する方式、「コーンのエッセンスを得る」過程、蒸溜所独自の酵母の使用などだ。蒸溜は3基の銅製ビアカラム&ダブラー式で行い、130プルーフ(アルコール度数65%)に調節する。するとうまく焦点の定まったホワイト・ドッグ(ニュー・メイクを表す米国の用語)が得られるのだ。

「熟成が鍵です」とコナーは言う。「ここのオーク樽は12ヶ月間空気乾燥させ、風味付けのために軽くチャーします。他のバーボンのような甘ったるい味は必要ありません。彼が望んだのはスムーズなバーボンでした。最近はどうも『飲みやすい』がよくないことのように言われますが、理解できませんね。美味しく造るのはいいことでしょう?」

ウイスキーは敷地内に点在する黒塗りの倉庫内に積み上げて熟成させる。メイカーズマークでは今もバレルのローテーションを行っている。涼しい床に近い樽は熟成がゆっくりなので、一番上で暑い空気にさらされている樽と入れ替えるのだ。一貫した品質のためだとコナーは言うが、1種類のバーボンしか造っていないのならクロスセクション法の方が簡単ではないだろうか? 「倉庫が1つだけならクロスセクション法も効果的でしょう。でもここには倉庫が19棟あって一つひとつ条件が違います。ケンタッキーでは熟成条件が難しいのでローテーションが適切なんですよ」

メーカーズマークは1953年から穏やかながら鮮明なスタイルを貫いているが、2010年に「メーカーズ46」をリリースした。ここでのキーポイントは樽材にある。バランスを崩さずに樽材による効果をアップさせる試みがなされた。インデペンデント・ステイブ社と協力し、フレンチオーク板を「チャー」ではなく「シア」の状態に焦がし、タンニンを抑えつつカラメル化を促進させることにしたのだった。

この仕上げ工程は、まず通常の「メーカーズ」をバレルから出す所から始まる。次にバレルの蓋を外してフレンチオーク板を10枚入れ、原酒を戻し、3~4ヵ月寝かせる。以前にスコットランドのコンパス・ボックス社でジョン・グレイザーが同様のテクニックを試した事もあったが、ウイスキーとして認められなかった。米国ではより自由なアプローチが普通のようだ。

黒と赤。 何やら剣呑な色使いはメーカーズマークのトレードマークだが、自由なバーボンとはこれ以上無い程のコントラスト。

メーカーズマークのテイスティングノート

ホワイト・ドッグ 90°/45%

香り： 甘くて穏やか、ピュアで心地よいコーンのオイリー感を伴う。ヘビーなフローラル、リンゴ、リント。

味： 肉厚で完熟、夏の赤い果実を伴う。穏やかなテクスチャーで香り高い。ブライトでダイナミック。

フィニッシュ： 焦点が定まっていて少々のフェンネルを伴う。

メーカーズ46 94°/47%

香り： シナモントースト、メープルシロップ、ナツメグ、僅かにカルダモン。デニッシュ、チェリー、バニラ。

味： 完熟でコクがある。濃いカラメル、砂糖漬けのオレンジ果皮、トフィー、果樹園のソフトで赤い果実。

フィニッシュ： スパイシーで甘い。

全体の印象： クリーンで甘く、濃縮されていて一段とスパイスを伴う。

フレーバーキャンプ： コクとオーク香

次のお薦め： フォアローゼス　シングルバレル

Maker's
SIV Mark®
KENTUCKY STRAIGHT BOURBON
WHISKY
Handmade
Distilled, aged and bottled by the
Maker's Mark Distillery, Inc.
Star Hill Farm, Loretto, Ky. USA
750ml. 45%alc./vol.

メーカーズ 90°/45%

香り： ソフトでバター様のオーク香。クリーミィな感じ。マラスキーノチェリー、サンダルウッド、開けっぴろげなリンゴ。今やフルーツが完全に熟している。加水すると更に花のような感じ。バランスの取れた木香。

味： スムーズで甘く、穏やか。非常にチュウィー。ローレル少々、シロップ、ココナッツ。

フィニッシュ： ソフト。

全体の印象： ライ麦のグリップ感ではなく、オークが穏やかに心の柔らかな部分をスクイーズしてくる。

フレーバーキャンプ： 甘い小麦風味

次のお薦め： W. L. ウェラー・リミテッド・エディション、クラウンロイヤル12年

アーリータイムズ&ウッドフォードリザーブ蒸溜所

関連情報：アーリータイムズ●ルイビル●WWW.EARLYTIMES.COM
ウッドフォードリザーブ●バーセイルズ●WWW.WOODFORDRESERVE.COM●通年オープン

ルイビルは上流階級とブルーカラーが混在する魅力的な所だ。州最大の都市で、錬鉄製花づなが飾り付けられた煉瓦造りの大きな建物、野球バット博物館、密造酒業者が逃げるための隠し通路を備えるホテルなどがある。モハメッド・アリと米国音楽の静かなる革命の生地でもある。しかしシブリーなどのエリアにはかつてのウイスキー蒸溜所の倉庫や古い工場の骨組みが晒されたままになっている。

ルイビルで稼働している2つの蒸溜所もこの周辺にある。ヘブンヒル社のバーンハイム蒸溜所、ブラウン=フォーマン社のアーリータイムズ蒸溜所だ。アーリータイムズは1940年に操業開始し、「アーリータイムズ」と「オールドフォレスター」を生産する。「この2つは全く異なるウイスキーです」とマスターディスティラーのクリス・モリスは語る。「『アーリータイムズ』はリラックスしていて、『オールドフォレスター』は焦点が定まっています」「アーリータイムズ」に見られる「古臭いカントリースタイル」はコーン79%、ライ麦11%、大麦麦芽(p.18を参照)10%のマッシュビルから始まる。「私たちが使うのは1920年代から利用しているIA酵母株です」とモリスが教えてくれた。「この酵母だとコンジナーが少なくなってマイルドな特徴が出るんです。それと酸を20%加えます(マッシュの20%がバックセットということ。ビアカラムの底から取る酸性蒸溜残液を発酵槽に加える)」「オールドフォレスター」のマッシュビルはライ麦とコーンの比率が18%と72%でライ麦が多く、スパイシーな風味が強く出ます。また独自の酵母を使い、12%しか酸を加えません」

サワーマッシングは紛らわしい用語だ。「サワーマッシング」ブランドの方が好きだと公言するバーボン好きも多いが、大抵はただ「サワーマッシング」とラベルに記されているから好きなのだ。実際にはストレートウイスキーは全てサワーマッシングがなされている。ケンタッキーとテネシー州は石灰岩層の上にあるため、水にミネラルが豊富に含まれており、硬水でアルカリ性なのだ。バックセットを加えるとマッシュが酸性に傾くので雑菌の繁殖を防いで発酵が容易になる。モリスが説明するように、加えるバックセットの量は風味に重大な影響を持つのである。「酸を増やすとその分酵母が働きかける糖分が減ります。酸を20%加えて3日間発酵させると(アーリータイムズがそうだ)コンジナーがあまり出ません。『オールドフォレスター』は酸を12%、発酵期間に5日間かけますから酵母がより働いて風味が増し、さわやかなビールが得られます。『オールドフォレスター』のビールの香りはバラの花のようですよ。『アーリータイムズ』はナチョスの匂いですね」どちらも140プルーフ(70%)でサンパーから出し125プルーフ(62.5%)にうすめてバレルに詰める。

「アーリータイムズ」はそのまま飲みやすくて気取らないバーボン(レフィルバレルで熟成させればケンタッキーウイスキーになる)になるが、「オールドフォレスター」はスペシャルリリースのエリアに運ばれる。そこには特定の一日に生産されたウイスキーからピックアップされたバースデーバレル・セレクションという古いバーボン(10~14年物)もある。「通常とは違うプロフィールを探究するのにも役立ちます」とモリスは言う。「例えば一度、リスが1匹接続箱に紛れ込んで電源を落としてしまったことがあります——リスも命を落としてしまいましたが——その時は発酵が3日間になり、コンジナーも変わりました」

リスにはブラウン=フォーマン社が所有する他の蒸溜所、ウッドフォードリザーブの方がよかったのではなかろうか。こちらはウッドフォードCo.内にあるグレンズ・クリーク蒸溜所の隣、馬飼育場エリアの中央に位置する。1830年代、オスカー・ペッパーが近代バーボンの父と呼ばれるジェームズ・クロウを雇い入れたのもここだった。現在、これら淡い色を帯びた石灰岩の建物にはポットスチル(グレンモーレンジィ)で3回蒸溜を行うユニークなバーボン蒸溜所がおさまっている。

「この蒸溜所はペッパーとクロウに敬意を表しています」モリスは言う。「しかし19世紀のウイスキーを再生産している訳ではないのです」むしろ「ウッドフォードリザーブ」はクロウによる様々な可能性の探究を引き継いでいる。「オールドフォレスター」と同じマッシュビルを使いながら加える酸は6%のみ、異なる酵母を使って1週間発酵を行う。ホワイトドッグは3番目のスチルから158プルーフ(79%)で取り出すが、「効率性」には劣るもののポットなら同じ

ウッドフォードリザーブ蒸溜所の分厚い石灰岩壁の向こうには、バレルがきっちり並べられている。

濃度でカラム式から得たスピリッツよりも風味が良い。空気乾燥させたオークバレルに110プルーフ(54.5%)で詰めた「ディスティラーズ・セレクト」にはシブリーで製造したバーボンがブレンドされている。「ダブルオークド」はスタンダードバレルのブレンドで、軽くチャーしたバレルと強くトーストしたバレルを用いたものだ。

クロウの「よしやってみよう」精神はマスターズコレクション・リミテッドリリース・プログラムに引き継がれている。「バーボンには味わいを生む要素が5種類あります」モリスは言う。「穀物、水、発酵、蒸溜、熟成です。蒸溜と水は変わりませんから、工夫を加えるとすれば他の3つになりますね」最近はリリースが相次いでいる。4種類の穀物を含むマッシュビル仕込み、スイートマッシュ仕込み、シャルドネフィニッシュ、希少ライ麦仕込み、「フォーウッド(バーボンバレルで熟成し、オロロソ、ポート、メープルウッド樽で寝かせる)」仕上げに加え、2つのシングルモルト(ストレートモルトと呼ばれる)も加わった。シングルモルトは大麦麦芽100%で造られ、1つはリフィル樽で、もう1つはチャーしたオーク新樽で熟成される。クロウの志は生き続けている。

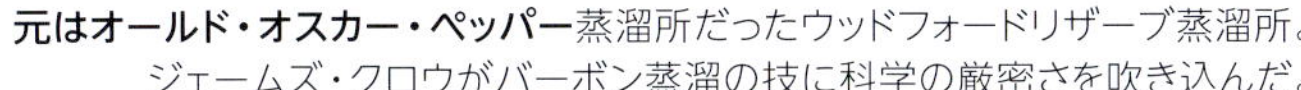

元はオールド・オスカー・ペッパー蒸溜所だったウッドフォードリザーブ蒸溜所。ジェームズ・クロウがバーボン蒸溜の技に科学の厳密さを吹き込んだ。

アーリータイムズ&ウッドフォード・リザーブのテイスティングノート

アーリータイムズ 80°/40%

色・香り：金色。芳しくハチミツのようで、たっぷりの綿菓子と甘いポップコーン。ココナッツとハチミツひとなめ。

味：ミディアムウエイトでソフト。コーンがバニラファッジと混ざって登場し、予想外のシリアスさを持つ深い煙草のノートが背後に伴う。

フィニッシュ：穏やかで長く続く。

全体の印象：甘く飲みやすい。

フレーバーキャンプ：ソフトなコーン風味

次のお薦め：ジョージ・ディッケル・オールドNo.12、ジム・ビーム・ブラックラベル、ヘッジホッグ(フランス)

ウッドフォードリザーブ ディスティラーズ・セレクト 86.4°/43.2%

色・香り：濃い琥珀色。ワクシーなハチミツノート。レモンタイムと強烈な柑橘香。煮込んだリンゴ、ナツメグ、レモンケーキ。オークがシロップ／大麦のような砂糖っぽい特徴をもたらしている。加水するとチャーした樽材、コーン葉、ウッドオイル。

味：クリーンで最初はライト。端正でほとんど角張っている。快い刺激を持ちタイト。タイムが柑橘果皮を伴って戻ってくる。かすかにライ麦が忍び込む。

フィニッシュ：柑橘とスイートスパイスのミックス。

全体の印象：バランスが取れていて非常にクリーン。

フレーバーキャンプ：スパイシーなライ麦

次のお薦め：トム・ムーア4年、メイカーズマーク

ワイルドターキー蒸溜所

関連情報：ローレンスバーグ ● WWW.WILDTURKEYBOURBON.COM ● 月〜土曜日まで通年オープン、4月〜11月は月〜日曜日オープン

黒く塗った鉄板で覆われたワイルドターキー蒸溜所は、ケンタッキー川に臨む崖の上に建てられている。その立地は長い間、かつてのバーボン業界の状態をそのまま体現するものだった。バーボンが生き延びたのはある男の努力のお陰である。男の名はジミー・ラッセル、ここのマスターディスティラーであり、60年もの間蒸溜技術者として勤め上げた。古参のバーボンの理想が残ったのは、ジミー世代の蒸溜技術者が変化を拒んだからだと言っても良い——もしも変化がバーボンの特性と品質に妥協を求めるものならば。

ジミーとワイルドターキーは一種の共生関係だった。「ワイルドターキー」はビッグなバーボンで、その濃密で芳醇な手応えある個性から、時間をかけて飲むことになる。つまり気忙しくないゆっくりした時間を表しているのだ。ジミーはいかにも古いタイプの蒸溜技術者らしく科学者に対してやや侮蔑の気持ちを抱いていたようで、「ターキー」のDNAについて質問された時も軽口で返した。筆者が聞いて、エディに伝えた表現を記すなら、これまでやってきたやり方でやっているだけさ、と答えたという（エディはジミーの息子で、ワイルドターキー蒸溜所で35年間蒸溜の仕事をしている）。

ワイルドターキー蒸溜所が意図するのは味わいを高め、口の中にしっかりバーボンが留まるようにすることだ。「コーンの分量は70%前半にしているんだ。だから小穀物は30%弱になるね」ジミーは言う。「70%後半にしたり、70%半ばにする同業者もいる。小麦を使う所すらある——でも、それでは違う物になってしまう——トウモロコシの割合はここが一番低いんだ。私たちは伝統的なやり方で、より明確なボディ、味わい、特徴を出すようにしている」

上：**2世代の天才**、エディ・ラッセル（左）とジミー・ラッセル（右）。「ワイルドターキー」の管理者だ。
下：**低いアルコール濃度**でバレル詰めするのも「ワイルドターキー」の特徴の1つ。

その個性を出す過程は、蓋のない鍋とたった1つの酵母株を用いて発酵させる所から始まる。「菌株がどれくらい古いかって？　ここに55年勤めているが、私が来た時はもう使われていたよ！」ジミーは語る。「フレーバーにも関わっていて、ヘビーな風味を出すのに役立っているんだ」

ホワイトドッグは124~126プルーフ（62~63%）でスチルから取り出され110プルーフ（55%）でバレル詰めされる。ジミーは「アルコール濃度が高いほど得られるフレーバーが弱くなる気がするんだ。低めのプルーフでバレル詰めし101プルーフ（50.5%）でボトリングすれば、あまりフレーバーを取りこぼさずに済む。それに昔ながらのスタイルがうまく出せるしね」と説明する。

それは1905年にこの地へと移住したリピー兄弟が既に確立していたスタイルでもある。彼らはペンシルベニア州タイロンに家族経営の蒸溜所を持ち、1869年からバーボンを製造していた。1940年、リピー蒸溜所からウイスキーを買い取って販売していたオースティン・ニコルズ社社長が毎年開催する七面鳥の猟でバーボンを振る舞った所好評を博し、これにちなんでブランド名を「ワイルドターキー」と名付けたという。その後ワイルドターキー蒸溜所はペルノ・リカール社に買収されたが、同社は蒸溜所のポテンシャルを生かしきれず、2009年にカンパリ社が買い取る事になる。カンパリ社は余り干渉しなかったが、それが却って功を奏したのだろう。ジミーはバーボン造りに彼のスタイルを貫き続けた。そして今、市場の動向が一周して戻ってきたようだ。

「消費者の好みが昔に返ってきたのだと思う」彼は言う。「『ワイルドターキー』を飲むのは古い世代に限らない。フレーバーとボディを備えていて、ちびちびやりながら楽しい時間を過ごせるバーボンを探しているご新規さんもいる。禁酒法前の時代に戻りつつあるようだね。全ては巡るから」確かに、もう僅かな蒸溜所（ワイルドターキーも含む）しか造っていないストレートライまでも人気が回復した。

アメリカンオークの甘さがコーンとライ麦の芳醇な風味——そしてマジック少々——と相まって「ワイルドターキー」が出来上がる。

バーボンがライト指向になった時、スタイルを変えたくならなかったのだろうか？　「そちらの市場ではとても競争できなかっただろうね。だから一つは上役達が利益面で判断し、一つは私の哲学のせい、という事かな。バーボンがバーボンであることに誠実でいたかった——薄めたバーボンじゃなくてね」カンパリ社は施設に1億ドルかけて新たなビジターセンターと包装ユニットを造り、5千5百万ドルを蒸溜所の拡大に費やして生産能力を2倍以上に増やした。

「ターキー」は飛翔した。バーボンは深い淵をのぞき込み、そしてフレーバーの世界へと戻った。ジミー・ラッセルは正しかったのだ。

ワイルドターキーのテイスティングノート

101° (50.5%)

香り： トフィー、カラメル、芳醇なフルーツ。非常にジューシーな旨味があり、ドライチェリー、栗のトフィー、スパイシーなライ麦、優れた深みが伴う。若々しい新鮮さを持つ。
味： 焦げた砂糖とほぼ革のような熟成感。濃密で余韻が長く、甘い。ライトなタンニン。
フィニッシュ： ココアバター。
全体の印象：「オールド8年」よりも控えめな感じ。

フレーバーキャンプ：ソフトなコーン風味
次のお薦め： バッファロートレース

81° (40.5%)

香り： 親しみやすく極めて繊細。甘く、メープルシロップのノート、焼いたフルーツ、スパイシーなライ麦から熱感少々を伴う。
味： 穏やか。やはりミッドパレットを留めるワイルドターキーらしいウエイトを持っている。レモン、そしてフルーツが前面に出てくる。
フィニッシュ： 穏やか。
全体の印象： ターキーライト。

フレーバーキャンプ：ソフトなコーン風味
次のお薦め： ワイザーズ・デラックス

ラッセルズ・リザーブ・バーボン10年

90°/45%

香り： ヒュージで甘く、バニラ、チョコレート、カラメルを伴う。焼き桃、フルーツシロップ、そして「101」に見られるような栗蜂蜜、ギリシャ松のハチミツを伴う。濃密でほとんど蝋のような感じ。加水するとライ麦が立ち上がる。ナツメグ。
味： まず香りとしてロクムが加わって、たっぷりのオークがリカーっぽい濃密なウエイトを支える。アーモンド。甘い。
フィニッシュ： ライ麦による爽快感、しかし純粋なウエイトによってバランスが取れている。シナモン。煙草。
全体の印象： 複雑で何層にも重なっている。

フレーバーキャンプ：コクとオーク香
次のお薦め： ブッカーズ

レアブリード 108.2°/54.1%

色・香り： 濃い琥珀色／銅のような煌めき。「ラッセルズリザーブ」よりも濃密さが少なく、よりクリーンな甘さ。オレンジとオールスパイスにそれまでは無かった革のようなノートを伴う。香り高く、ターキーにしては細やか。
味： 明らかにスパイシー。ニス、煙草葉のような特徴の後にスパイキーなライ麦。
フィニッシュ： 長い、甘いトフィーとスパイスの大騒ぎのミックス。
全体の印象： 小バッチ製造の6~12年のバーボンをブレンドし、薄めずにボトリング。

フレーバーキャンプ：コクとオーク香
次のお薦め： パピー・ヴァン・ウィンクル・ファミリー・リザーブ20年

ラッセルズ・リザーブ・ライ6年 90°/45%

色・香り： ライトな金色。強烈なライ麦から始まるが、背後にハチミツの快さ。一部のライバーボンよりも埃っぽくないが、やはり大胆でグリーンフェンネルシード、トウヒ、ガーデニング用麻紐を伴う。加水するとカンファー、サワードー、スイートオーク。
味： ゆっくりと蜂蜜からスタート。ハードキャンデー、次にドライなライ麦の特徴が現れて甘みをクリーンな酸味に変える。
フィニッシュ： 非常に穏やかなライ麦。
全体の印象：

フレーバーキャンプ：スパイシーなライ麦
次のお薦め： ミルストーン・ライ5年（オランダ）

ヘブンヒル蒸溜所

関連情報：ルイビル●WWW.HEAVEN-HILL.COM●ヘリテージセンター：バーズタウン●月～土曜日まで通年オープン、3月～12月は月～日曜日オープン

見渡す限り貯蔵庫が並ぶ。金属で覆われた貯蔵庫はウイスキー用の巨大なアパートのようだ。なだらかに起伏するケンタッキーの風景の中に建物が広がっている様子を目にすると、さまよう竜巻がどさりと団地を下ろしていったのかとも思えてくる。貯蔵庫の規模はヘブンヒルの蒸溜技術者たちが生産しているさまざまなウイスキーの量がどれほどのものかを物語る。何しろここは米国で一番多くの銘柄を市場に送り出している蒸溜所なのだ。

この光景はいつも変わらないように思う。ここはバーボンの中核地帯だ。ヘブンヒルの2つの銘柄は、このトウモロコシ地帯で蒸溜法を考案した伝説のパイオニア、エヴァン・ウィリアムズとエライジャ・クレイグの名にちなんで付けられた。しかしヘブンヒルの物語は比較的最近のもので、禁酒法によって蒸溜業が廃れた所から始まった。1920年代にボルステッド(禁酒)法が施行されるまでは蒸溜業に携わっていた業者も数多かったが、廃止後はごく一部しかウイスキー造りに戻らなかった。そして僅かな蒸溜所が操業を再開した。しかし、チャンスを嗅ぎ付けて新たに参入してきた者もいた。シャピーラ兄弟はこちらである。小売を生業とする彼らは1930年代、バーズタウン近郊に小さな土地を購入し、1935年に蒸溜所を創業した。蒸溜所はヘブンヒルと名付けられたが、憶測したくなるようなロマンチックな謂われがある訳ではなく、元地主のウィリアム・ヘブンヒルの名にちなんだだけである。戦後に事業が軌道に乗った時、彼らはマスターディスティラーを雇った――ケンタッキーでビーム家以上の適任者がいただろうか？　採用されたのはアール・ビーム、ジムの甥だった。現在アールの息子パーカーと孫のクレイグが新たなプラントでウイスキー造りを統括しているが、事業のオーナーは今もシャピーラ家である。

バーボンとスコッチの違い

バーボン業界とスコッチの違いの1つは、個人がウイスキーのスタイルにこだわるクラフト的な姿勢だ。禁酒法のせいでアメリカン・ウイスキーはゼロから再スタートしなければいけなかった。蒸溜所が生み出したスタイルはまさに蒸溜技術者の創造物だったのである。パーカーは父親から技術を学んだ。スコットランドのような、1世紀以上に渡って受け継がれてきたアプローチに従った訳ではないのだ。そこには物理的にも心情的にもダイレクトな愛着がある。ロケーションではなく造り手のパーソナリティが色濃く現れるケースも少なくない。

目下の所バーズタウンのヘブンヒルには本社、賞を取ったビジターセンター、保管庫があるが、蒸溜所はない。それには理由がある。本来は丘の麓に蒸溜所があった。しかし1995年、倉庫への落雷によって発火したリカーが蒸溜所にそのまま流れ込んで爆発したのである。

現在、全ての「ヘブンヒル」ブランドは飲料界の巨人UDV社（今はディア

バーズタウンの住居計画ではない。ヘブンヒルの巨大な熟成庫群だ。

色彩と生気に溢れたバーボン。
次の段階のボトリングへ準備万端の状態だ。
そして次はあなたの手元に届く。

ジオ社）がかつてルイビルに所有し、1999年に閉鎖したバーンハイム蒸溜所で製造されている。製造地の移動は簡単ではなかったが、パーカーは「ここでは多少トラブルがあって、それを解決してようやく『ヘブンヒル』らしさを再現できたんだ」と定石通りの言葉を使うに留めた。

バーンハイムは完全にコンピュータ化されているが、パーカーとクレイグは「袖を捲り上げて」取り組むやり方に慣れていた。「ウイスキーは手作業の仕事だ」パーカーは言う。「直接手がけなくちゃいけない。私たちはこれまでずっとそうやって来たし、他の方法なんて分からないよ」彼は時間をかけてウイスキーを熟成させるのを好む。ヘブンヒルのフラッグシップ「エヴァン・ウィリアムズ」ですら7年ものだ。バーボンにしてはかなりの期間である。

父と息子が組んで造るウイスキーは米国の歴史を語る本のようだ。コーンとライ麦をベースにしたバーボン「エライジャ・クレイグ」「エヴァン・ウィリアムズ」、コーンと小麦ベースの「オールド・フィッツジェラルド」、ストレートライの「リッテンハウス」「パイクスヴィル」、そして一番新しい革命的バーボン、ストレートウィートの「バーンハイム・ウィート」だ。

筆者はパーカーとクレイグの静かな人となりがバーボンの名付け方と、穏やかで控えめながら革新的なポートフォリオにはっきりと現れていると思う。

ヘブンヒルのテイスティングノート

バーンハイム・オリジナル・ウィート 90°/45%

香り： 穏やかで、バターを塗った焼き立てのパン、赤いフルーツ、オールスパイスを伴う。クリーンで輪郭がはっきりしている。

味： 鉋をかけられたばかりのオークのピリピリ感。溶けた氷砂糖を思わせ、僅かなトフィーとメントールのノートが伴う。非常に上質。

フィニッシュ： 素晴らしい一杯だ。穏やかなのにエキゾチック。

全体の印象： 穏やかで危険なほど飲みやすい。新しい可能性を持った世界の扉が開く。

フレーバーキャンプ：甘い小麦風味
次のお薦め： クラウン ローヤル・リミテッド・エディション

オールド・フィッツジェラルド12年 90°/45%

香り： 複雑な土のトーンにリコリス、葉巻の煙、革、マロンケーキを伴う。

味： 沈思黙考するバーボンで、バタースコッチとバニラが下から支え、ハチミツとチョコレートの素晴らしい交錯。樽材の存在感がナッツっぽい風味として出ている。

フィニッシュ： オークだが素晴らしいバランス。

全体の印象： 深みがあってパワフル。葉巻が欲しくなる。

フレーバーキャンプ：コクとオーク香
次のお薦め： WLウェラー、パピー・ヴァン・ウィンクル

エヴァン・ウィリアムズ・シングルバレル 2004 86.6°/43.3%

色・香り： ライトな琥珀色、この銘柄に特徴的な甘いスパイス、スモーキーな柑橘、直接的なライ麦のアクセントを、控えめな円熟した甘さがバランスを取る。加水するとウインターグリーン少々とハチミツ。

味： ソフトで甘く繊細、オレンジの花蜜。バックパレットに向けて酸味が現れスパイスがリリースされる。加水するとまるで発泡飲料のようだ。

フィニッシュ： フレッシュでクリーン。

全体の印象： 円熟しているがオーク過ぎない。素晴らしいシリーズだ。

フレーバーキャンプ：スパイシーなライ麦
次のお薦め： フォアローゼズ・イエローラベル

リッテンハウス・ライ 80°/40%

香り： 甘味と酸味のじらすようなミックス。カンファー、テレビン油、ニス、芳醇なオーク。極めてスパイシー。加水するとナッツ、鉋屑、火を付けたオレンジ果皮。

味： 非常にスパイシー、驚くような甘さに、堅固なグリップと渋いタンニンが追いつく。香りの良いレモン、乾燥させたバラの花弁の香り。

フィニッシュ： 長くて心地よい苦味。まさにライ麦だ!

全体の印象： ライ麦の世界を初めて訪れるなら、ぜひここから。

フレーバーキャンプ：スパイシーなライ麦
次のお薦め： ワイルドターキー、サゼラック

エライジャ・クレイグ12年 94°/47%

香り： 甘くて濃厚。アプリコットジャム、煮込んだフルーツ、チャーしたオーク。カスタード、シダー、煙草葉少々。

味： まろやか。非常に甘いスタート、リコリス、それからフィニッシュとしてスパイスを添えたリンゴが取って代わる。

フィニッシュ： 甘い。キャンデー。オーク。

全体の印象： 甘くて芳醇。親しみやすいオールドスタイルのバーボン。

フレーバーキャンプ：コクとオーク香
次のお薦め： オールド・フォレスター、イーグル・レア

バッファロートレース蒸溜所

関連情報：フランクフォート●WWW.BUFFALOTRACE.COM●月～土曜日まで通年オープン、4月～10月は月～日曜日オープン

最初にバッファローがやって来てケンタッキー川の屈曲部に浅瀬を見つけ、毎年そこを渡って移動した。次にリー兄弟が訪れてリーズタウンという交易場を作ったのが1775年のことだ。現在そこに立つのは巨大な蒸溜所だ。この蒸溜所はOFC、スタッグ、シェンリー、エンシェントエイジ、リーズタウン、そして現在のバッファロートレースと、時の流れの中で幾度となく名前が変わってきた。

ここはストレートウイスキー蒸溜の大学だ。赤レンガの建物までもがその雰囲気を高める。一つのレシピに絞ったメイカーズマークとは正反対で、できるだけ種類を豊富にすることを目標としている。ここではウィーテッドバーボン（「WLウェラー」）、ライ（「サゼラック」「ハンディ」）、コーン／ライバーボン（「バッファロートレース」）、シングルバレル（「ブラントン」「イーグル・レア」）が製造される。「パピー・ヴァン・ウィンクル」シリーズが造られているのもここだ。

さらに毎年アンティーク・コレクションのリミテッドリリースがあるし、実験的なバーボンも時々発売される。まるでバッファロートレースは単独でバーボンの銘柄数を禁酒法前のレベルに戻そうとしているようだ。

複数の仕事の責任を負っている割にはマスターディスティラーのハーレン・ウィートリーは随分とリラックスしている。「私たちには5つの主なレシピがあります」彼は言う。「しかし一度に1つのレシピしか造りません。つまりウィーテッドを6～8週間作ったらライ／バーボンに移り、次に3つあるライバーボンのレシピの1つに取り掛かります。全部をちょっとずつつまむのが好きなんですよ!」

詳細は公開されていないが、圧力を加えて加熱する段階（p.18～19を参照）ではバックセットを加えない。「糖分を十分に引き出すにはその方がいいんです」ウィートリーは語る。「それに発酵状態が安定します」使う酵母株はたった1つだが、発酵槽のサイズは異なるため環境も変わってくる。また銘柄ごとに還流条件や蒸溜時のアルコール濃度も全く異なる。

蒸溜はまだ物語の半ばでしかない。それぞれ独特のフレーバーを持つ多様なホワイトドッグ（p.18を参照）はやはり多様な熟成条件を与えられる。各保管庫で生じる微小気候のようにバレルは1つずつ異なる仕上がりになる。つまりさらに複雑さが増すのだ。

「全部で75床の異なるフロアがあります」ウィートリーは説明する。「3ヵ所のサイトに分けて、レンガや石造りの建物の中、物によっては加熱処理し、熟成棚（木枠で複数層に分かれている）を選んで保管します。保管庫とフロアごとに条件が異なるのでバレルを置く場所が重要なんですよ」

フレーバーの違いを生み出すのはマッシュビルと蒸溜だけではない。バレルを保管する位置も重要なのだ。「『ウェラー』は7年熟成ですから最上階や1階には保管しません。『パピー23年』は慎重に見守らねばなりません――2階か3階が適切でしょう――ちなみに『ブラントン』には独自の作用を及ぼす専用の倉庫があります」

多様なバーボンは人間の知識を基盤として生まれてくるのだ。

世界でもここまで詳細に樽材と熟成を研究している蒸溜所はないだろう。新たにマイクロ蒸溜所を建て、ライとウィートバーボンをバレル詰めする際のアルコール濃度について今なお試験を繰り返し、さらには木の先端と根元で違いがあるかを研究している。木材が持つ化学的性質は複雑で部位によって異なる。根本はリグニン濃度が高く溶け出すバニリンが多くなる。タンニンが多い先端部はストラクチャーを与えエステル化反応を助ける。

様々なスタイルについて卓越した知識を有するバッファロー・トレース。赤レンガのバーボン大学だ。

こんな試みもなされた。96本の木材を調達、それぞれからバレルを2つずつ作る。同じマッシュビルでアルコール濃度を変えてバレル詰めし、2つの異なる保管庫で熟成させる。執筆時点で実験は継続中である。もっとラジカルな展開を見せるのが「倉庫X」だ。竜巻にリックハウスの屋根が剥ぎ取られた倉庫で、数ヵ月間樽が野ざらしのまま日光に晒された経緯を持つ。そのバーボンは明らかに他と違っていた。

倉庫Xでは150バレルが4つの部屋と1つの「風の通り道」に収納されている。各部屋ごとに光の量が違う(光をコントロールする部屋と完全に自然光に任せる部屋がある)。湿度もコントロールされているが「風の通り道」には自然に空気が流れる。「倉庫がフレーバーをもたらすんです」とは故エルマー・T・リーの言葉だ。どれ位、そしてどのように——その結果は今後20年で明らかになるだろう。

蒸溜所で「バッファロートレース」ボトルを最終検印する。

バッファロートレースのテイスティングノート

ホワイトドッグ　マッシュNO.1

香り： 甘くてファット。コーンミール／ポレンタ。ホットでユリ、ナッティなローストしたコーン／大麦を伴う。加水すると僅かに植物性ラム・アグリコールのノート。
味： 香りが立ち昇る。たっぷりのパーマバイオレットがガツンと一撃、次に噛みごたえあるコーンが広がる。
フィニッシュ： 長くてスムーズ。刺々しくない。

バッファロートレース 90°/45%

色・香り： 琥珀色。ココアバター／ココナッツと、香りスミレ／ハーブノートのミックス。そこはかとないアプリコットとスパイス。クリーンなオーク。スパイス入りハチミツ、バタースコッチ、タンジェリン。
味： 甘い柑橘系を伴うスパイシーなスタート、次にバニラとユーカリ、そしてペイショーズ・ビターズ。ファットで濃い。ミディアムボディ。やがてたっぷりの挽きたてのナツメグ。
フィニッシュ： ライトなグリップとライ麦由来のスパイス。
全体の印象： 熟していて芳醇。バランスが取れている。

フレーバーキャンプ：ソフトなコーン風味
次のお薦め： ブラントンズ・シングルバレル、ジャックダニエル・ジェントルマンジャック

イーグル・レア10年　シングルバレル 90°/45%

色・香り： 琥珀色。「バッファロートレース」よりも深く、ダークチョコレートと乾燥させたオレンジ果皮が強い。またバッファロートレース蒸溜所に特徴的なよい香り。モラセスとはっきりしたスパイス、いく分かのチェリーの咳止め、スターアニス。柔らかなオーク。加水すると磨いた木床。
味： ソフトで非常に濃密。タンニンが多くよりクリスプなオークを持ち「バッファロートレース」とは全く異なる感じ。ペチバー。
フィニッシュ： ドライで続いて酸味の一撃。
全体の印象： 全体的に更なる期待を持たせる。

フレーバーキャンプ：コクとオーク香
次のお薦め： ワイルドターキー、リッジモント・リザーブ1792 8年

WLウェラー12年 90°/45%

香り： クリーンでライト。挽いたナツメグ、上質皮紙、ロースト中のコーヒー豆。蜂の巣とバラの花弁に、ヘビーなフローラルをほんの少し伴う。
味： クリーンで非常にハチミツ感のある風味にオークに由来するクリスプなスパイスが伴い、それが柔らかくなって溶けたチョコレートになる。
フィニッシュ： サンダルウッド。
全体の印象： ウィーテッド・バーボンが小麦に特徴的な穏やかなをメロウさを表している。

フレーバーキャンプ：甘い小麦風味
次のお薦め： メイカーズマーク、クラウンロイヤル・リミテッドエディション

ブラントン・シングルバレル NO8/H ウェアハウス 93°/46.5%

色・香り： 琥珀色。よく加熱したフルーツとカラメル。たっぷりのバニラ鞘、コーン、ピーチコブラー。甘い、クリーン、ライトにスパイシー。
味： 最初はスターチっぽく次にフローラルな爽快感——まるでホワイトドッグのジャスミン／ユリのよう。木がタイト感をもたらし始めるが、それでもトフィーのようだ。ほぼスモーキーなチャー感。
フィニッシュ： ターメリックとドライオーク。
全体の印象： Eagle's talonsに比べてまろやか。

フレーバーキャンプ：ソフトなコーン風味
次のお薦め： エヴァン・ウィリアムズ・シングルバレル

パピー・ヴァン・ウィンクル・ファミリーリザーブ20年 90.1°/45.2%

色・香り： 芳醇な琥珀色。完熟でオーク香。甘いフルーツジャムと濃厚なメープルシロップ。スパイス少々。加水すると樽で熟成させたスピリッツの土臭い／カビ臭い特徴が出る。
味： オークと乾いた革。葉巻の次にモスボールが来て、そして乾燥ミント、乾燥チェリー、リコリスへと漂っていく。
フィニッシュ： ほのかにぴりっとする風味とオーク。
全体の印象： オールドで木が目立つ。

フレーバーキャンプ：コクとオーク香
次のお薦め： ワイルドターキー・レアブリード

サゼラック・ライ&サゼラック18年 いずれも90°/45%

香り： 若い方は埃っぽさ、パーマバイオレットの香りを持ち、サワードーブレッドの匂いにオレンジビターズとレッドチェリーのひと騒ぎを伴う。「18年」も香りがよいが、一撃感は和らいで統合的な革／ニスのノートに変化している。チェリーはブラックチェリーに。
味： さっぱりして凝縮。たっぷりのカンファー。クラシカルに快い刺激。「18年」はよりオークと焼いたライ麦ブレッドが感じられる。さっぱりというよりもオイリーだが、やはりよい香り。
フィニッシュ： オールスパイスと生姜。「18年」は生姜を持ち続けつつアニスと喉が粘着くような甘さを併せ持つ。
全体の印象： スコットランドのピーティネスのようにライ麦の特徴が失われないままスピリッツに吸収されている。

フレーバーキャンプ：スパイシーなライ麦
次のお薦め： 若い方：エデュー(仏)、ラッセルズ・リザーブ・ライ6年。熟成した方：フォアローゼズ120thアニバーサリー12年、フォアローゼズ・マリアージュ・コレクション2009、リッテンハウス・ライ

ジムビーム蒸溜所

関連情報：クレアモント●WWW.JIMBEAM.COM●月～日曜日まで通年オープン

当然ながらスコットランドの蒸溜技術者はウイスキー造りの伝統に誇りを持っている。しかし筆者が知る限りスコットランドにはビーム一家のようなウイスキー一族はいない。ビーム家に伝わる話によればジェイコブ・ビーム（元の名は「ボーム」）は1795年にワシントン郡で蒸溜業を始めた。1854年に彼の孫デヴィッド・ビームがクリア・スプリングスの線路近くに蒸溜所を移した。デヴィッドの息子ジムとパークはそこで商売を覚えた。ここまでは極めて普通だ。目覚ましいのは禁酒法以降である。

1933年、ジムは70歳にして蒸溜免許を申請、クレアモントに新しい蒸溜所を建ててパークや息子と共にウイスキーを作った。ジムは息子のジェレマイアに商売を譲り、次に孫のブッカー・ノウが家業を継いだ。現在はブッカー・ノウの息子フレッドが当主である。ヘブンヒルのパーカー&クレイグ・ビームがやはりパークの孫であり、アーリータイムズを造ったのもビーム家であることを考えると、いっそケンタッキー州は名を変えた方がよいのではと思えてくる。

ジムが齢70にして家業を再開した理由、それはこんな系譜を知って初めて腑に落ちるだろう。ジェームズ・ボールガルド・ビームに他の選択肢はなかった。彼の血管にはバーボンが流れていたのだ。

彼は変化を起こしただろうか？　答えはイエスでもありノーでもある。ホップを加えて自家製酵母を甘く発酵させる方法はオリジナルと同じだが、蒸溜は20世紀の進歩した技術を利用することができた。筆者は、フーゼル油が豊富だった禁酒法前の（他の蒸溜所の）バーボンについてブッカー・ノウにまくし立て、大笑いされたことをよく覚えている。「私も本当のバーボンが好きだ」と彼は低い声で言った。「だがね、変えねばならない事もある」

禁酒法撤廃後にビーム家がたどった道は、「絶えず変化する市場でビッグブランドが直面する商業的ニーズ」と、「ビッグなバーボンへのこだわり」とのバランスそのものだ。そんな建設的な緊張感が、世界一の売上を誇るバーボンブランドを生んだと言っていい。しかしそれだけではない。1988年には一切妥協のない「ストレート・フロム・ザ・バレル」ブランドの「ブッカーズ」が、そして4年後には「スモールバッチ・コレクション」も世に送り出されている。

メジャーブランドのデメリットは、どんな商品を出してもマニアからそっぽを向かれがちなことだ。だがビームがクレアモントとボストンに所有する2つの蒸溜所は、創造性において他の蒸溜所に全く劣らない。秘伝のマッシュビルが主にフレーバーを担っているのはもちろんだが、ブランドアンバサダーのバーニー・ラバーズは「言うまでもありませんが大事なのは酵母です」と語る。「確かにいくつもレシピが存在します。でもどんなバーボンでも問うべきはスチルから取り出す際のプルーフ数、バレル詰め時のストレングス、バレルの熟成場所ではないでしょうか。スコッチを見て下さい。大麦だけを使っても実に多様なフレーバーが引き出せるでしょう――レシピだけの問題じゃないんですよ！」

ビームの製品にはストレングスと熟成場所がフレーバーに与える影響力がフル活用されている。ホワイトラベルとブラックラベルは135プルーフ（67.5%）で取り出され、125プルーフ（62.5%）でバレル詰めされる。バレルは熟成庫の上階、下階、端、中央とあちらこちらに置かれる。「オールド・グランダッド」はライ麦が多いレシピだがその他はホワイトやブラックと同じ条件だ。ストレングスは低めで127プルーフ（63.5%）で蒸溜され125プルーフ（62.5%）でバレル詰めされる。

ビームズが初めてクレアモントで蒸溜所を操業した頃とは明らかに状況が違う。

ジムビームのテイスティングノート

ホワイトラベル 80°/40%

香り： フレッシュで快い刺激。若々しいエネルギーを持つ。ライトなライ麦とレモンのスパイシー感、次に生姜と紅茶。香りがよくて鮮やか。
味： 元気で明るい香りにつづいて、シルキーな風味が明確なメントールを伴って始まる。クールミントシガレット。バタートフィー。クリスプ。
フィニッシュ： 甘い。
全体の印象： バランスが取れていて活気がある。

フレーバーキャンプ：ソフトなコーン風味
次のお薦め： ジャックダニエル

ブラックラベル8年 80°/40%

香り： ソフトでトリークル少々、スパイスを添えたオレンジを伴う。「ホワイトラベル」に似たフレッシュなスパイシー感もある。カカオと葉巻の灰。
味： オークっぽいノートが続く：シダーとチャー風味がパンチのあるスピリッツによってバランスが取れたものに。「ホワイトラベル」よりも明らかにスパイシー。
フィニッシュ： モラセス。
全体の印象： オークとエネルギー。

フレーバーキャンプ：ソフトなコーン風味
次のお薦め： ジャックダニエル・シングルバレル、バッファロートレース、ジャックダニエル・ジェントルマンジャック

ノブ・クリーク9年 100°/50%

色・香り： 琥珀色。芳醇で甘い。ピュアなフルーツ。カラメル化した果糖、アガベシロップ。ライトなココナッツとアプリコット。葉巻の葉。
味： ビッグで甘い、甘美。フルボディでたっぷりのシナモン、ブラックベリー、綿菓子を伴う。
フィニッシュ： オークとバター。
全体の印象： 芳醇だがビームらしいエネルギーを備える。

フレーバーキャンプ：コクとオーク香
次のお薦め： ワイルドターキー・レアブリード

ブッカーズ 126.8°/63.4%

香り： ヒュージでソフト。焼いたフルーツにトリークル／ブラックストラップモラセス。トロピカルフルーツと黒バナナ。深みがあってパワフル。
味： 甘くてほとんどリキュールのようだ。スピリッツがオークのアタックと調和している。ブラックベリージャムと焦げた砂糖。オレンジの花蜜。
フィニッシュ： 木と熱感。
全体の印象： ヒュージな「何でもあり」の体験。

フレーバーキャンプ：コクとオーク香
次のお薦め： ラッセルズ・リザーブ10年

スモールバッチにはさらに多くのバリエーションが存在する。「ノブ・クリーク」は130プルーフ(65%)に蒸留され125プルーフ(62.5%)でバレル詰めされる。「9年物ですから、(バレルを)熟成庫の端近くや最上階には置きません」とラバーズは説明する。「ベイゼルヘイデン」はライ麦が多いが120プルーフ(60%)に蒸留されそのままバレル詰めされる。そして「ノブ・クリーク」と同様に熟成庫の中央で寝かせる。「ベイカーズ」は蒸溜もバレル詰めも125プルーフ(62.5%)だが、最上段で7年間熟成させる。「だからパンチがあるんです」「ブッカーズ」は蒸溜・バレル詰めが125プルーフ(62.5%)で、5階と6階で熟成させる。

「そうそう」ラバーズは言った。「ブッカーはしょっちゅう熟成庫に行ってたたずみ、バレルの様子を見ていました」きっと最後まで人の手による細やかな配慮を欠かさぬためだったのだろう。

フォアローゼズ蒸溜所

関連情報：ローレンスバーグ●WWW.FOURROSESBOURBON.COM●月～日曜日まで通年オープン

1930年代後半、タイムズスクエアに登場したネオンサインの1つが「フォアローゼズ」の広告だった。禁酒法時代も生き延びたのに、米国で見かけなくなったのはなぜだろう？　北方に視線を向けてみよう。1943年、フォアローゼズはシーグラム社がケンタッキー州に所有する5つの蒸溜所の1つとなった。新たな親会社シーグラムは奇妙な戦略を取る。「フォアローゼズ」は輸出向けになり米国では販売が制限されたのだ。シーグラム社CEOのエドガー・ブロンフマンJrが代わりに自分のカナディアン・ウイスキーを売りたかったからだと言われているが、真偽の程は定かでない。

1960年に「フォアローゼズ」はブレンドバージョンになる。見かけは同様だったが味は全く違っていた。当然ながら評判はがた落ちになり、その後日本のビール・ウイスキーメーカーである麒麟麦酒によってシーグラムの残骸から引っ張り出された。

実際に「フォアローゼズ」を救ったのはバーボンを愛する1人の男だった。ジミー・ラッセル、ブッカー・ノウ、エルマー・Tのように、ジム・ラトリッジは彼のバーボンを信じ、育て、守り、そして世の中に出せるまでになったのだ。

シーグラム社から受け継いだプラス面もある。酵母への拘りである。カナダ本社は300株もの酵母を所有し、ケンタッキーの蒸溜所ではそれぞれが独自の株を利用していた――他の蒸溜所が閉鎖された時、全ての株をフォアローゼズ蒸溜所が手元に残したのである。

ラトリッジが関わった蒸溜所は1か所だけではない。彼は何らかの形で10ヶ所と仕事をしてきた。フォアローゼズのマッシュビルは2つある。OE（コーン75%、ライ麦20%、大麦麦芽5%）とOB（ライ麦を35%まで増やす）だ。ラトリッジによるとOBは全てのストレートバーボン中でライ麦の割合が最も高いという。これらはそれぞれ5種類の異なる酵母で発酵される。Kはスパイシーな味わい、Oは大胆なフルーティ風味、Qはフローラルでフルーティな味、Fはハーバルノート、Vはライトでデリケートなフルーツの風味が引き出される。これら10種類の原酒をそれぞれ熟成させれば、ラトリッジが手がけるブレンドにすこぶる幅広いフレーバーが生まれてくるという訳だ。

バレルは一つひとつに独特の特徴がある――平屋の熟成庫でも下段と6段目のバレルでは微妙に差異が出る――ラトリッジは複雑で一貫した製品を造るとともに、いくつものバリエーションを生み出すという柔軟さも持ち合わせている。

ラトリッジはシリーズごとにブレンドを変えている。「イエローラベル（10種類の原酒全てが使われている）」は「シングルバレル（OBSV）」と全く異なるし、「スモールバッチ」は年数の違うOBSK、OESK、OESO、OBSOをブレンドしたものだ。

興味深いのは、バーボンによってライ麦の風味がどう現れてくるかという点だ。通常バーボンをテイスティングすると、魅惑的でソフトなコーンとオークからスタートして、フィニッシュにスパイシーなライ麦の一撃が来る――まるで一見穏やかな物腰の秘書が、ハンドバッグに隠してあったブラックジャックで殴りかかってくるごとしである。しかしここではそれがない。明らかにライ麦の風味はするが、甘さからスパイシー感への移行はシームレスだ。パンチはうまく愛撫に隠されて、ブラックジャックというよりも鋭いナイフが滑り込んでくる感じだ。ラトリッジはついに世界をひざまづかせたということか。

フォアローゼズのテイスティングノート

バレルストレングス15年 シングルバレル 104°/52.1%

香り： 綿菓子の甘さ、青梅、ユーカリ、オーク。
味： 芳しくシルキー、甘くてパチパチ弾けるスパイスを伴う。ジューシーな流れが、スパイスとトフィーアップルと釣り合っている。
フィニッシュ： タイトでスパイシー。
全体の印象： バランスが取れていて繊細な作り。

フレーバーキャンプ：スパイシーなライ麦
次のお薦め： サゼラック18年

イエローラベル 80°/40%

香り： 穏やかでほの甘く、フローラルな要素が浮び上がる。僅かな桃、そしてほのかなスイートスパイス。
味： メロウな特徴が続き、バニラ鞘少々が伴う。そしてオールスパイスとクローブ、レモン皮と共に軽いピリピリ感が現れる。ソフトなフルーツがリンゴひとかじりに変化する。
フィニッシュ： 再びリラックスし、一瞬ライ麦が立ち昇る。
全体の印象： 抑制が効いて特徴がよく現れている。

フレーバーキャンプ：ソフトなコーン風味
次のお薦め： メイカーズマーク、157

ブランド12年 シングルバレル 109.4°/54.7%

香り： メントール／ユーカリの塊、粉に挽いたスパイス。ライの高いアクセント、次にマジパンとココナッツ。凝縮されていてハイトーン。
味： 芳しくホット、やはりたっぷりのメントールを伴う。オークがグリップとストラクチャーを与えている。オレンジ果皮とダークチョコレートのビターなノートがあるが、それと釣り合うだけの甘さも持ち合わせている。
フィニッシュ： 甘いが大胆。
全体の印象： ビッグなフレーバーを送り込んで来る。

フレーバーキャンプ：スパイシーなライ麦
次のお薦め： ロットNo.40

ブランド3年 スモールバッチ 111.4°/55.7%

香り： ライ麦が多めのマッシュビルのスパイシー感：オールスパイス、五香粉、強烈なカンファー、傷がついた赤い果実の背後にスイートオークが伴う。凝縮されていて魅惑的。
味： ペパーミントでスタート、並行してチェリー味のトローチ。芯から頭をすっきりさせる特徴がある。途中で心地よい埃っぽさが始まり、ビッグな柑橘類と加熱したフルーツが背後に塊として控えている。
フィニッシュ： スパイスを添えたリンゴ。オーク。
全体の印象： バランスが取れている。大胆だが繊細さを伴う。

フレーバーキャンプ：スパイシーなライ麦
次のお薦め： ワイザーズ・レッドレター

バートン1792蒸溜所

関連情報：バーズタウン●WWW.1792BOURBON.COM●月～土曜日まで通年オープン

普通なら蒸溜所が渓谷の中に隠れていたら不便なものだ。だがそこにはかつていくつもの著名な蒸溜所があった。蒸溜所で働く男たちの性に合っていたのだろう。他の蒸溜所がそれまでにない新しいエクスプレッション造りに精を出している時、バーズタウンの外れにある窪地に建つ蒸溜所の男たちは黙って仕事に取り組み、実に素晴らしいバーボンを造って、あきれるほど適正な価格で売っていた。訪れる者がなくても無頓着だった。しかし無愛想という言葉は当たらない。ただ彼らはマーケティングゲームに加わる必要性を感じなかったのだ。この点ではスコットランドの奥まった所にあるスペイサイドの蒸溜所のケンタッキー版と言える。

バートン1792蒸溜所の元親会社は一時期ロッホ・ローモンド蒸溜所とグレンスコシア蒸溜所の両方を所有していた。ではもっと以前はどうだったのだろう。1876年にマッティングリー&ムーア社がまずここで操業、そしてトム・ムーアが1899年に蒸溜所を建てた。その後オスカー・ゲッツ（バーズタウンにある素晴らしいバーボン博物館にその名がついている）のバートンブランドが買収し、1944年から禁酒法施行まで蒸溜所として操業する。

1940年代に建てられた赤レンガ造りのバートン蒸溜所では、幾つものマッシュビル（詳細は非公開）、独自の酵母、銅製の頭部を持つビアカラムを使っている。ビアカラムではゆっくりと還流が行われ、その後ダブラーによる精溜がなされる。バートンは1999年にコンステレーション社に売却され、社名がオールド・トム・ムーアに変更された。その後サゼラック社に転売され、サゼラック社は直ぐに名前をバートン蒸溜所に戻して「1792（ケンタッキーが合衆国の州になった年）」を加えた。もう1つ重要なことがある。彼らはビジターセンターをオープンさせたのだ。

やはり男たちは自分達を知って欲しかったのだろうか。

「トム・ムーア」バーボンのベースはハイグレードのコーン。フレーバーの広い土台となり、その上でライ麦とオークの風味が戯れる。

バートン1792のテイスティングノート

ホワイトドッグ　リッジモント用

香り： 甘くファット、クリーンでタイトなバックノートを伴う。コーンオイルとライトな埃っぽさ。

味： 初めから極めてスパイシー。ビッグなインパクトからゆっくりとソフトになっていく（ほぼ普通とは逆）。凝縮。

フィニッシュ： タイト。木樽の中で熟成させる時間が必要。

トム・ムーア4年 80°/40%

香り： フレッシュ、若い、オーク主導。ポストオーク。材木置場。やがてゼラニウム葉とシーダー、掘り返したばかりの土が現れる。

味： アロマティック、全体的にローズウッドでほのかな甘さ。ライトでポップコーンを伴う。

フィニッシュ： トフィー。

全体の印象： 若々しくエネルギッシュ。ミックス用。

フレーバーキャンプ：スパイシーなライ麦

次のお薦め： ジムビーム・ホワイトラベル、ウッドフォードリザーブ・ディスティラーズセレクト

ベリー・オールド・バートン6年 86°/43%

香り： 紅茶のよう。磨いたオーク、擦りこんだスパイス。鮮やかでフレッシュ、ドライ：いかにもバートンらしい。

味： 甘くソフトに味覚に入ってくる。バターの中のナツメグ、バラ、グレープフルーツ、コーヒー。

フィニッシュ： 葉巻箱。

全体の印象： クリスプでクリーン。

フレーバーキャンプ：スパイシーなライ麦

次のお薦め： エヴァン・ウィリアムズ・ブラックラベル、ジムビーム・ブラックラベル、サゼラックライ

リッジモント・リザーブ1792 8年 93.7°/46.8%

香り： ホワイトドッグの深くてかすかにオイリーなノートを持つが、オークに磨かれ繊細な光沢となっている。

味： 完熟でフレッシュな柑橘系少々とほのかなバニラ、若いバーボンに見られる紅茶のノートを伴う。よりウエイトを持つ。

フィニッシュ： 葉巻（箱から出ている）。

全体の印象： スコッチ愛飲家も納得のバーボンだ。

フレーバーキャンプ：コクとオーク香

次のお薦め： イーグル・レア10年シングルバレル

テネシー

いくつかの点でテネシー・ウイスキーの物語はケンタッキーと並行する——ブームが起こり、禁酒法を経験し、ゆっくりと復活した。ケンタッキー州では禁酒法廃止後の1930年代に大手の蒸溜所が速やかに操業を開始したのに対し、テネシーは1910年代から酒類の販売が禁止され、現代でも小規模の酒造メーカーしか営業していない。禁酒法廃止後すぐに操業を開始したのはたった1ヶ所、ジャックダニエル蒸溜所のみだった。テネシー州で2番目の「合法」蒸溜所ジョージ・ディッケルがオープンするのは25年後のことである。

「合法」と強調したのには訳がある。米国と酒類の二面的な関係の縮図、それがテネシー州なのだ。テネシーの丘陵地と窪地には多数の密造蒸溜所が潜んでいたが、その多くは飲酒の罪について説教する原理派教会のすぐ近くにあった。テネシーの音楽は——音楽の伝統も豊かだ——ウイスキーを賞賛する一方で厳しくとがめてもいる。「シャイン(密造酒)」を一杯やる楽しみを歌い上げる歌もたくさんあるが、別れや絶望、自己憐憫からの逃避、失恋した愚か者のシンボルとして「飲酒(通常はウイスキー)」を取り上げる歌も多い。飲んべえでおなじみ、ジョージ・ジョーンズの「ジャスト・ワン・モア」という歌はそれを凝縮したものだ——「ボトルをテーブルに置けばいつまでもそこにある　どこに行っても君の顔が浮かばなくなるまで…もう一杯、もう一杯だけ…そしてもう一杯」

こんな相反が鮮やかに浮かび上がるのがリンチバーグだ。おそらくは小さな町として世界で一番有名で、世界一の売上げを誇るアメリカン・ウイスキーの故郷——しかしふらりとバーに入って酒を注文できると思ったら大間違い。リンチバーグは禁酒なのだ。蒸溜所ツアーに参加しても味見すらできない。

言葉を変えればテネシーでは流儀が違う、ということなのだが、これはウイスキーにも当てはまる。例えばマッシュビルに占めるライ麦の割合が極めて低いのである(p.18-19を参照)。テネシーウイスキーを名乗るには、ストレートバーボンの法的条件を満たした上で、バレル詰め前にホワイトドッグ(ニューメイク)にリンカーン・カウンティプロセスという工程を経ねばならない。これはサトウカエデの炭で濾過する手法で、よりソフトで僅かに炭風味のスピリッツができる。

これはテネシーで最初に発明された工程なのだろうか？　1815年にはもうケンタッキーで濾過が行われていたという記録があるが、すぐに立ち消えになったようだ。ジャックダニエル蒸溜所のマスターディスティラーであるジェフ・アーネットも指摘するように、かなりの費用がかかるのだ。

リンカーン・カウンティプロセスと呼ばれていることからも分かるように、これはテネシー州独特の工程というだけではなく、ある特定の場所——現在ジャック・ダニエル蒸溜所があるケイブスプリングスに関連する。蒸溜の天才が登場する以前に、アルフレッド・イートンがケイブスプリングスから湧き出るライムストーンウォーターを使ってウイスキーを造っていた。そして1825年から炭で濾過する手法も採用していた。イートンが発明したとは断定できないが、この手法をフル活用していたのは確かなようだ。

本当の起源は未だ不明である。当時、既にウォッカは炭で濾過する手法が取られていた。しかしロシアから移住してきた蒸溜技術者がケイブスプリングス周辺にいたのでも無い限り、この技術が直接伝えられたとは考えにくい。テネシーに存在する多くの秘密の1つとして、今なお謎のままなのだ。

左：炭濾過
(これはジャック・ダニエル蒸溜所)がテネシーウイスキーとバーボンを分ける鍵。

右：ジャック・ダニエル
蒸溜所は古い時代の良さを誇りにしている。

JACK DANIEL DISTILLERY
LEM MOTLOW, PROP. INC
TAX-PAID BOTTLING HOUSE
NO. 1
KEEP OUT
NO SMOKING

炭造りにもコストがかかる。 毎年ジャック・ダニエル蒸溜所は100万ドル以上を炭の製造に費やす。

ジャックダニエル蒸溜所

関連情報：リンチバーグ ● WWW.JACKDANIELS.COM ● 月～日曜日まで通年オープン

「アイコニック」は飲料業界でやたら使われる言葉だが、時にはうなずけるケースもある。最近では「ジャックダニエル」がその1つだ。モノクロラベルが貼られた四角いボトルはあまりにも有名だ。多くのロックスターが握りしめたボトルは快楽主義者の反逆と、田舎の小さな町の良さ、両方のシンボルとなった。ブランド構築術は「ジャックダニエル」から始まったのである。

ジャックダニエル蒸溜所が創設に至るまでの話は折り紙付きの伝説である。1846年頃テネシー州に生まれたジャック・ダニエルは子供の頃いじわるな継母と喧嘩して家を飛び出し、「おじさん」と一緒に住むようになった。14歳になると小売店経営と説教師を兼任するダン・コールの手伝いを始めた。コールはラウスクリークで蒸溜所も営んでいたが南北戦争に出征することになり、その間にジャックが老奴隷ニアレスト・グリーンからウイスキー造りの技術を教わった。1865年にジャックがラウスクリークを後にする時（おそらくこの頃にはマーケティング能力を備えていたのだろう）、グリーンの息子ジョージとエリが同行した。

ジャックはリンチバーグの外れにあるケイブスプリングスのイートン蒸溜所を借り受けた。リンカーンカウンティ・メロウイングプロセスはここで生まれたということになっている（当時リンチバーグはリンカーン郡だった）。「独自の個性はこの水から始まります」とジャックダニエルのマスターディスティラー、ジェフ・アーネットは言う。「1年を通して13℃と変わらず、ミネラルと栄養分が含まれています。それが蒸溜所の特徴の一部になっているんです。違う水を使ったら特徴も変わるでしょうね」声が反響する涼しい洞窟から湧き出る水は、ライ麦の割合が低いマッシュビルに加えられる。ライ麦を抑えるのはスピリッツの仕上がりにピリッとした辛味が出ないようにするためだ。バックセットを加えたマッシュは蒸溜所独自の酵母によって発酵させる。蒸溜は銅製スチルで行われ、ダブラーによって140プルーフ（アルコール濃度70%）のホワイトドッグを得る。さらにテネシーウイスキーと呼ばれるには絶対に必要な、3mの高さに積んだサトウカエデの炭で濾過するチャコール・メロウイングという処理を施す。

森の奥にある熟成庫。ジャックダニエル蒸溜所が所有する多くの熟成庫の1つ。

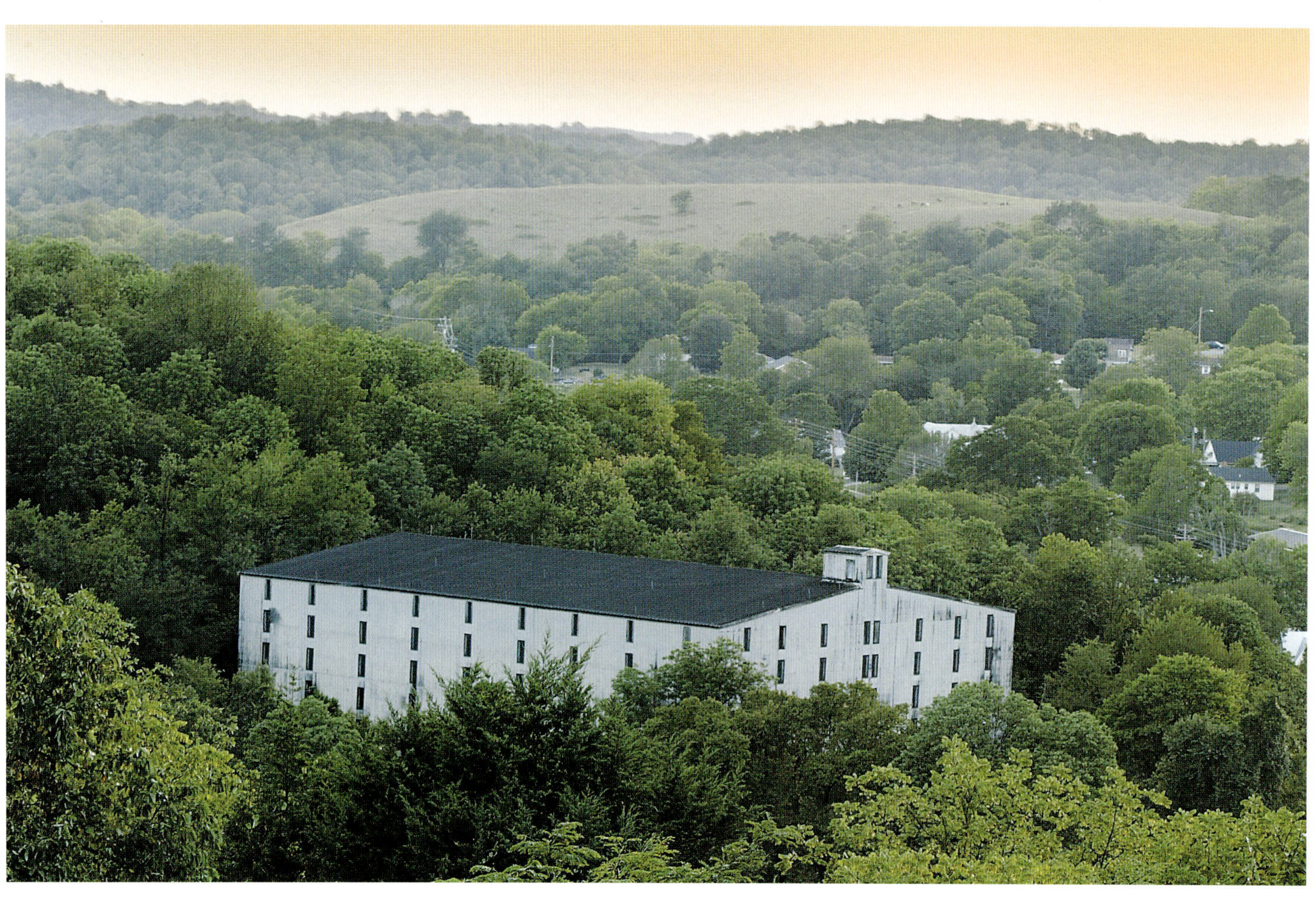

そもそもなぜテネシー・ウイスキーはメロウイングを施されたのだろうか?「その昔、ジャックが製造過程でコントロールしきれなくて、メロウイングによって取り除くことができた物質があったのではと思います」アーネットは言う。「メロウイングで品質が安定して、身近に成長の早いサトウカエデがあった。彼は色々なことをごく現実的な理由で行ったんですよ」

「スチルから出てくるホワイトドッグの味を見ると渋みがあるのですが、メロウイング後は口当たりが違います。クリーンでライトになっているんです」彼は付け加える。「技術的に言えばジャックが突き当たった問題は解決済みです。でもメロウイングしなければ風味が変わってしまいますから」

そんなにメリットが大きいのなら、なぜもっとメロウイングは広がらないのだろう?「費用がかさむんですよ! ここには72個のバットがありますが、それぞれ6ヵ月ごとに炭を交換しなければいけないんです。年に百万ドルかかります」

「ジャックダニエル」について知れば知るほど、炭にしてもバレルにしても木材が重要なのだと気づかされる。「自社用のバレルを作っています」アーネットは教えてくれた。「専任の木材バイヤー、独自の乾燥工程、独自のトースティングプロセスを持っているんです。全てが相まって複雑な性質をもたらし、『ジャック』だとすぐに分かるトースティな甘味が生まれます」

昔から変わらないCM——パーティ好きで悪評高いジャックの一面は露ほども出さないが——からはスリーピーホロウの小規模な蒸溜所をイメージするだろう。しかし大違いだ。工場は大規模で、エクスプレッションは3つあるが材料は同じなのである。

最近になってこれに多少のラインナップが加わった。風味を添えた「テネシーハニー」「テネシーファイヤー」、アーネットによる熟成させていない「テネシーライ」である。さらに「ジャックダニエル」の愛飲家でも指折りの著名人へのオマージュとして造られた「シナトラ・セレクト」には、ホワイトドッグが触れる樽材の表面積を増やすため樽板に深い溝が切られたバレルが用いられている。現在1億300万ドルをかけた拡張工事が進行中だが、もしかして次のリリースはとっくに評価されてしかるべき人物、ニアレスト・グリーンへのオマージュだろうか?

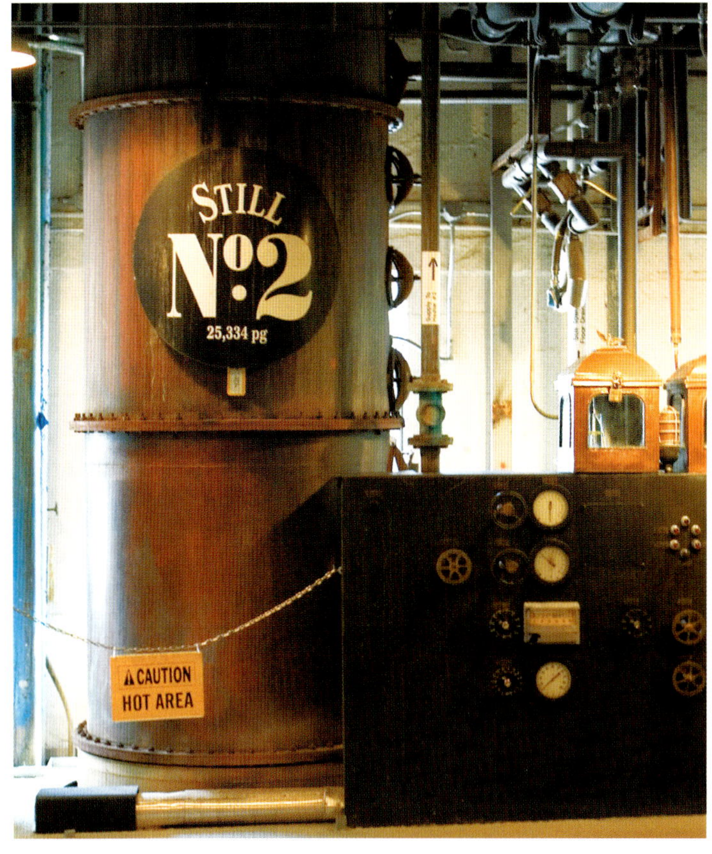

ビアスチルに取り付けた銅がホワイトドッグをライトに仕上げるのに役立つ。

ジャックダニエルのテイスティングノート

ブラックラベル・オールド・ナンバー7
80°/40%

色・香り：黄金輝く琥珀色。炭っぽくてカラメルにした砂糖とフェルトが伴い、次にアイリスのノート。バーベキューグリルに乗せたユーカリの木。甘い。
味：ライトな甘味、クリーンでバニラとマーマレードスポンジを伴うが、若々しく、下からしっかりと支えられている。
フィニッシュ：ほのかなスパイスに、うまくバランスを取るほのかな苦味。
全体の印象：口当たりがよい甘味でミックスに向く。

フレーバーキャンプ：ソフトなコーン風味
次のお薦め：ジムビーム・ホワイトラベル

ジェントルマン・ジャック 80°/40%

香り：スタンダードな「ジャック」よりも炭っぽさとオークが少なめで、よりクリーミィなバニラを伴う。森の中の焚き火。多めのカスタードと熟したバナナ。
味：非常にスムーズでソフト。噛みごたえがあり多肉果、スタンダードの堅固さがベースにある。
フィニッシュ：スパイスが効いている。
全体の印象：よりソフトで穏やか。

フレーバーキャンプ：ソフトなコーン風味
次のお薦め：ジムビーム・ブラックラベル

シングルバレル 90°/45%

色・香り：黒っぽい琥珀。多めのバナナ。よりビッグでエステル香が増している。木。松のよう。加水するとチャーのノート。
味：スタンダードのエネルギーと「ジェントルマン」の甘さを持ち、スパイシーなアタックが加わっている。バランスが取れている。
フィニッシュ：クリーンで軽くスパイスが効いている。
全体の印象：2つのスタイルのいいとこ取り。

フレーバーキャンプ：ソフトなコーン風味
次のお薦め：ジムビーム・ブラックラベル

ジョージ・ディッケル蒸溜所

関連情報：カスケード・ホロウ、ナッシュビル&チャタヌーガの間●WWW.DICKEL.COM●月～土曜日まで通年オープン

カスケード・ホロウにあるこの蒸溜所を訪れると、ブランドというものに散りばめられた物語や伝説に誘い込まれる。ブランドのオーナーが何度も変わる、姿を消した蒸溜所が場所と名前を変えて再び現れる、禁酒法によって壊滅的な痛手を受ける――テネシー・ウイスキーが動乱の歴史をくぐり抜ける間に、あちこちで蒸溜所の年譜はうやむやになってしまった。おまけに19世紀のテネシー州では普通だった振る舞いも21世紀ではあまり上品とは言えなくなっている。真実の上には毛布がかかったままだ。

ジョージ・ディッケルもその一例だ。オフィシャル版のきれいな物語では、彼と妻のオーガスタは1867年に馬車で遠乗りに出かけ、タラホーマまで来て蒸溜所の建設を決めたということになっている。だが実際の所、ジョージ・ディッケルはカスケード蒸溜所のオーナーとなったことはない。それどころかウイスキーを造ったこともないのだ。

ディッケルはドイツ移民で1853年にナッシュビルに入植、靴小売商としてスタートした。その後雑貨店とウイスキー卸売業に手を広げたが、南北戦争中はこれも一種の密造酒業であった。うまく利益が出たためディッケルの義理の兄弟ヴィクター・シュワブとマイヤー・ザルツコッターもビジネスに加わり、シュワブの店「クライマックス・サルーン」でウイスキーを売り始めた。ナッシュビル指折りの悪の巣窟の1つとして誠に相応しい名前ではある。1888年、ヴィクター・シュワブは個人でカスケード蒸溜所（1877年に創業）の所有権の3分の2を買い、ディッケルにボトリングと配給の独占権を与えた。

10年後、シュワブは蒸溜所の全権を買った。この時蒸溜所を経営していたのがマクリーン・デイヴィス――彼こそが本当の（そして唯一の）蒸溜技術者である。1911年、シュワブ家とディッケルの未亡人はカスケードウイスキーの製造をルイビルのスティッツエル蒸溜所に移してチャコールメロウイングの過程を加えた。テネシー州が禁酒郡になった年である。

その後1937年にジョージ・シュワブがシェンリー・インダストリーに蒸溜所を売り、シェンリー社は1958年、テネシー州にラルフ・ダップスを送った。本来のカスケード蒸溜所近くの新しい蒸溜所で「ジョージ・ディッケル」の生産を再開させるためだ。そういう訳で、これが実際の物語だ。ジョージ・ディッケルが卸売業者として成功したのは間違いないが、ウイスキー界屈指の銘柄も由来を聞けば拍子抜け、というのもままあることなのだ。

現在のジョージ・ディッケル蒸溜所はノルマンディ湖に近いカンバーランド高原の尾根、木陰に隠れた狭い谷の中にある。穀物とコーンは圧力鍋で加熱し、ディッケル独自の酵母によって3～4日間発酵させる。テネシーウイスキーなのでチャコールメロウイングを行ってからバレル詰めする。しかし29㎞南西に立つジャックダニエル蒸溜所とは1つ違う工程がある。

ディッケルではメロウイングの前に脂肪酸を取り除くためにホワイトドッグを冷やすのだ。そしてメロウイング用バットの上下には分厚いウール製の布が取り付けられている。上布はバットになみなみと注ぐホワイトドッグ（ドリップ式ではない）を均等に行き渡らせるため、下布は炭が出ないようにするためだ。10日後にバレル詰めが行われ、丘の上に立つ1階建ての熟成庫で寝かせられる。

スタイル的にも「ジャック」とは全く違う。「ディッケル」はみずみずしいフルーツ風味と甘さが特徴だ。マッシュビル中95%をライ麦が占め、熟成期間も4年と比較的短い「ライ」（2012年リリース）も、この物柔らかでフルーティな特徴が際立っている。

1999年から2003年にかけて蒸溜所は閉鎖されていたが、オーナーがディアジオ社に変わった現在はフル操業中だ。ディアジオ社は長年自社の本にワールドクラスのウイスキーとして載せてきた銘柄を手に入れたのだった。さて、今必要なのは社史を正しく把握することだ。シュワブ――とマクリーン・デイヴィス――はその権利がある。

カスケード蒸溜所はヴィクター・シュワブが所有していた頃よりも多少変わったようだ。

山と積み上げられたサトウカエデ。これから火をつけられて炭に…

…**その炭**で、このスチルから得られるホワイトドッグを濾過する。

ジョージ・ディッケルのテイスティングノート

スペリオール・ナンバー12 90°/45%

色・香り：琥珀色。非常に甘くてかすかにワクシー。アップルパイとレモン。ライトなクローブとゴールデンシロップ。

味：極めてスムーズでライトなハーバルノート：タイムと乾燥オレガノ、次に生姜、ライムブロッサム、蜂蜜。

フィニッシュ：クリーンでソフト、焼きリンゴを伴い最後にシナモンツイスト。

全体の印象：穏やかでスムーズだがリアルな個性を持つ。

フレーバーキャンプ：ソフトなコーン風味

次のお薦め：アーリータイムズ、ハドソン・ベビー・バーボン

8年 80°/40%

香り：本当に甘くてフルーティ、中身の詰まったアプリコットコブラー、いく分かのマッシュバナナと桃を伴う。繊細でフルーツシロップガロアを伴う。香りが開くにつれオークが広がる。加水するとマンダリンとピンクグレープフルーツ少々、そこにスイートスパイスが伴う。

味：クリーンで強めのフルーティ感。ライトなオーク。僅かにチャーの気配がするが、木は抑制されている。バランスが取れていてジューシーな旨味。

フィニッシュ：シンプルで短い。

全体の印象：甘美で余韻が残る。

フレーバーキャンプ：ソフトなコーン風味

次のお薦め：ジェイムソン・ゴールド

12年 90°/45%

香り：成熟している。今度はフルーツが退いて、オーク少々が登場する。僅かにドライで烏龍茶とズバイモモのキャラメリゼに変化する。

味：非常に端正でたっぷりのフレッシュなチェリーを伴う。オークによる中くらいのグリップとココナッツの間で釣り合っている感じ。ディッケルの持ち味である穏やかで甘いフルーツ。

フィニッシュ：ドライローストしたスパイス。

全体の印象：成熟していてエレガント。

フレーバーキャンプ：フルーティかつスパイシー

次のお薦め：ベンリアック16年

バレル・セレクト 80°/40%

香り：前面に出てくるバニラと併行してマンダリン、藤、ジューシーなフルーツ。「8年」のジューシーさを持つがさらにクリーム感が増し、バターで炒めたシナモンとナツメグのほのかな香りも。

味：フルーツ皮をちょっとかじった風味、レモンの快いライトな刺激、ペッパー少々。

フィニッシュ：和らいでいく。

全体の印象：礼儀正しくチャーミング。

フレーバーキャンプ：ソフトなコーン風味

次のお薦め：フォーティクリーク・コッパーポットリザーブ

ライ 90°/45%

香り：とてもリラックスしていて慈愛の顔をしたライ麦。穏やかでディッケル独特の甘み。柿と桃の種がライトになって軟膏とイチゴに。加水するとクローブ。

味：穏やかなスパイス。ライ麦が脅かすどころか口説いてくる。加水するとスパイス感が増す。

フィニッシュ：芳しい。

全体の印象：朝食のライ麦？

フレーバーキャンプ：スパイシーなライ麦

次のお薦め：クラウンロイヤル・リザーブ

クラフト蒸溜所

CANADA
PACIFIC OCEAN
MEXICO
Rocky Mountains
WASHINGTON
OREGON
IDAHO
MONTANA
NORTH DAKOTA
SOUTH DAKOTA
WYOMING
NEBRASKA
NEVADA
UTAH
COLORADO
CALIFORNIA
ARIZONA
NEW MEXICO
TEXAS
Golden, Bow
Bainbridge, Bainbridge Island
JP Trodden, Woodinville Distilling, Woodinville
Heritage, Gig Harbor
Seattle
Carbon Glacier, Wilkeson
5 o'Clock, Cashmere
Glacier, West Glacier
Batch 206
Ellensburg
Dry Fly, Spokane
Whistling Andy, Bigfork
Stone Barn
Portland
Bull Run
Black Heron, West Richland
Ransom, Sheridan
McMenamins/ Edgefield, Troutdale
Rogue/ Clear Creek
House Spirits
Helena
Stein, Joseph
Oregon Spirit, Bend
RoughStock, Wildrye, Bozeman
Trailhead, Billings
Cascade Peak, Ashland
Boise
Wyoming, Kirby
American Craft Whiskey, Redwood Valley
Spirit Works, Sebastopol
1512 Spirits, Rohnert Park
Stillwater, Petaluma
Charbay, Stillwater, St. Helena
Churchill, Fallon
Salt Lake City
High West
Cheyenne
Taho B/ü, Reno
Feisty Spirits, Fort Collins
Syntax Spirits, Greeley
Anchor Distilling
San Francisco
Amador, Jackson
St. George Spirits, Alameda
Black Canyon, Longmont
Dancing Pines, Loveland
Denver
Leopold Bros, Centennial
Downslope
Seven Stills
Old World, Belmont
Valley Spirits, Modesto
Peach Street, Palisade
Colorado Gold, Cedaredge
Breckenridge
Stranahan's
Distillery 291, Colorado Springs
Lost Spirits, Salinas
Deerhammer, Buena Vista
Trailtown, Ridgway
Wood's High Mountain, Salida
Las Vegas
Bowen's, Bakersfield
Las Vegas Distillery, Henderson
Arizona High Spirits, Flagstaff
Don Quixote, Los Alamos
Santa Fe
Saint James, Irwindale
Los Angeles
Albuquerque
Ballast Point,
San Diego
Phoenix
Arizona Distilling Co, Tempe
Hamilton Distillers, Tucson
Rio Grande
Missouri
Garrison Bros. Hye
Ranger Creek
San Antonio
USA
クラフト蒸溜所
0 miles 400
0 km 400

A D A
Lake Superior
MINNESOTA
Panther, Osakis
Minneapolis
WISCONSIN
45th Parallel, New Richmond
Lake Michigan
Lake Huron
Civilized Spirits, Grand Traverse, Traverse City
Great Lakes, Milwaukee
MICHIGAN
Death's Door, Old Sugar, Yahara Bay Madison
New Holland, Holland
Red Cedar, East Lansing
Aeppeltreow, Burlington
Detroit
Northshore, Lake Bluff
Big Cedar, Sturgis
IOWA
FEW, Evanston
Flat Rock, Fairbairn
Lake Erie
Templeton
Cedar Ridge, Swisher
Quincy Street, Riverside
Koval, Chicago
Journeyman, Three Oaks
Ernest Scarano, Gibsonsburg
Des Moines
Mississippi River, Le Claire
INDIANA
OHIO
Middle West, Watershed Columbus
ILLINOIS
Indianapolis
Dancing Tree, Shade
Woodstone Creek, Cincinnati
McCormick, Weston
Kansas City
Pinkney Bend, New Haven
Angostura, Lawrenceburg
John McCulloch, Martinsville
Dark Horse, Lenexa
Mad Buffalo, Shawneetown Spur
Square One, St Louis
Barrel House, Lexington
Alltech
Ohio
KENTUCKY
MISSOURI
Copper Run, Walnut Shade
Corsair, Bowling Green
Nashville
TENNESSEE
ARKANSAS
Arkansas
Memphis
Mississippi
Rock Town, Little Rock
Prichard's Distillery Inc., Kelso
Cathead, Madison
Jackson
MISSISSIPPI
ALABAMA
Atlanta
GEORGIA
Georgia Distilling Milledgeville
Thirteenth Colony, Americus
Dallas Distilleries, Garland
Dallas
LOUISIANA
Yellow Rose, Pinehurst
Houston
New Orleans
Tampa
FLORIDA
Miami
Gulf of Mexico
ATLANTIC OCEAN
Appalachian Mountains
Dark Corner, Greenville
Ivy Mountain, Mt.Airy
SOUTH CAROLINA
Blue Ridge, Bostic
NORTH CAROLINA
Piedmont, Madsion
Virginia Distillery, Eades Hollow
VIRGINIA
Smooth Ambler, Maxwelton
Isaiah Morgan, Summersville
W. Virginia Distilling, Morgantown
W. VIRGINIA
Reservoir, Richmond
Belmont Farms, Stillhouse, Culpeper
Mount Vernon, Smith Bowman, Fredericksburg
Copper Fox, Sperryville
Washington, D.C.
Pinchgut Hollow, Fairmount
Catoctin Creek, Purcellville
MD
DE
NJ
Pittsburgh Distilling
PENNSYLVANIA
Philadelphia
Cooper River, Camden
Mountain Laurel Bristol
Breukelen Distilling, King's County, Noble Experiment, Brooklyn
Nahnias & Fils, Yonkers
New York
Tirado, Bronx
Tuthilltown, Gardiner
Long Island, Baiting Hollow
Catskill, Bethel
Delaware Phoenix, Walton
Finger Lakes, Burdett
Lake Ontario
NEW YORK
Saratoga Galway
Hillrock Estate Ancram
St. Lawrence
Green Mountain, Stowe
VT
NH
MA
CT
R.I.
Nashoba Bolton
Berkshire Mountain, Great Barrington
Sons of Liberty, South Kingstown
Triple Eight, Nantucket Is.
Damnation Alley, Belmont
Bully Boy, Nashoba, Boston
Ryan & Wood, Gloucester
Sea Hagg, North Hampton
New England, Portland
Sweetgrass, Union
Augusta
Penobscot Bay, Winterport
MAINE

米国クラフト蒸溜所の急成長について書くに当たり、完璧に最新情報をカバーするのは無理だ。蒸溜所マップは常に動きがあって広がり続け、とにかく変化が早すぎるのだ。この文を書いている間にも新たに2つの蒸溜所がオープンしているかもしれない。となれば、どこにどのような蒸溜所があるかを記録するよりも、そのモチベーションを支える思いを読み解く方が重要だろう。

新しい蒸溜所の価値観が分かってくると、可能性を試してみたいという単なる21世紀のパイオニア的アプローチではないことも見えてくる。アメリカン・ウイスキーの歴史を一度消して白紙にし、米国のウイスキー業界が抱えてきたアンバランスを解決しようとしているのだ。クラフト蒸溜所は今、失われたものを再発見し、禁酒法・大恐慌・戦争がなかったら米国のウイスキーはどうなっていたか、その物語を紡ぎ直すことで新たな分野を切り開きつつある。

アメリカン・ウイスキーというブランドが完成した後で、ここ米国では小さな改革が起きている。蒸溜所が農家と新たな関係を結ぼうとしているのだ。相手の農家も、昔から伝わる穀物を大切にして大地とホリスティックな関係を保つ、いわゆる農産工業とは一線を画してきたようなタイプだ。クラフト蒸溜所は己に問いかける米国自身を体現しているのだ。セピア色の眼鏡で過去を眺めてノスタルジーに浸っているだけ、そう一蹴するのは簡単だ。だが自分の信念に忠実であろうとした結果なら、それはやはり可能性の追求だ。

ホワイトウイスキー現象（ウイスキーはスピリッツを熟成させたものと筆者は考えるが）、ライやバーボン、シングルモルトの新解釈など、新しい風潮もある。マッシュを変える、新たな穀物を使う、新しい燻蒸技術を採用する、バレルのサイズを変える、ビール醸造技術を取り入れる、酵母を変える、標高による効果やソレラ熟成を試すなどの新テクニックも行われてきた。

これらはクラフトビール醸造と似ているが、一つ重要な違いがある。「クラフトビール醸造はフレーバーに欠けるビールへの反発として生まれたのです」とニューホランドのリッチ・ブレアは言う。「しかし蒸溜の場合、劣った製品に対抗している訳ではありません」

クラフト蒸溜所は、規模に加えて思想的なスタンスから定義される。「クラフツマンはクラフト（技巧）を学ぶ必要があります」と、バルコンのチップ・テートは語る。「つまり、前人がなしたことを知り、それをコピーするだけではなく自分で何か加えるんですね。そのためにはまずやらねばならないことがあります。師匠について学ぶ必要がありますから、弟子から始めて一人前になり、そして初めてクラフツマンになれます。要は修行なんですよ」

だがどうしても「クラフト」の看板が無責任に（嘘なこともある）掲げられるケースも出てくる。大手蒸溜所は小規模な蒸溜所の動向をいつも伺っているし、その技術を取り入れてセカンドライン造りに利用したりする。クラフト経営が不意に横取りされる恐れもあるだろう——クラフトビール醸造で実際に起こっていることだ。一方、ボトリングしかしていないのに醸造所だと称する業者も存在する。何がクラフトで何がクラフトでないか、定義はしばらく混乱したままだろう。

成功するのはウイスキーに関するシンプルな基本を分かっている者だろう。クラフトであってもビジネスなのだ。ハイウエストのデイビッド・パーキンスは語る。「人件費を払わねばならないのに、ウイスキーは完成までに時間がかかるんだ」

もう1つのハードルは販売経路だ。「米国の販売システムの複雑さを分かっていないんだ」とアンカーのデイビッド・キングは言う。「コロラドでウイスキーを造っても全国に配送することはできない。酒造業界はキャッシュ中心主義だから。品質の問題ではなく営業的な理由で撤退する所も多いね」

クラフト蒸溜所は矛盾をはらんでいる。そもそも主流派への挑戦が行われるのはこの世界の道理だろう。結果としてすでにワールドクラスのウイスキーが生まれている。だが、その後に突き当たる事情は米国全体の構造が抱える問題そのものだ。クラフト蒸溜所の参入は世界のウイスキー業界にとって喜ばしい現象に違いないが、数々の偉大な蒸溜技術者と同じく、私たちに難しい問題を突きつけている。

主流派への挑戦は
クラフト蒸溜所の特権だ。

タットヒルタウン蒸溜所

関連情報：ガーディナー●WWW.TUTHILLTOWN.COM●通年オープン、オープン日と詳細はサイトを参照

手のひらサイズの「ハドソン」のボトルは世界中で見かけるようになった。2010年にウィリアム・グラント&サンズ社と、ウイスキーを製造しているタットヒルタウン蒸溜所が提携したお陰である。提携によってクラフト蒸溜所の主要な問題──販売手段が解決した訳だが、こういうケースはこれからも登場すると思われる。

ラルフ・エレンツォは2003年に免許を取得、禁酒法以来ニューヨーク州で初めての（合法）蒸溜所を開いた。そんな彼がまず自分に問うたのは「ここではどんなスタイルにすべきか?」だった。「父さんとブライアン（リー）に答えさせたら、皆目見当がつかなかったから新しい方法を考案したんだ、って言うでしょうね」とラルフの息子ゲーブルは語った。彼はタットヒルタウンの蒸溜技術者でありブランドアンバサダーでもある。彼らが取ったアプローチの1つは、周囲の地域へ誠実であろうとすることだった。無論今もそれは変わらない。「地元農家との連携を欠かさずに昔ながらのコーン種を育ててもらってきました」ゲーブルはこう付け加える。「フレーバーが持つ個性の大半はコーンから生まれるんですよ」

普通のアメリカン・ウイスキー製造法と違う点がまだある。小さな樽を採用したことだ。当初は2〜5ガロン容量の樽を用いたが生産量が増えるにつれ樽のサイズも増大した。「現在の主流は15〜26ガロンですね」エレンツォは言う。「予備として53ガロン樽もあります。こちらを使うとフレーバーの幅も広がりますが、大きな樽だけでは『ハドソン』らしさがうまく出ないんです。そこでサイズの異なるバレルをブレンドして一貫した品質を維持するようにしています」

革新はまだ続く。地元のメープルシロップメーカーと提携し、スモークトライ（ホワイトウイスキーとして販売されている）もリリースした。それに下手をしたら命取りだった事件もチャンスに変えてしまった。「2012年、一部の樽詰めが済んだ直後に蒸溜所が火事になりました。焼け残った樽は『ダブルチャー』としてリリースしますよ」エレンツォは笑った。彼は現在アメリカン・ディスティリング・インスティテュートで蒸溜所の安全対策について講義を行っている。

ウィリアム・グラント社と提携したからといってタットヒルタウンがクラフト蒸溜所の姿勢を捨てた訳ではない、と彼は言う。「ここで『ハドソン』を造っている限り私たちはクラフト蒸溜所です」彼は答えた。「設備を拡張しても生産量はまだ6万ガロンですし（『クラフト蒸溜所』による生産量の上限は年間10万ガロンと決められている）。グラント社と連携することで事業はよい方向に変わりました。知識や販売経路、100年以上蒸溜を続けてきた経験にアクセスできるからです」新しい蒸溜所にアドバイスするとしたら？「地元で手に入る物を使うことですね。それとメイカーズマーク蒸溜所や大手のナショナルブランドと肩を並べようとしちゃだめです」

つまり、小さいことを楽しむということだ。

タットヒルタウンのテイスティングノート

ハドソン・ベビー・バーボン 92°/46%

香り： ドライでかすかに粉っぽく、コーンの皮へと変化、次に甘いポップコーン。
味： 初めは甘くて完熟、しっかりした果樹園のフルーツを伴いながら膨らんでいく。樽材がミッドパレットに多少のストラクチャーをもたらしている。
フィニッシュ： 再び埃っぽくなる。
全体の印象： 驚く程真剣なベビー。

フレーバーキャンプ：ソフトなコーン風味
次のお薦め： カナディアン・ミスト

ハドソン・ニューヨーク・コーン 92°/46%

香り： クリア──コーンウイスキーは熟成の必要がない。甘くて、ポップコーンと、コーンに由来する野の花のフローラルノートを伴う。ヘビーなバラ／ユリ、そしてベリーフルーツ。
味： マッシーだがピリッとする味とエネルギーがある。コーンが風味にファットさをもたらしているが、コーンの緑葉が割って入る。
フィニッシュ： ナッティで粉っぽい。
全体の印象： フレッシュで個性にあふれる。

フレーバーキャンプ：ソフトなコーン風味
次のお薦め： ヘブンヒル・メロウコーン

ハドソン・シングル・モルト 92°/46%

香り： 穀物の甘さ、グリスト、フレッシュなオーク。ドライフルーツが入った全粒パン。ライトな柑橘と淡い酵母の香り。加水すると糖化槽と黄麻布が増す。
味： オークが浮かび上がる。埃っぽい。大麦麦芽小屋。背後に甘さが少々。
フィニッシュ： 短くてクリスプ。
全体の印象： 米国風にしたフレッシュなシングルモルト。

フレーバーキャンプ：モルティかつドライ
次のお薦め： オーヘントッシャン12年

ハドソン・フォーグレーン・バーボン 92°/46%

香り：「ベビーバーボン」よりも僅かに甘く、少しグラッシー。ブラックバター、コーンの甘さ、フルーツのキャラメリゼ。
味： 甘く、これに伴う大胆なオークがほとんどリカーのような濃密さと釣り合っている。缶詰のブラックベリー。ミッドパレットはライ麦のアクセントにフレッシュな青リンゴの要素を伴う。
フィニッシュ： ライトに埃っぽい。
全体の印象： フレッシュで甘いバーボン。

フレーバーキャンプ：ソフトなコーン風味
次のお薦め： ジェイムソン・ブラックバレル

ハドソン・マンハッタン・ライ 92°/46%

香り： イチイの木。下生えにベリーがある松林。甘さとライトなハーブ、次に黒いブドウとほのかなビターノートが現れる。
味： ライトにオイリーなテクスチャー。ビッグで完熟、釣り合いを取る苦味が舌の両脇に感じられる。
フィニッシュ： タルト。
全体の印象： 個性にあふれる。

フレーバーキャンプ：スパイシーなライ麦
次のお薦め： ミルストーン5年

キングス・カウンティ蒸溜所

関連情報：ニューヨーク市ブルックリン ● WWW.KINGSCOUNTYDISTILLERY.COM ● 土曜日オープン、見学のみ

数年前にブルックリンでテイスティングをしていた時、ブルックリン初の蒸溜所で造られた透明な液体のボトルを手渡されたことがある。エキサイティングで、同時に何かしら奇妙な印象を持った。「クラフト蒸溜所」という言葉は地方の森林地をイメージさせる。お決まりのユニフォーム——格子縞のシャツに髭（男性の場合）——も同様だ。ブルックリンとは結びつかなかった。

しかし、ボトルをくれたニコール・オースティンという女性によれば、ニューヨーク市にはおそらく18ヶ所の蒸溜所が存在するという。彼女がブレンダーを務めるキングス・カウンティ蒸溜所はもはや「奇妙な出来事」ではない。トレンドの一部なのである。

オースティンは学校で化学を学んだエンジニアで、キャリア選択にあたってもウイスキー製造に関わるなど考えもしなかった。しかし製造過程を（バーで）説明された時、ウイスキー業界に飛び込もうと直感したのだという。それは幸運にもキングス・カウンティ蒸溜所が創業した2010年のことだった。

オースティンは小さい樽の使用に強いこだわりを持つ。予算的に理にかなっているだけではなく、その方が良いウイスキーができるのだという。「53ガロンのバレルを使わないのは間違ってると言われます。熟成したウイスキーを造るにはそれが唯一の方法だから、と。ここで使うのは5ガロン樽です。同じくらい良質のウイスキーができますよ」

さらにこの樽のサイズだと失敗も抑えられる。

「大規模メーカーなら、望ましいバレルを選んでピックアップできます」とオースティンは説明する。「私たちにはそれができません。ですから、手持ちのバレルという制限の中で結果を出すようにしています」スケールが小さいと個々の差の開きが大きくなるため、さらに扱いが難しくなる。細心の注意を払ってウイスキーを扱うことで熟成をより深く把握し、キングス・カウンティのスタイルをうまく方向づけできるという訳だ。

「どうすべきか誰も教えてくれませんでした」彼女はこう続けた。「できる所からやらねばならなかったんです。『スイートスポット』を見つけるまでしばらく時間がかかりました。でも私たちがどんなビジョンを抱いても、市場という現実の中で運営するしかありません」

オースティンの「しばらく」が4年——ウイスキーの歴史ではほんの一瞬だが——であることをつい見落としてしまいそうだ。「抽出し過ぎる事が多いと言われていたので、当初は不安でした。でも無用な心配をしていたのかもしれません。自分達の判断を信じる自信を持つのもプロセスの1つでしたよ。高品質のウイスキーとして認められたい、それだけでしたね」

キングス・カウンティ蒸溜所は新たに2つのスチル（スコットランドはロセスのフォーサイス銅器製造所が製作したもの）を追加した。つまり彼らの選んだ道は正しかったということだ。バーボンに加えて地元の穀物を使った目をみはるようなライウイスキーも造られている。現在は大きい樽も利用されている。

キングス・カウンティ蒸溜所は独り立ちして歩き始めた——それも、あっという間に。

急速に成長するキングス・カウンティ蒸溜所。ブルックリンに蒸溜業が帰ってきた。

キングス・カウンティのテイスティングノート

バーボン カスクサンプル 90°/45%

香り： ライトな酵母の香りにジューシーなフルーティさ、柑橘（タンジェリン）少々を伴う。ミント／カンファーチョコレート、ライトなシダー、磨いた木、ペッパードコーンへと移っていく。加水すると香りが立ちのぼりスムーズに。

味： ソフトなスタート、次にスピードが出て、元々持ち合わせている甘さを打ち消すようなカリカリしたライ麦がエネルギーと酸味を添える。スティッキーで余韻が長く、ライム皮少々を伴う。

フィニッシュ： 香り高いビターズ。

全体の印象： 若いが将来有望。

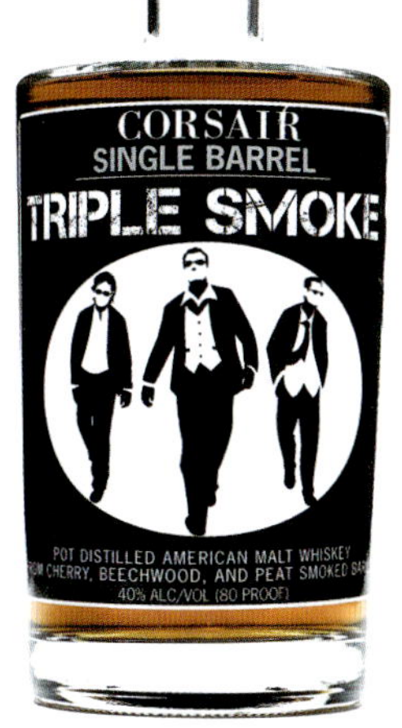

コルセア蒸溜所

関連情報：テネシー州ナッシュビル & ケンタッキー州ボーリンググリーン●WWW.CORSAIRARTISAN.COM
●通年オープン、オープン日と詳細はサイトを参照

ウイスキー業界で一番革新的で探究心にあふれるコルセア蒸溜所の由来はおかしなものだ。話は現在の蒸溜技術者ダレク・ベルが、友人のアンドルー・ウェブラーとガレージで製造していたバイオディーゼル燃料から始まる。「汗を垂らして作業していた時、アンドルーが『これがウイスキーだったらなあ』と言ったんだ」とベルは回想する。「気づいたら蒸溜所と蒸溜技術について調べていた。で、スチルを組み立ててスピリッツを造り始めた」その後まもなくコルセア蒸溜所が創業する。現在は2ヵ所に蒸溜所がある。1つはケンタッキー、もう1つはテネシーだ。

イノベーションとは「他と違うこと」だろうか、それとも「もし～だったら?」という問いを理屈で突き詰めていくことだろうか。少なくともウイスキー製造について、ダレク・ベルほど徹底的に探究した者はいないだろう。

まずは穀物の研究から始まった。大麦、キヌア、ソバ、アマランサス、ライ麦、テフ、あらゆる穀物が試された。次にロースト具合をさまざまに変え、いくつもの種類のビールを蒸溜し、精麦と燻煙の方法もあれこれと試みた。

「スモークトウイスキーを造る技巧を高めるには、自分達で精麦する施設を作るしかなかった」ベルは言う。「ハンノキからホワイトオーク、それにあらゆる亜種まで、手に入る限りの木材で燻煙し、80種類のスモークトウイスキーを製造しているんだ」

次に彼の口から飛び出したのはアメリカン・ウイスキーとはあまり縁のない言葉「ブレンド」だった。「スモークでも香りがうまく出るもの、風味が良いもの、後味が良いものがある。でも3つ全てをうまく出せるスモークはほとんど無い」ベルは説明する。「ホワイトオークで燻煙したモルトはベースとして優れるスモーク香を持ち、風味に強いパンチが出る。果樹で燻煙すると素晴らしい香りと口に含んだ瞬間の心地よい甘味が生まれる。楓の燻煙は後味が良好だ。この3つをブレンドすると深みと厚みのあるウイスキーが出来上がるという訳さ」

「アマランサスウイスキーとヒッコリーで燻煙したモルトウイスキーをブレンドすれば、眼を見張るようなスモークトウイスキーになる。こんな風に知識とデータがそろっているから、早いペースで新しいブレンド造りに取り掛かれる。それにクリエイティビティも発揮できるし、目指すフレーバーに照準を合わせて調整することも可能になるんだ。これらウイスキー一つひとつが新しい色と筆なんだよ。ブレンドはキャンバスだね」

コルセア蒸溜所は研究所なのか蒸溜所なのか、時々分からなくなる。

「すぐに気が散るんだ」とベルは打ち明ける。「1年に新しいウイスキーレシピを100くらい作るが、実は新しいスタイルのウイスキーをクリエイトしたいんだよ。他のウイスキーマニアが未踏の所に踏み込みたい。操業1日目から伝統を尊重しつつこれまでにないウイスキーを造るって決めていたんだ」

これもまた何ともトリッキーなバランスだ。

「新しいカテゴリーを造って他にない評価を受けたい」彼は締めくくる。「キノアウイスキーのライバル？　1つもない」

コルセアのテイスティングノート

ファイヤーホーク (オーク/ムイラ/楓)、
カスクサンプル 100°/50%

香り： 甘くて僅かに革っぽいスモーク、胡椒の実と共にかすかな植物／緑葉のエッジを伴う。背後にライトなハチミツと柑橘がある。ブラックベリーとインセンス。加水すると残り火が膨らむ。

味： ビッグでドライ、燻小屋のスタートからなめし皮に。フレーバーがうまく広がり、甘さがスモークの噴出のバランスを取っている。

フィニッシュ： 中くらいの長さ。

全体の印象： バランスが取れていて魅力的。

ナーガ (バーベリー/クローブ)、
カスクサンプル 100°/50%

香り： アロマティック、リコリスを仄めかす紫色の根菜と土っぽいダークフルーツ。焚き火が消えて葉がくすぶっているような灰。乾いた根とスパイス。

味： 極めてドライ。灰っぽいスモークからオリスルートが現れる。ライトなグリップ。

フィニッシュ： ドライ。

全体の印象： 同じウイスキーに異なるスモークを添えると全く違う結果になる。

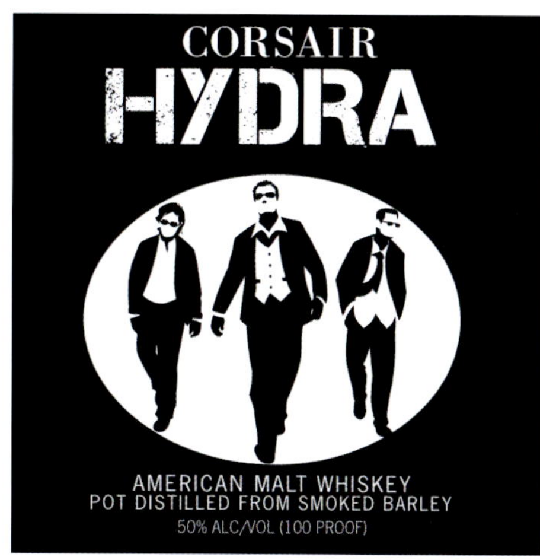

ブラックウォルナット カスクサンプル 100°/50%

香り： 香りが立ち昇り、マルベリージャムを伴う。芳醇なスモークとほのかなフルーツ。そこはかとない煙草の灰。ビッグでパワフル。

味： 大胆な蒸溜で、少しオーソドックスに。甘いスタートからソフトなミッドパレットへと変化。

フィニッシュ： やや短い。スモーキー。

全体の印象： 芳醇で深みがあり、ダークな大胆さを持つ。

ヒドラ (スモークトウイスキーのブレンド)
カスクサンプル 100°/50%

香り： 甘くてリキュールのよう。濃いハチミツとトリークル。スモークは抑制されている。非常にフルーティで煙草葉を伴う。加水するとドライ。

味： ドライと甘い要素の相互作用。ほのかなラノリン、ミッドパレットがやや芳醇。香り高い木のスモークが遅れて来る。

フィニッシュ： スモーキーで少々ドライ。

全体の印象： 魅力的な実験。

バルコネズ蒸溜所

関連情報：テキサス州ウェーコ●WWW.BALCONESDISTILLING.COM●オープン日や見学は調整の上

数年前に髭モジャのチップ・テートが「テキサスでウイスキーを造っているんじゃない。テキサスウイスキーを造ってるんだ」と言った。これは一家言を持つ世界中の蒸溜技術者と同じスタンスだ。地元の産物を使うということは、よそと一線を画するための要素を把握し、身の回りからインスピレーションを得るということだ。

テートは自分で最初の蒸溜所を設計して建築した。執筆時点で新たなプラントを建設中だ。「面白い作業だった。自分のアイディアを紙に描いてエンジニアに見てもらうんだから。実は新規のプラントだけじゃなくて元の蒸溜所も工事を行ったんだ」彼は付け加えた。「古い方を立て直すチャンスだったから。スチルの容量が足りなくて困っていてね。現在、需要にも応えられているし、古いプラントでは無理難題だったことも試せるようになった。バルコネズで興味という名のキャンプファイヤーを始めたかったのに、山火事と戦うことになってしまった」

彼のウイスキー（バルコネズは米国で"whisky"と綴る蒸溜所の1つだ）は複雑な風味を持ち、大胆に畳み掛けてくるのに繊細な層が重なっている。そのどれもが明らかに風土が形を取って現れたものと言っていい。バルコネズの「ブルーコーン」はホピ・コーンをアトールという粥状にしたものが原料で、ローストしたナチョスの香りと硫黄のアロマ（スクラブオークに由来する）を持ち、キャンプファイヤーの匂い――樹脂香が混ざっていつまでも残る煙の香り――を思い出させる。まさにボトル詰めしたテキサスだ。

「テキサスの研究はうまく進んでいるよ」テートは言う。「一般的ではない（在来種の）コーンを使うんだ。初めは栽培にあたって保険が効かない等の問題があった。でも今は環境法にも詳しい元弁護士の農家に頼んでいる」

「それと、アトールやテキサスのスクラブオークを使うのが良さそうに思えたから」彼は付け加える。「まず身の回りのフレーバーや香りにオープンになって、このテキサスの大きくて生命力にあふれるオークは使えるだろうか、と考えを巡らせる。テキサスの気候はケンタッキーとどう違って、熟成にどんな影響を及ぼすかも考える。科学も利用して、一般的なコンフォートゾーンから外れた所で実験と作業を繰り返す――でも、表面だけ取り繕ってもダメだってことは肝に銘じないとね」

テートと時間を過ごすうちに、話は技術やクラフト、クラフトマンシップなどの哲学、そして見習い期間が必要だという彼の固い信念について深く掘り下げる方向へと移っていった。

「ジャズ理論のようなものだ」彼は言う。「学べるのはテクニカルで退屈な部分。そんな時に直観的なプレイに出会う。味わい、語り、耳を傾け、感じ、学ぶ。理論は学べるが、その根源的な所と結びつかないとうまく作用しないんだ。すると直観やアート的な領域になる。何にしても時間がかかるということだね。全てを理解して初めてクラフト蒸溜は進歩するんだ」

バルコネズのテイスティングノート

ベビー・ブルー 92°/46%

香り： 誘惑的で甘く、ソフトなオークの気配とハチミツ／ゴールデンシロップを伴う。コーン皮／コーンミールのノートがいつもそこにあり、加水すると膨らむ。ドライな香りがバランスを添える。

味： 率直でふくよかかつ大胆だが、甘くてフレッシュ――釣り合わせるにはトリッキーなバランス。口の中で広がり、さらにコーンが登場する。

フィニッシュ： 繊細にフルーティ。

全体の印象： バルコネズへの（比較的）穏やかな入門編。

フレーバーキャンプ：ソフトなコーン風味

次のお薦め： ワイザーズ18年

ストレート・モルトV 115°/57.5%

香り： センシュアルな樽材の影響。超完熟のワイルドベリーと、ジャスミンぽさを僅かに持つサンダルウッド少々。鉋をかけたばかりの木、レッドウッド、敷き藁。マルベリーにアルマニャックのような深み少々が伴う。

味： まろやか、芳醇、シルキー。濃厚でパワフルだがベルベットの手袋がそれらをなだめる。香り高く加水するとライトなチャーのノートを伴い、穀物感が増す。

フィニッシュ： 長くてフルーティ。

全体の印象： パワフル。新たなスタイルのテキサスモルト。

フレーバーキャンプ：コクがありまろやか

次のお薦め： レッドブレスト12年、カナディアン・クラブ30年

ストレート・バーボンII 131.4°/65.7%

香り： チェリーブランデーのノートから始まる。骨太でまろやか、ハイプルーフながら攻撃的ではない。たっぷりの赤と黒の果実。複雑で、乾いた樹皮の気配がドライ感を添え、ビターカカオが並行する。加水すると香木が増す。

味： ヒュージなフルーツの爆発。バルコネズはビッグだが棍棒を振るって死に至らしめることはない。多層で複雑。

フィニッシュ： 長くてフルーティ。

全体の印象： 確かにバーボンだが未体験のバーボン。

フレーバーキャンプ：コクとオーク香

次のお薦め： ダークホース

ブリムストーン・レザレクションV

香り： ビッグでスモーキー、しかし背後にバルコネズらしいダークフルーツの塊がある。タール質で樹脂っぽい。ピッチ。火花を散らす燃えるオーク。まとわりつく、オイリー、こってり。燻製肉とチーズ。

味： 直火、しかしウエイトと甘さが炎を下から支えている。

フィニッシュ： リンドウとライトな渋み。

全体の印象： 大胆で勇敢。

フレーバーキャンプ：スモーキーかつピーティ

次のお薦め： 軽井沢、エディション・サンティス

ニュー・ホランド蒸溜所

関連情報：ミシガン州ホランド●WWW.NEWHOLLANDBREW.COM●通年オープン、見学は土曜のみ

1996年にミシガン州ホランドでクラフトビール醸造所としてスタートし、2005年に蒸溜所に発展した。その時オーナーであるブレット・バンダーカンプのサーフィンの虫が騒ぎ、米国で「本物の」ラム酒を作れ、と彼をそそのかしたのだった。夢をかなえるためには、まず州議会にかけあって法律を変える必要があった。ミシガン州では果物以外を材料にした蒸溜酒の製造を禁じていたからだ。

現在もラム酒の製造は続いているが、ラム酒に入れ込んでもさほど市場の反応に手応えがなかったため、ニュー・ホランド蒸溜所の蒸溜部門はウイスキー製造に軸足を移した。幸運にも蒸溜技術者たちはウイスキー好きでもあった。

「ビール醸造所による蒸溜は片手間で行っていると思われがちです」とニュー・ホランド蒸溜所の会計主任、リッチ・ブレアは言う。「財政的には大きなメリットなんです。黒字にする必要がなくて、ビール醸造所のお陰で好きな値段にできますから」

それにビール醸造を行っていたことで、大麦麦芽をどう扱えばうまくいきそうかも元々分かっていた。「自家製のエール酵母を用い、密封して温度制御した発酵槽の中で長時間発酵させます」とブレアは説明する。「デリケートな蒸溜液なので、樽詰めするのはフレーバーを加えるためです――刺々しさを和らげるのが目的ではありません。その後3年位が重要な山場ですね」

ライウイスキーとバーボンの原酒として、インディアナ州ローレンスバーグのMGPから熟成済ストックを買い入れている分もある。しかし自社で蒸溜した原酒で自社ブランドを製造する自己充足型の蒸溜所へ成長中だ。例えば大麦麦芽100%ベースの「ツェッペリン・ベンド」は10~14日間の「思慮深い発酵」（ブレアの言葉だ）を経て造られる。「ビルズ・ミシガン・ウィート」は地元の農家が育て、フロアモルティングした穀物が材料だ。

蒸溜部門は拡大し続け、2011年には1930年代からニュージャージー州の納屋に放置されていた古いアップルジャック・スチルを設置した。バンダーカンプが買い取り、ケンタッキー州ルイビルにあるベンドームカッパー&ブラス・ワークスに修理してもらったものだ。

「重要なのは革新です」ブレアは語る。「その意味ではクラフトビール醸造と似た点がいくつかあります。しかし革新のための革新ではいけません。私たちが経営するパブは大勢の人が来るので、そこをテストマーケットに利用できるんです。たまに失敗しますが、それは市場に出しません」

話を聞くほどにビールと蒸溜の共通項が探究されているのが分かる。

「私たちはたくさんのモルトウイスキーを作っています」ブレアは説明してくれた。「米国のモルトマーケットは手付かずですから、次は熟成させたモルトが有望株と予想しています」そう言いつつ戒めるように付け加えた。「しかし、クラフトは時間がかかります」

実に思慮深い。

ラム酒蒸溜所として始まったが、新たなウイスキースペシャリストになっていた。

ニュー・ホランドのティスティングノート

ツェッペリン・ベンド・ストレートモルト 90°/45%

香り： クリーンでリンゴ酒の要素、製材所、モミ、穏やかなトフィー、白胡椒を伴う。開くと煮出したアッサムティーになる。加水によってクリーンな穀物、ターメリック、バニラが引き出される。

味： 甘くてはっきりしたラム酒っぽい要素を伴う：ダークフルーツ、モラセス、火であぶった柑橘類、ブラックベリー。

フィニッシュ： タイトなオークの気配、ただしバランスが取れている。

全体の印象： 印象的な新しいモルトスタイル。

フレーバーキャンプ：フルーティかつスパイシー
次のお薦め： プリンヌ

ビルズ・ミシガン・ウィート 90°/45%

香り： 鮮やかなオレンジ。非常に芳しくドライラベンダーとバラの花弁を伴う。スパイス香が強くメースが支配し、次にダークチョコレートがウエイトを添える。

味： 若いように感じる。フレッシュで穀物のアクセント。タイトでアセトンの要素を伴う。フィニッシュに向けて砂糖っぽいオーク。加水するとより統一性が出る。

フィニッシュ： ホット。

全体の印象： 樽で14ヶ月しか熟成させていない。よく出来ているが複雑さを生み出すためには時間が必要。

フレーバーキャンプ：香り高くフローラル
次のお薦め： シュラムル・ウアス

ビール・バレル・バーボン 80°/40%

香り： 非常に穏やか、おおらかなノーズでメロウなオークのノート、古いバナナ、綿菓子、シロップ、ダークフルーツを伴う。加水するとよりチョコレートブラウニーに似てくる。

味： ビッグでソフト、多少の若さが見えるが、スピリッツには何とかやっていくガッツがある。

フィニッシュ： 極めてスパイシーでフェンネル少々を伴う。

全体の印象： 頑丈なバレルで3ヶ月行う熟成がうまくいっている。

フレーバーキャンプ：コクがありまろやか
次のお薦め： エディション・サンティス、スピリット・オブ・ブロードサイド

ハイウエスト蒸溜所

関連情報：ユタ州パークシティ●WWW.HIGHWEST.COM●月〜日曜日まで通年オープン：予約を推奨

ユタ州の高地に充実したウイスキー史があるとはあまり思わないだろう。しかしユタ州ハイウエスト蒸溜所のオーナーであり蒸溜技術者でもあるディビッド・パーキンスはそんな史書を改正したいと意気込んでいる。「西部のウイスキーはカウボーイが飲むレッドアイだけなのだろうか、他にもあるのでは?」と彼は誰に問うでもなくつぶやいた。「ここではモルモン教徒がウイスキーを造っていました。リチャード・バートン卿がソルトレイクシティに来てイスラム教に改宗させようとした時、そのことを記しています」お気づきだろうが、ここは存在自体が「本」なのだ。

パーキンスは化学分野のキャリアの持ち主だ。そんな彼が2つの産業の類似点に目を留め、ウェスタンウイスキーへと「改宗」してウイスキー史の改訂に取り掛かった。酒造りを生化学プロセスとして語ることで、ウイスキーを愛するロマンチストは身震いするかもしれない。だが大丈夫——それは物語のごく一部だ。

パーキンスはウイスキーを愛する者として、長い目で見なければいけないこの事業の特性を理解している。「ジム・ラトリッジに言われましたよ。『商品が全部バレルの中で寝ているのににどうやって給料を支払う気だい?』って。彼はMGP(インディアナ州)に行くようにアドバイスをくれました。世界一のライウイスキーを造る所だからと。今では考えられないような価格でニューメイクを購入しました。いやあ、皆で買い占められたらよかったのに!」こうしてハイウエスト蒸溜所は自社のウイスキーを熟成させている間、まずブレンドライ(ランデブー)、バーボン(アメリカン・プレイリー)、バーボン&ピーテッドスコッチ(キャンプファイヤー)をリリースした。

ブランドの地固めをしつつ、パーキンスは自社ウイスキーを造るべく作業を続けている。まず手を付けたのは酵母だ。

「酵母が鍵だと思っています。スコットランドでフレーバーを生み出す大きな要因として扱われていないのが信じられません」と彼は考え込む。「ここでは20種類の酵母を研究しました」うち3株をライウイスキーに用い、1840年代のレシピに倣ったフルグレーンウォッシュを蒸溜した。こうして出来上がったウイスキーは「OMG(Old Monongahela)」の名でリリースされた。ソレラ式で熟成させるライウイスキーも準備中だ。「バレー・タン」と「ウエスタン・オーツ」としてオートウイスキーもリリースされたほか、シングルモルトが開発段階にある。

「モルトウイスキーにも真剣に取り組んでいます」パーキンスは語る。「現在は異なる3つのレシピを試しています」他のウイスキーと同様、無濾過のウォッシュだ。「若い会社に一番重要なのは、他と違うことをすることです——だからライウイスキーを手掛けたんです。でもモルトウイスキーも好きですし、革新の余地はまだまだあると思います」

そしてユタ州はユタ州にしかできないことをする。「ここの標高は2134mなので低い温度でスチルが沸騰します。高原で乾燥した気候ですから熟成条件も違うんです」

昔の繁栄ぶりを取り戻すのも遠くなさそうだ。

「1890年当時、米国には1万4000もの蒸溜所がありました」パーキンスが付け足した。「元に戻るだけですよ」

ハイウエストのテイスティングノート

シルバー・ウエスタン・オーツ 80°/40%

香り： 熟成していないオートウイスキーで、芳しくやや薬っぽい：切り花とホイップクリームに出会った軟膏。フェンネルのピリピリ感。
味： 非常にライトで甘く、エステル系の菓子っぽいノートとクリーミィなオート麦の活力を伴う。
フィニッシュ： ピンクのペパーコーン。やや短い。
全体の印象： チャーミング。

フレーバーキャンプ：香り高くフローラル
次のお薦め： ホワイトオウル

バレー・タン(オート麦) 92°/46%

香り： たっぷりのエステル系ノートとごく僅かなオーク。乾いていく岩の香りにバニラとバナナ皮、ライトな松葉、加熱したパイナップルが介入する。
味： 甘くて香り高く、ジューシー。僅かにホットだが花のようなさざ波がある。オート麦由来のクリーミィさが加水によってバナナスプリットに。
フィニッシュ： ライトにドライ。
全体の印象： バランスが取れていて非常に面白い。

フレーバーキャンプ：香り高くフローラル
次のお薦め： タリバーディン・ソブリン、リーブル・コイルモア・アメリカンオーク

OMGピュア・ライ 98.6°/49.3%

香り： 焼き立てのライサワードーブレッド——パンの中身、温かさ、クラストのスパイシー感が漂ってくる。アロマティック。ドライフラワー、バラの花弁、黒ブドウの皮。
味： ドライからスタート。とことんドライ、次にリフトオフしてライ麦粉になり、また低下してヘビーなスパイスとオイルになる。バランスが取れている。
フィニッシュ： アロマティック。
全体の印象： ピュアでクリーン。

フレーバーキャンプ：スパイシーなライ麦
次のお薦め： スタウニング・ヤングライ

ランデブー・ライ 92°/46%

香り： 甘くてエレガント。まろやかでバランスが取れていて、バラ花弁の強いアロマを持つ部分、ハリエニシダ、芳しいフェイスパウダーへと開く。
味： 穏やかな香り(ノーズ)が威圧的な風味に道を譲り、ライ麦が最大限までスパイス味を加える。カルダモンと同時に五香粉とアロマティックなビターズが現れる。
フィニッシュ： 青リンゴとライ麦の埃っぽさ。
全体の印象： 全体像。

フレーバーキャンプ：スパイシーなライ麦
次のお薦め： ロット40

ウエストランド蒸溜所

関連情報：ワシントン州シアトル●WWW.WESTLANDDISTILLERY.COM●水～土曜日まで通年オープン

父親が彼を座らせてビジネスを語った時、エマーソン・ラムは10歳にもなっていなかった。ラム家は5世代に渡って太平洋岸北西部に住み、順調に材木業を営んできた。しかし状況は変わりつつあった。「古新聞をまた買う奴はいないだろう?と父から言われたので、これまでの繰り返しでは家業も続かないと思いながら育ちました。別のビジネスをやらねばと」

ラムは高校時代の友人マット・ホフマンと組むことにした。ホフマンはスコットランドのヘリオット・ワット大学で蒸溜を学び、そのまま勤め先を探していた所だった。「ここワシントン州には世界でも指折りの大麦地帯が2つ、豊富な水、北米特有の気候が揃っています。私たちが目指すスタイルのウイスキー造りに、全ての条件がもってこいだったんです」

2人は8ヵ月をかけて世界中を回り、130もの蒸溜所を訪ね、スコットランドの伝統、米国の熟成法、日本のウイスキー製造哲学を融合させるべくアイディアを練った。「スコットランドでは、大麦ではオーバーオーキングに耐えるボディと複雑さが得られないと言われました」彼らが取った解決策は型破りなものだった。一度使った樽を利用するスコットランド方式を止め、ロースト具合を変えた大麦麦芽を何種類か使ってスピリッツを強化し、新しいオーク樽が持つ鮮やかな生気に負けないようにしたのだ。マッシュビルはペールモルト、ミュンヘンで精麦したモルト、エクストラスペシャルモルト、ローステッドモルト、ペールチョコレートモルト、ブラウンモルトで構成されている。最近になってピーテッドも加わった。

リフィル樽も採用されている。彼らのビジョンは長期的だからだ。「ウイスキーは4～5年でひとまず熟成します」ラムは言う。「しかし全部若いウイスキーとしてリリースする訳ではありません。一部は40年寝かせるつもりですよ」

シアトルのダウンタウンを拠点にするウエストランド蒸溜所は、決して小規模ではない。「私たちの目標は、シングルモルトの一大製造地としてワシントン州を地図に載せることです。スコットランドと比べればここは中規模程度ですが、米国としてはかなり大きい方です。採算が取れるようにするには年間2万ケース製造しなければいけません」

木が育つのを代々見てきたルーツが大いに役立っているようだ。「この規模で操業すると割高ですし、時間もかかります。でも私たちは待つことに慣れています。辛抱強くあらねば」

ウエストランドは木を育て、ウイスキーを造り出し、ビジネスと――ことによると――新たなカテゴリーを育てている。種は蒔かれた。

ウエストランドのテイスティングノート

ディーコン・シート 92°/46%

香り： アロマティック。リンドウとチョコレートに、甘い磨かれたオーク、ライトな松、チェリーを伴う。やがてローストしたココナッツとブラックチェリー。加水すると次の段階が現れる。ほとんどジャマイカのラムのようなモラセス。

味： クリーンで心地よい感触と柑橘系の爽快感を伴う。加水するとよりフローラルノートが立ち上がり、イチゴのトーンも加わる。たくましい感じ。

フィニッシュ： 長くて芳醇。

全体の印象： 27ヵ月しか熟成させていないのに成熟感がある。

フレーバーキャンプ： フルーティかつスパイシー
次のお薦め： 秩父オン・ザ・ウェイ

フラッグシップ 92°/46%

香り： ライトでアプリコットの花と甘い穀物少々、つぶしたラズベリーを伴う。開放的で、控えめなオークを伴う。

味： 濃縮されたフルーツ。少しだけローストされた大麦麦芽っぽさに裏打ちされた手応えある甘味。古いバナナと煙草の気配。

フィニッシュ： ライトな松。

全体の印象： 複数の要素が一緒にやって来る。

フレーバーキャンプ： フルーティかつスパイシー
次のお薦め： ロッホローモンド・シングルブレンド

カスク29 55%

香り： パティセリーと甘さ。シリーズ中一番スパイシーで、ラフィア、エステル系成分、そこはかとないニス、レモン少々を伴う。

味： 口の中で広がり、チャーとローストの要素を伴う。ライトにクリーミィ。柑橘とスパイスが調和して働き、しなやかな感じを伴う。加水するとワインガムのジューシー感を伴う。

フィニッシュ： 長くて快い刺激。

全体の印象： より香りが立ち昇るエクスプレッションで将来有望。

フレーバーキャンプ： フルーティかつスパイシー
次のお薦め： グレンモーレンジィ15年

ファースト・ピーテッド

香り： 森の中のキャンプファイヤー、背後に蒸溜所の特徴であるローステッドモルトと柑橘感がある。ほのかなオートケーキと薬用フェノール少々。ライトにオイリー。

味： ミント様にクール、スモークがゆっくりと開いてくる。良い感触でバランスも良い。口に含んで直ぐはドライだが甘くなる。

フィニッシュ： オートケーキとスモーク。

全体の印象： 蒸溜所の特徴は定まったようだ。

フレーバーキャンプ： スモーキーかつピーティ
次のお薦め： ブナハーブン・トチェック

アンカー蒸溜所、セント・ジョージ蒸溜所、その他アメリカのクラフト蒸溜所

関連情報：アンカーブルーイング ●カリフォルニア州サンフランシスコ● WWW.ANCHORBREWING.COM
セントジョージ ●カリフォルニア州アラメダ● WWW.STGEORGESPIRITS.COM ●水～土曜日まで通年オープン
クリアクリーク ●オレゴン州ポートランド● WWW.CLEARCREEKDISTILLERY.COM ●テイスティングルーム・月～土曜日まで通年オープン
ストラナハ ●コロラド州ストラナハ● WWW.STRANAHANS.COM ●通年オープン、予約推奨

米国西海岸ではクラフト蒸溜所が急成長している。オレゴン州クリアクリークのスティーブ・マッカーシー、ワシントン州スポケーンのドライ・フライなどのパイオニアに続き、蒸溜所のニューウェーブが起こっているのだ。だが、世界の目が突飛なアイディアを持つ新参者に（過熱気味に）向いているため、初期に創業した彼らがどうしても見過ごされがちになっている。この辺でアンカー蒸溜所（サンフランシスコ）のフリッツ・メイタグや、セント・ジョージ蒸溜所（カリフォルニア州アラメダ）のランス・ウィンターズなどのような蒸溜技術者を再評価してもいいはずだ。

「フリッツは自分が正しいことを証明したかったんです」アンカー蒸溜所の社長デービッド・キングは言う。「彼は歴史家の視点からウイスキーを見て、ジョージ・ワシントン時代のウイスキーがどんな物だったか強い興味を持ちました。当時は自家製の穀物――多分ライ麦麦芽100％――を使ってウイスキーを造り、高アルコール濃度のまま販売していました。水を輸送して市場に出すなんて、と思ったのでしょうね。樽は容器に過ぎず、しっかりチャーするのではなくてトーストの状態でした。私たちが目指したのはモダンクラシックでも何でもなくて、伝統に沿うというスタンスだったんですよ」

その結果が1996年にリリースされた「オールドポトレロ」だ。「18世紀」のスタイルを持つシングルモルトで1年間熟成させ、127.5プルーフ（63.75％）でボトリングする。またオイリーでスパイシーな「ストレートライ」は19世紀のウイスキーへのオマージュで、3年間バレルで寝かせる。どちらも一切の妥協がないウイスキーだったが、それが問題となった。「マンハッタンカクテルにオリジナルの『オールドポトレロ』を使うのはまず無理です。バランスの取れたドリンクが出来ません」キングは言う。「そこで102プルーフ（51％）にまで落として『ユーザーフレンドリー』にしました」

ロマンチックというよりは機能的――しかし十分に拡大の余地がある――カリフォルニア州セントジョージ蒸溜所。

現在、両方ともチャーされたオーク樽で熟成されているが、その大胆さは失っていない。キングは18世紀スタイルの方を「ルーベンサンドイッチ」と表現し、今は90プルーフ(45%)のストレートライについては、より甘く樽材に影響を受けた面が出ていると語る。また毎年必ずバレルを1つとりわけ、10数年熟成させてから「ホッタリングズ」としてボトリングする。

「フリッツは成功者よりもパイオニアでありたいと思っていたようです」キングは言う。「当初はビール造りが本業でしたが、大規模なブランドを造るよりいつも8万バレルを製造することで満足していました。彼は品質を重視し、画期的なことをしようとしていました——最初のドライホップのインディア・ペール・エール、最初のロンドン・ドライジン、最初の100%モルトライを造ったのも彼です」

メイタグは2010年に引退し、現在アンカー・ディスティリングカンパニーはアンカー蒸溜所、プライスインポーツ、ベリー・ブラザーズ&ラッドと提携している。広い蒸溜所の計画も進行中だ。スチルを増やし、より多くのスピリッツのラインを生産できるようになる予定である。「そうなれば製品の種類も増やせますし、ウイスキーとは何か(スピリッツとは何か)、未来はどこにあるのか、その答えを探せます」

それはセント・ジョージ蒸溜所のランス・ウィンターズの心にいつも存在する問いでもある。セント・ジョージ蒸溜所は1982年、ホルスタインスチルを使うオーデ・ヴィ(ブランデー)工場としてヨルク・ルフが創業した。そして1996年にランスが自家製のウイスキーボトルを小脇に挟んで現れ、仕事口を乞うた。1年後、セント・ジョージ蒸溜所初のウイスキーがバレル詰めされることになる。現在、革新的としてもてはやされている技術——大麦のロースト具合を変える、ブナやハンノキでスモークする、バーボンのリフィル樽やフレンチオーク、ポート、シェリーのバレルで熟成させる、これらが全て詰め込まれたウイスキーだった。

一般的には「ハンガーワン」ウォッカ(今もセント・ジョージ蒸溜所で製造されている)の方が知名度が上だが、米国で造られた大麦ベースのシングルモルトを初めて試す場合には外せない一品だ。ホルスタインスチルが繊細さとフローラルノートをもたらし、複数のローストの組み合わせが甘みとコーヒー風味を添え、異なる熟成期間のウイスキーも増えつつあることから、どのバッチも層が重なり合った複雑な香味を持っている。

筆者は好奇心から、ウィンターズはカリフォルニアでウイスキーを製造しているのか、それともカリフォルニアのウイスキーを造っているのかを尋ねてみた。「革新と再発明がカリフォルニアの地域性です」彼は言う。「カリフォルニアのシングルモルトを造るということは、その全行程に再発明の精神を活かすということ。『さて、本当にカリフォルニアらしいシングルモルトを造るにはどうすればいいのだろう』などと自問自答した経験はないですね。別の場所でウイスキー蒸溜を始めたとしても、ここで17年間製造してきたウイスキーと同じものができたでしょう」

「確かにカリフォルニアにいれば、革新的ウイスキーに好意的なファンにアクセスしやすいメリットはあります」彼は認める。「それでも、私たちの目指す形に影響があったとは感じません」

西海岸のウイスキーはここから始まった。

セント・ジョージのテイスティングノート

カリフォルニアン・シングルモルト 86°/43%

香り： 香りが立ち昇り、強烈にフルーティ。マンゴーとアプリコットそのもの。遠慮がなく、甘くてクリーンで下地に淡いスモークの気配。

味： 熟して肉厚で強烈な芳香成分が、穀物に由来するドライなテクスチャーに裏打ちされ、中心に向かってやわらぎつつアメリカンクリームソーダに変わる。

フィニッシュ： しっかりしているがジューシー。

全体の印象： 確かな可能性を示す、眼を見張るようなシングルモルト。

フレーバーキャンプ：フルーティかつスパイシー
次のお薦め： グレンモーレンジィ、インペリアル

ロット13 86°/43%

香り： いかにもセント・ジョージらしい香り高い凍らせたトロピカルフルーツの爽快感と、ほのかなフローラル香のミックス。モスカート、花粉、切り花、メロン、若いバナナ。

味： ソフトにハチミツ味で心地よい深みがある。アメリカンクリームソーダ少々。加水は必要ない。春の花を感じるが中央に実(じつ)がある。小麦ビールのアクセント。

フィニッシュ： ライトなチョコレート。

全体の印象： 落ち着き払っていてエレガント。

フレーバーキャンプ：香り高くフローラル
次のお薦め： コンパスボックス・アサイラ

アンカーのテイスティングノート

オールドポトレロ・ライ 97°/48.5%

香り： 深くフルーティなライ麦で、熱いパンのノートとしっかりしたオークを伴う。甘みとスパイス、ほぼスモーキーなエッジのミックス。ライ麦粉、カラメル、ウインターグリーン、オーク。

味： スムーズでピュア、ライ麦が発火し、途中で花火のような埃っぽさとほろ苦いスパイスになる。濃密でダイレクト。

フィニッシュ： フルボディでスパイシー。

全体の印象： 断固としてオールドな(矛盾しているが、しかも新しい)スタイル。

フレーバーキャンプ：スパイシーなライ麦
次のお薦め： ミルストーン100°

その他のアメリカの蒸溜所

クリアクリーク、マッカーシー・オレゴン・シングルモルト バッチW09/01 85°/42.5%

香り： 草とスモークからスタート。森の中の焚き火、ヒッコリーと樺のそこはかとないスモーク。穏やかさと甘味が背後にある。若々しくてフレッシュな感じ。香りが強く立ち昇る。

味： 再び瞬時にスモークがヒットしてくるが、やはり芳香成分の爽快感が立ち上がり、スコッチと一線を画す。正山小種。

フィニッシュ： スモークされたカシューナッツ。

全体の印象： 偶像破壊。

フレーバーキャンプ：スモーキーかつピーティ
次のお薦め： 秩父ニューボーン、キルホーマン

ストラナハ・コロラド・ストレートモルトウイスキー バッチ52 94°/47%

香り： クリスプでドライ、最初はローストされたノートを伴う。非常に控えめで次にオレンジ、芳醇なモルト、シナモン、よい香りの埃っぽいノート。やはり香りが立ち昇る。加水するとゼラニウム、トフィー、焙煎コーヒー。

味： チャーされたオークがライトに煤っぽいノートをもたらしている。フルーティでトフィー感のあるエッジ、たっぷりの甘いスパイシー感。カシス／ミュールに変化していくが、必ずしっかりしたオークが割って入る。

フィニッシュ： 快い刺激。

全体の印象： バランスが取れていてクリーン。これまでになく新しい、しかも好ましいウイスキーの定義。

フレーバーキャンプ：フルーティかつスパイシー
次のお薦め： アラン10年

CANADA
カナダ

カナダはウイスキー界の眠れる巨人だ。生産量ではスコットランドの次なのに、どういう訳か見過ごされている。これほどウイスキー生産量が多く、歴史も能力もあり、商業的にも成功しているのに、後から加わった国というだけでなぜ軽んじられるのだろう?

カナダ人が世界一穏やかな人たちだから? 怒声を張り上げたり、騒ぎ立てたりすることを好まない。礼儀正しく、愉快で人柄が練れている…カナダのウイスキーそのままではないか。フレーバーで叩きのめすのが良いとされる(間違いだが)世界では、そんなウイスキーは無視されてしまうのだろうか。

カナディアン・ウイスキーのもの柔らかさは誤解も招いている。ライ麦のみを材料にしている、どれも他の液体がブレンドされている、異なるマッシュビルを用いている——全てウソだ。

カナダの蒸溜所の大半が採用している昔からの製法は、シングルブレンドで、ベースウイスキー(全てとは限らないがほぼコーンが原料)と、フレーバーリングウイスキー(通常はライ麦を使うが、小麦やコーン、大麦を原料にすることもある)を原酒とする。この2つは別々に熟成させてからブレンドするのが普通だ。

したがって蒸溜所ごとに独自の個性が出る。蒸溜技術者とブレンダーがいかにこの「変数」の枠を広げて複雑なウイスキーを造るか、そこがカナディアン・ウイスキーの面白いところなのだ。バリエーションと品質は世界のどこにも負けていない。

今は全てのウイスキーにチャンスがある時代だ。そしてカナダは脇に追いやられている場合ではない。現状を打破するには人々の考え方を変えるしかない。つまりプレミアムなラインをうまく拡充する必要があるのだ。もうずいぶん前からカナディアン・ウィスキーは低すぎる価格で販売されてきた。新しいトップエンドのエクスプレッションですらただのような値段だ。おそらくは絶え間ないコモディティ化のせいで、正当な評価を得られないことが蒸溜技術者の間で当たり前のようになっているのではないか。しかし「この値段にしては高品質だ」と「低価格だから高品質のはずがない」、この2つの価値判断には大きな違いがある。

とは言え、ポジティブな兆候もある。「一番頼もしい変化は、カナダでカナディアン・ウィスキーの売上が伸びていることです」とフォーティクリーク蒸溜所のジョン・K・ホールは語る。「つまりカナダ人が自ら高品質のウイスキーを見つけて飲んでいる、という訳ですね。新たなリリースが増え、選択肢も増加したお陰でウイスキー業界の革新が後押しされています。若い世代の消費者が年を重ねてフレーバード・ウォッカから離れ、私たちが望んでいたウイスキーのルネサンスが起こりつつあるんです」

しかしカナダのむやみに厳しい酒類管理委員会が許しても、カナダで自由に国産ウイスキーが飲める訳ではない。カナダで生産されるウイスキーは昔からほとんどが米国向けだったからだ。それでも、カナダのウイスキーは農産物や日用品の1つとして米国に輸出されているだけ、と捉えてしまってはウイスキー業界の損失だと筆者は思う。世界は今もウイスキーを飲みたいと待ち構えているのだ。

それでも明らかな変化の印が見られる。8つの主な蒸溜所がトップエンド製品を開発中で、ブレンドと蒸溜についても技術が目覚ましく進歩している。まだ樽材はさほど吟味されていないようだが、それも時間の問題だ。クラフト蒸溜ブームは勢いを増す一方である。ディビン・ド・カーゴーミアウはカナダのウイスキーライター&コメンテーターで、筆者がカナダのウイスキーの理解を深めるに当たって多大な協力を頂いた(本章の背景的情報の一部も彼の提供による)。彼にとって未来とは「…よりビッグで大胆なフレーバーを持つ高級ウイスキーの種類を増やし、輸出市場も広げたいのです。そうすれば消費者も高品質なカナディアン・ウイスキーの存在に気づくでしょうし、才あるウイスキーメーカーは樽材の管理に気を配り、代替穀物を研究し、フレーバードウイスキーを探究するでしょう。これまでにない革新的な中核ブ

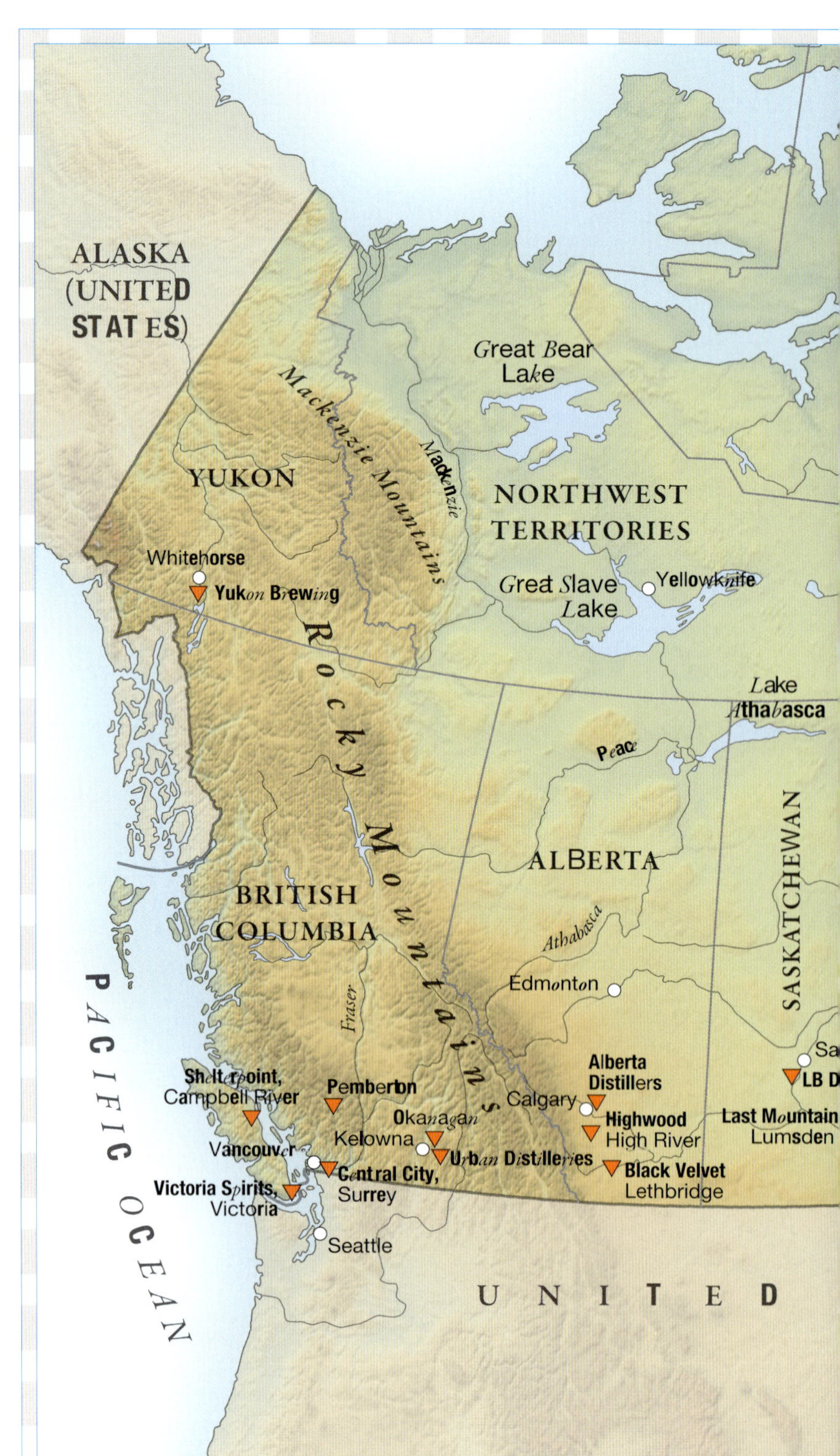

前ページ:マニトバの小麦畑——ウイスキーの原材料。

ランドと、ワンオフのリリースを期待して下さい」

カナディアンもその他のウイスキーメーカーも、それぞれが自らの蒸溜スタイルを明確にすることで、自ずとカナディアンとはという問いかけをしている。問いを深く掘り下げれば答えのバリエーションも豊かになるだろう。どうかカナディアンを見過ごさないでほしい。世界でも有数のウイスキーなのだから。この先しばらくは注目を。

アルバータ蒸溜所

関連情報：カルガリー

ライウイスキーに注力するというアルバータ・ディスティラリーズ・リミテッド(ADL)の決断は極めて現実的なものだった。1946年、寂れた郊外を経済開発する計画の一環としてカルガリー近郊に建てられたのがアルバータ蒸溜所である。その地元で主に栽培されていたのはライ麦だった。蒸溜所近辺は畑から住宅地へと変貌したが、ADLの基本方針は変わらない。ここはライ麦のスペシャリストとして世界一で、米国で製造されるストレートライ全量の3倍以上のライウイスキーを送り出している。

一般的なカナディアン・ウイスキーはコーンベースなのに、なぜ「ライ」と呼ぶのだろう? マッシュビル中ではなくブレンドにライウイスキー少量を使うと予想以上にインパクトが出るのだ。これがカナディアンの特徴なのである。ライ麦が生彩を添えるが100%ライ麦ではない。しかしここは違う。

ライ麦を扱う蒸溜技術者は、ライ麦がどれほど御し難く扱いにくいか知っている。発芽させるのが難しく、糖化槽ではベタつき、発酵槽ではとんでもなく泡立つ。刺々しく手なづけきれないライ麦のフレーバーの特徴が最初から現れているようなものなのだ。総責任者ロブ・ツーアは泡立ちと粘度を抑える天然酵素を見つけてこの問題を解決した。

ADLで製造されるウイスキーの大半は100%ライ麦だが、ベースとして、またフレーバリングウイスキー用としてコーンや小麦、大麦、ライ小麦も買い入れている。

カナダでは普通ビアストリッピングカラムで蒸溜を行い、次に抽出塔に入れる。抽出塔ではアルコールに加水し、不溶性で不要のフーゼル油を必要成分から分離する。こうして純化された蒸溜液を精溜塔に通し、アルコール濃度93.5%で取り出したものがベーススピリッツだ。フレーバリングウイスキーはポットスチルで蒸溜し、77%で取り出す。

ライ、特に長期間熟成させたライウイスキーはずいぶん昔からADLブレンドの鍵だった。だがこの秘伝の素材の性質をフルに活かしたウイスキーが登場したのはごく最近になってからだ。最初は2007年、次に2011年にリリースされた、100%ライ麦の「マスターソンズ」、25年と30年ものの「アルバータ・プレミアム」である。複雑でスパイスが効き、味にまとまりがある。ピュアで成熟したライウイスキーの特徴を備え、米国のライにありがちな埃っぽさとは無縁だ。

さらに、未来を担うウイスキーとして位置づけられたのが「ダークホース」だ。これはライのベースにフレーバリング、そして飲み口を良くするために熟成期間の長いコーンウイスキーをブレンドしたものだ。

「ライウイスキーは革新を可能にします」生産管理者のリック・マーフィーは言う。「ここには他の蒸溜所にはない選択肢があるんです」

アルバータのテイスティングノート

アルバータ・スプリングス10年 40%

色・香り： ファイアオレンジ。木、乾燥した穀物、焼けるスパイス、シーダーに熱いマスタードを僅かに伴う。

味： 芳醇でクリーミィ。速やかに熱くなる。爽やかなビターレモンがトフィーを抑え、鋸で挽いたばかりの木と発芽させていないライ麦がペッパーとのバランスを取る。

フィニッシュ： 熱いペパーミントにほんの少しの木と柑橘果皮を伴う。

全体の印象： アルバータ・プレミアム25年が注目されがちだが、これは蒸溜所関係者が飲んでいるウイスキー。

フレーバーキャンプ：スパイシーなライ麦

次のお薦め： キットリングリッジ、カナディアン・マウンテンロック

ダークホース 40%

香り： ブラックチェリー／キルシュ、ベルモットのアロマにトフィー少々を伴う。加水すると青々としたライ麦／イボタノキの花のアクセント。

味： ビッグで大胆、微かにカラメル風味。樽由来の淡いフェノール。加水するとジューシーになり僅かなモレロチェリーを伴う。

フィニッシュ： フルーティでライトにグリップのあるオークを伴う。

全体の印象： ヒュージで大胆なライウイスキー。

フレーバーキャンプ：スパイシーなライ麦

次のお薦め： ミルストーン10年

アルバータ・プレミアム25年 40%

香り： マーマレードとトーストしたバニラ。ライ麦のフレッシュ感があるが、成熟したエレンガンスが加わっている。赤と黒の果実少々、スイートスパイス、ライトなキャラメルトフィー。やはりフレッシュ。

味： スムーズでソフト、エレガント。余韻が残ってジューシー、ほとんどジャムのよう。芳醇なミッドパレット。

フィニッシュ： スパイスが効いたライ麦のアクセント。

全体の印象： 成熟していてエレガント。

フレーバーキャンプ：スパイシーなライ麦

次のお薦め： ジェイムソン・ディスティラリーリザーブ

アルバータ・プレミアム30年 40%

香り： サンダルウッドとオークが増している。スパイシー感も増していて、直撃してくる。ライトなオイリー感がウエイトを添える。

味： 穏やかで甘く、たっぷりのオールスパイスを伴う。バックパレットでは僅かにか弱くなり、オークっぽくなる。

フィニッシュ： クリスプでドライ。

全体の印象： 少々年を取っている。

フレーバーキャンプ：コクとオーク香

次のお薦め： サゼラック・ライ

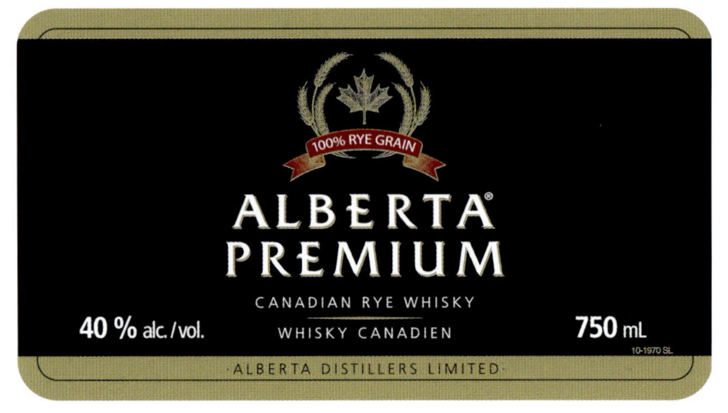

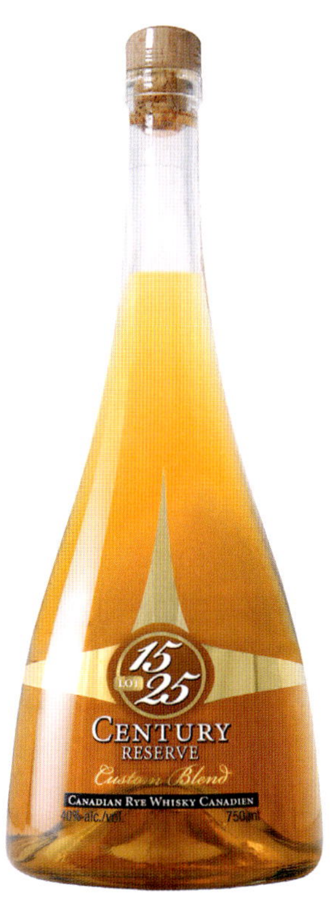

ハイウッド蒸溜所

関連情報：ハイリバー ● WWW.HIGHWOOD-DISTILLERS.COM

アルバータ州にはハイリバーという小さな町がある。 運転していてもハイウッド蒸溜所に気づかず通り過ぎてしまうかもしれない。しかし、それではカナダにある8つの主な蒸溜所でも一番奇抜な所を見逃してしまう。 ハイラム・ウォーカーのように大手ではないが、ハイウッド蒸溜所は市場の隙間を見つけて商品を送り込む名人なのだ。 何と350種類のラインがここで生産されているのである。 ただし「ポルノスターバレット」にはベールをかけてそっと隠しておこう。 本書は真面目なウイスキーアトラスなのだから。

カナダの蒸溜所はそれぞれ独自のやり方でウイスキーを造っているが、ハイウッド蒸溜所はその最たるものだ。 小麦のスペシャリストで、ベースウイスキーとフレーバリングウイスキーを製造するために専ら小麦を使う。 そうすることで地元の農産物を利用し、カナディアン・ウイスキーの起源とも繋がっている。 小麦は19世紀にカナダの蒸溜技術者が最初に使った穀物なのである。

小麦澱粉を利用するに当たっては少々突飛な方法が取られる。まず圧力鍋で加熱して粥状になったものを金属プレートに高速でぶつける。 すると小麦は砕けて形がなくなるのだ。 次に60時間かけて発酵させ、ビアカラムと銅製ポットスチルを組み合わせて蒸溜する。「古いスチルなんですよ」と蒸溜技術者のマイケル・ナイチクは言う。「古い鋳鉄製スキレットと同じような作用があるんです。 私たちが求めるフレーバーを出してくれます」

他のラインも充実しているが、現在中心になりつつあるのはウイスキーだ。一番の売れ行きを誇るのが炭濾過したクリーミィな「ホワイトオウル」である。その他はADL(p.272を参照)から買い入れたライウイスキーと、ハイウッド蒸溜所が2004年に買収したポッターズ(ポッターズはブリティッシュコロンビア州が本拠地のボトラーで、コーンウイスキーを買い入れて熟成させていた)が在庫として持っていたコーンウイスキーのブレンドだ。

ハイウッド蒸溜所が成功したのはさまざまな対応が早かったためだ。 とは言え、ウイスキーに注力するには長期の計画と――オークが必要となる。 ほとんどのカナディアン・ウイスキーと同じく、ここでもバーボン樽が使われている。 熟成庫に足を踏み入れるとアルコールの香りで一杯で、息を吸い込むとふらつくほどだ。

中では素晴らしい宝物を見つけた。 ポッターが在庫として所有していた、深みを持つ、桃のキャラメリゼ、マーマレード、サンダルウッドのフレーバーを持つ33年もののコーンウイスキー、花、ココナッツ、バニラの風味がミックスした20年もののウィートウイスキーなどである。

「私たちはジョン・K・ホール(p.279を参照)と大して違いません」営業部長のシェルドン・ハイラは言う。「カナダはプレミアムウイスキーに注力する必要があります。 過小評価されてきたのですからね」

ハイウッドのテイスティングノート

ホワイトオウル 40%

香り： 非常に穏やかで甘く、手早くクリームと合わせたソフトなフルーツを伴う。
味： ライトだがテクスチャーがあるお陰でデリケートなフルーツが舌に残る。 極めてシルキー。
フィニッシュ： ライトで非常に短い。
全体の印象： この5年もののホワイトウイスキーはハイウッドのトップセラーだ。

フレーバーキャンプ：甘い小麦風味
次のお薦め： シュラムル・WOAZ

センテニアル10年 40%

色・香り： ライトな琥珀色。 ありふれていない。 クローブに火打ち石、乾燥した穀物、非常に熟した黒い果実、加熱した青野菜を伴う。
味： 重みがある。トフィー、ペッパー、おが屑、ベーキングスパイス、そして甘いレモネードにほんの少しのぴりっとする風味が伴う。
フィニッシュ： 長いが抑制されている。トフィー、スイートスパイス、ペッパーとフェードアウトしていく。
全体の印象： ウィートウイスキーのソフトさを持つが、ぴりっとする風味を伴う。

フレーバーキャンプ：甘い小麦風味
次のお薦め： メーカーズマーク、ブルックラディ・バーボンカスク、リトルミル

ナインティ20年 45%

香り： 穏やかだが、蜂蜜／シロップ、赤い果実、青リンゴで満ちている。 ほのかなシダー(長い熟成に由来する)とグリーンペパーコーン。
味： コクがあってソフト、スイートオークがライトなグリップ、ブラックバター、ミントの小枝、ストロベリー少々、桃をもたらしている。
フィニッシュ： ライ麦のスパイス風味が効いている：たっぷりのオールスパイスと生姜。
全体の印象： ライヘビーブレンド。

フレーバーキャンプ：スパイシーなライ麦
次のお薦め： フォアローゼズ・シングルバレル

センチュリー・リザーブ21年 40%

香り： トーストしたオークから始まり、そこから開いていってソフトで甘いコーン、干し草少々、ほのかなドライローストしたスパイスが現れる。 僅かなアップルミント、続いてブラッドオレンジとカラメル。
味： まろやかなクリーミィさを伴う素晴らしいスタート：トフィーシロップ、そしてレモンがアクセントの柑橘が弾ける。 完熟でコクがある。 舌の上では柑橘風味が強まる。
フィニッシュ： 僅かにペッパーっぽく、オーク少々がローストしたカカオノートを添える。
全体の印象： オールコーンのウイスキー。 長くて深みがある。

フレーバーキャンプ：ソフトなコーン風味
次のお薦め： ガーバン・グレーン

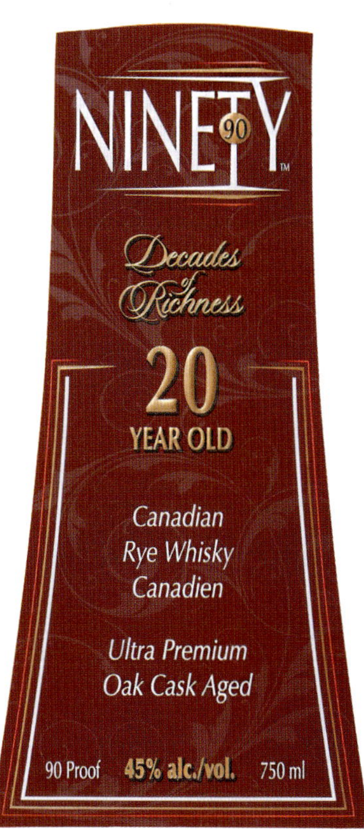

ブラック・ベルベット蒸溜所

関連情報：レスブリッジ●WWW.BLACKVELVETWHISKY.COM

アルバータ州にある3つの蒸溜所は、主に扱う穀物がそれぞれ違う。ブラック・ベルベットという蒸溜所は、中でも一番ソフトな風味を持つ穀物──コーンに注力している。コーンは大半のカナディアン・ウイスキーのベースなので驚くことではないだろうが、アルバータ州は大麦の産地だ。それにここは穀物生産が主な産業の小さな田舎なのである。

なぜコーンを使う蒸溜所をここに建てたのだろうか？ 1970年、米国では急激にカナディアン・ウイスキーの人気が高まった。英国を本拠地とし、「ブラック・ベルベット」のブランドを所有するIDVがこの蒸溜所を建設し、トロントのギルビー蒸溜所では「スミノフ」を製造した。アルバータ州レスブリッジに蒸溜所を建て、西側にウイスキーやジン、ウォッカを供給するのは物流的に理にかなっていたのである。

しかし1980年代に売上が落ちた。レスブリッジのプラントも閉鎖寸前だったのだが、市長を味方につけてロンドンのIDV経営陣のところに直接陳情に行かせた結果首がつながった。一方でトロントのプラントは閉鎖されている。

マネージャーのジェームズ・ムバンドが案内してくれたツアーはダイナミズムに満ちた物語だ──高圧、真空、酵素の投入、澱粉の爆発、粥状コーンへのバックセット注入、それに糖化が完了しているのに勢い良く続く発酵…。4本のカラムからはアルコール濃度96%のコーンベースウイスキーが造られる。ビアカラムからはコーンとライ麦のフレーバリングウイスキーがそれぞれ67%と56%の濃度で生成される。

こうして出来上がるのは、クリーンで甘いベースの、凝縮された風味で、柑橘系とライ麦に由来するライ麦パンの皮の香味を持ち、パンチが効いてスリム、そしてメントールが強いコーンウイスキーだ。

ビッキー・ミラーが監督するブレンドのレジメは複雑だ。フレーバリングウイスキーはそれぞれ2～6年間熟成させる。するとライウイスキーにはバターっぽいスパイス風味が、コーンウイスキーには複数の花がミックスした香りとココナッツ香が生まれる。これらを熟成させていないベースウイスキーにブレンドし、最低でも3年熟成させる。ベーススピリッツとフレーバリングの比率を変えることでさまざまなフレーバーが作り出されるのだ。

この原酒は「OFC」や「ゴールデン・ウェディング」(p.278を参照)などシェンリーの元ブランドや、数多くのサードパーティブランドに用いられるが、「ブラック・ベルベット」そのものを忘れてはいけない。これはクラシックで風味豊かなカナディアンブレンドで、ジンジャーエールと合わせると最高にうまいのだ。

さて、ブラック・ベルベット蒸溜所も「ダンフィールズ」ブランドでプレミアムライン製造に足を踏み入れた。「ダンフィールズ」は複雑で活気のあるウイスキーだ。コーンウイスキー前哨部隊の力量がよく分かる逸品である。

ホッパー貨車を2台引く穀物運搬トラックがブラック・ベルベット蒸溜所(アルバータ州レスブリッジ)にコーンを運ぶ。

ブラック・ベルベットのテイスティングノート

ブラック・ベルベット 40%

香り： 風味豊か、ソフトなコーン風味、リンゴのキャラメリゼ、ライム、ラズベリー、キャラメルトフィー、控えめなライ麦の一騒ぎ。

味： 穏やかで非常に甘い、僅かな埃っぽさ、最後まで少々収斂感がある。

フィニッシュ： ライトでソフト。

全体の印象： とてもゆったりしていてミックスに最適。

フレーバーキャンプ：ソフトなコーン風味

次のお薦め： キャメロン・ブリッグ

ダンフィールズ10年 40%

香り： 成熟していて複雑、心地よい深み。ライトなオークのノートにほとんどフェノールのようなエッジを伴う。それでも極めてソフト感に富む。ライトな柑橘香と焼いたフルーツ、バターコーン。

味： ソフトでクリーン、中央で非常にライトなスパイスを伴う。バニラ鞘。複雑だが抑制されている。

フィニッシュ： 埃っぽいスパイスに変化していく。

全体の印象： バランスが取れていて極めて上等。

フレーバーキャンプ：ソフトなコーン風味

次のお薦め： ジョニーウォーカー・ゴールドリザーブ

ダンフィールズ21年 40%

香り： 複雑だが例によって控えめ。10年よりもオーク香がありマカダミア、少々のバターっぽいノート、フルーツのキャラメリゼ、ミント、ヘーゼルナッツ、ココア／ホットチョコレートを伴う。

味： 柑橘風味のスタート。濃密で甘くカスタードプディングと乾燥したオーク香を伴う。

フィニッシュ： ドライローストしたスパイス。クリーン。

全体の印象： 複雑でエレガント。

フレーバーキャンプ：ソフトなコーン風味

次のお薦め： グレンモーレンジィ18年

ギムリ蒸溜所

関連情報：マニトバ州●WWW.CROWNROYAL.COM

蒸溜所は寄り集まるように建っているいることが多い。互いに助け合うためではなく、市場に近い、または販売網へのアクセスが良いという必然の理由からだ。結果、カナダでは多くのプラントが大都市に集中している。しかしギムリ蒸溜所は違う。他の蒸溜所からは思い切り遠く離れ、カルガリーから1500km、ウインザーから2000kmの距離のマニトバにある。蒸溜所の建設地を選定する理由としてもう1つだけ挙げられるとすれば、原材料が手に入りやすいことだ。ギムリ蒸溜所の場合はこれだ。今なお地元で栽培されたコーンとライ麦を使用している。

ギムリ蒸溜所がここにあるのは、やはり供給が需要に追いつかなかった1960年代のブームの名残である。ギムリのオーナー、シーグラム社は既にカナダで4つの蒸溜所を所有していた。もう1つ増えて何の不都合があっただろう?

シーグラム家は1878年オンタリオ州ウォータールーで蒸溜を始めた。1928年、モントリオールを拠点とするブロンフマン家のファミリービジネスと融合した。ブロンフマン一族は蒸溜所を所有するとともにディストリビューター（流通業者）でもあった。当時ディストリビューターといえば、国境を超えて禁酒法下の米国に密造酒を運ぶ者を指した。

野心家のサム・ブロンフマンは社会的地位を欲した。「シーバス・リーガル」「ローヤル・サルート」「クラウン ローヤル」と彼のウイスキーの名からもそれが分かるだろう。「クラウン ローヤル」は1939年に英国王のカナダ訪問を記念して彼が初めて王室に献上したものだ。

1980年代に売上が落ちてシーグラム社の資産は激減、1990年代に残っていたのはギムリだけだった。現在はシーグラム社も撤退しディアジオ社が所有している。ギムリ蒸溜所はワンブランド方針だが「クラウン ローヤル」はカナディアン・ウイスキーで販売数ナンバーワンだ。

ギムリはシングルディスティラリー・ブレンドをカナダで製造したらどうなるかという理想的なケーススタディだ。その方針は、1ヵ所でできるだけ多くのフレーバーを作り出すことである。「クラウン ローヤル」は2つのコーンベースから出来ている。

ベースの1つはビアスチルによる濃縮でスピリッツを得てから、蒸気を直接精溜塔に通してポット（ケトル）で再蒸溜して造る。バーボンとライウイスキーはビアカラムをシングルパスさせて造り、ユニークな「カフェライ」はカフェスチルで得る。

次にこれらを熟成レジメに従って寝かせる。新しいオーク樽でフレーバーを与え、さらにリフィル樽とコニャック樽を使う。酵母、穀物、蒸溜レジメ、いくつもの樽材、時間。まさにブレンダーの天国だ。風味豊かでソフト、蜂蜜風味の基本的な「クラウン ローヤル」の味をベースに、そのバリエーションを造るための素材が選び放題なのである。

ギムリのテイスティングノート

クラウン ローヤル 40%

香り： ヒュージで甘く、クリームブリュレと、香りが強くジャムっぽい赤と黒の果実を伴う。続いて新しい木、スパイス、オレンジ皮。

味： 甘美でハチミツ風味、フレッシュなイチゴを伴う。僅かにライ麦由来のスパイス。

フィニッシュ： ライ麦とオークが登場してぴりっとする味を軽く感じる。

全体の印象： ソフトで穏やか、全くもって従順。好きにならずにいられない。

フレーバーキャンプ： ソフトなコーン風味

次のお薦め： グレンモーレンジィ10年、ニッカ・カフェグレーン

クラウン ローヤル・リザーブ 40%

香り： 樽材の影響と熟成したストック：クリームブリュレ、僅かなシェリー、桂皮、ブラックベリーにミントの小枝がトップノートを添える。

味： ファットで熟しすぎたマンゴー。甘くて蜂蜜味、その後レモンがアクセントのライ麦が現れ、トーストっぽいオークが少々の酸味とグリップをもたらしている。

フィニッシュ： ライトなライ麦のアクセント。

全体の印象： 甘くてシルクのようなテクスチャーでいかにもギムリらしいが、一段とグリップを持つ。

フレーバーキャンプ： ソフトなコーン風味

次のお薦め： タラモアD.E.W.12年、ジョージディッケル・ライ

クラウン ローヤル・リミテッドエディション

色・香り： 琥珀色。ゆっくりと開いてナツメグ、シナモンになる。僅かなアップルジュース、トフィー、曖昧なバニラ。飾り気がない。

味： 大麦糖、ライ麦由来のスパイス、唐辛子、グレープフルーツ皮。心地よいウエイト。クリーミィなフルーツ。スパイシーでペパーミントが閃く。

フィニッシュ： ミディアムのクリーミィ感が消えていってペッパーと樽材になり、柑橘系のフィナーレを伴う。

全体の印象：「クラウン ローヤル」ラインのトップ。

フレーバーキャンプ： スパイシーなライ麦

次のお薦め： クラウン ローヤル・ブラックラベル

ハイラム・ウォーカー蒸溜所

関連情報：ヘリテージセンター●ウィンザー●WWW.CANADIANCLUBWHISKY.COM
●通年オープン、オープン日と詳細はサイトを参照

デトロイト川の岸に沿って並ぶ33のサイロの大きさを見れば、ウォーカービルにあるハイラム・ウォーカー蒸溜所が大手であることが分かる。ここはカナダで一番、ことによっては北米で最も大きな蒸溜所だ。年間5千500万リットル、表現を変えればカナダ産ウイスキーの70%を占める量を製造している。「カナディアンクラブ」や「ギブソンズ・ファイネスト」のための蒸溜液も生産しているが、「ワイザーズ」「ロット40」「パイククリーク」など自社ブランドにこそハイラム・ウォーカー蒸溜所の秘密が隠されている。

規模は大きいが単なる工場ではない。管理室で探究を続けるのはブレンダーのドン・リバモア博士だ。彼はカナディアン・ウイスキーで起きている世代交代を支える1人だ。カナダの新しい蒸溜技術者とブレンダーは過去を尊重しつつ、人々に腰を上げさせ注意を引くにはどうすればよいかを考えている。

ここでは実に様々な蒸溜液が生産される。コーンだけではなく、ライ麦、ライ麦麦芽、大麦、大麦麦芽、小麦も買い入れる。発酵は巨大な発酵部屋で行われ、発酵槽に窒素を加える技術のおかげでウォッシュのアルコール濃度がコーンでは15%、ライ麦では8%に上がった。コーンベースは3連塔蒸溜で製造するが、フレーバリングウイスキーは「スター」もしくは「スタースペシャル」と等級分けされる。前者は72枚の棚板がついたビアスチルを通し、後者はポットスチルで再蒸溜する。

リバモアが言うように「ポットスチル蒸溜したライウイスキーはコーンに乗ったペッパー」だ。これら小さな穀物からそれぞれ造られる2種類のスピリッツはブレンド用の原酒として深みのある大きな器を持っている。

リバモアの話でよく出てくる言葉を挙げるとすれば、それは「革新」だ。生産過程のあらゆる面が検証されている最中だ。これから1930年代に遡る酵母株を採用する予定もある。一方でリバモアは小穀物についても研究を進めている。赤冬小麦から得られる様々なフレーバープロファイルの解析もその1つだ。また彼は木に関する博士号を所有する。ハイラム・ウォーカー蒸溜所が木材管理プログラムを行っているのも納得だ。「こんな風に柔軟性がある社風なので、大規模な蒸溜所でもクラフトスタイルが可能なんです」と彼は語る。

にわかには信じかねても、テイスティングルームで彼と1日過ごすと真実だと分かる。大手も開拓者になれるのだ。

ハイラム・ウォーカーのテイスティングノート

ワイザーズ・デラックス 40%

香り： ライ麦が先に立つが、ハチミツ香で穏やかな背景がある。ライトなサンダルウッド、ブロンド煙草、フェンネル。
味： メープルシロップから開いて、メース、赤いリンゴへと続く。オークの淡い背景。
フィニッシュ： 甘いドライフルーツ。
全体の印象： 口当たりが良くて心地よい。

フレーバーキャンプ：ソフトなコーン風味
次のお薦め： ワイルドターキー 81°

ワイザーズ・レガシー 40%

香り： 「ワイザーズ」のスタイルでは、スムーズなトフィー／バニラの枠の中にライ麦香が包まれている。やがて花粉、クローブ、ヒハツ少々、続いてラズベリージャムとライトなオーク。
味： ペッパーっぽいライ麦が先に立つが、桃、ドライアプリコット、ライトなメントール、柑橘系のエッジが続く。
フィニッシュ： クリーン、スパイシーなライ麦。
全体の印象： よりビッグでオーク主導だがやはり「ワイザーズ」らしい。

フレーバーキャンプ：スパイシーなライ麦
次のお薦め： グリーン・スポット

ワイザーズ18年 40%

色・香り： オレンジがかった金色。挽いたばかりの木、スパイシーなライ麦、サワードーブレッド、乾燥穀物、葉巻箱、スティック糊。
味： 複雑で芳醇なフレーバー。焦げた砂糖、材木置場、白胡椒、芳しい、埃っぽいライ麦、ダークフルーツ、ベーキングスパイス、収斂感を持つオークタンニン少々。
フィニッシュ： 長くてペッパー風味、フルーティな甘味がオークのタンニンに道を譲り、口の中がすっきりするようなビターレモン。
全体の印象： 甘くてスパイシーな佳肴が詰まったシダーの箱。

フレーバーキャンプ：コクとオーク香
次のお薦め： ギブソンズ・ファイネスト18年、アルバータ・プレミアム25年

パイククリーク10年 40%

香り： 赤い果実、マジパン、僅かにジャムっぽい、ラズベリークーリ。ほのかな甘いシナモンとナツメグ。
味： より甘くて僅かにバニラのアクセント。スパイスの苦味と柑橘系の風味が増す、特にコリアンダーシードが目立つ。
フィニッシュ： 穏やかでレモンのぴりっとする味、続いて赤い果実少々が再び現れる。
全体の印象： カナダ国内でのリリースであることに留意。輸出用よりも熟成年数が長くポート樽で仕上げられている。

フレーバーキャンプ：ソフトなコーン風味
次のお薦め： 秩父ポートパイプ

ロットNo.40 43%

香り： ライ麦の総襲撃。僅かに葉っぽく、続いてライ麦粉、焼き立てのサワードー。甘味から海辺の岩、イチゴ、青リンゴ／フェンネルシードに。芳醇。
味： スパイシーでいく分かのグリーンオリーブの種、オールスパイス、コリアンダー、ライトなクローブを伴う。加水するとスイートオークが前面に出始める。
フィニッシュ： 僅かに発泡する感じでクローブのよう。
全体の印象： ライ麦10%でできている。

フレーバーキャンプ：スパイシーなライ麦
次のお薦め： JH スペシャル・ヌガー、フォーティクリーク・バレルセレクト

カナディアンクラブ

関連情報：ウィンザー●WWW.CANADIANCLUBWHISKY.COM●通年オープン、オープン日と詳細はサイトを参照

カナディアン・ウイスキー業界では20世紀に統合、合併、買収が繰り返され、連なるブランドの物語をたどってもまるで迷宮にはまり込んだようだ。例えばカナディアンクラブ。2006年にオーナーのアライド・ディスティラーズ社が解体された時にブランドはビーム社に行き、蒸溜所はペルノ・リカール社所有になった。CCの創設者ハイラム・ウォーカーから受け継いだもので残ったのは19世紀にウォーカー自身が建てた素晴らしいオフィスだけだった。現在はブランドのヘリテージセンターになっている。

ハイラム・ウォーカーはウイスキー業界のチャールズ・フォスター・ケーンだ。フィレンツェのパンドルフィーニ宮殿が気に入ったら？　そっくりのオフィスを建てればいい。デトロイトに帰らねばならないのにフェリーを待てなかったら？　専用のターミナルを作ってプライベート用に運航させればいい。72km川上に別荘があったら？　鉄道を作って行けばいい。友人のヘンリー・フォードが自動車製造を始めたら？　30%の事業権と引き換えに工場を建設しよう。成長し続けるウイスキー蒸溜所を所有していたら？　社員のために街を作って自分の名をつけることにしよう。

ウォーカーは毛皮商として働くためにデトロイトにやってきた。しかし1854年にレクティファイヤーとなり、地元蒸溜所から買い入れたスピリッツを濾過・ブレンド・ボトリングするようになった。1858年、彼は川を渡って自分の蒸溜所を建て、カナディアン・ウイスキーを故国米国に売り始めた。19世紀末になると彼のブランドのバーボンは米国のジェントルメンズ・クラブで大人気となる。そして1882年に「カナディアンクラブ」が誕生した。ラベルに原産国名を表示させれば愛国者は飲まなくなるだろうと米国のウイスキーメーカーが算段したためだっが、結果として大失敗だった。ハイラム・ウォーカーのブレンドスタイル——穏やかでライト、甘い香味——は消費者の好みにぴったりだったのだ。

デトロイトと近かったことから、禁酒法時代にはここが一大拠点となった。しかし1926年にハリー・ハッチが事業を買い取った。ハッチはトロントの蒸溜所グッダーハム&ワーツのオーナーで（その後コルビー蒸溜所も買収）、「ハッチ海軍」の指揮官たちは大胆にも五大湖を渡って米国にスコッチ、ラム、カナディアン・ウイスキーを届けたのである。その大半はボートに乗せた「尼僧」の修道衣の下に隠してこっそり川を渡したか、ハイラムの古いトンネル経由で運んだという。

これはいわゆる伝統のブレンドとは程遠いウイスキーだ。あまりにも行儀が良すぎるし、穏やかなカナダらしくて威張る風でもない。しかしブレンド——特にトップエンド製品を口に含むと、何やら訳知り顔の笑みを向けられているように感じる。ハイラムの予見は正しかったでしょう？　と。

カナディアンクラブのテイスティングノート

カナディアンクラブ 1858 40%

香り： 非常にソフトで柑橘系：オレンジ果皮、オレンジの花ハチミツ、大麦——砂糖菓子、アプリコットジャム、穏やかなコーン、ライトなライ麦の一騒ぎ。

味： ミディアムウエイト。ソフトなコーン風味からスタート、次にココアバターとホワイトチョコレート。ジューシーなフルーツ。

フィニッシュ： ライトなライ麦。バランスが取れている。

全体の印象： プレミアムとしても知られる。非常に堅実なスタートポイント。

フレーバーキャンプ：ソフトなコーン風味
次のお薦め： ジョージ・ディッケル

カナディアンクラブ・リザーブ 10年 40%

香り： よりライ麦のアクセントが増していて、コリアンダーとヒハツの香りとミックスする。背後にかすかな甘味があり、ライトなトフィーと穀物の甘味少々を伴う。加水するとエキゾチックなフルーティさが引き出される。

味： 穏やかなスタートでビッグなバタートフィーのノート、次にライ麦に由来するフェンネルシードの強い味が現れる。加水するとライトな梨、調理したリンゴ、シナモンスパイスがうまく釣り合う。

フィニッシュ： 見え隠れしていたほろ苦いノートが前面に出てくる。

全体の印象： ライ麦のアクセント、極めて大胆。

フレーバーキャンプ：スパイシーなライ麦
次のお薦め： タラモアD.E.W.

カナディアンクラブ 20年 40%

香り： 長くて複雑、成熟していて肉厚なフルーティさ。アップルシロップと鋸で挽いたばかりの木。ライトでライ麦が強いスパイスが、成熟した深みにいくばくかの活気をもたらしている。

味： オークからスタート、次に熟したベリーフルーツ少々を感じるが、絶えずシャープなレモンとライ麦に由来するオールスパイスがジャブを入れてくる。加水するとスパイスが解放され、缶詰のプルーンのトーンが引き出される。

フィニッシュ： 淡い苦味、クローブとココナッツマットを伴う。

全体の印象： 成熟していて複雑。

フレーバーキャンプ：コクとオーク香
次のお薦め： パワーズ・ジョンズレーン

カナディアンクラブ 30年 40%

香り： ファットでエキゾチックな香り：オーク、ライ麦に由来するスパイス、避けられない酸化の香りのミックス。革と葉巻のラッパーが交錯するラス・エル・ハヌート／ガラムマサラと黒い果実、ほとんどアルマニャックのような深み。

味： ソフトでフルーティ、腕を伸ばせば届く距離に樽材の風味がある。トフィー、熟成感、そしてミックスしたスパイスが弾ける。

フィニッシュ： オレンジとグリーンペッパーコーン少々。

全体の印象： エレガントで芳醇。

フレーバーキャンプ：コクとオーク香
次のお薦め： レッドブレスト15年

バレーフィールド蒸溜所およびカナディアンミスト蒸溜所

関連情報：バレーフィールド ●モントリオール
カナディアンミスト ●コリングウッド ●WWW.CANADIANMIST.COM

サラベリ=ド=ヴァレフィルドという街の名は、ケベック人と、英語を話す同州人との良好な英仏協商(オンタント・コーディアル)を物語る。しかしそのウイスキーが仏とカナダが結びついた特徴を示しているとは言い難い。米国らしい風味だからだ。バレーフィールド蒸溜所は1945年にシェンリーグループの一部として設立され、しばらくは「オールドクロウ」や「エンシェントエイジ・バーボン」、国内ブランドの「ギブソンズ」「ゴールデン・ウェディング」「OFC」(Old Fine/Fire Copperの略。両方とも使われた)を製造していた。最近ではディアジオ社の傘下となって「シーグラム83」や「シーグラムVO」を送り出している。後者は1913年にオンタリオ州ウォータールーでトーマス・シーグラムの結婚を祝して発売されたものである。「クラウン ローヤル」のベースの一部もここで造られている。

現在、コーンを材料に2種類のベースウイスキーが製造されている。ライトな方はスタンダードにマルチカラムの蒸溜器を通し、よりコクがあってコーンオイル風味が強い方はケトル&カラム式(p.275を参照)を用いる。フレーバリングウイスキーはディアジオ傘下のギムリ蒸溜所プラントから運び込まれている。

オンタリオ州コリングウッドにあるカナディアンミスト蒸溜所は比較的新しいプラントで、米国市場向けの「カナディアンミスト」を造るため1967年にバートンブランズ社が建てた。現在の所有者はブラウン=フォーマン社(ジャックダニエルのオーナー)で、まずは非常にスタンダードなレシピで製造されている。ベースウイスキーの1つはコーンを原料にし、もう1つのフレーバリングウイスキーはライ麦比率を高めにしたマッシュビルだ。後者には蒸溜所独自の酵母が用いられ、最大限にエステルを生成するために発酵時間を長く取る。蒸溜はどちらも(噂とは反対に)犠牲銅を詰めたカラムスチルで行われる。

「カナディアンミスト」ブランドもまた、カナダのやたらに素直なウイスキーの1つだ。時には、あまりに飲みやす過ぎる(特にロングドリンク)のも「真剣に」飲む人から無視される理由だろうかと首を傾げてしまう。広く一般受けする故の大きなデメリットと言える。ブラウン=フォーマン社は「カナディアンミスト」とは違うブレンドの「コリングウッド」を投入することでこの問題を解決しようとした。「コリングウッド」はトースト済みのメープルウッド板を入れたバットでマリイング(後熟)の時間を取る。現在、これよりカナダらしいウイスキーはない。

カナディアンミストのテイスティングノート

カナディアンミスト 40%

香り： ライトでフレッシュ、エッジを包むライトな埃っぽさ。熟していないバナナ、ブロンド煙草。繊細で特徴的なカナディアン・ウイスキーの甘みを伴う。
味： ポップコーン。ライトなシロップと熟していないフルーツ、それからレモン少々、野菜のノート、ほんの僅かな生姜。
フィニッシュ： ライトなペッパー。
全体の印象： 全てが極めて繊細。うまくミックスするだろう。

フレーバーキャンプ：ソフトなコーン風味
次のお薦め： ブラック・ベルベット、カナディアンクラブ1858

シーグラムVO 40%

香り： エステル香のするフルーツのライトなタッチ、つぶしたバナナ少々、鋼鉄っぽいライ麦のノート。
味： 極めてしっかりしたスタート、しかし加水すると(ジンジャーエールならなお良し)ソフトさが前面に引き出される。
フィニッシュ： ライトでスパイスが効いている。
全体の印象： ミックスのために造られたウイスキー。

フレーバーキャンプ：スパイシーなライ麦
次のお薦め： J.H.ライ

コリングウッド 40%

香り： エステル香がして香りが立ち昇る。ライトでグリーンフェンネルシード、中国緑茶、クロロフィル、それに繊細な花少々を伴う。フレッシュ。
味： 甘くした緑茶が全体に浸透する感じ。ライトなジャスミン、ルバーブ、ドライアプリコット。繊細な蜂蜜。
フィニッシュ： フローラル。ドライ感が増していく。砂糖漬け生姜。
全体の印象： 中国でも受け入れられるだろう。

フレーバーキャンプ：香り高くフローラル
次のお薦め： デュワーズ12年

コリングウッド21年 40%

香り： 成熟。すぐにソフトなライ麦のノートを感じ、これに伴うたっぷりの粗挽き胡椒とカルダモンが爽快感をもたらす。自生ハーブとスターアニス、続いて甘味が増してリキュールオレンジ、朝鮮人参、チョコレート、マンゴーになる。
味： ジューシーな旨味があって極めてフローラル、たっぷりのクチナシとバラを伴い、微かにロクムの気配。ライトに粉っぽく、その後濃密な甘味が戻ってくる。
フィニッシュ： ライトなシナモン粉一振り。
全体の印象： 卓越したワンオフもの。こんなウイスキーをまた出してほしい!

フレーバーキャンプ：スパイシーなライ麦
次のお薦め： パワーズ・ジョンズレーン

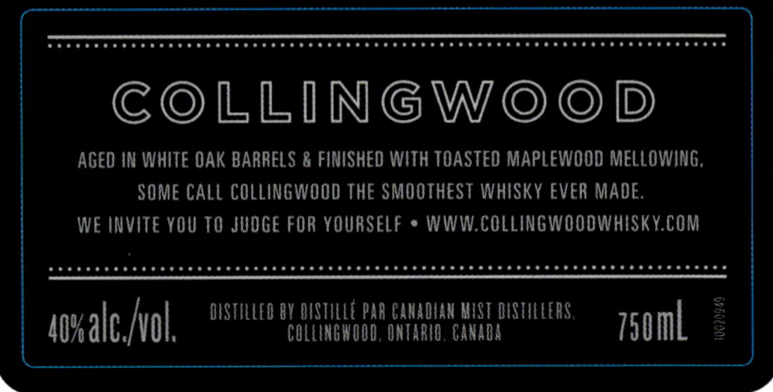

フォーティ・クリーク蒸溜所

関連情報：オンタリオ州グリムズビー ● WWW.FORTYCREEKWHISKY.COM
● 通年オープン、オープン日と詳細はサイトを参照

「ジョン・K・ホールのバラッド」と表現すると語呂が良いだろうか――それに相応しくもある。なぜならフォーティ・クリーク蒸溜所の立役者はなかなかのミュージシャンだからだ。出だしは1993年にナイアガラ近くのワイナリーを買い取った男の話から始まる。彼は15基のスチルが火を落とされることになった時にウイスキーを作ろうと決心し、よそが拡大を続ける時に彼のプラントは小さいままだった。彼は巨人に立ち向かった。勇敢なジョン・K・ホールは苦難に打ち勝って世界から喝采を浴び、カナダのクラフト蒸溜創設の父と見なされるようになった。かつてその男は言った。「やってみたらどうなるだろう?」2014年、バラッドは1億8千500万カナダドルでカンパリ社に蒸溜所を売却してハッピーエンドに終わった。

彼はカナディアン・ウイスキーとは何かを考えて、その可能性を大きく開いた男でもある。「私がスタートした時、かつて伝統と革新、興奮に包まれていたカナディアン・ウイスキーは元気を無くして沈滞していました」と彼は語る。「見限られつつあったんです」

彼の取った行動はこうだった。酵母を選定し、穀物の品種をボトルに記し、さまざまなチャーリングやトースティング、オークのタイプによってどのようなフレーバーが生まれるかを調べ上げるなど、ワイン造りの原則をウイスキー造りに取り入れたのである。

ここではベースウイスキーというものはないが、代わりの蒸溜液を造っている。カラムスチルによるコーン蒸溜液を通常はヘビーにチャーした樽で熟成させるもの、棚板を備えた2基のポットスチルに1回通した大麦蒸溜液をミディアムトーストした樽で熟成させるもの、同ポットスチルで得たライ麦蒸溜液をライトトーストした樽で熟成させるもの、この3種類だ。それぞれ別々に熟成させてからブレンドしてマリッジする。

新興勢力の立場から、ホールは新天地を開拓できたのだろうか?

「革新はサイズではなく情熱によって測るものだと思うんです」彼は言う。「クラフト、自分の顧客、ともに働く相手への情熱です。革新と手を取り合って進むには根気が必要です。根気を持ってウイスキーを扱えなければ、革新から利を得ることはできません」

彼は増えていく「フォーティ・クリーク」の製品へのアプローチを音楽に例える。「ソングライターはほぼ隔離された状態で歌を作ります。熟成中のウイスキー樽が、長い時間をひっそりとを過ごすようなものですね。それに歌はリスナーの心をつかむような出だしが必要でしょう。ソウル、リズム、カウンターリズムも必要ですし、満足感を持って終わるようにしなければいけません。優れたウイスキーも同じです。私が目指すのはそこなんです」

フォーティ・クリーク蒸溜所のウイスキーが身をもって示し続けていることがもう1つある。前出のアプローチによって「カナディアン・ウイスキーなんてこんなもの」という先入観を打ち壊す新しいフレーバーを生み出していることだ。もし今カナディアン・ウイスキーの革新が進行中なら、少なからず彼のおかげである――「じゃあ、やってみよう」と行動したジョン・K・ホールの。

フォーティ・クリークのテイスティングノート

バレルセレクト 40%

香り： 穏やかでとてもフルーティ、オーブンで焼いた桃、アプリコットを伴う。甘いほのかなライ麦が忍び込む。ゆっくり。加水するとマヌカハニーとスパイスが少々。

味： 穏やかでミディアムボディ。コーンがスムーズで濃密。バランスが取れていてトフィーとカラメルが一緒に混ざり、焼きバナナを伴う。

フィニッシュ： カリッと歯切れよくナツメグとライ麦の引き締め感が伴う。

全体の印象： バランスが取れていてリラックスしている。

フレーバーキャンプ：ソフトなコーン風味
次のお薦め： 知多・シングルグレーン

コッパーポット・リザーブ 40%

香り： ビッグで黒い果実が増し、果糖のカラメル、チョココーティングのマカダミアナッツ、それにメープルシロップ少々。濃密で大胆、そして甘い。加水すると赤いフルーツが顔を出す。

味： バレルセレクトが粘り気を増した感じで、カラメルが増し、スイートナッツ、スイートスパイスのぴりっとする風味を伴う。

フィニッシュ： 長くて甘い。

全体の印象： 大胆、率直でふくよか、口の中で広がる。

フレーバーキャンプ：ソフトなコーン風味
次のお薦め： ジョージディッケル・バレルリザーブ

コンフェデレーション・リザーブ 40%

香り： ライトで青リンゴとクリーンなオーク。ほろ苦くて僅かなニスとオイルを伴う。やはりリラックス感とフォーティ・クリークらしい甘味があるが、アセトン香と僅かなレッドフルーツタルト香も感じられる。

味： 濃密かつゆっくりとコーンが先導する。香りの印象よりもはるかに噛みごたえがある。快い刺激。

フィニッシュ： 青リンゴ。

全体の印象： 僅かに軽いエクスプレッションで、穀物が豊かな表情を見せる。

フレーバーキャンプ：スパイシーなライ麦
次のお薦め： グリーン・スポット。

ダブルバレル・リザーブ 40%

香り： オークが指揮者。オークの樹液少々、挽いた木とハチミツ&ナッツのミックス。開くには時間がかかる。赤と黒の果実：カシス。

味： 複雑で、加熱した柑橘類からフレッシュな果皮、ハードキャンデー、オーク、ハチミツへと変化していく。ストラクチャードでタンニンと酸味がしっかりしている。

フィニッシュ： グリーンフェンネルシード。クリスプ。

全体の印象： 多層でオーク香があり、甘い。

フレーバーキャンプ：コクとオーク香
次のお薦め： バルヴェニー・ダブルウッド17年

カナダのクラフト蒸溜所

関連情報：スティル・ウォーターズ蒸溜所 ●オンタリオ州コンコード● WWW.STILLWATERSDISTILLERY.COM●通年オープン、見学は要予約
ペンバートン蒸溜所 ●ブリティッシュコロンビア州ペンバートン● WWW.PEMBERTONDISTILLERY.CA ●通年オープン、見学は土曜日のみ
ラスト・マウンテン蒸溜所 ●サスカチュワン州ランスデン● WWW.LASTMOUNTAINDISTILLERY.COM

米国のクラフト蒸溜技術者は北方、国境の向こう側を見て、なぜ自分達のように蒸溜を始めないのかと訝しむかもしれない。しかし、まずはカナダの蒸溜者が置かれている状態をよく見るべきだろう。カナダのウイスキーライターでコメンテーターのディビン・ド・カーゴーミアウはこう語る。「政府が酒類の生産と販売に厳しい規制をかけていて、蒸溜を手がけたい人の意気を削いでいるのです。カナダ全体に共通する法体系もありません。熟成の問題もあります。カナダでは3年間グレーンスピリッツを熟成させて初めてウイスキーと呼ぶことが許されます。それなのに小規模の生産者もスピリッツを蒸留した時点で課税されます。販売した時ではないのです」

「現在（2014年時点）、30余の蒸溜所が操業していますが、そのうちウイスキーのスピリッツを造っているのが8ヶ所、定期的に自社生産したウイスキーをボトリングしている蒸溜所は3ヶ所に過ぎません」カーゴーミアウは言う。「しかしまだ始まったばかりですからね。カナダのクラフトムーブメントはたった5歳です」

「ホワイトスピリッツ時代」を切り抜けた蒸溜所の1つがスティル・ウォーターズ蒸溜所だ。2009年の3月に蒸溜を始め、オンタリオ州初のクラフト蒸溜所として、酒類管理委員会に「クラフト蒸溜とは何か」を理解してもらうべく孤軍奮闘しなければならなかった。「すぐに気が付きましたよ。これは単なるウイスキー製造の問題じゃない、政治の駆け引きなんだって」と、蒸溜技術者のバリー・バーンスタインは浮かぬ顔を見せた。

この粋な蒸溜所は現在ライ、シングルモルト、コーンウイスキーを製造している。ライウイスキーは一番難しかったという。「発酵槽でものすごく泡立つんです」バーンスタインは言う。「ある日蒸溜所に出勤したら足首までライ麦に浸かるはめになりました。辺りはもう滅茶苦茶でしたが、それはもう素晴らしい香りでした!」現在はきちんとコントロールされており、可動棚板が設置されたクリスチャンカール社製スチルによって様々な特徴とウエイトのスピリッツが製造可能だ。

ライウイスキーはとても芳しく――ほとんどジンに近い――ウインターグリーンの香りが見え隠れする。一方「ストーク&バレル」としてリリースされるシングルモルトはゼラニウム少々と僅かにバターっぽいアクセントを持つ。バーンスタインいわく「今の課題はどうやってお金を稼ぐかですね!」

ブリティッシュコロンビア州ペンバートン蒸溜所のタイラー・シュラムはウイスキー製造にクラシカルなアプローチを取っている。エディンバラのヘリオット・ワット大学に留学して帰国後にはポテトウオッカを造るつもりだった。しかし「行って一週間も経たない内にウイスキーも計画に入れようと思いました。スコットランドのシングルモルトを取り巻く情熱と伝統にすっかり魅了されたんです」

ペンバートンは有機認証蒸溜所なのだが、考え方はとても伝統的だ。「自分は伝統主義者の中に入るでしょうね。ここのスピリッツはスコットランドで昔から伝わる製造法に合わせて造っています」と彼は言う。「そうは言っても毎年少しだけレシピを変えて楽しんでいますよ。ここのロケーション、水、地元の大麦、ここのスチル、全てが相まって私たちにしか作れないウイスキーが生まれるのだと思います」

サスカチュワン州のラスト・マウンテン蒸溜所も地元志向だ。プレーリーの只中にいれば頭を捻らずとも小麦を使おうと思うだろう。「サスカチュワン州の小麦は世界でも最高峰です」蒸溜技術者のコリン・シュミットは言う。「ですから、現時点では小麦に重点を置いています」

スティル・ウォーターズ蒸溜所はカナダのクラフト蒸溜におけるパイオニアだ。

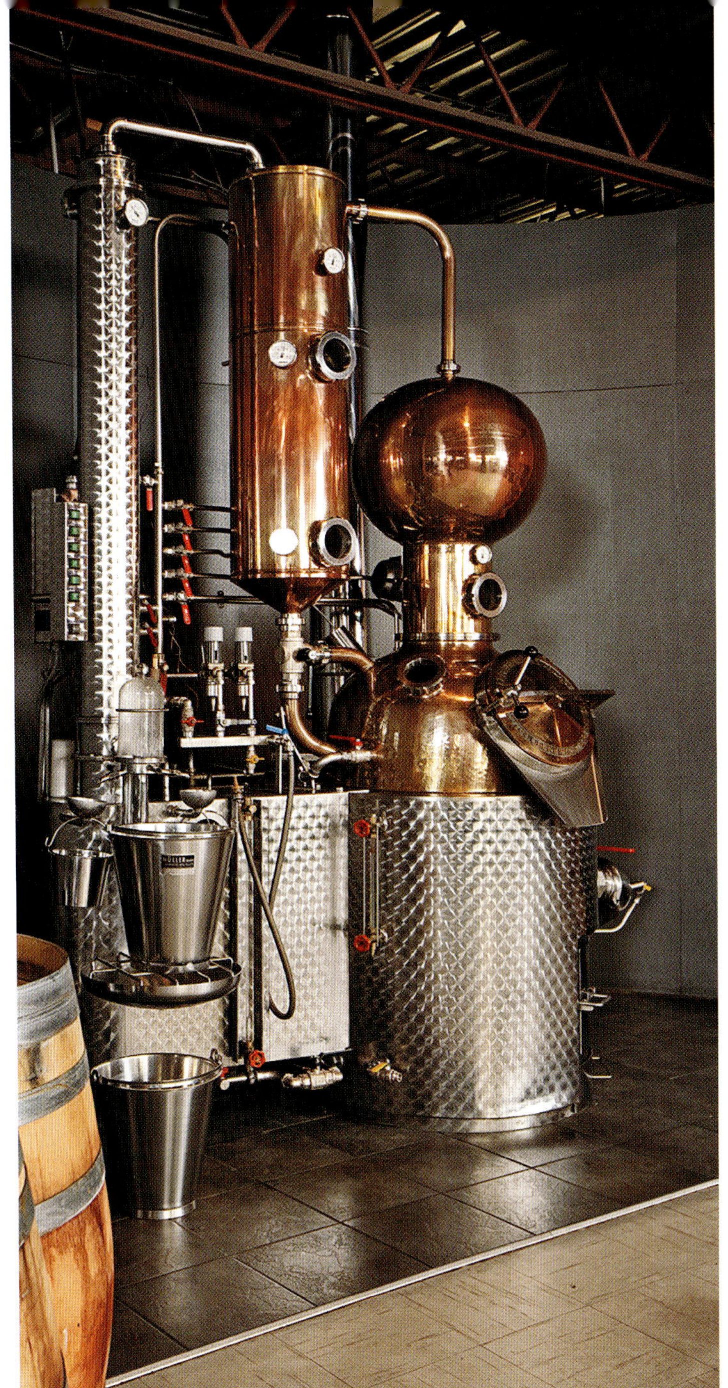

シュミットは自社ウイスキーが熟成する間も、買い入れたウィートウイスキーを販売し、また熟成させ、ブレンドしている。「ブレンドは紛れもないアートだと思い知らされています。3年もののウイスキーを買い入れ、6ヵ月で劇的にフレーバープロファイルを変えることができるのですから。ここで造られた蒸溜液にもそのテクニックを活用しています。10ガロンの新樽を使い、バーボンバレルでブレンドするんです。小規模な蒸溜所は新しいウイスキーを生み出す独創的な方法を見つける必要があると思います。特にバーボン樽が底をついたらね」

これは新たなカナディアン・ウイスキーの始まりだろうか？　シュミットにとっては確かにそうだ。「ジョン・ホール（p.279を参照）が先導役です。彼は複雑な、それでいてカナディアン・ウイスキーらしいウイスキーを造ろうと力を入れています」タイラー・シュラムも同意見だろう。「カナダ、特に西海岸でマイクロ蒸溜所が発展しています。それに伴って使用される穀物の種類が変化しているので、人々が抱くカナディアン・ウイスキー像も変わるだろうと期待しているんです。大抵はカナディアン・ウイスキーならライ麦が原料だろうと思われてるんですね。そうじゃないんです」

ではカナダのクラフト蒸溜の父、ジョン・K・ホールについてはどう思う？　シュミットは続ける。「ウイスキー産業にとってすばらしい存在です。私がこの仕事についてからクラフトワイナリーやクラフトブルワリーが登場し、それぞれがワインとビール業界に好影響をもたらしました。しかし私は蒸溜産業の合理化も目の当たりにしています。ウイスキーブランド、つまり現在伸びつつあるフレーバードウイスキーのカテゴリーのブランドと、創業間もないクラフト蒸溜所は人々の興味を引き、期待を掻き立てています。それに最近までのカナディアン・ウイスキーでは味わえなかった何かを消費者に届けることができていると思います」

多色使いのタペストリーが織られつつある。巨人は眠りから覚めたのだ。

オカナガン蒸溜所のエレガントなスチル。バリエーション豊かになったカナダのウイスキー界の片鱗が見て取れる。

カナダのクラフト蒸溜所のテイスティングノート

ラスト・マウンテン　カスクサンプル 40%

香り： 僅かにグリーン、いく分かのセロリとグラッシー感を持ち、温かくてマッシュっぽい甘さが背後にある。加水するとフローラルでライム少々を伴う。若々しくてクリーン。

味： 甘くて穏やか、ハチミツのように快い風味でバジル少々、シロップ、アーモンド少々を伴う。

フィニッシュ： 穏やかで短い。

全体の印象： クリーンでよく出来ている。

ラスト・マウンテン・プライベートリザーブ 45%

香り： よりダークで食欲をそそる感じ。花弁と濃縮したフルーツ。ほんの僅かなネトル。加水すると若さが出るが、背後に実（じつ）がある。

味： 芳しい／フローラルな特性（ハイビスカス、メドウの花）がそこにある。ライトでドライ、最後に小麦粉少々。

フィニッシュ： クリーンで短い。

全体の印象： 非常にうまく育っている。

フレーバーキャンプ： 甘い小麦風味
次のお薦め： ラスト・マウンテン 45%

ストーク&バレル　カスク・ナンバー2 61.3%

香り： できたてのパンに、マジパン、クランベリー、クッキー生地、ほんの僅かなジャスミンを伴う。加水すると新鮮なイチジクと樽由来の軽いクリーム香。

味： クリーンでいく分かのフレッシュなバレルのノート。僅かに収斂感があり、干し草と開いていくエステルのノートを持つ。

フィニッシュ： クリーンで僅かにタイトながら長さがあり、スパイシーな不意のお別れ。

全体の印象： よくできていて、若いが長期の熟成に向く大きな可能性を持っている。

フレーバーキャンプ： 香り高くフローラル
次のお薦め： スピリット・オブ・ヴェン

REST OF THE WORLD
その他の生産国

由緒あるウイスキー生産地でも革新は起きているが、ウイスキー愛好家が見るべきはその他の生産国だ。どれほど情勢が急速に変化しているか、新たな蒸溜技術者がどれほど深く「ウイスキーとは何か?」と自問しているか、その全体像が見えてくるだろう。

前ページ：今やウイスキーはピレネー山脈からドナウ川近郊、アンダルシア地方からスカンジナビア半島までヨーロッパ中で製造されている。

特に興味深いのは、さまざまに異なるベースからどのように新たな蒸溜技術者が生まれ出てくるかだ。中央ヨーロッパでは昔から果実を原料にスピリッツを製造する技術があり、多くのウイスキーの基盤もそこだ。大麦(または他の穀物)も原料として用いられる。ミッドパレットのウエイトに欠けるきらいはあるが、これらのスピリッツは大麦(オート麦、ライ麦、スペルト小麦)の真価を別角度から発見させてくれる。

オランダではパトリック・ズイダムがジン製造の伝統技術を生かして古代的な面とウルトラモダンな面を持つウイスキーを造った。その過程で彼は最初にライ麦を蒸溜した人々に敬意を表してライウイスキーを復活させた。またヨーロッパ各地で用いられるスモークも、採用されたのは何世紀も前から料理に使ってきたものだから、という理由だ。デンマークではネトル、ドイツとアルプスでは栗、スウェーデンではジュニパー、アイスランドでは樺の木と羊ふんという具合である。こういうバリエーションが重要なのはあなたや筆者のようなオタクが目を輝かせるからだけではなく、正統派への挑戦だからなのだ。

オーストリアのジャスミン・ハイダーは言う。「いつも変わらず大切なのは自分の道を行くこと。人の好みと同じくウイスキーもさまざまです。新しいものを創ろうとすることも大切です。まず第一に、卓越したものは革新的なアイデイアから生まれます。私たちが成熟した時、絶えず前進するためには革新という原動力が必要です。つまり新しいアイディアを押し進めるなら勇気と持久力を持たねばならないということでもあります。それとちょっぴり常軌を逸していても損はないですね！」

革新的でなければいけないのは、こういうウイスキーはスコッチには勝てないからだ。また勝つ必要もない。これらをテイスティングして楽しいのは、ウイスキーへの新しいアプローチや新たなことへの恐れを知らぬ挑戦を純粋に示しているからだ。スコッチを敵に回さず、スコッチの独壇場から外れて他の選択肢を選んだのである。

だが、これら新しいウイスキーは売れなければ意味がない。最高品質で、味も一定である必要がある。初期リリースは大目に見ても、最終的にはボトルに適正な価格が付けられねばならない。ウイスキーメーカーの評価は最初に購入されたボトルでは決まらない。3本目を買うかどうかで決まるのだ。

それはつまり、スピリッツは単に「面白い」だけではなく、つり込まれるような魅力があって、隣人とは違うストーリーを語らなくてはいけないということだ。わざとらしさがあってはいけないし、率直でオープン、思索的でなければいけない。一段と作業に苦労するのは、先人から受け継いだウイスキー造りの伝統がないためだ——拠り所とするものが何一つない。新しい蒸溜技術者は開拓者だ。それ故に誰もが身を守るものもなく吹きさらされている。

新しい蒸溜技術者はひと樽ごとに学ぶものがある。それは失敗したら受け入れ、革新という錦の御旗でしくじりを誤魔化さずに最初からやり直すのがベストであることも意味する。どんな場合も求めるのは一貫性(シングルカスクでは難しい)、個性、高価格でもうなずかせる中身だ。とある蒸溜技術者は私にこう言った。「大手は50ユーロで出せます。100ユーロの価格を付けたかったらもっと上の品質にしないといけないんです!」

いい話もある。後発の中でもトップクラスのウイスキーは前記の言葉を実践しているからだ。スコッチでもバーボンでもアイリッシュでもない。比べてはいけないのだ。これらは新しく、エキサイティングだ。そして時にはほんの少し常軌を逸している。ぜひ試していただきたい。

ウエールズ唯一のウイスキー蒸溜所、ペンデリン蒸溜所を抱くブレコンビーコンズの絶景。

ヨーロッパ

ヨーロッパ
蒸溜所
N
0 miles 400
0 km 400
Faeroe Islands
Shetland Islands
Norwegian Sea
SWEDEN
NORWAY
Oslo
Vänern
Stockholm
Vättern
Öland
North Sea
DENMARK
Copenhagen
Baltic Sea
Dublin
IRELAND
Lakes
UNITED KINGDOM
St George's
see inset
Penderyn
Cotswolds
Adnams
London Distillery,
East London
Liquor Co.
Hicks & Healey's
ATLANTIC OCEAN
NETH.
Amsterdam
Hamburg
Elbe
Berlin
Vistula
Warsaw
Brussels
Rhine
Claeyssens
BELGIUM
GERMANY
POLAND
Northmaen
Warenghem
Glann ar Mor
Menhirs
Luxembourg
Frankfurt
Prague
Paris
CZECH REPUBLIC
Kaerilis
Loire
Pays d'Othe
Grallet
Dupic
Hepp, Bertrand
Elsasser
Meyer
Holl
SLOVAKIA
Bay of Biscay
FRANCE
Vienna
Bratislava
Balthazar
Rouget de Lisle
Revermont
Bern
LIECH.
AUSTRIA
Budapest
Brunet
Michard
SWITZ.
HUNGARY
Bordeaux
Garonne
ALPS
Ljubljana
Zagreb
SLOV.
CROATIA
Danube
Castan
Toulouse
Rhône
Domaine des Hautes Glaces
Ebro
Belgrade
Pyrenees
Douro
Destilerias Y Crianzas Del Whisky
Segovia
ANDORRA
MONACO
SAN MARINO
BOS. & HERZ.
SERB.
Sarajevo
PORTUGAL
Madrid
Lisbon
Barcelona
Corsica
Mavela
ITALY
MONTENEGRO
Pristina
Podgorica
SPAIN
Rome
KOSOVO
Tirana
ALBANIA
Guadalquivir
Balearic Islands
Sardinia
Granada
Liber
Mediterranean Sea
Sicily
MALTA

North Sea
Groningen
Leeuwarden
Den Helder
Us Heit
NETHERLANDS
Amsterdam
The Hague
Vallei, Leusden
Utrecht
Gorter, Schiedam
Rotterdam
Rhine
GERMANY
Kampen, Bruinisse
Eindhoven
Zuidam, Baarle-Nassau
Antwerp
Filliers, Deinze
Gent
Het Anker, Mechelen
Brussels
Rademacher, Raeren
Owl, Grace-Hollogne
Lille
Liège
FRANCE
BELGIUM
LUXEMBOURG
Diedenacher, Niederdonven
Luxembourg
0 miles 100
0 km 100
FINLAND
Lake Onega
Lake Ladoga
RUSSIAN FEDERATION
Helsinki
Tallinn
ESTONIA
Riga
LATVIA
Moscow
LITHUANIA
Vilnius
Minsk
BELARUS
KAZAKHSTAN
Volgograd
Kiev
Dnieper
UKRAINE
Carpathian Mountains
Rostov-on-Don
MOLDOVA
Chisinau
Praskoveyskoye
Caspian Sea
Krasnodar
ROMANIA
Bucharest
GEORGIA
Danube
Black Sea
AZERBAIJAN
BULGARIA
ARMENIA
Sofia
Skopje
MACEDONIA
Istanbul
Ankara
TURKEY
IRAN
GREECE
Athens
SYRIA
Baghdad
Nicosia
CYPRUS
Crete
IRAQ
Beirut
Damascus
Milk & Honey
Amman
Jerusalem
ISRAEL
JORDAN

イングランド

関連情報：セント・ジョージズ蒸溜所●ノーフォーク州イーストハーリング●WWW.ENGLISHWHISKY.CO.UK●月〜日曜日まで通年オープン
アドナムス・コッパー・ハウス蒸溜所●サウスウォールド●WWW.ADNAMS.CO.UK●オープン日と詳細はサイトを参照
ザ・ロンドン蒸溜所●ロンドンSW11●WWW.LONDONDISTILLERY.COM
ザ・レイクス蒸溜所●カンブリア州バセンスウェイト湖●WWW.LAKESDISTILLERY.COM

イーストアングリアの肥沃な平地に2つの蒸溜所があっても不思議はない。注目すべきなのはどちらも新しく建てられた蒸溜所だという点だろう。実は今までイングランドはさほどウイスキー蒸溜に熱心ではなかった。19世紀にロンドン、リバプール、ブリストルで大規模な蒸溜所が稼働していたものの、イングランドのスピリッツはジンというのが相場となっていた。

状況が変わり始めたのは2006年のことだ。農家のジョンとアンドリュー・ネルストロップがノーフォーク州にセント・ジョージズ蒸溜所を開いたのである。そして蒸溜技術者のデービッド・フィットが、2007年からイングリッシュウイスキーとは何かという問いに取り組み続けている。

セント・ジョージズ蒸溜所はコンパクトで、1トン容量の糖化槽、3つの発酵槽、2基のフォーサイス社製スチルを備えている。発酵はエステル量を高めるために低温で長時間行われ、下向きのラインアームを持つスチルから滴る程度のペースで蒸溜液を得る。甘くて穏やかなフルーティ感を持つ、風味が何層にも重なったニューメイクにするためだ。

当初は全てがオーソドックスだった。しかしフィットが熟成庫の扉を開いてサンプルを抜き取った時から、彼のビール醸造者としての経験が物を言い始める。大麦麦芽、カラメル麦芽、チョコレート麦芽、オート麦、小麦、ライ麦を原料にオーク新樽で熟成させたウイスキー、3回蒸溜したピーテッドモルトウイスキー、それにマデイラ樽とラム樽、この全てを使用して造った「グレーンウイスキー」もあるのだ。「スコットランドとは違うやり方でウイスキーを造れます」彼は言う。「ここでは制限がありませんから。クレイジーなものを造れというのなら任せて下さい！」

45マイル東に行ったサウスウォールドにも同様の心意気を持つ者がいる。地元のブルーワー、アドナムスがイングランドのウイスキーリーグに加わった。ここではビール醸造に長けた技術がウイスキー製造に生かされている。自家製酵母を使い、クリアな麦汁を作り、温度をコントロールした槽で3日間発酵させてアルコール濃度52%にする。2つのウイスキーレシピ——100%大麦麦芽と、大麦／小麦を材料にしたモロミ——はビアストリッピングカラムを通し、棚板を固定したポットスチルに入れる。最近ニューメイクがアルコール濃度85%へと微妙に調整された。「88%だとクリーン過ぎるんです」蒸溜技術者のジョン・マッカーシーは言う。「ほんの少し落とすだけでコンジナーが増えます」

ここでも「やってみたらどうなるだろう?」の精神が生きている。2つのマッシュビルについてはアメリカンオークとフレンチオーク材を使用したラドゥワイン樽で熟成させることにした。ビール(モロミ)は蒸溜・熟成後に「スピリット・オブ・ブロードサイド」として販売中、一方ライウイスキーは現在熟成中だ。おや、イングランドのライウイスキー？ 「もちろんですよ!」マッカーシーは言う。「やりたいことは何だってできるんです!」

ようやく花開き始めたイングランドのウイスキー産業だが東部以外でもその動きは起きている。2014年1月、100年の空白期間の後、再びロンドンにウイスキー蒸溜所が出来た。場所はテムズ河岸、波止場付近の開発計画に押し込まれた形だ。「1903年に遡って、その頃、ロンドンでスピリッツが造られていた頃のシングルモルトスピリッツを再現する計画なんです」とザ・ロンドン蒸溜所のCEOであり蒸溜技術者のダレン・ルークは語る。「最も古い種の大麦と酵母から始め、10年単位で前進中です。細かく調整して突き詰めていって、一番うまくロンドンを表すシングルモルトスピリッツを生み出すのはどんな組み合わせか、それを突き止めたいと思っています。ロンドンのウイスキーを造りたいんですよ」

ロケーションも重要だ。「ここには豊かな伝統があります」ルークは言う。「チョーサーは1390年代に『麦汁が蒸溜された』と記したんですよ。なのに相変わらず世間ではスコットランドからウイスキーが伝わったと思われているんです。ここには蒸溜所があって、一から全部手がけていた。私たちは古代の伝統を復活させている最中なんです」

話をイースト・アングリアに戻そう。セント・ジョージズ蒸溜所はかつて秘密主義だった。湖水地方に蒸溜所が建てられるという噂をネルストロップ家が聞きつけたからである。結局その構想は実現しなかったのだが、執筆時点で別のカンブリア人の夢の計画が着々と進行中である。ザ・レイクス蒸溜所はコンサルタントのアラン・ラザフォードのアドバイスに従って「ローズアイル」スタイルを試している。これは鋼鉄と銅の冷却器を交換できるようにしてそれぞれ異なる特徴を作り出そうとするものだ。やはりというか、ここでも「スコットランドでできないことができます」とオーナーのポール・カリーが口にした。「そうは言っても実験ばかりするわけにもいきません」彼は付け加える。「購買者を混乱させてしまいます。だから毎年3月だけ『マッド』になってあれこれ試すことにしているんです」

ここには共通のテーマがある。フィットが言うように「皆イングランドのウイスキーを造りたいと望んでいます。でも、私はイングリッシュウイスキーのアイデンティティを1つに限定したくない。それぞれの蒸溜所がアイデンティティを持って欲しいですね」ルークにとっては蒸溜免許を持っているだけでは足りず、問いかけ続けてこそのウイスキー造りなのだろう。さて、一方ウエストカントリーではヒーリー&ヒックス蒸溜所が静かにコーニッシュ(コーンウォール)ウイスキー(下のH&Hを参照)を熟成させている。とうとうイングランドもウイスキー国になったようだ。

イングランドのテイスティングノート

H&H 05/11 カスクサンプル 59.11%

香り： ライトでトーストしたオークにライトなナッツっぽさを伴い、背後に甘いカルバドスがある。フレッシュだが深みとスパイス風味があってハチミツ酒っぽい蜂蜜を伴う。

味： ソフトにハチミツのように快く、加熱したワインで煮たフルーツ、ベリー、リンゴを伴う。バランスが良い。非常に食欲をそそる感じでほとんどベネディクティンのようなハーバルなエッジを伴う。

フィニッシュ： 梨とスパイス。

全体の印象： 素早くやってくる。

EWC マルチグレーン カスクサンプル

香り： 甘くて芳醇、いく分かのウッドオイルにクリーミィなトフィーとライトなチョコレートがミックスしている。

味： チョコレートが主役となり、次にサンダルウッド、クリーミィなオート麦、トウヒの新芽、ライトなオイルの風味。

フィニッシュ： 長くて穏やか。

全体の印象： さまざまなロースト、オート麦、小麦、ライ麦のミックス。スコッチじゃない!

アドナムス・スピリット・オブ・ブロードサイド 43%

香り： アロマティックでダークフルーツ、ふっくらしたレーズン、煮込んだインシチチアスモモを伴う。ローストした茶葉にレモンを伴う。モルティ。

味： ビッグ、チェリーの旋律、インシチチアスモモ、ブラックカラントを伴うフルーティなインパクト。ウエイトがあり、中央でいく分かのファットさを示す。

フィニッシュ： 甘くてライトなオークを伴う。

全体の印象： ウエイトを持っている。面白い可能性を持つ演出。

フレーバーキャンプ：フルーティかつスパイシー

次のお薦め： アーモリック・ダブル・マチュレーション、オールドベア

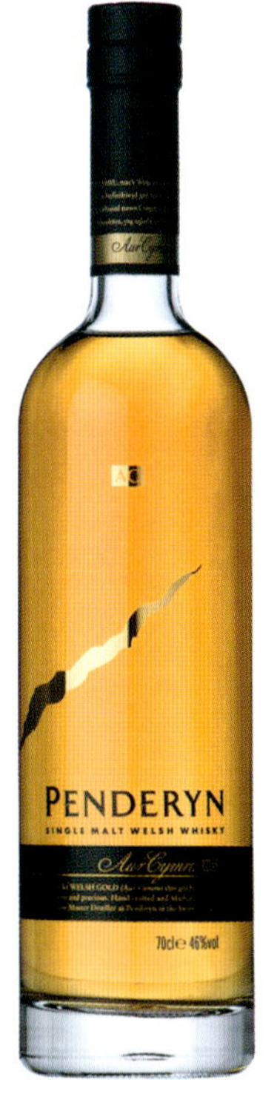

ウエールズ

関連情報：ペンダーリン蒸溜所●WWW.WELSH-WHISKY.CO.UK●月〜日曜日まで通年オープン

いつの時代も新たに蒸溜を始めた者にとって自分のスタイル探しは胸躍る哲学的冒険だ。何を基準にするのか？　昔からの習いをなぞるか、それとも周囲と同じやり方を拒否して自分の道を進むか？　既にさまざまな決まりや指標がある中、オリジナリティを打ち出すのは難しい…それに正真正銘ひとり切りになったらどうすればいいのか？　10年程前、ブレコンビーコンズ国立公園内にペンダーリン蒸溜所を建てたウェルシュ・ウイスキー・カンパニー（WWC）が直面した問題はまさにこれだった。ウエールズには競合するウイスキーが1つもなかったため、足を踏み出すのに勇気が要る挑戦であると同時に自由にやれるということでもあった。ウエルシュウイスキーはそんな風に始まったのだ。

なぜWWCは自らの設備で粉を挽き、糖化させ、発酵までやらねばならなかったのだろうか。近くにはブレインズ醸造所があって、そこからWWC専用のウォッシュを供給してもらうことも可能だったのに。ビール醸造所は酵母のスペシャリストであるし、ブレインズの酵母ならビール（モロミ）にフルーツ風味の強い個性が生まれたはずだ。

WWCはスコットランド風のポットスチルも設置しなかった。彼らが目を向けたのはデービッド・ファラデー博士が開発したポットで精溜塔が付設されており、1回の蒸溜でスピリッツができるようになっている。精溜塔は2本に分けられている。本来の高さだとスチルハウスを建てねばならないが、そのまま造設すると建築法に違反してしまうのだ。

第1塔には6段、第2塔には18段の棚板があり、スピリッツは7枚目の棚板部分から取り出す。そこより上に昇った蒸気は第1塔とポットに還流される。単純に見れば、1回蒸気を通すだけで蒸溜を行っているわけである。しかし角度を変えて観察すると同時にいくつもの蒸溜が行われているわけだ。2500リットルのウォッシュからはアルコール濃度86〜92%、焦点が定まってシプレーのアクセントを持つ、フローラルな香味の200リットルのニューメイクが得られる。

2013年には新たに2つのポットとレプリカのファラデースチルが設置され、容量が拡大したばかりか製造できるスピリッツのスタイル幅も広がった。糖化槽についての計画も進行中だ。生産に関してはローラ・デービースとアイスタ・ユクネビチューテが管理し、熟成はWWCのコンサルタントであり樽材管理の偉大なるグル、ジム・スワン博士が指示している。やはり慣習が無視されているのだ。スタンダードの「ペンダーリン」（どのブランドも熟成年が記されていないが苦情は一件も来ていない）はバーボン樽で熟成され、マデイラ樽で仕上げが行われる。「ペンダーリン・シェリーウッド」は70%がバーボン樽、30%がシェリー樽で熟成させたものだ。他にはピーテッドエクスプレッションがあるが、これは偶然によってできたものだった。

元々はウイスキーにスモーク風味をつける予定ではなく、リフィル樽（スコットランドから輸入したもの）の仕様も「ピーティなモルトウイスキー熟成のための使用歴がないもの」だった。ところがチェックをすり抜けたものがあったのだ。出来上がったウイスキーをワンオフものとして瓶詰めすると早々に売り切れとなった。現在はポートフォリオに加わっている。

執筆時点でもペンダーリンはウエールズ唯一の蒸溜所だが、ウイスキー造りの「熱狂的愛好家」がここに食い込んでくるのも時間の問題だろう。

ウエールズのテイスティングノート

ペンダーリン　ニューメイク

香り： 凝縮されていて甘い。シプレー（ベルガモットとフレッシュな柑橘系のノート）。ミントとモミに芳しいトップノートを伴う。
味： ストレートだとホットで張り詰めているが、加水するとフローラルノート、バラ、フレッシュな柑橘、グリーンフルーツ、それに穀物の歯ごたえ少々を感じる。
フィニッシュ： 肉厚だがクリーン。

ペンダーリン・マデイラ　46%

香り： クリーンなスイートオーク。松とバニラ。春の葉／緑の樹皮。背景にライトなプラムがある。
味： ジューシーでクリーン、たっぷりのアプリコット果汁とスパイシーなオークを伴い、リラックスしていってレディグレイ茶になる。
フィニッシュ： クリーンでミンティ。
全体の印象： ニューメイクの若々しいノートが和らぎ、バランスの取れたオークとともに次の段階へと進んでいる。

フレーバーキャンプ：香り高くフローラル
次のお薦め： グレンモーレンジィ・オリジナル10年

ペンダーリン・シェリーウッド　46%

香り： 金色。スタンダードとは明らかな違いがある。こちらはふすまに、柑橘果皮、ライトなナッツ、甘いドライフルーツ（デーツ／イチジク）を伴う。加水するといく分かのブドウの花。
味： ニューメイクから受け継ぐフローラルノートが深まっている。スタンダードと同様にジューシーだがフルーツは煮込まれた印象。
フィニッシュ： イチジクっぽくて甘い。
全体の印象： ライトなスピリッツだがバランスが取れていて複雑に広がるオーク主導のフレーバーを伴う。ニューメイクが持つ特徴を異なる角度から解釈。

フレーバーキャンプ： コクがありまろやか
次のお薦め： シングルトン・オブ・グレンダラン12年

フランス

関連情報：グラン・ナ・モア蒸溜所●ラルモール＝プルービアン●WWW.GLANNARMOR.COM
ヴァレンゲーム蒸溜所●ランニオン●WWW.DISTILLERIE-WARENGHEM.COM
メニル蒸溜所●プロムラン●WWW.DISTILLERIE.FR/EN／マイヤー蒸溜所●オーワルト●WWW.DISTILLERIEMEYER.FR
エラス蒸溜所●オベルネ●WWW.DISTILLERIELEHMANN.COM
ドメーヌ・ド・オート・グレース蒸溜所●ローヌ・アルプ●WWW.HAUTESGLACES.COM
ブリンヌ蒸溜所●コニャック●WWW.DRINKBRENNE.COM

フレンチウイスキー界における新世代の蒸溜所（現在22ヵ所ある）を語るとすれば、どこかでフランスが受け継いできた蒸溜の伝統に触れることになる。フランスは、ブドウを原料にしたスピリッツ（コニャック、アルマニャック）、果実のスピリッツ（カルバドス、果実のオー・ド・ヴィー）、古代のハーブ薬に由来する蒸留酒（シャルトリューズ、アブサン）、労働者の喉の乾きを癒すスピリッツ（パスティス）、食事を締めくくるリキュールなどを製造する技術に秀でる。

これほど国を挙げて酒造に長けているのに、なぜウイスキーは一顧だにされなかったか訝しんでも不思議はないだろう。そして「ウイスキーがあってもいいじゃないか」と問いかけるのも筋が通っているはずだ。穀物のスピリッツがあれば品揃えも万全という訳である。いずれにしてもフランスはウイスキーの消費大国だ。コニャックよりもスコッチの方が飲まれているのである。

どの国よりもフランスでは場所と製品の哲学的結びつきを表す「テロワール」というコンセプトを掘り下げざるを得ない。その上、統一されたフレンチウイスキーのスタイルがあると考えるのもよろしくないのである。「それは『フレンチワイン』なるものがある、と言うのと同じことですね」とグラン・ナ・モア蒸溜所のジャン・ドネは語る。「実際にはボルドー、バーガンディ、ローヌワインがありますが。それにアルザスワインとシャンパーニュも」

共通するアプローチがないのなら、定義に役立つ地域特有のスタイルはありますか？　例えばブルトンウイスキーがアルザスのウイスキーと違う点とか。「いいえ」彼は答えた。「ここブルターニュでは4つの製造所が4つの全く異なるウイスキーを造っていますよ」

ドネの蒸溜所はブルターニュ北方にあるプルービアの海岸沿い、海から120m離れた所に建っている。建物は新しいが古いウイスキー製造技術を活用し、現代的なレジメで熟成させている。直火焚き技法とゆっくり蒸溜が行われるワームタブを用いることでニューメイクにはテクスチャーが生まれ、ファーストフィルのバーボン樽とソーテルヌワイン樽を使う熟成が味わいにウエイトをもたらす（ドネは世界で初めてソーテルヌ樽を使った）。

彼は今穏やかな海岸沿いの気候が大麦に与える影響を調べている所だ。蒸溜所の目の前にある畑では収穫時期が2回あり、地元でフロアモルティングが行われている。「大麦を育てる場所が大切かどうかなら、イエスです、大切ですね！」彼は言う。「土の香りがする、穀物の特徴がよく出たニューメイクができましたから」

彼の造る2つのウイスキー、アンピーテッドの「グラン・ナ・モア」とスモーキーな「ゴルノグ」は少しずつ進化し続けている。どちらも、快い刺激のあるフレッシュ感を伴って口内で広がっていくような含み感と明確なしょっぱさが組み合わせられている。

スコットランド、アイルランド、ウエールズ――そしてコーンウォール（ガリシアの蒸溜所はどこだろう）はケルト文化圏としてリンクしている。ドネの目標はグラン・ナ・モア蒸溜所を仲立ちにしてこのリンクに加わり、ケルティックウイスキーを造ることだ。彼の計画はアイラ島のガートブレックに蒸溜所を建築するなど今も進行中である。

グラン・ナ・モア蒸溜所からさほど遠くないランニオンにヴァレンゲーム蒸溜所がある。ブルターニュで最古の蒸溜所で、1987年にブレンドの「WB（ウイスキー・ブルトン）」をリリース、その12ヵ月後にフランス初のシングルモルト「アーモリック」を発売した。オーク材に投資したことで劇的に風味が向上、ここ数年でブランドラインを再構築している。

グラン・ナ・モアとヴァレンゲーム蒸溜所がスコットランドの方式を踏襲する一方、元数学教師のギィ・ル・ラはプロムランでメニル蒸溜所を創業した時、ブルターニュ原産の穀物について研究を重ねた。彼が選んだ穀物（正確には草）は、ガレット（ブルターニュの郷土料理で塩味のクレープ）によく使われるブレ・ノワール（ソバの実）だった。まもなくル・ラはソバの扱いがライ麦よりも難しいことに気づいた。糖化槽の中でコンクリートのように固まるのである。しかし彼はあきらめなかった。そしてできあがったのがスパイシーでフレッシュ、複雑な風味の「エデュー」だ。これにブルターニュ南部に位置するベル＝イル島の「ケルリ」が加わってブルトン・カルテットの完成となる。

アルザス地方にある5つの蒸溜所が造るウイスキーには、ケルト文化の気配はない。ここははるか昔から果実を蒸留してスピリッツを得てきた地域である。その結果、東方の奥地で造られるウイスキーとの共通点の方が多い。つまり

ピュアさが特徴で、よりライトで僅かにフルーティ、控えめな風味を持っているのだ。フレーバーの主役は穀物で、樽材が背景の役割を果たしている。

オーワルトにある一番大手のマイヤー蒸溜所は2007年にウイスキー製造を始め、現在ブレンドとモルト両方のウイスキーを送り出す。またオベルネのレマン家は19世紀半ばから果実のスピリッツを蒸溜してきた一家で、2008年に「エラス」ブランドの製造を開始した。レマン家のアプローチはフランス産白ワイン樽（ボルドー、ソーテルヌ、コトー・デュ・レイヨン）のみを用いて熟成させる段階まで来ている。地元産ワインの古樽の効果がいかがなものか知りたければ、AWAブランド名でデニ・アがボトリングしている、ウーベラッハのエプ蒸溜所の製品をおすすめする。

フレンチウイスキーの場合、どれを見ても様々なアプローチを取り入れて幅広いフレーバーを出していることが分かる。コルシカ島では、ピエトラ醸造所とワインメーカー＆蒸溜所のドメーヌ・マベラが提携して世界でも屈指のよい香りを持つウイスキーを造り出した。最初にマームジーとパトリモニオ・プチ・ガ・ド・モスカテルの樽で熟成させ、次にオー・ド・ヴィー樽でマリッジさせてあるため大麦ベースのシャルトリューズという印象を与える。

ミシャー蒸溜所でも同様に極めてアロマティックな香味のウイスキーが製造されている。その香味は主に1種類のビール酵母が生み出しているものだ。蒸溜所はリムーザン森に囲まれており、熟成ももちろん森から切り出したオーク材の樽で行われる。

ドメーヌ・ド・オート・グレース蒸溜所はローヌ・アルプ内標高900mの位置に建っている。オーナーのフレッド・ロヴォルとジェレミー・ブリカが最も重要視したのがテロワールだった。創業は2009年、地元でオーガニック栽培された穀物を原料に、フレンチオーク樽と地元の伝統にならって栗の木でスモークする手法を採用している。

「製麦、発酵、蒸溜、樽作りは、私たちフランス人の直観的な知識に従っています。そういう知識をウイスキー用に応用して当てはめるんです」とロヴォルは言う。「あらゆる手段を講じてウイスキーとここの大地の結びつきを太くしているんです。ここは標高が高く、気候もよそとは違い、作物は火山灰と石灰岩が入り交ざった土壌で育ちます。海に近いロケーションだったら、全く同じ手順でウイスキーを造っても同じものはできないでしょうね」

「大麦は果実」説ををためらいながら投げかけると、熱烈な同意が返ってきた。「穀物はドライフルーツだと思います」とはロヴォルの言葉だ。「だから私たちのスピリッツはすこぶるフローラルでフルーティなんです」これは生産性にこだわり過ぎない姿勢の産物でもある。「アルコールが（ウォッシュに）なければその分エステルが増えて穀物の個性が前面に出ますから」このアプローチの成果が一番強くうかがえるのが、コンドリューワインの樽で熟成させた素晴らしいライウイスキーだ。

フランスの蒸溜所に共通する点があるとすれば、ワインのように樽材の影響をあまり求めない所だ。オーク材はフレーバーに大きく貢献する要素ではなくストラクチャーのサポートとして使われている。

コニャック（仏のコミューン）でウイスキーを造るなど全くなじまない行為かもしれない。しかしブリュネ家はコニャック製造を一時的に停止している期間、2005年から穀物の蒸溜を行い、友人や家族に振る舞ってきた。ニューヨークから訪れた「ウイスキー運動家」アリスン・パテルがいなかったら市井に埋もれたままだったろう。彼女自身の言葉によれば「一般的ではない国で造られたウイスキーへの情熱が高まっていた」という。

ケルトのソウル・ブラザー。増え続ける蒸溜所を擁するブルトン沿岸部。

そんなウイスキーを米国に輸入する会社を設立してすぐ、彼女は秘密情報としてブリュネ家のウイスキーの存在を教えられた。「驚きました」彼女は回想する。「スチル（ブリュネではアランビック・シャラントを用いる）と酵母（ワイン酵母）がフルーツ風味を引き出しているんです」彼女が変えた点が1つだけあった。熟成過程である。「彼はリムーザンオークの新樽だけを使って熟成させていました。私はとりわけ古い樽での仕上げ熟成を加えたらどうなるだろうと思ったのです（これはコニャック熟成のスタンダードな方法だ）」現在ブリュネはこの方式を取り入れている。

「フレンチスタイルは折衷式なんでしょうね」フレッド・ロヴォルは言う。「伝統がないおかげでしょうか」

フランスのテイスティングノート

ブリンヌ 40%

香り： ライトで甘いフルーツを伴う。いく分かの上質のリンゴ酢、煮えているプラムのコンポート、ほのかなパティスリー。コニャックスタイルのフローラルでフルーティな爽快感とともに熟した梨、ブドウ皮を感じる。加水するとセロリ。
味： 直ぐにココナッツと溶けたホワイトチョコレート。甘みに続いてバナナスプリット。甘みが増していく。加水すると甘いフルーツといく分かのリコリスが浮かび上がる。
フィニッシュ： 穏やかで甘い。
全体の印象： 新しいオーク樽が存在感を主張するが、これは明らかにウイスキーのコニャセ的解釈だ。

フレーバーキャンプ：フルーティかつスパイシー
次のお薦め： ヒックス&ヒーリー

マイヤーズ ブレンド 40%

香り： 芳香成分が高められている。非常にブドウっぽく「ミュスカ・ド・ボーム・ド・ヴニーズ」を思わせる。ハチミツのように快い。香りだけでもベタつくような印象で極めてフルーティ。
味： バニリンの強い香気。バックパレットに向かってライトにドライ感が増していく。上品な余韻。
フィニッシュ： 極めて短い。
全体の印象： 甘いが楽しい。

フレーバーキャンプ：フルーティかつスパイシー

マイヤーズ・プル・モルト 40%

香り： ライトで穀物先導。モルト小屋、焚付に似たフェノールっぽい（スモーキーではない）ノート。加水すると庭用麻紐。
味： 甘くてうまくコントロールされており、余韻と驚くような深みを持つ。最後は僅かにシャープで穀物が浮かび上がる。
フィニッシュ： ローストした穀物。
全体の印象： 中央ヨーロッパスタイルに近く、軽やかな穀物のアクセントを持つ。

フレーバーキャンプ：モルティでドライ
次のお薦め： JHシングルモルト

レーマン・エラス、シングルモルト 50%

香り： よりビッグでコクがありいく分かのドライフルーツとブラックチェリーを伴う。よりドライで多めのオークと実質を伴う。それでもなおナッティなストラクチャー。
味： ライトな芳しい香り、僅かなグリヨティンヌ、マジパン、香りが立ち昇る。まだ若いようだ。マスカットの甘さと芳しさに戻る。加水するとよりチョコレートが引き出される。
フィニッシュ： フルーティ。
全体の印象： より甘味が目立つが、スタイルとしてまたウイスキーとしてなお熟成中。

フレーバーキャンプ：フルーティかつスパイシー
次のお薦め： アベラワー12年、
ティーレンペリ・カスキ

ドメーヌ・ド・オート・グレース S11 #01 46%

香り： 非常にフローラルでたおやかにフルーティ。白いフルーツとパリッとしたリネン――僅かに澱粉っぽい。そのうちいく分かの干し草と牧草の花。
味： ソフトなバートレット梨とリンゴ。濃縮しているがなおもクリスプな若さ故の殻を持ち、花と甘い草様の香りが続く。ライトなミネラル感。
フィニッシュ： クリーンで甘く、ライトなアニスとエキゾチックなスパイスを伴う。
全体の印象： 存在感がある。センターが膨らむ見込み。ポテンシャルが高い。

フレーバーキャンプ：香り高くフローラル
次のお薦め： キニンヴィ・ニューメイク、
テルシントンVI 5年

ドメーヌ・ド・オート・グレース L10 #03 46%

香り： グラッシーで、干し草のよう。控えめでクール。S11よりもやや平板だが、より多くの穀物、岩、土様の香りを伴う。
味： ライトで繊細、再びフローラルノートが現れる。ヨモギとアンジェリカに、かすかなラベンダーも。
フィニッシュ： タイト。
全体の印象： 若いがポテンシャルがある。

フレーバーキャンプ：香り高くフローラル
次のお薦め： マックミラ・ブルクスウイスキー

ドメーヌ・ド・オート・グレース・セカレ ライ コンドリュー樽熟成 56%

香り： エキゾチックで芳しく、ヴィオニエ樽に由来する肉厚さにライ麦によるスパイスが割って入る。焼いたマルメロの実。繊細でいく分かのフェノールのノート。
味： 甘くて庭のような風味だが、よりスパイシーで僅かなタールとペッパー、続いてのメントールを伴う。シルキーな余韻を持ち、フェンネル少々、そしてワイン樽の濃密さが浮かび上がる。
フィニッシュ： 長くてフルーティ。
全体の印象： 既にバランスが取れている。

フレーバーキャンプ：スパイシーなライ麦
次のお薦め： イエロースポット

ヴァレンゲーム・アーモリック ダブル・マチュレーション 46%

香り： 芳醇でいく分かの加熱したフルーツを伴う。ライトなフェノールにエスプレッソコーヒー、インシチチアスモモ、穀物少々を伴う。
味： 滑らかに流れ、心地よい深みを持つ。主張があり、プラム、加熱したリンゴ、統合されたオークを伴う。
フィニッシュ： 中程度の余韻でフルーティ。
全体の印象： ライトかつ大麦がアクセントのスタンダードなリリースよりも芳醇。より肉厚でよりウエイトもある。重要な前進。

フレーバーキャンプ：コクがありまろやか
次のお薦め： ブナハーブン12年

グラン・ナ・モア タオル・イサ 2 グエッシュ 2013 46%

香り： 穏やかで若くクリーン。酵母香とエステル香。たっぷりのフレッシュ感。
味： 芳醇で極めて濃厚。こってりしていてワームと直火焚きの効果が見て取れる。果樹園の白いフルーツ。かすかな塩味。
フィニッシュ： フレッシュで穏やか。
全体の印象： ライン中のアンピーテッドなバリエーション。

フレーバーキャンプ：香り高くフローラル
次のお薦め： ベンロマック

ゴルノグ・タウアーク 48.5%

香り： 非常に穏やかなスモークで、はっきりした海の香が感じ取れる。砂糖衣のアーモンド、リンゴ、バートレット梨。
味： 塩味、ハーブのチャービルとタラゴン、香り高いスモーク。オイリーで中央に心地よいウエイトがある。シナモン、甘いビスケット。
フィニッシュ： 控えめなスモーク。
全体の印象： シングルカスクのバーボン古樽からのボトリング。「タウアーク」はピートのためのブルトンウイスキー。

フレーバーキャンプ：スモーキーでピーティ
次のお薦め： キルホーマン・マキャー・ベイ、
インチゴーワー

ゴルノグ・セイント・アイビー 58.6%

香り： よりビッグで大胆、増量したウッドオイルとオゾンぽいフレッシュ感にグレープフルーツが割って入る。スモークは遠くで燃えているヘザーのようで、並行して実のある甘味とほんの少しタールの気配。
味： マッシュっぽいノートにたっぷりのエネルギーと活力を伴う。柑橘系でコクがある。オイリー。
フィニッシュ： とても長く控えめにスモークされている。
全体の印象： シングルカスク。

フレーバーキャンプ：スモーキーでピーティ
次のお薦め： 秩父ザ・ピーテッド

オランダ

関連情報：バールレ=ナッサウ●WWW.ZUIDAM.EU●グループ見学は要予約

見方によってオランダのウイスキーは新しくもあり、何世紀もの歴史を持つとも言える。ちょっと考えてみよう。そもそもウイスキーとは何だろう？　穀物をベースに木樽の中で熟成させた蒸溜液だ。イェネーバ（オランダのジン）のベースは？　「マウツワン（Moutwijn）」は大麦麦芽、コーン、ライ麦のマッシュを発酵させ、ポットスチルで蒸溜、ボタニカルを加えて再蒸留してブレンドしてから熟成させたものだ。オールドスタイルのイェネーバと、オリジナル（フレーバード）のアイルランドやスコットランドのウスケボーは親戚なのである。

現在オランダには3つの蒸溜所がある。ルースデンのファレイ蒸溜所、ユアス・ヘイト（Us Heit）蒸溜所と提携しているフリースラント醸造所／蒸溜所、国外でもよく知られるミルストーンである。イェネーバに近いウイスキーを造る最後の蒸溜所でもある。拠点はバールレ=ナッサウ村で、2002年にイェネーバ製造者のフレッド・ファン・ズイダムによって建てられた。現在は息子のパトリックが経営を任され、ここ5年で規模が2倍になった。

ズイダムは才能に恵まれた蒸溜技術者で（イェネーバジン、ウォッカ、フルーツリキュールも製造している）、ウイスキーへのアプローチも秀逸だ。風車を動力にした石臼で穀物を挽き、糖化させて濃い粥状にし、温度制御された発酵槽に入れて複数の酵母株によって長めに発酵させる。蒸溜も同様にゆっくりと行われ、ホルスタインスチルと二重鍋、多量の銅材を利用する。

ミルストーンのラインは拡大し続けている。シングルモルトもラインナップされているものの（ズイダムは個人的にスモークを好まないが、ピーテッドもある）、最初に世界が振り向いたのは彼が造り出したセンシュアルで複雑な風味のスパイシーなライウイスキーだった。「プライドをかけていましたから。製造がとても難しいんですよ」彼は笑う。「マッシュがすごく泡立つんです。膝までライ麦のマッシュに浸かったこともあります。おまけにベタベタくっつくんです。ギリギリの状態でウイスキーを造っていましたね」

彼の細やかな手作業を求める「ライのライバル」もある。5穀（小麦、コーン、ライ麦、大麦麦芽、スペルト小麦）のマッシュを10日間発酵させ、オークの新樽で熟成させる。「スペルト小麦はベビーオイルのノートをもたらします。小麦からはナッツ様の風味、コーンからは甘味、ライ麦からスパイス感が生まれます。これらが揃って香味のシンフォニーを奏でるのですが、3年目がベストなんです」

ここでは3年という若いウイスキーは珍しい。ミルストーンのウイスキーはまずオークの新樽に入れ、次に古樽に移して穏やかに酸化させるのが普通だ。彼が手がけるスピリッツの大半に共通するコクは長期熟成を必要とするものだからだ。しかし、どちらもそれぞれのメリットを考えた結果なのである。

「私たちには制約がありませんし、実験したいという思いがあります」彼は言う。「スコットランドでは、1tにつき410リットルのアルコールを取り出せないといけません。私の場合は歩留まりが悪くても良いスピリッツが作れればそれでいいんです。詰まるところ、最高のウイスキーを造る自由は持っていないとね」

ミルストーン蒸溜所に積まれる、風車で挽いた穀物の袋。

オランダのテイスティングノート

ミルストーン10年 アメリカンオーク 40%

香り： スパイスを入れて温めたようなヒュージな香りで、乾燥させたオレンジ果皮、アンジェリカ、松脂、いく分かのフローラルノートが現れる。酸化したナッツ様の香り。クリスマスのスパイシー感。

味： 濃密で噛みごたえがあり焦げたオレンジ果皮へと変化してピュアなフルーツに。

フィニッシュ： ライトな苦味が複雑な風味にさらに深みをもたらしている。

全体の印象： 厳密な制御とアロマの透明感において日本のウイスキーに極めて近い。

フレーバーキャンプ：フルーティかつスパイシー

次のお薦め： 山崎18年、響12年

ミルストーン1999 PX カスク 50%

香り： やはり乾燥させたオレンジ果皮がこぼれ出る。そこにレーズン、昔ながらのイングリッシュマーマレード、ベルガモット／アールグレイティーが混ざる。背後にあるブライアのようなフルーティ感がソフトな甘味を添える。

味： 濃厚で幾層にも重なり、森のフルーツ、ふっくらしたレーズン、いく分かのブラックカラントとチェリーへと深く分け入っていく。

フィニッシュ： 煙草。

全体の印象： ヒュージに熟成していて統制されている。

フレーバーキャンプ：コクがありまろやか

次のお薦め： アルバータ・プレミアム25年、クラガンモア・ディスティラーズエディション

ミルストーンライ100 46%

香り： ライ麦の刺々しさの上に敷き詰められた贅沢な赤いベルベット。やはり無くてはならないスパイスがある——特にオールスパイスが目立つが、かすかなクベバとバラ花弁を伴い、次にクロウメモドキと濃密なジャム感へと移行するがメントールが割って入る。

味： チクチクするスタート：グラスに注いだサゼラック。ライトなマラスキーノチェリー、いく分かのタイトなオーク、次にスムーズで甘いフルーツが現れ、ドライハーブと赤い果実が割って入る。

フィニッシュ： スパイスが入っていて甘い。

全体の印象： 1番でなくても世界で屈指のライウイスキー。

フレーバーキャンプ：スパイシーなライ麦

次のお薦め： オールドポトレロ、ダークホース

ベルギー

関連情報：オウル蒸溜所 ●グラース・オローニュ● WWW.BELGIANWHISKY.COM
ラダーマッハー蒸溜所 ●ラアーレン● WWW.DISTILLERIE.BIZ

世界で一番多種類のプレミアムビールを送り出し、醸造知識の宝庫でもあるベルギー。そんなベルギーがウイスキー生産国に加わってもおかしくないのでは？　遡ること数年、ベルギーにある数少ない蒸溜所の1つ、ヘットアンケルはそんな風に考えて自社の「グーデンカロルスト・リプル」ビールを蒸溜して4年間熟成し、似た名前のウイスキーを造った。現在はアントワープ近くのブラースフェルトに設置した専用のプラントを所有する。

ベルギー東部ラアーレンにあるラダーマッハー蒸溜所は異なるアプローチを取った。175年間に渡ってイェネーバや他のアルコール飲料を生産してきたラダーマッハーは10年ほど前からウイスキー製造を開始した。一番古いエクスプレッションは10年もののグレーンウイスキーだ。

しかし一番の大手はオウル蒸溜所である。本書の前の版が出版されてから、蒸溜技術者のエチエンヌ・ブヨンはグラース・オローニュの中心から、村外れの大きな農場へと場所を移した。彼の古いフルーツ酒用スチルはセミリタイア、ロセスのキャパドニック蒸溜所（p.78を参照）にあった2基のスチルが設置された。

ロケーションと設備が変わったからといってブヨンのアプローチが変化した訳ではない。地元のテロワールとの近しい結びつきを促すものがあったとすれば、それは彼が持つウイスキー造りの哲学の中核だ。「発酵中にフレーバーとアロマをもたらす、そんな土があるのです」彼は言う。「そこで育てた穀物と吸い上げたミネラルからユニークで新たなフレーバーが生まれるんです。私は土地とリンクしたアルコールとフレーバーを得ています」彼が用いる唯一の大麦は、現在の蒸溜所を囲む地質学的に特殊な畑で育てたものだ。オウル蒸溜所はウイスキーのソース、素材の源泉と原点にやってきたのだった。

しかしスチルはオリジナルのものとサイズも形も大きく異る。「スチルの影響が大きいことは知っています。でも蒸気がスチルを通った後に蒸溜技術者が控えていますから」ブヨンは言う。「私はいつも温度と時間を測るのではなく、自分の嗅覚と味覚を使ってカットします。新しいスチルで蒸溜を左右する要素を探り当てるのに2週間かかりました。今のスピリッツは前とそれほど変わりません――大麦の量を少し増やした程度ですね。フルーティで花のような香味はそのまま維持するようにしましたし」

熟成はファーストフィルのアメリカンオーク樽を用い、テロワールの風味を落とさず、多量のバニリンがその風味をかき消すことのないように配慮する。彼が抱える唯一の問題は、熟成時間を十分に取れていないことだ。「『ベルジャン・オウル』を造っても直ぐに在庫切れになってしまうんです。そのため、今まで長期間熟成させたことがありません。今は生産能力が増えてそちらに回す分を確保できます」

きっと世界中がベルギー生まれのこのウイスキーを味わえることだろう。

リエージュを囲むなだらかな丘陵地は、蒸溜事業の中心になりつつあるようだ。

ベルギーのテイスティングノート

ニューメイク（キャパドニック蒸溜所のスチルから）

香り： 非常に（クレイジーなほど）フルーティで香りが立ち昇る。ヘビーな花。桃と煮込んだルバーブ。クリーンだがウエイトがある。穀物オイルがしなやかさをもたらす。

味： 甘くてバランスが取れており、心地よい衝撃。完熟感と余韻、コクと肉厚感を持つ。

フィニッシュ： 穏やか。

ベルジャンオウル・アンエイジドスピリット
46%

香り： 甘くて僅かにハチミツのよう。グルーンアプリコット、桃の花、大麦を伴う。

味： クリーンでライト、香りで感じたハチミツ風味が浮かび上がる。風味は桃皮に。

フィニッシュ： 花と穀物が入り交ざっている。

全体の印象： 既にソフトでうまくバランスが取れている。

ベルジャンオウル 46%

香り： ライトでフレッシュ。ふわふわのスポンジケーキ、バニラクリーム、野の花のミックスを下から支える干し草置き場。加水するとアプリコットの一撃。熟している。

味： 非常にスムーズでシルキー。いく分かの熱とペパーミントの涼やかさを持ち、甘い穀物と控えめなオークへと開いていく。肉厚のフルーツ。

フィニッシュ： 穏やかで多層。

全体の印象： 複雑でソフト。

フレーバーキャンプ：フルーティかつスパイシー
次のお薦め： グレンキース17年

ベルジャンオウル・シングルカスク #4275922 73.7%

香り： まずはビッグなトフィー、カラメル、チョコレートファッジ。オウル蒸溜所らしい完熟感が熱をやわらげ、果樹園のフルーツが浮かび上がらせる。ビクトリアプラムのジャム。加水するとカラメルのエッジと僅かなハイビスカスの気配。

味： ビッグで甘い口調。非常にホットでライトなスパイス感。ソフトで濃いパレットに完熟した甘いフルーツを伴う。

フィニッシュ： 僅かな穀物。

全体の印象： バランスが取れていて穏やかな主張を持つ。

フレーバーキャンプ：フルーティかつスパイシー
次のお薦め： グレン・エルギン14年

ラダーマッハー・ランバータス10年 グレーン
40%

香り： 床磨き剤とバナナ。エステル様でしっかりしていて僅かなマシュマロ（ピンク）を伴う。

味： 非常に甘くて芳しい。フルーツコーディアル。イチゴとバナナ。

フィニッシュ： 甘い。

全体の印象： シンプルなグレーン。

フレーバーキャンプ：香り高くフローラル
次のお薦め： エラス

スペイン

関連情報：リベル蒸溜所 ● グラナダ ● WWW.DESTILERIASLIBER.COM ● 月～金曜日まで通年オープン

スペインは昔からスコッチウイスキーの一大消費地で、既成概念に逆らって若者もウイスキーを楽しめると身をもって証明した国でもある。「J&B」「バランタイン」「カティサーク」などのブランドが水のようにつがれるこの時代——たくさんの氷を入れたグラスにたっぷりと注ぎ、最後にコーラを加える——スコッチ・ウイスキーについての蘊蓄や飲み方も新たなものが追加されるのかもしれない。スペインは本棚が並ぶ書斎からウイスキーを解放し、人々の注目をブレンデッドウイスキーに戻した。スペインで爆発的人気が出た理由はいくつもの要素が複雑にからみあっている。単なる流行ではないし、特にスコッチのフレーバーが好まれただけでもない。ブレンデッドスコッチはフランコ体制が終わったスペインの象徴なのだ——「我々は民主主義者、ヨーロッパの一員、古い体制を拒否する」という声明そのものなのである。

フランコ時代は保護貿易体制が取られ、輸入ウイスキーは気軽に庶民が買える値段ではなかった（フランコ自身は「ジョニーウォーカー」を好んだとされる）。そこでニコメデス・ガルシア・ゴメスは「スコッチが手に入らないのならここで造ればいいのでは？」と考えた。既にアニセット（アニス風味のリキュール）を製造を行っていたカルシアは1958～1959年に夢の実現へと動き始め、セゴビア近郊にパラスエロス・デ・エレスナ蒸溜所を建てた。この蒸溜所は大規模で多くの機能を持ち、製麦室とグレーン用プラント、6基のスチルを有するモルトウイスキー棟などを備えていた。1963年に「デスティレリアス・イ・クリアンサ（DYC）」がリリースされた。これが大人気を博したため1973年にスコットランドはモントローズのロッホサイド蒸溜所を買収、ウイスキーの製造量を増やした。しかし1992年、この事業はロッホサイド蒸溜所の閉鎖とともに幕を閉じる。

DYC（現在はビーム・グローバルがブランドを所有）はスペインと「ユーロ（スコットランドなど）」の原酒を多国籍にヴァッティングしているが、去年——DYCのポットスチルから初めてスピリッツが流れ出してから50年後——100％スペイン産のシングルモルトをリリースした。

ただしスペイン初のシングルモルトではなかった。その栄誉に浴したのはグラナダ近くのパドゥルにあるリベル蒸溜所が製造した「エンブルホ」である。これはシエラネバダ山脈からの雪解け水を使い、独特な平底の銅製スチル2基で蒸留し、当然ながらアメリカンオーク製のシェリー樽で熟成させる。フラン・ペレグリノ考案の「エンブルホ」はスコットランドの技術とスペインの影響が融合してできたものだ。「スチルのデザイン、熟成用バレルの選択と、ウイスキーの風味に関わる決断をしたんです」ペレグリノは言う。「水や気候など変えようのない要素もあります。ここでは凍えるような冬と熱い夏を交互に経験するのですが、それが私たちのウイスキーに他にない特徴と個性をもたらします」

スペインのスコッチブレンド市場は急速に縮小してしまった。新世代がラムを好むようになったためだ。しかしシングルモルトの売上は伸びている。おそらく今度も、スペインの蒸溜所は然るべき時に然るべき位置にいるということだ。

スペインで一番新しいリベル蒸溜所の背景となっているシエラネバダ山脈。

スペインのテイスティングノート

リベル　エンブルホ 40%

香り： 若々しくてほとんどグラッシーなフレッシュ感が、芳醇でナッティなシェリーのノートと調和している。アモンティラードのスタイル。未熟なクルミ、マドロノ（マンゴー近縁の香り高いフルーツ）、次に穀物。加水すると麦芽入りミルクとトフィー。

味：

フィニッシュ： ローストした麦芽のノートが、ドライフルーツとオーク由来のナッツのノートに面白みを添える。各要素が相まって効果を出している。ライト、そしてレーズンジュースの最後の一絞り。

全体の印象： まだ若いが長期間の熟成で伸びるガッツがある。

フレーバーキャンプ： コクがありまろやか

次のお薦め： マッカラン10年シェリー

中央ヨーロッパ

穀物を入手して醸造するだけがウイスキー造りではない。良いウイスキーを造りたいなら、どのようなウイスキーにしたいか意識的に決める必要があるし、さまざまな影響、経験、願望をひっくるめてうまく利用するアプローチ法を考え、そして同様に重要なこと——「これは望ましくない」ということをはっきりさせておかねばならない。模倣であってはいけないが、先人にインスパイアされるのは有りだろう。そしてできれば次へとインスピレーションをもたらすウイスキーであってほしいものだ。

どこであってもそのアプローチ法はその国のアルコール飲料の生い立ちに影響を受けているものだ。これは現在ドイツ、オーストリア、スイス、リヒテンシュタイン、イタリアの新興勢力が生み出すウイスキーに一番明確に見て取れる。かつて「面白い変わり種」として軽視されがちだった彼らだが、現在150ヵ所に蒸溜所がある。

さて、これらのウイスキーのルーツは何だろう？　何よりはっきりしているのは、果実を原料にしたスピリッツの蒸溜だ。そもそも何世代にも渡って果実スピリッツを造ってきた経験を持つ家族経営の蒸溜所が多いのである。彼らが使うスチルはフルーツマッシュが焦げるのを防ぐために二重鍋構造で、ゆっくりと加熱される。ネック部分に精溜板が組み込まれている場合もあり、ライトでクリアな蒸溜液が得られる。

こういう背景はスタイル面の哲学にも影響する。原料についても1リットル当たりいくつの歩留まりでアルコールを採取できる穀物、などととは見ない。「果実」と捉えるのだ。この場合——濃いマッシュが使われることが多い——その果実のエッセンスを捉えようとすることが蒸溜の目的となる。さらに蒸溜技術者が採用する原材料も、小麦、エンマー小麦、ライ麦、オート麦、コーン、スペルト小麦など大麦以外に幅が広がるようになるのだ。

醸造文化（特にドイツ）も一役買っている。ブルーワーは様々なキルニング技術を持ち、酵母の重要性と温度制御発酵の効果を理解している。ワインが製造されていれば最高品質のオーク樽が手に入りやすいし、地元のブドウ品種由来のフレーバーが期待できる。燻煙はピートではなく、オーク、エルダー、ブナ、樺など木材の薪で行うのが普通だ。このように全く異なる背景を持っている以上、異なるウイスキーが生まれても不思議はない。

こんなヨーロッパの蒸溜技術者は新しいアイディアに対してオープンなのだろうか？　「もちろんそうです」とイタリアのジョナス・エベンスペルジェルは言う。「たとえ日本のようにスコットランド志向であっても、土地独自の条件に合うよう調整して自分なりの味を求めなくてはね」

オーストリアのヤスミン・ハイダーが抱くコンセプトの中核にあるのも「独自のバリエーションを造る」という考え方だ。「1995年に創業した時は」彼女は言う。「僅か20年でこんなにウイスキー業界が発展して活気あふれるシーンが見られるとは思ってもいませんでした。キーワードは多様性です。どんな時も自分の道を行くのが大切なんです。人々の好みと同じで、ウイスキーも各様でいいのではないでしょうか」

気を長く持つことも重要だ。それは蒸溜技術者に限らずウイスキーを飲む方にも言える。スタイルが完成するまでには時間がかかる。国のスタイル（あるとすれば）が固まるには更に時間が必要だ。既に私たちはこの旅の出発点に立っている。胸躍る旅路になること請け合いだ。

ライ麦と大麦の畑。ドイツ、ザールラント州。

ドイツ

関連情報：シュラムル蒸溜所 ● エルベンドルフ ● WWW.BRENNEREI-SCHRAML.DE ● 見学は要予約
ブラウマウス蒸溜所 ● エゴルスハイム ● WWW.FLEISCHMANN-WHISKY.DE ● 通年オープン
スライアーズ蒸溜所 ● シュリールゼー ● WWW.SLYRS.DE ● 月〜日曜日まで通年オープン
フィンチ蒸溜所 ● ネリンゲン ● WWW.FINCH-WHISKY.DE
リーブル蒸溜所 ● バート・ケッツティング ● WWW.BRENNEREI-LIEBL.DE ● 通年オープン、オープン日と詳細はサイトを参照
テルサー蒸溜所 ● リヒテンシュタイン侯国トリーゼン ● WWW.BRENNEREI-TELSER.COM

ドイツにおけるウイスキーの歴史は一般的に考えられているほど浅くない。シュラムル家は1818年からバイエルン州のエルベンドルフ町で穀物を蒸溜し、オーク樽を用いて熟成させた酒を作ってきた。創業時は複数の穀物をマッシュにして蒸溜・熟成させ、「ブランデー」として（当時、茶色のスピリッツは種類に関わりなくこう呼ばれることが多かった）販売したという。「この『ブラウンコーン』はもしかすると有事への備えから生まれたのかもしれません」6代目の蒸溜技術者グレゴール・シュラムルは言う。「当時は小麦などの穀物が確実に手に入る保証がありませんでした。そのため品物が不足した時困らないよう蒸溜液を貯蔵しておいたんです。意図的に木樽がもたらす効果を狙ったとは言い切れません」

彼の父アロイスは1950年台に「ブラウンブランデー」を「スタインヴァルトウイスキー」として販売を試み、失敗した。「…多分、地元というコンセプトを押し出しすぎたことと、ドイツのウイスキーにほとんど関心が集まらなかったことが原因だと思います」このスピリッツは今なお製造されているが、名前を「ファーマーズスピリット」と変えて販売されている。グレコールが2004年に入社した時、新規まき直しでウイスキープロジェクトが始まった。そして「ストーンウッド1818バイエルン・シングルグレーンウイスキー」がリリースされた。過去のやり方に倣い、リムーザンで育ったオークの古いブランデー樽で10年間熟成させたものだ。

以来、シュラムルのラインは拡大し続けている。ウィートビールにヒントを得て小麦麦芽60%と大麦麦芽40%を用い、ウィートビール酵母で発酵させた「WOAZ」、ホワイトオーク樽で3年間熟成させた「ストレート」シングルモルト、「ストーンウッド・ドラ」などである。

バイエルンにブルワリーは300軒以上あってビール醸造のプロには事欠かない。とある税関監督官からいっそビールマッシュを蒸溜してはどうかという提案を受けた時、ローベルト・フライシュマンには極めて筋の通った話だと感じた。フライシュマンは1983年にブラウマウス蒸溜所を創業、様々な大麦麦芽をオリジナルのパテントスチルで蒸留している。また2013年からは新たなポットスチルも活用している。

ステッター家はランタンハマー蒸溜所で1928年から果実のスピリッツを製造している。しかし1995年に家業を受け継いだフロリアン・ステッターはスコットランドへと旅立った。その訳を当蒸溜所のマーケティング長アンニャ・ズーマスはこう説明する。「スコットランドとバイエルンに景色、方言、独立心などたくさんの類似点を見つけたんです。それから彼は自分の蒸溜所で上質のウイスキーを造れるかどうか、友人と賭けをしました」現在、彼のスライアーズ蒸溜所では毎年2万ボトルのバイエルンウイスキーが製造されている。「スライアーズの全てがバイエルン産です」ズーマスは言う。「大麦はバイエルン産で、ブナ材でスモークします。水は山の湧き水です」温度制御しながら長時間発酵させるという方法もビール醸造との結びつきを物語っている。

ブラウマウス蒸溜所のホルスタインスチル。

農夫のハンス＝ゲルハート・フィンクはスライアーズ蒸溜所と同じ年にシュヴァーベンのネリンゲンでフィンチ蒸溜所を創業した。「穀物を育てている身として、穀物蒸溜液を熟成することにとても惹かれました」と彼は語る。しかも彼自身が栽培した穀物（大麦麦芽、小麦、スペルト小麦、コーン、古代種のエンマー小麦）を使うことで「生産過程全てを自分のコントロール下に」置けるというのだ。彼が造る「クラシック」はスペルト小麦を材料に赤ワイン樽で熟成させたものだ。「ディスティラーズ・エディション」は白ワイン樽で6年熟成させたウィートウイスキーで、「ディンケルポート」もスペルト小麦が原料だ。

チェコ共和国との国境にほど近いバート・ケッツティングには、ゲルハルト・リーブルが果実スピリッツ蒸溜のために創業した蒸溜所がある。彼の息子（同名のゲルハルト）は2006年に手を広げてウイスキー造りを始めた。一見するとシンプルなシングルモルトのみを造っているようだが、原料に全粒穀物を採用し、二重鍋加熱方式の果物用スチルを使っている点からバイエルンのカテゴリーに分類できるだろう。「この蒸留装置によって他の蒸溜所にはない特徴が生まれます」とゲルハルトJr.は語る。「とびきりピュアな穀物蒸溜液になるように、こういう工夫を凝らしているんですよ」

リヒテンシュタイン蒸溜所

リヒテンシュタインの蒸溜技術者マーセル・テルザーが果実スピリッツ造りを止めてウイスキー造りを始めたのは（彼の家業は1888年創業）スコットランドと恋に落ちたからだった。しかし蒸溜を開始するまでに彼は8年待たねばならなかった。リヒテンシュタインは1999年まで穀物蒸溜液の生産を禁じていたためである。

そして2006年、彼は生産を開始した。スコットランドのウイスキーが頭から離れることは無かったが、彼のウイスキーはあらゆる点でリヒテンシュタインと繋がっていた。「販売する上ではスコッチのコピーを造る方が簡単でしょう。でもウイスキーは明らかに地元とそこの風土と結びついていますから」テルザーは言う。テルザーの場合、それは3種類の大麦麦芽（別々に蒸溜し、熟成前にブレンドする）を用い、全粒穀物を発酵させ、そして果実スピリッツ用スチルを薪の火で加熱する技法のことだ。クリーンな蒸溜液を得るのが目的である。「ウイスキーを2杯飲んで頭痛を起こすなんて困るでしょう」彼は笑う。「慎重なアプローチで健康的なウイスキーを作りたいんです」

彼の方針は熟成にも貫かれている。地元のピノノワール樽とスイスオーク樽が用いられているのだ。「オーク樽におけるミッシングリンクの1つです。テロワールのせいで他と違うフレーバーを持つんです」彼は強調する。「繊細でミネラル豊富な、塩味に近い香味になるんですよ」

面積160平方キロメートルのリヒテンシュタインは世界一小さいウイスキー生産国だろう。しかし今や1つのウイスキー専用蒸溜所が年間10万リットルのウイスキーを送り出している。その大志は膨らむばかりだ。

ドイツ
▼ 蒸溜所

0 miles 100
0 km 100

SWEDEN
DENMARK
North Frisian Islands
East Frisian Islands
Hamburg
E26
Müritz
Elbe
Bremen
Preussische Whisky Schönermark
POLAND
Ems
Weser
Aller
Oder
BERLIN
Mittelland Canal
Hannover
NETHERLANDS
Bielefeld
E51
Spreewalder, Schlepzig
Rhine
Hammerschmiede, Eisbach
E45
Elbe
Gelsenkirchen
Essen
Dortmund
Duisburg
Markische, Hagen
Düsseldorf
Sonnenschein
Wuppertal
Leipzig
Uerige
Saale
Augustus Rex, Dresden
Cologne
Ziegler, Freudenberg
E40
Birkenhof, Nistertal
E41
GERMANY
E51
Ore Mountains
BELGIUM
E44
Anton Bischof, Wartmannsroth
Höhler
Frankfurt
Faber
Wiesbaden
Main
Schraml, Erbendorf
CZECH REPUBLIC
Obsthof am Berg
Mößlein
Moselle
E45
LUXEMBOURG
Bachgau, Schaafheim-Radheim
Blaue Maus
Nordpfalzer
Avadis, Wincheringen
Mannheim
Bohemian Forest
Altstadthof, Nürnberg
Neckar
E50
Drexler
Liebl
Kammer Kirsch, Karlsruhe
E35
Rieger & Hoffmeister
Roder, Aalen-Wasseralfingen
E56
Danube
Stuttgart
FRANCE
Krabbe-Nescht
Hohenheim
Doinich Daal
Sigel
Theurer
Finch Whisky
Obst-Korn Zeiser
Rhine
Augsburg
E52
E52
Fitzke, Herbolzheim
Bellerhof, Bosch Edelbrand, Gruel, Owen-Teck
Badischer Whisky, Biberach
Munich
Slouptisl
Black Forest
N
Steinhauser, Kressbronn
Lanten-hammer
Slyrs
AUSTRIA
Lake Constance
SWITZERLAND
LIECHTENSTEIN

ドイツのテイスティングノート

ブラウマウス　ニューメイク

香り： フレッシュでかすかに甘い。乾燥穀物と干し草。黒鉛少々と僅かな焦げたノート。ヘビーにモルティ。
味： ホットで少しのパテを伴う。
フィニッシュ： トースティでホット。

ブラウマウス・グランナーフント シングルカスク　40%

香り： ヌガーと磨いた木材。いく分かの樹脂と木材置き場の特徴の背景にハーブとシナモンがある。パウダリーで加水すると酵母風味と膨らむパン。また加水すると濡れた犬と革。
味： グリーンで僅かに青臭く、グリーンナッツと栗粉、ライトなスパイス風味——シナモンとオールスパイスが一番目立つ。
フィニッシュ： シャープでクリーン。
全体の印象： 青臭くてクリーン。

フレーバーキャンプ：モルティでドライ
次のお薦め： マクダフ

スライアーズ　2010　43%

香り： 非常に芳しくフルーティ、マルメロの実、イエロープラム、梨のノートを伴う。熱いおが屑とともにフローラルノートが立ち上がる。
味： 僅かにドライなスタート、熱を伴うが樽の影響はさほどない。黄色とグリーンのフルーツが続く。クリーンでライト。
フィニッシュ： フレッシュで酸っぱい。
全体の印象： ライトでブライト(酸味)。発展途上。

フレーバーキャンプ：香り高くフローラル
次のお薦め： テルサー、エラス・シングルモルト

フィンチ　エマー(ウィート)　ニューメイク

色・香り： 甘くて芳しくかすかなベビーオイルを伴う。ライトな穀物、ピュアだがいく分かの実(じつ)がある。
味： 円熟している、デリカシーと溌剌とした口当たりがなんとかミックスしている。
フィニッシュ： 僅かに柔らかに。

フィンチ　ディンケルポート2013　41%

色・香り： ピンクでフルーティ、樽由来のビッグなインパクトを伴う。ラズベリーとライトなスイートチェリー。スペルト小麦の香り高い特徴が現れている。
味： 甘い、たっぷりのフレッシュなフルーツ、かすかなスローベリー。穏やか。
フィニッシュ： ソフトで穏やか。
全体の印象： ポート樽で熟成されたウイスキーだ。

フレーバーキャンプ：フルーティかつスパイシー
次のお薦め： 秩父ポートパイプ

フィンチ　クラシック　40%

香り： 非常に甘ったるい。移動遊園地会場のノート：綿菓子、ジェリーベビーズ、ライムジェリー。ライトなオイル(スペルト小麦と小麦が感じられる)。加水するとグミベアーズに変化する。
味： ソフトなテクスチャーが再び現れる。加水すると穀物が少し強くなる。
フィニッシュ： ライトに埃っぽく濃縮されたフルーツが続く。
全体の印象： アロマティックで凝縮されている。

フレーバーキャンプ：フルーティかつスパイシー
次のお薦め： JHカラメル

シュラムル　WOAZ　43%

香り： 材料の小麦のピュアさと甘さを持ち、いく分かの甘ったるいノートとケーキのアイシングを伴う。非常にライトな柑橘系——ほとんどはレモン——が背後にあり、乾燥した穀物の引波を持つ。
味： 甘くてライトにクリーミィ。端正でエネルギー、いく分かのオレンジ、デリケートな木を伴う。エネルギッシュ。
フィニッシュ： クリーミィで円熟。
全体の印象： この手のウイスキーらしい穀物のストラクチャーが顕著で、同時に小麦のデリケートな甘さもある。

フレーバーキャンプ：甘い小麦風味
次のお薦め： ハイウッド・ホワイトオウル

シュラムル　DRÀ　50%

香り： 上質でハーバル。明らかに若くオーク香が付加されている最中。甘いリンゴといく分かの草っぽさ。加水すると危なっかしい感じだがクリーンなスピリッツ。
味： トーストもしくはローストされている。このラインの多くが共通して持つしっかりした穀物の気骨が背後にある。加水するとかすかに現れる赤い果実がさらなる将来性を示唆する。
フィニッシュ： ライトにペッパーっぽい。
全体の印象： オーク樽の中で15ヶ月過ごしたウイスキー。

フレーバーキャンプ：フルーティかつスパイシー
次のお薦め： ファリー・ロハン

リーブル　コイルマー　アメリカンオーク　43%

香り： クリスプで穀物のアクセントを持つ。ミューズリーとコーンフレーク。ライトで心地よく、大麦の甘い側に位置する。ドライで加水すると干し草の山／籾殻。いく分かの甘さ。
味： クリーミィ。チョコレートを散らしたオート麦のポリジのよう。ライトなミッドパレット。緑のシダ。
フィニッシュ： タイト。
全体の印象： これぞ決定版というスタイル。

フレーバーキャンプ：モルティかつドライ
次のお薦め： ハイウエスト・ヴァレータン

リーブル　コイルマー　ポートカスク　46%

色・香り： ライトピンクカラー。フルーティでメドラージェリーとラズベリーを伴う。加水するといく分かのフェンネル花粉とハーブ。時間が立つとよい香りが出て来る。エルダーベリー。
味： 甘くてロクムを伴う。アルコールが少々ホット。加水するとミドルが少々肉付けされ、野生のフルーツ少々が加わる。
フィニッシュ： クリーンでかすかに埃っぽい。
全体の印象： 魅力的でオープン。

フレーバーキャンプ：フルーティかつスパイシー
次のお薦め： フィンチ・ディンケルポート

リヒテンシュタインのテイスティングノート

テルサー　テルシントンVI 5年シングルモルト　43.5%

香り： クリーミィにモルティでソフト、ライトな樽の影響を伴う。極めてバターっぽいが凝縮感を維持している。乾燥リンゴと甘い桃、グリーンバナナ。
味： 舌の上にミネラル感を感じる。食欲をそそって凝縮感がある、ホット。上質のスパイスといく分かのソフトで甘いフルーツ。
フィニッシュ： ライトにハーバル。
全体の印象： 安定感があって控えめ。

フレーバーキャンプ：フルーティかつスパイシー
次のお薦め： スピリット・オブ・ヴェン

テルサー　テルシントン・ブラックエディション　5年　43.5%

香り： ソフトで甘く、核果を伴い、塩味に近い香り。ライトに埃っぽい穀物と僅かなスモーク。ミネラルと野生のフルーツ。
味： ホットでスパイス、カレーリーフ、ターメリックを伴う。しっかりしていて大胆、ミネラル感が浮び上がる。
フィニッシュ： タイトでフレッシュ。
全体の印象： ポート樽とフレンチオークがフルーティでスパイス感のある要素を加えている。

フレーバーキャンプ：フルーティかつスパイシー
次のお薦め： グリーンスポット、ドメーヌ・ド・オート・グレース

テルサー　ライ・シングル・カスク　2年　42%

香り： 凝縮していて香りが立ち昇り、いく分かのミネラル感がある。ライ麦の甘くスパイシーな側面が出た非常にピュアなエクスプレッション。ライトにミントっぽい。
味： 円熟していていく分かのしなやかなウエイトを示す。方向性が定まっている。カンファー、オールスパイス、パウダー。
フィニッシュ： クリーンでタイト。
全体の印象： まとまって来る。

フレーバーキャンプ：スパイシーなライ麦
次のお薦め： ランデブー・ライ

オーストリア／スイス／イタリア

関連情報：ハイダー蒸溜所●オーストリア、ロッゲンライト●WWW.ROGGENHOF.AT●通年オープン、オープン日と詳細はサイトを参照
サンティス蒸溜所●スイス、アッペンツェル●WWW.SAENTISMALT.COM
ランガタン蒸溜所●スイス、ランゲンタール●WWW.LANGATUN.CH
プニ蒸溜所●イタリア、グロレンツァ●WWW.PUNI.COM

ウイスキー造りに対するオーストリアのアプローチは、イファ・ホフマンの手法に集約される。ライゼットバウアー蒸溜所は1995年、「地元産の大麦と、他と違うことをやりたいという願望に心を動かされ」た後に創業したという。そしてシャルドネやトロッケンベーレンアウスレーゼなど地元のワイン樽が使われることになった。

ウィーン南部にある古い税関ビルでは、レイヴェンブラウ醸造所が3回蒸溜したモルトウイスキー「オールド・レイヴン」「オールド・レイヴン・スモーキー」を販売している。サウセルのセント・ニコライにあるウィウツ蒸溜所はカボチャの種をマッシュに使った「グリーンパンサー」など様々なラインを製造している。ラポッテンシュタインのログナー蒸溜所は小麦、ライ麦、ロースト具合を変えた大麦を利用する。ヴァルトフィエルテル地方北東部のグラニト蒸溜所はスモークしたライ麦、スペルト小麦、大麦を用いる。

こういった実験的な試みのパイオニアは、1995年にロッゲンライトで蒸溜業を始めたヨハン・ハイダーだ。彼がライウイスキーの「J.H.」を世に送り出したのは1999年のことだった。現在、ハイダー蒸溜所とウイスキーワールド・アトラクションは年間8万人もが訪れるスポットとなっている。「ここはオーストリア初のウイスキー蒸溜所だったんですよ」と、2011年に事業を受け継いだヨハンの娘ヤスミンは言う。「地元ではウイスキー蒸溜所が一つもありませんでしたから、父は実践しながら蒸溜所技術を身に着けていきました。自分達で道を切り開こうと思ったんです」

ここで重要視されているのはライ麦だ。ライトやダークとロースト具合を使い分けるとともに、ピートで燻煙するものもある。その全てを使うのだ。ライ麦／大麦を混合したものや2種類のシングルモルトもある。シングルモルトの1つにはロースト具合を変えた大麦麦芽が使われている。他の地域と共通している技法が1つある。全粒穀物を発酵させることだ。またハイダー蒸溜所では熟成にも細かい配慮がなされている。主に使うのは地元産のセシルオーク（フユナラ）をヘビーチャーした樽だ。まさに、常時革新が行われている感がある。

ライゼットバウアー蒸溜所のイファ・ホフマンがオーストリアのスタイルとして見出した特徴の1つは「ブライトネス」だった。急速に発展し手応えある「ウイスキーゾーン」全体に共通する言葉だ。鮮明なスタイル、明快な考え方——である。

スイスでは1999年まで穀物蒸溜が禁じられていたため、今ある蒸溜所は比較的新しいものだ。一番有名なブランドはアッペンツェルのロヒャー醸造所の蒸溜部門、サンティスだ。スイスの多くの蒸溜所と同様に、熟成技術を重視している。

地元の穀物とピートを使うのもそうだが、サンティスが飛び抜けて独特なのは内側を泥でシールされていた60～120年もののビール樽を利用する点だ。

息を呑むほど美しいキューブ型のプニ蒸溜所。ヨーロッパ屈指の蒸溜所だ。

泥がひび割れるとビールが樽板に染み込むので再びシールを施す。この樽をサンティス蒸溜所で熟成に使えるかどうか調べることになって泥が取り除かれたのだが、その時ゆっくりとビールが染み込んだ樽が馥郁たるフレーバーを放っていることが分かったのである。

エルフィンガーウィスキーキャッスル蒸溜所は2002年に創業した。地元の伝統（オーク材でスモークする）と醸造技術（エステル香を高めるため蓋のない発酵槽を用いる）を組み合わせ、栗の木やハンガリアンオーク、スイスオークなど幅広い樽材、そして様々なワインの古樽を用いている。

ランガタン蒸溜所もビール醸造との関連がある。ランガタン蒸溜所は、ミュンヘンで働いていたハンス・バウムバーガーがマイクロ醸造所を始めようとランゲンタールに帰郷した後の2005年に始めたものだ。「スコットランドのコピーではない、独立したウイスキーを造るのが目的でした」彼は言う。「つまり、模倣ではなく、独自の多彩な特徴を通じて人を納得させるようなウイスキーです」やはりこれも蒸溜液だけではなく樽が大きな要素となっている。「オールド・ディア」はシャルドネとシェリーの樽で、ライトなスモーク香の「オールド・ベア」はシャトーヌフ・デュ・パプ樽で熟成されているのだ。

驚くのがイタリアだ。こんなにもスコッチを愛しているイタリアなのにウイスキー専用蒸溜所ができたのは2010年になってからだ。目を奪わずにはいないテラコッタ造りのキューブ形をまとうプニ蒸溜所はティロル南部のグロレンツァにある。エベンスペルジェル家の趣味としてスタートした蒸溜はたちまち広く評判を呼んだ。ヴィンスクガウ・バレーはライ麦を産出するためまずライ麦で仕込んだのだが、ライトでフルーティな風味を好むイタリア人の舌にはフレーバーが強すぎた。

結局、3年に渡って穀物の種類や糖化温度、発酵時間、蒸溜方法を吟味して130バッチを試験し、小麦麦芽、ライ麦、大麦のマッシュビルに落ち着いた。そして使われていない第二次世界大戦の掩蔽壕を熟成庫として活用す

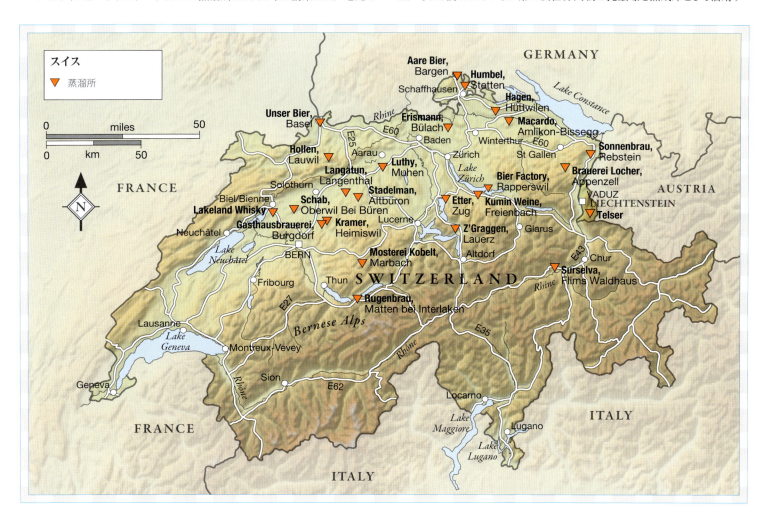

ることになった。エベンスペルジェル家は何一つ見落とさず活用したのである。蒸溜では蒸気ではなく温水コイルを用いた。「温度の差が特有のフレーバーを生み出すことに注目して蒸溜計画を練ったのです」と蒸溜技術者のヨナス・エベンスペルジェルは言う。

「一定の温度で決まった時間だけ蒸留することも可能です。ゆっくりと、より正確に、『真空』蒸溜ができるんですよ!」プニ蒸溜所が最初にリリースした「アルバ」は主にマルサーラ樽で熟成させるため飛び切り芳しい香りを持つ。「アルバ」は素晴らしいデビューを飾ったのである。

オーストリアのテイスティングノート

ハイダー JHシングルモルト 40%

香り： クリーンでライトな甘い干し草置き場のノート。ライトに埃っぽくライトなフルーツとかすかな芳しい香りを伴う。ゼラニウムに穀物のアクセント。フェルト。
味： 甘くてスリルあるスパイシー感：シナモンとナツメグ、クローブ少々。両脇でドライに。ライトなミッドパレット。クリーンでライトなフルーツ。
フィニッシュ： 生姜とシャープ感。
全体の印象： デリケートでフレッシュ。

フレーバーキャンプ：フルーティかつスパイシー
次のお薦め： マイヤーズ・プルモルト、ヘリヤーズ・ロード

ハイダー JHシングルモルト・カラメル 41%

香り： ペッパーっぽさとハーブっぽさ。春のよう。湿った土と緑の芽。穀物のアクセント。たっぷりのソフトなフルーツ。
味： 香りが立ち昇って芳しく、牧草の花とフリージアが増しているがスパイスも感じられる。一段と「上がった」別バージョン。中心にハリボー菓子の気配。ライトなナッツ風味。
フィニッシュ： 酸味がありライトにローストされたスパイスを伴う。
全体の印象： 乾燥大麦のテーマと芳しいフルーツのミックス。

フレーバーキャンプ：フルーティかつスパイシー
次のお薦め： フィンチ・クラシック

ハイダー JHスペシャル・ライ・ヌガー 41%

香り： ライトで極めてクリーミィ。甘い。やや弱めではあるが、いく分かの料理用スパイスとグリーンのフェンネルシード、キャラウエイを感じる。魅力的で青リンゴとベーカリーのノートを伴う。
味： 甘くて円熟しておりスパイシーなアタックとバランスの良い苦味を伴う。バランスが取れている。加水すると僅かなアニスが現れる。
フィニッシュ： スパイシーでクリーン。
全体の印象： 保証付きの堂々とした若いライウイスキー。

フレーバーキャンプ：スパイシーなライ麦
次のお薦め： ロットNo.40

ハイダー JHピーテッドライモルト 40%

香り： フェノール香にたっぷりの野草のノート──アルファルファ、牧草の干し草、かすかな花粉、ライトな煤っぽいスモークとクレオソート、古めかしい薬を伴う。加水するといく分かのゴム臭。
味： ドライでライのスパイシー感とピートがうまく平衡している。程よい長さでクリーン、並行する十分な甘さが中心でうまくまとめている。
フィニッシュ： スパイシーでフェノール香。
全体の印象： ピーテッドライはあまり販売されていないが、もったいない話だ。

フレーバーキャンプ：スパイシーなライ麦／スモーキーかつピーティ
次のお薦め： バルコネズ・ブリムストーン

スイスのテイスティングノート

サンティス エディション・サンティス 40%

香り： 磨いたオーク材、深いモルティ香、加熱したフルーツのよい香りがスローベリーとスミレに変化し、微かなゼラニウムとバニラが続く。
味： 同様に芳しく、並行するいく分かのパーマバイオレットと快い埃っぽさがラベンダーに変化する。ライトなカレーリーフ。
フィニッシュ： クリーンでスパイス感がある。
全体の印象： 古いビール樽で熟成された結果、格別の深みが出ている。

フレーバーキャンプ：フルーティかつスパイシー
次のお薦め： オーフレイム・ポートカスク、スピリット・オブ・ブロードサイド

サンティス アルプシュタインVII 48%

香り： スパイス感にたっぷりのタマリンド水、カルダモン、「エディション」の深いフルーツ香が、いく分かのデーツとイチジクと結びついて浮び上がる。バランスが良い。
味： メロウでプラムっぽくマルベリージャムのアクセントを持ち、香りで感じたエキゾチック感が維持されている。
フィニッシュ： ブライトでクリーン。
全体の印象： ビールを5年寝かせ、シェリー樽で11年熟成させたヴァッティング。ラインの中で一番エレガント。

フレーバーキャンプ：コクがありまろやか
次のお薦め： バルコネズ・ストレートモルト

ランガタン オールド・ディア

香り： ライト、フレッシュ、快い刺激に、グレープフルーツ中果皮と、トロピカルフルーツミックスを思わせる強烈に甘酸っぱいエッジを伴う。僅かなメースと梨の缶ジュース。
味： ライトにハチミツ様。非常に生気があって、フレッシュでブライトな酸味と緑のブドウ──ピノ・ブランの特徴を伴う。ライトなミッドパレット。
フィニッシュ： フレッシュで活気に満ちている。
全体の印象： バランスが良いオーク。若くてフレッシュ。シャープ

フレーバーキャンプ：フルーティかつスパイシー
次のお薦め： テルサー

オールド・ベア

香り： 土っぽくて加熱したプラム、果樹園の熟したフルーツを伴う。「オールド・ディア」よりもドライ。
味： 僅かなスモークが登場、木煙とスモークチーズのミックス。極めてしっかりしていて若い。レッドチェリーだが中央にライトなフレッシュ感を伴う。
フィニッシュ： 僅かにドライ。
全体の印象： より実(じつ)がある。適切なバランスを見せている。

フレーバーキャンプ：フルーティかつスパイシー
次のお薦め： スピリット・オブ・ブロードサイド

イタリアのテイスティングノート

プニ ピュア 43%

香り： 植物性で僅かなアーティチョークといく分かのズッキーニ花を伴う。温室、トマトのツル。甘いフルーツ。ほとんどシロップのようで、フレッシュな穀物が続く。
味： とことんドライでチョークっぽく、フローラルノートに開く。ライトでクール、フレッシュなフルーツを伴う。
フィニッシュ： ドライ感が増していく。
全体の印象： 香り高く既にバランスが取れている。

プニ アルバ 43%

香り： エアリーでライト、アーモンドを伴い、段々と立ち上がってきてついには主調になるローズウォーターにナイトセンティッドストックとジャスミンがミックス、さらにシナモン一振り。
味： ニュアンスがあり、甘くて香りが立ち昇り、よい香り。非常にクリーンで甘い。
フィニッシュ： ナツメグとローズヒップのシロップ。
全体の印象： 若いが既に構成が定まっているようだ。

フレーバーキャンプ：香り高くフローラル
次のお薦め： コリングウッド、ランデブー・ライ

スカンジナビア

スコッチを愛するあまり、スウェーデンとノルウェーからグラスゴーのウイスキーパブには頻繁に人が訪れるようになった。旅費を入れてもグラスゴーに来て飲んだほうが安いからだ。スコットランドの蒸溜所付きショップも毎年北欧からのビジターに謝意を示す程である。

北欧でもウイスキー蒸溜が盛んになるのは時間の問題だった。北欧は世界でもウイスキークラブやフェスティバルが集中している所だからだ。ストックホルムで毎年開催される世界最大規模のビール&ウイスキーフェスティバルもその例である。スウェーデン、ノルウェー、フィンランドで国家によるスピリッツ生産制限が撤廃された後、ウイスキー蒸溜所がいくつも建ったのは当然だろう。執筆時点でスウェーデンに12ヵ所、デンマークに7ヵ所、ノルウェーとフィンランドに3ヵ所ずつ、アイスランドに1ヵ所あり、さらに増える見込みだ。

スウェーデンとノルウェーでは18世紀後半からジャガイモを主要材料にしてスピリッツを造ってきたため(ジャガイモは「スカンジナビアのブドウ」と呼ばれた)穀物ベースのスピリッツは珍しく、木樽で熟成させたものはごく稀だった。このようにジャガイモ一辺倒だったためスタイルも固定化し、素材のバリエーションはほぼ皆無といってよかった——しかし、ウイスキー蒸溜が一度も試みられなかった訳ではない。

1920年代後半に化学エンジニアのベンクト・トビョルンソンはスウェーデンでウイスキー蒸溜が可能かどうか判断する仕事を任され、竹鶴政孝(p.212を参照)のようにスコットランドに送られた。彼はどんなことができるか、また予想される費用などを分析して帰国したが、その報告書は活用されないままだったようだ。結局スウェーデンでは1950年代に多少のウイスキーが蒸溜され、1961年にスケペッツ(Skeppets)ブレンドがリリースされたが、それでも1966年に生産がストップしてしまった。

そのためスウェーデンのウイスキー産業は年若い。どちらかというと「産業」という言葉は不適切かもしれない。まだ初期段階であるため「北欧」でくくれるスタイルを探すのも的外れだ。現在スカンジナビアの蒸溜所は実験し、発見し、創造し、他にはない個性を作るべく深く探究するのにひたすら忙しい。

しかし見ていて心惹かれることがある。ほとんどの蒸溜所はスコッチウイスキー愛好者が建てたのだが、誰もが自らの手で造ったノルディックウイスキーを身近に根付かせようと信念を持って試みていることだ。

確かにスコッチ(とジャパニーズ)ウイスキーからインスピレーションを得た部分はあるだろう。だがこれらの蒸溜技術者の大半は、地元ならではの要素を深く読み取ることで得られるメリットを見据えている。例えば穀物、ピート、もしくは他と全く異なる伝統的な燻蒸技術などがそうだ。そして気候や、森のオーク、身近で育つベリー類、地元で造られてきたスピリッツやワインについて知り抜いていることも強みになる。

北欧——特にデンマーク——では人々がノーマレストランの店長レネ・レゼピが掲げた哲学を心に留め始めるなど、何やら不思議なまでにシンクロして「ローカリズム」が広がっている。レネ・レゼピは「世界を感じるために…1年を通して自然の気分に従う」ほど地元産と季節感にこだわる人物だ。新たなノルディックウイスキーにもこんな発想が共有されていると見ていい。

「ノルディックスタイルとは、という問いには、あと数年で答えが出ると思います」とマックミラ蒸溜所のマスターブレンダー、アンジェラ・ドラジィオは言う。「答えは直ぐに枝分かれしていくでしょうけれど」

販売を始める際にノルディックウイスキーが則った原則がある——「コピーはしない」だ。「これまでは何百年もスコッチが行ってきたことをなぞろうとするのが普通でした」とノルウェーのアーカス蒸溜所で蒸溜技術者を務めるイワン・アブラハムスンは言う。「また同じことを繰り返す必要がありますか? そもそもスコッチには太刀打ちできないのですし、これから数年でノルディックスタイルが固まってくるでしょう。私たちはウイスキーで語るしかないんです。何が起きても、きっと面白いことになると思います」

スウェーデン南部の肥沃な平原(これはマルメ近郊)から、急成長するウイスキー産業に原料を供給する。

スカンジナビア
蒸溜所
N
0 miles 200
0 km 200
ARCTIC OCEAN
Norwegian Sea
NORWAY
SWEDEN
FINLAND
RUSSIAN FEDERATION
Hammerfest
Luleå
Oulu
Lappland, Arvidsjaur
Skellefte
Ounasjoki
Kemijoki
Gulf of Bothnia
Bura & Tautra,
Trondheim
Umea
Vaasa
Kuopio
Alesund
Box, Bjärtrå
Jyvaskyla
Tevsjo, Jarvso
E4
Old Buck, Port
Tampere
Teerenpeli, Lahti
Bergen
Arcus,
Glama
Klaralven
Mackmyra, Valbo
Gavle
Gammelstilla, Torsåker
OSLO
HELSINKI
Gulf of Finland
Haugesund
Norrtelje, Norrtälje
Stavanger
Skien
Orebro
STOCKHOLM
E18
Agder Brenneri,
Vanern
E4
ESTONIA
Saaremaa
Norrkoping
Kristiansand
Smögen, Hunnebostrand
Vattern
Skagerrak
Gulf of Riga
Gotland
Nordisk, Fjerritslev
Gothenburg
Jonkoping
Gotland, Romakloster
Aalborg
Gute Vinegard, Havdhem
Limfjorden, Øster Assels
Kattegat
E22
Wannborga
LATVIA
Western Dvina
DENMARK
E4
Oland
North Sea
Stauning
Spirit of Hven
Faery Lochan
COPENHAGEN
Trolden, Kolding
Ørbæk
Braunstein
Malmö
Baltic Sea
LITHUANIA
Bornholm
Vingården Lille Gadegård
Kaliningrad (RUSS. FED.)
BELARUS
GERMANY
POLAND

スウェーデン

関連情報：ボックス蒸溜所 ● ビョルタ ● WWW.BOXWHISKY.SE
スモーゲンウイスキー蒸溜所 ● フンボストランド ● WWW.SMOGENWHISKY.SE ● ウイスキースクール&見学についてはサイトを参照
スピリット・オブ・ヴェン・バッカフォルスビン蒸溜所 ● ヴェン ● WWW.HVEN.COM ● 見学詳細についてはサイトを参照

ウイスキー消費国から生産国へ、スウェーデンの変化は目覚ましかった。現在は1000㎞に渡って蒸溜所が点在している。今の時点で一番北方にあるのはビョルタにあるボックス蒸溜所だ。ボックス蒸溜所のやや間接的なスタートは2人の兄弟がアートギャラリーを開いた時点に遡る。「間もなく2人はスウェーデン北部でモダンアートはあまり需要がないことに気づきました」とボックス蒸溜所のアンバサダー、ヨン・グロートは言う。なぜ次はウイスキー蒸溜をという結論に至ったか、その辺は定かではないが、兄弟は2010年にビール醸造の経験を持つロガー・メランダーを蒸溜技術者として迎えてウイスキー製造を初めたのだった。

メランダーは西方のスコットランドだけではなく東方の日本にも目を向けた。「私は最初からボックス蒸溜所の目指す姿をはっきりと描いていました」彼は言う。「ニューメイク造りでの選択が正しかったかどうかは15年ほどで分かるでしょう。でも、進む方向を間違っていないのは確かです」

「世界一のウイスキーを造ろうとしたら、近道はありません」彼は付け加えた。「一番良い材料を選び、最高の設備を設置して操作を熟知し、ていねいに操作することが大切です。ウイスキーを詰める前に全ての樽の香りを確かめますし、パーフェクトではない樽を選別することもできます。ほとんどの樽は1回だけ使います」

ロケーションによる影響もある。「ここの冷却水は多分冷たさでは他所に負けないでしょう。そのお陰でスピリッツはクリーンでピュアなフレーバーになります。一方貯蔵庫の温度は1日の内で、そして季節ごとに大きく上下します。するとスピリッツがオーク樽に染み込んで素晴らしいフレーバーに育っていくんです」初期段階ではあるが、濃縮感があってハイトーン、フルーティなウイスキーが生まれた。

クラシカルなスコットランド的アプローチを選んだのは、ヨーテボリ北方のバルト海沿岸にある小さなスモーゲンウイスキー蒸溜所のパール・カルデンビーだ。「スモーゲンの個性を出すためのインスピレーションは、直接スコットランドのアイルズと西岸から得ました」彼はさらに言葉を添えた。「スピリッツが造られて熟成された場所で国籍が決まりますから。スコットランドの大麦麦芽を使っていても私たちのウイスキーはスコッチにはなりません」

カルデンビーは「スコットランドの」アプローチこそ正しいという意見の持ち主で、非伝統的なポットで造られたスピリッツはウイスキーと呼べないとまで考えている。それでも「スタンダートな技法を用いるからといってコピーを造る訳ではありません。頭を使って工夫すればバリエーションは付けられます」彼のウイスキーは既にフルーツ風味が前面に出ていて、ライトなスモーク、チョコレートの香味も持っている。そしていかにも彼らしい軽やかな透明感も備えているが、これは多くのノルディックスタイルをゆるく取り結ぶ特徴のようだ。

ここに挙げた蒸溜技術者は単に趣味として熱中している訳ではない。「良いウイスキーはバランスが取れていて、しかも個性を持っているべきというのが私の哲学です」とカルデンビーは語る。「そうでなければ上質とも面白いウイスキーとも言えませんし、例え売れ行きが良くてもそれはマーケティングのお陰でしょう。私なら『うん…まあまあだね』と言われるより『こんな強いのは好きじゃない』と文句を付けられる方がいいですね。少なくとも味わっての意見ですから」

ヘンリック・モリンの蒸溜所は、スウェーデンとデンマークを分けるエーレスンド海峡に浮かぶヴェン島にある。本書の初版が印刷される時にちょうどオープンした所だった。当時モリンは「野原と花と大麦畑に、海辺や梅・桃などの果樹園、菜の花の香りが渾然一体となった」蒸溜所を作りたいと語っていた。

さて今の状況はどうだろう。彼の研究所は他の蒸溜所が利用中で、彼はコンサルタントとして世界中を回っている。化学者としての教育を受けた彼は、ロマンティックなウイスキーのイメージを蒸溜所という場として結実させるのを止めてしまったのだろうか？ 「今の私には製品を最大限に活かすための化学知識があります。それを利用して新しい道や新しい方法を探りたかったんです」モリンは語る。「限界まであれこれ試して得た知識なんですよ」可能性を求めて長きに渡る試行錯誤を繰り返した結果が「スピリット・オブ・ヴェン」だ。エステル香の爽快感と、フレッシュで軽やかな口当たりにフルーツ、香り高い花、海藻香が混ざり合うウイスキーである。

「誰でもスウェーデンでウイスキーを製造できます」モリンは語る。「でも、スウェディッシュウイスキーと名乗るためにはその製造所ならではの個性を明

ボックス蒸溜所は
1960年代に閉鎖された発電所内にある。
当時、薪を燃料に蒸気駆動で発電していた。

確に備えていなくては。大麦、水、酵母…どんなに小さくても全て最終的な製品に影響を与えています。スウェディッシュ・ウイスキーはスウェーデンの原材料から造られるべきだと私は思うんです（パール・カルデンビーはそう考えていない）。熟成も土地に左右されます。いくら哲学的なことを重視しても、最終的に出来上がるウイスキーには熟成した場所からの影響が明確に現れるんですから」それが本来の考え方であると？「そうです、答えは昔から変わりません！　いつもそう思っていますよ」

スウェーデンのスタイルは定まりつつあるだろうか？　答えを出すにはまだ早すぎるようだ。

「スウェーデンの蒸溜所が漏れなくパーフェクトなウイスキーを造っているかどうか、とても気になります」ロゲル・メランダーは言う。「世界的な市場にスウェディッシュ・ウイスキーのコンセプトを送り出すにはパーフェクトでなければいけません。だからこそ私たちは助け合っているのです。ボックス蒸溜所では他の蒸溜所の所員に研修を行っています。私たちは競争相手ではなく仲間なんです」

こんな仲間意識もスウェディッシュ・ウイスキーの発展にとっての強みだ。技術や思想は違っても、スウェーデンらしく地元らしいものを作るという固い信念が彼らを結びつけている。

スウェーデンのピョルタにあるボックス蒸溜所の銅製スチル。ペル&マッツ・ド・ヴォール兄弟は旧発電所でウイスキーが造れるのではと考えた。数年の準備期間の後、2010年12月18日に「ボックス・シングルモルト」が初めて蒸溜された。

スウェーデンのテイスティングノート

スモーゲン　ニューメイク　70.6%

香り： 香りが立ち昇ってフルーティ、穀物、ウエイト、バナナの皮、スモークを伴う。加水するとパテが引き出される。

味： 凝縮されていてホットで心地よい感触を伴う。オートケーキとふすま。薄めると調理せずに食べる甘いリンゴ。

フィニッシュ： ドライでクリーン。

スモーゲン　プリモル　63.7%

香り： クリーンで僅かにナッティ。ブラジルナッツとハーバルなタッチが少々、エキゾチックなスパイス。エナメルペイントのほのかな香りとライトなスモーク。燃える干し草、香り高い草。

味： たっぷり追加された直接的なオークに、ココナッツミルクとドライローストしたスパイス（特にニゲラ）を伴う。甘味とドライ感のバランスが良く、ほんの僅かなチョコレートを伴う。

フィニッシュ： クリスプでやはりタイト、穀物が登場する。

全体の印象： 優れたクリーンなスピリッツで確かなポテンシャルを持つ。

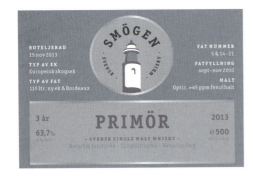

フレーバーキャンプ：スモーキーかつピーティ
次のお薦め：ラフロイグ・クォーターカスク

スピリット・オブ・ヴェン　ナンバー1　ドゥーベ　45%

香り： ラムのようなエステル香にいく分かのパイナップルとオープンなフレッシュ感を伴う。非常にライトな木、糸杉とトウヒの新芽。かすかなセコイア樹皮。フレッシュで、キャトルケーキ、ダークグレーン、大麦麦芽抽出物が続く。加水するとブレッド&バタープディングとサルタナレーズンが引き出される。

味： クリーンで甘いスタート、アルコールのピリピリ感を伴う。木が強くてさらなる赤いフルーツを感じる。

フィニッシュ： 若くてフレッシュ。

全体の印象： これほど複雑さが寄り集まっているのにまごうかたなきフレッシュ感がある。個性満載。

フレーバーキャンプ：香り高くフローラル
次のお薦め：ウエストランド・ディーコンシート

スピリット・オブ・ヴェン　ナンバー2　45%

香り： 色鮮やかなフルーツ、桜の花。酸味にライトなオゾンっぽいミネラル感を伴う。凝縮。かすかなホワイトマッシュルーム。苔と海藻。加水するとライトなオイルと蜂蜜。

味： 最初は控えめでメロンと梨を伴う。バブルガムとバランスの良いオーク。非常に「元気」。加水するとハチミツっぽい深み少々が加わる。

フィニッシュ： かすかな酸味。

全体の印象： フレッシュで甘くジューシーな旨味が立ち上がる。

フレーバーキャンプ：香り高くフローラル
次のお薦め：秩父チビダル

ボックス・アンピーテッド　カスクサンプル

香り： 張り詰めていて濃縮、ハイトーンでワインガムとエステルノートを伴う。デリケートな酵母香：焼き立てのバゲットのノート。

味： クリーンで凝縮されているが、メロン、リンゴ、パイナップルを伴うスムーズなミッドセクション。

フィニッシュ： クリーンで短い。

全体の印象： 若いがポテンシャルに満ちている。

ボックス・ハンガリアンオーク　カスクサンプル

香り： スモーキーで燃えるメスキート少々、並行して弾けるブラウンマスタードシードとライトなエステル香のフルーツ。

味： やはり非常にクリーンで甘く、スモークと磨いたオーク、濃縮したフルーツを伴う。

フィニッシュ： 長くてフレッシュ。

全体の印象： 押し上げられ凝縮されている。これから注目だ。

マックミラ蒸溜所

関連情報：マックミラ ● スウェーデン、イェヴレ ● WWW.MACKMYRA.COM ● 見学は必ず予約を

ベングト・トルビヨンセンはマックミラをどう考えていたのだろうか。彼の目的はスコットランドの基準を採用してスウェーデンに当てはめることだった。マックミラ蒸溜所を設立し1999年に夢を実現させた彼と仲間たちは、それぞれが心の中で違う思いを抱いていた。彼らはスコッチウイスキーのファンだったため、マックミラがスペイサイドに感化されて始まったのは確かだが、最初からスウェーデンだってインスピレーションの源だったのだ。

ノルディックスタイルが何かと論じる前に、それぞれの個性、ここではマックミラ蒸溜所が創立時から貫いてきた個性に目を向けるべきだろう。だがそれは何に由来するのだろう。廃坑の冷気の中での熟成？　北欧固有の大麦と、カリンモッセンから取れたピートを用いることだろうか？　燻煙するための炎にジュニパーの枝を加える（ジュニパー香の効果については「スヴェンスク・ロック」を賞味されたい）工夫？　スウェーデンのオーク樽を使うから？　もちろんこれら全てが影響を及ぼしているのだろうが、マックミラの個性には同じくらいウイスキー造りの哲学も反映されているのだ。

最初のウイスキーがリリースされるまでに170ものレシピがテストされたとはいえ、マックミラのウイスキーはスコッチに慣れ親しんだ人々に驚きをもって迎えられた。ライトで香りが立ち昇り、ピュアで——しかも華奢ではないのだ。おまけにクールに控えめなのに決して質素でもない。

「スコッチと比べるつもりはありません」と、マスターブレンダーのアンジェラ・デオラシオは語る。「最初にリリースした時は『違う！　ウイスキーはこんなものじゃない！』という反応をもらいましたよ」彼女は当時を思い出して笑った。現在の変遷激しいウイスキー界では新たなフレーバーと技術が熱烈に歓迎される。世紀の変わり目に、スコッチこそフレーバーの正統派という風潮に挑戦した者がどれほど胡散臭げに扱われたか、もはやすっかり忘れられているようだ。

「もちろんスコッチは重要です」彼女は付け加える。「私たちのルーツですから。でもマックミラ蒸溜所のスタイルはごく初期から確立していました」彼女が使った言葉は「ビビッド」だった。マックミラが送り出すウイスキーの静かな激しさを実にうまく捉えている。穏やかに全体をサポートするのは樽の木香だ。ここではスウェディッシュオーク由来の強いハーバルなオイリー感が注意深く活かされている。スウェディッシュオークのみから作られる樽もあるが、アメリカンオークと組み合わせた樽の方が多い。

2011年に新たにオープンした広い蒸溜所では3種類の「クラシックな」スタイルが製造されている。「エレガント」ともう2つのスモーキーなバリエーション（ピートとジュニパー）は基本的に同じスピリッツでカットポイントが異なっている。デオラシオは土地のルーツなどを深く調べ、ベリーワインの樽を用いる（「スコーグ」「ホープ」「グロード」等）、樺材を試すなどの他、ノルウェーのパイオニア的クラフト醸造所エーギルとの樽交換プロジェクトも行っている。

「伝統的なウイスキーとモダンなウイスキーの両方を造れるなんて素晴らしいことです」とデオラシオは言う。「どちらか一方に限る必要なんてないんです」そう、行動は自らのビジョンに忠実であるべきなのだ。

マックミラのテイスティングノート

マックミラ・ヴィスハント　ニューメイク　41.4%

香り： ライトではほとんどエーテルのよう、スイートピーの花少々と豆の芽も。ライトにワイン風（ソーヴィニヨン・ブラン）でネトルとデリケートな梨を伴う。結晶したハチミツ。
味： 甘くて柑橘系。極めて発泡性が強く香りが立ち昇り、花の香を伴う。フルーティ。
フィニッシュ： デリケートで甘い。

マックミラ・ブルクスウイスキー　41.4%

香り： 明らかな進歩が見られる。控えめでクール、抑制が効いているが、加水で開く非常にライトなフルーツを伴う。濃厚なフローラル香：スズラン。
味： 香りで想像されるよりも実（じつ）がある。ライトな蜂蜜、そして背後でデリケートなスパイス。まるでレースのよう。
フィニッシュ： 穏やかでソフト。
全体の印象： 名実ともに「エレガント」なスタイル。

フレーバーキャンプ：香り高くフローラル
次のお薦め： グレンリベット12年

マックミラ・ミッドヴィンター　41.3%

香り： スパイスが強い。ベリーが満ちている。フルーツ——ブラックベリーにたっぷりのミントとカラントリーフ。加熱された印象。やはり控えめだが野のフルーツが居並ぶ。
味： 甘味からスタート、ベリーが登場するとわずかに密度を増す。
フィニッシュ： ライトにジャム様。生け垣。
全体の印象： 甘くてフルーティ、愉快。

フレーバーキャンプ：フルーティかつスパイシー
次のお薦め： ブルイックラディ・ブラックアート

マックミラ・スヴェンスク・ロック　46.1%

香り： ライト、紫の果実っぽさ、背後にデリケートなスモーク。コケモモ。加水するとより香り高いスモークが引き出される。
味： 完熟でデリケートな多汁感、鼻の奥にスモークが一気に押し寄せ、熱い残り火のよう。極めて肉厚。
フィニッシュ： 香り高くかすかなスモーク。
全体の印象： スモーク爆弾ではなく、控えめで静か。

フレーバーキャンプ：スモーキーかつピーティ
次のお薦め： ピーテッドマルス

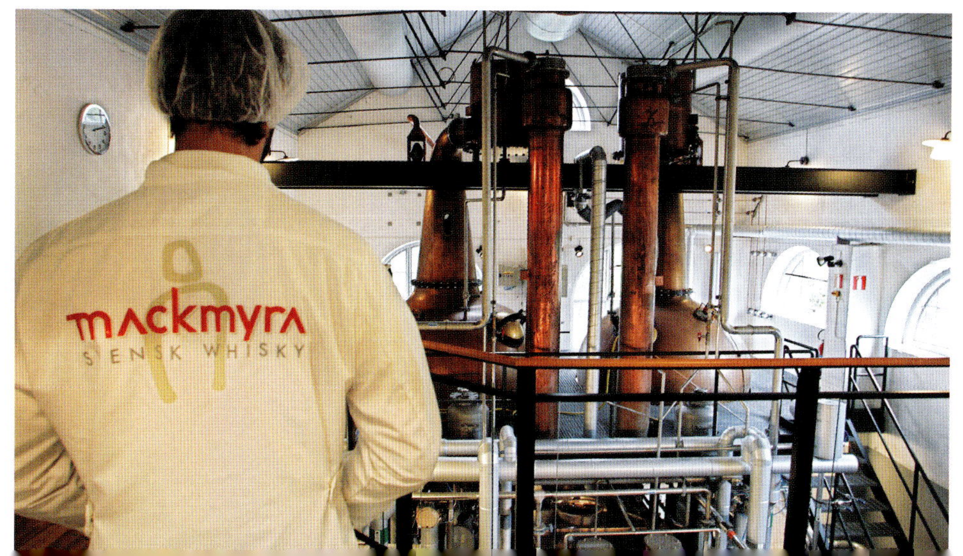

スウエーデンのパイオニア的蒸溜所
マックミラのウイスキーは、現在世界中で手に入る。

デンマーク／ノルウェー

関連情報：ファリー・ロハン蒸溜所●デンマーク、ギブ●WWW.FARYLOCHAN.DK
スタウニング蒸溜所●デンマーク、スキャーン●WWW.STAUNINGWHISKY.DK●見学は要予約、サイトを参照
ブラウンシュタイン蒸溜所●デンマーク、コペンハーゲン●WWW.BRAUNSTEIN.DK
アーカス蒸溜所●ノルウェー、ハーガン●WWW.ARCUS.NO●見学は要予約、サイトを参照

デンマークでも1950年代に一時期だけウイスキーが造られていたが、ウイスキー製造国として台頭して来たのはミレニアムを過ぎてからだ。現在は7ヵ所に蒸溜所があり、さらに増える予定である。

最初の波はユトランド半島西方のスタウニングから始まった。2006年にスコッチを愛する9人のグループが集まり、自分達の手でウイスキーを造れるかどうか試すことにした。2009年には農場を改築した蒸溜所を手に入れた。以来、彼らはフロアモルティング、キルンでのピーティング、直火によるスチル蒸溜と伝統的なウイスキー製造指針に立ち戻って製造を続けている。オーナーのアレックス・ヨロップ・ムンクが特に注目したのは地元産の材料の重要性だった――スタウニング蒸溜所の場合はピート、大麦、ライ麦である。

ピート煙の利用は理にかなっている。ブリング湖周辺とユトランド半島中央部のボグは新石器時代から泥炭として切り出されている。石器時代に生贄にされた、有名なトーロンマンが見つかったのもここだ。現在、クロスタールン博物館がスタウニングに泥炭を提供している。

「デンマークでウイスキーを製造するなんてよくできましたね、と誰もが尋ねるんです」と彼は言う。「可能でしたよ。今はデンマークや他の国からクレイジーな男たちと、フロアモルティング、特別な糖化層を見に沢山の人が来ます。ウイスキー愛好家がこんなに数多く来てくれるなんて誇らしく感じます」

ここでは3つのスタイルが造られている。スモークト、アンピーテッド・シングルモルト、そして――おそらくはデンマーク人以外には予想もつかない――モルテッド・ライだ。ライウイスキーといえば北米を連想するのが普通だろう。しかしユトランドの土地は肥沃で穀物栽培に向くし、これまで紹介した蒸溜所と同様、身近な作物を使うのが差別化をする一つの方法なのだ。

しかしフロアモルティングしたライ麦は珍しい。「普通はとても扱いが難しい穀物です。でも、ハンドクラフトのウイスキーを造る過程でライ麦専用の糖化槽を開発しました。今は他の穀物と同じくらい作業が楽ですよ」と彼は語る。オーク樽で18ヶ月しか熟成させていなくてもスタウニングの「ヤング・ライ」はほとんどラムのような、持って生まれたスパイシーな温かみを備え、程よくほろ苦い後味が不意に消える。もし「ステートメント(声明)ウイスキー」というものがあるのなら、まさにそれだ。

ウイスキーを愛するデンマーク人からウイスキーを造るデンマーク人へというテーマはファリー・ロハン蒸溜所にも受け継がれている。ファリー・ロハン蒸溜所は2009年12月にイェンス・エリック・ヨルゲンセンによって設立された(蒸溜所の名は気まぐれに付けたのではなく、蒸溜所があるユトランドの村の元の名、フェルに由来する)。「ウイスキーを愛しているから蒸溜業を始めたのですが、難しいことを手がけるのも大好きなんです」とヨルゲンセンは言う。「ここにはウイスキーの本当の歴史というものがありませんでした」

彼がインスピレーションを得たのはスコッチだが、デンマークならではのひねりを加えた。スチルの首を短くしてオイリーでスパイシーなニューメイクを造り出したのだ。もう1つ、驚かされることがある。キルニング(焙燥)に用いられる煙を出すために生のネトルを燃料に使うのだ。「フュン(デンマーク中央部にある島)ではネトルでチーズをスモークする伝統があるんです」とヨルゲンセンは説明してくれた。「スコットランドと全部同じにしたら単なるコピーだと思

コペンハーゲンのケーエ港にあるブラウンシュタイン蒸溜所。
ウイスキー蒸溜所でありマイクロ醸造所でもある。

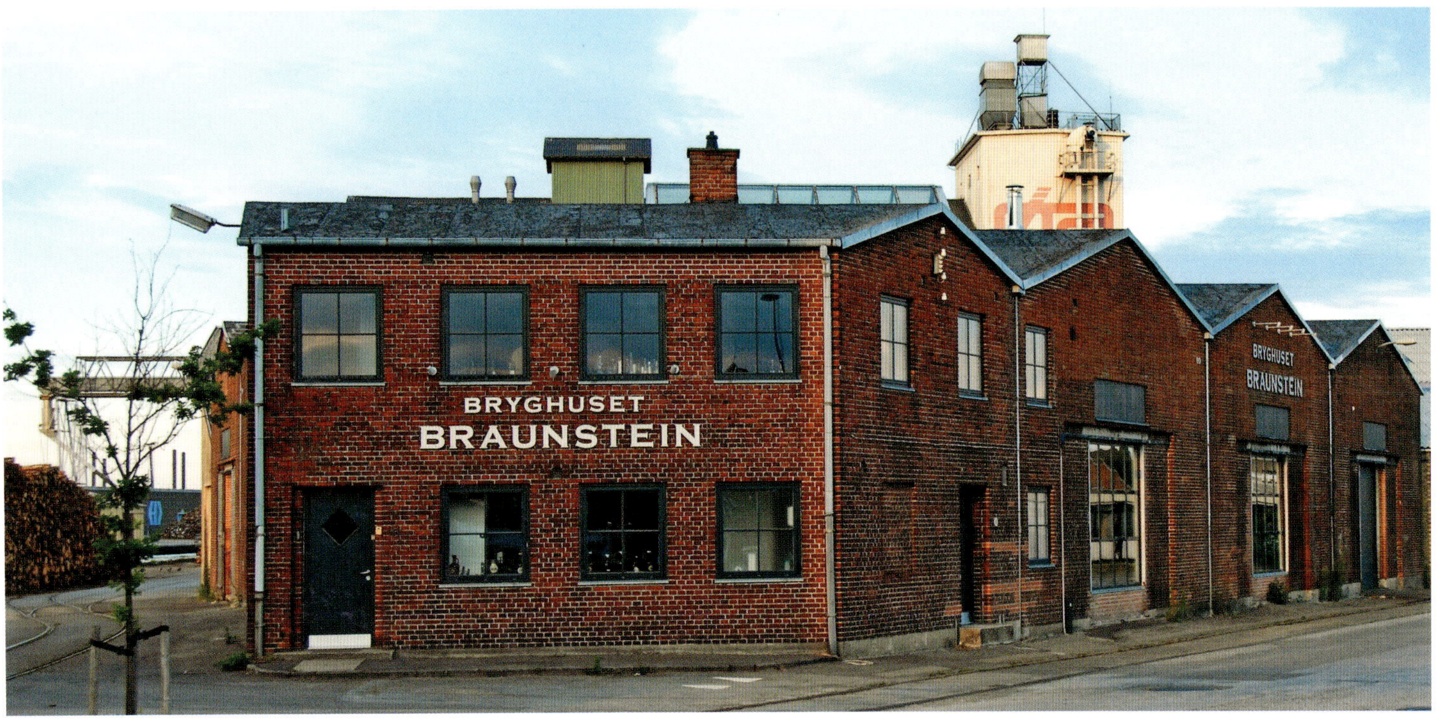

いました。コピーが好きな人はいませんから、ネトルを使ったんです!」

初期のリリースにはクォーターカスクが使われていたが、ストックの大半は通常サイズの樽で熟成されている。つまり長期を見据えた計画が進行中ということだ。

コペンハーゲンの波止場近くにあるブラウンシュタイン蒸溜所は、ポールセン兄弟が所有するマイクロ蒸溜所のスピンオフとして2005~2006年にかけて操業を開始した。ホルスタインスチルからは、芳醇なものとスモーキーなものの2種類の蒸溜液が得られる。ここに香味を添えるオプションとしてシェリー樽が加わる。「私は多様性が一番大切だと思っています」とミヒェル・ポールセンは語る。「それに、誰もが自分にしかできないことをすべきだとも。ここは小規模で伝統的な職人技を活かした蒸溜所ですが、正当に評価されていますよ」まだ立ち上がりの時期ではあるが、これだけの動きがある。デンマークのウイスキーはこれからも注目だ。

ノルウエーのスピリッツ製造は波乱に富んだ歴史を持つ。原料が穀物からジャガイモに変わり、個人による蒸溜が盛んだったが19世紀に統合化され、1919~1927年にかけて蒸溜が禁止され、1928~2005年まで政府が製造(主にジャガイモをベースにしたフレーバードスピリッツのアクアビット)と輸入を管理した。今も政府がリカー類販売を管理しているが、輸入の独占的統制は1996年に廃止された。しかし、独立した蒸溜所が現れたのは2005年になってからである。以来、ウイスキー蒸溜所は増え続けている。2009年に創業したアグデル蒸溜所もその1つだ。

国営のアーカス蒸溜所は民営化され、2009年にウォッカとアクアビットからウイスキー製造へと舵を切った。「研究開発的な立場から、自分達に可能かどうか挑戦してみたかったのです」と蒸溜技術者のイワン・アブラハムスンは語る。「私たちはスピリッツならよく分かっていますが、ウイスキーを手掛けたことはありませんでした。そこで1年間、様々な大麦麦芽や酵母を試し、取り外し可能な棚板をつけた小さなポットスチルで蒸溜を繰り返しました」

現在はドイツから取り寄せた3種類の麦芽(「ノルウェーの麦芽ではうまくいかなかった」という)──淡色大麦、淡色小麦、ブナ材でスモークした大麦──を使っている。「当初はスコッチとバーボンどちらを手本にしようか迷いました。でもここはノルウェーです。自分達のやり方でやろうと決めました」その結果がさまざまな麦芽の採用であり、アクアビット用に使われていたマディラ樽など多様な樽の利用だった。

「いつも楽しいですね」とアブラハムスンは笑顔になる。「遊び心を無くしたらクリエイティブじゃなくなってしまいます」

きっとそれが北欧のモットーなのだろう。

デンマークのテイスティングノート

ファリー・ロハン カスク11/2012 63%

香り: ライトでクリーン。ライトにグラッシー、ベチバーのノートが膨らんで古い書店の危険な感じになり、フレッシュ感をもたらすチョークっぽいミネラル感を伴う。加水するとハーバルノートが強まる。
味: 若くてフレッシュ、厩舎、クリーンな木、塗りたての漆喰、デリケートなフルーツ。
フィニッシュ: クリーンで少々タイト。
全体の印象: ハーバルノートはネトルによるスモーク由来だろう。全てがポジティブで一体となっている。

ファリー・ロハン バッチ1 48%

香り: 磨き込まれた木が蜜蝋へと漂っていき、背後で実(じつ)のある甘味が高まっていく。再び干し草とハーブ。加水するとタンポポ、ゴボウ、ジンジャービア用酵母。ゆるいウッドオイル。
味: 口の中で広がりかすかなオークを伴う。バランスが良くアニス少々を伴う。
フィニッシュ: 再びハーバル。
全体の印象: 早熟で将来は上昇景気。

スタウニング ヤングライ 51%

香り: バランスが良くまさにライのノート。ライトにメロウで甘く、ローストしたほとんどハチミツのようなノートを伴う。クリーンなスパイス、グラッシー感の裏にキャラウェイ少々を伴う。複雑でまろやか、必須の若い活気を伴う。
味: ソフトなスタート。スパイスを入れた丸いパンに塗ったバター、ナツメグ、ペッパー、青リンゴ。加水すると甘くなる。
フィニッシュ: ライトにスパイスが効いている。長い。
全体の印象: ワールドクラスのライウイスキーになるだろう。

フレーバーキャンプ: スパイシーなライ麦
次のお薦め: ミルストーン100°

スタウニング トラディショナル・オロロソ 52.8%

香り: 温かいダイジェスティブビスケット。甘くて僅かに砂糖っぽく、リコリスルートと甘い赤&黒の果実を伴う。濃縮感、続いてサルタナレーズン。
味: 穏やかで僅かにドライ。バランスが取れていてクリーンなスピリッツと木の活躍が会議中。ライトなシナモン風味。
フィニッシュ: 短いがフルーティ。
全体の印象: 素晴らしい──そして急速な──成熟感を示している。

フレーバーキャンプ: フルーティかつスパイシー
次のお薦め: マッカランアンバー

スタウニング ピーテッド・オロロソ 49.4%

香り: 穏やかなスモーク。ライトにタール様、コールタール、ピートキルンのノート。アードベッグっぽい。草の気配と甘味を添える上質なクリーミィさ。微かなドライフルーツ。極めて濃厚。
味: 熟したフルーツ、黒ブドウ、焚き火とミックスしたレーズン。
フィニッシュ: 貪欲でスモーキー。
全体の印象: バランスが良くたっぷりのスモーク。

フレーバーキャンプ: スモーキーかつピーティ
次のお薦め: アードベッグ10年

ブラウンシュタインE1 シングル・シェリーカスク 62.1%

香り: 最初はタイト。甘くてソフト。良い香り。栗の粉とブルーベリー。加熱したフルーツ。
味: 濃縮していてジャムっぽいフルーティ感の塊を伴う。埃っぽい穀物とドライフルーツが続く。トフィー。心地よい酸味。バランスが良い。磨いたオーク。
フィニッシュ: スパイシーで香り高い。エキゾチックな要素。
全体の印象: 同様に熟成させたシングルカスクはより凝縮されたミント感に、食欲をそそる魅惑的なヨモギのノートを伴う。

フレーバーキャンプ: フルーティかつスパイシー
次のお薦め: ベンロマック-スタイル

ノルウェーのテイスティングノート

アーカス ギョライド エクスバーボンカスク 3年半 73.5%

香り: ライトでフレッシュ、クリーンで、ピュアで心地よい活力を伴う。ライトな菓子類の気配。焦点が定まっていてバランスが良く、柑橘類少々を伴う。ほんのわずかなアメリカンクリームソーダ、加水すると少しのシャーベット。
味: ライトでレモンを伴う。強い力をうまく維持し、既に統合感を感じさせる。繊細でクリーン、春のようなフルーティ感。
フィニッシュ: クリーンでシャープ。
全体の印象: 早熟。要注目。

フレーバーキャンプ: フルーティかつスパイシー
次のお薦め: グレート・キング・ストリート、ベルジャン・オウル

アーカス ギョライド シェリーカスク 3年半 73.5%

香り: 木煙と生姜、ビスケットっぽい温かみ少々。熱いトディ酒にハチミツとシナモン、コーヒーのノートを伴う。ハチミツと生マッシュルームが水と入り交ざっている。背後に大麦がある。
味: 甘くてまろやか、ファットになり出しているのが感じられる。若いがクリーン。バランスが良く穏やかなオーク。
フィニッシュ: チョコレート。
全体の印象: 樽が異なるとスピリッツの異なる面が引き出される。

フレーバーキャンプ: フルーティかつスパイシー
次のお薦め: ブナハーブン

フィンランド／アイスランド

関連情報：ティーレンペリ蒸溜所●フィンランド、イーティオット・オウ●WWW.TEERENPELI.COM／
エイムウエルク蒸溜所（フローキ）●アイスランド、レイキャビク●WWW.FLOKIWHISKY.IS

ノルディックウイスキーの物語(サーガ)には政府による管理が大きく影を落としている。
例えばフィンランドでは1904年までスコッチの輸入すら許可されていなかったのだ。ウイスキーサイエンス・ブログ（www.whiskyscience.blogspot.co.uk）が発見した手紙には、当時の熱心なジャーナリストの文が記されていた――「今こそ変化が訪れた。ようやくウイスキー文明のドアが我々にも開かれた！」

熱狂は長く続かなかった。政府は1919年～1932年にかけて禁止法を押し付け、廃止後もノルウエーのように国が製造を管理した。1930年代にベングト・トルビヨンセンはウイスキー蒸溜が可能かどうか問い合わせを受けたが、無理だと結論づけた――フィンランドの穀物は高品質なのに、奇妙なことだ。

フィンランド・ウイスキーの登場は国営のアルコ蒸溜所がいくばくかのウイスキーを造った1950年代まで待たねばならない。これは「タカヴィーナ」というスパイストブレンド、もしくは熟成させない状態で「ライオン」というフィノ-スコティッシュブレンドにブレンドされた。だが1995年に蒸溜は休止、ストックは2000年まで「ヴィスキ88」や「ダブルエイト88」などのフィノ-スコティッシュブレンドに提供された。

そして2年後に「オールドバック」が登場する。これはポリのビアハンターズがホルスタインスチルで蒸溜し、シェリー樽とポルトガルの樽に詰めて熟成させたものだ。同年、タンペレのテーレンペリ・ビアレストランも蒸溜を始め、現在は国際的に一番知られるブランドとなっている。多くの新規に立ち上げた蒸溜所と違いテーレンペリはブルワリーとレストランのチェーン店を所有していたため、スタートアップ時にかかった多額の費用をうまく埋め合わせることができた。

「どうしてフィンランドにウイスキー蒸溜所がないのか、ずっと不思議でした」とテーレンペリ蒸溜所のCEO、アンシ・ピッシングは言う。「特にここ、ラハティ周辺は醸造と製麦で有名でしたし。私たちは1995年に醸造を開始していましたから、次のステップに移るのは自然なことでした」

自然だったとはいっても、フィンランドらしいアプローチが香り立つようなウイスキーを造るにはどうすればいいか、そこが一番重要だった。「だれでもウイスキーの製造と販売は可能です」彼は語る。

「でも、フィンランド・ウイスキーを造れば品質、ブランド化、プライドなど期待されるレベルも高くなります。それに『フィンランドの』と付けるからにはそれなりの責任が伴いますからね」

オリジナルのポットスチルを設計するのも1つのステップだった。しかしピッシングの場合はラハティという場所が鍵だった。スーパオシェルカ・エスカーで濾過され磨かれた淡水、蒸溜所から150㎞以内で栽培された大麦を地元で製麦した麦芽、地元のピート、そしてピッシングが指摘するフィンランドの気候が決め手となったのである。

「大麦はフィンランドの短くも凝縮したような夏、昼が長い時期を経験して育ちます。加えて季節によって気温と湿度に差があり、スコットランドとは熟成条件が異なってきます」

ウイスキーを造る様々な要素に注目するとやはり全てが他とは違う。フィンランドでしかありえないものばかりだ。ここにも「ウイスキー文明」がようやく到着したのだ。

ノルディックウイスキーについて話す時、どれくらいウイスキーに「土地感」を持たせられるかを問いかけてきた筆者だが、心の奥にはもう1つ疑問があった。ウイスキー造りの物理的な北限はどこなのだろう？　ノルウエーのクロスタルカーデン蒸溜所は北緯63度にあるが、アイスランドのガレサバヤにあるエイムヴェルク蒸溜所は北緯64度、執筆時点では僅差でこちらが世界で一番北方にある蒸溜所となっている（ただしノルウエーの北岸沖のミケン島、北緯66度に蒸溜所を建設する計画がある。ヴェストフィヨルデン湾の海水を淡水化して用いる予定だ）。

単に蒸溜所の緯度を競うという話ではない。理論上は北極でも蒸溜は可能だ。しかし「地元産の材料」を使うトレンドに倣うのであれば、気候的な限界を無視する訳にはいかない。アイスランドは大麦栽培圏の北限で、つまりウイスキーのウルティマツーレ(最果ての地)なのだ。

これがアイスランドが1915～1989年まで醸造を禁じた理由の1つだ。しかし蒸溜の方は許可された（不思議なことだ）後でもウイスキーではなくジャガイモベースのブレニヴィンに限って造られていた。そしてようやく登場したのがエンヴェルク蒸溜所とそのブランド「フローキ」であった。

「5世紀の間、バイキングは大麦を育てて醸造していたんですよ」とエンヴェルク蒸溜所のハリ・トルケルソンは語る。「13世紀頃に気候が冷涼な時代に入り、20世紀まで続きました。そのため大麦栽培が不可能になって経済的にも大打撃を受けたのです。ですが、ここ20年ほどは安定した収穫を得られています」

そう、ウイスキーが造れる条件がそろった訳である。「スピリッツと伝統を愛しているから『フローキ』を造り始めたんです。私たちの探究(クエスト)の大きな部分を占めているのがそこですね。5年間試行錯誤を重ね、乳製品加工機の古い廃品を改造してオリジナルの設備を作りました。『フローキ』はこういう試みの成果で、レシピNo.164をベースにしています」

全てが環境に優しい。スチルは地熱による温泉で加熱し、大麦は無農薬栽培だ。「世界初の『環境に優しい』ウイスキーを造ろうとした訳ではないのです」とトルケルソンは語る。「手近にある原料で事を進めていく過程で、いつの間にかたどり着いた結果の1つなんですよ」

「頑健でゆっくり育ち、今のメーカーが扱いに慣れている品種よりも澱粉や糖分の含有量が低い大麦を選んでいます。1ボトルに使う大麦の量も多めです。油分が多く含まれるので風味とテクスチャーも変わってきます」

アイスランドの気候と伝統から、自然と燻煙も採用されることになった。ピートがないためハンギキョート（燻製マトン）等の特産品には昔から羊ふんが使われている。「アイスランドの気候と環境を活かした独自のスタイルを作るにあたって、一歩先んじることができたと思います」トルケルソンは言う。「『フローキ』がアイスランドのウイスキー産業と伝統の出発点と礎石になることを願っています。私たちのアプローチは、北欧ならではの伝統と風味をベースにしていますからね」

ノルディックスタイルが完成するのも遠くなさそうだ。

フィンランドのテイスティングノート

ティーレンペリ・アウス 43%

香り： フレッシュで若々しくモルティな甘味を伴い、甘味がリンゴと花へと押し入っていく。非常に香り高くてクリーン。ライトなホイップクリームとアップルパイにジャスミンが割って入る。加水すると香りが立ち昇る。
味： ライトな大麦からスタートするが骨ばってもいないしドライでもない。より温かみがあって甘くフローラルな爽快感を伴う。
フィニッシュ： アニス。
全体の印象： 穀物の甘い側面が出ている。

フレーバーキャンプ：香り高くフローラル
次のお薦め： グレンリベット12年

ティーレンペリ・8年 43%

香り： 「アウス」よりも率直でふくよか、わずかによりドライでストラクチャーがある。ライトな大麦、ミルクチョコレート、ナッツ。バランスが良い。
味： ローストされてよりトースティな大麦麦芽。加熱されていて真鍮っぽく、栗少々を伴う。ソフトでクリーン。
フィニッシュ： 僅かにタイト。
全体の印象： 樽に由来するフレーバーへと変化していく。

フレーバーキャンプ：モルティでドライ
次のお薦め： オーヘントッシャン12年

ティーレンペリ・カスキ 43%

香り： モルトローフ、潤いと噛みごたえがあり、いく分かのカラントと調理したプラム、ブラックベリーを伴う。加水するとわずかなウッドオイル。
味： 滑らかでソフト、スムーズ。バランスが良くて甘く、ハニカムシュガーとドライなオーク／大麦麦芽がバランスを取っている。プラムが戻ってくる。
フィニッシュ： 泡とココア。
全体の印象： トリオの中で一番ストラクチャーがあり上質。

フレーバーキャンプ：フルーティかつスパイシー
次のお薦め： マクダフ

ティーレンペリ・6年 43%

色・香り： 金色。ふすま。ローストされていてナッティ。クリーンで背後にライトなオイリー感があり、それが乾いた草とアーモンドフレークに変化する。
味： 明らかにナッツ：ヘーゼルナッツ。若々しくて元気が良くヒヤシンス少々を伴う。
フィニッシュ： 小麦胚芽。
全体の印象： クリーンでフレッシュ。バランスが良くナッティ。

フレーバーキャンプ：モルティでドライ
次のお薦め： オスロイスク-スタイル

アイスランドのテイスティングノート

フローキ 5ヵ月 エクスバーボン 68.5%

香り： 甘くてタイト、フレッシュ、ライトで甘い穀物と野生のハーブ／濡れた草のノート少々を伴う。チョークっぽく凝縮されていて加水すると快い農場のノートが現れる。農場のノートはフェヌグリークと植物性のトーンに変化する。
味： 甘くて針のようにシャープ。クリーンなスピリッツ。フレッシュで酸味がある。加水すると僅かに若い厳粛さが現れる。
フィニッシュ： クリーンでタイト。
全体の印象： よく出来ている、軽やかでフレッシュ。これからも注目だ。

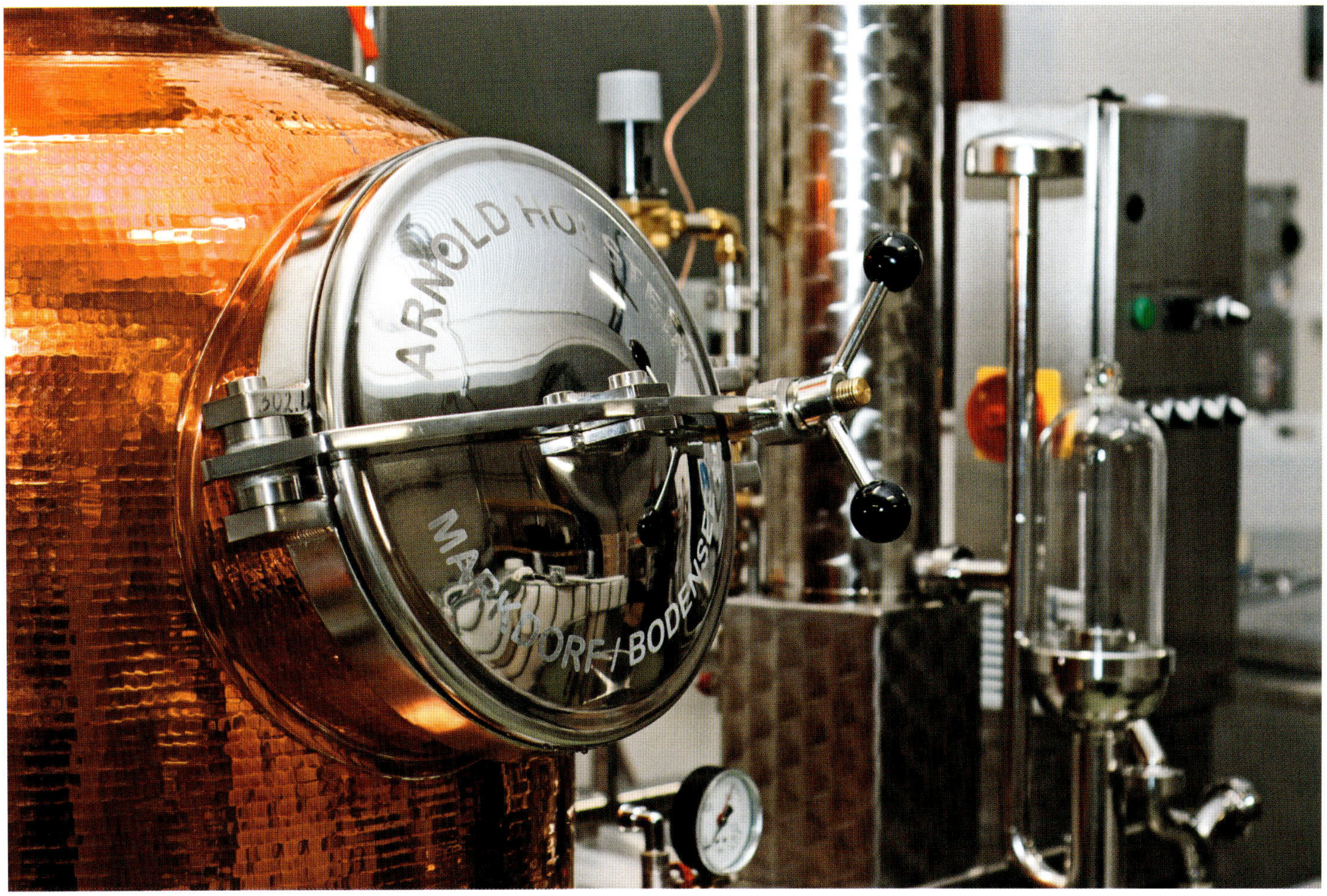

アイスランドらしい「フローキ」シングルモルトウイスキーは自負と共に手作業で造られる。蒸溜も蒸溜所オリジナルのポットスチルで行われる。

南アフリカ

関連情報：ジェームズ・セジウィック蒸溜所●ウェリントン●WWW.DISTELL.CO.ZA
ドレイマンズ蒸溜所●プレトリア●WWW.DRAYMANS.COM

ブランデー生産国としてよく知られるが、ウイスキーも断続的に19世紀後半から造られている。ただし地場産業であるブランデー製造を保護する法律の壁に阻まれ、ほとんどの会社が撤退した。20世紀になっても一時期は国内産の穀物ベース蒸溜液(ウイスキーもここに含まれる)に対して、ブランデーの2倍の税金がかけられていた程だ。

それでもウイスキーは飲まれ続けた。南アフリカは19世紀からずっとスコッチの重要な輸出先だった。しかし本当のブームはアパルトヘイト撤廃後、「ブラックダイヤモンド」達が成功の証しとしてウイスキーを飲むようになって訪れた。

南アフリカには蒸溜所が2ヵ所あるが、一番古いウイスキープラントはウェリントンのジェームズ・セジウィック蒸溜所だ。ここは1886年にブランデー蒸溜所として創業し、丁度100年後にステレンボッシュの小さなR&B蒸溜所から蒸溜装置が移送された。

「スリーシップス」ブランドはスコッチとセジウィックウイスキーのブレンドとしてスタートした(「セレクト」と「プレミアム5年」は現在もそのままだ)。しかし次第に南アフリカ・ウイスキーが100%使われるようになった。「バーボンカスクフィニッシュ・ブレンド」(ファーストフィルカスクで6ヵ月マリッジ)や時折(というにはやや頻繁に)リリースされる10年もののシングルモルトがその例である。

国内外に知られるようになったウイスキーはベインズ・ケープマウンテンだ。これは風味豊かなシングルグレーンで、新たにウイスキーを飲み始めた人々にターゲットを絞った品である。「昔は南アフリカでウイスキー(少なくとも高品質の)は作れないという先入観に悩みました」と蒸溜技術者アンディ・ワッツは言う。「幸いにも理解が進み、ゆっくりとではありますが、そんな思い込みも変わりつつあります」

1990年代にプレトリア初のブルーパブを始めて以来、「先入観を変える」はモーリッツ・カルマイエルのキャッチフレーズだった。彼は醸造業を続けてはいるが、現在の主力商品は「ドレイマンズ・ハイヴェルト」ウイスキーだ。地元産のカレドン大麦と(輸入した)ピーテッドモルトを、オリジナルのエール酵母とウイスキー酵母(ディスティラーズイースト)で3日間発酵させてアルコール濃度7%のウォッシュを得る。これを2日間寝かせてエステル香を増やし、口当たりを良くする。カルマイエル「長めに発酵させる必要があるんです。さもないと蒸溜所らしさが出ないままモルトシュナップスが出来てしまいます」

スチルはスクラップを巧みに組み立てたものだ。ポット部分にはバクテリア

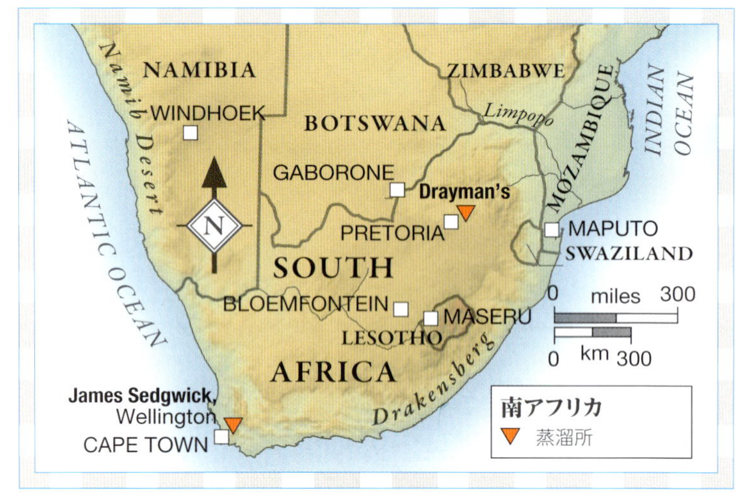

発酵槽を用い、ネック部には泡鐘段を組み込み、背の高いラインアーム／凝縮装置を採用した。そして全てに犠牲銅が使われている。こうしてクリーンで個性に溢れたスピリッツが生まれる。無論、ビールシュナップスとは程遠い味わいだ。

使われる樽は、アメリカンオーク製で250リットル容量の赤ワイン樽を再チャーしたもののみ。ドレイマンズ・ブレンド(ドレイマンズ60%にボトリングされた輸入スコッチをミックスした)にはソレラ方式も採用されている。

「100%南アフリカ産のウイスキーを作りたいのですが、ここで製造したものだけでは適正な価格で売れないのです」彼は言う。「でも、カラムスチルでグレーンウイスキーを作りたいですねえ」

ハイヴェルト(アフリカ高原)に住むスクラップ商人は、今も未来に胸踊らせながら両手をこすり合わせていることだろう。

南アフリカのテイスティングノート

ベインズ・ケープマウンテン・グレーン 46%

香り： 芳醇なゴールド。非常に甘くてライトにグラッシーなバックノート。ファッジ、マッシュバナナ、バタースコッチに松っぽい棘のある香り。

味： ライトだがジューシーに甘い。極めて噛みごたえがある。アイスクリーム、中間にソフトなフルーツ、次に柑橘風味の突風。

フィニッシュ： シナモン。

全体の印象： バランスが良く個性豊か。新たな消費者(古い消費者も)にアピールするだろう。

フレーバーキャンプ： フルーティかつスパイシー
次のお薦め： ニッカ・カフェグレーン

スリーシップス10年シングルモルト 43%

香り： ソフトで甘い。ココナッツとミルクチョコレート少々に、柑橘類(キンカン／温州ミカン)が快い刺激を添え、ナツメグやシナモン等のスイートスパイス粉末少々が続く。加水するといく分かのドライフルーツの深みが出る。

味： 非常にソフトでフルーティな風味からスタート、ドライピーチ、ラズベリー、メロンを伴う。ライトなオークのトーン。

フィニッシュ： やはりフルーティでバランスが良い。

全体の印象： 落ち着いていてバランスが良い。もっと頻繁にボトリングされるに値する。

フレーバーキャンプ： フルーティかつスパイシー
次のお薦め： ベンリアック12年

レイマンズ2007 カスク・ナンバー4
カスクサンプル

香り： スパイシーでクリーン。僅かなカルダモン、コリアンダー、麦わらを感じるが、背後に濃縮した柿ジェリーのノートもある。

味： 非常によい香りで、香りが立ち昇る。バラの花弁、そしてライトな穀物が登場する。

フィニッシュ： クリーンで芳しい。

全体の印象： 素晴らしいフレーバーの広がり。これからも注目だ。

南米

関連情報：ユニオン蒸溜所モルトウイスキー・ド・ブラジル●ブラジル、ヴェラノーポリス●WWW.MALTWHISKY.COM.BR
ラ・アラサナ蒸溜所●アルゼンチン、パタゴニア、ラス・ゴロンドリナス●WWW.JAVOODESIGNS.WIX.COM/LAALAZANAIN#!ABOUT-US
ブスネリョ蒸溜所●ブラジル、ベント・ゴンサルベス●WWW.DESTILARIABUSNELLO.COM.BR

長い間スコッチウイスキーの主要な輸出先という立場だったが――大手のブレンダー（特にジェームズ・ブキャナン社）は20世紀初頭に南米へ足場を確保済みだ――今や南米は世界のウイスキーブームに参戦しようとしている。

実は南米に3ヵ所ある蒸溜所のうち2ヵ所は数十年前からウイスキーを製造している。1963年、ルイージ・ペセト、アントニオ・ピット、ホアオ・ブスネリョはベント・ゴンサルベスの谷間に城を建てた。その堂々たる建築の中にブスネリョ蒸溜所が収まっている。またリオグランデ・ド・スル州ヴェラノーポリスに本拠地を置くユニオン蒸溜所はワイン製造所として1948年に創業した。しかし1972年に蒸溜業へとスイッチすることになる。親会社のボルサト・エ・シア有限会社は、ユニオン蒸溜所がある山地のロケーションがブドウ栽培に適しているならば同様にウイスキー生産も可能だろうと考えたのだ。1987～1991年にかけてモリソン・ボウモア社と技術提携を結び、その後の5年間はダンテ・カラタユード博士が顧問を務めた。

用いるのは地元産のアンピーテッドモルトと、輸入したヘビリーピーテッドモルトだ。蒸溜は急勾配のリンネアームを持つ銅ポットで行う。アーム部分はワームタブへと続き、フルーティなウエイトをもたらす。こうして蒸溜液は2番目のスチルからアルコール濃度65%で取り出される。

当初、メイクは新しいスピリッツとしてまとめ売りされ、熟成させたウイスキーは混合用として販売されていた。しかし2008年に設立60周年を記念した「ユニオンクラブ・シングルモルト」が発売された。ブラジルの法律では2年経過しないとウイスキーに分類されず、アルコール濃度40%未満でボトリングしないといけない。www.whiskyfun.com のセルジュ・ヴァレンティンは、発展途上のスペイサイドを思わせる、フルーツとナッツ感少々を伴うウイスキーと評した。彼はヘビリーピーテッドスタイルのサンプルを特に気に入ったようだ。

2011年、ブラジルの2人組がアルゼンチン初の蒸溜所、ラ・アラサナ蒸溜所に加わった。ラ・アラサナはパタゴニア地方のラス・ゴロンドリナスに位置する。近くにはピルトリキトロン山もあり、スノーメルトプロセスと冷却水はこの山が頼みだ。

新たな蒸溜技術者に多いケースだが、やはりパブロ・トグネティと義理の息子ネストル・セレネリも熱心な自家醸造家かからスタートし、その後ウイスキー界へと進路変更した口だ。2人は自ら蒸溜設備を設計して作り上げた。パンパス（大草原）で育てた大麦を用い、いかにもアルゼンチンらしく、ドラフ（搾りかす）は農場付属のセラピー乗馬センターで飼っている馬の餌として利用されている。

2回の蒸溜には550リットル容量のスチルが利用されているが、2基目が設置される予定だ。彼らの目標は地元の人々の好みに合うライトなスタイルのウイスキーを造ることで、熟成にも地元らしさを添えたいと言う。身近にワイン樽にできる品質のオークがあるのなら、ニューメイクの一部をスタンダードなバーボン樽とシェリー樽だけではなくマルベックワイン樽で熟成させない手はないだろう。

アルゼンチンではさらに2つの計画について話が進行中だ。パタゴニア地方が次の世界的なウイスキー生産地になる日も遠くないかもしれない。

アルゼンチン初の
シングルモルトウイスキー蒸溜所、
ラ・アラサナを囲む美しい風景。

インドと東アジア

インドは指折りのウイスキー消費国だが、ほとんどウイスキーを飲まない。よく分からない？　確かにそうだ。世界貿易機関（WTO）の定義によれば、ウイスキーの原料は穀物に限るとある。しかしインドの場合、モラセスから作った茶色いスピリッツ、つまり本来ならラム酒と呼ぶべきものも「ウイスキー」と呼ぶのだ。他にも穀物を材料に熟成させないまま着色した中性スピリッツ、モラセスとグレーンまたはモルトのブレンド、モラセススピリッツとスコッチのブレンド等、インドで一般的に「ウイスキー」と呼ばれるスタイルがどんなものか知れば、世界貿易機関の弁護士達が何十年も当惑しきりな理由も察しがつくのではないだろうか。

モラセスベースのスピリッツが世界的にウイスキーと認められなかったため、インド政府は輸入スピリッツ——ウイスキー等——に高い税金を課す方針を緩めなかった。最近では税率がかなり下がったものの、インドの州はそれぞれ州税を上げる権利を持っている。何の事はない、結局別口の税務署が徴税しているのである。

これにスコッチ産業界は苛立ちをつのらせてきた。インドが最大の輸出市場となり得ると見ているためだ。ヒマラヤの氷河の移動と同じくらいの速度で交渉は続いている。

下：バンガロールを囲む丘陵地帯。
ここからインドで一番有名なシングルモルトウイスキー「アムルット」が生まれる。

上：「アムルット」は国内市場にリリースするよりも先に輸出品として製品を確立した。

アジアの状況はわりと順風だ。台湾はシングルモルトウイスキーの市場が急成長中だが、自国内に優れた蒸溜所を持っている。その名もカバラン蒸溜所といい、亜熱帯気候での複雑な熟成過程が科学的に調査されている最中だ。シンガポールは入り口に立った所で市場自体も拡大中だ。韓国、ベトナム、タイはスコッチの市場として既に確立している。

インドに次いで注目なのは中国だ。ウイスキーメーカーとしてその大きな可能性を秘めた市場に進出しない手はないだろうが、その参入方法についてはよくよく考えるべきだ。中国は新しい市場で、輸入スピリッツ――それもウイスキーに限らない――に好意的だ。つまり消費者はウイスキーからウォッカ、コニャック、テキーラと次々に興味を移す可能性があるのだ。それに参入コストは高く、中国は広大だ。その上最近の厳しい贅沢禁止令によって高価な贈答品が禁じられ、トップエンドのウイスキー市場が頭打ちになっている。だがこういった問題はあっても中国は無視できない。

しかし、やはり生産について先んじているのはインドである。

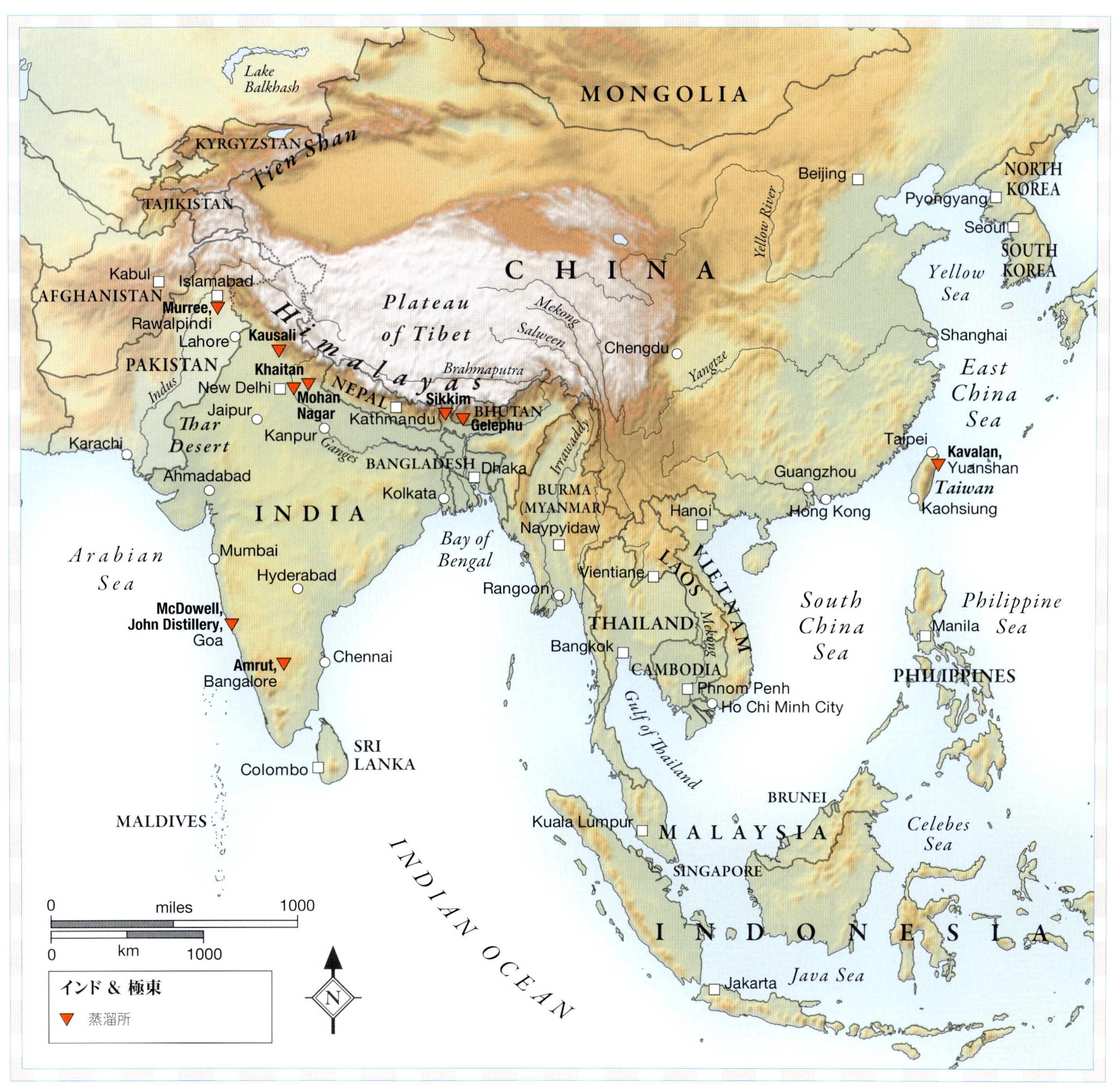

インド

関連情報：アムルット蒸溜所●バンガロール●WWW.AMRUTDISTILLERIES.COM
ジョン蒸溜所●ゴア●WWW.PAULJOHNWHISKY.COM

インド亜大陸には何百もの蒸溜所があるが、その内どれくらいが中性スピリッツではない、穀物ベースかつ木樽で熟成させたスピリッツを製造しているのか知るのはほぼ不可能だ。だが、ムスリム国で唯一の蒸溜所と言われるパキスタンのマリー蒸溜所はきちんとしたウイスキーを製造している。ブータンのゲレフにある軍福利厚生プロジェクト(Army Welfare Project)もおそらくは同様だが、ブータンの大半のウイスキーはスコッチと地元の中性アルコールを混ぜたものだ。

世界的な定義に準拠する例としては、ヒマラヤ山麓地帯に位置するモハンメッケン社所有のカサウリ蒸溜所、ウッタル・プラデーシュ州にある同社のナガル蒸溜所、やはりウッタル・プラデーシュ州のラディコ・カイタン社のラームプル蒸溜所等が挙げられる。どの蒸溜所もモラセスとグレーンスピリッツを製造している。

インドで最大手のアルコール類製造販売会社はユナイテッド・スピリッツで、ポートフォリオにはあらゆるタイプのウイスキーが揃っている。ゴア州のマクダウェル蒸溜所が製造する「マクダウェル・シングルモルト」もその1つだ。ゴア州にはジョン蒸溜所もある。ローカルスタイルのウイスキーラインでよく知られるが(年間1100万ケースを製造している)、2012年に初の大麦ベースウイスキー「ポールジョン・シングルモルト」を世界に向けて発売した。

ここではスコットランド方式が採用されている。大麦はインド産だがピートはスコットランドからの輸入品だ。蒸溜はポットスチルで行い、熟成にはバーボンバレルのみを使う。ゴア州の気候は熟成に大きく影響する。蒸発量が多く、急速に熟成が進むのだ。

当初シングルモルトは輸出用だった。国内市場では高価な部類となるウイスキーを売り出す前に、外国で高い評価を獲得するのが狙いだったのだ。バンガロールのアムルット蒸溜所は2004年からこの戦略を取り、インドではほとんど無名ながら国際的にはウイスキー通からしかるべき高評価を得ている。アムルットのウイスキーは立地がウイスキーの個性にもたらす影響のケーススタディとして最適だろう。アムルットで用いられるアンピーテッドの大麦はラジャスタン州産(ピーテッドの原料は全てスコットランド産)、スタンダードな蒸溜方式を採用しているが、新樽とファーストフィルのアメリカンオーク樽をミックスして用いるところが他と違うところだ。

バンガロールは標高914mにあって気温は夏期20～36℃で冬期は17～27℃、加えてモンスーン期もある。どれも蒸発に関わってくるのだ。スコットランドの「天使の分け前」は平均して1年に2%だが、バンガロールでは最高で樽容量の16%が毎年宙に消える。アムルットのエンジェルはグリーディ(欲張り)なのだ(蒸溜所が最初にリリースしたウイスキーの名は「グリーディ・エンジェル」)。アムルットのウイスキーはほとんどが4年目でボトリングされる。

会社の会計士にとっては速やかに完成するウイスキーの方が断然ありがたいだろうが蒸溜技術者はそうはいかない。例え短時間しか確保できなくても、ただのオークエキスを含む液体ではなく、樽とスピリッツの複雑な相互作用を感じさせる製品に仕上げなければいけないのだ。アムルットの蒸溜技術者は気候による影響の研究を続けている。いずれ興味深い事実が明らかになるだろう。

「フュージョン」はスコットランドのピーテッドモルトを25%使っている。「ツー・コンチネンツ」はスコットランドへ運んで仕上げを行う。「インターミディエイト」はまずバーボン樽、次にシェリー樽、最後にバーボン樽で熟成させる。

この2つの蒸溜所は発展を続けている。きっと会計士と蒸溜技術者、双方で意見の一致を見るのではなかろうか――少なくともインドのオールモルトウイスキーは前途有望であると。

アムルットのテイスティングノート

アムルット　ニューメイク

香り： 甘いマッシュ、亜麻仁油、サフラン、ライトに土っぽくスイートコーンのノートと粉にしたチョークを伴う。
味： オイリーで濃密、いく分かの赤い果実、甘いピリ辛感、ほのかなヒソップとスミレ。角ばっている。
フィニッシュ： タイト。

アムルット　グリーディ・エンジェル　50%

香り： 温かくて甘く、パイナップル缶詰とミックスした柿とマジパンを伴い、芳しい香りが立ち昇る。桃の種と甘いビスケット。
味： 率直でふくよか、バランスが良い。いく分かの熱を持つが加水すると鎮まり、中央で穀物とフルーツのミックスが活気づく。完熟で桃っぽい。
フィニッシュ： 核果。甘い。
全体の印象： ウエイトがあって複雑。

フレーバーキャンプ：フルーティかつスパイシー
次のお薦め： ジョージ・ディッケル

アムルット　フュージョン　50%

香り： 非常にライトなスモーク。いく分かのチーズの皮、次に甘い穀物とアムルットらしい甘いビスケット。加水するとキルンぽくなる：フレッシュな濡れた草のノート、そしてソフトなフルーツ。
味： 木煙からスタート、深みを増してラテのノートになり、次にスパイスを添えた柑橘風味が膨らみ始める。
フィニッシュ： 長くてスパイシー。
全体の印象： バランスが良くエレガント。

フレーバーキャンプ：フルーティかつスパイシー
次のお薦め： トマーティン・クーボカン

アムルット　インターミディエイト・カスク　57.1%

香り： オバルチンと麦芽入りミルク、甘いビスケット。トフィー。加水すると芳醇さと深みが増す。
味： レーズンとふくよかで完熟した核果：とてもアムルットらしい。
フィニッシュ： サルタナレーズンとワイン漬レーズン、次にバニラ。
全体の印象： 豊かで完熟。

フレーバーキャンプ：コクがありまろやか
次のお薦め： グレンリベット15年

ポール・ジョン・クラシックセレクト・カスク　55.2%

香り： 非常に甘い。大麦糖、塩漬けレモン、マカダミアナッツ、柑橘類、熟したメロン、マンゴー。
味： 引き続き甘いトロピカルフルーツのテーマ、次に大麦クランチとライトなオーク。温かい。
フィニッシュ： ジューシーなフルーツとミント。
全体の印象： ソフトで快い。

フレーバーキャンプ：フルーティかつスパイシー
次のお薦め： グレンモーレンジィ10年、カバランクラシック

ポール・ジョン・ピーテッドセレクト・カスク　55.5%

香り： ヒースっぽいスモークからスタート。アンピーテッドよりもドライ。開いてタールと穀物になる。燃える箒。
味： たっぷりのピート煙と共にフルーツが戻ってくる。熱い火に続いてソフトなフルーツ。加水すると大麦麦芽少々。
フィニッシュ： 残り火のよう。
全体の印象： ビッグで芳醇なスモーク。

フレーバーキャンプ：スモーキーかつピーティ
次のお薦め： ベンリアック・キュオリアシタス

台湾

関連情報：キング・カー・カバラン・ウイスキー蒸溜所●宜蘭県、円山●WWW.KAVALANWHISKY.COM●見学可能

亜熱帯の台湾でウイスキーが造られているなんて、と驚かれた時代は急速に昔のものになりつつある。さて、台湾初のウイスキー専用蒸溜所、カバランが建てられた理由は明らかだ。現在台湾はスコッチウイスキー市場として世界で6番目であり、ウイスキーを愛する新世代がスコッチシングルモルトに目を向けるなど市場自体も過去10年で大きく変わったのだ。

フード&飲料の複合企業キング・カー社が所有するカバラン蒸溜所の建設は、スコットランドはロセスのフォーサイスに（必然的に）工事を委託して2005年4月に始まった。完成した蒸溜所は2006年の3月11日に創業を開始した。「15時30分でしたよ！」とブレンダーのユー・ラン・「イアン」・チャンは言う。今やカバラン蒸溜所は尊敬を受けるメーカーであり、また「熱帯での熟成効果」というウイスキー科学の新たな分野を扱う研究所でもある。ここでの年間の平均ロスは15%だ。足を踏み入れると樽から蒸発するウイスキーが目に見えるようで、頭上の天国で天使の聖歌隊が酔っ払って騒ぐのが聞こえてきそうだ。

「この場所を選んだ理由は2つあります」とチャンは説明してくれた。「雪山山脈の天然水が蒸溜所の地下に溜まっています。それに宜蘭県の75%が山地なので空気がきれいでスピリッツの熟成に最適なんですよ」

チャンは最初からクリアなフレーバーのラインを造るつもりだった。これは発酵槽に2つの酵母を加えることで得られるという。「市販の酵母と、蒸溜所周辺に生息する野生酵母から分離した酵母を混合します。こうするとカバランのニューメイク・スピリッツの特徴であるフルーティな個性――マンゴー、青リンゴ、チェリー――が生まれるのです」

2回蒸溜の後、フルーティなニューメイクは木材を複雑に合わせた樽で熟成される。樽を選ぶのはチャンがメンターと呼ぶジム・スワンである。樽はアメリカンオークがベースだがシェリー、ポート、ワイン樽も使う。チャンとスワンの一番の狙いは、複雑な風味も育てつつこの急速な熟成環境を利用することだった。蒸溜によって消えない香味を残さねばならなかった。

ここはマイクロ蒸溜所ではない。カバラン蒸溜所は年間1300万リットルのウイスキーを生産でき、設備拡張の予定もある。それに情報提供的な一面も備えている。毎年100万人が見学に訪れ、テイスティングルームも設置された。現在は定期的にウイスキーショーで世界に向けてアピールも行っている。

日月潭の湖面は静かだが、カバランウイスキーは世界で波を起こしている。

カバラン蒸溜所は「地方の変わり種」などではなく、身の回りの条件――気候や酵母に限らず、広く台湾のグルメ文化を詳しく研究してこれだけの業績を上げた世界的リーダーと言っていい。

ここで造られるのは単なる台湾産のウイスキーではなく、台湾でしか作れないウイスキーなのである。

カバランのテイスティングノート

カバラン・クラシック 40%

香り： 甘くてグアバ、マンゴー等のトロピカルフルーツをたっぷり伴う。蘭やプルメリアの花と混ざった柿、バニラ、ココナッツ。

味： ジューシーでフルーティ、中央の甘味、生姜、繊細にトーストされたオークを伴う。

フィニッシュ： クリーンでライトにスパイス感のあるリンゴジュース。

全体の印象： カバランシリーズへの入門として最適。様々な飲み方ができる。

フレーバーキャンプ：フルーティかつスパイシー
次のお薦め： グレンモーレンジィ・オリジナル

カバラン・フィノ・カスク 58%

香り： 明確なシェリー香だが心地よい。ライトなカラメル、ダークチョコレート、エスプレッソ、ハチミツ。背後にカバラン特有のトロピカルドライフルーツがある。

味： エレガントで洗練され、甘味と、タンニンのグリップではなく樹脂（大豆）を伴う。赤い果実少々。柑橘系。

フィニッシュ： かすかにドライ。

全体の印象： バランスが良く、カバランの最高峰としてしかるべき評価を得ている。

フレーバーキャンプ：コクがありまろやか
次のお薦め： グレンモーレンジィ・ラサンタ、マッカランアンバー

ソリスト・シングルカスク・エクスバーボン 58.8%

香り： 輝くような金色。甘くてピュア、ゴールデンシロップとマンゴー、メロン、グアバ等ソフトなフルーツを伴い、生姜とキンカンが割って入る。かすかなピーナッツとサンダルウッド。若さを示唆するほんの少しの甘いおが屑。

味： アイスクリーム、クリームブリュレ、スパイス等のクラシックなアメリカンオークのフレーバーでバランスを取った、甘くてフルーティなスピリッツ。

フィニッシュ： パイナップルの缶詰を伴うカスタードのよう。

全体の印象： 甘くて小粋。「新しい」モルトの典型。

フレーバーキャンプ：フルーティかつスパイシー
次のお薦め： グレンマレイ・スタイル

オーストラリア

関連情報：ベーカリー・ヒル蒸溜所●ヴィクトリア州ノースベイズウォーター●WWW.BAKERYHILLDISTILLERY.COM.AU
●見学コースは相談の上
グレート・サザン蒸溜会社●西オーストラリア州アルバニー●WWW.DISTILLERY.COM.AU●通年オープン
ラーク蒸溜所●タスマニア州ホバート●WWW.LARKDISTILLERY.COM.AU●通年オープン、見学は要予約・セラードア&ウイスキーバー有り
ナント蒸溜会社●タスマニア州ボスウェル●WWW.NANTDISTILLERY.COM.AU●通年オープン、見学は要予約
サリバンズ・コーヴ蒸溜所●タスマニア州ケンブリッジ●WWW.SULLIVANSCOVEWHISKY.COM
ヘリヤーズ・ロード蒸溜所●タスマニア州バーニー●WWW.HELLYERSROADDISTILLERY.COM.AU
●通年オープン、見学有り、ウイスキーロード&ビジターセンター有り

広大な大陸中に蒸溜所が点々とあるため、オーストラリアのウイスキー業界に共通するスタイルを見出そうとするのは難しいだろう。さらにそれぞれの蒸溜所が取る無数のアプローチも織り込んで考慮しようとするなら、難しいというよりももはや不可能である。

大体において大麦は地元で栽培される醸造用の品種を使うが（醸造用の麦芽もよく利用される）、例外もある。オーストラリアの植物相がそのまま刻印された地元のピートを使う蒸溜技術者もいれば、ピートを用いない技術者もいる。酵母も色々な株が試されていて、他のウイスキーとの違いを生み出し、その差を広げる余地がいくらでもある。スチルについては、スコットランドスタイルのポット、ドア社が設計したポット、ブランデー用スチル、旧式のオーストラリア式スチルと多岐に渡る。おそらくはこれら全てがフレーバーを左右するはずだ。

樽も多種多様なタイプが用いられる。多くの蒸溜所がワインやオーストラリアの強化ワインの熟成に使われた樽をうまく活用している。しかも、ここまではシングルモルトについての話だ。ライウイスキーや、バーボンのオーストラリア版に挑戦中の蒸溜所もあるのだ。これらを総合すると、何らかの型にはめるのではなく、それぞれが独自のスタイルを確立するのがオーストラリアのウイスキー業界の特徴と言えるだろう。

かつてオーストラリアでは低コストで大量にという価値観が一般的だったが、ようやく1980年代に流れが切り替わった。古いウイスキー産業とは根本的に決別した結果が今の状態である。だが、脇見もせず「新しいもの」を探し求める中で、第2次世界大戦前まではオーストラリアがスコッチ・ウイスキーの最大の輸出先だったことは忘れがちだ。それにオーストラリアは18世紀後半からウイスキーを製造し続けている。

アルバニーの砂浜。
まもなくライムバーナーを訪れた水着姿の女性たちで賑わうだろう。

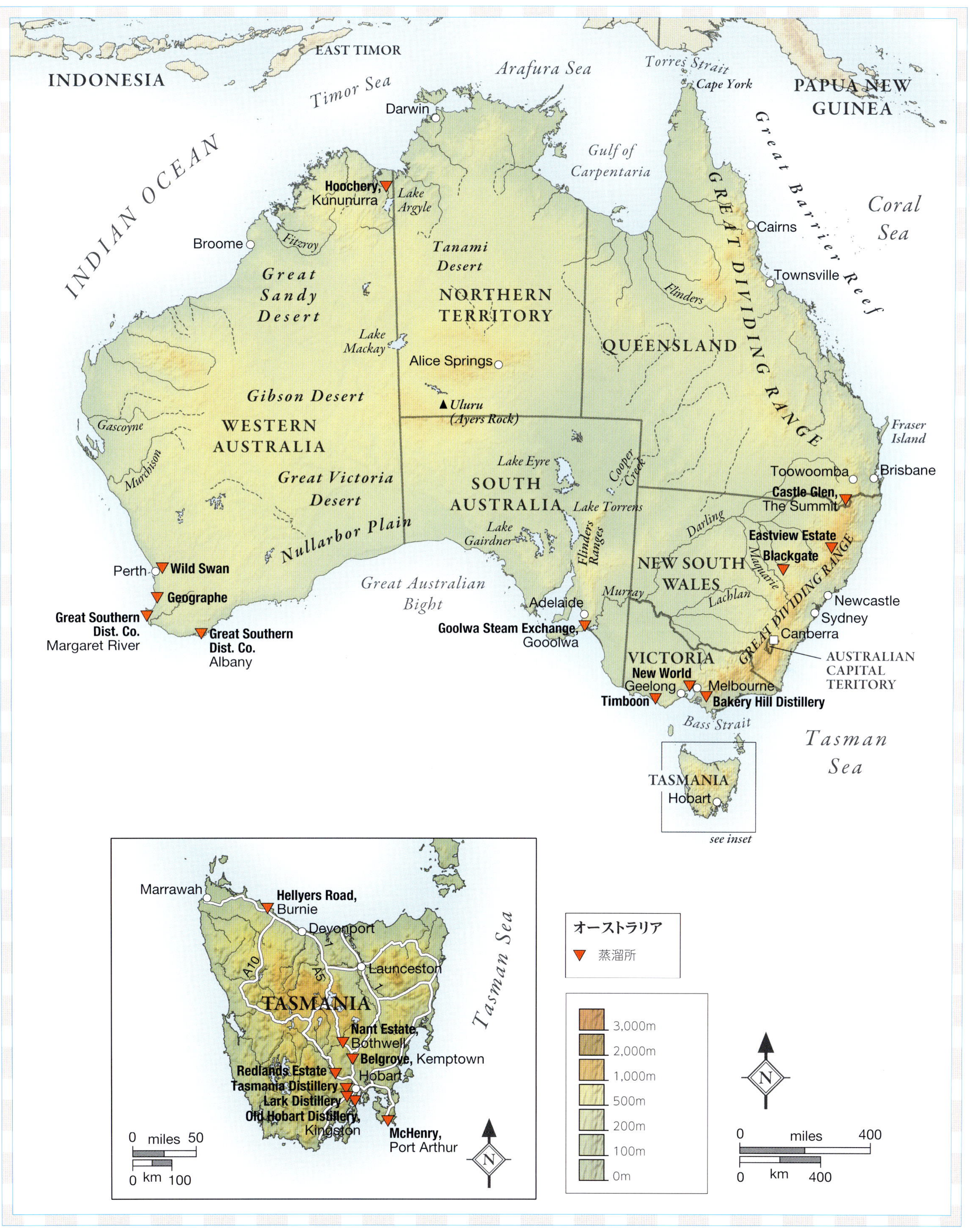
EAST TIMOR
INDONESIA
Arafura Sea
Torres Strait
Cape York
PAPUA NEW GUINEA
Timor Sea
Darwin
INDIAN OCEAN
Gulf of Carpentaria
Great Barrier Reef
GREAT DIVIDING RANGE
Coral Sea
Hoochery, Kununurra
Lake Argyle
Cairns
Broome
Fitzroy
Tanami Desert
Townsville
Great Sandy Desert
NORTHERN TERRITORY
Flinders
Lake Mackay
QUEENSLAND
Alice Springs
Gibson Desert
Uluru (Ayers Rock)
Gascoyne
WESTERN AUSTRALIA
Fraser Island
Murchison
Lake Eyre
Cooper Creek
Great Victoria Desert
SOUTH AUSTRALIA
Toowoomba
Brisbane
Castle Glen, The Summit
Lake Torrens
Darling
Nullarbor Plain
Lake Gairdner
Eastview Estate
Blackgate
Flinders Ranges
Macquarie
Perth
Wild Swan
NEW SOUTH WALES
Great Australian Bight
Murray
Lachlan
Geographe
Adelaide
Newcastle
Great Southern Dist. Co. Margaret River
Sydney
Great Southern Dist. Co. Albany
Goolwa Steam Exchange, Gooolwa
Canberra
VICTORIA
AUSTRALIAN CAPITAL TERITORY
New World
Geelong
Melbourne
Timboon
Bakery Hill Distillery
Bass Strait
Tasman Sea
TASMANIA
Hobart
see inset
Marrawah
Hellyers Road, Burnie
Devonport
Launceston
A10
A5
1
TASMANIA
Tasman Sea
Nant Estate, Bothwell
Belgrove, Kemptown
Redlands Estate
Hobart
Tasmania Distillery
Lark Distillery
Old Hobart Distillery,
Kingston
McHenry, Port Arthur
0 miles 50
0 km 100
N
オーストラリア
蒸溜所
3,000m
2,000m
1,000m
500m
200m
100m
0m
N
0 miles 400
0 km 400

オーストラリアで急速に成長する蒸溜業。規模やスタイルは様々。

この忘れられたウイスキー国家でコンサルタントを務め歴史家でもあるクリス・ミドルトンによると、オーストラリア初の穀物(小麦)スピリッツは1791年にシドニーで造られたという。19世紀には南オーストラリア州とタスマニアで蒸溜が行われていたが、まとまった量を生産していたのはヴィクトリア州だった。ヴィクトリア州バララットに1863年に建てられたダンズ蒸溜所はアイリッシュ方式に則った製品を造っていたが、1930年に閉鎖されるまでその生産量はオーストラリアで2番目だった。同州の主要なワイン生産地、ヤラ・ヴァレーには19世紀に6ヵ所の蒸溜所が存在した。ただしその中でもポート・メルボルンのフェデラル蒸溜所が圧倒的な生産量を誇り、ポットとカラムを用いて(海水による冷却が行われていたが、これはスコットランドのウイスキー産業界が今挑戦中の技術だ)1888年にはトータルで年間400万リットルを送り出す生産能力があった。

20世紀になると、1920年代にスコットランドのディスティラーズ・カンパニー・リミテッド(DLC)がバララットに建てたコリオ社が蒸溜の主役となる。コリオ社は1924年にヴィクトリア州の他の4社と合併した。1934年にはコリオブレンドがリリースされている。ロンドンを根拠地とするギルビー社は第2次世界大戦後にウイスキーブレンディングにも手を広げ、メルボルンに所有するムーラビン製造工場に加えてアデレードのミルン蒸溜所を傘下に収めた。英国所有となったこの2社は、オーストラリアウイスキーとスコッチブランドの価格差を維持するため、現地では安価で若いウイスキーのみを製造する戦略を取った。保護貿易法のせいで当時はスコッチの方が40%も高かったのである。その後1960年代に関税が撤廃されてスコッチの価格が大きく下がり、国内で生産されるウイスキーのプレミアムラインが空白だったせいで国産ウイスキーの販売は壊滅状態となった。こうして1980年代が終わる頃、オーストラリアにあった2つの蒸溜所が閉鎖された。

かつての安く大量にという方針はウイスキー業界を長く苦しめた。現代オージーウイスキーの父、ビル・ラークが1990年代初めに起業しようとした時、「1901年免許法」に最低2700リットル容量のスチルを使用しなければならないと規定されているのを知った。これはラークが必要とする容量のほぼ2倍で、サイズ的にクラフト蒸溜を行うのはまず無理だった。しかしラークは怯むことなくウイスキー愛好家の農務大臣に掛け合い、法律の方を変えさせて新時代の扉を開いた――生まれ故郷のタスマニアを、オーストラリアの新たなウイスキー生産の中心地として確立したのである。

現在、タスマニアには9ヵ所に蒸溜所がある。その内新しいプラントはウィリアム・マクヘンリー&サンズ蒸溜所、マッケイズ蒸溜所、シェーン蒸溜所(3回蒸溜所の「アイリッシュスタイル」を製造している)等だ。またピーター・ビグネルは自ら育てたライ麦を使って新しいオーストラリアのウイスキースタイルを造っている。新規参入者が地歩を固める一方で、タスマニアの古参蒸溜所は世界に足を踏み出した。こちらではますます輸出が重要な位置を占めつつある。

ラーク蒸溜所はフランクリンブルーイング大麦を用い、アンピーテッドとスモークトの両方を製造している。スモークトに用いられるのはタスマニアのピートで、スピリッツにジュニパー、苔、ゴムの木オイルの強烈な芳香をもたらす。酵母はウイスキー酵母とノッティンガムエール酵母のミックスだ。オイリーでフローラルなアンピーテッドのスピリッツはスモークトのスピリッツを加えることで香りが増す。ビル・ラークが自ら設計したポットで2回蒸溜されたニューメイクは100リットル樽で熟成される。

レッドランズ・エステート蒸溜所が古い(1819)大麦栽培用地に建てられ、フロアモルティング室が作られたことでラークにとって一番大きな変化が訪れた。現在ラークは必要な原料をここから調達している。「ずっとこういう形にしたいと思っていました」とビル・ラークは語る。「最初にリリースした半ダース程のバッチは大好評でしたよ。ここはオーストラリア初のウイスキーをボトリングする放牧場なんです!」

ラークと肩を並べる人物がパトリック・マグワイアだ。彼は2003年にケンブリッジのタスマニア蒸溜所を買い取った。「サリバンズ・コーヴ」というブランドを製造している(売れ行きには波があった)所だ。

彼は引き続きタスマニアのカスケード醸造所からウォッシュを買い入れることにし、ブランデー用に使われていたシングルスチルでフルーティでフローラルなスピリッツを造り出した。熟成はバーボン樽とオーストラリア産「ポート」に用いられたフレンチオーク樽で行い、マックミラ蒸溜所とプニ蒸溜所に倣って廃線トンネルに貯蔵した。最近になって地元のクラフト醸造所、ムー・ブルーと提携したため、ウォッシュの調達先と発酵法のバリエーションが増えた。またこの先のラインナップ充実も見据えている。

マグワイアは世界中からの需要増加に対応中だ。「サリバンズ・コーヴ」はヨーロッパ、日本、カナダ、中国で発売され、さらに市場が増える予定である。「ここしばらくは輸出に重きを置いています」彼は言う。「国内でも市場が大きく動いていますね。誠実に仕事をしてきたためでしょう、商品もすこぶる好評です。14年間ウイスキーを造ってきてようやく黒字になりました」

ここまでの道のりは手探りだったとマグワイアは言う。「ビルと私が蒸溜に取り掛かった時、どこから手を付けていいのかまるで分かりませんでした。文献を読み、たくさん話し合い、あれこれ試して随分と失敗しました」彼はアラン蒸溜所とクーリー蒸溜所で蒸溜技術者を務めた故ゴードン・ミッチェル(惜しい人を亡くした)に相談、蒸溜過程に自分なりの工夫を加えて最適

なバランスを実現させた。彼のやり方は疑いもなく正しかった。「サリバンズ・コーヴ」は2014年のグローバルコンペティションで世界最高のシングルモルト賞を勝ち取り、彼のひたむきな努力は最高の形で実ったのだった。

在庫調整のために蒸溜所の操業を停止する日々は過去のものだ。現在は設備拡張の話が出ている。「フル操業で生産しても売り切れます」とマグワイアは語った。「嬉しい悲鳴ですね」

タスマニアにはオーストラリア最大のシングルモルトメーカー、ヘリヤーズ・ロード蒸溜所もある。やはり地元産の大麦と(スコットランドの)ピートが用いられ、アメリカンオークで熟成される。「ヘリヤーズ・ロードが持つフレーバーの個性はオーストラリアでしか出せないもので、この地域を色濃く反映しています」と蒸溜技術者のマーク・リッターは言う。「クリスプでピュアな特徴を形にした、シンプルでユニークな風味が生まれるんです」基準的な熟成法からそれてタスマニアのピノ樽を利用するアプローチは大成功だった。タスマニアには蒸溜所がいくつもあるが、中でもヘリヤーズ・ロード蒸溜所はワイン界に倣ってセラードア施設とビジターセンターを作り、積極的に輸出に乗り出している。

2007年に創業したオールド・ホバート蒸溜所はケイシー・オーフレイムがオーナーだ。彼はファミリーネームをブランドにも冠している。オーフレイムはラーク蒸溜所で専用の発酵槽とオリジナルの酵母を使用、ラークのアプローチに従って100リットル樽で熟成させる。この樽はオーストラリアで生産する「ポートワイン」と「シェリー」用だったフレンチオーク樽をカットして小さく組み直したものだ。大胆なまでに香り高くフルーティなウイスキーは年間8000樽しか生産されない。ナント蒸溜所はウイスキーバーのチェーンを作るという斬新な方法でブランド確立を狙う。世界への進出も計画中だ。

オーストラリア大陸ではムーブメントが拡大中だ。サウス・オーストラリア州ではサザン・コースト蒸溜所とスティーム・エクスチェンジ蒸溜所、ヴィクトリア州ではティムブーン・レイルウェイシード蒸溜所とニュー・ワールドのウイスキー蒸溜所、ニューサウスウェールズ州ではジョアジャ蒸溜所とブラック・ゲート蒸溜所と、全ての蒸溜所がヴィクトリア州のベーカリー・ヒル蒸溜所など、経験豊かなベテランと協力している。ベーカリー・ヒル蒸溜所のオーナー、デーヴィッド・ベーカーがベイズウォーターで産業ユニットのスチルに初めて火を入れたのは1999年のことである。

「最初に決めた時からとにかく最高のモルトウイスキーを造りたかったのです。普通と違うことをやりたいというのが私の原動力で、平凡な『私も同じですよ』というケースにはしたくなかったんです」と彼は言う。「地元の味覚にアピールする地元に密着した製品を作ること以外、特に前もってアイディアはありませんでした」

まず行ったのは40~50種類の酵母を試すことだった。次に19世紀にイーニアス・コフィーの事業を引き継いだジョン・ドアと協力して甘味とフルーティでフローラルなノートを生み出すスチルを作った。ピーテッドエクスプレッションは試作後に工夫が加えられた。「クリーンすぎたのです」ベーカーは言う。「ちょっと汚れ感が欲しいと思ったので、カットを遅くして革、煙草、燃える木のノートが出るように調整しました」

そして最後、バーボン樽、フレンチオークのワイン樽、小さなバレルを取り混ぜて使う場合に地元の気候条件がどう影響するかを調べ上げた。彼いわく「パレットに絵の具がなければ絵が描けないでしょう?」その結果、エレガント極まりないシングルモルトが出来上がり、国内市場で好評を博している。「私がスタートした時、やめろと言われました。今はバーも盛況です」

彼は国内市場と新しい消費者「特に女性」にターゲットを絞っている。「古いスコッチ愛飲家には受けないでしょう。でも若い人は新しいものを覚えて違うスタイルを試したいと思っているはずです。ですからカウンターの中から『オーストラリアのモルトはいかがですか』と言えば『ええ、ぜひ』と答えるでしょうね」

ヘリヤーズ・ロード蒸溜所——オーストラリア最高の蒸溜所——はタスマニア北西の農場にある。

「オーストラリア、特にメルボルンではウイスキーの人気が急上昇中なんです」彼は付け加えた。「しかし、まだ課題はあります。一般的にスコットランドこそ唯一のウイスキー製造国というストーリーを刷り込まれていますから、どうしても私たちは不利なんです。そうそう、ここで製造されるワインやビールは指折りの品質なんです。どちらもウイスキーと同じ、地元の環境や条件を知った上で手がけています。そこが私の出発点ですしね」

「現在、生産能力を増やすために蒸溜所の引っ越しを検討しています。工業地帯から出て、セラードアでウイスキーを販売できる蒸溜所にしたいのです。皆さんに蒸溜所に来てもらえれば、品質についてもなるほど、と合点してもらえるはずです。まずは知ってもらうことですね」

西オーストラリア州ではグレート・サザン蒸溜会社が「ライムバーナーズ」ブランドに加えて他のスピリッツも各種扱うようになった。西オーストラリア州アルバニーの涼しい海洋性気候の中で——現在マーガレット・リバーのワイン産業地帯に2番めのプラントとセラードアがある——香り高くフローラルな香味の「ライムバーナーズ」は製造されている。醸造用麦芽、地元産のピート(近くのポロングラップ山地から取れる)を材料に、長時間かけて発酵させ、小さなスチルでゆっくり蒸溜し、バーボン樽とオーストラリア産強化ワイン樽、グレート・サザン社製造のブランデーに使ったワイン樽を取り混ぜて熟成させる。

周囲からの関心が高まるのに合わせて全体をまとめる機関も立ち上げられた。タスマニア・ウイスキー生産者組合(Tasmanian Whisky Producers Association)には、現在独立したボトラーズ2社を含む10社のメンバーが参加している。「政府と交渉できる組織ができたということですね」とパトリック・マグワイアは言う。マーケティングプログラムに6万オーストラリアドルを費やした結果、「ウイスキーの小道」とウエブサイトが完成した。またタスマニアンウイスキーの法的定義を作るべく交渉も行われている。「タスマニアは食材とドリンクが高い評価を受けつつあります」彼は付け加えた。「タスマニアの観光産業の一環として参加してほしいという話も来ています。追い風が吹いています」

ビル・ラークがオーストラリアのクラフト蒸溜の可能性を官僚に説いた頃とはずいぶんと風向きが変わった。

さて、オーストラリアのウイスキーは今どういう立ち位置なのだろう?「オーストラリアのワインと、ウイスキーに起きていることを比べると分かりやすいかもしれませんね」とコンサルタントのクリス・ミドルトンは言う。「ワインの場合、ヨーロッパのブドウ株を持ち込んだんですね。しばらくするとそのブドウの長所をさらに引き出せる新たな環境、テロワールが見つかりました。暑い気候下で近代的なワイン造りの技術を発展させた結果、フルーツフレーバーが強化されたんです。他所でオーストラリアのプロセスを真似ても、こういうフレーバーが商品として出せるかどうかは分かりません」

「たぶん蒸溜では国ごとの違いがもっと顕著に出るでしょう。オーストラリアのブランデー産業はもう半世紀以上に渡って下降気味なのですが、それで

オーストラリアのテイスティングノート

オールド・ホバート オーフレイム・ポート・カスク熟成 43%

香り： フレッシュで非常にフルーティ、ケーキミックス、濡れたキャンバス、イチゴ、ライトでジャムっぽいフルーツを伴う。

味： 極めて芳しい。バニラのノートがパーマバイオレットとラベンダー少々とミックスしている。シナモン、ソフトなレッドカラント、砂糖菓子。

フィニッシュ： ライトにスパイシー。穀物の気配。

全体の印象： 甘く芳しい、直接的。

フレーバーキャンプ： フルーティかつスパイシー
次のお薦め： エディション・サンティス、タリバーディン・バーガンディフィニッシュ

オールド・ホバート オーフレイム・シェリー・カスク熟成 43%

香り： ライトに酸化している。やはり塗りたての漆喰／キャンバスのノート、こちらは柑橘類、トフィー、ソフトなフルーツ(加熱したズバイモモ)の層が加わっている。

味： アモンティラードシェリー、ライトなアーモンド。濃厚な赤と黒の果実、ほのかなデーツ。加水するといく分かのローズマリーとラベンダー。

フィニッシュ： ローストした穀物。ビターチョコレート。

全体の印象： 僅かによりドライでストラクチャード。

フレーバーキャンプ： コクがありまろやか
次のお薦め： マッカランアンバー

ベーカリー・ヒル シングルモルト 46%

香り： フレッシュでクリーンなスピリッツ、デリケートなオークとフローラルなノートを伴い、パンくず、リンデンの花、ライトなリンゴの花。

味： ソフトなスタートでバランスの取れた木を伴う。クリーンな酸味。ライトな蜂蜜のような快さ。

フィニッシュ： ミルクを入れたコーヒー。

全体の印象： デリケートで申し分がない。

フレーバーキャンプ： 香り高くフローラル
次のお薦め： 白州12年

ベーカリー・ヒル ダブルウッド 46%

香り： フルーツ主導。イチゴとラズベリーからスタート、芳しいブルーベリーへと深まっていく。加水すると芳醇さが浮び上がる。

味： クリーミィなポリッジと穀物の複雑なミックス、ダークなベリーを伴い、それがじわじわとセンターでプラムクランブルになる。

フィニッシュ： ライトな干し草。

全体の印象： 優れたクラフト。

フレーバーキャンプ： フルーティかつスパイシー
次のお薦め： タラモアD.E.W.シングルモルト

ベーカリー・ヒル ピーテッド・モルト 46%

香り： ライトなスモーク：木煙とハニーナッツのコーンフレーク、ライトなオレンジ果皮。加水するとピートの不快な香りが立つ。

味： 甘くて僅かにナッティ。バランスが良く、ライトなフルーツを伴う。スモークが主役ではない。

フィニッシュ： 長くて穏やか。

全体の印象： バランスが良く取れている。

フレーバーキャンプ： スモーキーかつピーティ
次のお薦め： キルホーマン・マキャー・ベイ

ビル・ラークが切り出すピート。
タスマニア独自の植物相がピートに反映され、ユニークな香りを持つ。

も他とは僅かに異なるオーストラリアらしい個性を持っています。ブドウの品種、気候、酵母株等が原因でしょうね」

オージーウイスキーにも同じことが起こるのだろうか、それとも違う道を歩むだろうか？　それは時間が明らかにしてくれるだろう。マグワイア、ラーク、ベーカーが口を揃えて言ったように、ビジネスとして確立させ、スタイルが定まるまでには10年以上かかるのだ。

「まずは人材からですね」とミドルトンは言う。

「オーストラリアの場合、蒸溜業をバックグラウンドに持つ人がいないんです」彼は続けた。「1990年代に始まったクラフト蒸溜には、ウイスキーが製造されていたごく初期の時代のスタッフは全く関わっていないんですね。これは強みなんです。伝統もしがらみも、我慢を強いる業界の制約もありません。真新しい床の工場で始められます。影響を受けていないおかげで、ぶっつけ本番でウイスキー造りを学びながら他とは違う直観やアプローチのアイディアが降ってくるんです。振り返ってみると、商業活動というよりも、穀物を育てる所からボトリングまでを扱う総合的な生産活動でしたね」

つまり、弁護士、測量士、教師、化学者と、クラフト蒸溜を始めた人々は完全に畑違いだったが、ウイスキーとウイスキー造りを愛していたからここまで来たということなのだ。オーストラリアのワイン生産地の成立を見ても、全く同じ原則が当てはまる。医師、化学者、地質学者――新しいことを手がけたいと意気込む人々が開拓したのである。

これは世界中の新しい蒸溜所全てを動かす原動力だ。オーストラリアは世界中のムーブメントの一部である。決して異端者などではない。そのアプローチは他と違うが、むしろそうあらねばならないのだ。ミドルトンが言うように「ウイスキーといえばスコットランドという考えはやめるべき」である。少なくともそう務めねばならない。

「オーストラリア人は先導者ではなくフォロワーですね」とパトリック・マグワイアは語る。「お墨付きの製品を欲しがりますから。ここではスコッチなら紙袋に入れたって売れるでしょう。ですから、こちらを向いてもらうにはもう少し努力が必要なんです。しかし状況は変わりつつあります。それにオーストラリアでは食事の革命的変化がありました。上質の食事には上質の飲み物が合います。時間はかかるでしょうが、これからも努力してアピールしていくつもりです」

デーヴィッド・ベーカーも同意見だ。「まだウイスキー産業は始まったばかりです」彼は笑って付け加えた。「最初は悪夢のような日々でしたが、何とか切り抜けました。できるわけない、って言われて笑われましたしね。でも情熱を持ち続けたから今ここまで来たんです。ウイスキー造りを愛していますからね」

そのウイスキーと意気（スピリット）やよし、である。

サリバンズ・コーヴ フレンチオークカスク熟成　47.5%

香り： 砂糖漬けのレモンとオレンジ果皮にメースとナツメグがミックス。背後にライトにトーストした大麦。ウエイトがある。
味： メロウなスタート、まずチョコレートオレンジが前に来る。センターが甘く、そこに柑橘類、いく分かの肉厚なフルーツ、ヘビーなフローラル風味ほんの少しがある。加水するとデメララ砂糖が引き出される。
フィニッシュ： プラリーヌ、ライトなチャー、ヘーゼルナッツ少々。
全体の印象： バランスが良く複雑。

フレーバーキャンプ： フルーティかつスパイシー
次のお薦め： カーデュ18年、グレンリベット21年

ヘリヤーズ・ロード　オリジナル10年　40%

香り： パンのようなアロマ少々、スペルト小麦粉、ライトにナッツっぽい穀物、そして甘い筍、ヘーゼルナッツ、ブラウンライス。
味： ブラウンブレッドに乗せたタンジェリンママレード。ライトなミルクチョコレート。トースト感があり、ライトにクリーミィ、バランスが良い。
フィニッシュ： ソフトで軽やか、オークと穀物を伴う。
全体の印象： ライト、クリーン、ナッティ。

フレーバーキャンプ： モルティかつドライ
次のお薦め： アラン10年、オーヘントッシャン・クラシック

ヘリヤーズ・ロード ピノ・ノワール樽仕上げ　46.2%

香り： 赤い果実：チェリー、レッドカラント、ラズベリー、いく分かのブラックカラント葉と柑橘類。ブラウンライスのノートがある。クリーン。
味： トースト感がありライトにナッティ。ヘリヤーズ・ロードらしいクリアな個性があるが、スパイス風味が強烈：ライトなクローブのノート、オークが増したせいでわずかにドライ感が強い。
フィニッシュ： フルーツとナッツ。
全体の印象： ソフトだがワインのドーピングはなし。

フレーバーキャンプ： フルーティかつスパイシー
次のお薦め： タリバーディン・バーガンディフィニッシュ、リーブル・コイルモアポート

ヘリヤーズ・ロード　ピーテッド　46.2%

香り： ドライなスタート。焚き火にかざした焼きリンゴ。トーストしたヘーゼルナッツ。スモークがアロマティックになる：ローズウッドとヘザー。
味： 直ぐにスモークを感じ、ユーカリ少々を伴う。スモークと穀物のせいで極めてドライ。ミドルはライトなバニラとともにパンの要素が戻ってきて僅かにソフトに。
フィニッシュ： デリケートな薬っぽさ。
全体の印象： 同シリーズの他のウイスキーと同じく行儀がよい。

フレーバーキャンプ： スモーキーでピーティ
次のお薦め： トマーティン・クーボカン

フレーバーキャンプ別ウイスキーリスト

これまで見てきたように、テイスティングしたウイスキーは全て(ニューメイクとカスクサンプルを除く)フレーバーキャンプ上のいずれかに配置されている。これにより、お気に入りのスタイルのウイスキーをあれこれとチェックすることができる。目を通していくと、同じ蒸溜所でも、樽の影響と熟成期間によって、あるフレーバーの領域から別の領域へと移っていくことに気づくだろう。こうしたフレーバーにはもちろん様々なバリエーションがあるが、どの領域のウイスキーも、主要なフレーバーに共通点がある。このことについては、「ウイスキーとは何か」の章の26-27ページで詳しく説明され、28-29ページにはフレーバーマップが掲載されているので、ぜひ読んでみてほしい。

フルーティかつスパイシー
ここで言うフルーツとは、桃やアプリコットなどの熟した果樹の果実、あるいはマンゴーのようにエキゾティックな果実を指す。このフレーバーのウイスキーはアメリカンオーク由来のバニラ、ココナッツ、カスタードのような香りも感じられるだろう。フィニッシュにはスパイス感があり、シナモンやナツメグのような甘味もよく見られる。

スコットランドの
シングルモルトウイスキー
アバフェルディ12年
アバフェルディ21年
アベラワー12年ノンチルフィルタード
アベラワー16年ダブルカスク
アベンジャラグ
アラン10年
アラン12年カスクストレングス
インチガワー14年
インチマリン12年
オーバン14年
オーヘントッシャン21年
オールドプルトニー12年
オールドプルトニー17年
オールドプルトニー30年
オールドプルトニー40年
カードゥ・アンバーロック
カードゥ18年
キニンヴィ・バッチNo.1 23年
キルケラン・ワークインプログレスNo.4
クライゲラキ14年
クライゲラキ1994
ゴードン&マクファイル・ボトリング
クライヌリッシュ14年
クライヌリッシュ1997
マネージャーズチョイス
グレンエルギン12年
グレンカダム15年
グレンギリー12年
グレンキンチー・ディスティラーズ
エディション
グレングラッサ・エボリューション
グレングラッサ・リバイバル
グレンゴイン10年
グレンゴイン15年
グレンフィディック21年
グレンマレイ・クラシックNAS
グレンマレイ12年
グレンマレイ16年
グレンマレイ30年
グレンモーレンジィ・ジ・オリジナル10年
グレンモーレンジィ18年
グレンモーレンジィ25年
ザ・グレンリベット・アーカイブ21年
ザ・グレンリベット15年
ザ・グレンロセス・エクストラ
オーディナリーカスク1969
ザ・グレンロセス・エルダーズリザーブ
ザ・グレンロセス・セレクトリザーブNAS
ザ・バルヴェニー12年ダブルウッド
ザ・バルヴェニー14年カリビアンカスク
ザ・バルヴェニー21年ポートウッド
ザ・バルヴェニー30年
ザ・ベンリアック12年
ザ・ベンリアック16年
ザ・ベンリアック20年
ザ・ベンリアック21年
シングルトン・オブ・グレンダラン12年
スキャパ16年
スキャパ1979

スコットランドの
シングルモルトウイスキー
ストラスアイラ18年
タリバーディン・
バーガンディフィニッシュ
ダルウィニー・ディスティラーズ
エディション
ダルウィニー15年
ダルウィニー1986
20年スペシャルリリース
ダルウィニー1992マネージャーズ
チョイス
ダルモア12年
ディーンストン12年
トーモア12年
トマーティン18年
トマーティン30年
トミントール33年
バルブレア1975
バルブレア1990
バルメナック1979
バルメナック1993
ヘーゼルバーン12年
ベンネヴィス10年
ベンロマック10年
ベンロマック25年
ベンロマック30年
ボウモア46年ディスティルド1964
マッカラン・アンバー
マッカラン・ゴールド
マッカラン15年ファインオーク
マノックモア18年スペシャルリザーブ
ロイヤルブラックラ25年
ロイヤルロッホナガー12年
ロッホローモンド・インチマリン12年
ロッホローモンド1966スティルズ
ロングモーン16年
ロングモーン1977
ロングモーン33年

スコットランドのブレンデッドウイスキー
アンティクァリー12年
グランツ・ファミリーリザーブ
グレート・キングストリート
ザ・フェイマスグラウス
デュワーズ・ホワイトラベル
ブキャナンズ12年

スコットランドのグレーンウイスキー
キャメロンブリッジ
ヘイグクラブ

アイルランドのモルトウイスキー
タラモアデュー・シングルモルト10年

アイルランドのブレンデッドウイスキー
クーリー・キルベガン
グリーンスポット
ジェイムソン12年
タラモアデュー12年スペシャルリザーブ
パワーズ12年

アイルランドのシングルポットスチルウイスキー
グリーンスポット
パワーズ・ジョン・レーンズ
ミドルトン・バリー・クロケットレガシー

日本のモルトウイスキー
駒ヶ岳シングルモルト
秩父チビダル2009
秩父ポートパイプ2009
宮城峡15年
宮城峡1990 18年
山崎12年

日本のグレーンウイスキー
宮城峡ニッカ・
シングルカスク
ニッカ・カフェモルト

日本のブレンデッドウイスキー
ニッカ・フロムザバレル
ヒビキ響12年
ヒビキ響17年

そのほかの産地のモルトウイスキー
アドナムス・スピリット・オブ・
ブロードサイド イギリス
アーカス・ギョライド・エクスバーボン・
カスク3.5年 ノルウェー
アーカス・ギョライド・
シェリーカスク3.5年 ノルウェー
アムルット・グリーディエンジェル
インド
アムルット・フュージョン インド
ウエストランド・カスク29 アメリカ
ウエストランド・ディーコンシート
アメリカ
ウエストランド・フラッグシップ アメリカ
オールド・ホバート・オーフレイム・
ポートカスク熟成 オーストラリア
カバラン・クラシック 台湾
カバラン・ソリスト・シングルカスク・
エクスバーボン 台湾
サリバンズ・コーヴ・フレンチオーク
カスク熟成 オーストラリア
シュラムル・ドラ ドイツ
ジョージ・ディッケル12年 アメリカ
スタウニング・トラディショナル・
オロロソ デンマーク
ストラナハ・コロラド・ストレート
モルトウイスキー アメリカ
スリーシップス10年 南アフリカ共和国
ゼンティス・エディション・ゼンティス
スイス
セントジョージ・カリフォルニアン・
シングルモルト アメリカ
ティーレンペリ・カスキ フィンランド
テルサー・テルシントン・
ブラックエディション5年
リヒテンシュタイン
テルサー・テルシントンVI 5年シングル
モルト リヒテンシュタイン
ニュー・ホランド・ツェッペリン・ベンド・
ストレートモルト アメリカ
ハイダー・JHシングルモルト
オーストリア
ハイダー・JHシングルモルト・カラメル
オーストリア
フィンチ・クラシック ドイツ
フィンチ・ディンケル・ポート2013
ドイツ
ブラウンシュタインe:1シングル
シェリーカスク デンマーク
ブリンヌ フランス
ベーカリーヒル・ダブルウッド
オーストラリア
ヘリヤーズ・ロード・ピノノワール・
フィニッシュ オーストラリア
ベルジャン・オウル ベルギー
ベルジャン・オウル・シングルカスク
#4275922 ベルギー
ポール・ジョン・クラシックセレクト
カスク インド
マイヤーズ(ブレンド) フランス
マックミラ・ミッドヴィンター
スウェーデン
ミルストーン10年 アメリカンオーク
オランダ
ランガタン・オールド・ディア スイス
ランガタン・オールド・ベア スイス
リーブル・コイルマー・ポートカスク
ドイツ
レーマン・エルザス・シングルモルト
(50%) フランス

そのほかの産地のグレーンウイスキー
ベインズ・ケープ・マウンテン
南アフリカ共和国

香り高くフローラル
このフレーバーに見られる香りは、切りたての花や果実の花、刈りたての草や軽やかな青い果実を思わせる。味わいはライトでほのかに甘く、爽やかな酸味が感じられる場合が多い。

スコットランドの
シングルモルトウイスキー
アードモア1977　30年
オールドモルトカスク・ボトリング
アラン・ロバート・バーンズ
アラン14年
アルタベーン1991
アンノック16年
カードゥ12年
グレンカダム10年
グレンキース17年
グレンキンチー12年
グレンキンチー1992　マネージャーズ
チョイス・シングルカスク
グレングラント・メジャーズリザーブ
グレングラント10年
グレングラントV(ファイブ)ディケイド
グレンスコシア10年
グレンダラン12年
グレントファース1991
ゴードン&マクファイル・ボトリング
グレンバーギ12年
グレンバーギ15年
グレンフィディック12年
グレンロッシー1999
マネージャーズチョイス
ザ・グレンタレット10年
ザ・グレンリベット12年
ストラスアイラ12年
ストラスミル12年
スペイサイド15年
スペイバーン10年
タリバーディン・ソブリン
ティーニニック10年　花と動物シリーズ
トーモア1996
トマーティン12年
トミントール14年
ブラドノック17年
ブラドノック8年
ブルイックラディ・アイラバーレイ5年
ブルイックラディ・ザ・ラディ10年
ブレイヴァル8年
マノックモア12年
ミルトンダフ18年
ミルトンダフ1976
リンクウッド12年
ロッホローモンド・ロスドゥ
ロッホローモンド12年オーガニック
シングルブレンド
ロッホローモンド29年
WMケイデンヘッド・ボトリング

スコットランドのブレンデッドウイスキー
カティ・サーク
シーバスリーガル12年
バランタイン・ファイネスト

スコットランドのグレーンウイスキー
ガーヴァン「オーバー25年」
ストラスクライド12年

アイルランドのモルトウイスキー
ブッシュミルズ10年

アイルランドのブレンデッドウイスキー
ジェイムソン・オリジナル
タラモア・デュー
ブッシュミルズ・オリジナル

日本のモルトウイスキー
イチローズモルト秩父オンザウェイ
白州12年
白州18年
白州ホワイトオーク5年
富士御殿場18年
富士御殿場　富士山麓18年
山崎12年

日本のブレンデッドウイスキー
江井ヶ島ホワイトオーク5年
スーパーニッカ

そのほかの産地のモルトウイスキー
グラン・ナ・モア・タオル・
イサ2グエッシュ2013　フランス
コリングウッド・カナディアンミスト
カナダ
スティル・ウォーターズ・ストーク&
バレル・カスク#2　カナダ
スピリット・オブ・ヴェン・No.1ドゥーベ
スウェーデン
スピリット・オブ・ヴェン・No.2メラク
スウェーデン
スライアーズ2010　ドイツ
セントジョージ・ロット13　アメリカ
ティーレンペリ・アウス　フィンランド
ドメーヌ・ド・オート・グレース
L10#03　フランス
ドメーヌ・ド・オート・グレース
S11#01　フランス
ニュー・ホランド・
ビルズミシガンウィート　アメリカ
ハイウエスト・シルバーウエスタンオート
アメリカ
ハイウエスト・バレータンオート
アメリカ
プニ・アルバ　イタリア
ベーカリーヒル・シングルモルト
オーストラリア
ペンダーリン・マデイラ　ウェールズ
マックミラ・ブルクスウイスキー
スウェーデン
ラダーマッハー・ランバータス10年
ベルギー

コクがありまろやか
このフレーバーも果実味が感じられるが、レーズン、イチジク、デーツ、サルタナレーズンなど、ドライフルーツの風味である。こうした特徴はヨーロピアンオークのシェリー樽によってもたらされる。ほのかに粒の細かい感触があるかもしれないが、これは樽由来のタンニンの影響だ。深みがあり、甘口あるいはミーティな場合もある。

スコットランドの
シングルモルトウイスキー
アベラワー・アブーナ・バッチ45
アベラワー10年
アベラワー18年
エドラダワー1996
オロロソフィニッシュ
エドラダワー1997
オルトモア16年　デュワー・ラトレー
クラガンモア・ディスティラーズ
エディション
クラガンモア12年
グレンアラヒー18年
グレンカダム1978
グレングラッサ30年
グレンゴイン21年
グレンファークラス10年
グレンファークラス15年
グレンファークラス30年
グレンフィディック15年
グレンフィディック18年
グレンフィディック30年
グレンフィディック40年
ザ・グレンドロナック12年
ザ・グレンドロナック18年　アラダイス
ザ・グレンドロナック21年　パーラメント
ザ・グレンリベット18年
ザ・バルヴェニー17年ダブルウッド
ジュラ16年
シングルトン・オブ・グレンオード12年
シングルトン・オブ・ダフタウン12年
シングルトン・オブ・ダフタウン15年
ストラスアイラ25年
スペイバーン21年
タムデュー10年
タムデュー18年
ダルモア15年
ダルモア1981　マチュザレム
ダルユーイン16年
トバモリー15年
トバモリー32年
ハイランドパーク18年
ハイランドパーク25年
フェッターケアン16年
フェッターケアン30年
ブナハーブン12年
ブナハーブン18年
ブナハーブン25年
ブルイックラディ・ブラックアート4
23年
ブレアアソール12年　花と動物シリーズ
ベンネヴィス25年
ベンリネス15年　花と動物シリーズ
ベンリネス23年
ベンロマック1981ビンテージ
マッカラン・シエナ
マッカラン・ルビー
マッカラン18年シェリーオーク
マッカラン25年シェリーオーク
モートラック・レアオールド
モートラック25年
ロイヤルロッホナガー・
セレクテッドリザーブ

スコットランドのブレンデッドウイスキー
オールドパー12年
ジョニー・ウォーカー・ブラックラベル

アイルランドのモルトウイスキー／ポット
スチルウイスキー
ブッシュミルズ16年
ブッシュミルズ21年カスクフィニッシュ
レッドブレスト12年
レッドブレスト15年

アイルランドのブレンデッドウイスキー
ジェイムソン18年
タラモア・デュー・フェニックス・
シェリーフィニッシュ
ブラックブッシュ

日本のモルトウイスキー
軽井沢1985
軽井沢1995　能シリーズ
白州25年
山崎18年

そのほかの産地のウイスキー
アムルット・インターミディエイトカスク
インド
ヴァレンゲーム・アーモリック
ダブルマチュレーション　フランス
オールドホバート・オーフレイム・シェリー
カスク熟成　オーストラリア
カバラン・フィノカスク　台湾
ゼンティス・アルプシュタインVII　スイス
ニュー・ホランド・ビールバレル・
バーボン　アメリカ
バルコネズ・ストレートモルトV　アメリカ
ペンダーリン・シェリーウッド
ウェールズ
ミルストーン1999　PXカスク
オランダ
リベル・エンブルホ　スペイン

スモーキーかつピーティ
このフレーバーは、すすの香りからラプサンスーチョン、タール、ニシン、スモーキーなベーコン、燃えるヘザー、そしてウッドスモークまで、幅広い香りがある。ほのかにオイリーな口当たりが感じられる場合もよくあるが、ピーティなウイスキーは全て、こうした風味とバランスを保つ甘味のスポットも備えているべきである。

スコットランドの
シングルモルトウイスキー
アードベッグ・ウーガダール
アードベッグ・コリーヴレッカン
アードベッグ10年
アードモア・トラディショナルカスクNAS
アードモア25年
カリラ12年
カリラ18年
キルホーマン・マキャベイ
キルホーマン2007
ザ・ベンリアック・オーセンティカス25年
ザ・ベンリアック・キュオリアシタス10年
ザ・ベンリアック・セプテンデキム17年
スプリングバンク10年
スプリングバンク15年
タリスカー・ストーム
タリスカー10年
タリスカー18年
タリスカー25年
トマーティン・クーボカン
ハイランドパーク12年
ハイランドパーク40年
ブナハーブン・トチェック
ブルイックラディ・オクトモア
4.2コーマス2007　5年
ブルイックラディ・ポート・シャーロット

PC8
ブルイックラディ・ポート・シャーロット・スコティッシュバーレイ
ボウモア・デビルズカスク10年
ボウモア12年
ボウモア15年　ダーケスト
ラガヴーリン・ディスティラーズエディション
ラガヴーリン12年
ラガヴーリン16年
ラガヴーリン21年
ラフロイグ10年
ラフロイグ18年
ラフロイグ25年
ロングロウ14年
ロングロウ18年

アイルランドのモルトウイスキー
クーリー・カネマラ12年

日本のモルトウイスキー
カスク・オブ白州
余市10年
余市12年
余市15年
余市20年
余市1986　22年

そのほかの産地のモルトウイスキー
ウエストランド・ファーストピーテッド　アメリカ
クリア・クリーク・マッカーシー・オレゴン・シングルモルト
ゴルノグ・セイントアイビー　フランス
ゴルノグ・タウアーク　フランス
スタウニング・ピーテッドオロロソ　デンマーク
スモーゲン・プリモル　スウェーデン
バルコネズ・ブリムストーン・レザレクションV　アメリカ
ベーカリーヒル・ピーテッドモルト　オーストラリア
ヘリヤーズ・ロード・ピーテッド　オーストラリア
ポール・ジョン・ピーテッドセレクトカスク　インド
マックミラ・スヴェンスク・ロック　スウェーデン

モルティでドライ

このフレーバーはドライ感の強い香りだ。キレがよく、ビスケットのようで、ときおり小麦粉や朝食のシリアル、ナッツを思わせる香りがして、粉っぽく感じられる場合もある。口あたりもドライだが、通常は樽由来の甘さとバランスが取れている。

スコットランドのシングルモルトウイスキー
オーヘントッシャン・クラシックNAS
オーヘントッシャン12年
オスロイスク10年
グレンギリー・ファウンダーズリザーブNAS
グレンスコシア12年
グレンスペイ12年
スペイサイド12年
タムナヴーリン12年
タリバーディン20年
トミントール10年
ノッカンドゥ12年
マクダフ1984ベリー・ブラザーズ&ラッド・ボトリング
ロッホローモンド・シングルモルトNAS

日本のモルトウイスキー
秩父フロアモルテッド3年

そのほかの産地のモルトウイスキー
ティーレンペリ6年　フィンランド
ティーレンペリ8年　フィンランド
ハドソン・シングルモルト・タットヒルタウン　アメリカ
ブラウ・マウス・グリューナー・フント・シングルカスク　ドイツ
ブラウ・マウス・スピンネーカー20年　ドイツ
ヘリヤーズ・ロード・オリジナル10年　オーストラリア
マイヤーズ・プル・モルト　フランス
リーブル・コイルマー・アメリカンオーク　ドイツ
レーマン・エルザス・シングルモルト（40%）　フランス

ライウイスキー、ウィートウイスキー、コーンベースのウイスキー

製造工程と原料穀物が異なるため、北アメリカのウイスキーについては独自のフレーバーキャンプ（つまり北アメリカ・スタイル）を設定した。ウイスキー名に蒸溜所を経営する一族名が使われている場合は（例：ジャック・ダニエルズ・ブラックラベル）、蒸溜所名を最初に表記した。いっぽう、例えばバッファロー・トレース蒸溜所のブラントン・シングルバレルなどのように、蒸溜所名が品名になっていない場合は、ウイスキー名のあとに蒸溜所名を表記した。

ソフトなコーン風味

コーンはバーボンとカナディアンウイスキーの主要穀物で、ウイスキーに甘い香りを加え、コクがありバターのような風味、かつジューシーな味わいをもたらす。

アーリータイムズ　アメリカ
カナディアンクラブ1858　カナダ
カナディアンミスト　カナダ
クラウンロイヤル・ギムリ　カナダ
クラウンロイヤル・リザーブ　ギムリ　カナダ
ジム・ビーム・ブラックラベル8年　アメリカ
ジム・ビーム・ホワイトラベル　アメリカ
ジャック・ダニエルズ・ジェントルマン・ジャック　アメリカ
ジャック・ダニエルズ・シングルバレル　アメリカ
ジャック・ダニエルズ・ブラックラベル　オールドNo.7　アメリカ
ジョージ・ディッケル・スペリオール　No.12　アメリカ
ジョージ・ディッケル・バレルセレクト　アメリカ
ジョージ・ディッケル8年　アメリカ
ダンフィールズ10年　ブラックベルベット　カナダ
ダンフィールズ21年　ブラックベルベット　カナダ
ハイウッド・センチュリーリザーブ21年　カナダ
パイク・クリーク10年　ハイラム・ウォーカー　カナダ
ハドソン・ニューヨークコーン・タットヒルタウン　アメリカ
ハドソン・フォーグレーンバーボン・タットヒルタウン　アメリカ
ハドソン・ベビーバーボン・タットヒルタウン　アメリカ
バルコネズ・ベビーブルー　アメリカ
フォアローゼズ・イエローラベル　アメリカ
フォーティ・クリーク・コッパーポットリザーブ　カナダ
フォーティ・クリーク・バレルセレクト　カナダ
ブラックベルベット　カナダ
ブラントン・シングルバレル　バッファロー・トレース　アメリカ
ワイザーズ・デラックス　ハイラム・ウォーカー　カナダ
ワイルドターキー101プルーフ　アメリカ
ワイルドターキー81プルーフ　アメリカ

甘い小麦風味

バーボンの蒸溜ではライ麦の代わりに小麦が使われることがある。穏やかでなめらかな甘味をもたらす。

WLウェラー12年 バッファロー・トレース　アメリカ
シュラムル・ウアス　ドイツ
バーンハイム・オリジナルウィート　ヘヴンヒル　アメリカ
ハイウッド・センテニアル10年　カナダ
ハイウッド・ホワイトオウル　カナダ
メイカーズマーク　アメリカ
ラストマウンテン・プライベートリザーブ　カナダ

コクとオーク香

ウイスキーは樽熟成によってコクのあるバニラ香が加わり、ココナッツや松、チェリー、甘いスパイスの風味も加わる。樽熟成の期間が長くなるほどこうした豊かな樽成分が力を発揮して、タバコや皮革のようなフレーバーが生まれる。

アルバータ・プレミアム30年　カナダ
イーグルレア10年シングルバレル・バッファロー・トレース　アメリカ
エライジャ・クレイグ12年　ヘヴンヒル　アメリカ
オールド・フィッツジェラルド12年・ヘブンヒル　アメリカ
カナディアンクラブ20年　カナダ
カナディアンクラブ30年　カナダ
ノブ・クリーク9年　ジム・ビーム　アメリカ
パピー・ヴァン・ウィンクル・ファミリーリザーブ20年・バッファロー・トレース　アメリカ
バルコネズ・ストレートバーボンⅡ　アメリカ
フォーティ・クリーク・ダブルバレル・リザーブ　カナダ
ブッカーズ・ジム・ビーム　アメリカ
メイカーズ46　アメリカ
ラッセルズ・リザーブ・バーボン10年　ワイルドターキー　アメリカ
リッジモント・リザーブ1792　8年　バートン1792　アメリカ
レア・ブリード・ワイルドターキー　アメリカ
ワイザーズ18年ハイラム・ウォーカー　カナダ

スパイシーなライ麦風味

ライ麦は、強烈で、やや香り高い特徴がよく表れる。かすかに粉っぽい香りや焼きたてのライ麦パンのような香りが感じられる場合もある。この風味はコクのあるコーンが強く主張したあとに表れ、酸味のあるスパイシーな強い風味が食欲を刺激する。

アルバータ・スプリングス10年　カナダ
アルバータ・プレミアム25年　カナダ
ウッドフォード・リザーブ・ディスティラーズセレクト　アメリカ
エヴァン・ウィリアムズ・シングルバレル　2004・ヘヴンヒル　アメリカ
オールド・ポトレロ・ライ　アンカー
カナディアンクラブ・リザーブ10年　カナダ
クラウンロイヤル・リミテッドエディション・ギムリ　カナダ
コリングウッド21年カナディアンミスト　カナダ
サゼラック・ライ・バッファロー・トレース　アメリカ
サゼラック18年バッファロー・トレース　アメリカ
シーグラムVOカナディアンミスト　カナダ
ジョージ・ディッケル・ライ　アメリカ
スタウニング・ヤングライ　デンマーク
ダークホース・アルバータ　カナダ
テルサー・ライ・シングルカスク2年　リヒテンシュタイン
トム・ムーア4年　アメリカ
ドメーヌ・ド・オート・グレース・セカレ　フランス
ハイウエスト・ランデブー・ライ　アメリカ
ハイウエストOMGピュア・ライ　アメリカ
ハイウッド・ナインティ20年　カナダ
ハイダーJHスペシャル・ライヌガー　オーストリア
ハイダーJHピーテッド・ライモルト　オーストリア
ハドソン・マンハッタンライ・タットヒルタウン　アメリカ
フォアローゼズ・バレルストレングス　15年　アメリカ
フォアローゼズ・ブランド12シングルバレル　アメリカ
フォアローゼズ・ブランド3　スモールバッチ　アメリカ
フォーティ・クリーク・コンフェデレーション・リザーブ　カナダ
ベリー・オールド・バートン6年・バートン1792　アメリカ
ミルストーン・ライ100　オランダ
ラッセルズ・リザーブ・ライ6年　ワイルドターキー　アメリカ
リッテンハウス・ライ・ヘヴンヒル　アメリカ
ロットNo.40ハイラム・ウォーカー　カナダ
ワイザーズ・レガシー・ハイラム・ウォーカー　カナダ

用語集

【 】で表記されている用語は本用語集上で別途見出しが設けられているもの。

ABV(alcohol by volume) アルコール量を全液量に対する割合で表した数値。スコッチ・ウイスキーは法的にアルコール度数40%以上と規定されている。【プルーフ】も参照のこと。

NAS No Age Statementの略語。ラベルに年数表記のないウイスキーを示す。

アイリッシュ・ウイスキー アイルランドで稼働中の蒸溜所は3ヵ所のみだがそれぞれが個性豊かなウイスキーを作る。クーリー蒸溜所では同国伝統の3回蒸溜でなく2回【蒸溜】を行い、【ピート】を使う。ブッシュミルズ蒸溜所はピート不使用の【大麦麦芽】を使い3回【蒸溜】を行う。アイリッシュ・ディスティラーズもピートを使わず、麦芽化されていない大麦と【大麦麦芽】を混合した【マッシュビル】によって【アイリッシュ・ポット・スチル】で3回蒸溜を行ってウイスキーを造る。

インディアン・ウイスキー インドのウイスキー業界では「ウイスキーは穀物のみを原料とするスピリッツ」という世界的な定義が守られていないため、この用語はやや論争の的である。同国では廃糖蜜製の蒸溜酒がウイスキーと認められている。

ウィーテッドバーボン 【マッシュビル】にライ麦より小麦が多く含まれた【バーボン・ウイスキー。一般に甘味が特徴。

ウイスキーのつづり:Whiskey/whisky 法的にスコッチ、カナディアンそしてジャパニーズ・ウイスキーは"E"を含まないつづりを採用し、アイリッシュとアメリカン・ウイスキーは"E"を含む。ただしアメリカン・ウイスキーには例外あり。

ウォッシュ 発酵済みで、蒸溜されてウイスキーになる前の液体(別名【ビール】)。

ウォッシュスチル バッチ式【蒸溜】で使われる釜のうち、発酵した【ウォッシュ】を【蒸溜】させる最初の蒸溜釜。

ウシュク・ベーハ/ウスケボー 前者はスコットランド語、後者はアイリッシュ・ゲール語で、ともにウイスキーを意味する語。"命の水"を意味し、蒸溜酒を表す用語として使われたラテン語「アクア・ヴィテ」に由来する。"ウシュク"は"ウイスキー"の語源とされる。

エステル 麦汁の【発酵】中に生まれる化合物。一般に花の香りと強烈な果実香がする。

オーク樽 スコッチ、アメリカン、カナディアンそしてアイリッシュ・ウイスキーはすべて【オーク樽】での熟成が法的に義務付けられる。【熟成】中に樽材から溶け出る芳香成分とウイスキーが相互に作用することにより、ウイスキーに複雑な風味が加わる。

大麦 大麦に含まれた天然酵素は【製麦】によって、デンプン質を発酵可能な糖分に変えるはたらきをする。そのため製麦された大麦麦芽はほぼあらゆるウイスキーの製造過程で原料穀物の【マッシュ】に一定割合加えられる。シングルモルトは100%大麦麦芽が使われる。

カラメル 仕込みごとの色のばらつきを調整するために多くのウイスキーで使用が認められる添加物(【バーボン・ウイスキー】には添加禁止)。多く使用すると香りが弱まり、後味が苦くなる。

還流 スチル内で起こるアルコール蒸気の【冷却】に関する専門用語(厳密には【冷却】前の工程)で、液化したアルコール蒸気を再蒸溜する工程を表す。スピリッツの酒質を軽くし、好ましくない重い要素を取り除く方法の1つであり、スチルの形状や【蒸溜】速度によってさらにこのはたらきが促進される。

クエルクス 【オーク】を意味するラテン語。ウイスキー関連でよく使われる派生語は、アメリカン・ホワイト・【オーク】を意味するクエルクス・アルバ、ヨーロピアン・【オーク】を意味するクエルクス・ロブール、フレンチ・【オーク】あるいはセシル・【オーク】を意味するクエルクス・ペトラエア、そしてミズナラあるいはジャパニーズ・【オーク】を意味するクエルクス・モンゴリアがある。それぞれに独特の香りとフレーバー、骨組みがある。

クォーターカスク 容量45L(10ガロン)の小型樽。未熟成の若いウイスキーに新鮮な【オーク】のフレーバーをたっぷり加えるための手法として近年見直されるようになった。

クレリック 【ニューメイク】を参照。

グレーンウイスキー 少量の【大麦麦芽】に【コーン】あるいは小麦を混ぜ、塔式蒸溜器を使ってアルコール度数94.8%以下で蒸溜される。スコッチ・ウイスキー法では、原料の穀物に由来する特徴を持つものと定義されている。

酵母 糖をアルコール(および炭酸ガスと熱)に変える微生物。【酵母】菌株の種類によってウイスキーのフレーバーにさまざまな影響を与える。

コーン 【バーボン】の主原料であるトウモロコシ。最終蒸溜液に豊かな甘味をもたらす。カナダでも【グレーン・ウイスキー】の製造に使われる。

コーンウイスキー アメリカのウイスキー・スタイルの一種。原料の80%以上にトウモロコシを使うことが法で規定されている。熟成年数の規定はない。

サラディン・ボックス 伝統的な【フロア・モルティング】と現代的な【ドラム式モルティング】の中間的な【モルティング】手法。【発芽中の大麦】を上部の開いた大きな箱に入れてスクリューで撹拌(かくはん)させる。

サワーマッシュ及び**サワーマッシング** アメリカの用語。初溜後に残るアルコール分のない蒸溜残液を新しいマッシュ(粉砕した大麦麦芽と水を混合した液)の入った発酵槽に加える工程を表す。発酵槽の全液量の25%ほどの割合まで加えることにより、蒸溜残液に含まれた酸が【発酵】を促進する。【バーボン・ウイスキー】と【テネシー・ウイスキー】には必ずこの製法を用いる(別名【バックセット】、スペント・ビール、スティレージと呼ばれる)。

サンパー 【ダブラー】の別称。水で満たしたサンパー内にロー・ワインを通すことにより、重いアルコール分を取り除く。作動中に"ドスン(thump)"と音を発する。

熟成 ウイスキー製造の最終部分の工程。【樽】でウイスキーを貯蔵することによりウイスキーの最終的な香味(と色)の70%が生まれる。

蒸溜 ワインやビールにはなく、蒸溜酒だけで行われる工程。アルコールは水より沸点が低いためアルコール溶液(【ビール】あるいは【ウォッシュ】)を蒸溜器で加熱すると水より先にアルコール分が蒸気となる。この蒸気を冷却して液化するとアルコール度数が高くなり、【ウォッシュ】の風味が凝縮される。

シングルバレル やや混乱を招きがちなアメリカのウイスキー用語。単一の【バレル】から瓶詰めされたウイスキーの意味だが、シングル・【バレル】のバッチ(仕込み)1回分に複数の【バレル】のウイスキーが含まれている可能性がある。

スコッチウイスキー スコットランドの蒸溜所で【大麦麦芽】(他の全粒穀物を加えても可)を【大麦】自体に含まれた酵素によって【糖化】して発酵可能な液体に変え、【酵母】で【発酵】させ、94.8%以下で蒸溜し、スコットランドで容量700L以下の【オーク樽】で最低3年間熟成させたウイスキーと規定される。さらに、瓶詰めする際のアルコール度数は40%以上と規定され、水とスピリッツ・【カラメル】以外の添加物は認められない。

ストレートウイスキー アメリカの用語。ストレート・ウイスキーは1種類の穀物(トウモロコシ、ライ麦、小麦)を51%以上使って160プルーフ(アルコール度数80%)で蒸溜され、最低2年間、内側を【焦がしたオーク樽】の新樽で125プルーフ以下(同62.5%)で熟成されたのち最低80プルーフ(同40%)で瓶詰めされたウイスキーと規定される。【カラメル】あるいは風味付けの添加物を加えてはならない。

製麦 休眠中の【大麦】を水に浸して【発芽】させた後、キルンで乾燥させて成長を止めることにより、大麦が含むデンプン質を糖化し、蒸溜酒づくりに使える状態にすること。【フロア・モルティング】や【ドラム式モルティング】、あるいは【サラディン・モルティング】の設備を備えた工場で行なわれる。

ダブラー 再溜釜を意味するアメリカのウイスキー製造用語。初溜で得たアルコール分を再び蒸溜し、最終蒸溜液を作るための【ポット・スチル】。

樽 ウイスキーの熟成に使うさまざまなタイプの貯蔵容器の総称。

ダークグレーン ポット・エール(最初の【蒸溜】後に出る高タンパクの残りかす)と【ドラフ】を混合したもの。家畜用飼料として売られる。

チャコール・メロウイングあるいは炭ろ過 蒸溜したての原酒を熟成前に木炭を詰めた樽でろ過すること。【テネシー・ウイスキー】はこの手法が特徴となっている。

チャーリング アメリカン・ウイスキー用の【バレル】はすべて使用前に内側を焼いて焦がすことにより、活性炭の層が生まれ、荒々しさや好ましくない未熟な香りを取り除くフィルターの役目を果たす。【チャコール・メロウイング】はさらにこの効果を促進させる。

テネシー ウイスキー　法的には【バーボン・ウイスキー】に含まれるが、バーボンと異なるのは、蒸溜したてのスピリッツをサトウカエデの【木炭】層でろ過する工程（別名リンカーン・カウンティ・プロセス）を経ること。

天使の分け前　樽で【熟成】中のウイスキーは呼吸をしているため、若干のアルコール分が蒸発する。この蒸発分は"天使の分け前"と呼ばれ、毎年スコットランドでは樽1つにつき2%が蒸発する。

糖化　穀物のデンプン質を発酵可能な糖分に変化させる工程。

ドラフ　大麦を糖化した糖化槽から【麦汁】と呼ばれる甘い液体を取り出した後の絞りかす。家畜用飼料として売られる。

ドラム　スコットランド方言で1杯のウイスキーを意味する語として広まっているが語源はラテン語で、種類を問わず少量の蒸溜酒を意味する語。

ドラム式モルティング　最も普及している【大麦の製麦】方法。大規模な工場内に水平方向に置いた大型の円筒に大麦を入れ回転させて【発芽】を促し、緑麦芽を作る。

トースティング　【樽】の板を火で熱して曲げやすくする作業。加熱により【オーク】に含まれる複雑な風味の木糖がカラメル化され、この糖分がスピリッツと接触することで複雑な熟成を遂げたウイスキーが生まれる。トースティングのさじ加減によって幅広い効果をウイスキーに与えることができる。

ニュー メイク　蒸溜したてのスピリッツを表すスコットランドの用語。スコットランドでは別名【クレリック】、アメリカでは【ホワイトドッグ】と呼ばれる。

年数表記　ラベルに表示される熟成年数は、使われる原酒のうち最も熟成年数が短い原酒を表す。年数が必ずしもウイスキーの品質を決定づけるもの。

ハイワイン　アメリカのウイスキー用語。【ダブラー】で2回めの蒸溜により得られる最終蒸溜液（ダブリングスとも呼ばれる）。

バックセット　【サワーマッシュ法】の項を参照のこと。

発酵　糖分の豊富な【麦汁】に【酵母】を加えることによりアルコールを生成する工程。風味を生むために不可欠である。

バット　シェリーの熟成に使われた500L（110ガロン）入りの【樽】。【スコッチ ウイスキー】の熟成に使われる。

発芽　【製麦】工程中で、【大麦】が芽を出すこと。

初溜釜　アメリカではビール・スチルと呼ばれる。【蒸溜】工程の初回の蒸溜（初溜）を行う蒸溜器（通常は【塔式蒸溜機】を使う）。

バレル　200L（44ガロン）入りのアメリカン・【オーク樽】を表す名称。

バーボン ウイスキー　アメリカの【ウイスキー】のタイプ。【トウモロコシ】を51%以上含む【マッシュ】を使い、アルコール度数80%以下で蒸溜し、【内側を焦がしたオーク】の新樽で最低2年間、アルコール度数62.5%以下で熟成させたウイスキー、と法的に規定される。

ピート（泥炭）／ピート燻煙　ピートは酸性の湿原に植物が何千年も堆積してやや炭化したもので、多くのウイスキーで主要な香りの位置を占める。これを採掘して乾燥させ、キルン（乾燥塔）で焚いて麦芽を燻すことにより、最終蒸溜液にスモーキーな香りが加わる。

ビール　アメリカのウイスキー用語。アルコール分を含んだ蒸溜前の発酵液、つまりモロミのこと。【ウォッシュ】とも呼ばれる。

ヴァッテッド・モルト　シングル モルトウイスキーをブレンドしたウイスキーを意味する古い用語。**ブレンデッド ウイスキー**を参照のこと。

ファーストフィル　スコッチとアイリッシュ・ウイスキー及びジャパニーズ・ウイスキーで使われる【樽】の関連用語だが意味がやや混乱しがち。ウイスキー製造業界では初めてスコッチ（あるいはアイリッシュまたはジャパニーズ・ウイスキー）を詰めたという意味で使う。この3カ国の業界では中古の【樽】を使うことが多いため、厳密には初めてウイスキーを詰めたわけではない。【リフィル樽】も参照すること。

ヴィシメトリー　ウイスキーに水を加えたときに生じるらせん状の渦。

フェインツ　2回めの【蒸溜】（再溜）で最後に出てくる蒸溜液。（テイルズ、アフターショッツとも呼ばれる）。

フェノール　【ピート】を焚いたときに生じる芳香化合物を表す化学用語。フェノール値はppm（100万分の1）単位で測定され、この値が高いほどスモーキーなウイスキーとなる。ただしフェノール値は【大麦麦芽】の状態での値を示し、【ニューメイク】のスピリッツにおける値ではない。フェノールのほぼ半分は蒸溜工程で失われる。

ヴェンドーム・スチル　【ポット・スチル】の一種で、ネック部分に精溜塔が備えられている。

フォアショッツ　最終の【蒸溜】で最初に流れ出る蒸溜液。アルコール度数が高く揮発性化合物を含む。熟成には回さず、【フェインツ】やロー・ワインとともに再び【蒸溜】される（【ヘッズ】とも呼ばれる）。

プルーフ　アルコール分の強さを示す単位の1つで、現在はアメリカの蒸溜所でのみラベルに表示される。アメリカのプルーフはアルコール度数（ABV）のちょうど2倍の数値で、アルコール度数40%はアメリカン・プルーフ80となる。

ブレンデッド ウイスキー　スコットランドでは【グレーン・ウイスキー】に【モルト・ウイスキー】がブレンドされたウイスキー、アメリカでは【バーボン・ウイスキー】または【ライ・ウイスキー】がブレンドされたウイスキーを指す。世界で売られるスコッチ・ウイスキーの9割以上がブレンデッド・ウイスキーである。

フロア モルティング　伝統的な大麦の【製麦】製法。湿った麦粒を広い床に広げて【発芽】させ、シャベル等で度々混ぜ返す。現在ではほぼ【ドラム式モルティング】に取って代わられている。【サラディン・ボックス式】も参照すること。

ヘッズ　【フォアショッツ】を参照すること。

ホッグスヘッド　【樽】の一種。たいていアメリカン【オーク】でつくられ、容量は250L（55ガロン。ホギーとも呼ばれる）。

ポットスチル　ウイスキーの【蒸溜】に使われる、やかんのような形状をした銅製の蒸溜器。

ホワイトドッグ　【ニューメイク】を意味するアメリカのウイスキー用語。

マッシュビル　ウイスキー製造に使われる種々の原料穀物の混合比率を示す用語。

麦汁　糖化槽から採取される甘い液体。

モスボール　一時的に休業した蒸溜所を示す用語。一時閉鎖であり完全廃業した状態ではない。

ライ ウイスキー　アメリカでは法的にライ麦の【ストレート・ウイスキー】は【マッシュビル】の51%以上にライ麦が含まれたウイスキーと規定されている。

ライ麦　【ライ・ウイスキー】や【バーボン】、カナディアン・ウイスキーの原料となる穀物。唾液があふれそうな酸味とサワードウや柑橘類、強烈なスパイスの香りをウイスキーに与える。

ライン アーム／ライパイプ　別名はスワン・ネック。【ポット・スチル】の上端に付けられ、スチルと【冷却器】を結合する部分。アームの角度がスピリッツの特徴に影響を与える。上向きだと【還流】が促進されて軽めのスピリッツが生まれ、下向きだと重厚なスピリッツとなる。

ラックハウス　貯蔵庫を意味するアメリカのウイスキー用語。

ランシオ　非常に古いウイスキーに感じられる、皮革やムスク、キノコのような香りを表すテイスティング用語。

リカー　【糖化】で使われる温水を表すアメリカの用語。

リックス　【熟成】中のウイスキー【バレル】を支える木製の組棚を表すアメリカの用語。伝統的な高層で金属製の【ラックハウス】もリック貯蔵庫と呼ばれる。サトウカエデを積み上げた薪の山もリックと呼ばれ、燃やして木炭化し活性【炭】のろ過層を作り、【テネシー・ウイスキー】をろ過する。

リフィル樽　1度【スコッチ・ウイスキー】の熟成に使われた【樽】を表す用語。

リンカーン・カウンティ・プロセス　テネシー・ウイスキー】はこの工程によって【バーボン】と区別される。蒸溜したてのスピリッツを【木炭】層でろ過し、荒々しい要素を取り除く（リーチングあるいはメロウイングとも呼ばれる）。

冷却　【蒸溜】の最後の工程。揮発したアルコール成分を冷やして再び液化すること。

ローモンド スチル　ネック部分に調整可能な仕切り板がある【ポット・スチル】。【還流】率が向上し、オイリーあるいはフルーティな個性のスピリッツが生まれる。

ワーム タブ　蒸溜したてのスピリッツを【冷却】するための伝統的な方式。"ワーム"は冷水の入った桶に沈めたらせん状の銅管のこと。蒸溜された蒸気と銅管の接触面積が小さいため銅による化学変化が少なく、その分ウイスキーの酒質が重厚になる。

BIBLIOGRAPHY

BOOKS

Barnard, Alfred, *The Whisky Distilleries of the United Kingdom*, David & Charles, 1969

Buxton, Ian, *The Enduring Legacy of Dewar's*, Angel's Share, 2010

Checkland, Olive, *Japanese Whisky, Scottish Blend,* Scottish Cultural Press, 1998

Dillon, Patrick, *The Much-Lamented Death of Madam Geneva*, Review, 2004

Kaiser, Roman, *Meaningful Scents Around The World*, Wiley, 2006

Gibbon, Lewis Grassic *A Scots Quair* Canongate Books, 2008

Gunn, Neil M., *Whisky & Scotland*, Souvenir Press Ltd, 1977

Hardy, Thomas, *The Return of the Native*, Everyman's Library, 1992

Hume, John R., & Moss, Michael, *The Making of Scotch Whisky*, Canongate Books, 2000

Macdonald, Aeneas, *Whisky*, Canongate Books, 2006

MacFarlane Robert, *The Wild Places*, Granta Books, 2007

MacLean, Charles, *Scotch Whisky: A Liquid History*, Cassell, 2003

Marcus, Greil, *Invisible Republic, Bob Dylan's Basement Tapes*, Picador, 1997

McCreary, Alf, *Spirit of the Age, the Story of old Bushmills,* Blackstaff Press, 1983

MacDiarmid, Hugh, *Selected Essays,* University of California Press, 1970

Mulryan, Peter, *The Whiskeys of Ireland*, O'Brien Press, 2002

Owens Bill, *Modern Moonshine Techniques*, White Mule Press, 2009

Owens Bill, Diktyt, Alan, & Maytag, Fritz, *The Art of Distilling Whiskey and Other Spirits*, Quarry Books, 2009

Pacult, F. Paul, *A Double Scotch*, John Wiley, 2005

Penguin Press & Carson, *The Tain*, Penguin Classics, 2008

Regan, Gary, & Regan, Mardee, *The Book of Bourbon*, Chapters, 1995

Udo, Misako, *The Scotch Whisky Distilleries*, Black & White, 2007

Waymack, Mark H., & Harris, James F, *The Book of Classic American Whiskeys*, Open Court, 1995

Wilson, Neil, *The Island Whisky Trail*, Angel's Share, 2003

MAGAZINES

Whisky Magazine

Whisky Advocate

MUSIC

"Copper Kettle", written by Albert Frank Beddoe, recorded by Bob Dylan on the 1970 album, *Self Portrait*

Smith, Harry *Anthology of American Folk Music,* various volumes

FURTHER INFORMATION

Keep in touch with whisky matters through the net. The vast majority of producers have their own websites these days. Here is a selection of magazines and blogs giving the whisky-lover a broader perspective.

MAGAZINES

www.whiskyadvocate.com

www.whatdoesjohnknow.com

www.whiskymag.com

www.whiskymagjapan.com *in Japanese*

WHISKY SITES & BLOGS

www.maltmaniacs.org, *This should be the first stop for all malt lovers.*

www.whiskyfun.com, *Serge Valentin's daily musings on whisky and music.*

www.whiskycast.com, *Mark Gillespie's weekly podcast.*

www.edinburghwhiskyblog.com & http://caskstrength.blogspot.com, *Two UK-based blogs – both are worth checking regularly.*

http://chuckcowdery.blogspot.com, *Want to find out what's happening*
bourbon-wise? Check Chuck!

http://nonjatta.blogspot.com, *The must-visit blog for lovers of Japanese whisky (in English).*

http://drwhisky.blogspot.com, *Sam Simmons was one of the first bloggers and is still one of the best.*

www.irishwhiskeynotes.com, *As it says, this covers Irish whiskey.*

www.irelandwhiskeytrail.com, *Want a tour around Ireland's whiskey related sites? Stop here first.*

www.distilling.com & http://blog.distilling.com, *Keep abreast of news from the world of American craft distilling.*

www.drinkology.com, *Bartender community site that is packed with information.*

FESTIVALS

You can guarantee that as you are reading this there will be one or probably more whisky festivals happening somewhere in the world. The largest global franchise is *Whisky Live!* (www.whiskylive.com). *Malt Advocate* also runs America's largest events, so check its website (*see* above) for details. Also, check the Malt Maniacs' calendar of whisky events on its site (*see* above).

REGIONAL FESTIVALS

Spirit of Speyside, www.spiritofspeyside.com, *Usually the first week of May for one week.*

Fèis Ìle, www.theislayfestival.co.uk, *Usually last week of May for one week.*

Kentucky Bourbon Festival, www.kybourbonfestival.com, *Mid-September.*

索引

索引の使い方
- 蒸溜所名の後に**太字**で表記されたページは蒸溜所の紹介ページを示す。
- 主要なブランド名称は個別に見出しを設け（　）内に蒸溜所名称を表記した。
- **太字**で表記されたウイスキー名称の後には蒸溜所名称とページが表記される。
- *イタリック体*のページは図表を示す。

た

な

は

ACKNOWLEDGEMENTS

Scotland Nick Morgan, Craig Wallace, Douglas Murray, Jim Beveridge, Donald Renwick, Shane Healy, Diageo; Jim Long, Alan Winchester, Sandy Hyslop, Chivas Brothers; Gerry Tosh, George Espie, Gordon Motion, Max MacFarlane, Jason Craig, Ken Grier, Bob Dalgarno, The Edrington Group; David Hume, Brian Kinsman, William Grant & Sons; Stephen 'The Stalker' Marshall, Keith Geddes, John Dewar & Sons;
Iain Baxter, Stuart Harvey, Inver House Distillers; Ian MacMillan,
Burn Stewart Distillers; Ronnie Cox, David King, Sandy Coutts, The Glenrothes; Iain Weir, Iain MacLeod; Gavin Durnin, Loch Lomond Distillers; Frank McHardy, Pete Currie, J & A Mitchell; Euan Mitchell, Arran Distillers; Iain McCallum, Morrison Bowmore Distillers; Jim McEwan, Bruichladdich; Anthony Wills, Kilchoman; Richard Paterson, David Robertson, Whyte & Mackay; Jim Grierson, Maxxium UK; John Campbell, Laphroaig; Des McCagherty, Edradour; George Grant, J & G Grant; Lorne McKillop, Angus Dundee; Billy Walker, Alan McConnochie, Stewart Buchanan, The BenRiach/The GlenDronach; Francis Cuthbert, Daftmill; Raymond Armstrong, Bladnoch; Alistair Longwell, Ardmore; David Urquhart, Ian Chapman, Gordon & MacPhail; Bill Lumsden, Annabel Meikle, Glenmorangie; Michelle Williams, Lime PR; John Black, James Robertson, Tullibardine; Colin Ross, Ben Nevis; Dennis Malcolm, Glen Grant; Stephen Bremner, Tomatin; Andy Shand, Speyburn; Marko Tayburn, Abhainn Dearg.

Ireland Barry Crockett, Brendan Monks, Billy Leighton, David Quinn, Jayne Murphy, IDL; Colum Egan, Helen Mulholland, Bushmills; Noel Sweeney, Cooley.

Japan Keita Minari, Mike Miyamoto; Shinji Fukuyo, Seiichi Koshimizu, Suntory; Naofumi Kamiguchi, Geraldine Landier, Nikka; Ichiro Akuto, Venture Whisky.

The USA & Canada Chris Morris, Jeff Arnett, Brown-Forman; Jane Conner, Maker's Mark; Larry Kass, Parker Beam, Craig Beam, Heaven Hill, Katie Young, Ernie Lubbers, Jim Beam; Jim Rutledge, Four Roses; Jimmy & Eddie Russell, Wild Turkey; Harlen Wheatley, Angela Traver, Buffalo Trace; Ken Pierce, Old Tom Moore; Jim Boyko, Vincent deSouza, Crown Royal; John Hall, Forty Creek; Bill Owens; Lance Winters, St. George; Steve McCarthy, McCarthy's; Marko Karakasevic, Charbay; Jess Graber, Stranahan's; Rick Wasmund, Copper Fox, Ralph Erenzo, Tuthilltown.

Wales Stephen Davis, Gillian Macdonald, Welsh Whisky Company.

England Andrew Nelstrop, The English Whisky Company.

Globally Jean Donnay; Patrick van Zuidam; Etiene Bouillon; Lars Lindberger; Henric Molin; Anssi Pyysing; Michael Poulsen; Fran Peregrino; Andy Watts; Moritz Kallmeyer, Bill Lark, Patrick Maguire, Keith Batt, Mark Littler, David Baker, Cameron Syme; Ian Chang.

The snappers John Paul, Hans Offringa, Will Robb, Christine Spreiter, Jeremy Sutton-Hibbert, and also to Tim, Arthur & Keir and Joynson the Fish for stepping in with photos when distillers admitted they didn't have shots of their products.

Personal Charles MacLean, Neil Wilson, Rob Allanson, Marcin Miller, John Hansell, David Croll, Martin Will; Johanna and Charles, all the Malt Maniacs.

Massive and everlasting thanks to Davin de Kergommeaux for his stepping in when Canada began to look very sticky; Bernhard Schäfer for doing the same with the Central European countries; Chuck Cowdery for all his help with the truth about Dickel; to Ulf Buxrud, Krishna Nukala, and Craig Daniels for contacts; to Serge Valentin for samples and constant good humour; Alexandre Vingtier, Doug McIvor, Ed Bates, and Neil Mathieson for the same.

2nd edition Many thanks to all the distillers, colleagues, friends, and family who pulled out the stops to ensure this was completed on time.

Particular thanks to Davin de Kergommeaux, Lew Bryson, Pit Krause, Jasmin Haider, Philippe Juge, Chris Middleton, and Martin Tønder Smith for all their help in tracking down new distilleries.

To the distillers of said new plants who were willing to spend some time chatting to me: Alex Bruce, Karen Stewart, Francis Cuthbert, Guy Macpherson-Grant, David Fitt, John McCarthy, Marko Tayburn, Oliver Hughes, Daniel Smith, Allison Patel, Jean Donnay, Fred Revol, Patrick van Zuidam, Etienne Bouillon, Michael Morris, John Quinn, Nicole Austin, Chip Tate, Rich Blair, David Perkins, David King, Emerson Lamb, Angela d'Orazio, Ivan Abrahamsen, Roger Melander, Alex Højrup Munch, Gable Erenzo, John O'Connell, Jonas Ebensperger, Marcel Telser, Jens-Erik Jørgensen, and Henric Milon. You are the future.

To Marcin, for driving me around Norfolk and Suffolk while I was driving him mad. To Darren Rook and Tim Forbes, fellow residents
of Distiller's Row, for ears, noses, and minds.

To Stephen, Ziggy, and The Major for letting me test out some ideas.

To the fabulous team at Octopus: Denise, Leanne, Juliette, Jamie, and Hilary for not only turning this around, but doing it with such little fuss and a real concern for the quality and accuracy of the copy and design.

To Tom Williams for being a voice of sanity.

Most of all to my wife – and assistant – Jo, for an astonishing job in organizing samples, counting bottles, and doing necessary, but time-consuming, research, allowing me time and space to get on with the writing. How she's put up with me for 25 years I know not.

...and to Rosie for always being able to make me smile.

PICTURE CREDITS

Mitchell Beazley would like to acknowledge and thank all the whisky distillers
and their agents who have so kindly contributed images to this book.

Abhainn Dearg Distillery 177; **Steve Adams** 20bl; **age fotostock** Marco Cristofori 102r; **Alamy** Stuart Black 294r; Paul Bock 62b, 93a; Bon Appétit
131a; Cephas Picture Library 52b, 66b, 130b, 163r, 178b, 250–1; Derek Croucher 284–5; Andrew Crowhurst 184; Design Pics Inc 160–1; DGB 100–1; DigitalDarrell 231; Epicscotland 6; Michele Falzone 210–11; Stuart Forster India 314b; Les Gibbon 20–1; David Gowans 70–1; Simon Grosset 151; Peter Horree 186b, 248; Chris Howes/Wild Places Photography 255l; David Hutt 12–13; Image Management 303; Jason Ingram 136–7; André Jenny 232–3; Tom Kidd 94r; Terrance Klassen 268–9; Bruce McGowan 118r; John Macpherson 56b, 150; mediasculp 308b; nagelestock.com 30–1; Jim Nicholson 152–3; Noble Images 140–1; Oaktree Photographic 124–5; David Osborn 64b; John Peter 34; Rabh images 253a; Jiri Rezac 65a; Mike Rex 35; Scottish Viewpoint 36–7, 53a; South West Images Scotland 24–5, 142–3; Jeremy Sutton-Hibbert 26–7; Transient Light 84–5; Patrick Ward 179a; Margaret Welby 164–5; Wilmar Photography 24; Andrew Woodley 233a; Ian Woolcock 318b; **La Alazana** 313; **Alberta Springs Distillery** 272; **Amrut Distilleries** 314a, 316; **Angus Dundee Distillers** 41, 116; **Arcaid** Keith Hunter/architect Austin-Smith:Lord 90; **Ardbeg Distillery** 154, 155b; **Bakery Hill Distillery** 322; **Balcones Distilling** 262; **Beam Global** 119, 158a, 159b, 203, 204, 244–5; **Ben Nevis Distillery** 139, Alex Gillespie 143a; **The BenRiach Distillery Co** 88–9, 120; **The Benromach Distillery Co** 96; **Bladnoch Distillery** 148–9; **Box Destilleri**/Peter Söderlind 305b, 306a; **Dave Broom** 23, 158b, 159a, 227a; **Brown-Forman** 236–7, Brown-Forman Consolidated 278; **Bruichladdich Distillery** 168, 169a; **Buffalo Trace Distillery** 242–3; **Burn Stewart Distillers** 5, 104, 162, 176; **Canadian Club** 277; **Celtic Whisky Compagnie** Glan ar Mor 290; **Chichibu Distillery** 221; **Chivas Brothers** 40, 42a, 43b, 56a, 57, 72, 73ar, 74r, 87, 95, 97, 183r, 193r; **Constellation Brands Inc** 274a; **Corbis** Atlantide Phototravel 282–3; Jonathan Andrew 198–9; Gary Braasch 22bl; Creasource 22 bcl; Marco Cristofori 7; Macduff Everton 155a, 167a, 201a; Patrick Frilet 295bl; Raymond Gehman 22bcl; Philip Gould 19; Bob Krist 196; Kevin R Morris 240b, 250–1; Studio MPM 22cc; L Nicoloso/photocuisine 22acc; Richard T Nowitz 194–5; Keren Su 22br; Sandro Vannini 46b; Michael S Yamashita 212; **Corsair Distillery** 261; **Daftmill Distillery** 145; **John Dewar & Sons** 60, 61, 74l, 98, 106–7, 109, 114–5, 127, 191, 192; **Diageo** 44–5, 46a, 47a, 48, 50, 51, 54b, 55, 68a, 69, 73al & b, 75b, 83b, 86, 91, 92a, 93b, 110b, 111–13, 128, 133, 138, 144, 146, 156–7, 163l, 178a, 179b, 199l, 254a; Bushmills 200, 201b, 207b; Diageo Canada 275; **Dingle Distillery** 206; **Drinksology.com** 202a; **Echlinville Distillery**/Niall Little 202b; **The Edrington Group** 49, 58a, 59, 108, 182, 183l & c, 190; **Eigashima Shuzo Co** 223; **The English Whisky Co** 288; **Fary Lochan Distillery** 308a; **Finch ® Whisky** 299; **Floki** Egill Gauti Thorkelsson 311; **Fotolia** Tomo Jesenicnik 22ar; Jeffrey Studio 22acr; Kavita 22bcr; Mikael Mir 22al; Monkey Business 22ac; Taratorki 22acl; Vely 22bcr; **Four Roses Distillery** 246; **Getty Images** Best View Stock 317r; Britain on View/David Noton 32; Cavan Images 258; R Creation 224b; David Henderson 135r; Marc Leman 122; Sven Nackstrand/AFP 307b; Warrick Page 8–9; Time & Life Pictures 249; **Glen Grant Distillery** 76–9; **William Grant & Sons Distillers** 62–3, 64a, 65b, 66a, 67,199r, 205; **Glen Moray Distillery** 94l; **Glenmorangie plc** 130a, 131b; **The Glenrothes** 80–81; **Great Southern Distilling Co** 318a; **J Haider Distillery** 302; **Heaven Hill Distilleries Inc** 240a, 241; **Hellyers Road Distillery**/Rob Burnett 320–1, 323; **Hemis.fr** Bertrand Gardel 291; **High West Distillery and Saloon** 264; **Highwood Distillers** 273; **Ian Macleod Distillers Limited** 11, 102l; **Inver House Distillers** 121, 132, 135l; **Irish Distillers Pernod Ricard** 207–9; **Isle of Arran Distillers** 174; **J & G Grant Glenfarclas** 52a, 53b; **Jack Daniel's Distillery** 252, 253b; **The James Sedgwick Distillery** 312; **Jenny Karlsson** 185; **Karuizawa Distillery** 220; **Kavalan Distillery** 317l; **Davin de Kergommeaux** 274b; **Kilchoman Distillery** 169b; **Kings County Distillery** 260a, Christopher Talbot 260b; **Kittling Ridge Estates Wines & Spirits** 279b; **Langatun Distillery** 300; **Lark Distillery** 322–3; **Last Mountain Distillery** 281b; **Destilerías Líber sl** 295a & br; **Loch Lomond Distillers** 103, 189a; **Mackmyra Svensk Whisky** 307; **Maker's Mark Distillery Inc** 234, 235b; **Morrison Bowmore Distillers** 118l, 147, 166, 167b; **New Holland Brewing Co** 263; **The Nikka Whisky Distilling Company** 218–9, 224a, 225a; **Okanagan Spirits** 281a; **The Owl Distillery** 294l; **Paragraph Publishing Ltd**/Whisky Magazine 82l, 136a, 225b; **John Paul Photography** 42b, 43a; **Puni Destillerie** 301; **Robert Harding Picture Library**/Robert Francis 228–9; **Will Robb** 2; **Sazerac Company Inc** 247; **Bernhard Schäfer**/Blaue Maus 296a, 297b; **Shutterstock** konzpetm 296b; Nikolay Neveshkin 193c; Stanimire G Stoev 59a; **Signatory Vintage Scotch Whisky Co**/Edradour Distillery 110a; **Slyrs** 297a; **Smögen Whisky** 306b; **Speyside Distillers** 38; **Spirit of Hven Backafallsbyn** 305a; **Christine Spreiter** 170, 172–3; **Springbank Distillers** 186a, 187–8, 189b; **St George Spirits Inc** 266–7; **Stauning Whisky** 309; **Still Waters Distillery** 280; **Suntory Liquors** 214–17, 226, 227b; **SuperStock** 222b; **Teerenpeli Distillery & Brewery** 310; **Tomatin Distillery** 126; **Tullibardine Distillery** 105; **Tuthilltown Spirits** 259; **The Welsh Whisky Co Ltd** 289; **Westland Distillery** 265; **The Whisky Couple Hans & Becky Offringa** 38c, 54ar, 82r, 180–1, 254b, 255r, Robin Brilleman 39, 68b, 83r, 92b; **The Whisky Exchange** 73a, 75a, 83a, 139l; **Whyte and Mackay Ltd** 117, 129, 175; **Wild Turkey** 238–9; **J P Wiser's** 276; **Wolfburn** 134; **Zuidam Distillers BV** 293.

著者：
デイヴ・ブルーム (Dave Broom)
ウイスキージャーナリストおよび作家として25年の経験を持つ彼は、卓越した知識と魅力的な筆致によって、飲料関連の優れた文献を対象とする賞の受賞者に選ばれた。 著書の『Drink！』および『Rum』〔ともに未邦訳〕は、グレンフィディック・アワードフォードリンクス・ブックオブザイヤーを受賞した。また、グレンフィディック・アワードフォードリンクス・ライターオブザイヤーを2度にわたり受賞した。 2013年には、栄えあるIWSC(インターナショナル・ワインアンドスピリッツコンペティション)コミュニケーターオブ・ザイヤーにも選出された。 ウイスキー専門ウェブサイト『ウイスキーマガジン』日本版の編集長を担当するほか、イギリス、アメリカ、フランスおよびスペイン版『ウイスキーマガジン』の編集コンサルタントを務めている。 米ウイスキー専門誌『ウイスキー・アドボケット』の主要コラムニストでもある。『スコッチウイスキー・レヴュー』の編集長でもあり、さらに英誌『ザ・スペクテーター』、米誌『ミクソロジー』、欧州誌『インバイブ』など、国際的に多くの雑誌に寄稿している。 テレビやラジオ番組にもレギュラー出演している。

日本語版監修者：
橋口 孝司 (はしぐち たかし)
ホテルバーテンダーからスタートし、新ホテル開業を手掛けるなど26年間ホテルに勤務。バー開業コンサルティング、サービストレーニング、商品企画、販売戦略構築などを手掛けて酒類関係団体の顧問、理事を歴任し、国内外で公演、セミナーを行っている。『ウイスキー銘酒事典』『ウイスキーの教科書』をはじめ、ウイスキーやスピリッツ、カクテルを中心に酒類に関する執筆・監修は26冊以上。特定非営利活動法人FBO 評議委員、NPO法人FBO公認講師、ビア&スピリッツアドバイザー協会(BSA)顧問、スピリッツナビゲーター認定講師などを務めている。

翻訳者：
村松 静枝 (むらまつ しずえ)
英日翻訳家。 銀行、インテリア関連企業に勤務後、カナダ生活を経て翻訳業に就き、出版翻訳家を志して藤岡啓介氏に師事。 訳書に、『世界に通用するビールのつくりかた大事典』(エクスナレッジ)、『The Wine ワインを愛する人のスタンダード&テイスティングガイド』(日本文芸社)、デイビッド・セインの日本紹介―政治・経済・歴史・社会編』『デイビッド・セインの日本紹介―生活・文化・伝統・観光編』(ともにIBCパブリッシング)、『偉大なアイディアの生まれた場所 シンキング・プレイス』(共訳、清流出版)がある。

鈴木 宏子 (すずき ひろこ)
英日翻訳家。 東北学院大学文学部英文科卒業。訳書に『VOUGE ON ココシャネル』『VOUGE ON ヴィヴィアン・ウエストウッド』、共訳書に『死ぬ前に味わいたい1001食品』『プロフェッショナル・アロマセラピー』(いずれもガイアブックス)、『犬と猫のための自然療法』(フレグランスジャーナル社)など多数。

THE WORLD ATLAS OF WHISKY
世界のウイスキー図鑑

発　　行　2017 年 8 月 1 日
発 行 者　吉田 初音
発 行 所　株式会社**ガイアブックス**
〒107-0052 東京都港区赤坂1-1-16 細川ビル
TEL.03(3585)2214 FAX.03(3585)1090
http://www.gaiajapan.co.jp

IISBN978-4-88282-989-8 C0077

落丁本・乱丁本はお取り替えいたします。

Printed in China